# 牛病カラーアトラス

## 第3版

COLOR ATLAS OF
**DISEASES** AND
**DISORDERS** OF **CATTLE**
THIRD EDITION

著　者　Roger W. Blowey
　　　　A. David Weaver
監　訳　浜名 克己

緑書房

**MOSBY**
ELSEVIER

**Color Atlas of Diseases and Disorders of Cattle 3e**
ISBN 978-0-7234-3602-7
©2011 Elsevier Ltd. All rights reserved.

First edition    ©RW Blowey and AD Weaver, 1991
Second edition  ©2003, Elsevier Science Limited. All rights reserved.
Third edition   ©2011, Elsevier Ltd. All right reserved.

**Notices**

Knowledge and best practice in this field are constantly changing. As new research and experience broaden our understanding, changes in research methods, professional practices, or medical treatment may become necessary.

Practitioners and researchers must always rely on their own experience and knowledge in evaluating and using any information, methods, compounds, or experiments described herein. In using such information or methods they should be mindful of their own safety and the safety of others, including parties for whom they have a professional responsibility.

With respect to any drug or pharmaceutical products identified, readers are advised to check the most current information provided (i) on procedures featured or (ii) by the manufacturer of each product to be administered, to verify the recommended dose or formula, the method and duration of administration, and contraindications. It is the responsibility of practitioners, relying on their own experience and knowledge of their patients, to make diagnoses, to determine dosages and the best treatment for each individual patient, and to take all appropriate safety precautions.

To the fullest extent of the law, neither the Publisher nor Elsevier Ltd., nor the authors, contributors, or editors, assume any liability for any injury and/or damage to persons or property as a matter of products liability, negligence or otherwise, or from any use or operation of any methods, products, instructions, or ideas contained in the material herein.

This edition of Color Atlas of Diseases and Disorders of Cattle 3e by Roger Blowey, BSc, BVSc, FRCVS and A. David Weaver, BSc, DrMedvet, PhD, FRCVS is published by arrangement with Elsevier Limited through Elsevier Japan KK.

Roger Blowey, BSc, BVSc, FRCVS and A. David Weaver, BSc, DrMedvet, PhD, FRCVS 著
Color Atlas of Diseases and Disorders of Cattle 3e の日本語版は、エルゼビア・ジャパンを通じ、
Elsevier Limited との契約により刊行されました。

Japanese translation ©2014 copyright by Midori-Shobo Co., Ltd.

Elsevier Ltd. 発行の Color Atlas of Diseases and Disorders of Cattle 3e の日本語に関する翻訳・出版権は株式会社緑書房が独占的にその権利を保有します。

---

ご　注　意

本書の内容は、最新の知見をもとに細心の注意をもって記載されています。しかし、科学の著しい進歩からみて、記載された内容がすべての点において完全であると保証するものではありません。本書記載の内容による不測の事故や損失に対して、著者、監訳者、翻訳者、編集者、原著出版社ならびに緑書房は、その責を追いかねます。

（株式会社　緑書房）

# COLOR ATLAS OF DISEASES AND DISORDERS OF CATTLE

## THIRD EDITION

**Roger W. Blowey** BSc BVSc FRCVS FRAgS

Wood Veterinary Group
Gloucester
England

**A. David Weaver** BSc DR MED VET PHD FRCVS

Bearsden
Glasgow
Scotland

Emeritus Professor
College of Veterinary Medicine
University of Missouri
Columbia, Missouri
USA

Foreword by
**Douglas C. Blood**

MOSBY
ELSEVIER

Edinburgh  London  New York  Oxford  Philadelphia  St Louis  Sydney  Toronto 2011

# 第3版の序文

　本書第1版と第2版は数回増刷され、また中国語、デンマーク語、フランス語、日本語、ポーランド語、およびスペイン語の6カ国語で翻訳出版された。本アトラス第3版はそれに続くものである。出版社の要請に応じて、本書でも米国式のスペルが採用されている。

　第2版の序文の内容は、不必要な重複を避けるために、本テキストの中に包含している。地域的または世界的に重要ないくつかの新疾患が見出された、過去数年間にわたる牛病学の進展に応えて、第3版では写真の数を大幅に増やした（第1版732枚、第2版752枚、第3版848枚）。その結果、このアトラスは牛の異常や疾患の診断と防止の分野で、主要な書籍の一つになった。第3版では、本文を容易に理解できるように、各写真の下にそれぞれ短い説明を付した。

　各疾患の中で、新規にまたは拡張したり写真を増やしたりした項目は、次の通りである。複合脊椎形成不全症、牛造血性ポルフィリン症、および牛造血性プロトポルフィリン症（第1章）；牛新生子汎血球減少症または出血子牛症候群、および臍ヘルニア（第2章）；ベスノイティア症、尾の分離、および肋骨骨折（第3章）；第四胃食滞、出血性空腸症候群、およびタイヤ用針金による心タンポナーゼ（圧迫）（第4章）；結核（第5章）；趾皮膚炎、および押しつぶされた尾根部（第7章）；BVD-MDによる網膜疾患（第8章）；脂肪肝症候群（第9章）；陰茎包皮小帯遺残（第10章）；虚血性乳頭壊死（第11章）；およびボツリヌス症（第12章）。

　3つの重要な感染症、すなわち口蹄疫、ブルータング、および牛海綿状脳症（BSE）は大きく改訂された。多くの疾患と異常への対処法への助言が、重要な類症鑑別の項とともに、改訂され拡張された。

　我々は再び、薬剤の用法・用量について特別に推奨することを避けた。その理由は、その薬剤の入手法と承認済み使用法が国によって大きく異なり、また新製品が頻繁にこの市場に投入されているからである。

　我々は、症例にすぐ対応できるように車やトラックにカメラを入れ、その結果、この第3版に新規の材料を提供してくれた、我々の多くの獣医師仲間に最大の感謝を表する。また常に変らず、長年にわたって、私が立ち止まって写真撮影をすることを喜んで許してくれた、私（R. W. Blowey）の顧客に対しても感謝を捧げる。Simon Bouisset（フランス）、Enrico Chiavassa（イタリア）、およびJohn Sproat（スコットランド）の各獣医師、さらに米国の数人の獣医師ら（米国牛病学会"grapevine、口コミ情報"に応じて）は、写真と適切な症例の病歴を特に多く提供してくれた。

　過去10年から15年にかけて、あらゆる面で動物福祉の重要性が増してきた。疾病は疑うまでもなく、畜産業における動物福祉に有害となる主要な原因であり、その防止策の改善は、生産者とその家畜にとって大変有益である。本書第3版は第1版、第2版と同じく、診断検査室を含む牛疾病のあらゆる面で働いている世界中の獣医師、および獣医学部と農学部の学生が対象である。また、好ましくない地域でギリギリの存在をかけている人、あるいは大規模酪農場やフィードロットの管理人などを含めた家畜生産者も対象としている。我々はこの第3版が有用であり続けることを信じている。そして、その広範囲の利用が我々に本書刊行の報奨をもたらしてくれるであろう。

2010年4月

Roger W. Blowey, Gloucester, England

A. David Weaver, Bearsden, Glasgow, Scotland

# 謝　辞

　本書のために快く写真を提供し、その使用を我々に認めてくれた、世界中の多くの獣医師仲間（下記。†は物故者）に、我々は最大の感謝を捧げる。彼らはまた、我々のために写真の選択にしばしば相当な時間をかけてくれた。彼らの貢献は計り知れないほど価値がある。

Material was supplied by: Mr. J.R.D. Allison, Beechams Animal Health, Brentford, England, 11.40. Prof. S. van Amstel, University of Pretoria, South Africa, 12.31, 12.32. Dr. E.C. Anderson, Animal Virus Research Institute, Pirbright, England, 12.10–12.15. Dr. A.H. Andrews, Royal Veterinary College, England, 3.24, 4.59. Prof. J. Armour, Glasgow University Veterinary Hospital, Scotland, 4.22. E. Sarah Aizlewood, Lanark, Scotland, 5.28, 6.3, 9.8, 12.22. Mr. I.D. Baker, Aylesbury, England, 4.102, 10.56. †Dr. K.C. Barnett, Animal Health Trust, Newmarket, England, 8.5, 8.7. Dr. Simon Bouisset, Colomiers, France, 7.106, 9.19, 9.20, 12.36, 12.68. Dr. Matthew Breed, Clemson University, South Carolina, USA, 4.84. Dr. A. Bridi, MSD Research Laboratories, São Paulo, Brazil, 3.52, 3.54, 3.56, 3.57. Mr. G.L. Caldow, Scottish Agricultural College VSD, St Boswells, Scotland, 2.34–2.36, 3.77, 5.14, 5.15, 10.92, 12.26, 12.27. Dr. W.F. Cates, Western College of Veterinary Medicine, Saskatoon, Canada, 10.38. Dr. Enrico Chiavassa, Cavallermaggiore, Italy, 1.18, 1.19, 2.9, 2.30, 2.50, 4.82, 4.104, 10.57, 10.66. Dr. J.E. Collins, University of Minnesota, USA, 2.17, 2.18. Dr. K. Collins, University of Missouri-Columbia, USA, 8.42. Dr. B.S. Cooper, Massey University, New Zealand, 8.20. Dr. Herder Cortes, Portugal, 3.34. Dr. R.P. Cowart, University of Missouri-Columbia, USA, 1.1. Dr. V. Cox, University of Minnesota, USA, 7.80, 7.82, 7.142. †Mr. M.P. Cranwell, MAFF VI Centre, Exeter, England, 13.6＊. Dr. S.M. Crispin, University of Bristol, England, 8.1, 8.3, 8.12, 8.32. †Dr. J.S.E. David, University of Bristol, England, 7.85, 10.39, 10.40, 10.42–10.44, 10.46, 10.47, 10.49–10.53. Drs. J. Debont and J. Vercruysse, Rijksuniversiteit te Gent, Belgium, 4.97. Prof. A. De Moor, Rijksuniversiteit te Gent, Belgium, 1.17, 7.103, 7.153. Dept. of Surgery (Prof. J. Kottman), Veterinary Faculty, Brno, Czech Republic, 7.131, 7.147. Dept. of Veterinary Pathobiology, University of Missouri-Columbia, USA, 1.25, 1.27, 2.21, 2.32, 4.50, 4.58, 4.67, 4.90, 5.5, 5.25, 5.29, 7.115, 9.26, 9.28, 10.3, 10.4, 10.33, 13.7. Dr. Daan Dercksen, Animal Health, Deventer, Netherlands, 1.2, 12.16. Prof. G. Dirksen, Medizinische Tierklinik II, Universität München, Germany, 13.6. Prof. J. Döbereiner and Dr. C.H. Tokarnia, Embrapa-UAPNPSA, Rio de Janeiro, Brazil, 2.51, 7.164, 7.165, 7.170, 7.174, 9.32, 13.5, 13.14, 13.15, 13.17, 13.18, 13.24. Dr. A.I. Donaldson, Animal Virus Research Institute, Pirbright, England, 12.4, 12.5, 12.6, 12.7. Dr. S.H. Done, VLA, Weybridge, England, 5.18–5.20＊. Dr. J. van Donkersgoed, Western College of Veterinary Medicine, Saskatoon, Canada, 8.11. Mr. R.M. Edelsten, CTVM, Edinburgh, Scotland, 2.12, 3.30, 8.29, 12.29. Dr. N. Evans, Pfizer Animal Health, New York, USA, 5.27. Prof. Fan Pu, Jiangxi Agricultural University, People's Republic of China, 13.34. Prof. J. Ferguson, Western College of Veterinary Medicine, Canada, 7.122, 7.143. Mr. A.B. Forbes, MSD Agvet, Hoddesdon, England, 3.29, 3.50. Mr. J. Gallagher, MAFF VI Centre, Exeter, England, 4.6, 4.7, 7.155, 7.160, 7.167, 7.171, 7.172, 9.17, 9.18, 10.90, 12.77＊. Dr. J.H. Geurink, Centre for Agrobiological Research, Wageningen, Netherlands, 13.27, 13.28. Dr. E. Paul Gibbs, University of Florida, USA, 4.2, 4.3, 5.1, 5.6, 5.7, 5.16, 9.35, 11.18–11.28. Mr. P.A. Gilbert-Green, Harare, Zimbabwe, 12.24. Dr. N. Gollnick, Veterinary Faculty, Weihenstephan, Munich, Germany, 3.35, 3.36. Dr. H. Gosser, University of Missouri-Columbia, USA, 4.99, 13.10–13.12. †Dr. W.T.R. Grimshaw, Pfizer Central Research, Sandwich, England, 1.31, 4.41, 4.92, 10.2, 12.76, 12.77, 13.1, 13.2, 13.4. Dr. S.C. Groom, Alberta Agriculture, Canada, 9.29. †Prof. E. Grunert, Clinic of Gynaecology and Obstetrics of Cattle, Tierärztliche Hochschule Hannover, Germany, 10.45. Dr. Jon Gudmundson, Western College of Veterinary Medicine, Saskatoon, Canada, 4.37, 5.31, 5.33, 7.163, 8.22. Mr. S.D. Gunn, Penmellyn Veterinary Group, St Columb, England, 9.41. Mr. David Hadrill, Brighton, England, 12.25. Dr. S.K. Hargreaves, Director of Veterinary Services, Harare, Zimbabwe, 12.2, 12.46, 12.48, 12.63, 13.13. Mr. David Harwood, VLA Itchen Abbas, Winchester, England, 4.68＊. Prof. M. Hataya, Tokyo, Japan, 1.11, 7.36. †Prof. C.F.B. Hofmeyr, Pretoria, South Africa, 10.32. Dr. A. Holliman, VI Centre, Penrith, England, 1.35, 2.52, 13.33＊. Mr. A.R. Hopkins, Tiverton, England, 10.17, 10.83. Mr. A.G. Hunter, CTVM, Edinburgh, Scotland, 12.61. Mr. Richard Irvine and Dr. Hal Thompson, Veterinary Faculty, University of Glasgow, Scotland, 1.5, 2.10, 2.53, 2.54, 4.43, 4.87, 6.3, 7.83. Dr. P.G.G. Jackson, University of Cambridge, England, 13.30. Dr. L.F. James, USDA Agricultural Research Service, Logan, USA, 13.19. Mr. P.G.H. Jones, European Medicines Evaluation Agency, England, 4.23, 5.26. Prof. Peter Jubb, University of Melbourne, Australia, 7.166. Prof. R. Kahrs, University of Missouri-Columbia, USA, 4.2, 5.1, 5.6. Mr. J.M. Kelly, University of Edinburgh, Scotland, 9.7. Mr. D.C. Knottenbelt, University of Liverpool, England, 3.82, 8.8, 9.16, 10.30. Dr. R. Kuiper, State University of Utrecht, Netherlands, 3.46, 4.69, 4.70. Dr. A. Lange, University of Pretoria, South Africa, 12.52, 12.53. Dr. E. van Leeuwen, Deventer, Netherlands, 12.17. Dr. L. Logan-Henfrey, International Laboratory for Research on Animal Diseases, Kenya, 12.49–12.51. †Mr. A. MacKellar, Tavistock, England, 12.39–12.41, 12.43. Mr. K. Markham, Langport, England, 1.3, 1.20, 2.39, 3.13, 4.93, 7.39, 12.20. Dr. Craig McConnel, Colorado State University, Fort Collins, Colorado, USA, 4.83, 4.85. Dr. M. McLellan, University of Queensland, Australia, 9.5, 12.44, 12.47. Dr. C.A. Mebus, APHIS Plum Island Animal Disease Center, USA, 12.28. Dr. M. Miller, University of Missouri-Columbia, USA, 1.25, 4.98, 4.100, 5.19. Dr. A. Morrow, CTVM, Edinburgh, Scotland, 3.42, 3.43, 3.49, 12.33. Dr. C. Mortellaro, University of Milan, Italy, 7.59. Prof. M.T. Nassef, Assiut University, Egypt, 3.45. Dr. D.R. Nawathe, University of Maiduguri, Nigeria, 12.9. Dr. S. Nelson, University of Missouri-Columbia, USA, 2.23. Dr. P.S. Niehaus, Jerome, Idaho, USA, 7.113. Dr. J.K. O'Brien, University of Bristol, England, 3.67, 4.14, 7.76, 8.10, 9.22. Dr. G. Odiawo, University of Zimbabwe, Zimbabwe, 12.54–12.56. †Dr. O.E. Olsen, South Dakota State University, USA, 13.20. Mr. Peter Orpin, Leicester, England, 4.68. †Dr. Peter Ossent, University of Zürich, Switzerland, 7.13. Prof. A.L. Parodi, École Nationale Vétérinaire d'Alfort, France, 7.161, 7.162. †Prof. H. Pearson, University of Bristol, England, 1.10, 1.13, 4.77, 4.86, 6.4, 10.9, 10.22–10.24, 10.80, 12.75. Dr. Lyall Petrie, Western College of Veterinary Medicine, Saskatoon, Canada, 2.44, 3.28, 4.13, 4.61, 10.12, 10.13. †Mr. P.J.N. Pinsent, University of Bristol, England, 2.26, 2.46, 4.73, 7.102, 13.3. *Mr. G.C. Pritchard, VLA, Bury St Edmunds, England, 10.91*. Prof. G.H. Rautenbach, MEDUNSA, South Africa, 13.25. Dr. C.S. Ribble, Dept. of Population Medicine, University of Guelph, Guelph, Ontario, Canada, 1.9. Dr. A. Richardson, Harrogate, England, 1.6. Dr. J.M. Rutter, CVL, Weybridge, England, 5.10. Dr. D.W. Scott, New York State College of Veterinary Medicine, USA, 3.15, 3.18. †Dr. G.R. Scott, CTVM, Edinburgh, Scotland, 12.23, 12.25, 12.29. Dr. P.R. Scott, University of Edinburgh, Scotland, 9.2. Mr. A. Shakespeare, Dept. of Entomology and Dept. of Helminthology, Onderstepoort, VRI, South Africa, 3.31–3.33, 4.95, 4.96. Dr. M. Shearn, Institute for Animal Health, Compton, England, 11.32, 11.34, 11.38, 11.42. Dr. J.L. Shupe, Utah State University, USA, 13.21, 13.31, 13.32. Dr. Marian Smart, Western College of Veterinary Medicine, Saskatoon, Canada, 7.173. Mr. B.L. Smith, MAFTech Ruakura Agricultural Centre, New Zealand, 13.22, 13.23. Mr. S.E.G. Smith, Hoechst UK Ltd, Milton Keynes, England, 2.14, 9.44. Mr. J.B. Sproat, Castle Douglas, Scotland, 1.5, 1.7, 3.16, 3.69, 4.17, 4.36, 7.88, 8.25, 9.14, 9.37, 10.16, 10.29, 11.23, 12.66, 12.71, 12.79. †Mr. T.K. Stephens, Frome, England, 1.8, 2.48, 3.5, 3.11, 3.12, 4.4, 4.18, 4.87, 5.32, 7.12, 7.40, 7.45, 7.37, 7.91, 8.6, 8.18, 8.23, 10.54, 10.89, 11.5, 11.9, 11.31, 11.45. Heather Stevenson, SAC, Dumfries, Scotland, 12.71. Prof. M. Stöber, Clinic for Diseases of Cattle, Tierärztliche Hochschule Hannover, Germany, 9.27, 9.34. Mr. Ben Strugnell, VLA Thirsk, Yorkshire, 12.73*. Dr. S.M. Taylor, Veterinary Research Laboratories, Belfast, N. Ireland, 4.21, 4.94. Prof. H.M. Terblanche, MEDUNSA, South Africa, 10.26, 10.79. Dr. E. Teuscher, Lausanne, Switzerland, 12.57–12.60. Mr. I. Thomas, Llandeilo, Wales, 9.31. †Dr. E. Toussaint Raven, State University of Utrecht, Netherlands, 7.60. Mr. N. Twiddy, MAFF VI Centre, Lincoln, England, 7.154, 9.3, 9.39*. Dr. C.B. Usher, MSD Research Laboratories, São Paulo, Brazil, 3.53, 3.55. Veterinary Medical Diagnostic Laboratory, University of Missouri-Columbia, USA, 10.52, 12.18. Dr. W.M. Wass, Iowa State University, USA, 1.33, 1.34. †Mr. C.A. Watson, MAFF VI Centre, Bristol, England, 1.32*. Mr. C.L. Watson, Gloucester, England, 12.1, 12.8. Dr. D.G. White, Royal Veterinary College, England, 1.21, 3.44, 6.7, 7.95, 7.96, 12.42, 12.78. Dr. R. Whitlock, University of Pennsylvania, USA, 1.2, 1.24, 3.48, 4.29, 4.30, 4.60, 4.64, 4.71, 4.101, 7.72, 7.81, 7.94, 7.99, 7.114, 7.124, 7.126, 7.130, 7.159, 9.40, 12.69, 12.70, 12.81. Dr. Thomas Wittek, Veterinary Faculty, University of Glasgow, Scotland, 4.80, 4.81. Dr. W.A. Wolff, University of Missouri-Columbia, USA, 5.30, 5.35, 11.56. Dr. Kazunomi Yoshitani, Nanbu Livestock Hygiene Center, Hokkaido, Japan, 1.12.

Numerous illustrations have been published previously by Old Pond Publishing, Ipswich and CABI in *A Veterinary Book for Dairy Farmers*; Cattle Lameness and Hoofcare and Mastitis Control in Dairy Herds; 1.28, 9.7, 10.22, 10.24 and others by the *Veterinary Record* and *In Practice*; 8.14 and 9.29 by the *Canadian Veterinary Journal*; 13.27 and 13.28 by Stikstof, Netherlands; 10.32 by Iowa State Press; 11.24 by W B Saunders; and 10.22 and 10.23 by Baillière Tindall in *Veterinary Reproduction and Obstetrics*.

Again, gratitude is due to many clinical and pathological colleagues for useful advice and their readiness to be slide-quizzed; Christina McLachlan, Glasgow, is thanked for a mountain of secretarial help. Norma Blowey showed endless patience, food, and coffee during the joint revision sessions in Gloucester. Considerable help with the text has been given by Mr. Martyn Edelsten, Mr. Andy Holliman, Prof. Sheila Crispin and Dr. Nicola Gollnick, as well as Mr. Chris Livesey, Malton, Yorkshire, and Dr. Sian Mitchell, while Mr. P. Wragg of VLA Thirsk revised the microbiological nomenclature. Dr. Simon Bouisset, Dr. Enrico Chiavassa and Mr. John Sproat were particularly helpful with their provision of slides and comments on sections of the text.

*©Crown copyright 2010. Published with the permission of the Controller of Her Majesty's Stationery Office. VLA images are reproduced with kind permission of the Veterinary Laboratories Agency.

Where illustrations have been borrowed from other sources, every effort has been made to contact the copyright owners to obtain their permission; however, should any copyright owners come forward and claim that permission was not granted for the use of their material, we will arrange for a settlement to be made.

# 監訳者の序文

　本書の原著は1991年に第1版が刊行され、2003年に第2版が、2011年に第3版が出された。そのうち第1版が和訳され1994年に刊行されている（金田義宏監訳『臨床診断　牛病カラーアトラス』緑書房／チクサン出版社）。

　第1版にメッセージを寄せているDr. Blood（1920-2013年）が、希代の名著『Veterinary Medicine』を世に出したのが1960年、今は第10版が出ている。この書には写真が1枚もない。1960年代末に彼の知遇を得た私は、率直にそのことを問うたところ、「文章のみの表現で読者に考える余地を与え、五感を研ぎ澄ませて診療に当たることが大事である」「当時は写真（特にカラー）印刷が高価であり、それが書籍代を高くするので利用されなくなる」との返事であった。そのDr. Bloodが本書の写真を礼賛していることは、隔世の感を強くする。

　Dr. Weaverは牛の外科疾患、特に蹄病の権威で、私とは1980年代から世界牛病学会を通じての古いつきあいである。また、Dr. Bloweyは牛の臨床すべてに精通し、乳房炎の大家である。私とは訳書『牛の乳房炎コントロール』（緑書房／チクサン出版社、1999年、増補改訂版2012年）以来の縁を重ねている。

　このように私がよく知っている方々の著作をこのたび監訳できたことは、大変嬉しいことである。本書の特徴は、何といっても世界全5大陸に発生している主要な疾病を網羅していることである。世界との交流が一段と深化した今日、今まで他国の疾病とみてきたものが、いつ我が国に入ってきてもおかしくない状況である。本書をとおして、それらの疾病の予備知識を得ておくことは大変有用であろう。

　第1版の出版から20年ぶりに和訳出版された本書は、第1版と異なり、各疾患について、病態、症状、類症鑑別、対処の項を設け、読者が読みやすく、理解しやすいよう工夫されている。また、今回は各図（写真）の下に説明文が記載されていて、理解しやすい。写真の数も848枚と大幅に増加している。さらに、「第3版序文」にあるように、近年解明された多くの重要な疾病も紹介されている。

　本書の読者対象は、まず臨床獣医師であり、公的機関獣医師、獣医学生、家畜生産者、研究者である。本書で視覚的に各疾患を理解しておき、実際の診療や防疫、学習、研究にあたるならば、大きな利点が得られるであろう。

　翻訳に際して、疾患名は最新の日本獣医学会疾患名の呼称に、牛の品種名は『世界家畜品種辞典』（正田陽一監修、東洋書林、2006年）に準拠した。その他の一般用語はなるべく専門用語を避け、平易なものにした。

　本書を刊行できたことを喜び、翻訳を分担していただいた小林順子氏、丁寧に編集の労をとってくれた元緑書房の川音いずみ氏、緑書房の羽貝雅之氏に深謝します。

2014年6月

浜名　克己

# 第 1 版へのメッセージ

　これまで、牛の疾病を扱った教科書には、あまり良い写真が掲載されてこなかった。それらは写真を載せていないか、または非常に質の悪い見るに耐えない白黒写真のいずれかであった。このたび Wolfe 社が牛疾病の専門家とともに、優れたカラーアトラス集を出版すると聞いたときに、これからの本には、これまでのように粗末な写真を掲載する必要はないだろうと、私ははっきりと感じた。このことは特に、私の学友である英国の Roger Blowey と米国の David Weaver が、2 つの大陸をカバーする長年の幅広い経験を持った牛の臨床獣医師であることからもいえる。

　このような写真類が必要であることは明白である。獣医師を目指す経歴の大切な段階にいる学生にとって、優れたカラー写真は個々の疾病を理解し、それを認識する能力の向上に非常に役立つ。このことを意識して、多くの臨床教員は自分自身でカラー写真を集めている。私は自分のコレクションをアトラスに使えないかと何回か見直したが、多くのアマチュア写真家と同様に、私の写真の質もアトラスが要求するレベルを欠いていることが分かったので、その考えを捨てた。最も重要なことは、その特定の疾病が認識できるような臨床症状を、その写真が表示していることである。頭を垂れた痩せた牛の写真では、結核、ケトーシス、コバルト欠乏、またはその他多くの疾病との区別を示す点が何もない。必要なのは、特別な症状の詳細を明白に示す写真である。写真はまた、明るくて構図が良く、コントラストに秀でているなど、写真芸術の優れたモデルとなることも必要である。Roger Blowey と David Weaver は、写真が真に表現的であり教育的であることを確実に示し、また各写真の際立った特徴を洗練された短い用語で説明している。

　私を含む多くの著者らは、本書が持つ獣医学上の非常に大きな価値のために、この仕事を見つめていたに違いない。Wolfe 社と著者らが、この仕事を進め完成させた勇気と忍耐に、私は祝意を表する。

1991 年

Douglas C. Blood
メルボルン大学獣医学部名誉教授

# 第1版の序文

　牛は、何世紀にもわたって食肉と乳汁生産の主要な家畜であり続け、国によっては使役動物としての役割も果たしてきた。生産性の低下や死を招く疾病は、牛に依存している社会に大きな経済的影響を与える。このアトラスは360以上の疾病の臨床的な特徴を表示することを試みている。個体識別用の尾バンドに起因する壊死のような小さな問題から、口蹄疫や牛疫のように、それまで清浄であった国や地域に侵入すると大損害をもたらすような、重要な感染症までを網羅している。天然資源の乏しい発展途上国で、地方病的に発生が頻繁に繰り返されると、重大な経済的損失の恒常的な原因となる。

　牛疾病を世界的規模で観察できるようにするため、我々は多くの国々から写真を求めた。その結果、謝辞にあるように100人以上の提供者が出て、このアトラスを真に世界的な視野を持つものにしてくれた。写真はアメリカ、アフリカ、アジア、ヨーロッパ、オーストラリアの全5大陸から集まった。

　我々は疾病のもつ特徴を、可能な限り例示しようと試みた。このアトラスには動物の内部所見が多数含まれている。そのため皮膚疾患の章は、ほとんどすべてが外部所見からなっているが、一方、呼吸器と循環器の項は、必然的にかなり多くの肉眼的病理像を含んでいる。単一の特異的な特徴が存在しない場合は、我々はその疾病の最も重度な症例を示すよう試みた。それでもなおいくらかの疾病は写真で示すことが困難であった。特に神経疾患がこれに相当し、その場合は行動的な病変まで含むよう、本文での記述を拡張した。

　各章には簡単な紹介文をつけ、適当と思われた章では、関連疾病をまとめて、それぞれに紹介文を付した。本アトラスは、標準的な教科書として利用されることを意図しているので、個々の疾病の治療や管理については記載していない。視診による疾病の診断と類症鑑別に重点がおかれている。本書の対象は次のような読者層を意図している。すなわち、臨床獣医師と公的機関獣医師、獣医学生、家畜生産者、および農学系と科学系の学生である。

　本書には必要と思われる広範囲の写真類を入れるスペースがないので、意図的に、顕微鏡的、組織病理学的、および細胞学的な写真を除外した。我々の目的は、数多くの国際的な疾病を、それぞれ全体的な特徴をとらえて理解できるようなアトラスを作成することにある。牛疾病の包括的な世界アトラスとしての初めての試みを提示するにあたって、地域によっては十分カバーされていないことを自覚している。我々は第2版での改善に向けて、提言と記事や写真の投稿を歓迎する。本書を利用することで牛疾病の診断に役立ち、またそれが改善されて、適切な治療法や防止法の早期実施が可能になることを、我々は期待している。このアトラスが、重大な経済的損失を低減させ、最適な生産性を阻害している多くの健康障害に罹患した牛の、不必要な苦痛と不快感を低減させることに役立てば、我々は十分報われると感じている。

1991年

Roger W. Blowey, Gloucester, England
A. David Weaver, Columbia, Missouri, USA

# 目　次

第3版の序文 …………………………………………… iv
謝　辞 …………………………………………………… v
監訳者の序文 …………………………………………… vii
第1版へのメッセージ ………………………………… viii
第1版の序文 …………………………………………… ix

第 1 章　**先天異常**　Congenital disorders ……………………………… 1
第 2 章　**新生子疾患**　Neonatal disorders …………………………… 13
第 3 章　**皮膚疾患**　Integumentary disorders ……………………… 29
第 4 章　**消化器疾患**　Alimentary disorders ………………………… 53
第 5 章　**呼吸器疾患**　Respiratory disorders ………………………… 85
第 6 章　**循環器疾患**　Cardiovascular disorders …………………… 97
第 7 章　**運動器疾患**　Locomotor disorders ………………………… 101
　　　　　下肢と蹄　Lower limb and digit …………………… 101
　　　　　上肢と脊椎　Upper limb and spine ………………… 124
第 8 章　**眼疾患**　Ocular disorders …………………………………… 153
第 9 章　**神経疾患**　Nervous disorders ……………………………… 165
第10章　**泌尿生殖器疾患**　Urinogenital disorders ………………… 179
　　　　　尿路系　Urinary tract ………………………………… 179
　　　　　雄性生殖器　Male genital tract ……………………… 184
　　　　　雌性生殖器　Female genital tract …………………… 193
第11章　**乳房と乳頭の疾患**　Udder and teat disorders …………… 209
第12章　**感染症**　Infectious diseases ………………………………… 227
第13章　**中毒性疾患**　Toxicological disorders ……………………… 253

略語一覧 ………………………………………………………266
索　引 …………………………………………………………268

# 第 1 章

# 先天異常 Congenital disorders

| | |
|---|---|
| はじめに・・・・・・・・・・・・・・・・・・・・・・・・・・・・・・・・・・・ 1 | 二分脊椎・・・・・・・・・・・・・・・・・・・・・・・・・・・・・・・・・・・ 6 |
| 唇裂(兎唇、唇顎裂)、口蓋裂・・・・・・・・・・・・・ 1 | 尿道下裂・・・・・・・・・・・・・・・・・・・・・・・・・・・・・・・・・・・ 7 |
| 髄膜瘤・・・・・・・・・・・・・・・・・・・・・・・・・・・・・・・・・・・・ 2 | 分節状空腸無形成、結腸閉鎖・・・・・・・・・・・・ 7 |
| 唾液粘液瘤・・・・・・・・・・・・・・・・・・・・・・・・・・・・・・・ 2 | 合指(趾)症(ラバ蹄)・・・・・・・・・・・・・・・・・・・・・・・ 7 |
| 軟骨無形成性矮小体躯症(ブルドッグ子牛) | 上皮形成不全・・・・・・・・・・・・・・・・・・・・・・・・・・・・・ 7 |
| 　または軟骨異形成症・・・・・・・・・・・・・・・・・・・ 2 | 減毛症・・・・・・・・・・・・・・・・・・・・・・・・・・・・・・・・・・・・ 8 |
| 反転性裂体・・・・・・・・・・・・・・・・・・・・・・・・・・・・・・・ 4 | 角化不全症(アデマ病、致死的因子A46)・・・・・・ 9 |
| 水無脳症・・・・・・・・・・・・・・・・・・・・・・・・・・・・・・・・・ 4 | 脱毛子牛症候群・・・・・・・・・・・・・・・・・・・・・・・・・・・ 9 |
| 水頭症・・・・・・・・・・・・・・・・・・・・・・・・・・・・・・・・・・・ 5 | 心室中隔欠損(VSD)・・・・・・・・・・・・・・・・・・・・・・・ 9 |
| 腱拘縮・・・・・・・・・・・・・・・・・・・・・・・・・・・・・・・・・・・ 5 | 動脈管開存(PDA)・・・・・・・・・・・・・・・・・・・・・・・・・ 9 |
| 関節彎曲症・・・・・・・・・・・・・・・・・・・・・・・・・・・・・・・ 5 | 牛造血性ポルフィリン症、先天性造血性ポル |
| 複合脊椎形成不全症(CVM)・・・・・・・・・・・・・・ 5 | 　フィリン症(BEP、CEP、ピンク歯)・・・・・・・・ 9 |
| 脊椎癒合と脊柱背彎症・・・・・・・・・・・・・・・・・・・ 6 | 牛造血性プロトポルフィリン症 |
| 鎖肛・・・・・・・・・・・・・・・・・・・・・・・・・・・・・・・・・・・・・ 6 | 　(BEPP)・・・・・・・・・・・・・・・・・・・・・・・・・・・・・・・・・ 11 |
| 形成不全尾(偏尾)・・・・・・・・・・・・・・・・・・・・・・・・ 6 | 無形球状体・・・・・・・・・・・・・・・・・・・・・・・・・・・・・・・ 11 |

## はじめに

　先天異常(欠陥や疾患)とは、出生時にみられる構造や機能の異常をいう。すべての先天異常が遺伝因子によるわけではない。あるものは、催奇形物質として作用する環境要因によって生じる。その例には、有毒植物(例えば、子牛の関節彎曲症をもたらす *Lupinus* 種)、出生前のウイルス感染(例えば、小脳形成不全と水頭症をもたらす牛ウイルス性下痢・粘膜病ウイルス〔BVD〕)、および罹患子牛の母牛のミネラル欠乏(例えば、骨格異常をもたらすマンガン欠乏)が含まれる。

　遺伝的な先天異常は、突然変異遺伝子や染色体異常によって病理学的に判定される。遺伝的な異常には、致死性、半致死性、低活力(生存可能を含む)がある。典型的な先天異常は500回の分娩のうち1回または2回発生しているが、さまざまな器官系統に影響する広範囲の先天異常は、牛では主に人工授精(AI)機関や育種協会に保存されている記録の中から判別されてきた。全体としての経済的な損失は低いが、個々の系統繁殖ブリーダーには大きな損失をもたらしている。ほとんどの先天異常は外景検査によって明らかになる。全先天異常子牛の約半分は死産に至っている。これら死産の多くは明確には原因が確定されていない。

　先天異常の例は、罹患器官別に示される。あるものは単一の骨格系の異常であり、他のものは軟骨異形成のような全身的な骨格異常を示す。ある種の先天性の中枢神経系(CNS)の異常は、出生後数週または数カ月して初めて臨床症状を示す(例えば、それぞれ痙攣性不全麻痺、斜視)。

　もし数頭の子牛が同様な異常を示したら、疫学的な調査が必要となる。それには、母牛の履歴(栄養と疾病、妊娠中のすべての薬物治療、および有力な催奇形物質のある場所への母牛の移動)、および家系調査とともに、何らかの季節的な関連、新規導入牛群などが含まれる。

　先天性の眼の異常については第8章、臍ヘルニアは図2-9、潜在精巣は図10-18、仮性半陰陽は図10-40～図10-42、および小脳形成不全は図4-1、図4-2に示した。

## 唇裂(兎唇、唇顎裂)、口蓋裂
Cleft lip ("harelip", cheilognathoschisis); cleft palate (palatoschisis)

### 病態
　胎生期における正中線の癒合失宜は、骨格系のさまざまな部分に影響する異常をもたらす。

### 症状
　ここには2例の明白な頭部異常が示されている。若齢のショートホーン子牛の唇裂を図1-1に示したが、この例では深い溝が上唇、鼻唇板と顎を越えて斜

## Congenital disorders

図 1-1　唇裂（ショートホーン子牛、米国）

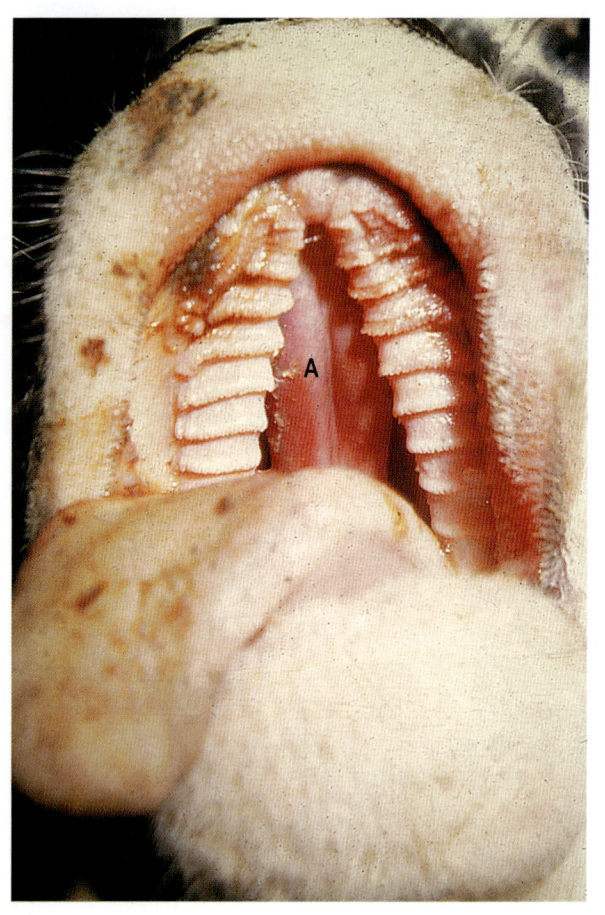

図 1-2　口蓋裂（ホルスタイン子牛、米国）

めに走っており、皮膚や上顎骨にまで影響している。この子牛は母牛からの吸乳が非常に困難で、かなりの量をこぼしていた。

　口蓋裂は、新生子牛の硬口蓋および軟口蓋にさまざまな広がりを示す先天的な亀裂としてみられる（図1-2）。亀裂を通して鼻甲介（図中のA）が明瞭にみえる。主な症状は、フリーシアン子牛（図1-3）にみられるような、鼻からの吐出である。誤嚥性肺炎がミルクの吸入により、新生子期にしばしば発生し、時には保育期を通じて発生する。小さな亀裂を持ついくらかの子牛は、保育期の発育が正常にみえるが、これは吸乳時に、子牛の口内の乳頭がその亀裂を塞ぐからである。症状は固形食を食べ始めたときにもみられる。口蓋裂はしばしば、特に関節彎曲症（図1-15）のような、他の先天異常に随伴してみられる。ホルスタイン子牛（図1-2）は「ブルドッグ子牛」であった。他の正中線の異常には、二分脊椎（図1-20）や心室中隔欠損（図1-30、図1-31）がある。

### 髄膜瘤　Meningocele

　大きく、赤色液で満ちた囊（図1-4）が前頭骨の中心蓋から突出している。この囊は脳脊髄液を含んでいる。この4日齢のヘレフォード雑種雄子牛は、それ以外は健康である。この症例では遺伝的な異常は考えにくい（図1-20も参照）。

### 唾液粘液瘤　Salivary mucocele

#### 病態

　唾液の皮下組織への管外遊出である。

#### 症状

　このリムーザン×フリーシアン子牛（図1-5）は、出生時から軟らかく痛みのない揺れ動く腫脹を持っていた。他の症例では生後2、3週齢で発生している。

#### 類症鑑別

　子牛のジフテリア（図2-42）、下顎膿瘍（図4-51）。

### 軟骨無形成性矮小体躯症（ブルドッグ子牛）または軟骨異形成症　Achondroplastic dwarfism ("bulldog calf") or dyschondroplasia

#### 病態

　軟骨の発達失宜であり、通常は遺伝性の異常。

#### 症状

　ヘレフォード子牛（図1-6）は短頭矮小体躯症を示している。頭部は短くて異常に幅広く、下顎は突出しており、四肢は非常に短い。また腹部は膨満していた。子牛は起立困難で、頭部奇形のために呼吸困難であり（鼻塞性矮小体躯症；"snorter dwarf"）、口蓋裂もみられた。2週齢のシンメンタール雑哺乳子牛（図1-7）は、全四肢、特に前肢の重度彎曲を示し、萎縮しており、軽度の皿型顔面を持っていたので、安楽死が指示された。サイレージのみを給与された冬期舎飼いの母牛から5月に生まれた。次の年には他の飼料も補給したところ、軟骨無形成の発生は、40/200から5/200

図 1-3　鼻への逆流を伴う口蓋裂（フリーシアン子牛）

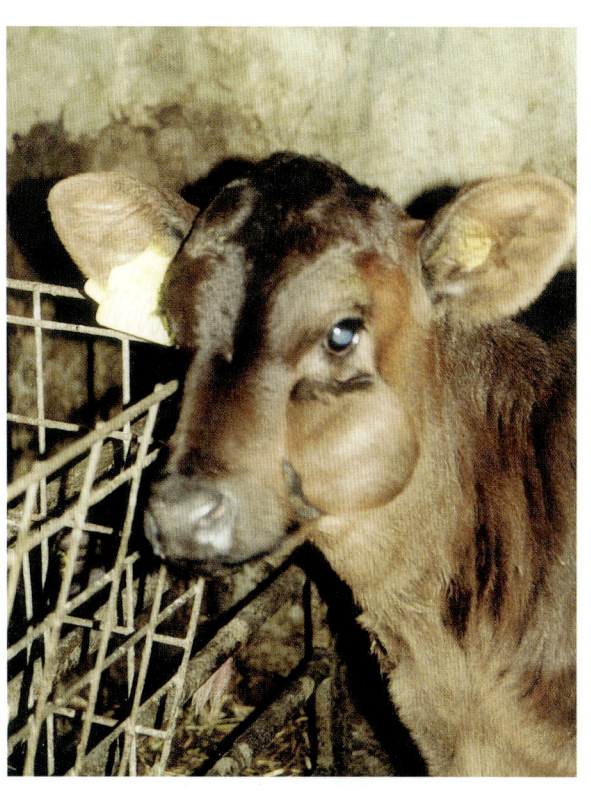

図 1-5　唾液粘液瘤（リムーザン×フリーシアン）

に減少した。
　ブルドッグ子牛はしばしば死産でみられる（図 1-8）。このエアシャーは大きな頭部と短い肢を持ち、また広範な皮下浮腫（水腫胎）を伴っていた。矮小体躯症は、ヘレフォードやアンガスを含むいくつかの品種で、遺伝性に発生している。
　関連異常に先天性の関節弛緩と矮小体躯症（CJLD：congenital joint laxity and dwarfism）があり、カナダと英国における特異的な先天異常である。カナダの重度症例である新生子牛（図 1-9）は、しゃがむような外観で肢は短く、中手骨と指骨の過剰伸展、鎌状の後肢を示した。多くの子牛は不均衡な矮小体躯症であった。関節は 2 週齢以内に安定し、その後、子牛は正常な歩行ができる。他の異常はみられなかった。英国で

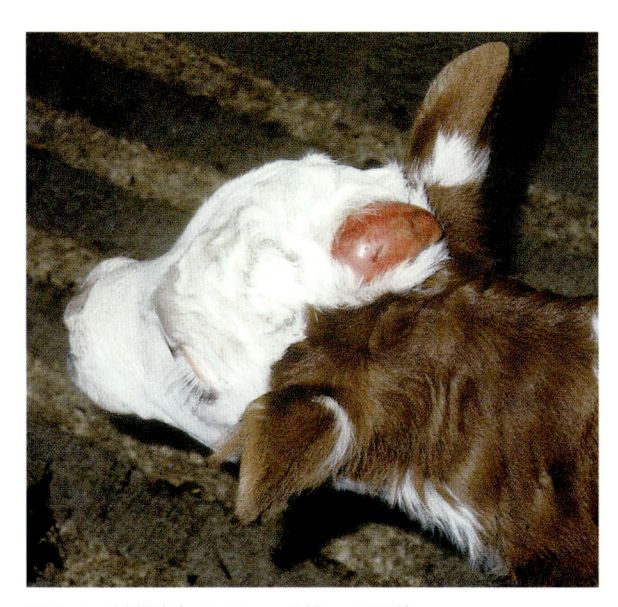

図 1-4　髄膜瘤（ヘレフォード雑、4 日齢）

図 1-6　短頭矮小体躯症（ヘレフォード）

4　Congenital disorders

図1-7　短頭矮小体躯症（シンメンタール雑）

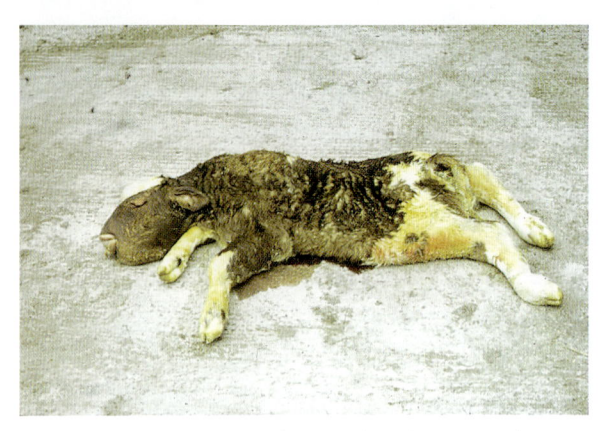

図1-8　短頭矮小体躯症、ブルドッグ子牛（エアシャー）

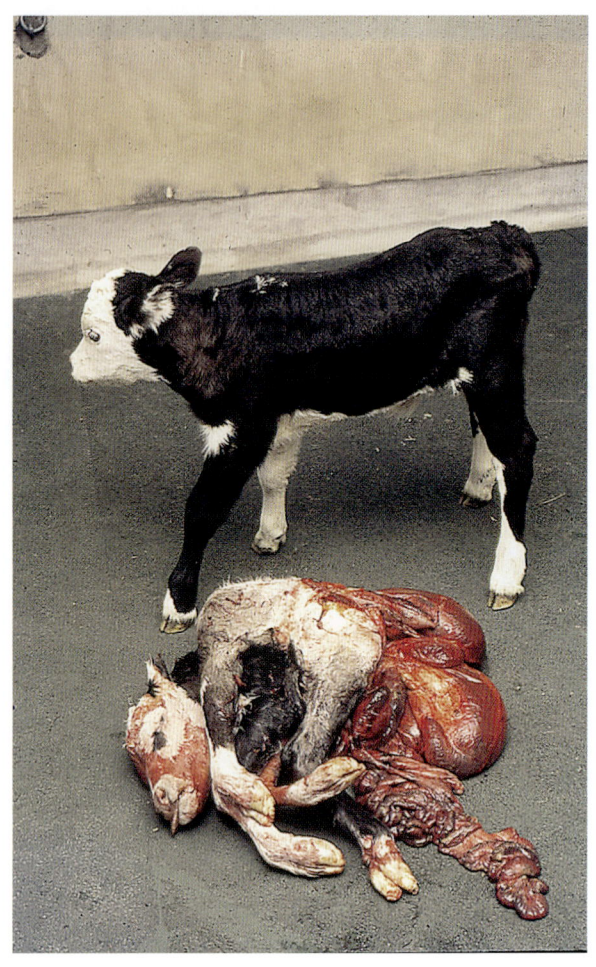

図1-10　反転性裂体と正常な双子（ホルスタイン）

は2009年10月に、85頭のサウスデボン×アンガス子牛の群のうち70頭が、短い四肢、関節弛緩（特に球節）、呼吸困難を出生日に示し、うち少数が下顎短小を示した。母牛は、舎飼い後はワラが給与され、その後はワラとサイレージが給与されていた。

### 反転性裂体　Schistosomus reflexus

双子の一方の子牛は正常な生存子牛であり、他の一方が反転性裂体であった（図1-10）。後躯が頭方を向いており、腹側の腹壁が開裂し、内臓が露出している。この異常はしばしば難産となり、帝王切開によって救助される。

### 水無脳症　Hydranencephaly

大脳半球を欠損し、そこに脳脊髄液が貯留している。この症例（図1-11）では髄膜切除後に、液が排除されている。水無脳症と関節彎曲症は、アカバネウイルス（図1-12）のようなある種の子宮内ウイルス感染のあと、疫学的に連動して発生する。

図1-9　先天性の関節弛緩と矮小体躯症（ヘレフォード、カナダ）

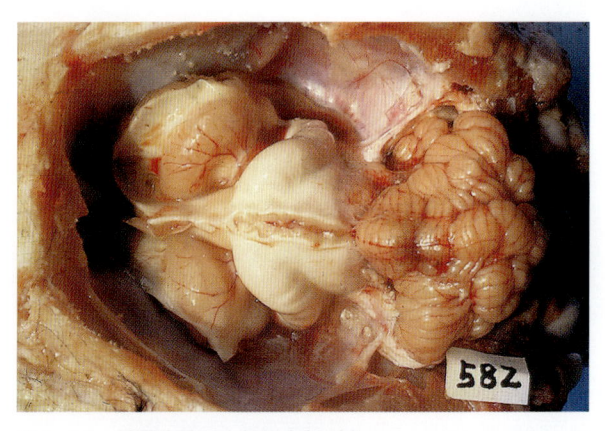

図1-11　脳露出時の水無脳症（日本）

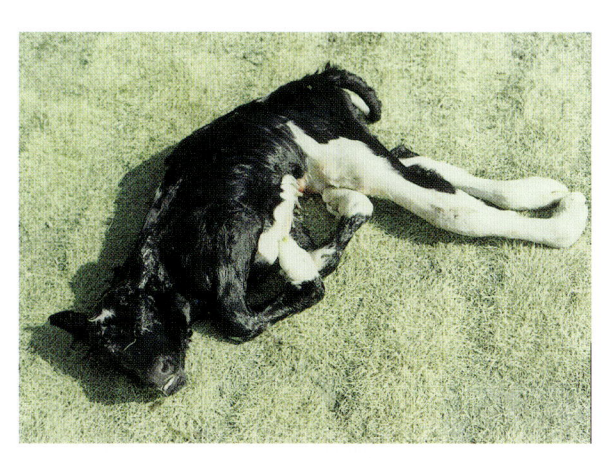

図1-12 アカバネウイルスによる水無脳症と関節彎曲症(日本)

図1-14 拘縮した前肢屈腱(ヘレフォード雑)

## 水頭症　Hrdrocephalus

　頭蓋(図1-13)が、脳室内の異常な量の脳脊髄液の圧力によって、膨隆している。通常は先天性に子牛に発生するが、まれに、感染や外傷によって後天性にも発生する。牛水頭症の中には、軟骨無形成の皿型顔面と上顎短縮(ブルドッグ、図1-6参照)の例がある。

## 腱拘縮　Contracted tendons

　先天性の腱拘縮は、新生子牛の最も多い筋骨格系の異常と考えられており、このヘレフォード雑新生子牛(図1-14)は、前肢の手根関節と球節の重度の屈曲を示している。後肢は負重を支えるために、体の下に位置している。罹患関節は手で伸ばすことができる。胸筋の無緊張症がしばしばみられる。本症のあるものは常染色体劣性遺伝子を介して遺伝する。まれに口蓋裂(図1-2)を伴っている。

### 対処

　理学療法の1つの手段として、罹患子牛を定期的に立位に持ち上げるが、軽症例は治療せずとも回復する。中等度例では副木があてられ、重度例では手術(一側または両側屈腱の切除術)が必要となる。もし重度の手根屈曲があると、予後は不良である。

## 関節彎曲症　Arthrogryposis

　関節彎曲症(図1-15)は腱拘縮の重篤なもので、多くの関節が屈曲または伸展の状態で固定されている(関節強直症)。しばしば2肢、3肢、または全4肢が、屈曲と伸展のさまざまな組み合わせで出現する。この子牛は脊柱側彎症を持っている。左前肢はほぼ180度回転し(副蹄の位置に注目)、右後肢は鎌状となっている。多くのこれらの胎子は、もし予定日までもてば、難産を生じる。ある症例は子宮内ウイルス感染と関係しており、牛ウイルス性下痢・粘膜病(BVD)ウイルス(p.54)やアカバネウイルス(p.4)が知られており、またあるものは複合脊椎形成不全症(CVM)と関連している。

## 複合脊椎形成不全症(CVM)　Complex vertebral malformation

　本症は単一劣性遺伝子による致死性の遺伝的異常であり、ほとんどの場合、胎子の吸収、流産、または死産に終わり、そのため罹患母牛(通常、ホルスタイン)

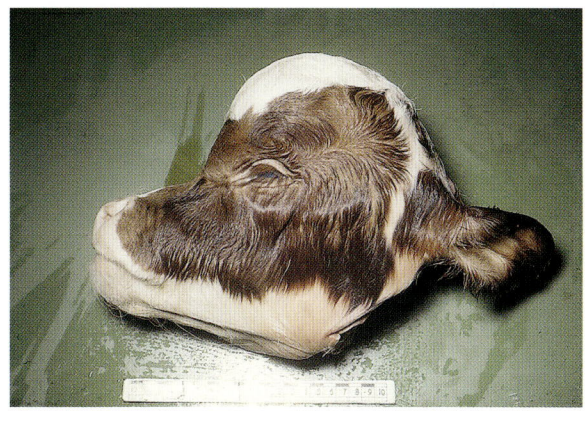

図1-13 水頭症(ヘレフォード雑)

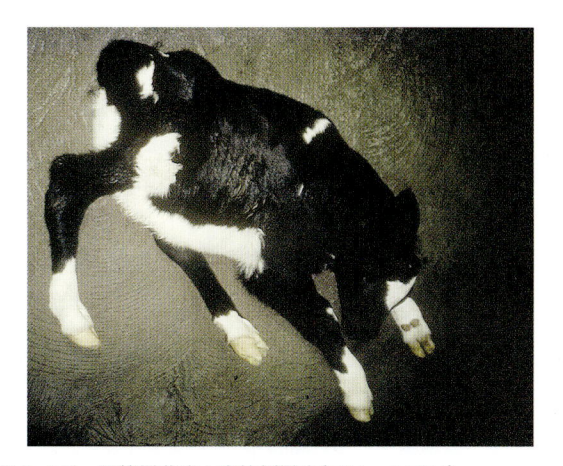

図1-15 関節彎曲症と脊柱側彎症(フリーシアン)

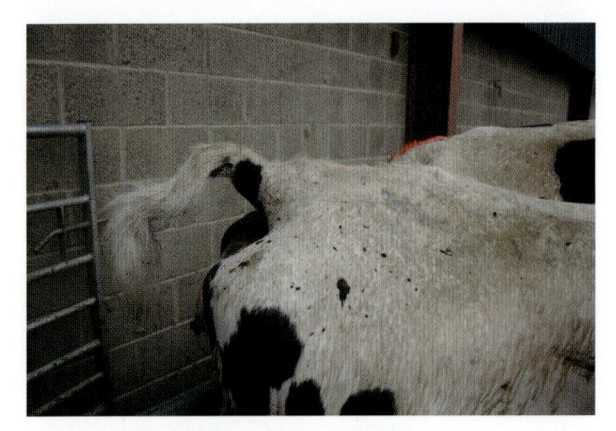

Congenital disorders

図 1-16　複合脊椎形成不全症（CVM）雌牛

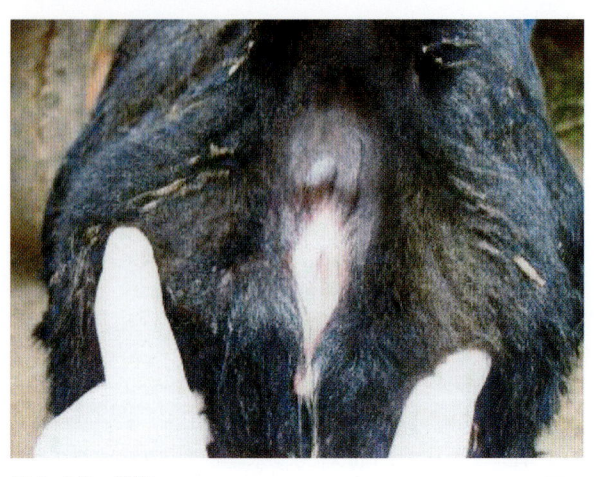

図 1-18　鎖肛

は低受胎となり、受胎率が低下する。生存子牛は前部が短縮した頸と胸、変形した手根と中手関節、および図 1-16 にみられるような尾の変形、ねじれ、低形成のような骨格奇形を示す。欠陥遺伝子は、現在ほとんど繁殖から排除されている。

## 脊椎癒合と脊柱背彎症　Vertebral fusion and kyphosis

この2週齢のホルスタイン子牛（図 1-17）は、頸椎、胸椎、腰椎のほとんどが癒合しており、また短縮頸と脊柱の凸状彎曲（脊柱背彎症）を伴っていた。病因は不明である。脊柱背彎症は遺伝的または後天的（図 7-94）に生じる。しばしば出生時には明白ではなく、加齢とともに進行性に悪化する。軽症例は出荷重量まで増体する。重症例は淘汰が勧められる。

## 鎖肛　Atresia ani

肛門の先天的な欠如（図 1-18）は、臨床的に排便のないことで示され、徐々に腹部が膨満してくる。小さくくぼみが肛門括約筋の位置を示している。もし直腸が存在すれば、宿糞の圧迫によって、軟らかい膨らみを生じることがあり、外科的に治療される。通常、子牛は3日以内に激しい腹痛を示す。時には直腸と泌尿生殖器の間に瘻管が形成される（図 2-15 も参照）。

## 形成不全尾（偏尾）　Hypoplastic tail ("Wry tail")

本症はわりに多い先天異常である。この子牛（図 1-19）は無尾で生まれ、尾椎がなかった。正常な歩行が可能で、出荷体重に達した。より重度の尾椎形成不全を持った他の子牛は、不安定な旋回歩行を示し、加齢とともにさらに悪化する。そのため淘汰が勧められる。

## 二分脊椎　Spina bifida

### 病態
椎弓の両側半分の開裂であり、脊髄と髄膜が突出していることも突出していないこともある。

### 症状
重度の後躯麻痺が、このフリーシアン新生子にみられる（図 1-20）。仙骨部に赤色の隆起した円形の突起があり、脊髄髄膜瘤（脊髄と髄膜の突出）を示していた。この先天異常は脊椎の背側部の欠損による（図 1-

図 1-17　脊椎癒合と脊柱背彎症（ホルスタイン、2週齢、ベルギー）

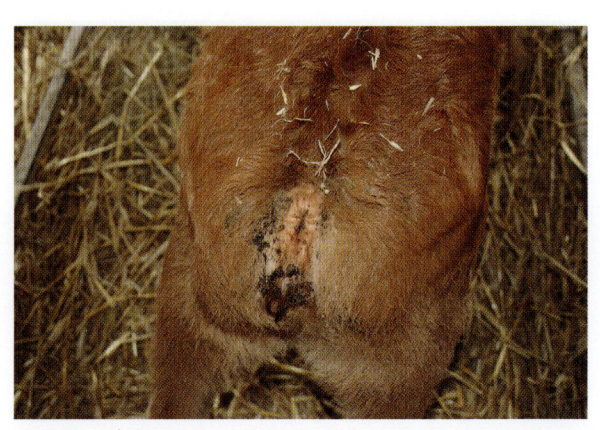

図 1-19　形成不全尾

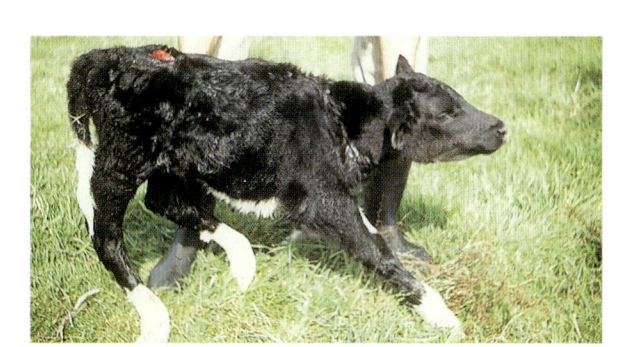

図1-20 運動失調を伴う二分脊椎

4と比較)。たとえ運動失調が重度でなくても、罹患子牛は、上行性の脊髄感染のリスクのために淘汰が勧められる。

## 尿道下裂　Hypospadia

　この異常はまれにみられる雄の先天異常であり、尿道が肛門の下方の会陰部に開口している(図1-21)。遺残した陰茎がピンク色の溝としてみられる。鼠径部下方が尿で汚染されている。

## 分節状空腸無形成、結腸閉鎖
Segmental jejunal aplasia, atresia coli

　初めは正常に吸乳していた1週齢のシャブレー子牛(図1-22)にみられるように、右方の近位空腸(図中のA)が液で大きく拡張している。遠位空腸(図中のB)は、空腸無形成と閉塞のために空虚である。大腸には胎便が認められる。子牛は4日齢から進行性に腹部が膨満してきた。典型的な症状は、図1-23にみられるように、少量の粘液の直腸通過であり、本例では3日齢のシャロレー雑双子子牛の双方とも罹患していた。
　他の腸管無形成例には、回腸、結腸、直腸が含まれ、同様な症状を示す。結腸閉鎖子牛の例では、出生時は

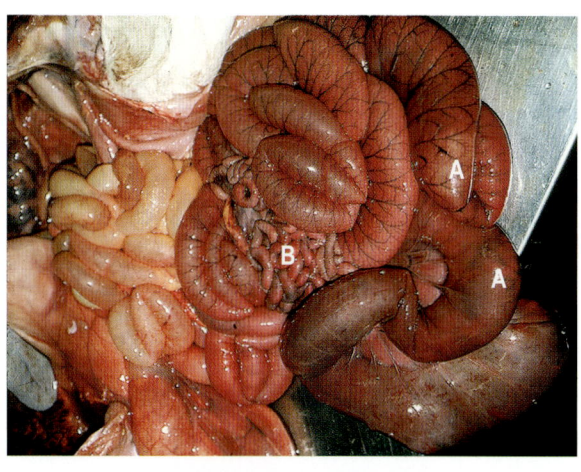

図1-22 分節状空腸無形成と狭窄症(シャブレー)

正常にみえたが、1週間以内に急速に腹部が膨満し、死亡した。小腸と盲腸が大きく拡張し、結腸は空虚であった。しかし、近位の腸管閉塞の方が、より急性で迅速な進行状況を示す。ある症例では、腸管は腹腔に開口し、腹膜炎を起こして、48時間以内に死亡した。

### 類症鑑別
　空腸重積(図4-86)、空腸捻転と重積(図4-87)、穿孔した第四胃潰瘍(図2-28)、腸管毒血症による腸管うっ帯。

## 合指(趾)症(ラバ蹄)　Syndactly ("mule foot")

　このホルスタイン雄子牛(図1-24)の両側前肢の蹄が癒合している。この先天異常は不完全表現を持つ単一常染色体劣性遺伝子のホモ(同型)接合によって生じる。本症は米国のホルスタイン牛に最も多い遺伝性骨格異常であるが、他の品種でも発生している。1つまたはそれ以上の肢が罹患する。

## 上皮形成不全　Epitheliogenesis imperfecta

　皮膚の先天的な欠損であり、子牛に最も明瞭にみら

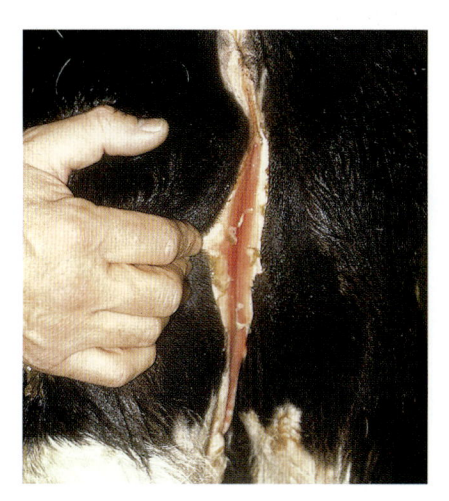

図1-21 尿道下裂(フリーシアン雄子牛)

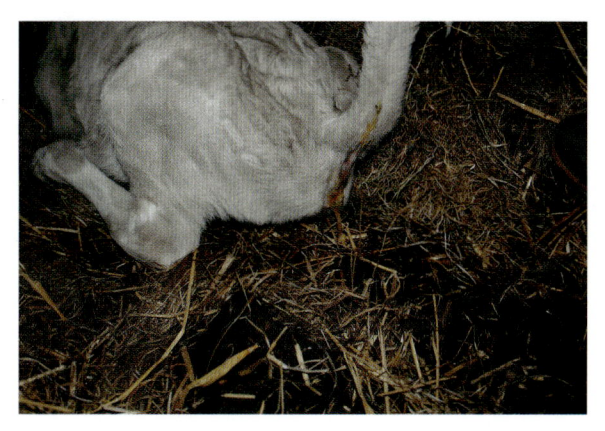

図1-23 腸閉塞:肛門の粘液

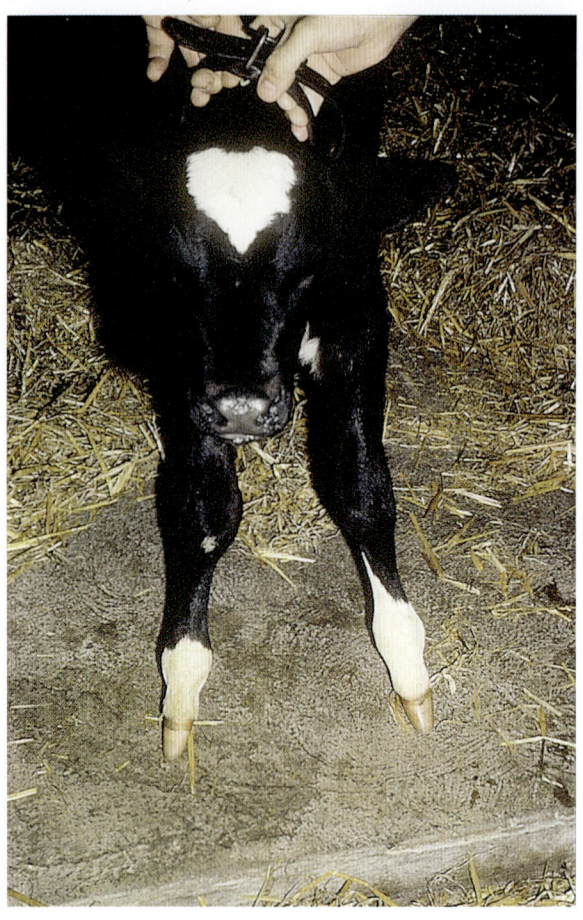

# Congenital disorders

図 1-24　合指(趾)症(ラバ蹄)(ホルスタイン、米国)

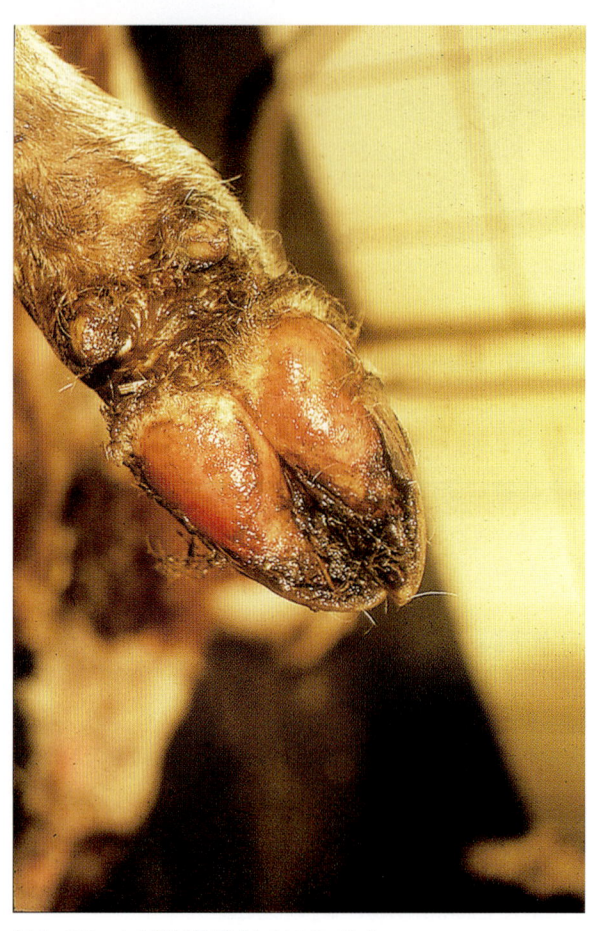

図 1-26　上皮形成不全(ホルスタイン)

れ、この症例(図1-25)では蹄の角質部が含まれている。幼弱ホルスタイン子牛(図1-26)では、全四肢に及ぶ蹄角質部の広い欠損が明白である。本症は、単一常染色体劣性遺伝をし、さまざまな品種でまれに半致死性を示す。広範な上皮欠損が、鼻鏡、舌、硬口蓋と同様に、四肢の蹄部に生じる。出血と二次感染が敗血症をもたらし、早期死に至る。

## 減毛症　Hypotrichosis

遺伝的な異常の中には、さまざまなタイプの減毛症があり、被毛は薄く、絹状を示す(図1-27)。皺の多い皮膚(図中のA)は、厚さわずか2～3層の細胞からなる。子牛は腕部や肘部など数カ所の皮膚の磨耗を示す。ヘレフォードでは単一常染色体劣性遺伝が記録されている。他のタイプには致死性減毛症があり、通常、子牛は無毛で、死んで生まれるか、生後間もなく死亡する。

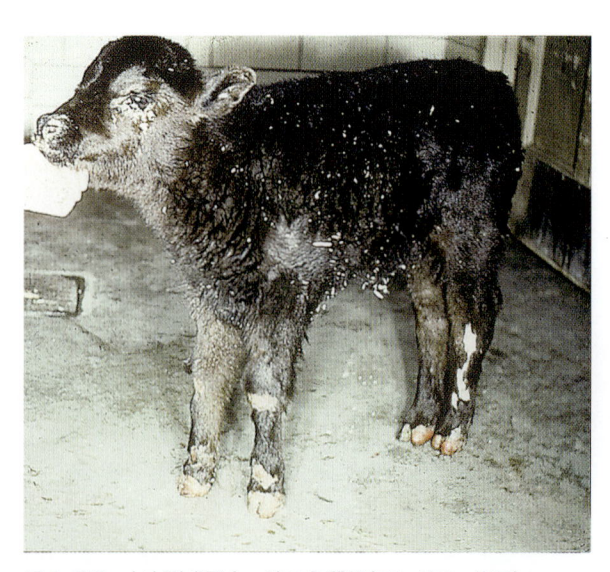

図 1-25　上皮形成不全、蹄の角質部(アンガス、米国)

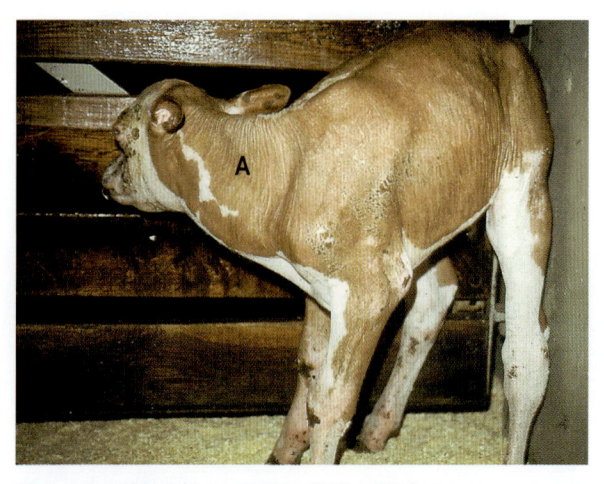

図 1-27　減毛症(シンメンタール雑、米国)

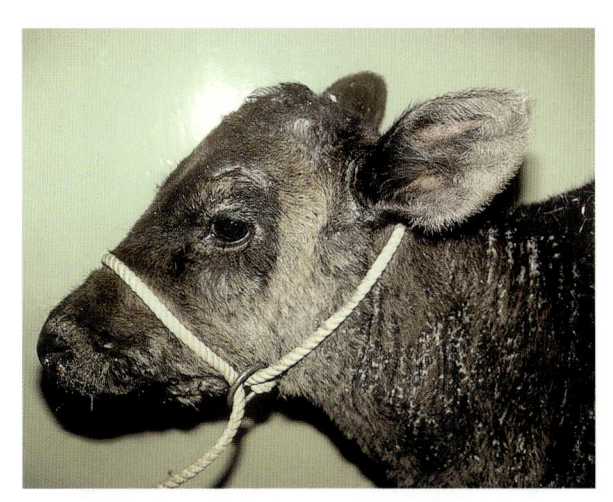

図1-28　角化不全症（フリーシアン雑、5週齢）

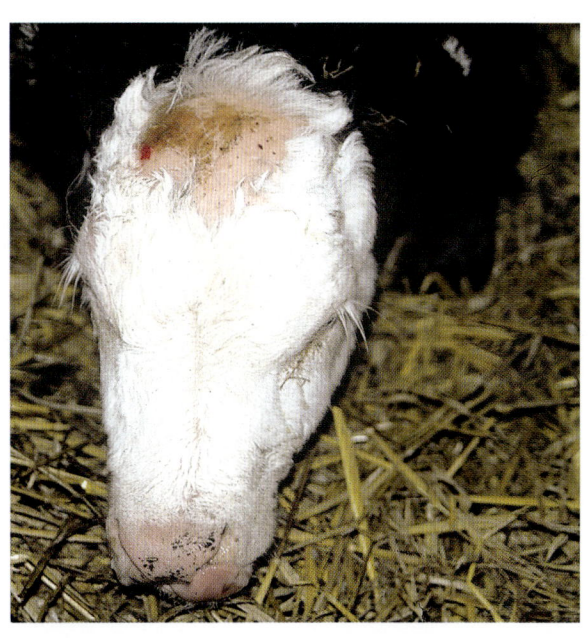

図1-29　脱毛子牛症候群（ヘレフォード雑）

## 角化不全症（アデマ病、致死的因子A46）
Parakeratosis (adema disease, lethal trait A46)

本症は遺伝的な異常で、フリーシアンタイプの牛の腸管亜鉛低吸収と関連している。子牛は結膜炎、下痢、および易感染性の亢進を示し、治療しなければ最後に死亡する。この子牛（図1-28）は正常に生まれ、5週齢で全身性の角化不全症を発生した。頭部と頸部の皮膚は鱗屑、ひび割れ、亀裂を示し硬化している。眼の上方の皮膚表面はすりむけて磨耗している。

### 類症鑑別
デルマトフィルス症（図3-37～図3-43）、重度シラミ感染（シラミ感染症；pediculosis、図3-20～図3-24）。診断は亜鉛治療に対する反応によって確定する。

### 対処
子牛は淘汰すべきである（致死性遺伝）。

## 脱毛子牛症候群　Baldy calf syndrome

主にホルスタインにみられる先天異常で、脱毛子牛症候群は減毛症と関係している。常染色体劣性遺伝で、雄のホルスタインでは致死性となるが、雌では2～3週以内に症状を示す。このヘレフォード雑子牛（図1-29）は重度に沈うつしており、発熱、食欲不振、流涙、鼻汁を伴っている。頭部と頸部の上方に脱毛部がある。ほとんどの症例は慢性化した発育不良のために淘汰される。脱毛子牛症候群と角化不全症（図1-28）はいずれも亜鉛の経口補給に反応するが、投与を停止すると再発する。

## 心室中隔欠損（VSD）　Ventricular septal defect

この2日齢のフリーシアン子牛は心室中隔欠損であった（図1-30）。嗜眠と呼吸困難を示し、特に運動させると、重度の頻脈となり、鼻鏡の充血を示した。2日後に死亡した。小さな欠損では、強い心収縮期雑音を除いて、ほとんど症状を示さない。罹患子牛は一般に吸乳困難であり、重度の呼吸困難を生じ、時には食道溝反射障害からくる鼓脹を示す。

剖検時にみられた重度例では、心室中隔の開通が認められる（図1-31）。左側房室弁の位置（図中のA）から、開口が中隔の膜性部にあることが分かる。血流は通常左室から右室へと短絡される。心室中隔欠損は他の循環器異常と併発することがある。

## 動脈管開存（PDA）　Patent ductus arteriosus

シャロレー雑雄子牛（図1-32）の心臓が、18日齢時に突然激しい呼吸促迫を伴って崩壊した。動脈幹（図中のB）と肺動脈（図中のC）の間に開口（図中のA、内径2.5 mm）がみられる。鋏の先端は動脈管開存部を指している。正常な血流を示すために、鉗子を左心室（下部）と大動脈の間に置いている。

この開口は通常出生後すぐに閉じられる。この開口が開いたままであると、酸素化されていない血液が肺動脈幹を通して大動脈に入り、心室中隔欠損と同様な症状を示す。

## 牛造血性ポルフィリン症、先天性造血性ポルフィリン症（BEP、CEP、ピンク歯）　Bovine erythropoietic porphyria, congenital erythropoietic porphyria ("pink tooth")

### 病態
単一常染色体劣性遺伝をし、ポルフィリンタイプ異性体の蓄積があり、その結果、さまざまな品種（例えば、ホルスタイン、ショートホーン、エアシャー、ヘ

図 1-30　心室中隔欠損（フリーシアン、2日齢）

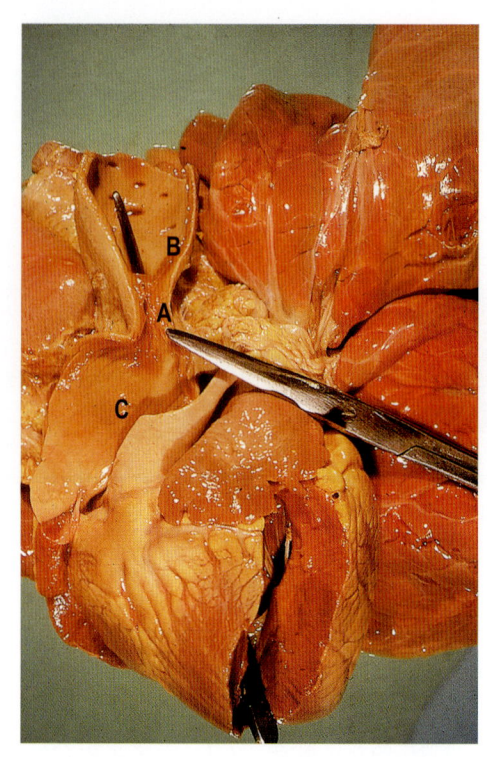

図 1-32　動脈管開存（シャロレー雄子牛、18日齢）

レフォード）に光線過敏症を生じる。

### 症状
　BEPP（次項参照）より発生が多く、より激しい光線過敏症を示す。他の所見としては、歯（図1-33）、骨（肋骨、図1-34）、および尿（ウロポルフィリンの濃度が高い）が赤褐色に退色している。歯と尿はウッドランプ下で蛍光を発する。また、再生性貧血と発育停止もみられる。

### 類症鑑別
　BEPP（歯の赤褐色化が明瞭でない）を含む他の光線過敏症（p.30、260、261参照）。

### 対処
　罹患キャリア牛の排除を含む繁殖計画の実行、および肉用牛では罹患牛群の舎飼い。

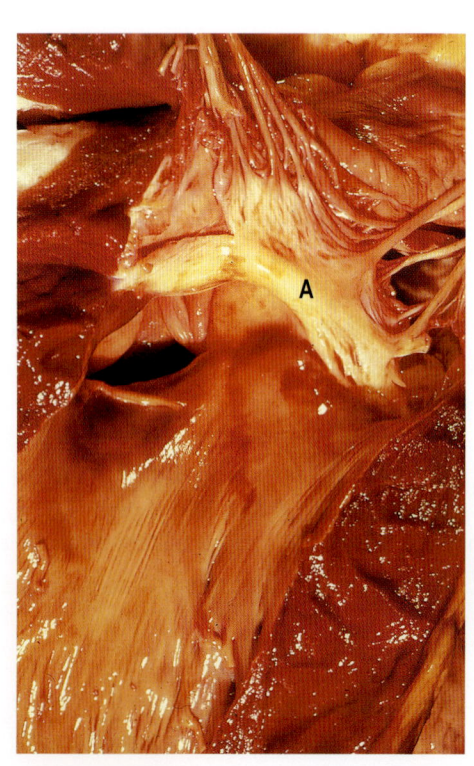

図 1-31　心室中隔欠損

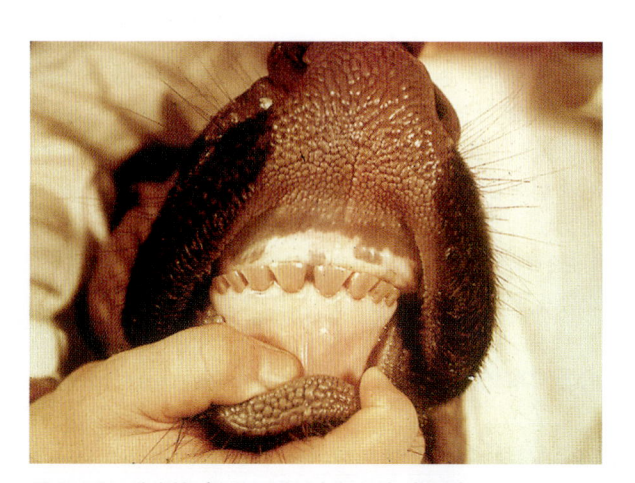

図 1-33　造血性ポルフィリン症（BEP）（米国）

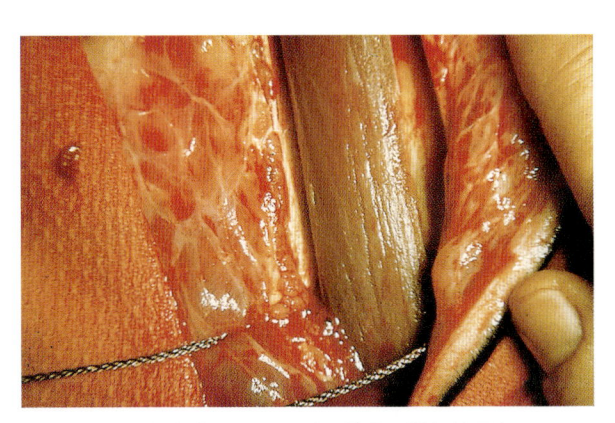

図 1-34　造血性ポルフィリン症、肋骨の蛍光（米国）

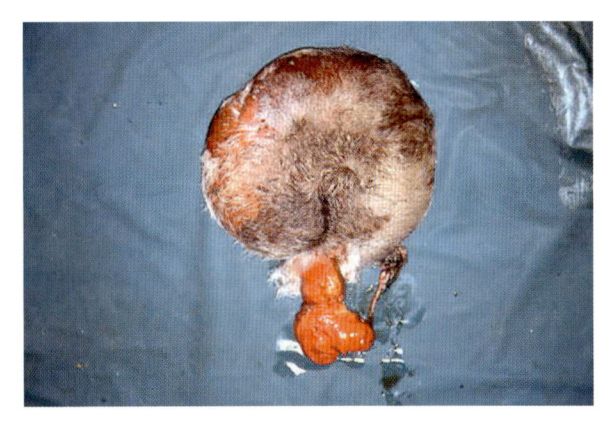

図 1-36　無形球状体

## 牛造血性プロトポルフィリン症（BEPP）
Bovine erythropoietic protpporphyria

### 病態
　光線過敏症を生じる散発性の遺伝性疾患（常染色体劣性の可能性）であり、フェロケラターゼ欠損のために、赤血球と体組織にプロトポルフィリンの高値をもたらす。プロトポルフィリンは光力学的物質である。リムーザンとブロンドダキテーヌ（Blonde d'Aquitaine)種で報告されている。

### 症状
　主な症状は光線皮膚炎とまぶしがり症（羞明）であり、若齢牛ほど激しい。2週齢のリムーザン雑哺乳子牛（図 1-35）は、口腔内不快感の結果として、鼻孔と耳端に激しい紅斑、潰瘍、痂皮を形成し、舌下潰瘍と流涎を示した。

### 類症鑑別
　他のタイプの光線過敏症（p.30、260 参照）。

### 対処
　繁殖計画でキャリアを排除する。罹患子牛は日光を避けるために舎飼いする。

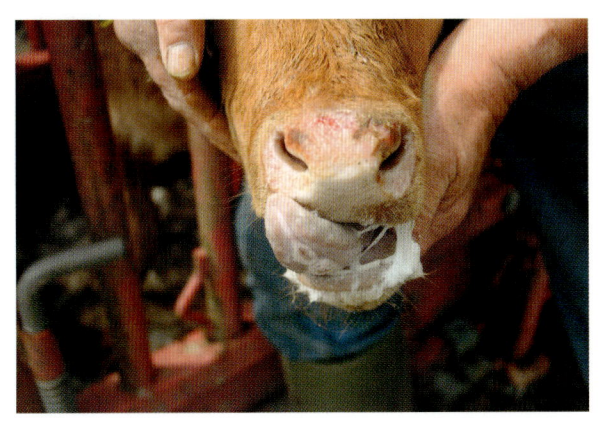

図 1-35　造血性プロトポルフィリン症（BEPP）：鼻鏡と舌の変化

## 無形球状体　Amorphous globosus

　この極端な先天異常例（図 1-36）は健康な子牛との双子で生まれる。外形は皮膚で覆われ、内部には痕跡的な心臓や肺がある。下方に臍帯が明瞭にみられる。

# 第2章

# 新生子疾患 Neonatal disorders

| | |
|---|---|
| はじめに・・・・・・・・・・・・・・・・・・・・・・・・・・・・・・・・ 13 | 第四胃拡張症、捻転・・・・・・・・・・・・・・・・・・・・・・ 20 |
| 臍の異常・・・・・・・・・・・・・・・・・・・・・・・・・・・・・・・・ 13 | その他の腹腔疾患・・・・・・・・・・・・・・・・・・・・・・・・ 21 |
| 臍からの内臓脱出・・・・・・・・・・・・・・・・・・・・・・ 13 | コクシジウム症・・・・・・・・・・・・・・・・・・・・・・・・ 21 |
| 臍疾患（臍静脈炎）・・・・・・・・・・・・・・・・・・・・・・ 13 | 壊死性腸炎・・・・・・・・・・・・・・・・・・・・・・・・・・・・ 22 |
| 臍の肉芽腫・・・・・・・・・・・・・・・・・・・・・・・・・・・・ 15 | 離乳前後の子牛下痢症候群・・・・・・・・・・・・・・ 22 |
| 臍ヘルニア・・・・・・・・・・・・・・・・・・・・・・・・・・・・ 15 | 子牛の第一胃鼓脹症・・・・・・・・・・・・・・・・・・・・ 23 |
| 臍膿瘍・・・・・・・・・・・・・・・・・・・・・・・・・・・・・・・・ 16 | 皮膚疾患・・・・・・・・・・・・・・・・・・・・・・・・・・・・・・・・ 24 |
| 臍しゃぶり・・・・・・・・・・・・・・・・・・・・・・・・・・・・ 17 | 特発性脱毛症・・・・・・・・・・・・・・・・・・・・・・・・・・ 24 |
| 直腸尿道臍瘻・・・・・・・・・・・・・・・・・・・・・・・・・・ 17 | 下痢後の脱毛・・・・・・・・・・・・・・・・・・・・・・・・・・ 24 |
| 消化器疾患・・・・・・・・・・・・・・・・・・・・・・・・・・・・・・ 17 | 鼻口部の脱毛・・・・・・・・・・・・・・・・・・・・・・・・・・ 24 |
| 子牛下痢症・・・・・・・・・・・・・・・・・・・・・・・・・・・・ 17 | その他の疾患・・・・・・・・・・・・・・・・・・・・・・・・・・・・ 24 |
| ロタウイルス、コロナウイルス、クリプトスポ | ジフテリア（口腔の壊死桿菌症）・・・・・・・・・・・・ 24 |
| リジウム・・・・・・・・・・・・・・・・・・・・・・・・・・・・ 17 | 壊死性喉頭炎（喉頭の壊死桿菌症）・・・・・・・・・・ 25 |
| 白痢・・・・・・・・・・・・・・・・・・・・・・・・・・・・・・・・・・ 18 | 関節疾患・・・・・・・・・・・・・・・・・・・・・・・・・・・・・・ 26 |
| 腸管毒血症（エンテロトキセミア）・・・・・・・・・・ 19 | ヨード欠乏性甲状腺腫・・・・・・・・・・・・・・・・・・ 27 |
| サルモネラ症・・・・・・・・・・・・・・・・・・・・・・・・・・ 19 | 牛新生子汎血球減少症（BNP）、出血子牛症候 |
| 第四胃潰瘍・・・・・・・・・・・・・・・・・・・・・・・・・・・・ 20 | 群、特発性出血性素因・・・・・・・・・・・・・・・・・・ 27 |

## はじめに

本章では、出生時から離乳後までの子牛の疾患を取り上げる。初めの項では、臍疾患、臍ヘルニア、および臍に一般的な症状を扱う。続く項では、さまざまなタイプの下痢と脱毛、その他、子牛ジフテリアや関節疾患など種々の疾患をカバーする。発現している症状に応じて、その他の子牛期の疾患については関連する章で述べる（例えば、シラミ、白癬、皮膚病は第3章に、呼吸器疾患は第5章に、髄膜炎は第9章に記載）。

出生時生存子牛の死亡率は5％が許容範囲と考えられている。新生子牛死亡率の改善目標は3％くらいである。飼養管理が不良であれば、死亡率はさらに高くなる。なぜ幼若子牛が疾病に特に易感受性を持つかというと、それには多くの理由が挙げられる。①子牛の免疫学的防御機構は完全には発達していない、②子牛は受動免疫から能動免疫への移行期に当たる、③第四胃は酸性度がそれほど高くないため（特に生後2〜3日間）、腸内細菌や摂取された微生物に対する殺菌力が低下している、④子牛は数回の食事の変化を経験する、⑤臍が体内への感染を招く最初の経路となる、などである。子牛の疾患の多くは、適切な牛舎環境、管理、または初乳摂取の失宜によって、悪化する。

## 臍の異常 Conditions of umbilicus (navel)

### 臍からの内臓脱出 Umbilical eventration

#### 症状

臍からの内臓脱出は、出生直後の子牛のごく少数にみられる。脱出した腸管（空腸）は、フリーシアン子牛（図2-1）のように完全に露出されるものや、腹膜嚢に包まれているものがある。シャロレー子牛の腹膜嚢を切開すると、充血した腸管が現れた（図2-2）。しばしば子牛の移動時に、露出された腸管が破裂する。そうなると予後は不良となる。さらに進行し露出が進んだ場合は、腸管ループは虚血性壊死のために真紅や紫色に変色する（図2-1）。

#### 処置

ごく早期（3時間以内）の症例を除いて、外科的処置はほとんど効果がない。

### 臍疾患（臍静脈炎） Navel ill (omphalophlebitis)

#### 病態

通常、感染によって起こる臍組織の炎症。

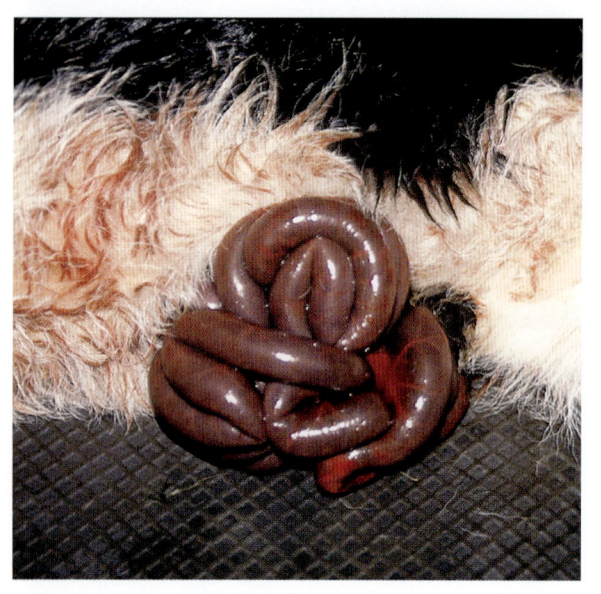

図2-1　臍からの空腸の脱出（フリーシアン）

図2-3　臍疾患（臍静脈炎）（フリーシアン、3日齢）

### 症状

　皮膚やその他の防護層がなく、湿潤した肉様の臍帯は、それが乾燥するまで（通常は生後1週以内）、特に感染を受けやすい。初めの3日齢の子牛（図2-3）では、腫大し、なお湿潤している臍帯が炎症を起こし、腫脹した臍輪の中に入っている。臍疾患はこの日齢では多くない。

　さらに典型的な症例では、悪臭を伴う黄白色の膿を排出し、腫脹して疼痛のある臍とともに発熱を示す（図2-4）。培養により、通常、*Escherichia coli*、*Proteus*、*Staphylococcus*、*Arcanobacterium pyogenes* などが混合した細菌叢が示される。この症例は数週間持続した。

　大腿内側部の脱毛は（図2-5）、尿焼けと飼い主による過度な洗浄のために生じる。症例によっては、肉眼的に排出物はみられないが、腫脹した臍の先端は湿っていて、膿のにおいがする。

　他の症例では、腹腔内の膿瘍が臍静脈に発生する。図2-6の症例は、臍（図中のB）近くの臍静脈が大きく拡張した腹腔内膿瘍（図中のA）を示している。この子牛のように、膿瘍の自然破裂による腹膜炎のために、死亡することがある。まれに尿膜管もまき込まれて炎症化し、膀胱炎へと発展し、発育不良となったり、罹病したりして、生後数カ月で死亡する。

　敗血症の結果、関節（図2-48、図2-49）、髄膜、心内膜、または四肢の動脈内膜の局所性炎症を生じる。

### 類症鑑別

　臍ヘルニア（図2-9）、臍からの内臓脱出（図2-1）、

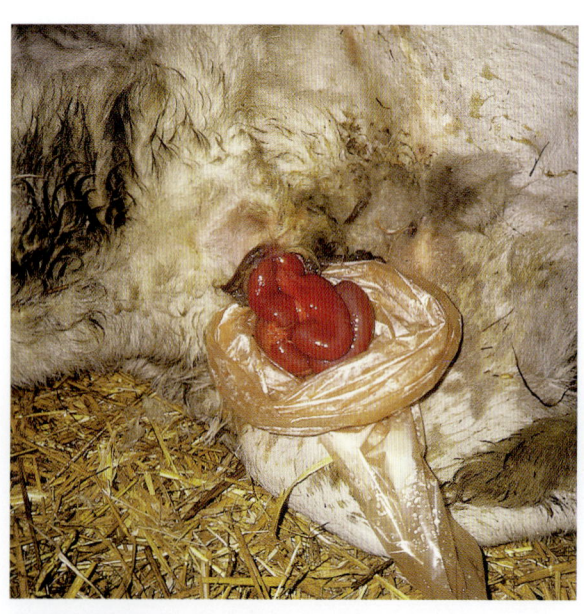

図2-2　臍からの空腸の脱出（シャロレー）

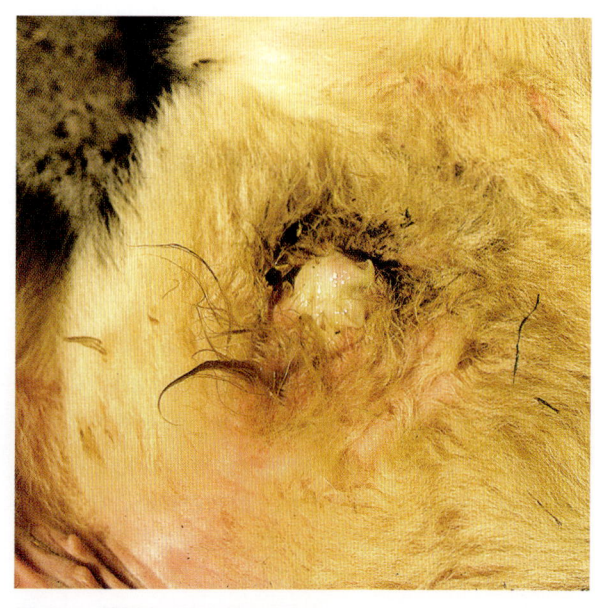

図2-4　膿様滲出物を伴う臍疾患

新生子疾患 15

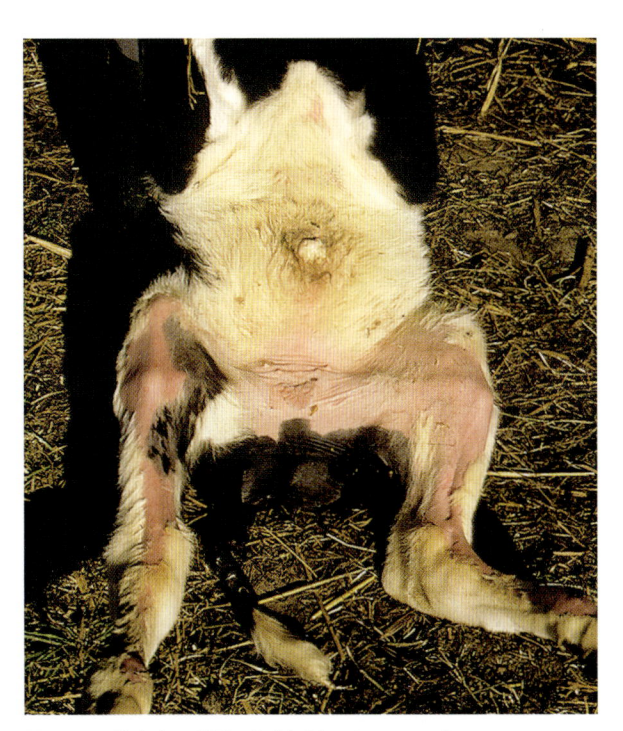

図 2-5 臍疾患に続発した脱毛(フリーシアン)

肉芽腫(図 2-7)。

### 対処
洗浄、壊死組織の切除、腹腔内病変部の深部洗浄をするためのカテーテルの使用を含む排液処置、および全身的抗生物質投与の継続。予防法は、分娩時の衛生状態の改善、臍帯を消毒し乾燥するための局所包帯の常用、および適切な初乳摂取である。

## 臍の肉芽腫　Umbilical granuloma

### 病態
臍部における慢性炎症過程のために生じた、肉芽組織の腫瘍に似た塊。

### 症状
小さな2つに分かれた肉芽組織の塊が2週齢子牛

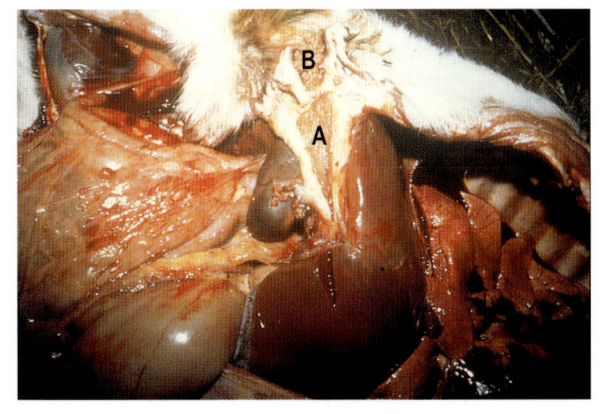

図 2-6 臍静脈膿瘍と腹膜炎を示す剖検像

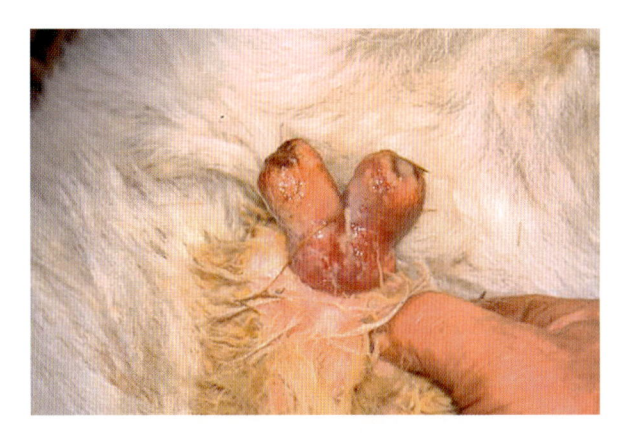

図 2-7 臍の肉芽腫(ヘレフォード雑)

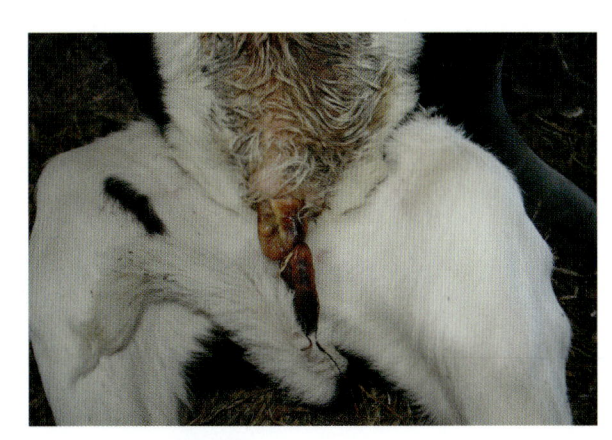

図 2-8 大型の臍肉芽腫

(図 2-7)の臍部から突出している。多くの症例は1つの組織塊からなる。疼痛の程度はわずかであり、罹患子牛は発熱もしない。しかし、本例のように表層の感染を示すことがある。この状態は、その基部で結紮して塊を切除するまで、解除されない。もし治療せずに放置されると(図 2-8)、成牛になるまで持続する。

## 臍ヘルニア　Umbilical hernia

### 症状
大きな柔らかい波動性のある腹側腹壁の腫脹が、この3カ月齢フリーシアン子牛(図 2-9)にみられる。この子牛の背彎姿勢は明らかに不快感を表している。より小型のヘルニアの多くは、疼痛を示さない。まれに中等度の臍ヘルニアで、空腸ループが絞扼され、子牛は激しい疼痛を訴え、毒血症になり、1～2日内に死亡することがある。このような症例(図 2-10)の剖検像は激しい漿膜の出血を伴った多数のループを示す。ヘルニアによっては、出生時から存在していても、最低2～3週齢になるまで気付かれないこともある。遺伝性のヘルニアが一定の割合を占める。還納不能で絞扼を起こすヘルニアの発生は少ない。

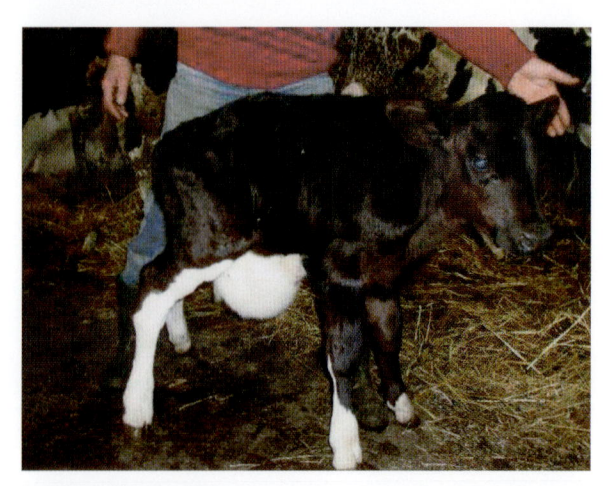

16　Neonatal disorders

図2-9　臍ヘルニア

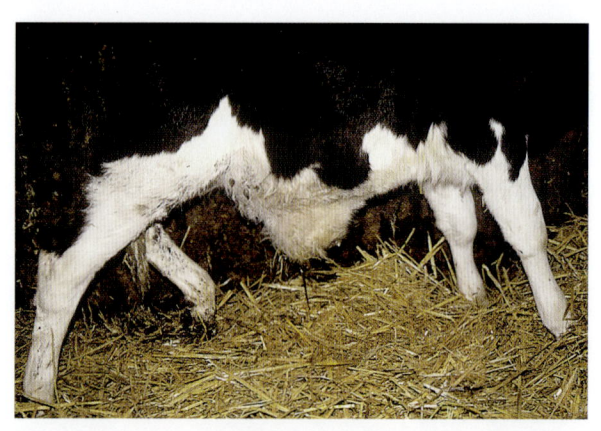

図2-12　臍膿瘍と第一胃瘻（フリーシアン、3カ月齢）

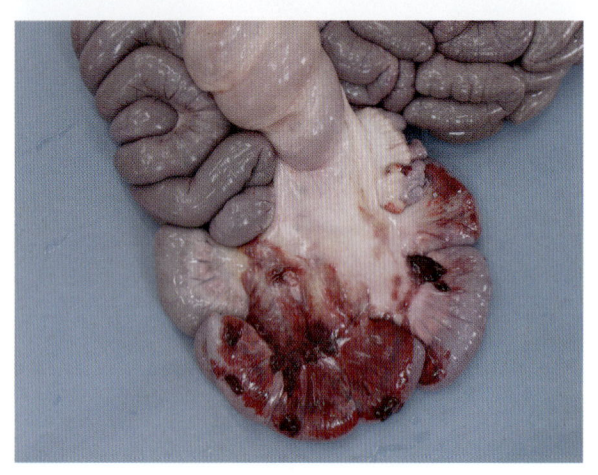

図2-10　絞扼性臍ヘルニアにみられた空腸ループ

### 臍膿瘍　Umbilical abscess

#### 症状
　この4カ月齢のフリーシアン雄子牛（図2-11）の腫脹は、包皮の前方に位置しており（包皮の後方に位置する尿石症〔図10-7〕と比較して）、知らぬ間に出現した。その塊は、初めは硬くて熱感があり、疼痛を伴っていた。その後、発熱を経て全身疾患へと発展した。抗生物質注射により、その腫脹は軟らかくなり、乱切刀による切開と排膿により治癒した。
　ヘルニアと臍膿瘍は併発することがある。時には、臍疾患や臍膿瘍は限局性の腹膜炎を生じ、第一胃壁を穿孔して第一胃瘻を形成するように侵食していく。この3カ月齢のフリーシアン子牛（図2-12）は、大きく腫大した臍嚢、その頭側の汚染を示している。第一胃内容物は瘻管を通して漏れており、図2-13の拡大図に示されている。

#### 類症鑑別
　臍疾患（図2-3）、臍ヘルニア（図2-9）、直腸尿道瘻（図2-15）。

#### 類症鑑別
　臍膿瘍（図2-11）、尿石症（図10-7）、尿道破裂（図10-7）。

#### 対処
　小さなヘルニア輪はしばしば6カ月以内に閉鎖するので、治療を要しない。大きなヘルニアは整復手術を要する。

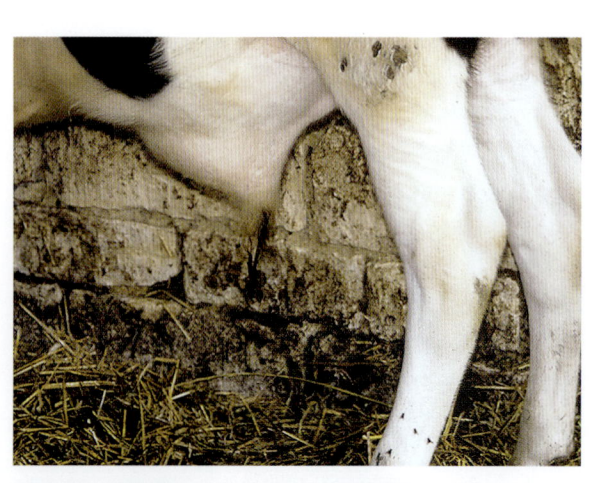

図2-11　臍膿瘍（フリーシアン、4カ月齢）

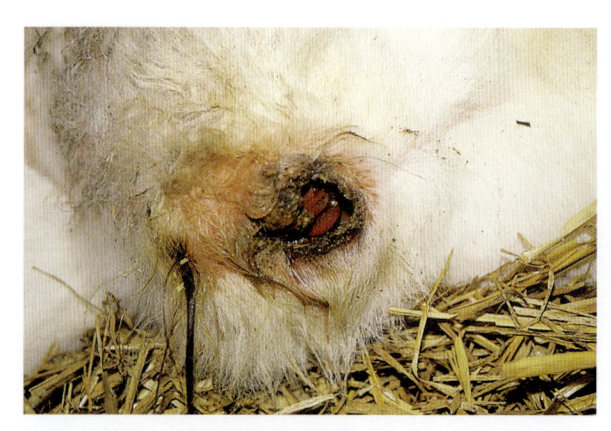

図2-13　臍への第一胃瘻の拡大図

新生子疾患　17

図2-14　臍しゃぶり

### 対処
尿膜管膿瘍のような腹腔内の内容物が含まれていないか、注意深く検査する。試験的切開術も必要で、予後は要警戒である。

## 臍しゃぶり　Naval suckling

臍しゃぶり（図2-14）は群飼でバケツ給餌の子牛によくみられる悪癖であり、特に子牛の状態が不良であったり、すでに疾患を持っていたりすると多くなる。しゃぶられた子牛の臍は腫大し、感染に曝される。臍周囲の被毛がなくなり、慢性的な問題を生じている。耳介、尾、陰嚢もまたおしゃぶりの対象となる。

### 対処
離乳後1週まで、子牛を一頭飼いする。バケツでなく、乳頭からミルクを与える。現存する疾患を処置する。

## 直腸尿道臍瘻　Rectourethral umbilical fistula

この2日齢ホルスタイン雄子牛（図2-15）の臍と包皮周囲の非常に汚れた被毛、および変色した尿に注目する。

### 類症鑑別
このまれな状態は、臍疾患や尿膜管遺残と混同されることがある。

### 対処
自然治癒は起こらない。外科的整復は通常不可能である。

# 消化器疾患
Conditions of gastrointestinal tract

## 子牛下痢症　Calf scour

### 病因と病理発生
子牛の腸炎と下痢は、生後2～3週間以内の死亡の主な原因となっている。非常に多くの要因が関与しており、あるものは脱水を伴うまたは伴わない下痢を示し、他のものは全身疾患につながっていく。生後2～3日間の下痢の多くは、*E. coli* や *Clostridium perfringens* のような細菌感染である。それらの毒素（トキシン）が腸からの過剰な排液をもたらし、続いて下痢にみられるように、脱水を招く。ウイルス感染（ロタウイルスおよびコロナウイルス）とクリプトスポリジウムは通常生後10～14日（母体からの初乳抗体の減少による）に発生し、子牛下痢症の主要な原因と考えられている。下痢は、腸壁の損傷のために水分の再吸収が阻害され、発生する。*Salmonella* による下痢はどの日齢でも発生する。

子牛の下痢症候群におけるその他の微生物（例えば、パルボウイルス、Bredaウイルス、カリシ様ウイルス、アストロウイルス、BVD、IBR）の役割はよく分かっていない。

### 対処
予防には、衛生管理、初乳給与、および良好な飼養管理が最も重要である。*E. coli*、ロタウイルス、コロナウイルス、*Salmonella* に対してはワクチンが利用できる。肉眼所見や臨床症状のみからでは、さまざまな下痢の原因を完全に鑑別することはできないが、以下の症例写真は参考になるだろう。

## ロタウイルス、コロナウイルス、クリプトスポリジウム　Rotavirus, coronavirus, and *Cryptosporidia*

### 症状
ほとんどの子牛はロタウイルス、コロナウイルス、クリプトスポリジウムの感染を受けるが、通常は、重度感染や併発症を持った子牛のみが症状を示す。この

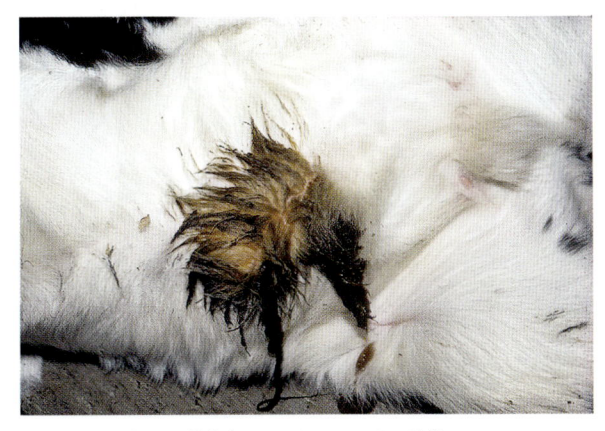

図2-15　直腸尿道瘻（ホルスタイン、2日齢）

## 18　Neonatal disorders

図2-16　ロタウイルスとクリストスポリジウム感染による子牛下痢症（リムーザン雑）

リムーザン雑子牛（図2-16）は元気で機敏であるが、尾の周囲に黄色糊状の下痢便がみられる。糞便中にロタウイルスとクロストリジウムがともに確認された。粘液の排出も増加してくる。クロストリジウムでは努責もみられる。進行した症例（図2-17）では、脱水と

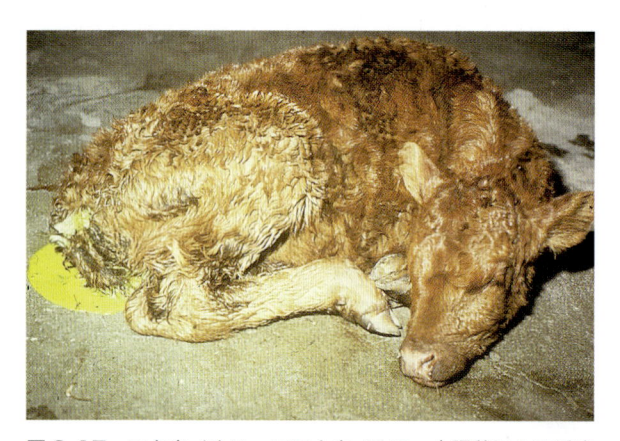

図2-17　ロタウイルス、コロナウイルス、大腸菌による重症子牛下痢症（米国）

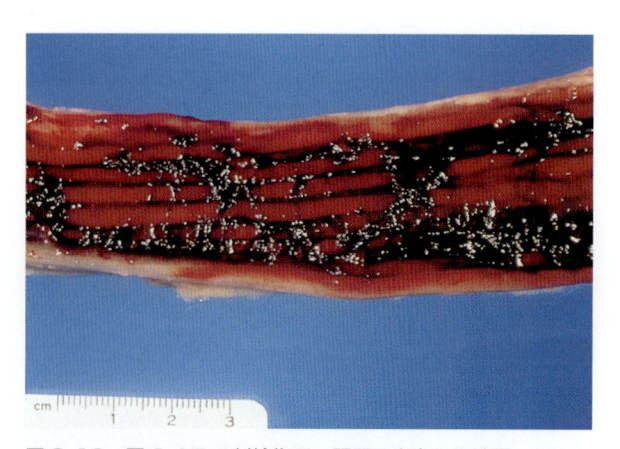

図2-18　図2-17の剖検像で、肥厚し出血した結腸

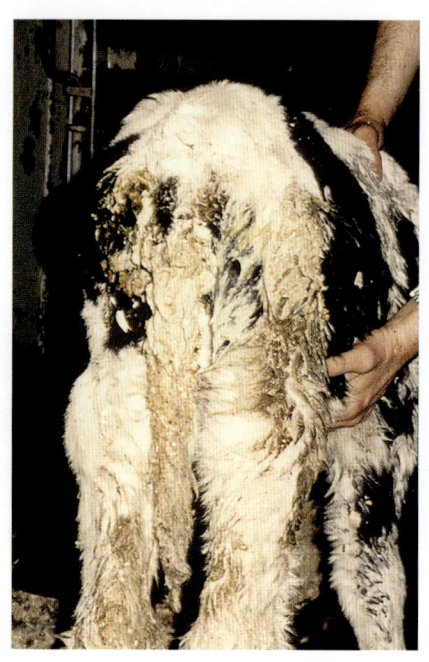

図2-19　子牛の白痢（ホルスタイン、3週齢）

ともに、眼球陥凹、鼻鏡乾燥、鼻孔の充血、膿性鼻汁の排出などの一般的な全身症状を示す。2日後の剖検では、結腸は肥厚し、皺襞があって、血液が滲出していた（図2-18）。クリプトスポリジウム、ロタウイルス、コロナウイルス、毒素原性大腸菌（出血性大腸炎の原因となる）がすべて分離された。

### 白痢　White scour

#### 症状

白痢は、部分的に消化された白色乳汁が糞便内に排泄されるような腸管の損傷時に起こる。この3週齢のホルスタイン子牛（図2-19）の腹部と尾部は、特徴的な白色便で汚されている。以前は大腸菌症候群の1つと考えられていたが、現在では、白痢はロタウイルス

図2-20　白痢の爆発的な発生時の糞便

新生子疾患　19

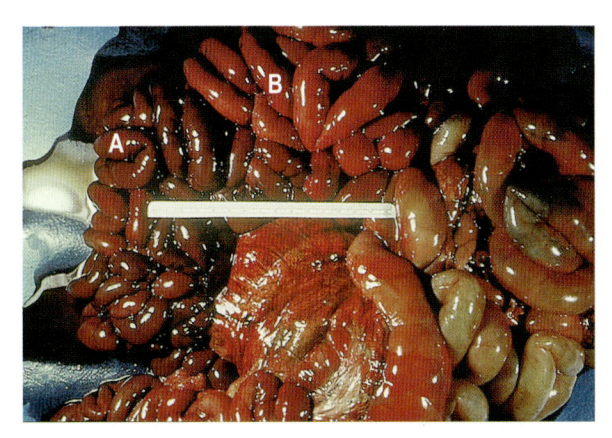

図 2-21　剖検時の C. perfringens による腸管毒血症（米国）

図 2-24　S. enterica serovar Typhimurium 感染時の糞便（フリーシアン、3 週齢）

を含むさまざまな要因によって生じることが明らかになっている。大量の白色ロタウイルス陽性便が、子牛飼育舎での爆発的な大発生時に排出された（図 2-20）。

## 腸管毒血症（エンテロトキセミア）
Enterotoxemia

### 症状

Clostridium perfringens による腸管毒血症は通常、生後 2～3 日齢の子牛に生じる。図 2-21 の左側の小腸（図中の A）は暗赤色の虚血性壊死を示している。他の部分（図中の B）はガスで満たされており、それは腸管運動の停止とガスの発生を意味している。突然死の後で、タイプ C エンテロトキシンが検出された。

図 2-22　サルモネラ症による赤痢便（ヘレフォード雑、1 週齢）

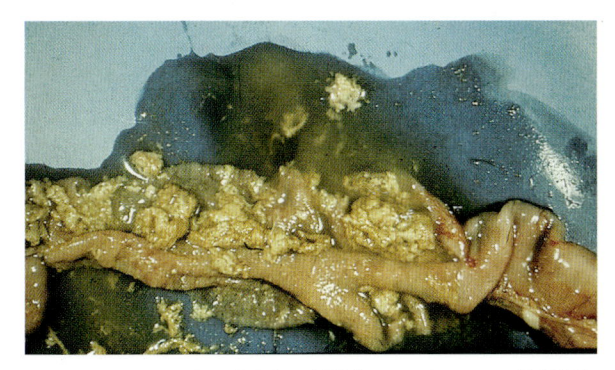

図 2-23　サルモネラ症子牛の剖検像で、ジフテリア性腸炎を示す（米国）

## サルモネラ症　Salmonellosis

### 病態

本症はサルモネラ菌によって起こる広範囲の伝染性疾患であり、ほとんどすべての体組織に局在し、腸炎、関節炎、および髄膜炎を引き起こす。S. enterica, serovar Typhimurium が最も多いが、他の多くの血清型の菌も関与している。

### 症状

1 週齢のヘレフォード雑子牛（図 2-22）は瀕死の状態で、血液、粘液、腸粘膜の混在した赤痢便を排泄している。死後の剖検で、古典的な粘膜の肥厚を伴ったジフテリア性腸炎（図 2-23）が判明した。しかし、すべての子牛がこのように激しく侵襲されるわけではない。この罹患した 3 週齢のフリーシアン子牛（図 2-24）の赤痢便から S. enterica, serovar Typhimurium が分離されたが、それはほんの軽症であった。他の症例では、わずかな腸の炎症を示すのみで、主要な変化は肺の充血および心外膜と腎の出血であった。甚急性敗血症（特に S. dublin）から回復中の牛は、特に耳介、尾、四肢の先端壊死を時として生じる。この 4 カ月齢のフリーシアン（図 2-25）は、約 6 週間続いた非特異性の発熱から回復中であった。腸炎は観察されず、しばしばまったく関与しない。しかし、あとになって耳介の壊死が始まり、両側耳介の半分以上が腐れ落ちた。糞便から S. dublin が分離されている。4 カ月齢のヘレフォード雑子牛（図 2-26）の症例では、後肢の球節直上の円周性の皮膚壊死が先端部の壊疽と壊死をもたらした。球節の過剰伸展はおそらく屈腱の断裂によるだろう。流涎は疼痛の一反応である。

### 類症鑑別

消化障害を含む他の多くの原因、大腸菌性敗血症（p.17）、コクシジウム症（図 2-32）、麦角中毒（図 7-159）、肢に巻き付いたワイヤーによる絞縮（図 7-156）。

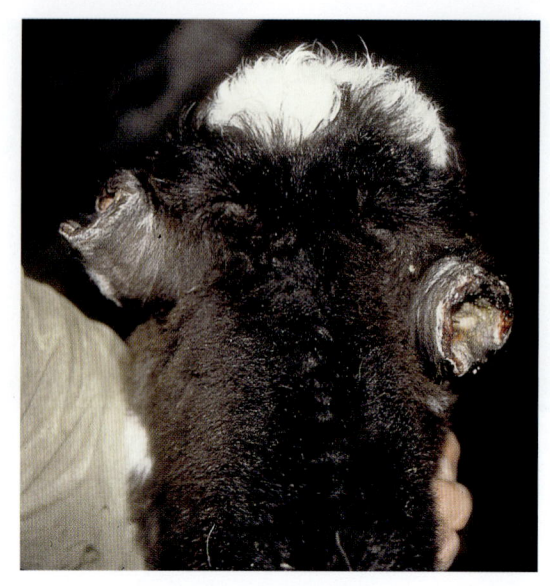

図 2-25　甚急性敗血症による耳端の壊死（フリーシアン）

## 対処

治療は水分と電解質液の経口投与、または重症例では静脈内投与がなされる。予防法は、罹患子牛の隔離、衛生状態の改善、生後 6 時間以内の十分な初乳の摂取である。母牛へのワクチン接種は、腸炎、敗血症、および流産を予防し、また母牛と子牛のサルモネラ菌の排泄を減少させる。子牛もまたワクチンが接種される。「オールイン・オールアウト」方式を含む、子牛舎の出し入れ間の完全な牛舎の洗浄と消毒、および外部寄生虫の駆除がサルモネラ保菌牛の排除に重要である。人獣共通感染症の危険性を常に心しておくべきである。

## 第四胃潰瘍　Abomasal ulceration

### 症状

子牛では大多数の第四胃潰瘍は潜在性であり、不規則な給餌、過剰給餌または乾燥飼料の過剰摂取と関連している。さらに進行した症例では、軽度の腹痛を示し、もし潰瘍が穿孔すると腹膜炎へと発展する。

この 2 週齢のフリーシアン子牛（図 2-27）は、耳が下垂し、眼がくぼみ、口唇に吐き戻された第一胃内容が付着し、瀕死の状態である。子牛は数時間後に死亡した。剖検で、2 カ所の穿孔（図 2-28）を持つ潰瘍を伴った急性第四胃炎が示され、その潰瘍は乳白色の壊死層で内張りされていた。死因は急性腹膜炎であった（図 2-29）。フィブリンと摂取物が、炎症化し拡張した小腸の漿膜面を覆っていた。第四胃潰瘍はまた、成牛（図 4-72、図 4-73）、ビール（肉用）子牛、および草地で発育中の 2〜4 カ月齢の肉用子牛にもみられる。

### 類症鑑別

サルモネラ症（図 2-22）、BVD、腹膜炎、腸閉塞。

### 対処

メトクロプラミドが第四胃鼓脹症の防止に投与されてきた。非ステロイド系抗炎症薬（NSAID）、抗炎症薬、および抗生物質が炎症と潰瘍の防止に役立つ。

### 予防

過剰な給餌、突然の食餌の変更、および乳頭からの過剰な乳汁流出速度を避ける。

## 第四胃拡張症、捻転　Abomasal dilatation and torsion

### 病態

第四胃アトニー（無力症）が、ガスによる拡張を招き、次いで捻転を生じる。両者とも第四胃潰瘍に続発することがある。

### 症状

しばしば突然はじまる。急性の症候群では、罹患子牛は激しい第四胃鼓脹を示し、過剰な液体の存在から来る波動音が聴取される。外科手術で、ガスと液で満たされた、典型的な拡張した第四胃が図 2-30 にみられる。ショックが急速に進行し、罹患子牛はしばしば虚脱状態で発見される。しかし、多くの症例はただ 1

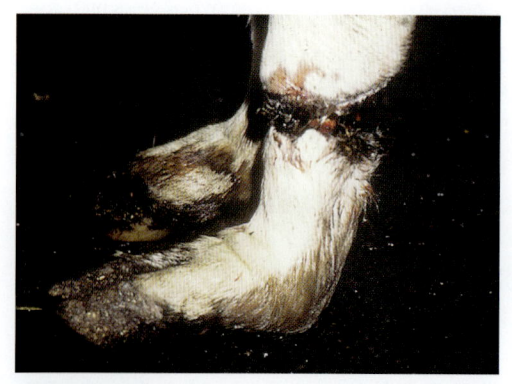

図 2-26　肢遠位部の壊疽と皮膚壊死（ヘレフォード雑、4 カ月齢）

図 2-27　急性第四胃炎（フリーシアン、2 週齢）

新生子疾患　21

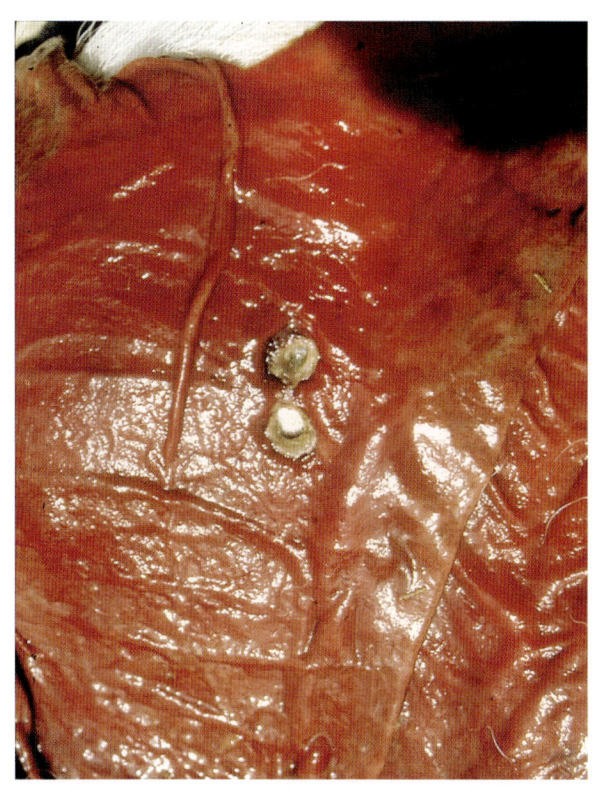

図2-28　図2-27の子牛の剖検像で、2カ所の穿孔性潰瘍と急性第四胃炎を示す

回の吸乳時でも自然に発生する。

### 対処
メトクロプラミド、非ステロイド系抗炎症薬（NSAID）、抗炎症薬、抗生物質、および看護がある。価値の高い子牛には、外科手術が試みられる（図2-30は成功例）。

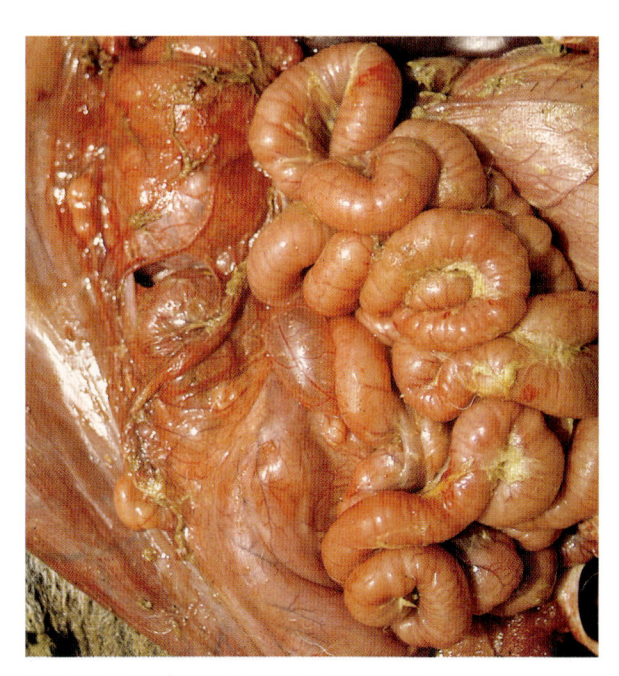

図2-29　第四胃穿孔に続発した急性腹膜炎

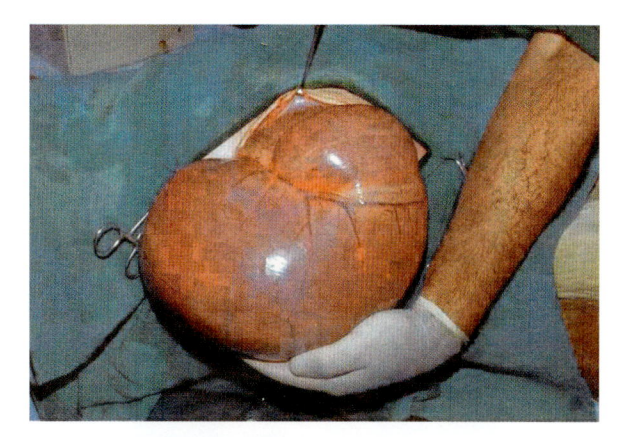

図2-30　開腹時の第四胃捻転（イタリア）

### 類症鑑別
第四胃鼓脹症とほとんど特徴が似る。第一胃鼓脹症。

### 予防
過剰な給餌や突然の食餌の変更を避ける。

## その他の腹腔疾患
Other abdominal conditions

### コクシジウム症　Coccidiosis

#### 病態
コクシジウム症は寄生性原虫類 *Eimeria* によって起こる、小腸下部、盲腸、結腸、および直腸の感染症である。多種類の *Eimeria* が関与するが、*E. zuernii* と *E. bovis* が最も病原性が強い。小腸への侵襲は、大腸よりも早い細胞の再生のために、病原性はより低いと考えられている。また大腸は、水分の再吸収のために、さらに侵襲の機会を与えるからでもある。

#### 症状
本症は通常、湿気の多い非衛生的な状態で密飼いされている子牛に多い。成牛（すなわち、哺乳母牛）がキャリアとなり得るが、オーシストは環境中で何カ月も生存できる。潜伏期は17～21日である。罹患子牛は元気がなく発熱し、通常は血液が混ざった典型的な水様便を排出する。持続的な腹圧と少量の血液と糞便の頻回排出を伴う努責（図2-31）が、特徴的な症状である。肛門括約筋は開いて、直腸粘膜を露出している。糞便の汚染により、内股部の被毛が消えている。他の子牛の例（図2-32）では、肥厚し炎症化した結腸粘膜が示された。コクシジウム症とは関係なく、新鮮な排出便の表面に血液が付着することは、子牛によっては正常な所見であるが、輸送、家畜市場を通した販売などのストレスがあると、その頻度はより多くなる。

#### 類症鑑別
診断は、臨床症状、糞便浮遊法または直接塗抹によ

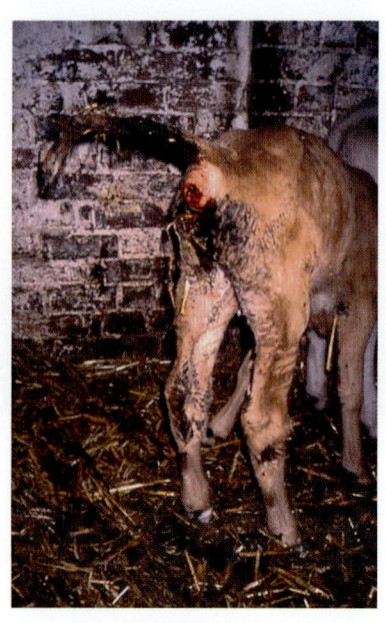

図2-31　激しい努責と血便を伴うコクシジウム症

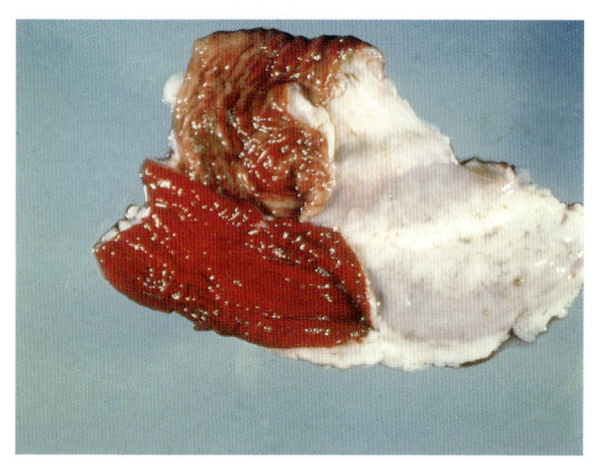

図2-32　肥厚出血した結腸を示すコクシジウム症（米国）

るオーシストの確認、または剖検時の小腸粘膜の肥厚と炎症化所見によってなされる。正常な非罹患子牛が少数のオーシストを排出することがある。類症鑑別には、サルモネラ症（図2-22～図2-24）、BVD（図4-3）、および壊死性腸炎（後述参照）がある。

### 対処

治療には、デコキネート、トルトラズリル（toltrazuril）、アンプロリウム、スルファキノキサリンの経口投与、および進行例ではスルフォンアミドの注射がある。予防には、飼料の糞便汚染を避けるような管理法の変更、アンモニアを基にした消毒剤または適切な殺オーシスト剤による子牛搬出後の牛舎洗浄、およびコクシジウムに暴露されたと推測される期間の直後に戦略的な抗コクシジウム剤の投与がある。

## 壊死性腸炎　Necrotic enteritis

### 症状

本病は英国の2～4カ月齢の肉用哺乳子牛に比較的近年に認められた疾患で、病因は不明である。罹患子牛は、動作が非常に鈍くなり（図2-33）、しばしば耳が垂れ、腹痛のために背彎姿勢をとり、大量の黒褐色下痢便をする。他の主な症状には、下痢または赤痢を伴う努責、目立つ鼻と口の病変がある。それらは肉眼的には粘膜病の特徴を備えているが、子牛はBVD抗体を持っていない。典型的な痂皮性の鼻鏡部の変化が図2-34にみられる。一方、剖検では咽喉頭部の壊死（図2-35）へと広がっている。小腸の漿膜面（図2-36）には広範な出血部の上にフィブリンが形成されている。これらの変化は、筋層と粘膜層にも及んでいる。その他の内臓にも出血がある（例えば、腎、第四胃、肺）。

### 類症鑑別

コクシジウム症（図2-31）、第四胃潰瘍（図2-28）、サルモネラ症（図2-22）。剖検所見で診断が可能となる（図2-35、図2-36）。

### 対処

非ステロイド系抗炎症薬（NSAID）、輸液、抗生物質による保存療法が実施されるが、予後は不良である。

## 離乳前後の子牛下痢症候群
Periweaning calf diarrhea syndrome

### 病態

離乳前後の子牛に、慢性の軽度の褐色消化性の下痢が、群単位で多い。

### 症状

初め、便はわずかに軟便となる。進行するにつれて、褐色で糊状の下痢となり、体重が大きく減少する。グループ内で罹病率は高いが、致死率は低い。剖

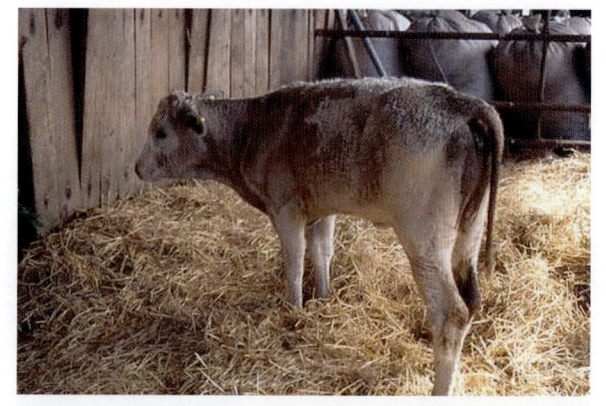

図2-33　壊死性腸炎：子牛は元気がなく背彎姿勢を示し、下痢便を撒き散らす

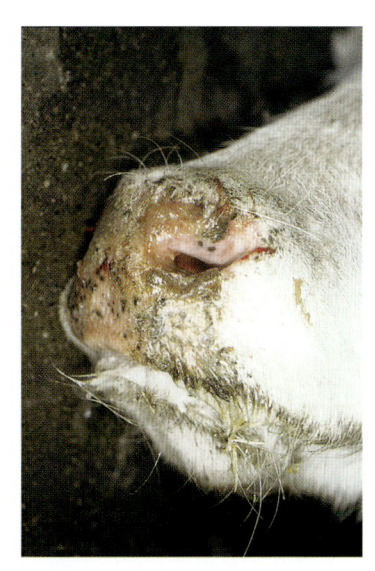

図 2-34　壊死性腸炎に伴った痂皮性の鼻鏡部の変化（肉牛、2 カ月齢）

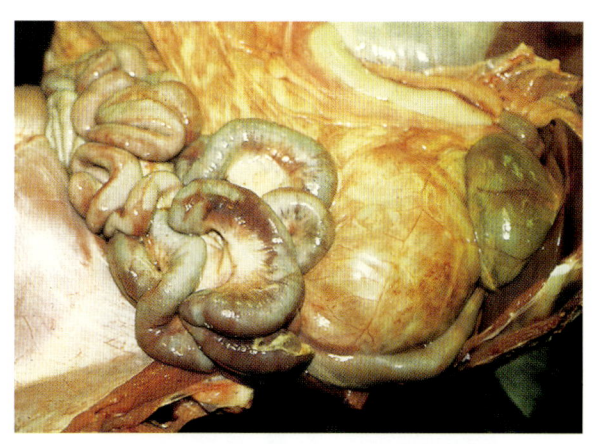

図 2-36　壊死性腸炎の剖検像で、出血性空腸上のフィブリン

検では、大腸が大きく拡張しており、内容は水様である。図 2-37 の中央にいる 7 週齢の白いフリーシアン子牛は、状態が悪く、尾と会陰部に糞便が付着している。これは典型的な症状である。これらの子牛には、成牛用の濃厚飼料で不適切なタンパクが給餌されていた。そして何カ月も発育不良のままであった。症例によっては Giardia や Campylobacter が状態を悪化させていた。

### 類症鑑別
消化障害、コクシジウム症、腸管サルモネラ症。

### 対処
均衡の取れた高品質の飼料を給餌して、第一胃の発達を改善する。離乳前の濃厚飼料の不適切な摂取は第一胃の発達を遅らせる。粗繊維混合飼料はペレットよりも問題を低減するが、それは食べる時間を遅くし、噛む時間と流涎を増やすからであろう。第一胃アシドーシスをもたらすでんぷんが多く繊維の少ない飼料は、離乳前の下痢の誘因となる。そして不規則な給餌、第一胃の発達不良、過剰な小麦グルテンや大豆中のトリプシン阻害因子のような抗栄養要因の誘因ともなる。衛生状態を改善する。重度罹患子牛は全乳給餌に戻すべきである。治療には抗菌剤と、デコキネートやスルフォンアミドのような抗原虫薬が有効な場合がある。

## 子牛の第一胃鼓脹症
Ruminal tympany in calves

### 病態
乳汁給餌中の子牛の第一胃内のガスの貯留で、第一胃アトニーを伴っている。

### 症状
第一胃鼓脹症は、乳汁または人工乳給餌後 1～2 時間に最も多くみられ、しばしば糊状下痢や腹痛発作を示し、時にはかなりの重症となる。本症は給餌の失宜によることが多く、食道溝の不完全な閉鎖をもたらす。第一胃に入った乳汁は発酵し、激しい腹痛を伴った鼓脹を生じる。ほとんどの発生は、高い罹病率と低い死亡率を示す。この 4 週齢のヘレフォード雑子牛（図 2-38）は激しい第一胃鼓脹症を示し、尾と会陰部はしばしば本症に併発する慢性下痢によって汚染され

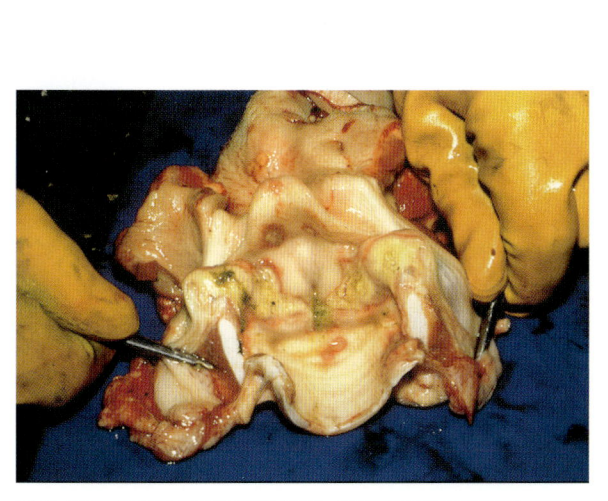

図 2-35　壊死性腸炎の剖検像で、咽喉頭の壊死を示す

図 2-37　離乳前後の子牛下痢にみられた肛門周囲の糞便汚染

## Neonatal disorders

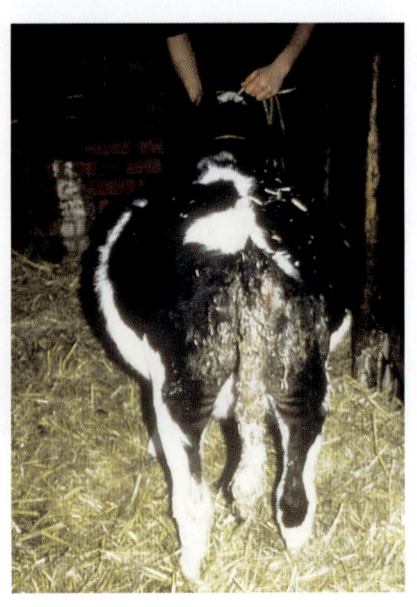

図2-38　激しい第一胃鼓脹症と離乳前後の子牛下痢症(ヘレフォード雑、7週齢)

ている。また、鼓脹症はより年齢の高い牛にもみられる(図4-61)。

### 類症鑑別
第四胃拡張症、腸捻転。

### 対処
重度の鼓脹は胃管の挿入によるが、極端な症例では套管針とカニューレによって救助される。最良の選択肢は半永続的な第一胃瘻管形成法であろう。抗生物質の経口投与はそれ以上の第一胃発酵を抑制すると考えられる。非ステロイド系抗炎症薬(NSAID)は腹痛を解除する。給餌方法を検査して改善する。症例によっては、乳頭からの吸乳がバケツ哺乳より好ましい。

## 皮膚疾患　Conditions of the skin

子牛における脱毛症の明白な3型について示す。

### 特発性脱毛症　Idiopathic alopecia

このヘレフォード雑子牛(図2-39)のような特発性の脱毛症が、しばしば頭部に発生する。まれに全身が脱毛することがある。乳汁アレルギーとビタミンE欠乏が原因と考えられている。ほとんどの症例は、治療しなくても、1～2カ月かけてゆっくりと回復する。

### 下痢後の脱毛　Alopecia postdiarrhea

このシャロレー雑子牛(図2-40)は、激しいロタウイルス下痢に伴う糞便汚染で、会陰部と尾の腹側が完全に脱毛し裸化している。横臥状態が長くなるので、飛節や下腹部もまた脱毛し、臍部にも及ぶ。尿焼けも

また誘因となる(図2-5)。

### 鼻口部の脱毛　Alopecia of muzzle

このタイプの脱毛は人工乳給餌の子牛にみられ、鼻口部皮膚への脂肪球の付着の結果である。原因には、人工乳の不適切な混合、低すぎる温度での給餌、子牛の飲み方が遅い、などがある。この3週齢のヘレフォード雑子牛(図2-41)の脱毛は、鼻口部から鼻弓に広がっている。その下のピンク色の皮膚は二次的な痂皮形成を示している。

### 対処
人工乳がメーカーの指示に従って完全に混合されているか、正しい温度で給餌されているか、そして食道溝の機能を確かにする子牛の積極的な食欲があるか(期待通りに誘導されているか)について確認する。

## その他の疾患　Miscellaneous disorders

### ジフテリア(口腔の壊死桿菌症)
Diphtheria (oral necrobacillosis)

### 病態
頬部、舌、咽頭、喉頭の潰瘍性壊死で、*Fusobacterium necrophorum* によって起こる。

図2-39　特発性脱毛症(ヘレフォード雑)

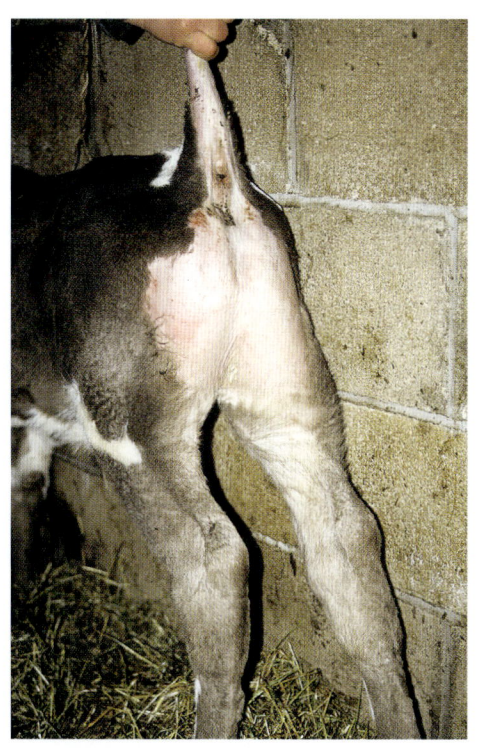

図2-40 下痢後の脱毛（シャロレー雑）

図2-42 頬部を含む口腔の壊死桿菌症（シャロレー）

図2-43 流涎を示す口腔の壊死桿菌症（シャロレー）

### 症状

ジフテリアはさまざまな症状を示し、疼痛性の発咳、呼吸困難、および悪臭がある。このシャロレー子牛（図2-42）は、頬部に生じた軽症例で、外側の腫脹と口腔粘膜の潰瘍を示している。もし舌が侵されると、子牛は激しい流涎を起こし（図2-43）、一部咀嚼された飼料を吐出する。図2-44は、壊死片と食物を取り除いたあとの舌基部左側の深部潰瘍を示している。他の症例（図2-45）では、ジフテリア性のびらんが舌の下方にみられる。

### 類症鑑別

口腔や咽頭の外傷、アクチノバチルス症、歯の膿瘍。

### 対処

全身的抗生物質投与による迅速な治療が通常は非常に有効である。抗炎症剤も役に立つ。

## 壊死性喉頭炎（喉頭の壊死桿菌症）
Necrotic laryngitis (laryngeal necrobacillosis)

### 病態

声帯の乾酪性のジフテリア性肥厚で、*Fusobacteri-*

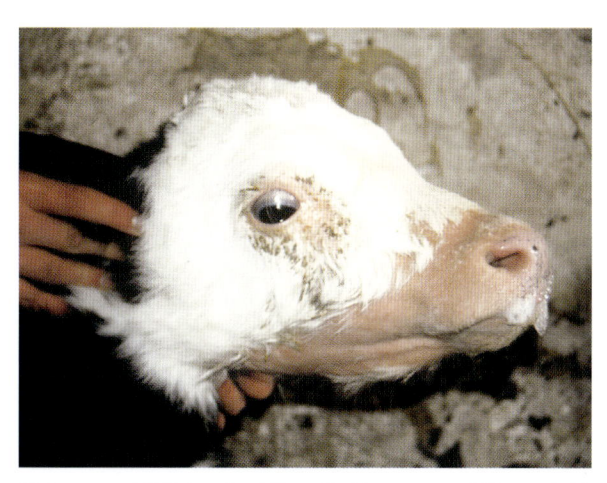

図2-41 哺乳子牛の鼻口周囲の脱毛（ヘレフォード雑、3週齢）

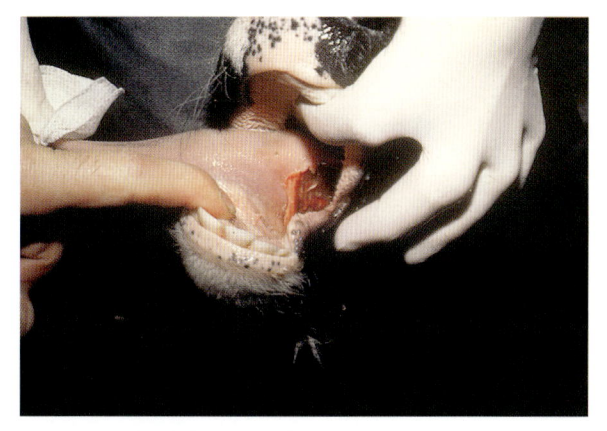

図2-44 舌の潰瘍を示す子牛ジフテリア

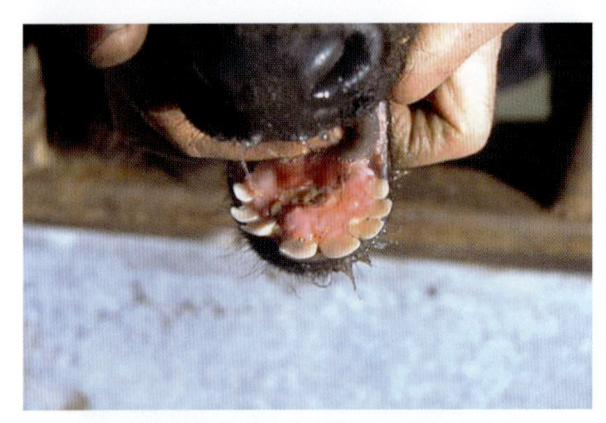

図2-45　舌下のびらんを示す口腔の壊死桿菌症

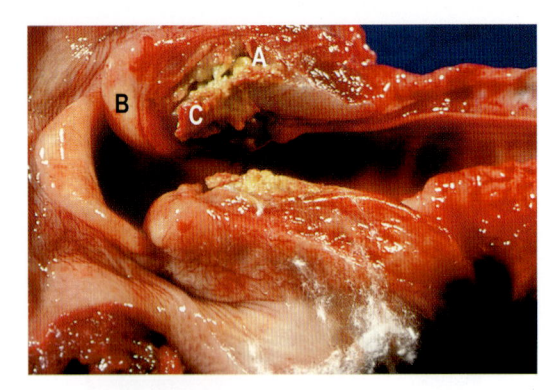

図2-46　喉頭の壊死桿菌症を示す剖検像

*um necrophorum* によって起こる。

### 症状

初期症状は喘鳴（喘鳴音呼吸）で、罹患子牛は、初めはしばしば肺炎と混同されるが、食欲と動作は良好で、発熱もない。さらに進行した症例では、呼吸困難を示し、頸を長く伸ばして立ち、重度の喉頭狭窄のために摂食困難となる。通常、触診できるような外への喉頭部の腫脹はない。喉頭軟骨に接した潰瘍が初期病変となる。しばしば悪臭が明白である。

死後の剖検では（図2-46）、典型的には声帯突起（図中のB）と披裂軟骨の内側角（図中のC）の間の両側に、乾酪性の病変（図中のA）があり、空気の流れを制限している。他の症例では（図2-47）、この4カ月齢リムーザン雑子牛のように、左側披裂部上のより深部（図中のA）に乾酪病変がある。その部位では、表層の変化は軟部組織の腫脹に過ぎない。乾酪病変はその深部に存在する。右側の正常な軟骨（図中のB）の形状と比べるとよい。

### 類症鑑別

咽喉頭部の外傷、重度のウイルス性喉頭炎（IBR）、喉頭の浮腫または膿瘍。

### 対処

病気の初期には、全身的抗生物質と非ステロイド系抗炎症薬（NSAID）を用いた持続的（例えば2～3週間）な治療が有効である。さらに進行した症例では、局所麻酔下で喉頭鏡の管を挿入し、3～4週間留置して（ときどき抜去し、毎日洗浄する）、気道の回復を図ることがかなり有効である。

## 関節疾患　Joint ill

### 病態

幼若牛の1つ以上の関節にみられる非特異性（通常、化膿性）の関節炎で、一般に臍感染から敗血症的に拡散して生じる。

### 症状

出生時の臍に侵入した敗血性の感染（p.13「臍疾患」参照）が関節に限局し、関節炎や重度の跛行を引き起こす。特に初乳摂取不全子牛に多い。このフリーシアン子牛（図2-48）では、関節内の線維素性膿様物と関節周囲の軟部組織の反応の結果、手根が腫脹している。これらの変化は切開された図2-49の手根関節にみられる。進行した症例（図2-50）では、開放性の排出物があり、この段階になるまでに淘汰すべきである。ほとんどの罹患子牛は発熱している。飛節、手根、球節に多い。多発性関節炎はしばしば致命的となる。関節疾患は3～4週齢で初めて発見され（臍疾患より遅い）、典型的な症例では臍感染の証拠が残っていない。

### 類症鑑別

骨端軟骨分離（図7-122）、骨折（図7-119）。

### 対処

広域性抗生物質による迅速で強力な持続的（7～10日間）治療とともに、2～3日間の抗炎症薬治療がよい。関節洗浄も有効である。ゲンタマイシンビーズやコラーゲンスポンジの関節内移植も改善効果が期待できる。治療に対する反応は一般によくない。そして多くの子牛は診断が確定されたときに淘汰されている

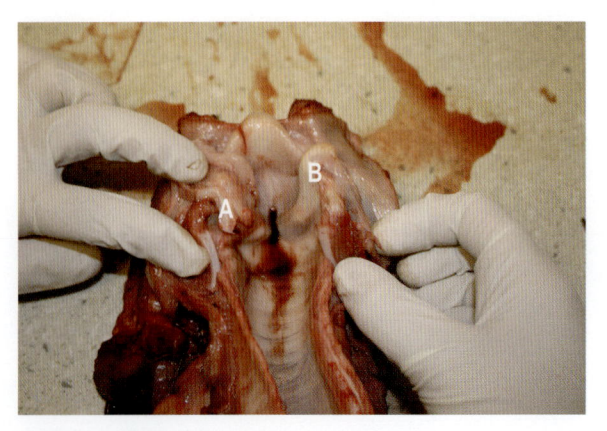

図2-47　喉頭のジフテリア

図 2-48　左前肢の手根関節疾患（フリーシアン子牛）

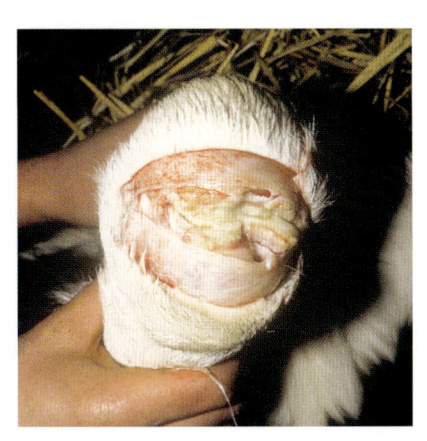

図 2-49　線維素性の化膿性手根関節炎を示す関節疾患

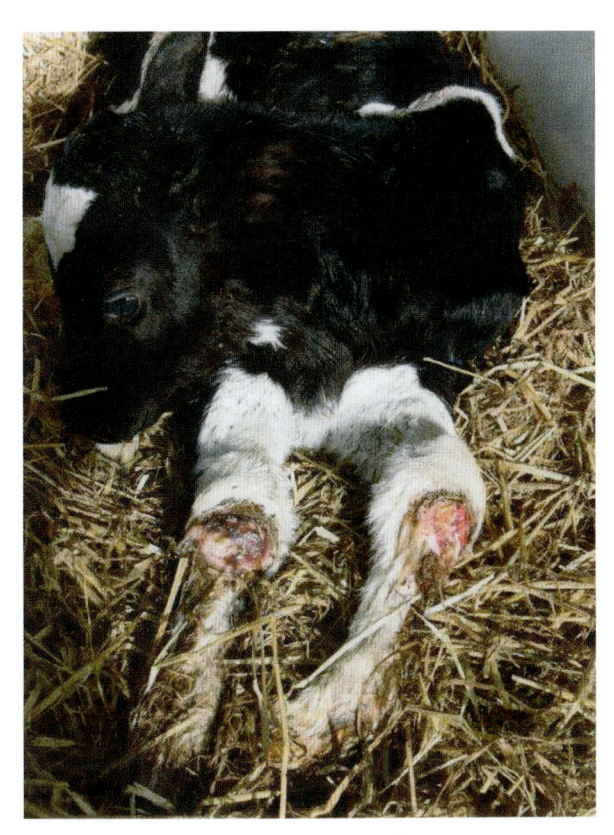

図 2-50　両側性の手根関節炎（イタリア）

## ヨード欠乏性甲状腺腫　Iodine deficiency goiter

### 症状

　妊娠牛はヨードの要求量が増加している。欠乏した母牛は死産をしたり、甲状腺腫として知られる腫大した甲状腺（20g以上）を持った虚弱子牛を分娩したりする。このブラジル産の2週齢ゼブー子牛（図2-51）では、喉頭部皮下に明白な腫脹がある。しかし、大多数の症例では外部徴候がなく、甲状腺を切開して重量を測らねばならない。浮腫と脱毛もみられる。ヨード欠乏土壌は、花崗岩地帯、山岳地帯、および海から隔たった地域に存在する。

### 対処

　中等度の症例はヨウ化塩治療に反応する。ヨード欠乏が疑われるすべての地域、または飼料にアブラナのような甲状腺腫誘発物質が高濃度に含まれている場合は、安定化されたヨウ化塩を給与すべきである。

## 牛新生子汎血球減少症（BNP）、出血子牛症候群、特発性出血性素因
Bovine neonatal pancytopenia, "bleeding calf syndrome", idiopathic hemorrhagic diathesis

### 病態

　2008年に初めて報告された、この病因不明の出血性素因は、今日では多くのヨーロッパ諸国の乳牛と肉牛にみられる。

### 症状

　骨髄の造血細胞生産の崩壊が原因である。臨床症状は主に生後1〜4週齢で初めてみられる。これらの症状には発熱と、皮下注射部位、耳標装着部位（そのため「血の汗」と呼ばれる）、鼻および直腸などのさまざまな組織からの出血がある。しばしば無傷の皮膚からも血液がにじみ出る。腸からの出血は黒色タール便を形成する。ほとんどの症例は致命的である。この12

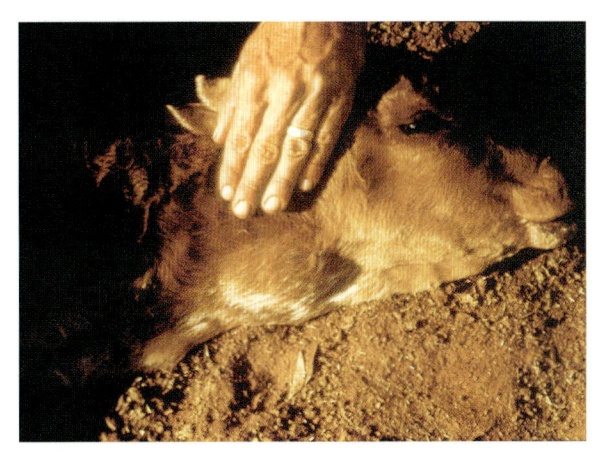

図 2-51　子牛のヨード欠乏性甲状腺腫（ゼブー、2週齢、ブラジル）

日齢のシャロレー子牛(図2-52)は、肩の注射部位、頸静脈、鼻孔を含む数カ所の皮膚から出血している。支持療法に反応せず、すぐに死亡した。他の症例の剖検では、小腸漿膜面の広範な出血と大きな盲腸内凝固血が示され(図2-53)、心外膜は多発性合流性の出血で覆われていた(図2-54)。

### 診断
骨髄内の3系統の形成不全が組織学的に明白な変化として証明されれば、確定する。

### 類症鑑別
急性大腸菌性敗血症。

### 対処
保存療法のみである。特別な解毒剤はない。近年(2010年)は、以前に牛新生子汎血球減少症(BNP)罹患子牛を分娩した母牛からの子牛には、保存した初乳のみを給与すること(すなわち、母乳をやめる)が推奨されている。

図2-53 牛新生子汎血球減少症(BNP)：広範な小腸の出血と盲腸内の血塊

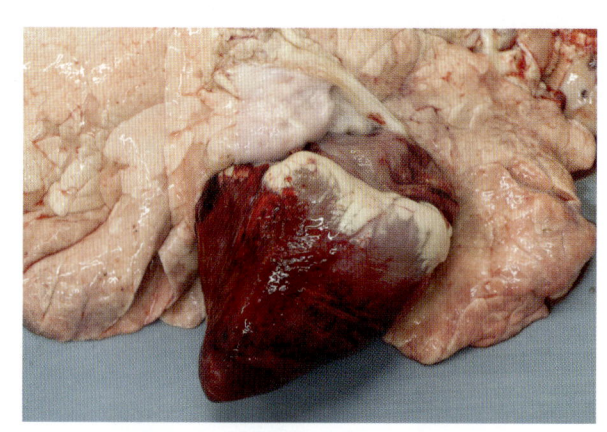

図2-54 牛新生子汎血球減少症(BNP)：多数の合流した出血を示す心外膜

図2-52 牛新生子汎血球減少症(BNP)(シャロレー、12日齢)

# 第3章

# 皮膚疾患 Integumentary disorders

| | |
|---|---|
| はじめに ・・・・・・・・・・・・・・・・・・・・・・・・・・・・・・ 29 | 潰瘍性リンパ管炎 |
| 　じん麻疹（血管性浮腫）・・・・・・・・・・・・・・・・・ 30 | 　　（乾酪性リンパ腺炎：仮性結核）・・・・・・・・・・ 42 |
| 　光線過敏症（光線過敏性皮膚炎）・・・・・・・・・ 30 | ハエの侵襲 ・・・・・・・・・・・・・・・・・・・・・・・・・・・・・・ 42 |
| 　ブラウン・コートカラー ・・・・・・・・・・・・・・・・・ 31 | 　ウシバエ幼虫症 ・・・・・・・・・・・・・・・・・・・・・・・ 42 |
| 寄生虫性皮膚疾患 ・・・・・・・・・・・・・・・・・・・・・・・ 32 | 　熱帯性ウシバエ幼虫症 ・・・・・・・・・・・・・・・・・ 43 |
| 疥癬 ・・・・・・・・・・・・・・・・・・・・・・・・・・・・・・・・・・・ 32 | 　皮膚ハエ蛆症 ・・・・・・・・・・・・・・・・・・・・・・・・・ 43 |
| 　穿孔疥癬虫症 ・・・・・・・・・・・・・・・・・・・・・・・・・ 32 | 外傷性疾患および物理的障害 ・・・・・・・・・・・・・・ 44 |
| 　牛食皮疥癬虫症 ・・・・・・・・・・・・・・・・・・・・・・・ 33 | 　血腫 ・・・・・・・・・・・・・・・・・・・・・・・・・・・・・・・・・ 44 |
| 　キュウセン疥癬虫症 ・・・・・・・・・・・・・・・・・・・ 33 | 　肋骨骨折 ・・・・・・・・・・・・・・・・・・・・・・・・・・・・・ 45 |
| 　毛包虫症 ・・・・・・・・・・・・・・・・・・・・・・・・・・・・・ 33 | 　頸部の滑液嚢炎 ・・・・・・・・・・・・・・・・・・・・・・・ 46 |
| シラミ症 ・・・・・・・・・・・・・・・・・・・・・・・・・・・・・・・ 34 | 　皮膚の膿瘍 ・・・・・・・・・・・・・・・・・・・・・・・・・・・ 46 |
| 皮膚糸状菌症 ・・・・・・・・・・・・・・・・・・・・・・・・・・・ 35 | 　腹壁ヘルニア ・・・・・・・・・・・・・・・・・・・・・・・・・ 47 |
| 皮膚の蠕虫症 ・・・・・・・・・・・・・・・・・・・・・・・・・・・ 36 | 　恥骨前腱の断裂 ・・・・・・・・・・・・・・・・・・・・・・・ 48 |
| 　皮膚ステファノフィラリア症 ・・・・・・・・・・・ 36 | 　耳標による感染 ・・・・・・・・・・・・・・・・・・・・・・・ 48 |
| 　ステファノフィラリア性耳炎（寄生虫性耳炎）・・ 37 | 　凍傷による耳介の壊死 ・・・・・・・・・・・・・・・・・ 48 |
| 　ステファノフィラリア性皮膚炎 | 　焼灼用の除角パスタによる皮膚壊死 ・・・・・・ 49 |
| 　　（鬐甲部のびらん）・・・・・・・・・・・・・・・・・・・ 37 | 　皮膚の火傷 ・・・・・・・・・・・・・・・・・・・・・・・・・・・ 49 |
| 　パラフィラリア感染症 ・・・・・・・・・・・・・・・・・ 37 | 　皮膚に食い込む角 ・・・・・・・・・・・・・・・・・・・・・ 49 |
| 　ベスノイティア症 ・・・・・・・・・・・・・・・・・・・・・ 37 | 　尾端の壊死 ・・・・・・・・・・・・・・・・・・・・・・・・・・・ 49 |
| その他の細菌性・ウイルス性皮膚疾患 ・・・・・・・ 39 | 　尾の分離（腐骨）・・・・・・・・・・・・・・・・・・・・・・・ 50 |
| 　デルマトフィルス症 | 　糞石 ・・・・・・・・・・・・・・・・・・・・・・・・・・・・・・・・・ 50 |
| 　　（皮膚ストレプトトリクス症）・・・・・・・・・・ 39 | 皮膚の腫瘍 ・・・・・・・・・・・・・・・・・・・・・・・・・・・・・・ 50 |
| 　線維乳頭腫（乳頭腫症、疣贅）・・・・・・・・・・・ 40 | 　角中心部の癌腫 ・・・・・・・・・・・・・・・・・・・・・・・ 50 |
| 　皮膚結核（非定型抗酸症）・・・・・・・・・・・・・・・ 41 | 　黒色細胞腫（メラノーマ）・・・・・・・・・・・・・・・ 51 |
| 　リンパ管炎、リンパ腺炎、牛鼻疽 ・・・・・・・・ 41 | |

## はじめに

　皮膚は身体の最大の器官であり、広範な機能を果たしている。皮膚は物理的な損傷に対して機械的な防御をし、感染に対する障壁となっている。感染の多くは、物理的または環境的な傷害によって、皮膚表面の統合性が損なわれたときにのみ成立する。感覚受容体は触覚と痛覚を認知する。ビタミンDは紫外線の影響下で合成される。皮膚は暑熱や寒冷に影響されないよう、体温保持の一義的な機能を果たし、発汗を通して体温調節機能を果たしている。被毛の深さと厚さは、外界からの断熱に役立つ主な要因である。

　ヨーロッパと北米における牛の主要な品種は *Bos taurus* に由来しており、発汗機能が限定的である。サンタ・ガートルディスのような *Bos indicus*（ブラーマン、米国：アフリカンダー、アフリカ）に由来する牛は、長時間大量の発汗を行うことができるが、体表の部位によって発汗量にかなりの差がある。

　皮膚の肉眼的観察は容易であり、数多くの異常が認められている。アナフィラキシー反応はじん麻疹を生じる。光線過敏症は、セイヨウオトギリ、ランタナ、および顔面湿疹を含むさまざまな中毒の結果である（第13章、図13-13、図13-22～図13-24も参照）。寄生虫感染（シラミとダニ）、真菌症（皮膚糸状菌症）、細菌感染（皮膚結核）、およびハエの侵襲（ハエ蛆症、ウシバエ幼虫症）はすべて、皮膚の変化をもたらすものであり、本章で述べる。最後の項では、血腫、膿瘍、凍傷、他の外傷、および腫瘍のような物理的状態を扱う。

　他の疾患に二次的に発生する多くの皮膚の変化は、関連した章で述べる。例えば、乳房炎（図11-8）や麦角中毒（図7-159）に続発した壊疽、尿石症に続発した皮膚の腫脹（図10-7）、または臍の病変（図2-9）がある。

図3-1　牛の皮膚じん麻疹（フリーシアン）

## じん麻疹（血管性浮腫） Cutaneous urticaria (ulticaria, angioedema, "blaine")

### 病態
　皮膚の血管性反応であるじん麻疹は、未同定の植物または免疫学的な過敏反応とされており、多発性の膨疹（じん麻疹）を生じる。

### 症状
　じん麻疹は突然発症する。発生は散発的である。また、じん麻疹はかゆみがない。このフリーシアン牛（図3-1）は、顔面から肩部にかけて膨隆した斑点状の浮腫（膨疹）がある。眼瞼と鼻鏡は腫脹している。元気がないようにみえるが、本牛は食欲良好で、他の多くの軽症例と同様に、36時間以内に回復した。一方、このシンメンタール牛（図3-2）ははるかに進行しており、発熱があり、かなりの疼痛を示した。頭部は皮下の浮腫のために肉眼的に腫大しており、しばしば地面に横たわった。鼻鏡部の皮膚は充血していた。その一部は2、3週後に痂皮を形成した。症例によっては、ヘビの咬傷またはハチの刺傷が原因と言われているが、証明されていない。

### 類症鑑別
光線過敏症（図3-5～図3-9）。

### 対処
　軽症例は自然治癒する。より重症例では、迅速に作用する副腎皮質ホルモン剤または非ステロイド系抗炎症薬（NSAID）が有効である。予防法は知られていない。

## 光線過敏症（光線過敏性皮膚炎） Photosensitization (photosensitive dermatitis)

### 病因と病理発生
　光線過敏症は世界的に発生している。皮下に蓄積された光反応物質は紫外線を熱エネルギーに変換し、炎症性変化をもたらす。その初期は皮膚の腫脹で、後に痂皮を形成する。黒色皮膚は日光の吸収を防止するので、白色または薄い色の皮膚のみが罹患する。最初の光反応物質は、摂取されるか（原発性光線過敏症）、または肝障害の結果として生産される（二次性または肝原性光線過敏症）。牛における主要な二次性光反応物質は、ポルフィリンとフィロエリスリンである。後者はクロロフィルの正常な最終産物であり、それ以上は代謝されない。肝障害は、広範囲な薬物、植物、または化学物質の摂取から生じる。

### 症状
　病初は、このシンメンタールのように、罹患牛は激しい不快感と発熱を示し、鼻孔周囲の紅斑や痂皮形成（図3-3）と乳頭の紅斑（図3-4）を伴う。乳頭は疼痛が

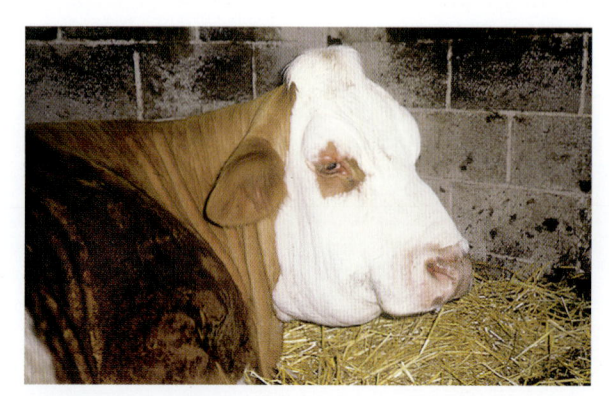

図3-2　牛の重症皮膚じん麻疹（シンメンタール）

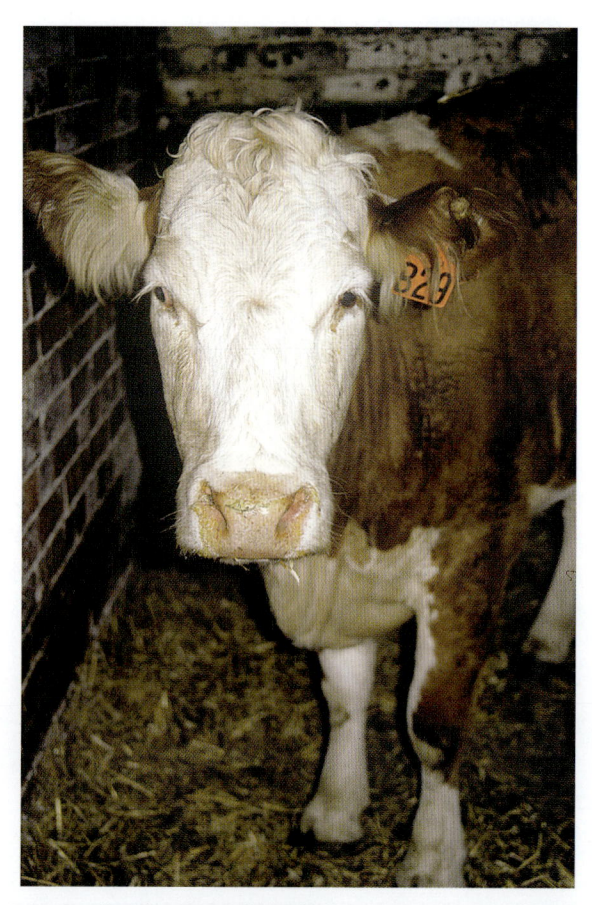

図3-3　牛の鼻口周辺の光線過敏症（シンメンタール）

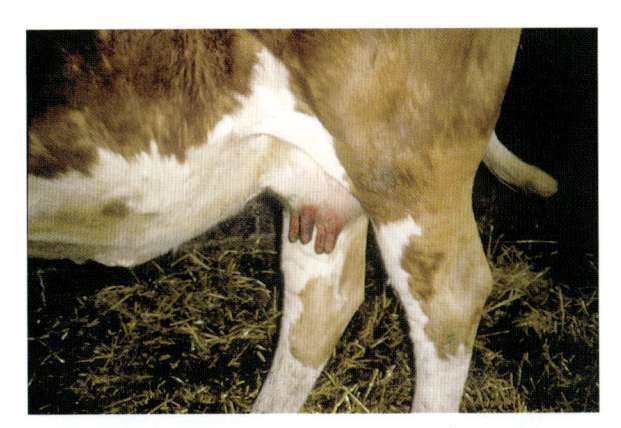

図3-4　図3-3と同じ牛の乳頭の紅斑を示す光線過敏症

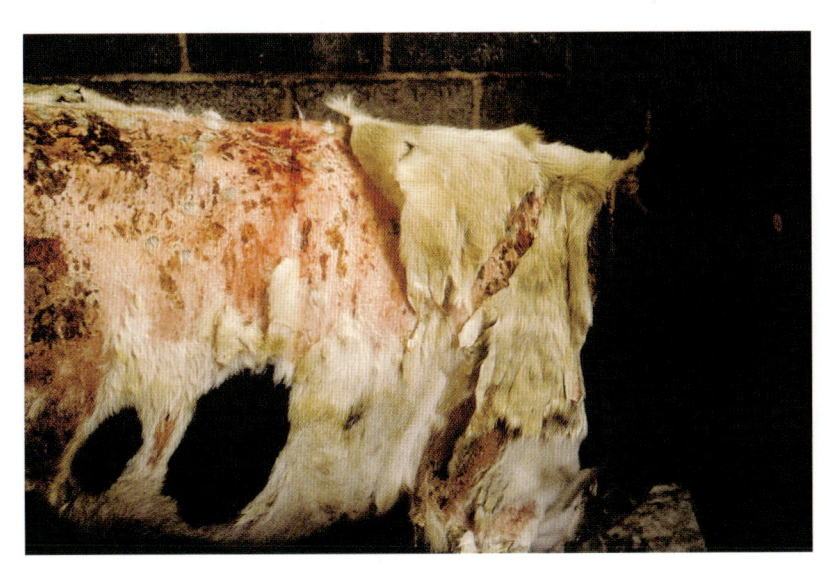

図3-5　乳頭上皮の痂皮を伴う光線過敏症

激しく、浮腫と痂皮を形成し(図3-5)、搾乳がほとんど不可能になる。痂皮の厚さは、本例は中等度に過ぎないが、最初の損傷の程度による。病初の発熱相、浮腫、白色皮膚の厚化は、この図3-6の子牛では気付かれずに過ぎたが、白色皮膚が乾燥して硬化した部位の痂皮化と、その下の新規の皮膚形成の段階になって連れてこられた。7週後(図3-7)には、新しい皮膚がよく発達していた。被毛の再生は、表皮内深部の毛嚢が保持されていたので可能であった。肉芽腫の部位は治癒が遅延し(図3-8)、特に骨盤のような骨突起部で遅延する。本牛では乾性皮膚炎がさらに2年間持続した。本症はまた、ランタナ中毒(図13-13)や顔面湿疹(図13-22〜図13-24)でも起こる。血清生化学的検査や肝バイオプシーは、肝障害の確定に役立つ。さらに進行した症例では、図3-9にみられるように、両側の乳房と乳頭が罹患している。乳頭壁の硬化(乳頭内への乳汁の充満が妨げられる)に加えて随伴する疼痛が本牛の搾乳を不可能にした。

### 類症鑑別

牛造血性プロトポルフィリン症(BEPP、図1-35)、口蹄疫(図12-2〜図12-8)、ブルータング(図12-17)、牛ヘルペス乳頭炎(図11-18)、水疱性口内炎(図11-26、図11-27)。病初の症状は、皮膚の浮腫は発見困難で、腹痛によく似る。

### 対処

現実に光線過敏症が作用している間は、牛を日陰に保つか、できれば牛舎に移す。副腎皮質ホルモン剤や非ステロイド系抗炎症薬(NSAID)の注射が、初期には痂皮化の進行の緩和に役立つ。肝障害の症例ではビタミンBの投与が有効である。二次的な感染やハエの侵襲は防止すべきである。皮膚病変は、その広範な痂皮化にもかかわらず、瘢痕化と襞形成を残してよく治癒する。

## ブラウン・コートカラー　Brown coat color

銅欠乏はさまざまな組織に影響する(図7-167〜図7-172)が、昔から被毛の退色を起こすことが知られている。しかし、銅欠乏のみがブラウン・コートカラー(褐色被毛)の唯一の原因ではない。春の牧野に放牧された牛、特に栄養状態の悪い育成牛や初産牛は、冬毛(図3-10)のままである。同一の牧野にいても、後方にいる年長の牛は影響されていない。

図3-6　若牛の皮膚の痂皮と再生を示す光線過敏症

32　Integumentary disorders

図3-7　7週後の図3-6の若牛

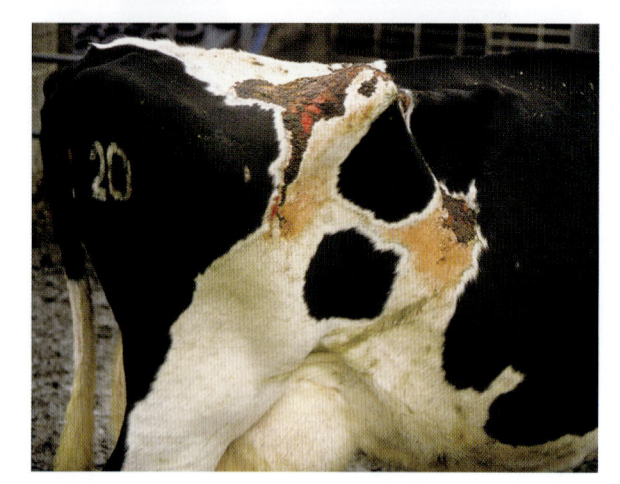

図3-8　牛の治癒と肉芽腫を示す光線過敏症（フリーシアン）

### 類症鑑別

モリブデン中毒（図13-34）、疾病がらみの冬毛の持続。

## 寄生虫性皮膚疾患　Parasitic skin condition

牛は4系統の疥癬ダニ、すなわち穿孔疥癬虫（ヒゼンダニ：*Sacroptes*）、牛食皮疥癬虫（ショクヒヒゼンダニ：*Chorioptes*）、キュウセン疥癬虫（キュウセンヒゼンダニ：*Psoroptes*）、および毛包虫（ニキビダニ：*Demodex*）、6種のシラミ類、皮膚蠕虫症（*Stephanofilaria*と*Parafilaria*）、ハエ蛆症（ラセン虫症）、そして

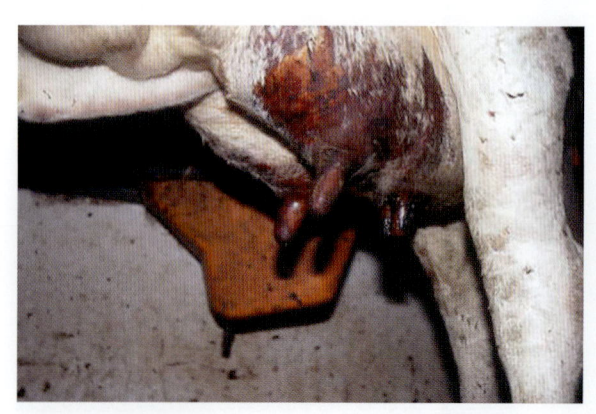

図3-9　乳房の日焼け

図3-10　ブラウン・コートカラー、おそらく子牛の銅欠乏症（ヘレフォード雑）

さまざまなハエの侵襲を受ける。温暖な気候下では、寄生虫性皮膚感染が冬季舎飼い牛に多くなる。これら多くの状態は、臨床検査のみでは鑑別できず、実験室診断が必要となる。しばしば複数の状態が共存し、例えば疥癬虫、皮膚糸状菌症、シラミが同時に多発し、特に状態の悪い牛に多い。疥癬虫病変の外観と場所は、一般に特定のダニに特徴的である。しかしその種の同定は、虫体口辺部の顕微鏡検査によってなされる。

## 疥癬　Mange

### 穿孔疥癬虫症　Sarcoptic mange (scabies)

*Sarcoptes scabiei* var. *bovis* によって引き起こされた病変は、頭部、頸部、後躯にわたって典型的にみられる（図3-11）。脱毛と激しい皮膚の肥厚に注目する（図3-12）。白色部は摩擦による二次病変を示してい

図3-11　頭部、頸部、後躯の穿孔疥癬虫症（フリーシアン）

図 3-12　頸部と前躯の穿孔疥癬虫症（フリーシアン）

図 3-13　肥厚した皮膚の穿孔疥癬虫症の拡大像

る。重症例ではほとんどの被毛が消失している。その拡大像（図3-13）は、肥厚した皮膚が乾燥し、鱗状となった様相を示している。

## 牛食皮疥癬虫症　Chorioptic mange

牛食皮疥癬虫は牛に最も多い疥癬虫である。尾の下の皮膚の襞は *Chorioptes bovis* の特徴的な寄生部位である（図3-14）。病変は、湿性の漿液性滲出物を覆う厚い痂皮からなり、刺激性が強い。未治療のままでいると、乾いた痂皮は会陰部から乳房後部まで下に広

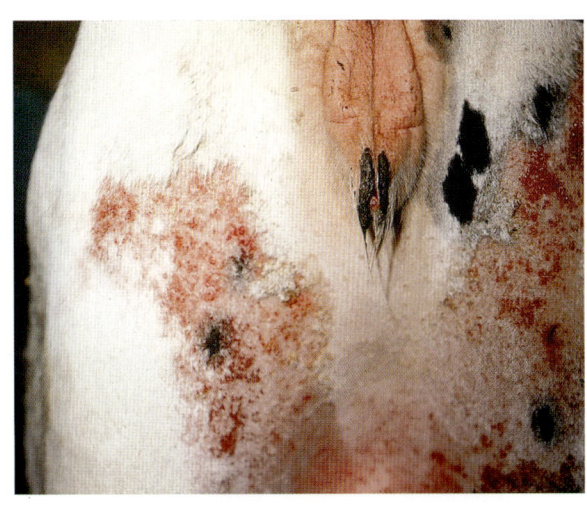

図 3-15　会陰部の牛食皮疥癬虫症

がっていく。進行例（図3-15）では、赤く化膿した病変がみられる。頸部と肩部の発生（図3-16）はそう多くない。

## キュウセン疥癬虫症　Psoroptic mange

外陰部から乳房にかけて広がっている肥厚した皮膚と脱毛を示す牛（図3-17）に注目する。この状態は鬐甲部から始まり、全身に広がることもある。しばしば激しいかゆみがある。キュウセン疥癬虫（*Psoroptes ovis*、羊キュウセン疥癬虫）症は北米では届出伝染病であり、長年にわたって撲滅計画が進められている。近年、キュウセン疥癬虫症は、南ウェールズとヨーロッパ全域、特にベルギーに発生が増加している。

## 毛包虫症　Demodectic mange (follicular mange)

この牛（図3-18）の白色皮膚部に小丘疹がみられ、そこから多数の虫体を含む濃厚な白色蝋様物質を搾り出すことができる。他の症例（図3-19）は、肩部皮膚に広がる丘疹を示している。いくつかの小結節はブドウ球菌による二次感染を受けている。その状態は一般

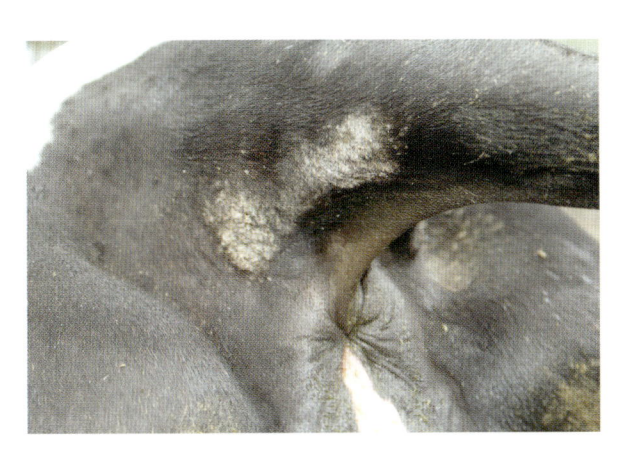

図 3-14　尾根部の牛食皮疥癬虫症：急性期（フリーシアン）

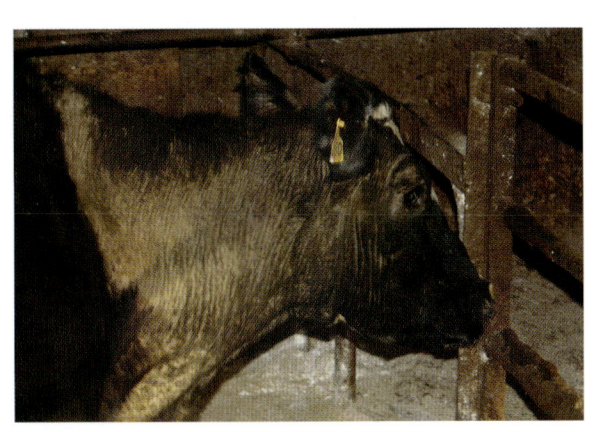

図 3-16　頸部の牛食皮疥癬虫症

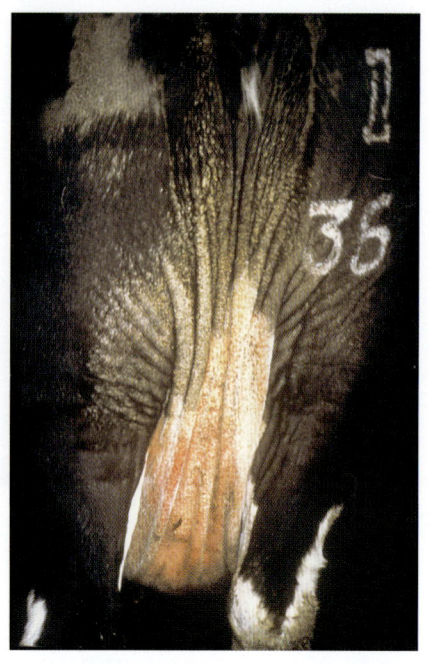

## 34　Integumentary disorders

図3-17　牛の会陰部と乳房のキュウセン疥癬虫症

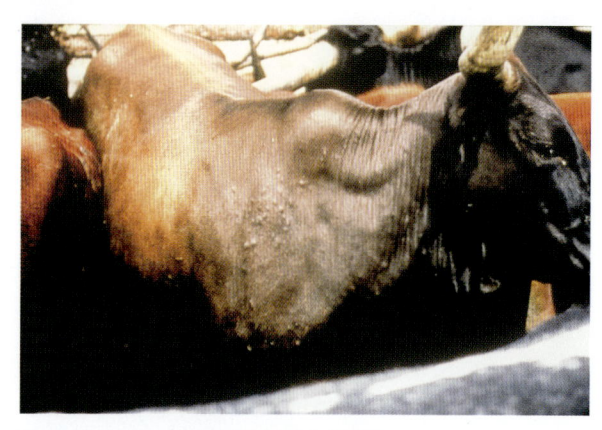

図3-19　牛の毛包虫症：丘疹と小結節

に軽症で、自然に治癒する。広範な脱毛はまれである。デルマトフィルスでも同様な病変がみられる（図3-38～図3-42）。

### 上述のダニ類の対処

　ダニの卵は孵化までに2〜3週間かかり、ダニは環境中に約2週間生存できるので、2〜3週間隔で、2回の有機リン剤ポアオン（少量の薬剤を背部にかける方法）または2回のイベルメクチン（ivermectin）皮下注射が必要である。変法として、ドラメクチン（doramectin）またはエプリノメクチン（eprinomectin）の1回投与があり、いずれもさらに長期間持続する。

　キュウセン疥癬虫の制圧には問題がある。すべての罹患牛と接触牛はマクロサイクリックラクトン注射またはポアオン承認薬で治療すべきである。しかし英国では、治療効果の高い未承認薬として、ペルメスリン（permethrin）ポアオン剤またはアミトラズ（amitraz）が獣医師の処方で用いられている。しかし、牛乳と牛肉の出荷停止面で大きな不利益がある。

## シラミ症　Lice (pediculosis)

### 症状

　吸血型シラミ（例えば、*Haematopinus eurysternus*、*Linognathus vituli*、北米では *Solenopotes capillatus*）は、刺咬型シラミ（*Damalinia*〔*Bovicola*〕*bovis*）に比べて、動作が緩慢である。かゆみ（刺咬型シラミによる唯一の病変）に加えて、吸血型シラミは重度貧血、削痩、さらに死亡をもたらす。シラミ症は冬期に最も多くなる。背部の被毛を分けていくと、肉眼でやっと見える、小さな褐色の動いているシラミが見つかる。シラミは白色の皮膚と被毛部で、または鼠径部の無毛皮膚部（図3-20）で、よりたやすく見つけられる。シラミの大きさには変化がある

　臨床的にシラミの寄生は、擦る、噛む、引っ搔く、肥厚した皮膚などの症状を示す。図3-21の症例では、子牛は舌を突き出し、頭を一方に傾けており、典型的なかゆみの姿勢をとっている。病初は、頸部の皮膚が垂直の線を形成する。咬傷により、白いふけの付いた小さな無毛部が生じる。さらに進行すると、顔面周囲の皮膚は肥厚し、このエアシャー成牛（図3-22）にみられるように、頸部の被毛の垂直線は襞の中に巻

図3-18　牛の毛包虫症：丘疹（フリーシアン）

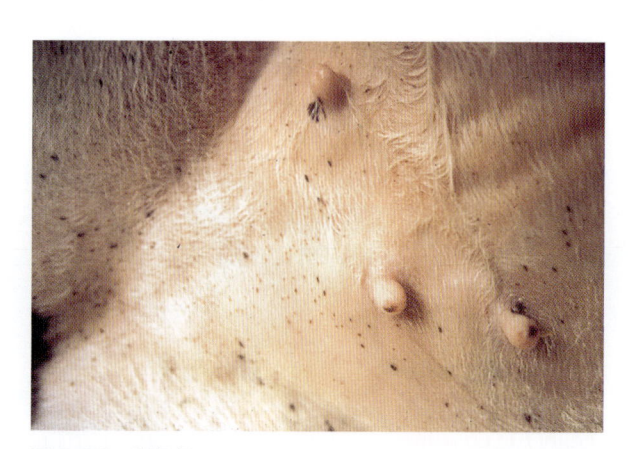

図3-20　鼠径部のシラミ

皮膚疾患　35

図 3-21　子牛の肩部と頸部のシラミ（シラミ感染症）（フリーシアン雑）

図 3-22　牛の頸部と下顎下のシラミ（エアシャー）

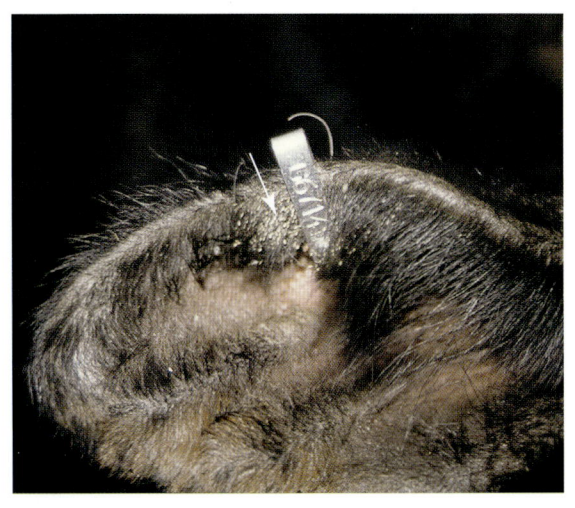

図 3-24　子牛の耳標周囲のシラミの卵（ニット）

き込まれる。さらなる特徴的な所見は被毛塊の存在であり（図 3-23）、罹患牛はそこを舐めたりグルーミング（毛づくろい）したりする代わりに、そのかゆい皮膚を噛んでしまっていた。

　特に若牛は発育障害や貧血になり、また特に吸血性シラミの寄生によって、肺炎のような他の疾患にかなり罹患しやすくなる。しばしばシラミの寄生に伴って、皮膚糸状菌症（白癬）に罹患するが、その初期病変が図 3-21 の肩部にみられる。被毛の軸の上に付着した、薄いベージュ色をした卵形のシラミの卵（ニット）が、特に耳介（図 3-24 の耳標近く）と肩部にわたって、しばしば肉眼で見つけられる。高齢牛では、被毛がシラミの卵で毛玉のようになることもある。

### 対処
　シラミの寄生は、密飼い、高い湿度、ほこりっぽい環境下、および被毛が厚くなる寒い季節に最も多い。卵は 2〜3 週間にわたって孵化し、成シラミは環境中に約 2 週間生存するため、しばしば長期間または繰り返しての治療が必要となる。ガンマ六塩化ベンゼン（BHC）のような有機塩素化合物が非常に有効であるが、今日、その使用は多くの国で禁止されている。2週間隔の、2 種の有機リン製剤の治療は非常に有効で、例えば、ポアオンまたは浸漬（ディップ）剤としてフォスメット（phosmet）またはクマフォス（coumaphos）があるが、同様に多くの国ではそれらの使用は制限されている。ピペロニルブトキシド（piperonyl butoxide）とテトラクロルビノフォス（tetrachlorvinophos）で合成されたペルメスリン（permethrin）が散布またはポアオンで用いられる。ドラメクチン（doramectin）またはエプリネクチン（eprinectin）の 1 回ポアオン投与もまた、吸血性シラミに対して非常に有効である。重度寄生牛には多種ビタミン剤も有効である。

## 皮膚糸状菌症　Ringworm (dermatophytosis)

### 病態
　皮膚糸状菌症は、被毛や皮膚の表層の死滅したまたはケラチン化した組織への真菌の感染症である。感染はしばしば毛包に及び、一時的な脱毛を生じる。牛では *Trichophyton verrucosum* が最も多い原因であるが、時には *Microsporum* 類も関与している。皮膚糸状菌症は重要な人獣共通感染症である。

図 3-23　シラミの刺激を緩和する噛み痕に生じた隆起した毛の小球

図3-25　子牛の皮膚糸状菌症(フリーシアン)

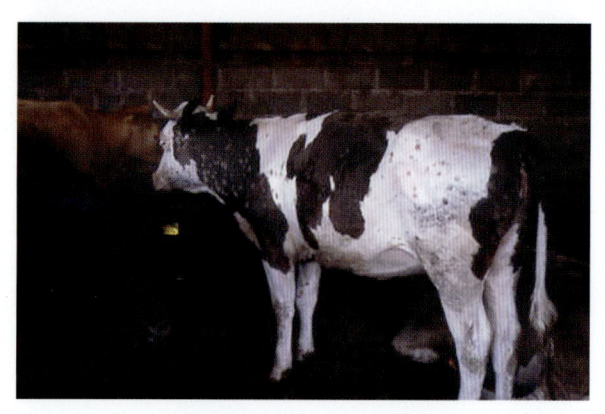

図3-27　小さな離散性の病変を示す皮膚糸状菌症

## 症状

　皮膚糸状菌症は子牛に最も多発するが、成乳牛、特に以前に感染の機会を持っていなかった牛では少なくない。病変は頭部と頸部にかけて多い(図3-25)が、体のどの部位にも発生する。病変部は円形の脱毛部からなり、そこでは皮膚が肥厚し、しばしば著しく角化している(図3-26)。初期(図3-26)には進行性の脱毛と皮膚の紅斑が認められ、その後痂皮化する。病変は末梢から拡大し、小さな病変はしだいに融合する(図3-26)。年長の牛は全身性の小さな離散性の病変を示し、その初期はしばしば赤色をしている(図3-27)。脱毛後は、これらは紅斑様となり、図3-25のような乾いた角化状態を示さない。
　皮膚糸状菌症は刺激性であり、もし罹患子牛が柱や餌槽に擦りつけると、そこに胞子が付着し、4年間も感染力を保持する。

## 対処

　自然に治癒することが多い。価値の高い牛は治療することがあり、初めに角化物質を取り除き、ついでナタマイシン(natamycin)で全身を洗浄またはスプレーする。抗真菌性抗生物質のグリセオフルビン(griseofulvin)の経口投与は非常に有効であるが、催奇形性の可能性があるために、その使用は多くの国で制限されている。有効な弱毒生菌ワクチンが利用できる。

### 皮膚の蠕虫症　Skin helminthes

　牛蠕虫症には、*Onchocerca*、*Pelodera* (*Rhabditis bovis*)、*Stephanofilaria*、*Parafilaria* の4種類の蠕虫が関係している。

### 皮膚ステファノフィラリア症
### Cutaneous stephanofilariasis

　*Stephanofilaria stilesi* のミクロフィラリアは、ノサシバエ(horn fly；*Haematobia irritans*)が刺すことによって、腹部正中の皮膚内に侵入し、この腹部正中(図3-28)にみられるように、大きな円形の皮膚炎部を形成する。新鮮な病変部は血液や漿液性滲出液で湿潤しているが、慢性化した場合は脱毛と角化亢進が特徴となる。

図3-26　子牛の皮膚糸状菌症(フリーシアン)

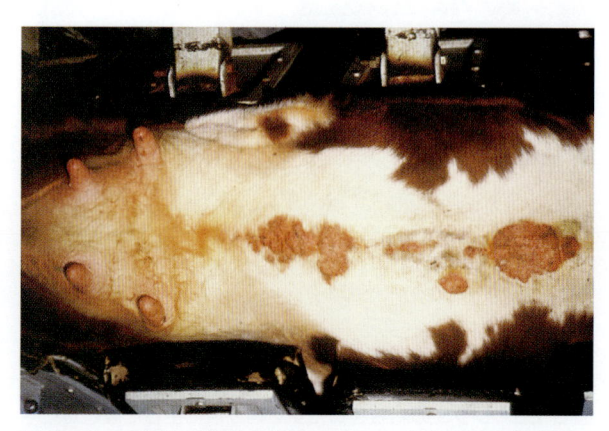

図3-28　肉用牛の腹部正中のステファノフィラリア症

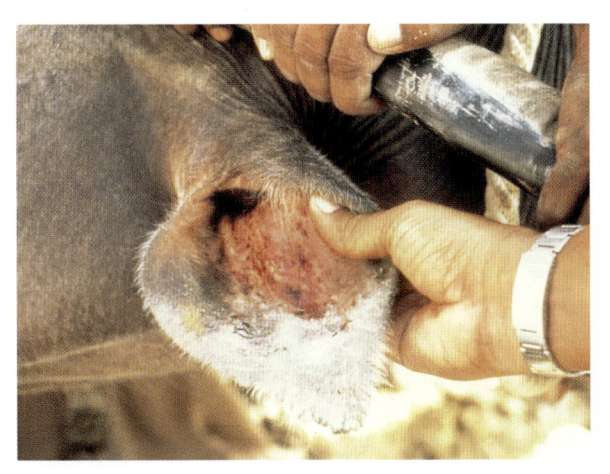

図 3-29　牛のステファノフィラリア症（寄生虫性耳炎）（ゼブー、インド）

図 3-32　典型的な *Parafilaria bovicola*：皮下の雌虫体（南アフリカ）

## ステファノフィラリア性耳炎（寄生虫性耳炎）　Stephanofilarial otitis (parasitic otitis)

　寄生虫性耳炎は *Stephanofilaria zaheeri* が原因で、湿度の高い気候時に高齢牛に最も流行しやすい。このインドのゼブー牛（図 3-29）の耳の中の疼痛性紅斑性の炎症に注目する。東アフリカでは、自由生活線虫である *Rhabditis bovis* も中耳にまで及ぶ化膿性耳炎を起こす。

## ステファノフィラリア性皮膚炎（鬐甲部のびらん）　Stephanofilarial dermatitis (hump sore)

　ハエによって媒介される *Stephanofilaria assamensis* は、刺激性の皮膚炎を生じる。このバングラデシュのジャージー雑牛の鬐甲部にみられた新鮮な肉芽形成部（図 3-30）は、乳量と仕事量の減少、および皮革の損傷をもたらす。外来牛は在来牛より罹患しやすい。

## パラフィラリア感染症　Parafilarial infection

### 症状

　パラフィラリア感染症は、アジア、アフリカ、および英国を含むヨーロッパの一部に多い。イエバエ属のハエである *Parafilaria bovicola* によって媒介され、疼痛性の皮膚病変を生じ、使役動物の生産性を減じる。しかし、それ以上に重要なことは、解体時の肉用牛の生肉の切除廃棄により、大きな経済的損失を招くことである。雌虫はホストの皮膚を穿孔し、傷口から滴る血液中に産卵する。この南アフリカの雄牛の胸壁に典型的な「出血斑」がみられる（図 3-31）。（頸部の結節状に付着した糞便汚染部に一致している。）数時間にわたって流れ続ける血液を吸血するハエは、ミクロフィラリアを含んでいる卵を摂取する。皮膚に密着した典型的な雌虫の小結節が図 3-32 に示されている。

図 3-30　牛のステファノフィラリア性皮膚炎（鬐甲部のびらん）（ジャージー雑、バングラデシュ）

### 対処

　薬浴や薬剤入り耳標を含むハエの防除が予防法として重要である。

## ベスノイティア症　Besnoitiosis

### 病態

　ベスノイティア症は、嚢胞形成性のアピコンプレックス類（apicomplexan、原虫の一門）寄生虫である *Besnoitia besnoiti* によって生じる原虫性疾患であり、急性の軽いまたは不顕性のタイプと、その後の衰弱は激しいものの通常は死に至らないタイプの2型があ

図 3-31　雄牛のパラフィラリア感染症（南アフリカ）

## 38　Integumentary disorders

図3-33　雄牛のベスノイティア症（南アフリカ）

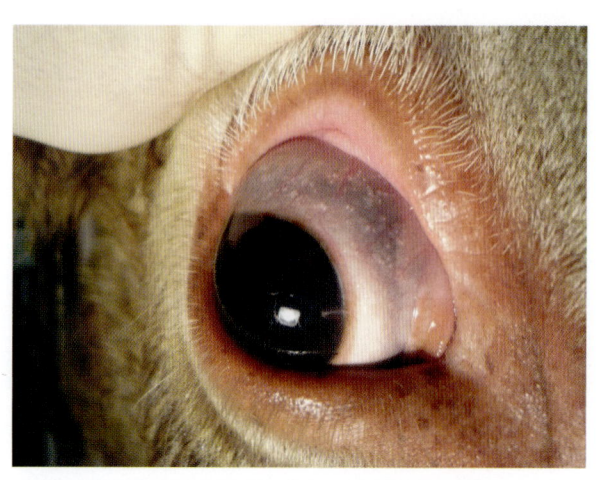

図3-35　ベスノイティア症における強膜下の小結節（リムーザン、ドイツ）

る。本病は本来、サハラ以南のアフリカ、中東、および南米に報告されていた。ヨーロッパでは何十年にもわたって、ポルトガル南部とフランス・スペイン国境のピレネー山脈地帯にごく散発的に報告されていたのみであったが、2010年2月に「新興感染症（emerging disease）」に指定された。現在では、スペイン、イタリア、ポルトガル、フランスの各地で報告され、その伝播様式は不明であるが、おそらく昆虫によるであろう。ヨーロッパでの拡散は、おそらく潜在性に感染していた繁殖用牛群の国際取引によるものであろう。

### 症状
病初の急性期の症状には、用力呼吸、食欲不振、発熱（流産の可能性あり）、および体重減少があるが、症例の大多数は無症状である。同時に、牛によっては微小な針頭大の白色強膜下小結節、寄生虫性嚢胞（図3-35）を生じ、それはまた陰門粘膜下（図3-36）にも程度は低いがみられることがある。第2期には、皮膚の変化が腹側（および乳房と乳頭）と四肢の浮腫（水腫）として始まり、進行性に皮膚の肥厚化とひだ形成、脱毛、角化亢進、および典型的な強皮症（図3-33、図3-34）へと続く。慢性の強皮症（象皮）を示す南アフリカの雄牛（図3-33）は、その部位の皮膚の著しい肥厚化と完全な脱毛がある。皮膚は軽い外傷に続いて露出部に亀裂を生じ（図3-34）、二次感染とおそらくハエ蛆症をもたらす。症状はハエの活動と関連して夏季に出現しやすい。ヨーロッパにおけるベスノイティア症の現在の経済的損失は正確には計算されていない。診断は、典型的な嚢胞の証明（バイオプシーによって）、または感染しても無症状の牛へのさまざまな実験室手技（例えば、ELISA、IFAT）によってなされる。

### 類症鑑別
急性期ではブルータング（p.231）、悪性カタル熱（p.232）、BVD-MD（p.54）があり、慢性の強皮症期では穿孔疥癬虫症、真菌症、熱傷、光線過敏症、皮膚リンパ肉腫、角化亢進症、デルマトフィルス症がある。

### 対処
すべての購買牛の証明書が推奨され、感染牛の撲滅、医原性の伝播の排除、および有害昆虫の防除がなされる。ヨーロッパでは有効なワクチンや薬剤が利用できない。

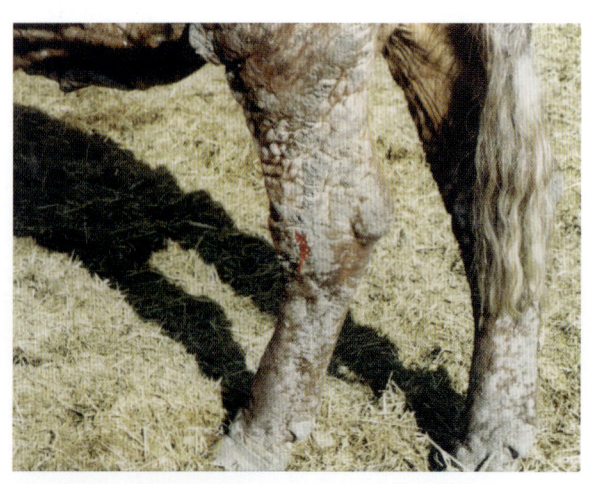

図3-34　明白な飛節創傷部の強皮症（ポルトガル）

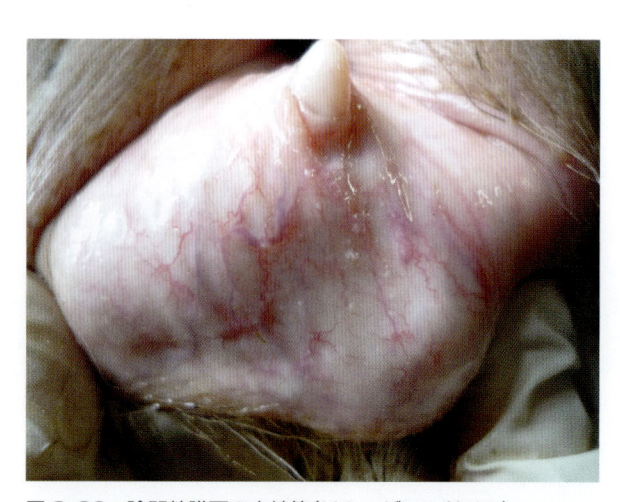

図3-36　陰門粘膜下の小結節（リムーザン、ドイツ）

皮膚疾患　39

図3-37　牛の全身にみられるデルマトフィルス症

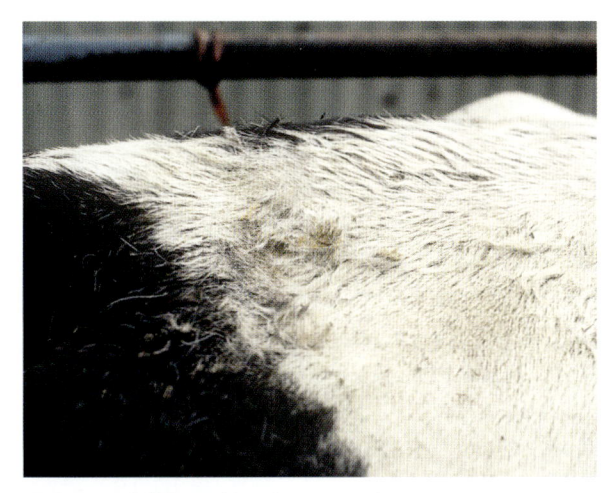

図3-38　牛後躯のデルマトフィルス症（皮膚ストレプトトリクス症）

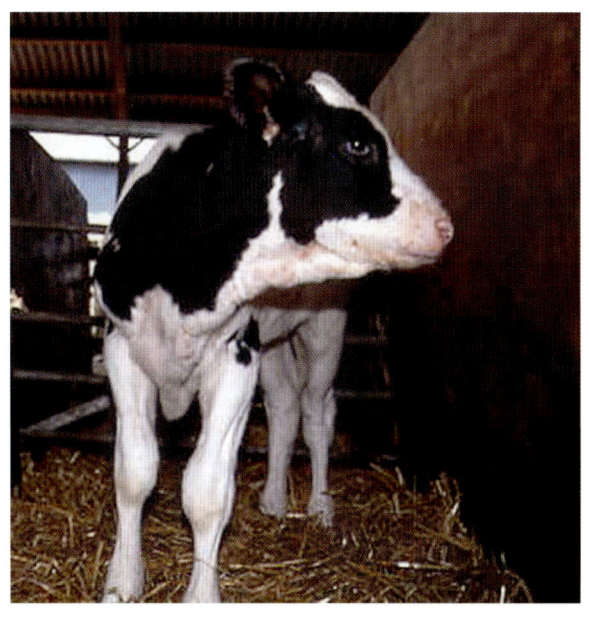

図3-39　子牛のデルマトフィルス症

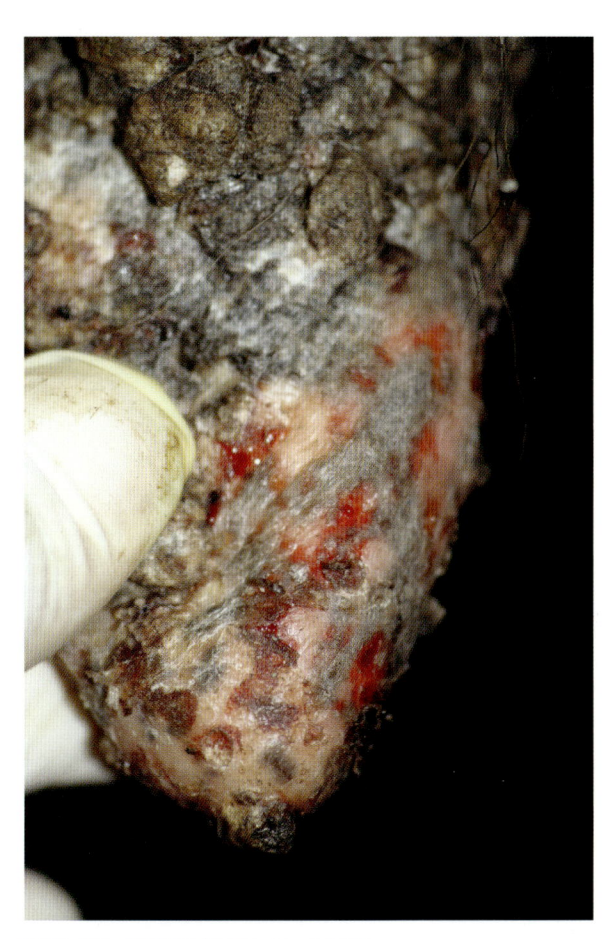

図3-40　乳頭のデルマトフィルス症

## その他の細菌性・ウイルス性皮膚疾患
Other bacterial and viral skin disorders

### デルマトフィルス症（皮膚ストレプトトリクス症）Dermatophilosis (cutaneous streptothricosis)

#### 病態
本症は放線菌類(actinomycete)の *Dermatophilus congolensis* の感染によって起こり、ときどき、長期の湿った天候に続く「真菌性皮膚炎」と間違って呼ばれる（レインロート〔rain rot〕雨期の腐敗、レインスコールド〔rain scald〕雨期の火傷とも呼ばれる）。

#### 症状
温暖な気候ではこのフリーシアン（図3-37）のように病変は軽度であり、被毛のかゆみのない隆起した集塊（それは容易につまみあげることができる）があり、その基部には淡褐色蝋様滲出物がある。他の牛の拡大写真が図3-38に示されている。ミルクのこぼれから生じた皮膚の湿潤部位は、ミルク保育子牛の鼻鏡部、頬部、頸下部の周囲に重度のデルマトフィルス病変をもたらす（図3-39）。重度に罹患した哺乳子牛は、特にその母牛の乳頭が罹患した場合（図3-40）など、飼料摂取の減少から死亡することがある。飛節部の肥厚した被毛と皮膚の拡大写真が、他の症例でみられる（図3-41）。暖かい気候下で、特に湿度が高く、ハエやダニが増えている時には、表皮に寄生した遊走胞子(zoospore)がほとんど流行病的に活性化し、さらに激しい皮膚病炎と二次感染を生じる。このアンティグア

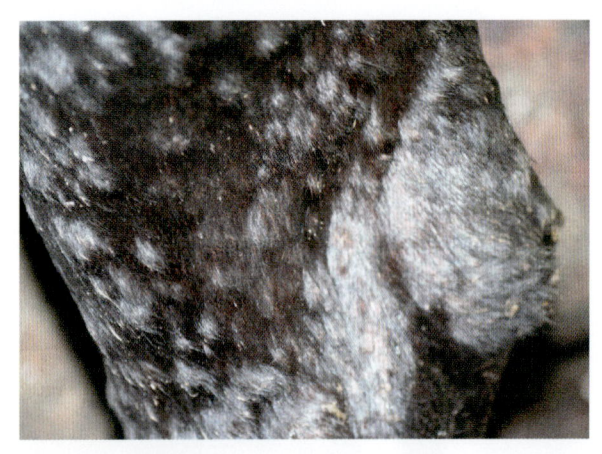

図 3-41　飛節のデルマトフィルス症、拡大図

図 3-42　牛のデルマトフィルス症
（アンティグア、西インド諸島）

牛（図3-42）は、特に頸部と肩部にかけて、小さく隆起した小結節状の房状皮膚を示している。さらに進行した病変は、ほとんど疣状の様相を示し、粟粒斑（図3-43、同様に西インド諸島産）を形成するように融合している。慢性化した重症例では削痩する。

### 類症鑑別
ウシバエ幼虫症（図3-50、図3-51）、ランピースキン病（図12-24）、沼地熱（mud fever、図7-66）、子牛の角化不全症（図1-28）。

### 対処
舎飼い牛には壁ブラシのような自己グルーミング（毛づくろい）設備を設ける。雨よけ施設を備え、皮膚の外傷や湿潤状態を避ける。重症例には抗生物質（ペニシリン）の全身注射および多種ビタミン剤が有効となる。

## 線維乳頭腫（乳頭腫症、疣贅）
Fibropapillomatosis (papillomatosis, warts)

### 症状
主に6〜18カ月齢の牛にみられる疣贅は、頭頸部の肉様の腫瘤として発現する。大きな有茎の疣贅はまた胸部や胸骨に沿ってもみられる。それらの大きさは非常に異なり、直径5cm大（図3-44）から、小さな小結節、皮膚の被毛上にやっとみえるものまである。それらは時には牽引用の成牛にも発生し、このエジプト産のバラディ牛（図3-45）にもみられる。疣贅はまた乳頭（図11-29〜図11-31）、陰茎（図10-19）、およびワラビ中毒に伴って膀胱（図13-4）にみられる。皮膚の疣贅はパポバウイルスによって生じる。乳頭に特異的に発症する3種を含む、5種のウイルスが報告されている。疣贅は大きな若牛群で最も多発する。ハエとシラミはその伝播に重要な役割を持っているであろう。

### 対処
ほとんどの疣贅は、陰茎の病変であっても、加齢に伴うウイルスへの免疫力の発達によって、自然に消退する。有茎の疣贅はしばしば引き抜くことができ、時にはその茎部の結紮後に除去される。簡単な自己由来

図 3-43　後肢の重度デルマトフィルス症（西インド諸島）

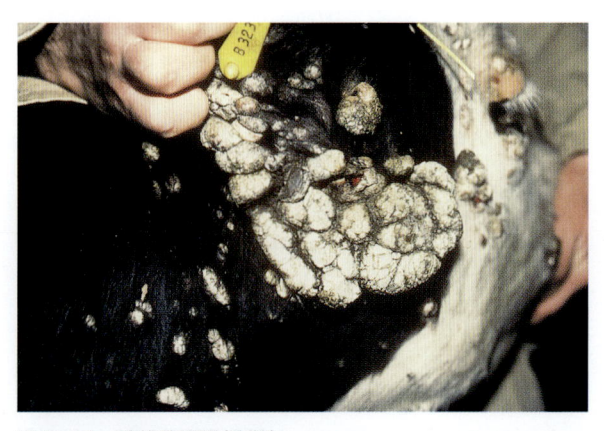

図 3-44　線維乳頭腫（疣贅）

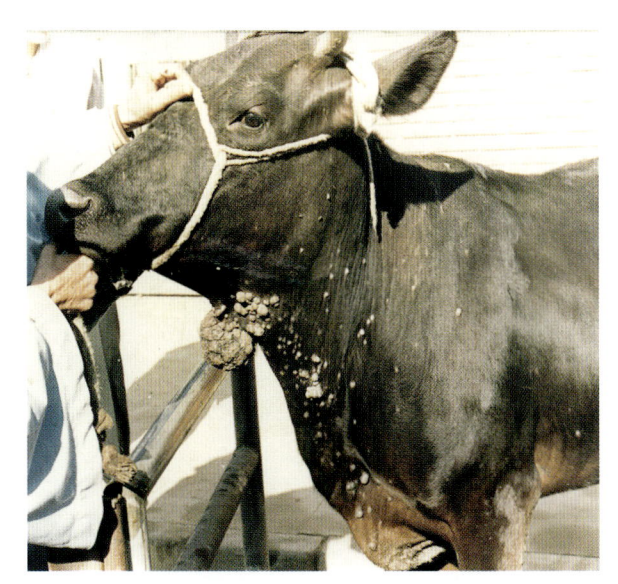

図 3-45　牛頸部の線維乳頭腫（バラディ、エジプト）

ワクチンで治療に成功したという報告もある。疣贅が過剰に集積すると、その破片を包み込んでしまい、二次感染を招くことがある。これらには洗浄と表面の消毒が有効である。

## 皮膚結核（非定型抗酸菌症）
Skin tuberculosis (atypical mycotuberculosis)

### 病態
本症では、皮下の索状のリンパ管の通路に沿って、硬い小結節が非病原性の抗酸菌を含み、それらは結核に対するツベルクリン皮膚試験に反応を示すことがある。

### 症状
これらの皮下の小結節は四肢、頸部、および肩部（図3-46）に最も多くみられる。それらの皮下の位置（少なくとも6個が明瞭である）は、ツベルクリンに対する皮内小結節とは容易に判別できる。ある人は、これらの皮下に鎖状につながった小結節は牛免疫不全ウイルス（BIV）の特徴であると考えているが、これはそうではなさそうである。

### 対処
防除法は不必要である。結核テストの意義に注意する。

## リンパ管炎、リンパ腺炎、牛鼻疽
Lymphangitis, lymphadenitis, and bovine farcy

### 症状
乳牛で最も多いリンパ腺炎（リンパ節の炎症）とリンパ管炎（リンパ管）のタイプは、リンパ系の流れに沿った下肢の上行感染と関連している。図3-47では、一連の小膿瘍がリンパ系の流れに沿ってみられ、そのあるもの（図中のA）は潰瘍化しており（潰瘍性リンパ管炎）、他のもの（図中のB）は孤立した軟らかい波動性の腫脹としてみられる。*Arcanobacterium pyogenes*のような環境性微生物が認められることが多く、初期には牛は軽度の発熱を示す。牛鼻疽は*Nocardia farcinica*によって起こる化膿性リンパ管炎とリンパ腺炎である。

### 類症鑑別
皮膚結核（図3-46）、潰瘍性リンパ管炎（図3-48）、皮膚型リンパ肉腫（図12-77）、ランピースキン病（図12-24）、デルマトフィルス症（図3-37～図3-43）。

### 対処
抗生物質治療で軽症例は寛解するが、牛鼻疽には無

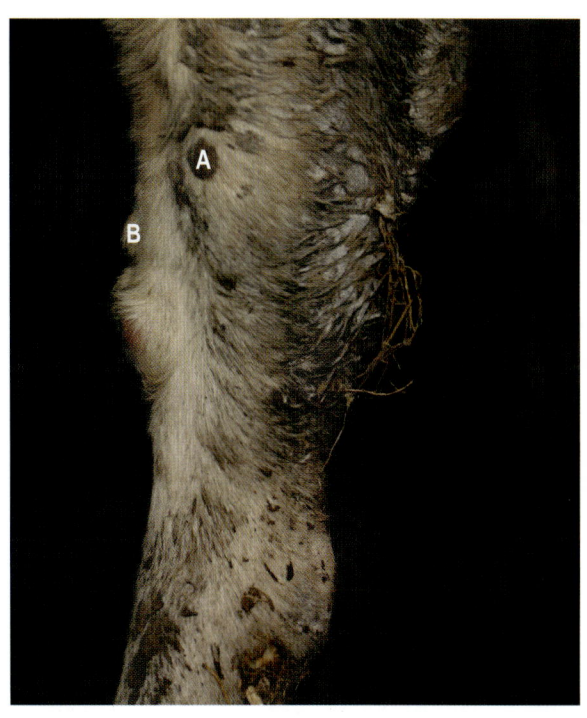

図 3-47　ノカルジア症（牛鼻疽）

図 3-46　牛の皮膚結核（フリーシアン、オランダ）

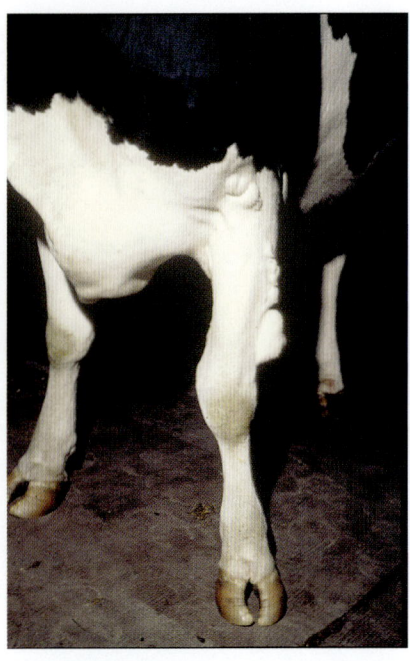

図3-48　牛左前肢の潰瘍性リンパ管炎(仮性結核)（フリーシアン、米国）

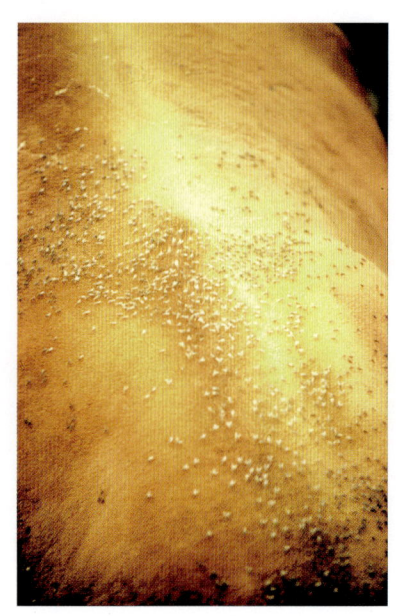

図3-49　牛の背中に群がるアタマバエ(ノサシバエ)

効である。

## 潰瘍性リンパ管炎(乾酪性リンパ腺炎：仮性結核)　Ulcerative lymphangitis (caseous lymphadenitis: pseudotuberculosis)

*Corynebacterium pseudotuberculosis* によって起こる潰瘍性リンパ管炎は主に羊や山羊の疾患であるが、ごくまれに牛が罹患する。図3-48の前肢と肘部にみられる大きな結節は、おそらくリンパ系の流れているリンパ節を含んでいる。それが自然に破裂すると、潰瘍性リンパ管炎の病変は、*C. pseudotuberculosis* に重度感染した乾酪性物質を典型的に放出する。

### 類症鑑別
皮膚結核(図3-46)、リンパ管炎(図3-47)。

### 対処
淘汰がよい。排液と継続的な灌流の試みがまれに成功するが、環境への汚染が感染のリスクを増大する。

## ハエの侵襲　Fly infestation

多種類のハエが牛を侵襲する。最も多いのは、図3-49の背部皮膚にみられるノサシバエ(*Haematobia irritans* spp.)（ツノバエ、水牛バエともいう)、ヒツジアタマバエ(*Hydrotoea irritans*)、カオバエ(*Musca autumnalis*)である。これらのハエ類は鬐甲部、腹部、眼の周囲に好んで集まる。牛をうるさがらせる上に、そのために摂食が制限される。これらのハエ類はまた貧血をもたらし、そして例えば牛伝染性角結膜炎(IBK)を生じるパラフィラリア(*Parafilaria*)や *Moraxella bovis* などの疾患を伝播する。

### 対処
殺虫剤の散布、バックラバー(back rubbers)、トラップ。

## ウシバエ幼虫症　Warble fly ("warbles")

### 病態
ウシバエまたはウシバエ幼虫症は、*Hypoderma* と *Dermatobia* 種の幼虫の移動によって生じる一連の症候群からなる。皮膚の損傷が最も多いが、脊髄性麻痺、食道の炎症による窒息、大量の幼虫移動による全身疾患、およびアナフィラキシー反応も生じる。

### 症状
*Hypoderma bovis* と *Hypoderma lineatum* の2種のウシバエ(ヒフバエ)が関与している。両種とも下肢の被毛に産卵する。卵から出た幼虫は表皮を穿孔し、皮下を移動して背部の皮膚に達する。そこに呼吸孔をうがち、被嚢する。皮下組織に被嚢した幼虫は、ウシバエ幼虫症の特徴である滑らかな皮膚の腫脹(図3-50)を形成する。4～6週間かけてウシバエの幼虫は3回脱皮し、薄クリーム色から濃褐色をした第3期幼虫が呼吸孔から出て、蛹化のために地面に落ちる。図3-51では、第3期後期の幼虫が前胸部の皮膚上に手で絞り出されている。また5個の幼虫の呼吸孔の集落が、その下で生きている幼虫とともに、腰椎背部の皮膚にみられる。ウシバエ幼虫症による損失には、皮革の最も価値の高い部位の損傷、ハエの成虫への怖れから生じた放牧減少、および脊柱管内で死滅した幼虫に対する高感受性による麻痺のまれな症例がある。

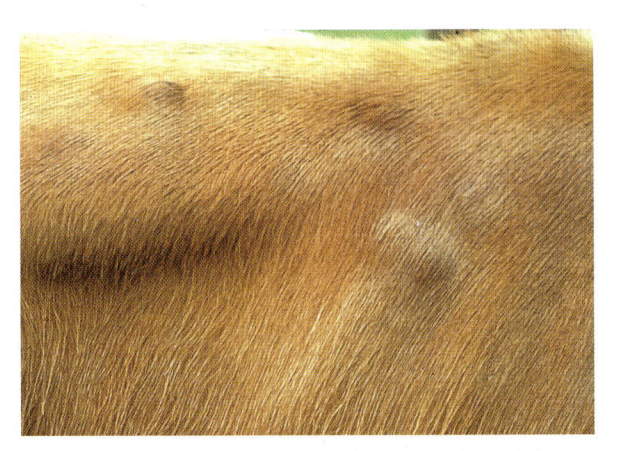

図 3-50　数個の被嚢した皮下幼虫を示すウシバエの寄生

図 3-52　他のハエに寄生した熱帯性ウシバエの卵（ブラジル）

## 対処

全身性の殺虫剤、例えば有機リン化合物（泌乳牛には禁忌）やアベルメクチン（avermectin）がよい。ウシバエの侵襲は英国（すでに撲滅されている）を含む多くの国で、届出伝染病とされており、特別な撲滅対策が必要である。

## 熱帯性ウシバエ幼虫症
Tropical warble fly: *Dermatobia hominis*

### 症状

本症はヒトヒフバエ（*Dermatobia hominis*）によって起こる。このハエはメキシコ南部から南米アルゼンチンにかけてのみ分布しており、大きな問題となっている。人への感染もまた生じている。成虫は多種類の他の昆虫（49種が記録されている）に産卵し、それらの昆虫が牛にたかる時に、卵を牛に伝播する。図3-52のイエバエ（*Musca domestica*）の羽根の間に卵がみえる。孵化時に幼虫はすばやく皮膚を穿孔して、皮下で被嚢して、ウシバエ幼虫症と同じように小結節を形成する。このブラジル産のヘレフォード雑雌牛（図3-53）の、特に肩部から腹部にかけて、ヒトヒフバエ幼虫の結節がみられる（ウシヒフバエ幼虫は図3-51のように背部に沿ってのみみられる）。40〜50日後に成熟幼虫は脱出し（図3-54）、地面に落ちて蛹化する。幼虫の脱出時に、図3-55のゼブー牛にみられるように、感染を伴った激しい疼痛と刺激が生じる。

### 対処

ウシバエ幼虫症と同様である。牛の系統によっては、ヒトヒフバエに抵抗性を持つものがある。

## 皮膚ハエ蛆症　Screw-worm or myiasis

### 症状

ラセン虫として知られる寄生虫は、クロバエ類の*Cochliomyia hominivorax*と*Chrysomyia bezziana*の幼虫である。成バエは傷口、新生子の臍部、またはダニによる損傷部（図12-34）に産卵する。図3-56は初期の侵襲を示している。さらに進行すると（図3-57）、各成長過程の多くの幼虫で満たされ、あるものは成熟しており、まもなくそこを離れて、土の中で蛹化する。広範囲の皮膚傷害を伴う、大量の悪臭を持った滲出物が特徴である。本病は南米では主要な重要性

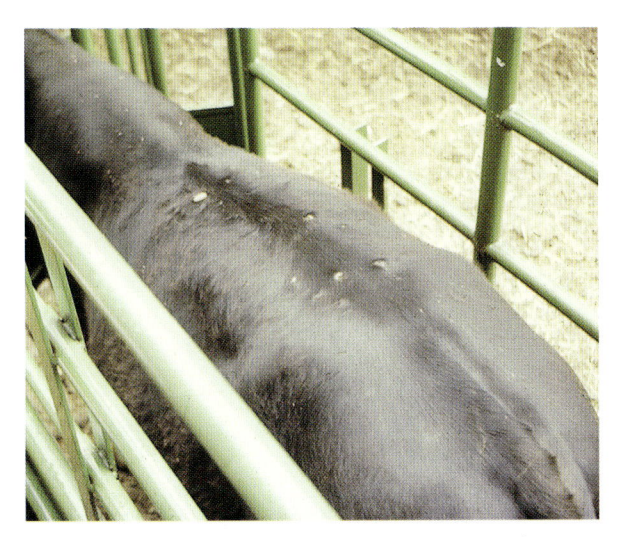

図 3-51　牛の背に沿ったウシバエ幼虫（フリーシアン）

図 3-53　牛への熱帯性ウシバエ幼虫の寄生（ヘレフォード雑、ブラジル）

図 3-54　皮膚から脱出中のウシバエ成熟幼虫（ブラジル）

図 3-55　牛へのウシバエ幼虫寄生に伴う二次的な感染（ゼブー、ブラジル）

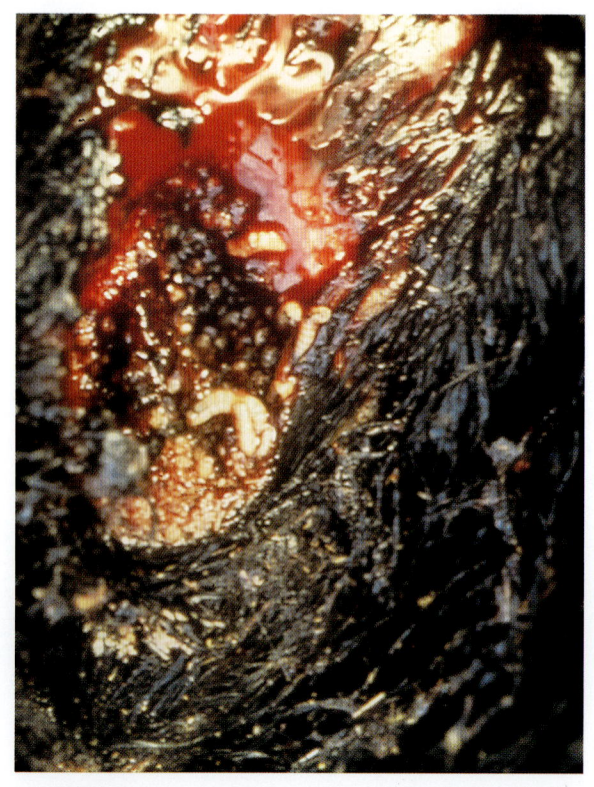

図 3-56　傷口に生みつけられたクロバエ卵を示す皮膚ハエ蛆症（ブラジル）

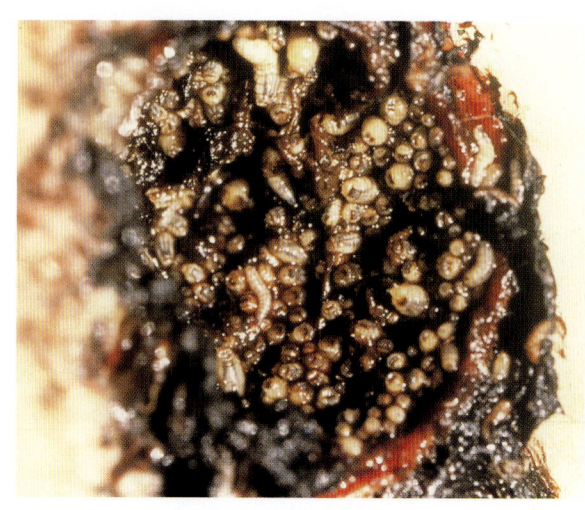

図 3-57　卵と幼虫を示す皮膚ハエ蛆症の進行した病変（ブラジル）

疾患であり、北米と南アジアでも報告されている。

### 類症鑑別

　ラセン虫を他のハエ幼虫と鑑別することが必須である。成熟幼虫はピンク色で、1〜2 cm の長さを持ち、各体節の前部に微細な暗色の棘状物を持っている。同定のために、70％アルコールに入れて、検査機関に送るとよい。

### 対処

　国によっては届出伝染病となっており、撲滅対策が取られている。有機リン化合物またはアベルメクチン（avermectin）の局所および全身投与（スプレー、薬浴）がなされる。

## 外傷性疾患および物理的障害
Traumatic and physical conditions

　皮膚は、身体の最大の器官であることに加えて、そのほとんどが外部に曝されている。そのため外傷が多く、特に設計不良の建物で密飼いされている牛が粗暴に扱われた時に多くなる。舎飼い牛の除角の失宜はさらなる損傷の誘因となる。湿って汚れた状態は皮膚の防衛機構を低下させる。これらの要因に不適切な牛床や建物内の突起物と重なると、膿瘍やさらに重い損傷に進展する。牛は広範囲の温度域に耐えられるが、時には凍傷になる。血腫は物理的な損傷の結果としてよく起こり、一方、他の皮下の腫脹はヘルニア、膿瘍、または破裂によって生じる。

### 血腫　Hematoma

### 症状

　血腫は突然発症し、病初は軟らかくて痛みのない、波動性のある、液で満たされた腫脹である。多発部位

皮膚疾患　45

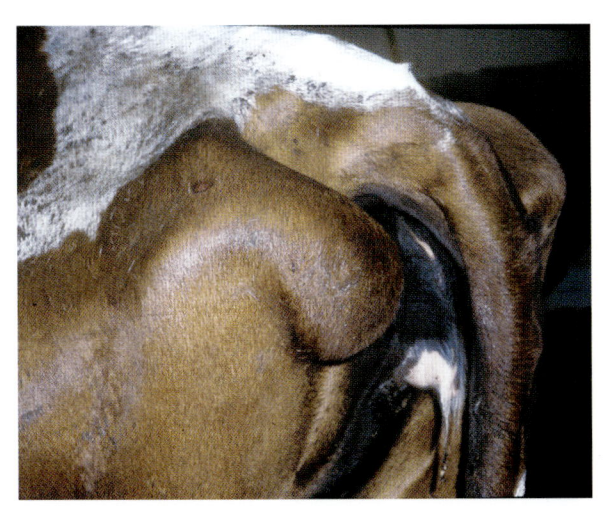

図 3-58　牛の腸骨外角上の血腫（エアシャー）

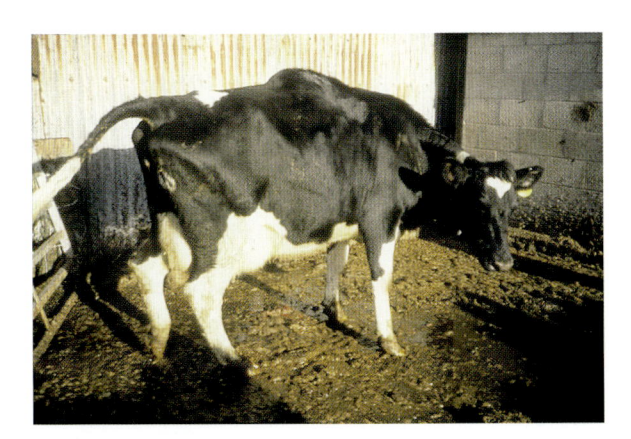

図 3-59　牛の脊椎に広がる大型の血腫（フリーシアン）

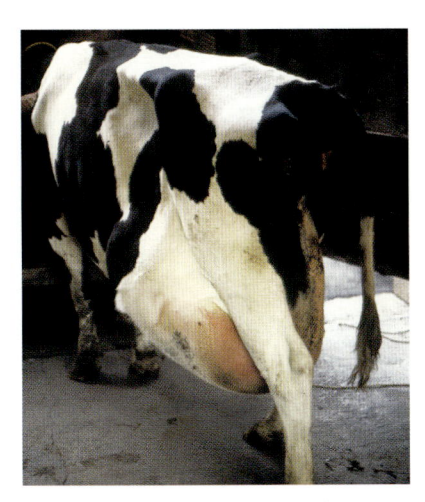

図 3-60　牛の横腹部の血腫（フリーシアン）

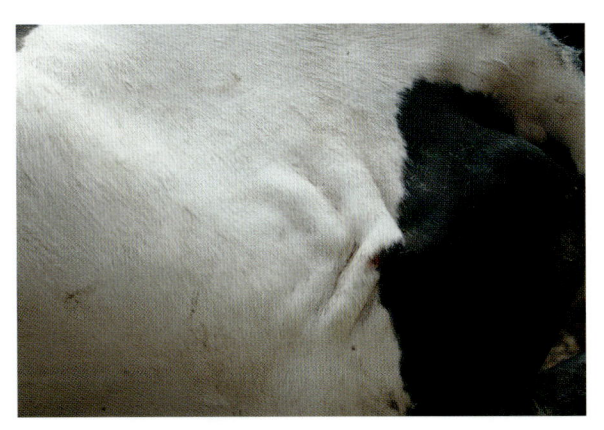

図 3-61　血腫の治癒過程を示す皮膚の襞

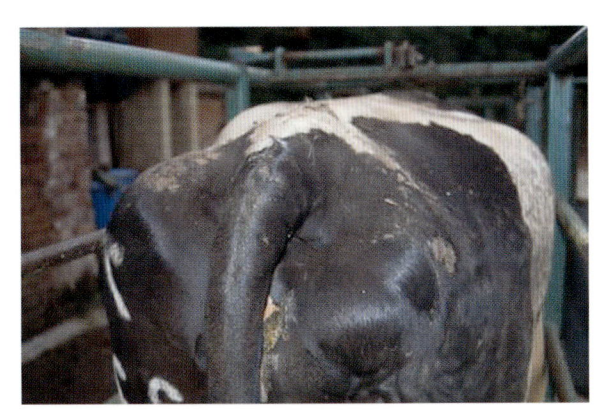

図 3-62　尾根部右側の 2 つの小さな血腫が膿瘍化している

は、骨に接する皮膚の外傷が生じやすい、筋肉で覆われていない場所である。例えば、この坐骨結節上（図3-58）にみられるような骨盤突起上、脊椎骨の上（図3-59）、下腹部（図3-60）、および肩部がある。時には血腫が骨盤腔内に広がり、骨盤内圧を上昇させ、排尿や排便の障害をもたらす。図 3-59 の症例は、フリーストール内の牛床の仕切りに挟まれた結果として生じ、また腹部の血腫例（図 3-60）は角で突かれた結果である。大多数の小さな血腫は破裂せずに、図 3-61 にみられるように、厚い皮膚の襞を残して治癒する。図 3-61 は坐骨結節上の血腫の回復過程である。ときどき、血腫は感染を受け、膿瘍へと発展する。図 3-62 には、血腫に由来した 2 個の小さな膿瘍が、坐骨結節上の尾根の右側に明瞭にみられる。時には、血腫が破裂し、血餅を放出する。

#### 類症鑑別
膿瘍、腹壁の断裂、ヘルニア。

#### 対処
ほとんどの症例は自然に寛解するため、最小限の処置が最善である。血腫によっては膿瘍化し、排膿が必要となる。時には血腫が広範にわたり、淘汰が必要になる。

#### 予防
外傷部位を見つけて、それを最小化する。

### 肋骨骨折　Rib fracture

#### 症状
高齢牛、特に慢性的に跛行を示す牛は、第 8、9 肋

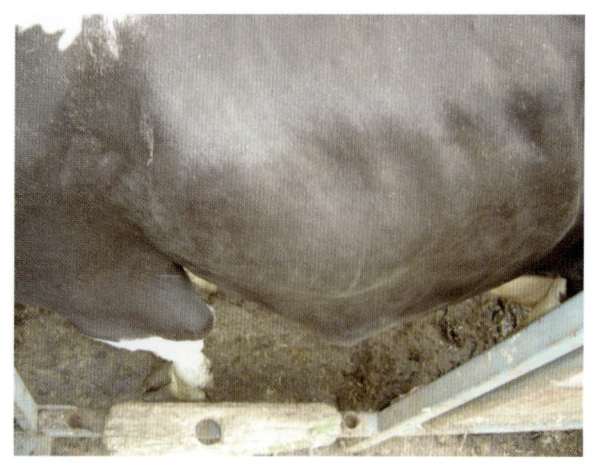

46　Integumentary disorders

図 3-63　肋軟骨部の肋骨骨折

図 3-65　牛の頸部背側の滑液嚢炎（フリーシアン）

骨の骨折を生じやすい。その肋骨の特に肋軟骨関節部が関節固定状態となる。これは外からは、肘端の後方でほぼ手一本の幅をおいた場所に硬い腫脹としてみえる（図3-63）。他の症例では、罹患した肋骨は長軸方向に変位し、その後端が突出している。この牛のX線像（図3-64）では、左側の関節に比べて、3個の肋軟骨関節が損傷されており、特に中央のものは骨の小棘が関節の右側に変位している。骨折はまた、軟骨浮遊肋骨部にもみられる。これらは加齢とともに石灰化するため（すなわち、それらは骨組織ではない）、治癒することがなく、骨折部の持続的な動きが疼痛をもたらす。なぜ跛行牛は背彎姿勢で歩くのかという理由の1つとして、骨折部が疼痛を必発するため、肋骨骨折が推測されている。牛によっては、触診によって疼痛反応が引き起こされる。推測される原因の1つに、跛行牛が座る時に正常な牛よりも、どしんと強く座りこむことがある。その結果、胸部への上から下への圧迫が、最も弱い部位、すなわち、肋軟骨関節と浮遊肋骨の骨折をもたらす。他の部位、第2から第4肋骨（肩甲骨の下にあたる）にかけての肋骨中央部の骨折が、解体時に発見されることは珍しくないが、他の病因によると考えられている。

**対処**

視診では分からず、触診でのみ分かるような軽度の病変は、治療を要しない。重度病変は歩行困難を生じるので、罹患牛はフリーストールではなく、敷き草の区画で舎飼いすべきである。もし牛群内の発生が多いようなら、跛行をもたらす要因を検査すべきである。

### 頸部の滑液嚢炎　Bursitis of the neck

**症状**

この図3-65にみられる頸部病変の前面の脱毛は、そこを常に餌槽の仕切り棒に押し付けていたことから生じた滑液嚢炎を意味している。血腫と同様に、その腫脹は軟らかくて疼痛がなく、波動性であるが、その進行はより緩慢である。吸引により透明な液が得られる。滑液嚢炎はまた、フリーストールの不適切な牛床の結果として、飛節（図7-132）および手根部（図7-147）にも生じる。

**対処**

最初に牛を傷害の原因から遠ざけ、個々の病変は自然治癒するまで放置しておくのが最善である。もし数頭の牛が罹患しているなら、例えばフリーストールの牛床や快適性などの牛舎構造の変更が指示される。

### 皮膚の膿瘍　Skin abscesses

**症状**

通常、膿瘍は硬くて熱感のある、わずかに疼痛を示す腫脹であり、ゆっくりと進行して大きくなる。この点で、通常、急に出現する血腫（図3-58）やヘルニア（図3-70）から鑑別される。このヘレフォード去勢牛（図3-66）は頸部に無菌性の膿瘍を持っており、その原因はワクチン接種であった。皮下に40％ボログルコン酸カルシウム液を注射すると、硬くて液で満たされた無菌性の腫脹が、3～6週間にわたって発生す

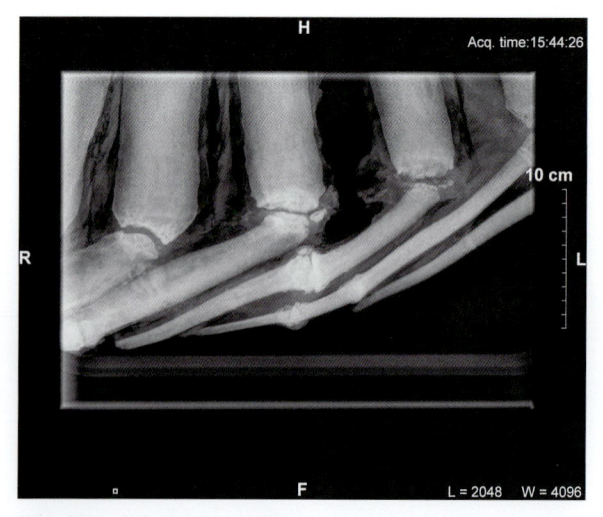

図 3-64　肋骨骨折のX線像

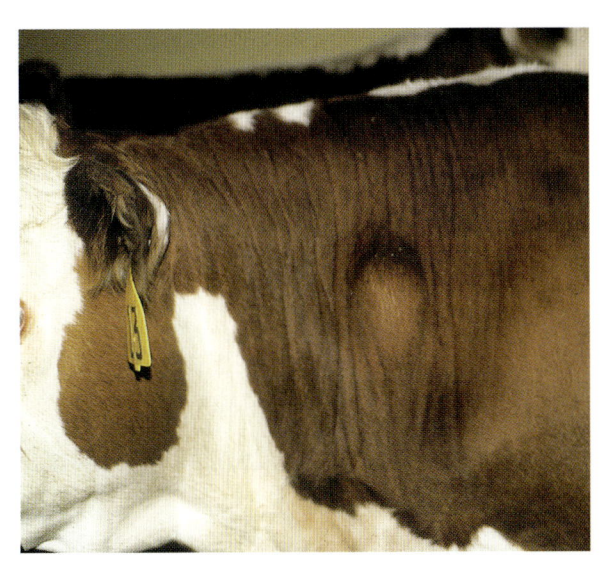

図 3-66　去勢牛の無菌性膿瘍(ワクチン接種後)(ヘレフォード)

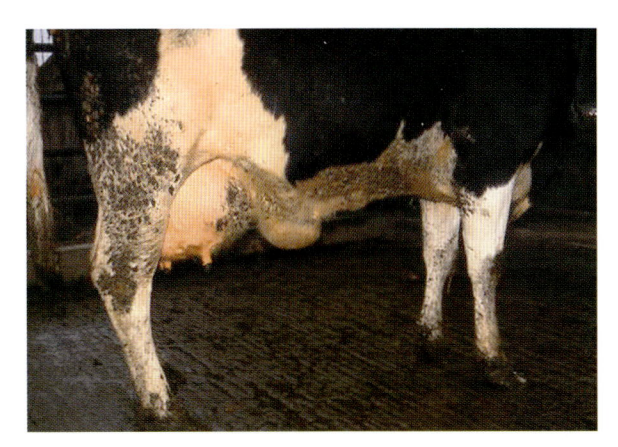

図 3-68　乳静脈の膿瘍

る。このフリーシアン牛(図 3-67)にみられるように、膝窩部は膿瘍の好発部位である。大きな波動性の腫脹が、左後肢の膝関節外側にみられる。膿瘍はしばしば筋肉内深くに存在し、数カ月かけてゆっくりと大きくなる。

例えば低カルシウム血症の時などの静脈内注射に、乳静脈を用いることは術者にとって容易であるが、特に非滅菌器具(注射針など)が用いられると、その下垂した位置のために膿瘍化(図 3-68)する危険性と、注射後の出血の危険性が増加する。まれにみられる線維腫(図 3-69)が乳房膿瘍と混同されることもあるが、それは発育が緩慢で、ゆるく垂れ下がっており、触診で硬くて波動性がない。

### 対処
膿瘍は、被嚢の一部が明瞭に軟らかくなるまで、発育させるのが最善である。その後回復させるために、その部位を切開し、排液し、洗浄する。圧迫洗浄を繰り返すことも有効である。乳房膿瘍の確定には十分な注意が必要である。

## 腹壁ヘルニア　Flank hernia

### 症状
このヘレフォード牛(図 3-70)の腹壁ヘルニアは突然発症したが、おそらく上診の2カ月前に他の牛の頭

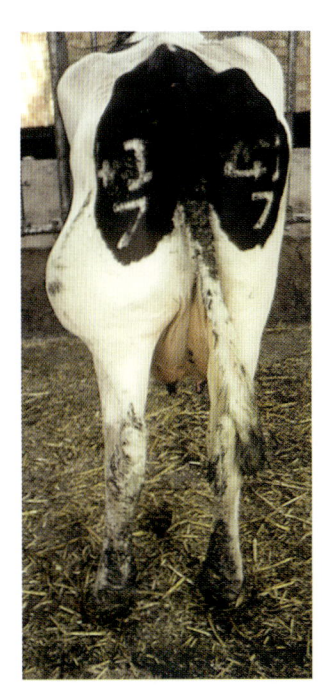

図 3-67　牛の膝窩部の膿瘍(フリーシアン)

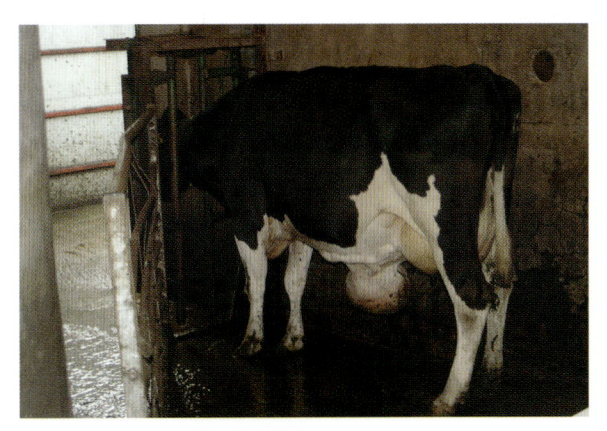

図 3-69　腹部正中線の線維腫

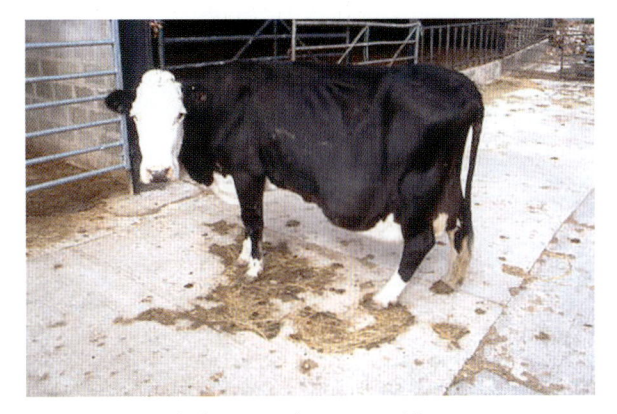

図 3-70　牛の腹壁ヘルニア(ヘレフォード)

突きを受けた結果であろう。他の症例は自然に発生し、特に妊娠末期の高齢牛では、腹腔内容の圧力が誘因となっている。

#### 類症鑑別

この部位の腫脹は、膿瘍、血腫、腹壁ヘルニア、および恥骨前腱または前乳房保定装置の断裂の間の鑑別が困難である。牛を横臥させると、腹腔内にヘルニア内容を還納することが可能となる。しかし、この部位の他の腫脹ではこれができない。

#### 対処

成牛の大きな腹壁ヘルニアでは、手術による治療に成功することはまれであり、妊娠末期に大きくなる傾向がある。分娩後に大きさが減じた時に、牛を淘汰するのが最もよい。

### 恥骨前腱の断裂　Rupture of prepubic tendon

本症では、乳房が下垂し、その前方の皮膚と筋肉の嚢に腹腔臓器が含まれている(図3-71)。尿膜水腫が過剰な腹部膨満をもたらし、その後の恥骨前腱の断裂を生じた。

#### 類症鑑別

腹壁ヘルニア(p.47)。

#### 対処

修復は不可能で、もし牛の状態が悪ければ、淘汰が勧められる。

### 耳標による感染　Infected ear tag

#### 症状

本症は、耳介の成長スペースがない時や耳標が耳根部のすぐ近くに装着された時に、装着時の不衛生の結果として生じる。図3-72では、肉芽組織と湿った膿性の滲出液が耳標の周囲にみられる。このような部位

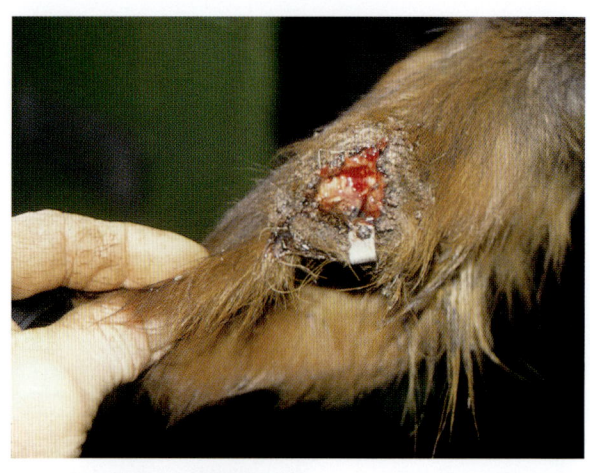

図3-72　感染した耳標部

は痛みがあり、ハエ蛆症を起こしやすい。

#### 対処

耳標の除去が必要で、その部位を洗浄すれば、残存する創傷は迅速に治癒する。再装着する耳標は、異なった場所に装着すべきである。

### 凍傷による耳介の壊死
Ear necrosis from frostbite

このリムーザン牛(図3-73)の両側の耳介の先がなくなっている。その原因は新生子期の凍傷であった。陰嚢の凍傷例は図10-38に示されている。

#### 類症鑑別

敗血症、特に甚急性サルモネラ症(図2-22)に伴う場合、イネ科ウシノケグサ属植物(フェスク)の中毒(図7-158)、および麦角中毒(図7-159)は、末端に同様な変化を生じる。

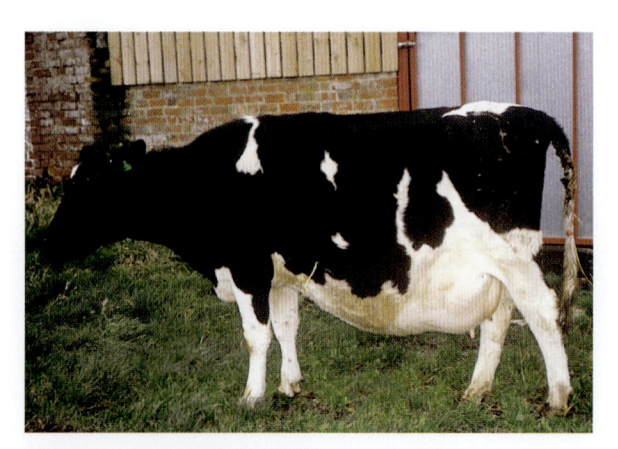

図3-71　牛の恥骨前腱の破裂(フリーシアン)

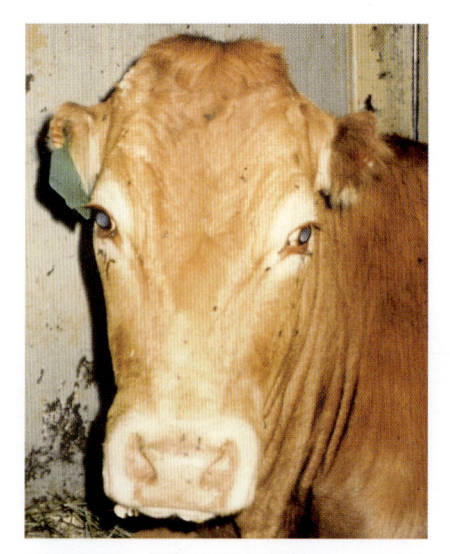

図3-73　新生子期の凍傷：耳介の壊死(リムーザン)

## 焼灼用の除角パスタによる皮膚壊死　Skin necrosis following caustic dehorning paste

　焼灼用の除角パスタの過剰な使用によって、このリムーザン子牛（図3-74）のように、角芽部から眼の方に広がっていく痂皮で覆われた脱落皮膚が生じた。

## 皮膚の火傷　Skin burns

　火災や炎暑に曝された牛群は、その発生源から離れて、頭をつき合わせて小さくかたまって立っていることが多い。このホルスタイン牛（図3-75）の背部、上腹部、および胸部にかけて、皮膚が焦げていることに注目する。この牛は5頭の乾乳牛のうちの1頭で、燃え盛る麦わらの山に隣接する区画につかまっていた。牛の大多数は回復したが、乳房と乳頭の火傷（右前乳頭にみられる）は多くが搾乳不能であることを意味し、分娩後に淘汰されなければならなかった。

### 対処

　初期段階では抗炎症剤が炎症を低減する。もし保険請求が可能であれば、早期淘汰の可能性を考慮すべきである。

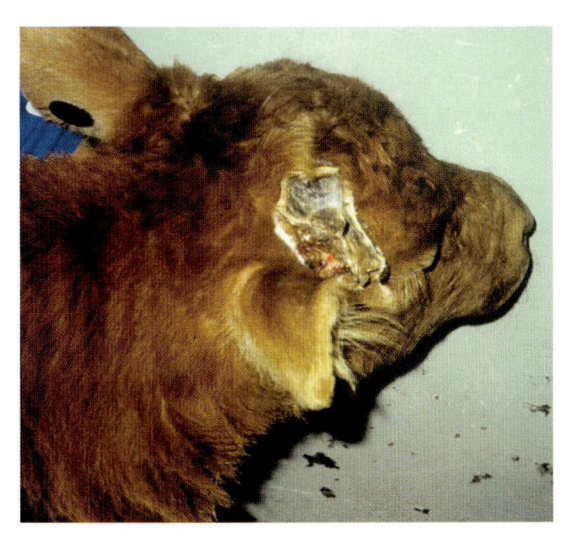

図3-74　焼灼用の除角パスタ：頭部の皮膚壊死

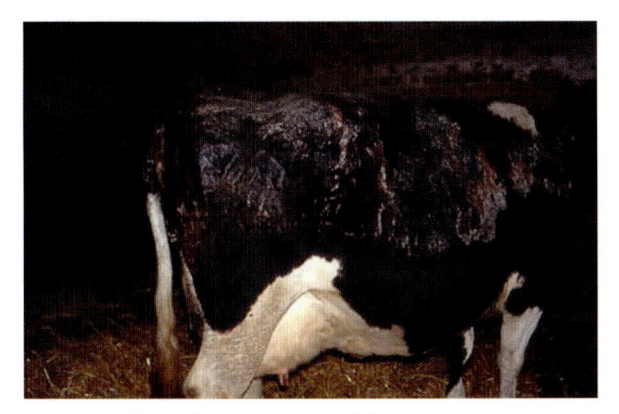

図3-75　背部、腹部、胸部に及ぶ火傷

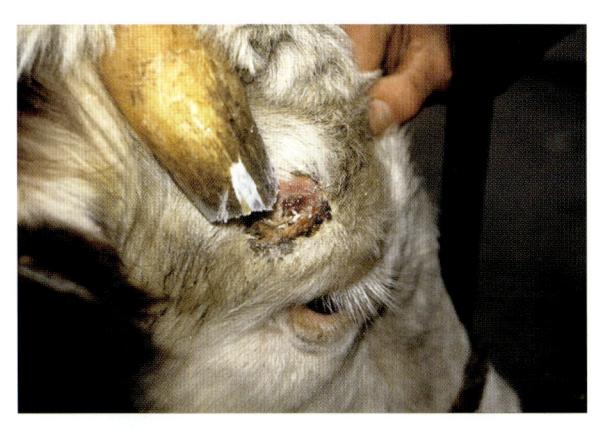

図3-76　内転性の角：皮膚への傷害

## 皮膚に食い込む角　Ingrowing horn

### 病因と病理発生

　図3-76の角の先端は、今は除去されているが、皮膚を穿孔してその下の真皮の中に食い込んで、この疼痛性の化膿する創傷を生じ、やがては二次的なハエ蛆症をもたらす。極端な症例では、角の先端が頭蓋骨を穿孔することもある。これは重大な動物福祉上の問題となる。高齢牛では、外見上正常な角の発育の結果として発症することもあるが、大多数はより初期の角の損傷の結果である。

### 対処

　疑わしい時は、角の先端と皮膚との間隔を検査する。角の先端は感覚がないので、無麻酔で切除できる。

## 尾端の壊死　Tail-tip necrosis

### 症状

　尾端の壊死（図3-77）は、スノコ床の牛舎に密飼いされている去勢牛、未経産牛、および肉用雄牛の群の問題として発生する。典型的な尾端の損傷が図3-77の拡大写真にみられる。尾の先端は踏みつけられて、初期の外傷を生じ、次いで化膿し、上行感染と他器官

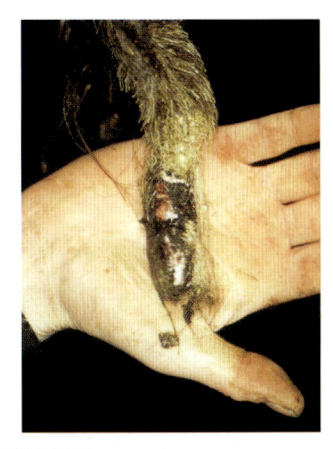

図3-77　尾端の壊死

50　Integumentary disorders

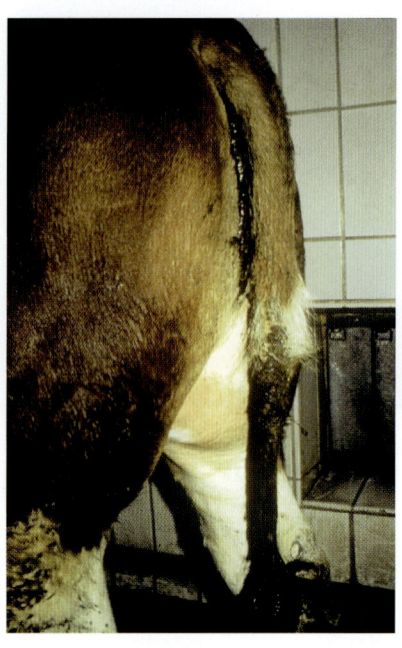

図 3-78　肉用雄牛の尾端壊死

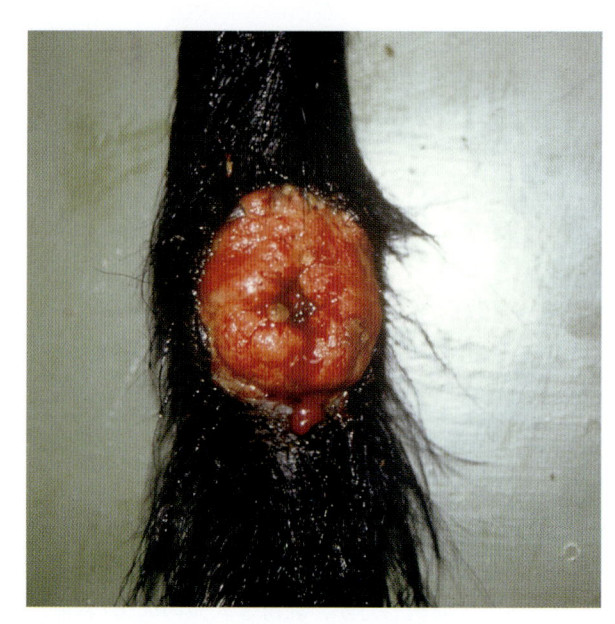

図 3-79　尾の骨折と慢性の排出洞を伴う腐骨

への敗血性拡散の危険性を生じる。この肉用雄牛（図3-78）の尾の壊死は、*Arcanobacterium pyogenes* の上行性感染をもたらし、そして近位の尾神経の損傷が尾の麻痺をもたらした。危険要因には、スノコのコンクリート床、密飼い、および高湿度がある。牛が立とうとして何回か試みる時に、尾が飛節と床の間に繰り返し挟まれる。個々の症例が乳牛においてみられ、典型的な損傷は、尾が自動走行のスクレーパー（除糞機械）や対角線型の扉に挟まれたり、保定時の乱暴な取り扱いによる外傷によって生じる。診断は容易である。

### 対処
罹患牛を早期に発見し、断尾をして、抗生物質治療をする。

### 予防
適切な飼養管理をし、損傷や密飼いを減じるように牛舎構造を変え、牛床を改善する。

## 尾の分離（腐骨）　Tail sequestrum

### 症状
尾の骨折は、粗暴な取り扱いや外傷の結果として発生することがあり、例えば、密飼い牛舎で他の牛によって尾が持ち上げられた時、また時には尾が扉や類似物に挟まれた時に骨折する。単純骨折は、骨折点で尾の偏位を生じるが、ほとんど不快感はなさそうである。複雑骨折とそれによる腐骨を含んだ骨折は、図3-79のように、しばしば慢性の排液洞と不快感を生じる。

### 対処
断尾が唯一の選択治療法である。

## 糞石　Fecolith

### 病因と病理発生
糞石（尾上の乾燥便の硬い集塊で、下痢発生時に発達する）は、自然にできたり、尾の標識テープの周囲にできたりする。乾いた糞塊は血流を圧迫して締め付け、図3-80にみられるような腫脹と潰瘍を生じる。糞石を除去すると、全周の虚血性壊死が明白となる（図3-81）。尾の先端は最後に脱落する。同様な損傷は、不適切に巻かれた標識テープによっても生じる。

### 対処
糞石は、例えばハンマーを軽く使うなどして、まず最初に2つの硬い面の間の乾いた糞のリングを開いて砕くと、最も容易に除去できる。尾のテープは、必要がなくなり次第、除去すべきである。

## 皮膚の腫瘍　Skin tumors

### 角中心部の癌腫　Horn core carcinoma

### 病態
前頭洞の粘膜の扁平上皮癌は、有角種および無角種の牛に発生し、特にインド亜大陸に多い。

### 症状
角中心部癌の重症例が図3-82にみられ、この英国の6歳のホルスタイン牛は、2歳の時に除角されていた。腫瘍は初めゆっくりと発育し、ハエによって騒がせられ、突然この巨大な腫瘤が発現した。前頭洞は腫

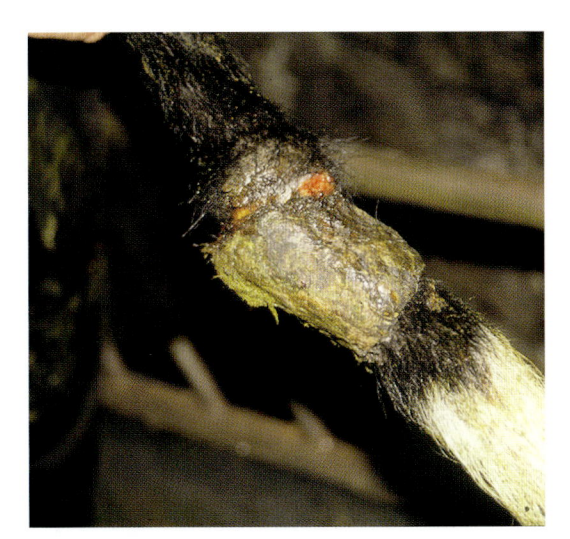

図3-80　尾の損傷をもたらす糞石

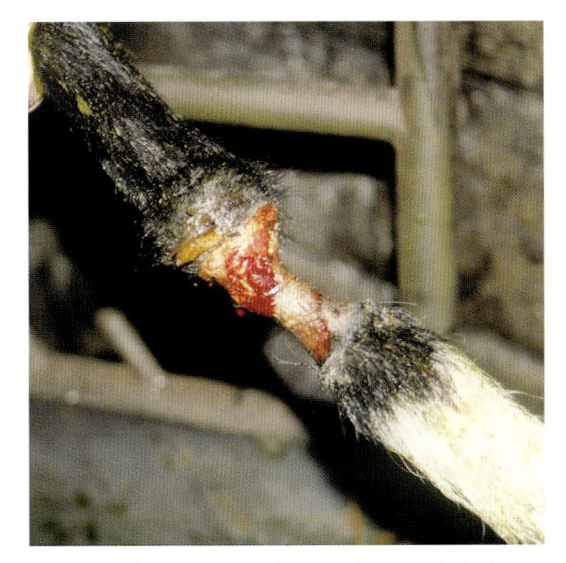

図3-81　図3-80の糞石除去後にみられた虚血性壊死

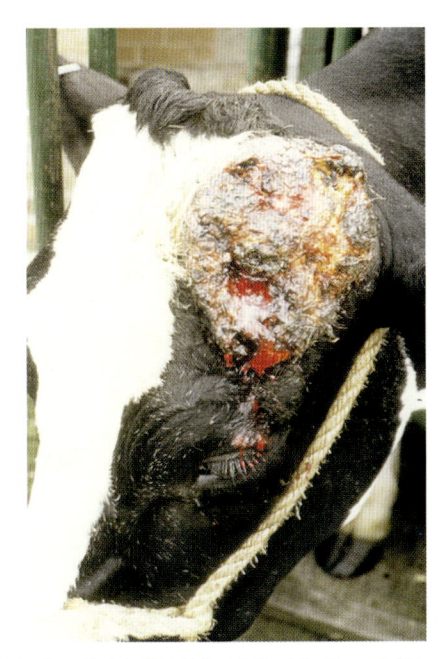

図3-82　牛の角中心部の癌腫（ホルスタイン、6歳）

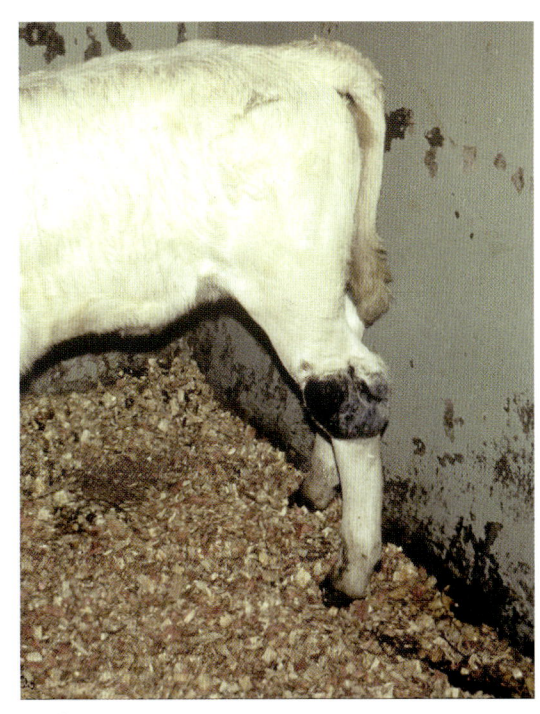

図3-83　飛節の黒色細胞腫

瘍組織と肉芽組織で満たされていた。隣接リンパ節への転移も認められた。

### 類症鑑別
病初は前頭洞炎と似ている。

### 対処
治療不能である。

## 黒色細胞腫（メラノーマ）
Melanocytoma (melanoma)

### 病態
本症は、皮膚や皮下にあるメラニン細胞由来の散発性の牛の腫瘍で、しばしば若牛にみられ、まれに先天性である。

### 症状
この3週齢のシャロレー雑子牛（図3-83）の左飛節にみられる孤立性の良性黒色細胞腫は、出生時に上診されていた。この腫瘍は分葉化し、内側と外側に広がっている。灰色または黒色をしており、痛みはなく、美観上の欠点となっている。

### 対処
多くはこの症例のように手術が容易で、その後2年間、再発はなかった。

# 第4章

# 消化器疾患 Alimentary disorders

| | |
|---|---|
| はじめに ･･････････････････････ 53 | 外傷性第二胃炎(第二胃腹膜炎) ･････････ 70 |
| ウイルス性疾患 ･･･････････････ 53 | 第四胃 ･･･････････････････････ 71 |
| 牛ウイルス性下痢・粘膜病(BVD-MD) ････ 54 | 第四胃閉塞症候群(迷走神経性消化障害) ････ 71 |
| 水疱性口内炎 ･･････････････････ 56 | 第四胃潰瘍 ･･･････････････････ 72 |
| 牛丘疹性口内炎(BPS) ････････････ 56 | 第四胃リンパ腫(リンパ肉腫) ････････ 72 |
| ヨーネ病(パラ結核) ･･････････････ 57 | 第四胃の外科的疾患 ･･･････････････ 73 |
| 冬季赤痢(冬季下痢) ･･････････････ 58 | 第四胃左方変位(LDA) ･･･････････ 73 |
| 消化器の寄生虫疾患 ･･･････････････ 59 | 第四胃右方変位(RDA) ･･･････････ 74 |
| オステルタギア症 ･･･････････････ 59 | 第四胃捻転 ･･･････････････････ 74 |
| 腸結節虫感染症 ･･･････････････ 60 | 第四胃食滞 ･･･････････････････ 74 |
| 歯牙疾患 ･･･････････････････････ 60 | 第四胃毛球 ･･･････････････････ 75 |
| フッ素沈着症 ･････････････････ 60 | 小腸 ･････････････････････････ 75 |
| 臼歯の不規則な磨耗 ･･･････････ 61 | 出血性空腸症候群(JHS)、 |
| 下顎骨の骨折 ･････････････････ 61 | 出血性腸症候群(HBS)、 |
| 頭部の散在性の腫脹 ･･･････････････ 61 | 出血性腸管症候群(HGS)、 |
| アクチノバチルス症(木舌) ････････ 61 | 出血性腸炎 ･･･････････････････ 75 |
| アクチノマイコーシス(ランプ顎) ･････ 63 | 空腸の捻転と重積 ･･････････････ 76 |
| エナメル牙細胞腫 ･･･････････････ 64 | 大腸 ･････････････････････････ 77 |
| 悪性水腫(壊死性蜂巣炎) ･･････････ 64 | 盲腸の鼓脹と捻転 ･･････････････ 77 |
| 歯槽骨膜炎(顔面腫脹) ･･････････ 65 | 腹膜炎 ･･････････････････････ 77 |
| 下顎膿瘍 ･･･････････････････ 65 | 腹水 ････････････････････････ 78 |
| 咽頭と咽頭後方の腫脹 ･･･････････ 65 | 肝疾患 ･･･････････････････････ 78 |
| 投薬器による損傷 ･･･････････････ 66 | 肝蛭症 ･･････････････････････ 78 |
| 咽頭後方の膿瘍 ･････････････････ 66 | 双口吸虫症(第一胃吸虫) ････････ 79 |
| 食道疾患 ･･･････････････････････ 66 | 住血吸虫症 ･･････････････････ 80 |
| 食道梗塞 ･･･････････････････ 66 | 伝染性壊死性肝炎 ･･･････････････ 80 |
| 巨大食道症 ･････････････････ 67 | 肝膿瘍 ･･････････････････････ 81 |
| 第一胃と第二胃 ･･･････････････････ 67 | その他 ･･･････････････････････ 81 |
| 第一胃アシドーシス(第一胃炎) ･････ 67 | 脂肪腫(腹部の脂肪壊死) ･････････ 81 |
| 第一胃鼓脹症 ･････････････････ 69 | 直腸脱 ･･････････････････････ 82 |
| 第一胃の腫瘍 ･････････････････ 69 | 肛門の浮腫 ･･････････････････ 83 |
| 腹痛 ･････････････････････････ 69 | |

## はじめに

第4章では原発性の消化器症状を図説する。先天性(例えば、口蓋裂)および後天性(例えば、子牛の腸炎)の新生子疾患は除いている。最初は伝染性疾患からなる牛ウイルス性下痢・粘膜病(BVD-MD)、水疱性口内炎、牛丘疹性口内炎(これら3疾患は比較的同様な肉眼的特徴を持っている)、およびヨーネ病。次は消化器の寄生虫性疾患からなるオステルタギア症、および小腸と大腸の寄生虫症(コクシジウム症については

図2-31、図2-32参照)。残りの項は、その病因が外傷性、栄養性、その他であるかに関係なく、解剖学的な順序(口腔から肛門へ)に並べている。

## ウイルス性疾患 Viral diseases

3種のウイルス性疾患が類症鑑別上、臨床的に問題となっている。すなわち、牛ウイルス性下痢・粘膜病(BVD-MD)、水疱性口内炎、牛丘疹性口内炎である。地域によっては、さらに口蹄疫や牛痘とも類症鑑

## 牛ウイルス性下痢・粘膜病（BVD-MD）
Bovine virus diarrhea-mucosal disease

### 病態
BVD-MDはペスティウイルスによって起こる主要な伝染病である。

### 症状
BVD-MDは世界的に重要なウイルス性疾患である。小脳形成不全や白内障（図8-1、図8-4）などの先天異常は、妊娠早期に感染を受けた母牛の子に発生する。BVD-MDは若牛に下痢と衰弱をもたらす。びらん性の口内炎と鼻炎が、他の粘膜上の同様な病変とともに発生する。

妊娠3カ月までの子宮内感染は早期胚死滅と不妊症を生じ、初期から中期の感染では図4-1のピエモンテーゼ子牛のような小脳形成不全やまれに水無脳症などの先天異常を生じる。この子牛は、元気はあるが吸乳困難で、起立不能である。そして休息時は比較的正常であるが、給餌などの小さな刺激によって、突っ張り痙攣と後弓反張を発症した。剖検によって小脳形成不全が確認された。図4-2は正常な脳と罹患した脳（母牛は妊娠150日で感染を受けた）を示している。

妊娠中期の子宮内感染では、胎子の免疫能獲得以前に当たり、持続感染子牛の出生を招くことがある。その子牛はBVD抗原陽性で、BVD抗体陰性となる。

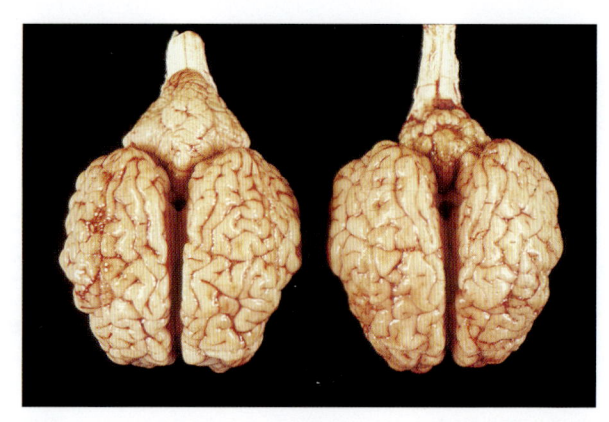

図4-2　正常な小脳（左）とBVD-MDによる形成不全の小脳（右）

これらの子牛は正常に発育または発育不良となるが、持続的にウイルスを排出する。BVD持続感染（PI）子牛の中には、攻撃性のような予測できない神経症状を示すことがある。後日、通常3〜30カ月齢で、BVDウイルスの非細胞毒性株による重複感染が、消化管全体に及ぶ潰瘍を伴う、粘膜病の症候群を生じる。これらの牛は臨床的に、口腔、腸管、および呼吸器が侵された症状を示す。鼻孔、口唇、および歯肉周囲のびらんと充血が図4-3にみられる。

図4-4の写真は、硬口蓋全体に及ぶ無数のびらんと出血病変を示している。病変部の二次的細菌感染が咽頭後部と声門裂にみられる（図4-5）。壊死と膿瘍が喉頭蓋を取り囲んでいる。喉頭粘膜もまた出血している。膿が披裂軟骨の間にたまり、困難で疼痛を伴う用力呼吸にしている。同様な壊死が上方の硬口蓋、下方の喉頭蓋、さらに第四胃内に広がっている。食道には出血、浮腫、びらんが点状または線状にみられる。びらんは第四胃皺壁の浮腫性と充血性の端部としてみられる（図4-6）。小腸のびらんは粘膜の剥離をもたら

図4-1　子牛のBVD-MD：小脳形成不全（ピエモンテーゼ）

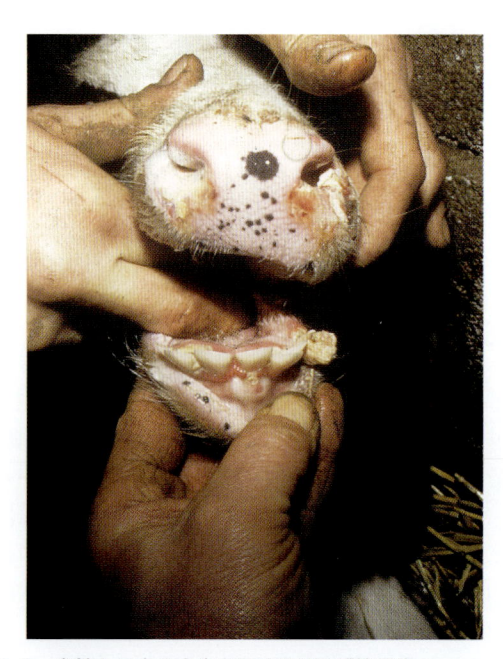

図4-3　鼻鏡と口内の充血を示すBVD感染子牛

消化器疾患　55

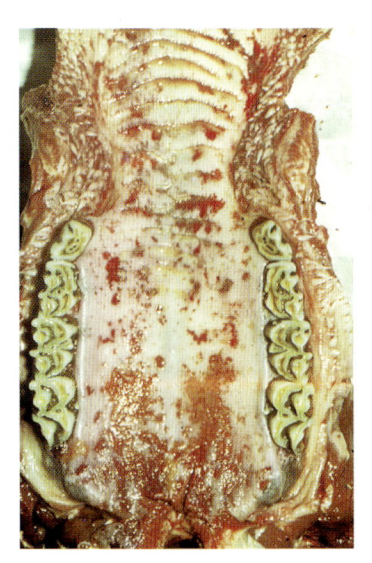

図 4-4　BVD：硬口蓋のびらん性病変

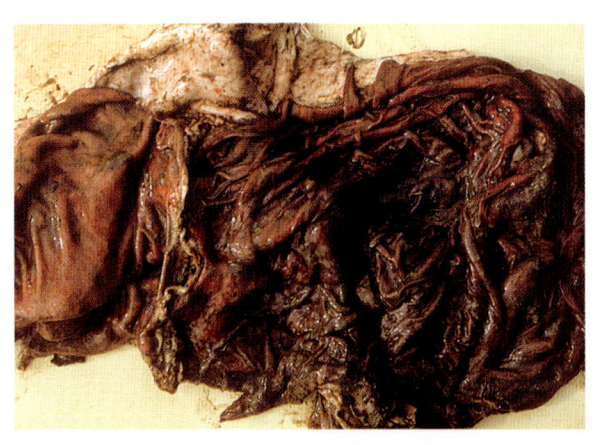

図 4-6　BVD：剖検時の第四胃出血とびらん

図 4-7　BVD：腸粘膜の円柱（腸の鋳型）

し、小腸腔を充填する円柱を生じる（図4-7）。二次的な細菌感染が腫大した結節の原因となる。びらんは蹄冠部と趾間裂にもみられる（図4-8）。

　図4-9の2頭の牛はともに18ヵ月齢である。手前の異常な茶色の被毛を持った未経産牛は、妊娠初期に受けたBVDウイルスの母体感染によって、慢性の持続的な感染（抗原陽性、抗体陰性）となった結果、発育不良となっている。粘膜病変の多くは非常に激しいので、慢性持続感染牛は削痩し（図4-10の雑種牛のように）、感受性のある同居牛への持続的な感染源となっている。

　若牛への原発性BVD感染のほとんどは潜在性であるが、牛群によっては、免疫のない牛への原発性BVD感染は激しい腸病変を生じ、特に乳牛では死亡率を上昇させる。

### 類症鑑別

　サルモネラ症、ヨーネ病（図4-16）、冬季赤痢（図4-19、図4-20）、および個々の牛の急性腸炎の原因。牛丘疹性口内炎（図4-13）、水疱性口内炎（図4-12）、口蹄疫（図12-2～図12-8）、および他の口腔潰瘍の原因。

### 対処

　効果的な撲滅には長期計画が必要である。持続感染ウイルス陽性牛は、ウイルスの主要な感染源となるので、血液検査によって判定し、淘汰すべきである。すべての購入牛を検査する。隣接牛とは二重の柵を設ける。持続感染子牛の出生を防止するために、授精前にワクチン接種をする。

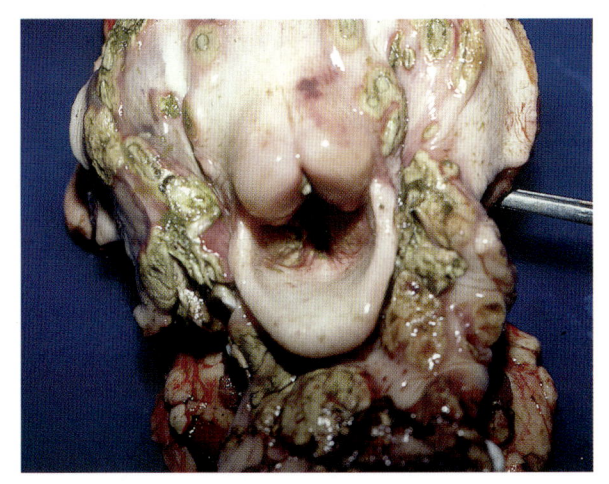

図 4-5　BVD：咽頭後部と喉頭の激しい病変

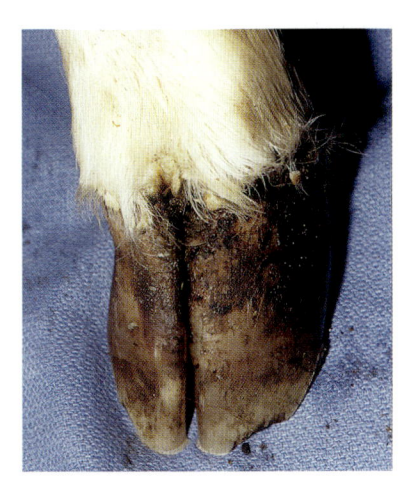

図 4-8　BVD：蹄冠部のびらん

図4-9　BVDの慢性持続性感染による手前の茶色をした発育障害子牛（18カ月齢）

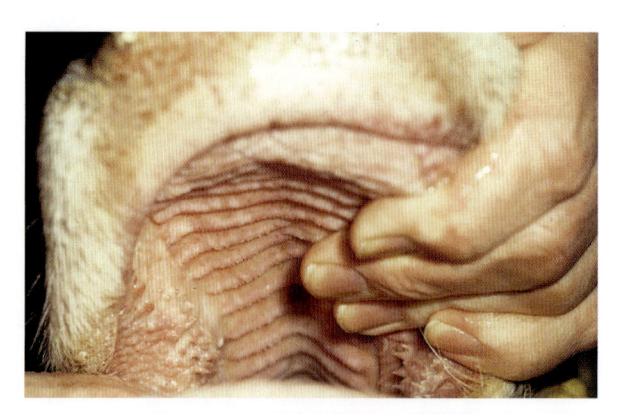

図4-11　水疱性口内炎：子牛の硬口蓋、歯板、歯肉にみられる白色病変（シャロレー）

## 水疱性口内炎　Vesicular stomatitis

### 病態

ラブドウイルス（ニュージャージーとインディアナの2株あり）によって起こり、さまざまな表面組織に水疱を生じる。おそらく昆虫によって媒介される。

### 症状

このシャロレー子牛は硬口蓋の襞、歯板、歯肉上に蒼白な部位がある（図4-11）。この白色部は数日後に破裂する水疱である（図4-12）。二次感染はまれである。水疱性口内炎は北米および南米大陸にのみ確認されてきた。同一牧場の多数の牛が同時に罹患し、口腔と一部の乳頭病変を示し、多量の流涎をする。水疱性口内炎の乳頭病変（図11-26）は搾乳上の問題を生じる。二次的な病変には蹄が含まれる。

### 類症鑑別

口蹄疫（図12-2～図12-8）と牛丘疹性口内炎（図4-13、図4-14）。診断はELISAまたはCF検査による。もしこれらに陰性であれば、ウイルス中和試験をする。

### 対処

疑似症例は直ちに国の当局に届けるべきである（国際獣疫事務局〔OIE〕の国際伝染病となっている）。

## 牛丘疹性口内炎（BPS）　Bovine papular stomatitis

### 病態

「パラワクシニアウイルス」として分類されているパラポックスウイルス（parapoxvirus）によって生じる軽度病変で、通常、子牛への悪影響はない。

### 症状

この若牛（図4-13、図4-14）の鼻鏡、硬口蓋、歯肉に扁平な丘疹と水疱がみられる。丘疹は、時に隣接の水疱と融合するように大きくなり、明白なごつごつした中心部を形成する。このヘレフォード雑子牛（図4-15）もまた、破裂した水疱を持った鼻鏡と鼻孔を示している。乳頭は罹患しない。若齢牛に感染し、時には

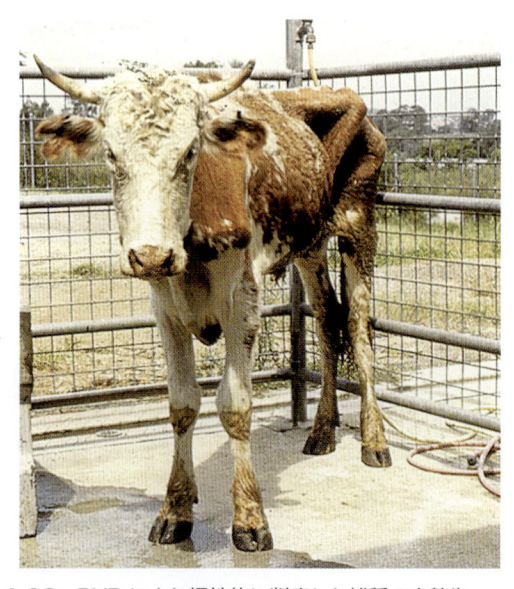

図4-10　BVDにより慢性的に削痩した雑種の去勢牛

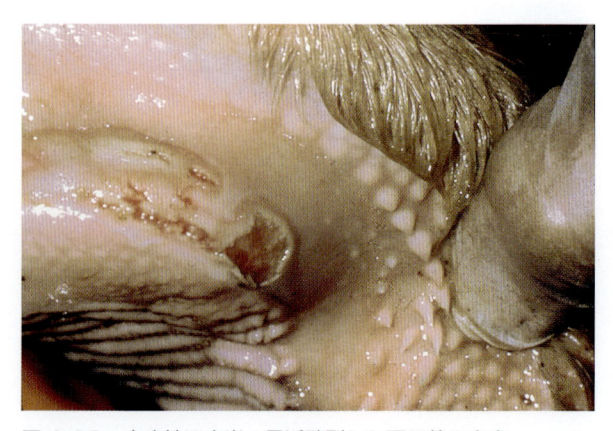

図4-12　水疱性口内炎：最近破裂した硬口蓋の水疱

消化器疾患　57

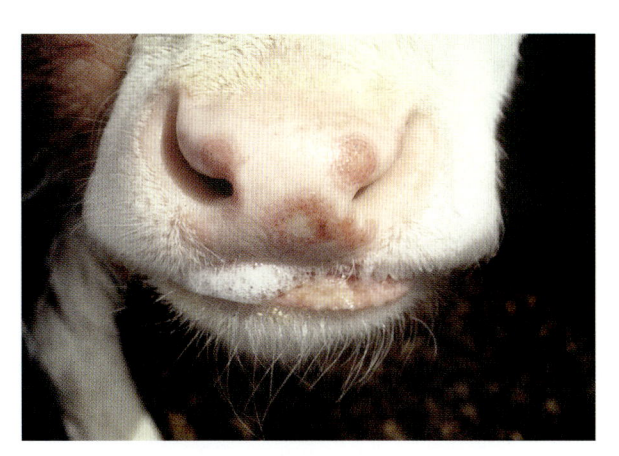

図 4-13　牛丘疹性口内炎：鼻鏡部と鼻孔周囲の丘疹

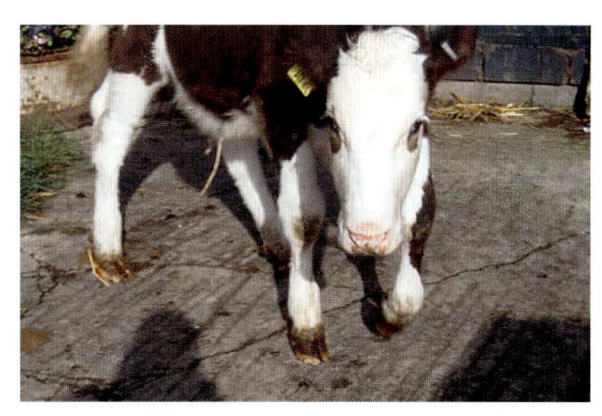

図 4-15　牛丘疹性口内炎

群全体の牛が罹患するが、治癒も早い。全身への影響はまれである。

### 類症鑑別
口蹄疫（図12-2～図12-8）と水疱性口内炎（図4-11、図4-12）。

### 対処
特別な治療はまれにしか必要でない。

## ヨーネ病（パラ結核）
Johne's disease (paratuberculosis)

### 病態
本病は慢性消耗性の疾患で、*Mycobacterium avium paratuberculosis*（以前は *M. johnei*）によって起こる。

### 症状
ヨーネ病は進行性の体重減少をもたらし、最後は削痩に至るが、牛は元気と食欲を維持する。この慢性消耗性疾患は、8歳のサンタガートルディス（図4-16）にみられるように、激しい水様性下痢が特徴である。消耗性の水様性下痢の臨床症状が、この2歳のブロンドダキテーヌ雄牛（図4-17）でも明白である。正常な回腸（図4-18）と比較すると、臨床的に明白な症例（図中のA）の粘膜には多数の肥厚した横襞がみられ、それらは引き伸ばしても平滑にはならない。局所の腸間膜リンパ節は通常肥大して退色しており、顆粒様の部位を内包している。臨床症状の発現時期は通常3～9歳であり、潜伏することもあり、分娩後に突然発症することもある。保菌牛は、この発現前に、多年にわたってウイルスを排出する。感染は、潜在感染の保菌牛によって、健康な牛群内に導入される。若牛は子宮内で、初乳を通して、または経口摂取によって感染する。免疫は4～6カ月齢までに発達する。

本病は人獣共通感染症（クローン病）となる可能性がある。

### 類症鑑別
サルモネラ症、重症寄生虫症、BVD。

### 対処
有効な治療法はない。疑似牛は検査（ELISA、CF、

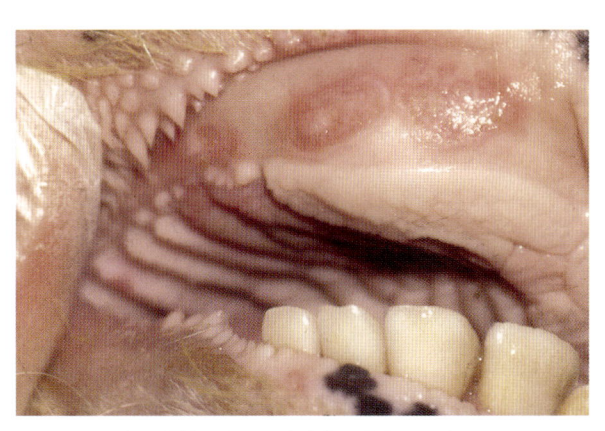

図 4-14　牛丘疹性口内炎：歯肉上に発育する水疱

図 4-16　ヨーネ病：牛の激しい下痢（サンタガートルディス、8歳）

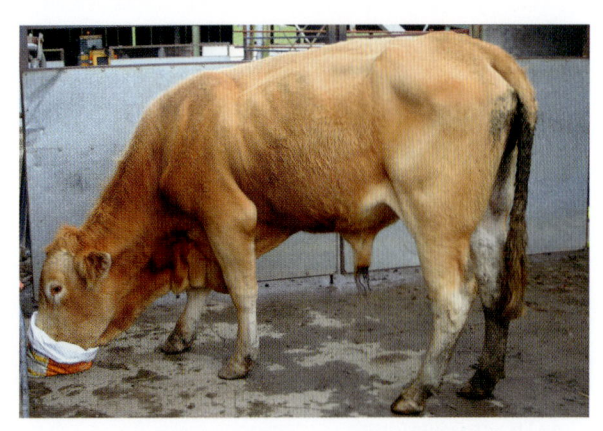

## Alimentary disorders

図 4-17　ヨーネ病(パラ結核)：激しい下痢(尾に注目)を示す雄牛(ブロンドダキテーヌ、2歳)

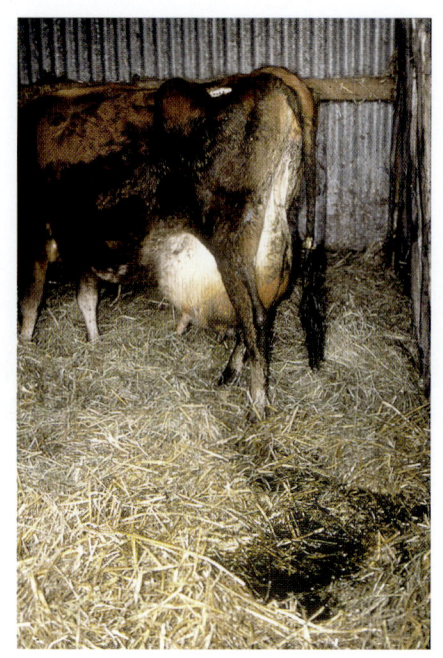

図 4-19　牛の冬季赤痢：水様便(ジャージー)

AGID)をするべきで、陽性牛は淘汰する。腸間膜リンパ節のバイオプシーと組織学的検査は有効な診断法となる。ワクチン接種は撲滅対策には限定的な効果しかない。潜在的な保菌牛を正確に発見する検査法はなく、感染母牛から生まれた子牛は淘汰すべきである。分娩時の衛生管理、あるいは滅菌保存初乳の給与によって、感染の拡散を減らす。新生子牛は、感染の疑いのある母牛から直ちに分離する。

### 冬季赤痢(冬季下痢)
Winter dysentery (winter diarrhea)

#### 病態
病因は不明であるが、近年、コロナウイルスが示唆されている。

#### 症状
冬季赤痢は成乳牛に散発性に発生し、水様下痢(図4-19)が約3日間続く。通常2、3日後に自然回復する。牛によっては大量の腸出血を示し、糞便内に大量の血液を排出する(図4-20)。乳量は激減するが、死亡することはまれである。コロナウイルスに対する血清抗体が診断に用いられるが、群内の多くの牛はすでに血清陽性である。

多発を繰り返すことは、おそらく保菌牛の存在によるであろう。

#### 類症鑑別
ヨーネ病(図4-16)、第一胃炎または過食(図4-56)、BVD、サルモネラ症、牛インフルエンザA(呼吸器症状に伴う下痢)、かゆみ-発熱-出血症(PPH)(図9-39)。

#### 対処
新鮮な水と嗜好性のある飼料を用意すべきである。腸の収斂剤や保護剤の価値については議論がある。ワクチンはない。

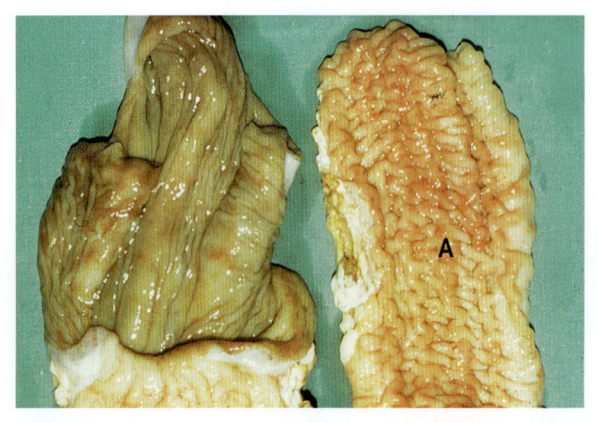

図 4-18　ヨーネ病：正常な回腸(左)と皺の目立つ異常な回腸(右)

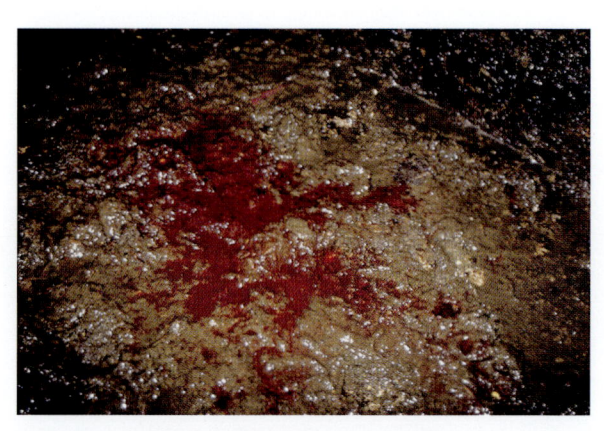

図 4-20　冬季赤痢：糞便中の鮮血を示す症例

## 消化器の寄生虫疾患
Gastrointestinal parasitism

　牛の主要な消化器寄生虫には、胃虫（第四胃虫）すなわち *Haemonchus placei*（牛捻転胃虫、床屋の看板柱虫または大型の胃虫、雄の体長3～18mm）、*Ostertagia ostertagi*（オステルターグ胃虫、中型または褐色の胃虫、体長6～9mm）、および *Trichostrongylus axei*（毛様線虫、小型の胃虫、体長5mm）がある。熱帯地方では、他の種、例えば *Mecistocirrus digitatus*（体長4mmまで）が重要となる。牛捻転胃虫の重度寄生は激しい貧血を生じるが、オステルターグ胃虫と毛様線虫の主な影響は、激しい水様下痢を特徴とする重度のタンパク喪失性胃腸疾患である。これら3種の寄生虫は、その含子虫卵や感染子虫が好適な環境に回復するまで、低温期（例えば冬季）に数週間から数カ月間にわたって糞便中に、また乾燥状態下で、生存する能力を備えている。

　3種の中で、総じてオステルターグ胃虫は、英国と大部分の米国を含む世界のほとんどの温帯諸国で、最も病原性があり、経済的に重要な疾患となっている。ほとんどの消化器寄生虫と同様に、最も激しい影響は発育中の牛にみられる。また感受性のある成牛では、激しい消耗性疾患となっている。

### オステルタギア症　Ostertagiasis

#### 症状

　初放牧の期間に、慢性の持続性の下痢と体重減少を示す牛が最も多くみられる。オステルターグ胃虫による1型の感染は、症状発現の3～6週前から、牧草からL3期（第3幼虫期）子虫を大量に摂取した結果である。直径1～2mmの小さな小結節が第四胃粘膜の襞の表面やその間隙にみられる（図4-21）。重症例では、「モロッコレザー」または「丸石様」の様相が明白となる（図4-22）。重症例を高倍率でみると、肥厚した襞（辺縁）と白い虫体がみえる（図4-23）。胃腸壁の激しい浮腫もしばしばみられる。2型疾患は、秋期に摂取された子虫が第四胃腺部に（L4期子虫として）眠っている時に始まり、晩冬期または早春期にいっせいに孵化する時に発症し、舎飼い牛に激しい下痢と体重減少をもたらす。年長のシャロレー未経産牛（図4-24）の削痩、慢性下痢、努責に注目する。

図4-22　第四胃粘膜が「モロッコレザー」の様相を示しているオステルタギア症

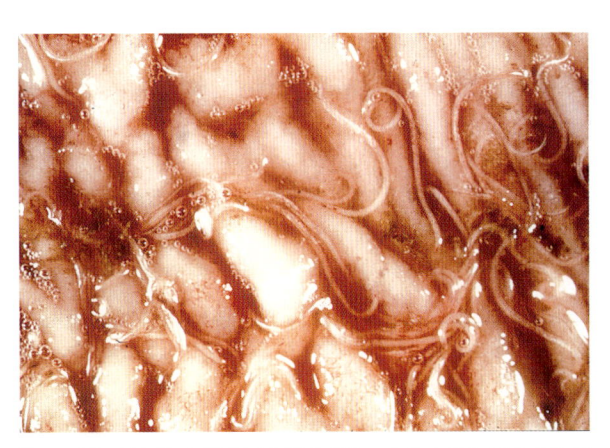

図4-23　肥厚した第四胃の襞と多数の白色虫体を示すオステルタギア症

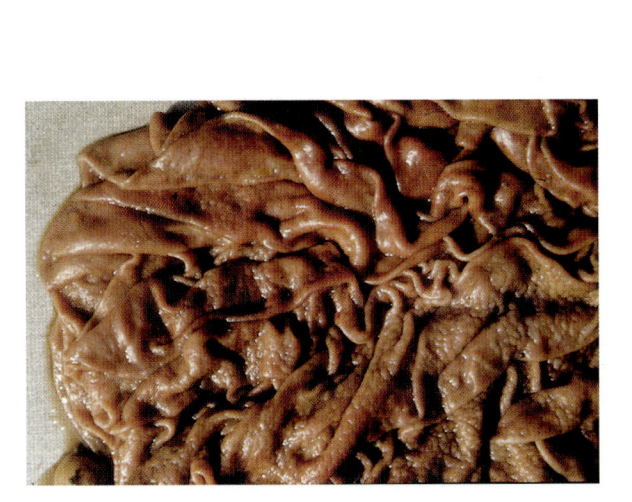

図4-21　多数の第四胃小結節を示すオステルタギア症

図4-24　オステルタギア症2型：慢性期の努責を示す衰弱した未経産牛（シャロレー）

図4-25　腸結節虫感染：遠位の腸漿膜面に多数の乾酪化し石灰化した小結節（米国）

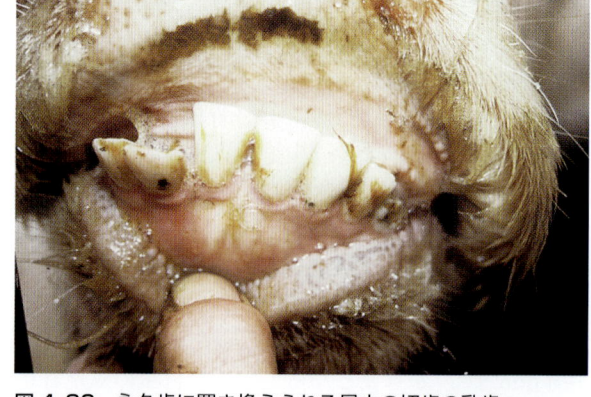

図4-26　永久歯に置き換えられる最中の切歯の乳歯

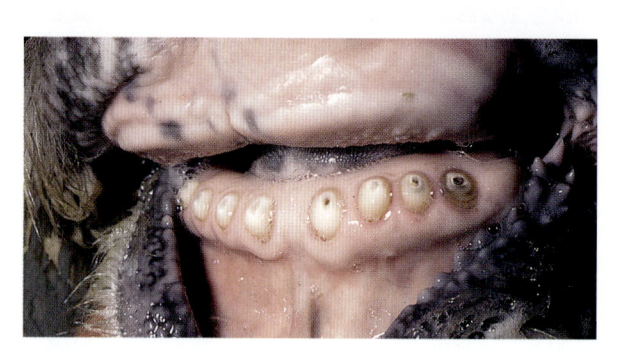

図4-27　激しく過度に磨耗した切歯で、根元まですり減っている

## 腸結節虫感染症　Oesophagostomum infection

### 症状

　臨床症状はオステルタギア症よりはるかに軽い傾向がある。子牛の重度寄生例では、食欲不振、激しい暗色下痢、および削痩を生じる。年長牛では、小結節が腸管運動に影響する。これらの小結節は直腸検査で触診できることがある。虫体は体長12〜15 mmで、頭部は体部方向に曲がっている。

　図4-25は遠位小腸の漿膜面を示している。多数の乾酪化および石灰化した小結節は、高齢耐過牛における *Oesophagostomum radiatum*（小結節内の虫体の体長は12〜15 mm）の存在を意味している。

### オステルタギア症と腸結節虫感染症の対処

　臨床的な大発生では、群内のすべての牛を適切な広域性抗寄生虫薬で治療すべきである。その群を「清浄な」草地に移動し、十分な栄養を確保する。寄生虫のタイプ、気候、飼養管理法、および経済的な考慮に応じた予防法として、戦略的な技術が発展してきた。英国で最も一般的な予防法は、放牧開始から6月下旬にかけての初放牧子牛の駆虫剤治療であり、その時期までにすべての冬越しの子虫は死滅するであろう。

## 歯牙疾患　Dental problems

### 症状

　歯牙疾患は牛の臨床的な病気としては多くない。時には、乳歯が永久歯に置換される時に、2〜3歳の未経産牛が採食困難を示し（図4-26）、過剰流涎と削痩を生じる。過剰な切歯の磨耗（図4-27）をもたらす堅く詰まった自由採食サイレージのような飼料は、進行性の削痩を生じる。歯冠はほとんど消失し、飼料採食機能を障害する。抜け落ち中の歯（図4-28）は、一時的な採食困難と増体不良を生じる。

### 対処

　理想的には、これらの初産牛を初回泌乳期間中、群を別にして搾乳し、飼料に容易に接近できるようにする。

## フッ素沈着症　Fluorosis

　フッ素沈着症（図4-29）は発育期の子牛に、乳歯の着色斑点形成や過剰磨耗を起こす。変色を生じたより重度のフッ素沈着症（図4-30）は、ある種のグラスサイレージの摂食によって生じた着色と鑑別しなければならない。フッ素沈着症の他の症状は図13-31と図13-32にみられる。

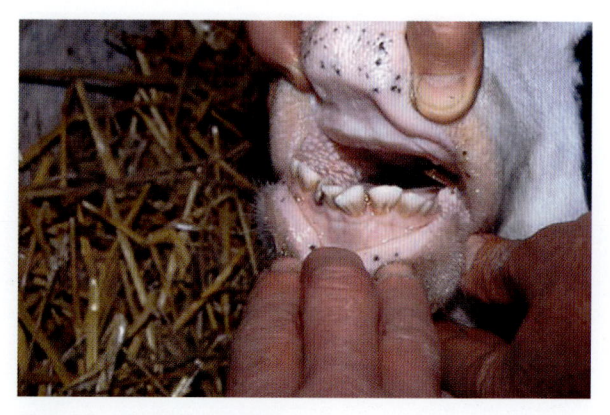

図4-28　抜け落ち中の切歯

消化器疾患　61

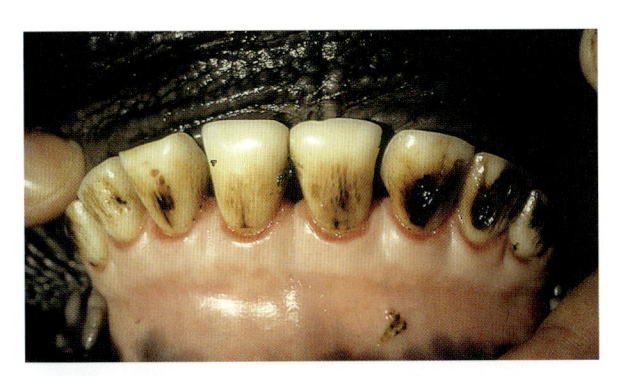

図4-29　乳歯の着色斑点を示すフッ素沈着症（米国）

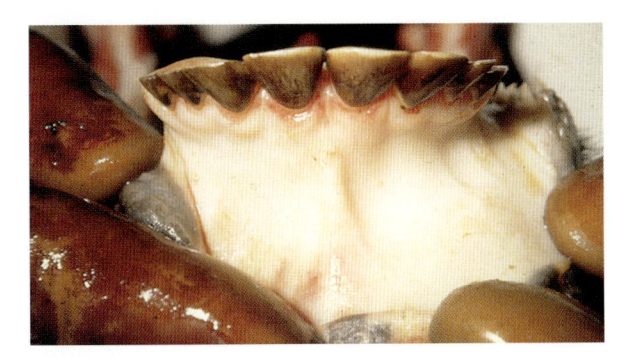

図4-30　重度の歯牙の変色を生じたフッ素沈着症

## 臼歯の不規則な磨耗　Irregular molar wear

臼歯の不規則な磨耗は時々、咀嚼に問題を生じる。採食時または反芻時に、この8歳の雄牛（図4-31）は時々顎を開けたままにしていた。これは過成長した上顎の大臼歯と小臼歯の舌側の端が、下顎大臼歯の頬側の端を「固定」していたためである。両側に対称性に過成長した歯の長さは約1cmであった。図4-31は典型的な開口「固定」状態を示している。

## 下顎骨の骨折　Mandibular fracture

### 症状

下顎骨の骨折は、子牛が母牛に蹴られて折れたり、または時に農場機械などにより医原性に発生する。このフリーシアン成牛（図4-32）は、自然治癒する癒合性の骨折をしており、中央の切歯が変位している。左

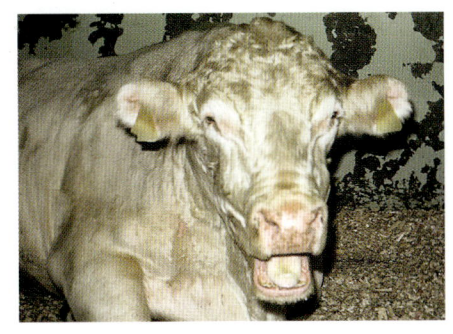

図4-31　顎がロック（慢性的で断続的に）された雄牛（シャロレー、8歳）

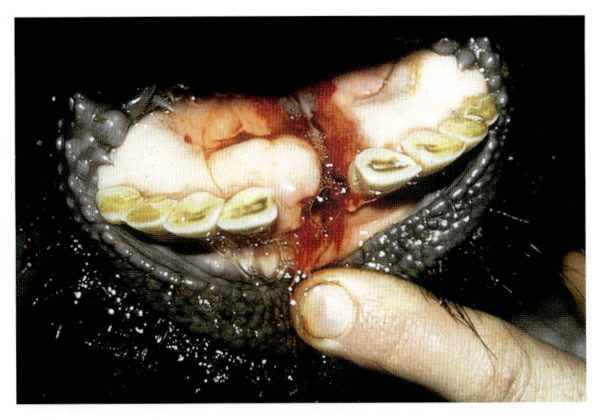

図4-32　牛の癒合性の骨折で、手術なしで治癒した（フリーシアン）

右の下顎骨はほとんど分離していない。流涎がかなりある。本症例の原因は不明であったが、治療せずに完全に治癒した。

### 対処

新しい下顎骨の癒合性骨折は、切歯間に8の字型にワイヤーをかけたり、またはレジン（樹脂）ブロックを用いて固定する。哺乳子牛は一般に治療せずとも、吸乳を続け、回復する。

## 頭部の散在性の腫脹　Discrete swellings of the head

アクチノバチルス症、アクチノマイコーシス、およびArcanobacterium pyogenesによる局所性の膿瘍は、牛によっては同様な症状を示すことがある。しかし、典型的には、アクチノバチルス症は軟部組織、特に舌を侵すのに対し、アクチノマイコーシスは骨を侵す。歯根部の感染による膿瘍は牛ではまれである。図4-33にみられる習慣的に舌をもてあそぶ物好き病または悪癖は、何らの口腔病変を持っていない。このガーンジー牛は流涎を続け、大量の唾液を失った。

## アクチノバチルス症（木舌）　Actinobacillosis (Wooden tongue)

### 症状

*Actinobacillus lignieresii* は頭部、特に舌の軟部組織に好んでコロニーを形成する。図4-34には顎の下に外部腫脹がみられる。典型的には、この乳牛（図4-35）のように、舌背面（図中のD）に限局性の硬い腫脹を生じ、またあちこちに触診が容易な硬い塊を生じる。重度の舌の腫脹を伴ったアクチノバチルス症は、慢性的な舌の突出をもたらす（図4-36）。鼻孔や顔面皮膚など頭の他の部位は、ときどき単独で罹患する。感染は食道に下降することがあり、食道溝の病変は典型的には第一胃内容の吐出や鼓張を生じる。体の他の

図4-33　常習的に舌を出す牛：地面の唾液に注目（ガーンジー）

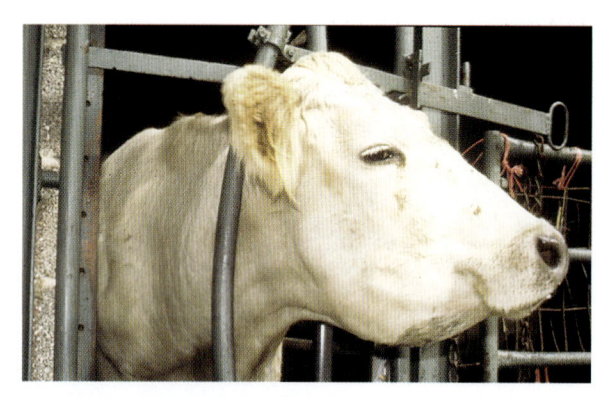

図4-34　重度の下顎腫脹を示すアクチノバチルス症

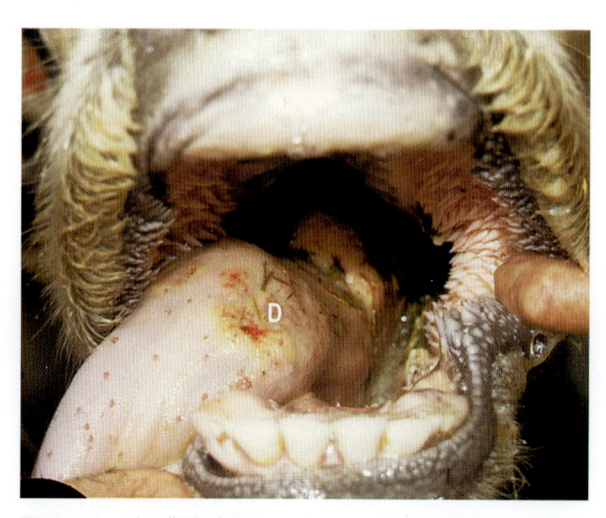

図4-35　舌の背面が腫脹したアクチノバチルス症

図4-36　舌の突出を生じたアクチノバチルス症の牛（ハイランド）

部位（例えば、四肢〔図4-37〕、顔面と頭部〔図4-38〕、または腹部）は皮膚アクチノバチルス症を生じる。通常、皮膚への感染は、外傷および、上部消化器の正常細菌叢の一部である微生物の濃厚感染量への暴露に続いて起こる。そのような大きな病変は特に出血や潰瘍化を生じやすい。ほとんどの症例は乳用の成牛に発生する傾向がある。

**類症鑑別**

歯の膿瘍、アクチノマイコーシス、口蹄疫、ヘビの咬傷（図4-39、4日後の硬化と潰瘍化を示す）。

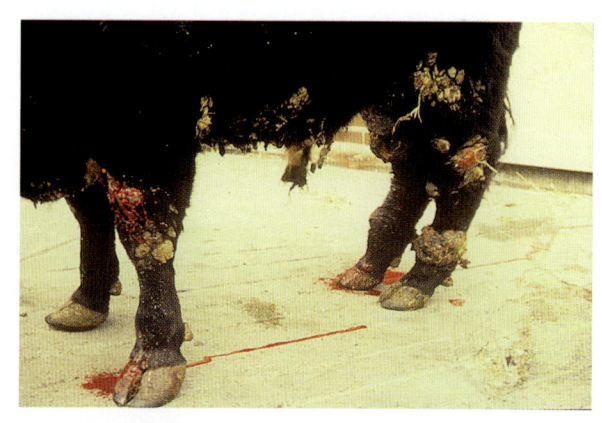

図4-37　複数の肢に生じたアクチノバチルス症を持つアンガス去勢牛（カナダ）

消化器疾患　63

図 4-38　顎のアクチノバチルス症

## 対処
　全身的抗生物質が有効であるが、長期治療(7～10日)が必要である。清潔な飼料と水を給与し、汚れた流れへの接近を避ける。

## アクチノマイコーシス(ランプ顎)
Actinomycosis (lumpy jaw)

### 症状
　アクチノマイコーシス(*Actinomyces bovis*)は、上顎や下顎を菲薄化するような骨膜炎を生じたり、その周囲の軟部組織に反応を起こさせたりする。図4-40のガーンジー牛は右上顎に腫脹があり、数個の肉芽腫塊は典型的に皮膚を破っている。この牛は、腫脹が発見されてから18カ月間、明白な咀嚼障害を生じなかった。ランプ顎を持ったヘレフォード雑牛(図4-41)は中等度の咀嚼障害を持っていた。大型の拳大の増殖塊が下顎の角を覆っている。排出液は蜂蜜様になり、硬い黄白色顆粒(硫黄顆粒)を含んでいる。二次感染にもかかわらず、体調は良好であった。嚥下障害は

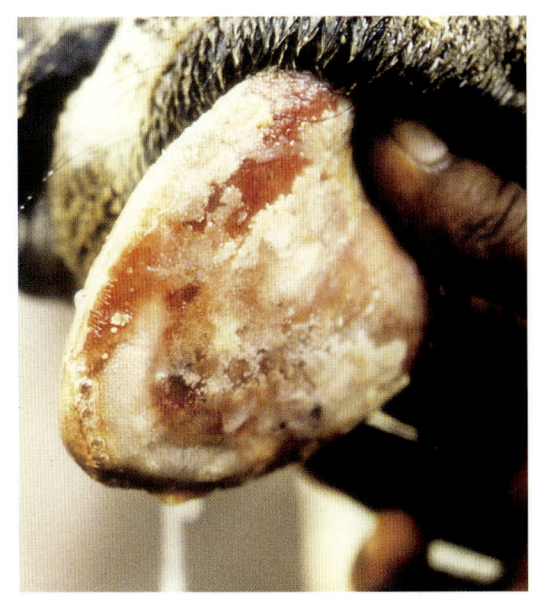

図 4-39　舌上皮の腹側面の激しい剥げ落ちを示すヘビの咬傷

図 4-40　上顎部に数個の肉芽腫を示すアクチノマイコーシス(ガーンジー)

図 4-41　顎に大きな肉芽腫様の塊を示すアクチノマイコーシス(ヘレフォード雑)

通常、臼歯の配列不整による。下顎のアクチノマイコーシスに罹患したこの2歳の未経産牛(強い不快感と急速な体重減少を伴う)の側方X線像(図4-42)は、大量の骨膜性新生骨の形成(図中のA)と空洞化(図中のB)を示している。

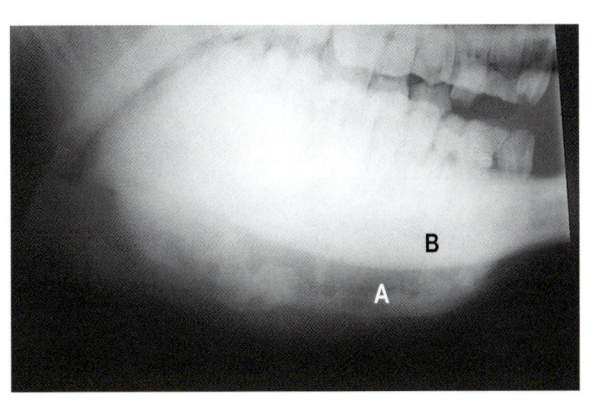

図 4-42　アクチノマイコーシスに罹患した顎の側方X線像は骨の破壊と増殖を示している

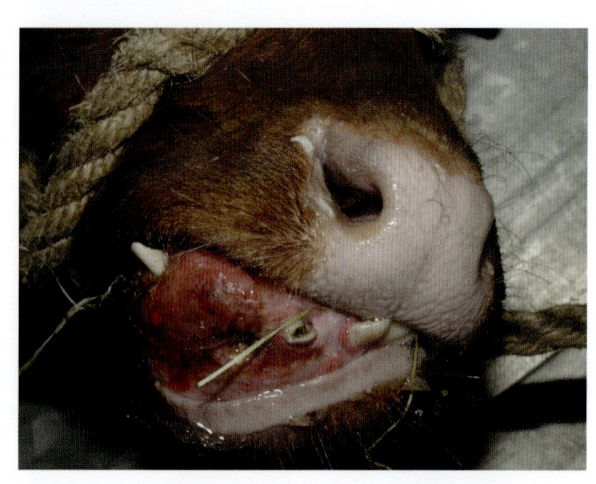

図4-43 子牛の顎から増殖しているエナメル牙細胞腫（サレール、11週齢）

図4-44 右側咬筋部の悪性水腫（ホルスタイン）

### 類症鑑別

下顎膿瘍（図4-48）、アクチノバチルス症（図4-34～図4-38）。

### 対処

アクチノマイコーシスは、壊死組織切除や長期（7日以上）のβラクタム系抗菌剤（例えば、合成ペニシリンやセファロスポリン）の全身投与にもかかわらず、予後不良である。

## エナメル牙細胞腫　Ameloblastoma

### 病態

本症は顎の局所浸潤性で高度破壊性の腫瘍である。

### 症状

この11週齢のサレール子牛は、下顎に固着した塊（図4-43）を示し、下顎が変形して採食を非常に困難にしている。外科的切除が不可能であったので、安楽死とされた。このような軟部組織の悪性腫瘍はまれである。

### 類症鑑別

アクチノマイコーシス（図4-41）、アクチノバチルス症（図4-38）。

## 悪性水腫（壊死性蜂巣炎）
Malignant edema (necrotic cellulitis)

### 病態

悪性水腫は *Clostridium septicum* によって起こり、体表のすべての部位の汚染創から生じるが、頭頸部に最も多い。

### 症状

食欲不振、発熱、および毒血症が、局所病変とともに急速に進展する。この牛（図4-44）では、感染が右頬の咬筋部に侵入し、急速な腫大と一側性の軟部組織の腫脹をもたらし、特に右鼻孔周囲に明瞭である。流涎が激しく、胸垂が浮腫性の液で腫大している（図4-45）。迅速な長期の抗生物質治療にもかかわらず、感染は前肢に拡散し、多くの症例と同様に、致命的となった。ガスの形成はまれである。

### 類症鑑別

じん麻疹（図3-1）、膿瘍（図4-48）。

### 対処

持続的で強力なペニシリン注射と非ステロイド系抗炎症薬（NSAID）が、いくらかの早期症例を治癒させることがある。病巣からの排液はいくらかの利点がある。クロストリジウムのワクチンが利用可能であるが、ほとんどの症例が散発性であり、牛群のワクチン

図4-45 胸垂の巨大な腫大を示す悪性水腫（ホルスタイン）

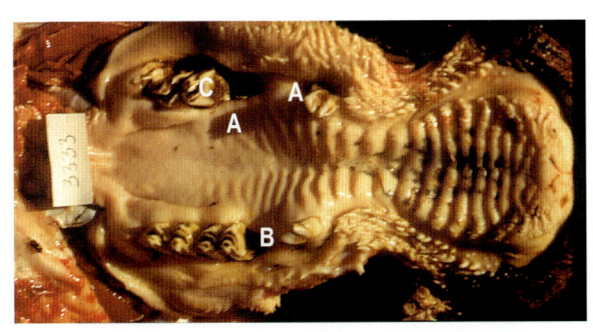

図 4-46 歯槽骨膜炎：去勢牛の歯牙の欠損と上顎の変化を示す標本（ゼブー、ブラジル）

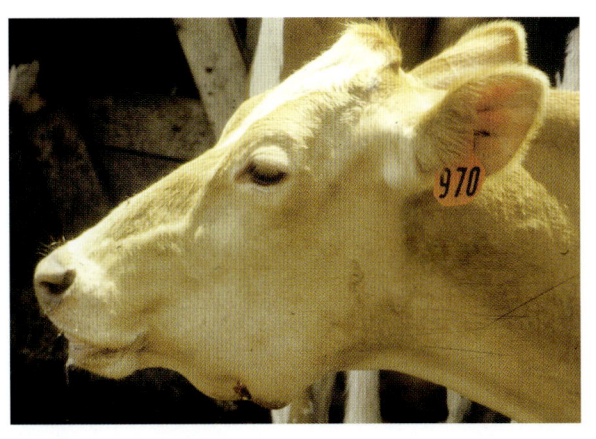

図 4-48 牛の下顎膿瘍（ガーンジー）

接種はほとんど指示されない。

## 歯槽骨膜炎（顔面腫脹） Alveolar periostitis (Cara inchada, "swollen face")

### 病態
本症は病因不明で、二次的な細菌感染を伴った若牛の激しい歯牙周囲疾患である。

### 症状
歯槽骨膜炎は、ブラジルのような南米のある地域において、大きな問題となっている。歯周病は、重度の歯肉炎と二次性の細菌感染（*Arcanobacterium pyogenes* と *Prevotella melaninogenica*）に続いて、子牛の上の前臼歯と臼歯の空洞形成に関与する。初期症状は牧草の歯詰まりによる、一側または両側の頬の腫脹である。剖検では、数本の乳歯（特に第 2、第 3 前臼歯）の消失または激しい変位、および関連する上顎の強い骨膜性と骨溶解性の反応がみられる（図 4-46、図 4-47）。ギニアグラス（*Panicum maximum*）の草地では、歯肉に外傷性損傷を生じ、その状態が栄養失調をもたらし、時には死亡する。このブラジルのマットグロッソ州産の 18 カ月齢のゼブー雑去勢牛（図 4-46）は上顎の第 2 と第 3 の前臼歯（図中の A）と左側第 2 前臼歯（図中の B）を欠損していた。周囲のセメント質の消失は、右側歯列の口唇側に深いポケットを形成した（図中の C）。その去勢牛は削痩著明であった。図 4-47 は同様なタイプの牛を示している。強い慢性の、骨化中の骨膜炎が、第 2 と第 3 の前臼歯の歯根部周囲に影響し、歯牙の消失誘因となることを示している。

## 下顎膿瘍　Submandibular abscess

### 症状
本症は、*Arcanobacterium pyogenes* によって起こる扁平な限局性の軟部組織の腫脹で、膿を排出し、左下顎の水平枝上に存在する（図 4-48）。3 週間にわたって急速に発達し、その後ゆっくりと消退した。

### 類症鑑別
アクチノマイコーシス（図 4-40）、アクチノバチルス症（図 4-34）、顎の骨折（図 4-32）。

### 対処
外科的な排液と洗浄。全身的な抗生物質はおそらく不要である。

## 咽頭と咽頭後方の腫脹
Pharyngeal and retropharyngeal swelling

咽頭と咽頭後方の腫脹は、無害性なものから死に至るものまでさまざまである。注意深い視診と口腔／咽頭検査が重要である。腫脹は体のどこでもみられる全身疾患の徴候である場合もあり、例えば、右心不全は咽頭と咽頭後方の腫脹をもたらす（図 6-2）。その腫脹は、腫瘍性反応において咽頭後方と耳下腺リンパ節を含むことがある（図 12-74）。咽頭の粘膜下織の激しい反応は、気道への強く激烈な結果をもたらし、死に至らしめることもある。それは、不適切に混合された焼灼性の麦に由来する生苛性ナトリウム（水酸化ナトリウム）の摂取、または寄生虫用丸剤投薬器による損傷から生じる。偶発的な穿孔創、または他の様式による咽頭壁の広範な裂傷を通しての少量の刺激物質（例えば、鼓脹防止用のポロキサレン；poloxalene）の侵入は、激しい浮腫や蜂巣炎を生じ、重要な問題をはら

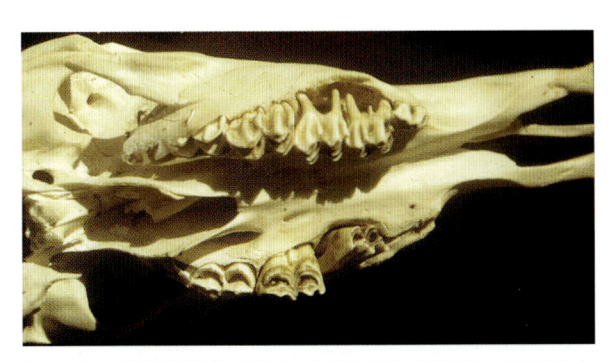

図 4-47 歯槽骨膜炎：激しい骨膜炎を示す骨標本（ブラジル）

図4-49　アンガス去勢牛の投薬器による損傷後の敗血性蜂巣炎

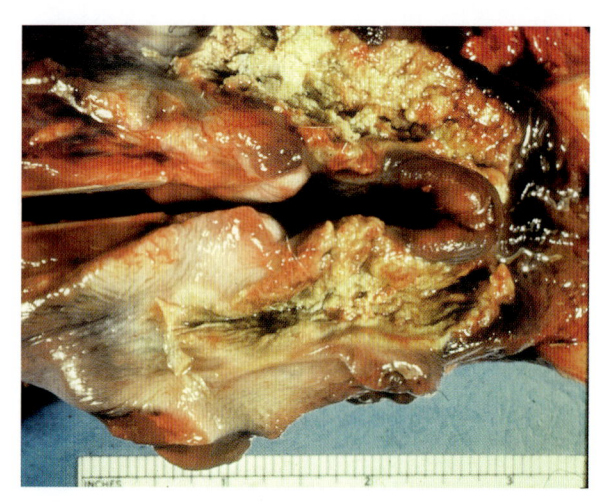

図4-50　投薬器による損傷の剖検像で、広範な敗血性咽頭蜂巣炎を示す

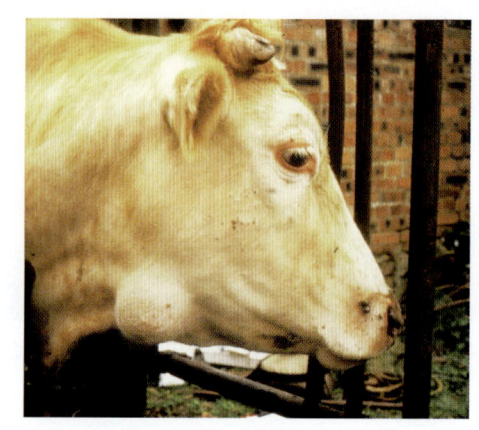

図4-51　孤立性の咽頭後部の膿瘍

む（後述参照）。

### 投薬器による損傷　Drenching gun injury

#### 症状

投薬器による咽頭壁の穿孔は敗血性の蜂巣炎を生じ、肉眼的に腫大した下顎部と耳下腺部を招く（図4-49）。この蜂巣炎の1つの結果は、悪臭のある膿性の、鼻と口からの排出物である。この去勢牛は発熱し、食欲が減退している。他の症例の剖検では（図4-50）、咽頭と喉頭の粘膜下に濃縮された膿塊を認め、それが呼吸妨害（吸気時の喘鳴）をもたらした。喉頭蓋の粘膜表面の充血に注目する。

不適切な投薬技術は、寄生虫用の丸剤が咽頭粘膜を穿孔し、頸部の下方に移動し、異物反応による呼吸困難と気道閉塞を生じる。

#### 対処

強力で持続的な抗生物質と抗炎症剤が必要であるが、広範な敗血性蜂巣炎を伴う重症例に対しては、有効な治療は非常に困難である。気道閉塞（緊急気管切開術）や第一胃鼓脹症（套管針穿刺術）が起こりやすく、ほとんどの症例が治療に反応せず、淘汰が有用な経済的選択法となる。

### 咽頭後方の膿瘍　Retropharyngeal abscess

#### 症状

孤立性で比較的無痛性の、波動性のあるテニスボール大の塊が、咽頭後方部に存在する（図4-51）。感染の拡散は、線維性の被嚢の発達によって限局されている（図4-49と比較）。この部位の膿瘍は木切れや植物のトゲによることが多いが、排液用または投薬用の器具、咽頭消息子、または他の硬質器具による偶発的な咽頭傷害の結果としても起こる（前述参照）。

#### 対処

ほとんどの膿瘍は、結局は排液のために表層の軟らかい部位に発生する。しかし、深部に位置する膿瘍は、頸動脈、頸静脈、または耳下唾液腺などの他の器官に近接しているので、危険である。

## 食道疾患　Esophageal disorders

### 食道梗塞　Esophageal obstruction (choke)

#### 症状

この例では、ジャガイモが左手の上、頸部食道の下方3分の2のところで梗塞している（図4-52）。その牛は不快感を示し、唾液の飲み込みができないので、流涎している。また、噯気障害のため鼓脹になっている。食道梗塞の多発部位は喉頭のすぐ背側と胸腔入口である。牛では、食道内の異物は、リンゴ、カブラやビートの大部分、またはコーンコブ（トウモロコシ）のような固形物がなりやすい。食道梗塞を疑う他の症状には、頭頸部の伸展、呼吸困難、時として発咳や咀嚼動作がある。頸部の食道梗塞は外部からの触診が容易である。

消化器疾患

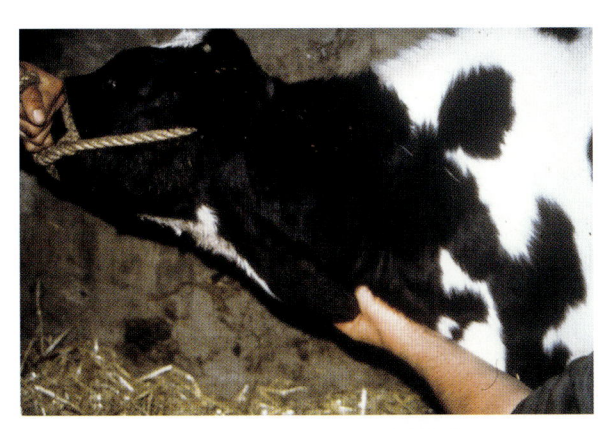

図4-52　未経産牛のジャガイモによる食道梗塞

図4-54　軽い第一胃アシドーシスで吐き戻された食塊（中央アフリカ）

### 類症鑑別

急性第一胃炎(図4-56〜図4-60)、外傷性第二胃炎、口腔病変、狂犬病(図9-33〜図9-35)。

### 対処

異物によっては、外からの手の操作によって、咽頭の方に押し上げられ、開口器を用いて、手で取り出せる。激しい第一胃鼓脹はいずれも套管針穿刺術によって迅速に救助される。他の保存療法(アセプロマジンのような沈痛剤、またはキシラジンのような鎮静剤や筋弛緩剤)は、咽頭消息子を用いた異物の下方への危険な押し込み時に、好ましい。

## 巨大食道症　Megaesophagus

### 病態

食道の慢性的な拡張とアトニー(無力症)。

### 症状

頸部食道全体(図4-53)が大きく拡張している(直径約5〜6 cm)造影X線像で、ほとんどの胸部食道も同様な所見を示した。この異常は当初1歳齢で観察された。臨床症状としては頻回の吐出があった。15カ月齢のシャロレー子牛は1年間経過観察がなされ、ほとんど完全に回復した。巨大食道症はまれで、通常は先天性であるが、本症例はおそらく全身感染の続発症であっただろう。

### 類症鑑別

食道梗塞。

### 対処

食餌管理。

## 第一胃と第二胃　Rumen and reticulum

### 第一胃アシドーシス(第一胃炎)
Rumen acidosis (rumenitis)

### 病態

穀類(トウモロコシ)およびその他の高デンプン低繊維飼料の過食によって、急速な過剰発酵が起こることによる、第一胃炎をいう。亜急性の第一胃アシドーシス(subacute rumen acidosis：SARA)は、高泌乳牛群で増えつつある問題である。

### 症状

軽度の第一胃アシドーシスは臨床的に、第一胃アトニー(無力症)、食塊の吐き戻し(図4-54)、および光沢のない湿っぽい被毛を示す。この牛(図4-55)のゆ

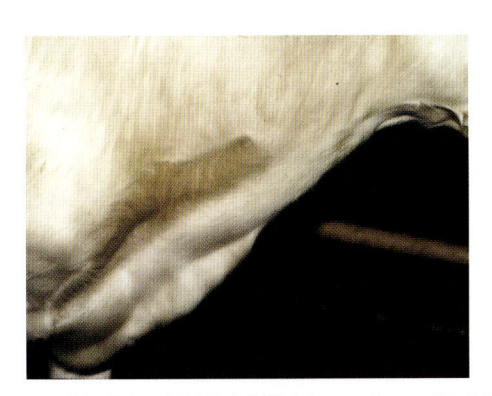

図4-53　未経産牛の慢性巨大食道症(シャロレー、15カ月齢)

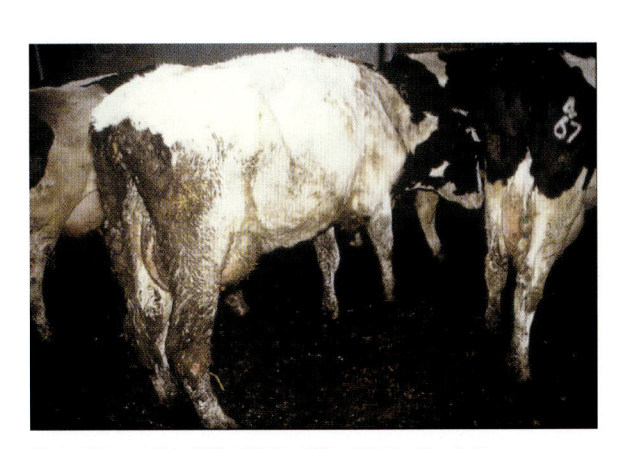

図4-55　ゆるい黄色便を示す第一胃アシドーシス

図4-56 激しい黄色をおびた下痢を示す第一胃アシドーシス

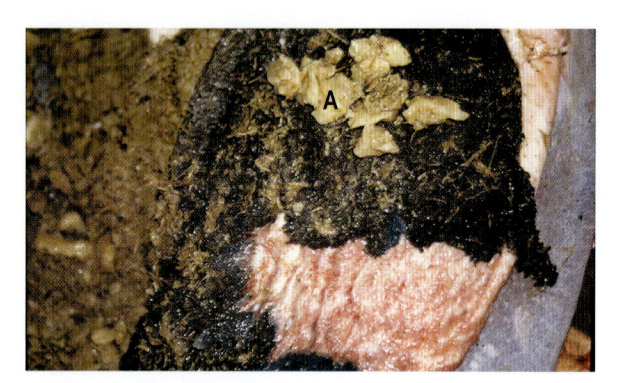

図4-57 雄牛の致命的な第一胃アシドーシス：剖検で(ピンク色の)剥がれた第一胃粘膜を示す(シンメンタール、10カ月齢)

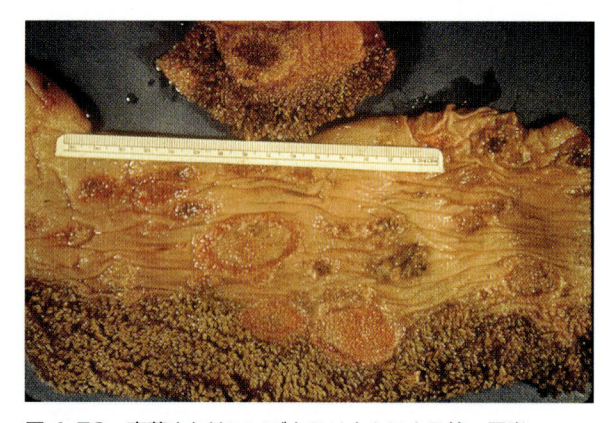

図4-58 真菌またはフソバクテリウムによる第一胃炎(剖検像、米国)

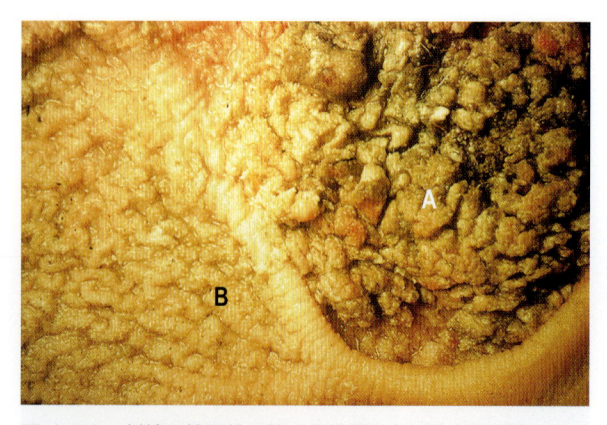

図4-59 剖検で壊死性の第一胃乳頭(A)を示す慢性第一胃アシドーシス

図4-60 真菌感染による第三胃炎(米国)

るい黄色便の排出は、尾と後躯の汚染を生じる。尾を振り回すことによって、背線に沿って糞便汚染も生じる。

さらに激しい過食は、急速な炭水化物の発酵、激しい第一胃炎、代謝性アシドーシス、およびそれに続く蹄葉炎(図7-72)をもたらす。罹患牛は非常に動きが鈍くなり、衰弱し、運動失調または横臥状態になる。穀物粒を含んだ淡色下痢便がみられる(図4-56)。第一胃のpHは通常、酸性が強くなる(pH 5.5以下)。

図4-57は飼料ビートを自由採食後24時間で死亡した10カ月齢のシンメンタール雄牛の剖検像で、壊死脱落した第一胃粘膜と強い漿膜の出血を示している。未消化のビートの残飼が明瞭に認められる(図中のA)。

穀類の過食後4〜6日経たものでは、真菌またはフソバクテリウムによる第一胃炎がみられ(図4-58)、しばしば赤色または暗色をした輪郭明瞭な厚い卵形の潰瘍を形成する。さらに慢性化した第一胃炎の拡大写真(図4-59)では、第一胃の襞が、配列の乱れた壊死化した第一胃乳頭(図中のA)とより正常な乳頭(図中のB)を区分している。フソバクテリウムや真菌が定着した第一胃炎では、壊死層の脱落、潰瘍の収縮、周辺上皮の再生が起こり、星形の瘢痕形成をして最終的に治癒する。その後も第一胃の吸収能は減退したままで、おそらく二次的な肝膿瘍を生じる。

図4-60の第三胃は、カビの生えた穀類や豆類の偶発的な摂取後に生じた真菌感染(*Aspergillus*が最も多い)を示している。病変は通常第一胃と第二胃に最も多く、第三胃の発生はまれである。

### 類症鑑別
冬季赤痢、鼓脹症、および突然の飼料変更など他の原因による下痢。

### 対処
軽いアシドーシスの症例は、治療なしに回復する。より重度の症例には、抗生物質の経口投与(第一胃発酵を減退させるため)、非ステロイド系抗炎症薬(NSAID)(蹄葉炎防止のため)、および制酸剤とビタ

消化器疾患　69

図4-61　未経産牛の第一胃鼓脹症（ホルスタイン）

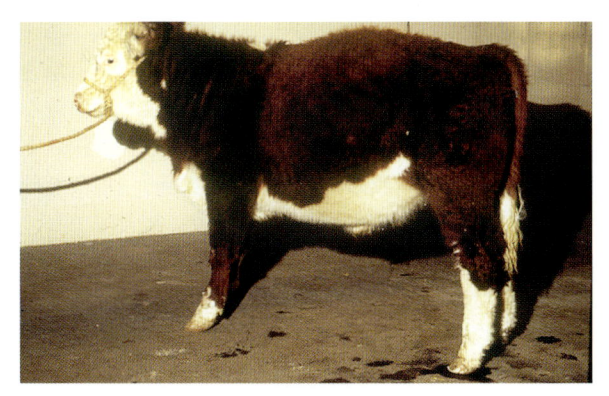

図4-62　去勢牛の激しい第一胃鼓脹症（ヘレフォード）

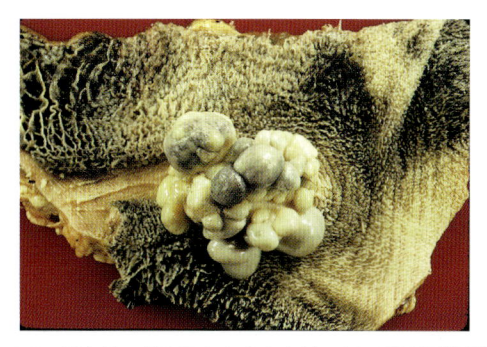

図4-63　間欠性の鼓脹をもたらした第一胃の乳頭腫（剖検時）

呼吸障害をもたらし、死亡する。

### 類症鑑別
無泡沫性と泡沫性鼓脹症の鑑別、食道梗塞（図4-52）、食道溝の腫瘤（図4-63）、外傷性第二胃炎（図4-67）、第一胃アトニー（無力症）。子牛の鼓脹症は図2-38参照。

### 対処
泡沫性鼓脹症は、パロキサレン（paloxalene）のような経口界面活性剤によく反応する。無泡沫性鼓脹症は通常は胃カテーテルによって救助されるが、極端な症例では套管針穿刺術が必要となる。予防は原因物質の排除による。

ミンB群（第一胃のビタミン合成能がアシドーシスによって抑制されているため）の投与が必要である。代謝性アシドーシスの進行症例では、重炭酸ソーダ液の静脈内投与が有効であり、また第一胃内容物の排除（第一胃切開術または食道を通じた洗浄）もなされる。

予防は食餌管理に基づく。穀類の自由採食牛には、常に嗜好性の高い繊維（ワラなど）が摂れるようにし、けっして空腹状態にしてはいけない。高泌乳牛は、高デンプン飼料とのバランスを取るために、消化性の高い長い繊維質飼料の十分な摂取が必要である。

## 第一胃鼓脹症　Rumen tympany (bloat)

### 病態
拡張した第一胃内のガスの貯留。ガスは無泡沫性または泡沫性である。子牛の鼓脹症図2-38も参照。

### 症状
図4-61のホルスタイン子牛は、左膁部が明らかに膨満している。この腫脹は、ヘレフォード去勢牛（図4-62）にみられるように、腰椎の域を超えて拡張している。2頭の牛はいずれも泡沫性ではなく、無泡沫性の鼓脹症であった。極端な症例では、増加した腹腔内圧が、心臓およびしばしば第一胃内容の誤吸引による

## 第一胃の腫瘍　Ruminal neoplasia

### 症状
この有茎の腫瘤（図4-63）は、良性の乳頭腫である。食道溝の近位端に位置し、下部食道括約筋の部分閉塞を生じ、間欠的な第一胃鼓脹症をもたらしている。食道溝閉塞はまた、しばしば嘔吐をもたらす。

### 類症鑑別
良性または悪性（扁平上皮癌）の腫瘍を、食道溝のアクチノバチルス症、慢性の第二胃腹膜炎、または第二胃壁の膿瘍から鑑別するために、試験的第一胃切開術が必要とされる。他の第一胃第二胃腫瘍（線維腫）については図4-67参照。

## 腹痛　Abdominal pain

馬に比べて、若牛の腹痛の症状（図4-64）は強くない。おそらく内臓の緊張を減じるために、前肢を通常より前方に置く。頭を腹側に曲げる。尾を少し持ち上げ（努責の徴候）、若牛は後肢で腹部を蹴っている。この姿勢は腸管に問題があることを示唆している。後腹部の疼痛は努責をもたらすが、それは必ずしも消化器由来とは限らず、バベシア症（図12-39〜図12-43）、膀胱炎（図10-14）、または尿道炎の場合がある。

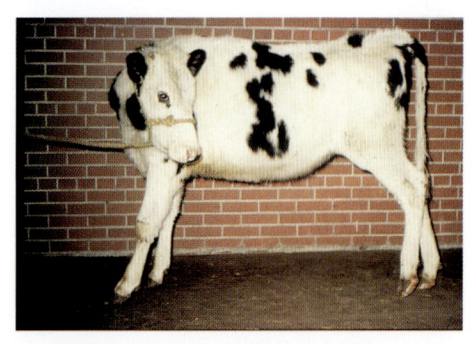

図4-64 腹痛時の未経産牛の姿勢で、四肢を突っ張り、頭を腹側に向けている(ホルスタイン、米国)

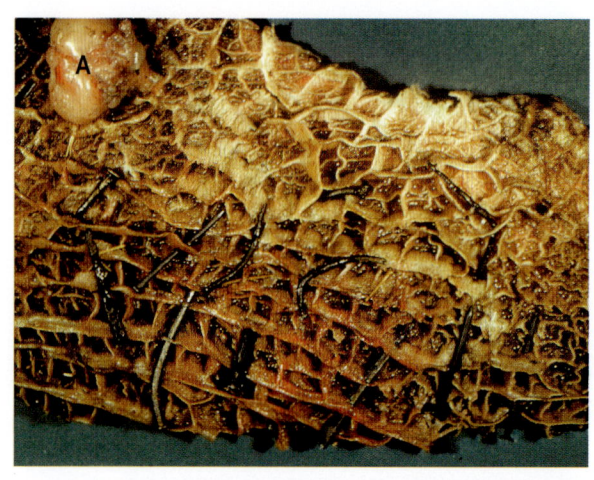

図4-67 数個の典型的な針金(異物)を示す第二胃壁の剖検像(米国)

### 外傷性第二胃炎(第二胃腹膜炎) Traumatic reticulitis (reticuloperitonitis, "tire wire disease")

**病態**

局所的または全体的な腹膜炎を伴った、第二胃壁および壁側腹膜(通常は横隔膜)の穿孔をいう。

**症状**

急性の第二胃腹膜炎の牛は、発熱、軽い鼓脹、およびもし第一胃第二胃静止が生じていなければ、第二胃運動に伴って典型的なうめきを発する。罹患牛は急速に脱水し、その一所見として、皮膚をつまむと明瞭なテント状を示し(図4-65)、皮膚の襞は3～10秒以上維持される(約6～12%の脱水を示唆する)。牛たちはしょげた様相を示し、背彎姿勢を取り、尾を挙上し、脱水の結果として眼球が陥凹し、体重が減少し、第一胃内容の空虚化による腹部の陥凹と巻き腹を示す(図4-66)。牛たちはしばしば、腹痛のために動きを嫌がる。

この第二胃壁の割面(図4-67)は典型的な針金を示しており、それが壁を穿孔して、局所的または全体的な腹膜炎(図4-90、図4-91)、肝膿瘍(図4-100)、または前方に移動して敗血性心外膜炎(図6-5)を生じる。この第二胃における偶発的な異常(図4-67)は、孤立性の有茎の線維腫(図中のA)であった。

車のタイヤを破片化したものに含まれた針金は、本来はグラスサイレージのシートをその位置に保つために用いられ、圃場の片隅に置かれていたものが、しばしば原因となっている。剖検例(図4-68)では、初め横隔膜を穿孔したタイヤの針金が、心外膜を経て心筋内に達して大血管を傷つけ、血液を心膜嚢に汲み出し、突然の心機能障害を生じたことによる、心タンポナーゼ(圧迫)を示している。

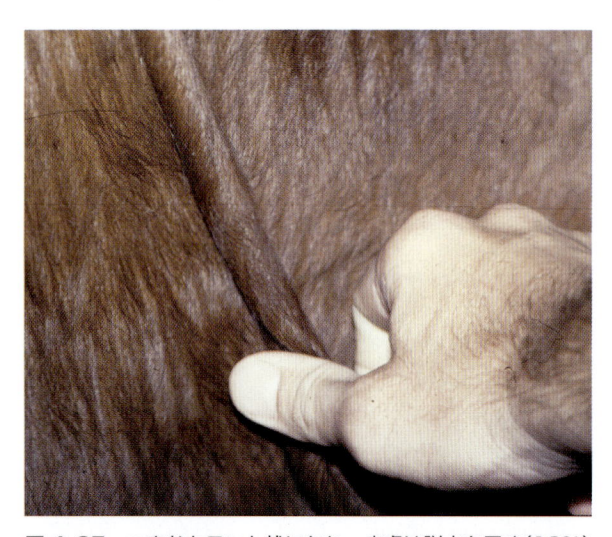

図4-65 つまむとテント状になり、皮膚は脱水を示す(10%)

**類症鑑別**

第四胃左方(図4-76)および右方(図4-78)変位、穿孔を伴った第四胃潰瘍(図4-72)、盲腸の拡張(図4-89)、細菌性心内膜炎(図6-3)、第一胃アシドーシス(図4-58、図4-59)、その他の消化器障害。

**対処**

早期の急性症例では、第一胃切開術と第二胃内の穿孔した針金の除去によって、予後は良好となる。別法の内科的な治療には、数日間の抗菌剤の投与、前駆の挙上、および予防と治療の療法に有効な磁石の経口投与がある。穿孔した針金が心外膜(外傷性心外膜炎、

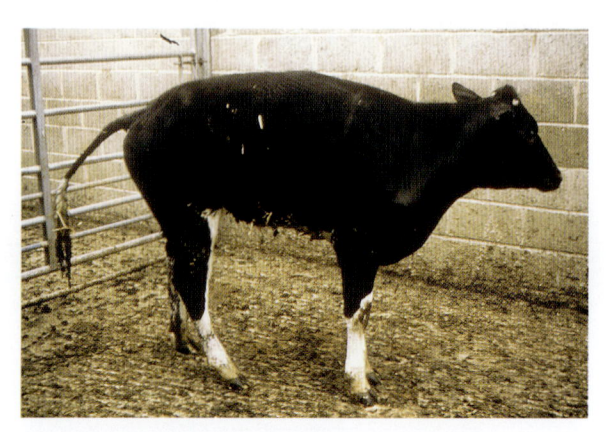

図4-66 第一胃空虚の結果、巻き上げられた腹部

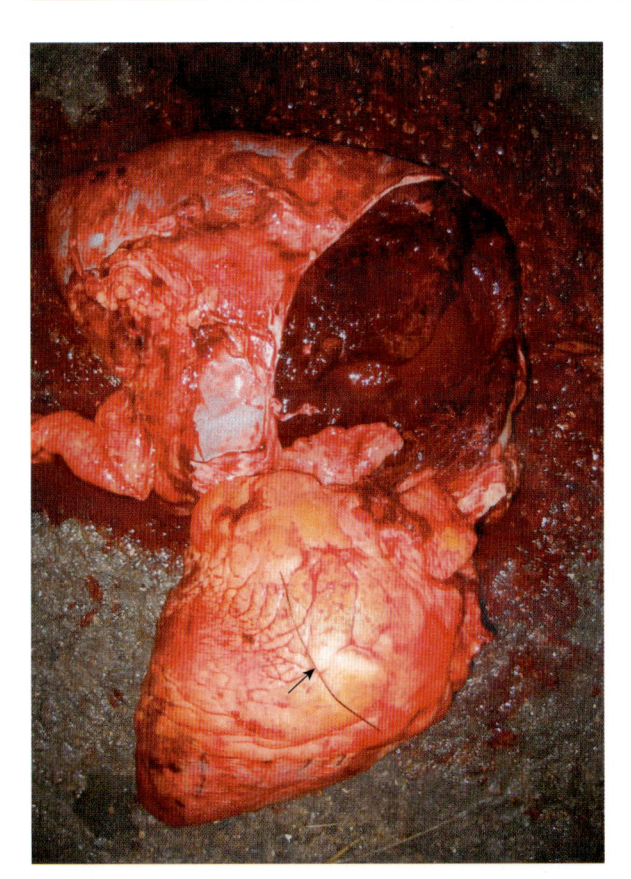

図4-68　心タンポナーゼ(圧迫)とタイヤ用針金(矢印)：鮮血で満ちた心膜嚢と針金

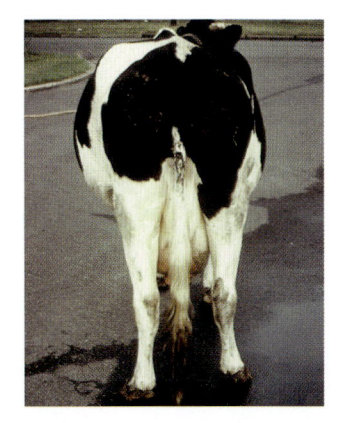

図4-69　過剰な第一胃液により大きな膨満を示す迷走神経性消化障害(Hoflund症候群、オランダ)

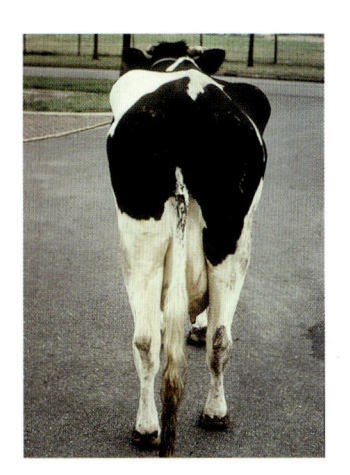

図4-70　図4-69と同一牛で、第一胃から90ℓの液を排除したあと(オランダ)

図6-6)や心筋を穿孔して心タンポナーゼ(図4-68)を生じたら、予後は不良となる。

## 第四胃　Abomasum

### 第四胃閉塞症候群(迷走神経性消化障害)
Abomasal obstructive syndrome (vagal indigestion, "Hoflund syndrome")

**病態**

迷走神経性消化障害または「Hoflund症候群」の原因は、前胃または第四胃、あるいはすべての胃の正常な運動の機能的な障害である。

**症状**

この腹壁の輪郭は、液の貯留による左側の大きな拡張、主として第一胃と第二胃の拡張を示している(図4-69)。90ℓの液を汲み出したあとは、腹部はほぼ左右対称になった(図4-70)。その拡張は腹部の左側上方と右側下方に特徴的にみられ、いわゆる「10時と4時」の様相を示している。図4-71はその典型的な症例である。

慢性の第二胃腹膜炎による迷走神経の機能障害から生じた第一・二胃の拡張は、最も多い所見である。重度の第一胃拡張は左牌部と右腹下部に最も顕著に現れる(いわゆる「papple型」と呼ぶ。これはpearとappleの合成語)。

第二胃腹膜炎による離散性の第三胃閉塞(二次的な第四胃閉塞に対して)はまれである。図4-69と比較すると、図4-71の2歳のホルスタイン雄牛の腹部の輪郭は、同様に非対称的であり、腹部の左側上方(第一・二胃)と右側下方(第三胃と、程度は少ないが第一・二胃)の拡張を示している。第三胃閉塞の原因は、第二胃壁の膿瘍(異物、針金)と局所的な第二胃腹膜炎による、二次的な食滞であった。幽門近くの腫瘍

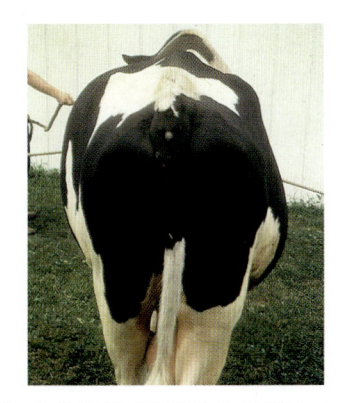

図4-71　迷走神経性消化障害による典型的な左腹部上方と右腹部下方の膨満(米国)

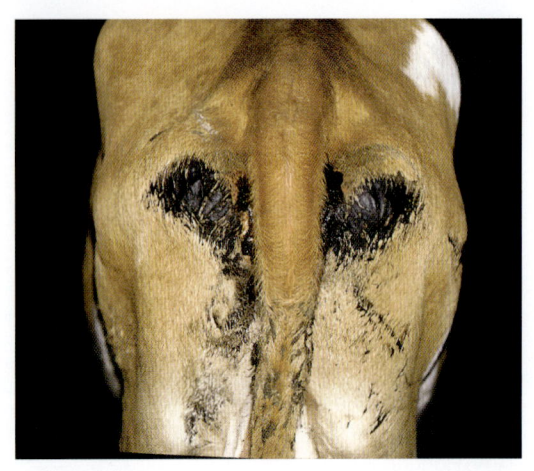

図4-72　第四胃潰瘍：黒いタール状の排便（ガーンジー）

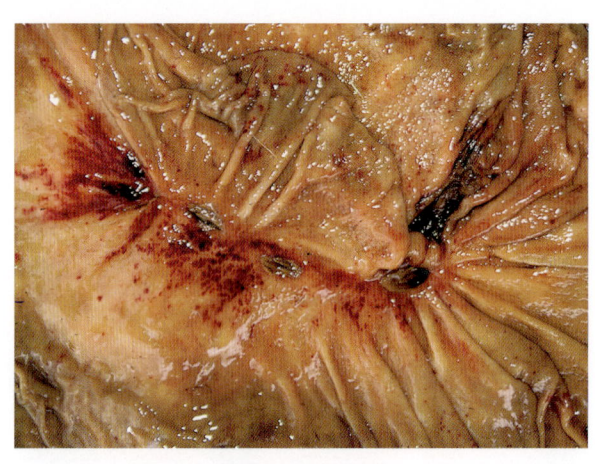

図4-74　回復途上の第四胃潰瘍（剖検像）

の浸潤のような機械的な原因は、同様な影響をもたらす。診断は試験的開腹術によってなされる。

**類症鑑別**

慢性外傷性第二胃炎、腹膜炎、第一胃鼓脹症、第四胃食滞、第二・三胃口の閉塞。

**対処**

原因特定のための診断は、試験的開腹術と第一胃切開術による。第一胃内容の排除は運動性を一時的に改善する。対症療法が必要である。予後はしばしば不良となる。

## 第四胃潰瘍　Abomasal ulceration

**症状**

第四胃潰瘍は成乳牛と成肉牛および子牛（図2-27～図2-29）に発生する。成牛の症例の中には、浸潤性リンパ肉腫、およびBVDや悪性カタル熱のような全身感染のような原発疾患の結果がある。高泌乳牛では、原因は不明であるが、潰瘍は通常、ストレスと濃厚飼料の多給に関係している。多発性の第四胃潰瘍は子牛にも生じる（図2-28）。

潰瘍には4タイプある。タイプIは臨床症状を示さないもので、これが多い。タイプIIは出血性潰瘍で、もし持続すると、進行性の貧血を生じる。タイプIIIとIVは腹痛症状を伴う急性の局所性または全域性の腹膜炎をもたらし、タイプIVはほとんど常に致死的である。牛は元気がなく、乳量が落ち、しばしば体温が低下し、全身的な貧血症状を示す。

この図4-72のガーンジー牛は、局所性の腹膜炎を生じるタイプIIIの第四胃潰瘍のために、腹痛を示した。そして多くの消化された血液を含む黒色タール状便を排出した（図4-72）。牛はしばしば第四胃内への大量出血のために死亡する。剖検（図4-73）で、無数の潰瘍、血液の重度充満（図中のA）、およびび漫性の第四胃炎が示された。この病理所見は子牛期の疾患のそれ（図2-27～図2-29）と同様であり、局所性または全域性の腹膜炎が有力な続発症となる。治癒途上の第四胃潰瘍（図4-74）は、第四胃壁に星状の瘢痕形成がみられる。いくらかの出血がなお続いている。

**類症鑑別**

外傷性第二胃炎、第四胃炎、第四胃リンパ腫（リンパ肉腫、図4-75）、出血性空腸症候群（図4-83～図4-85）。

**対処**

臨床症状に応じて、穿孔性潰瘍には広域性抗生物質が指示され、他方、脱水牛と出血性潰瘍症例には輸血を含む輸液療法がなされる。残念なことに、輸液は血圧を上昇させ、潰瘍からの出血をさらに亢進させる。

## 第四胃リンパ腫（リンパ肉腫）
Abomasal lymphoma (lymphosarcoma)

**病因と病理発生**

成牛のリンパ肉腫は牛白血病ウイルス（BLV）によって生じる。その腫瘍の発生は変動が大きい。地方病性の白血病は成牛を侵し、第四胃の他に多い罹患器

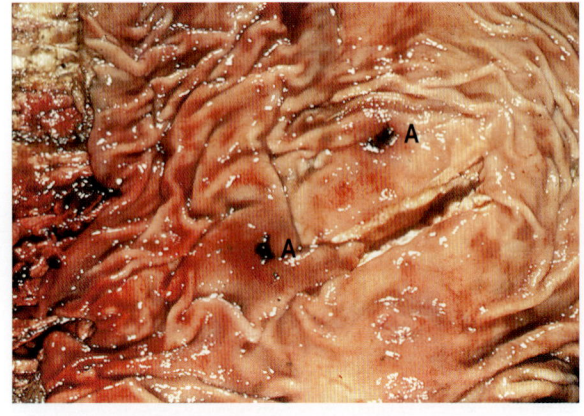

図4-73　牛の第四胃潰瘍（A）と出血（剖検像、ガーンジー）

消化器疾患

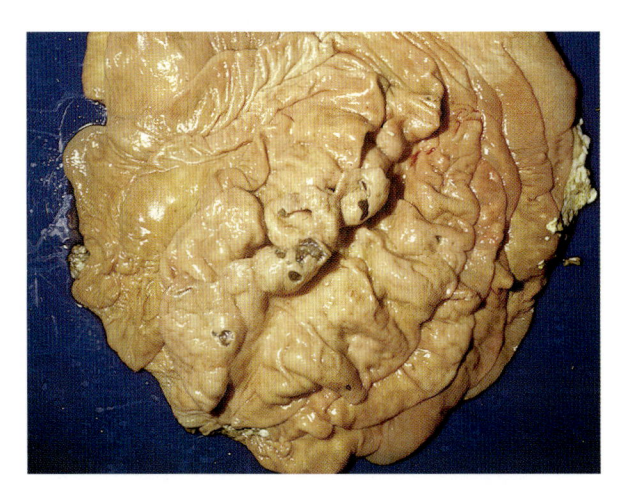

図4-75　襞の中に浸潤している第四胃リンパ腫（剖検像）

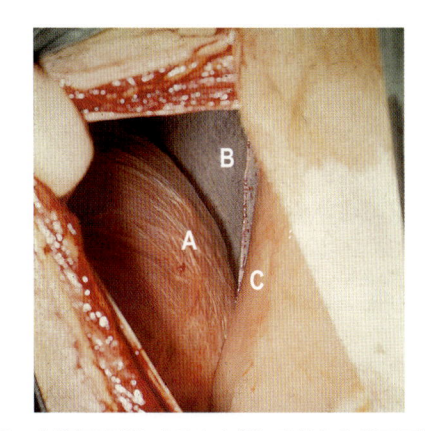

図4-76　左腹切開創からみた左側に変位した第四胃（A）

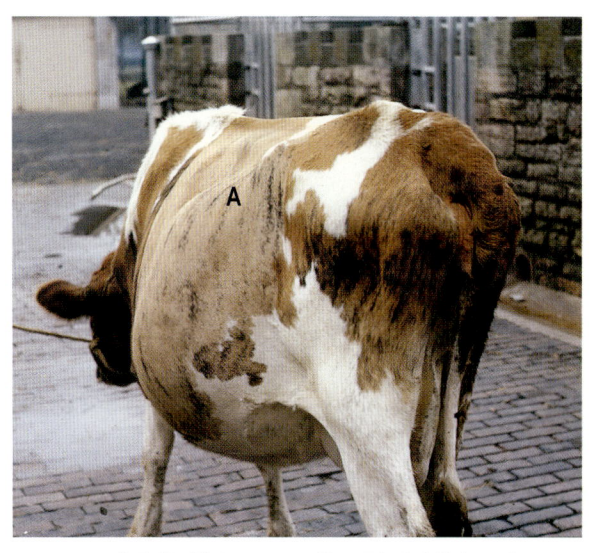

図4-77　左腹部が膨らんでいる第四胃左方変位（LDA）（ガーンジー）

官はリンパ節、心臓、および眼球後部（図8-42）である。

高齢ホルスタイン牛のこの標本は、リンパ腫の浸潤の結果、第四胃の襞壁が肥厚し、不規則になっている（図4-75）。腫瘍性の浸潤は広範囲である。離散性の暗色の穿孔された部位は潰瘍であり、リンパ腫と潰瘍の併発を示している。

### 対処

最終的な診断には組織学的な検査を要する。牛群内の制圧は困難であるが、定期的な血清検査は陽性キャリア（保有牛）の排除を容易にする（図12-74～図12-81も参照）。

## 第四胃の外科的疾患
Abomasal surgical conditions

集約管理地域では、左方および数は少ないが右方の第四胃変位が、乳牛で多発している。第四胃右方捻転は、第四胃右方変位の重篤な続発症である。このタイプの機械的な変位のほとんどの症例は、泌乳初期の高泌乳牛に発生し、第一胃および第四胃アトニー（無力症）の時期が先行する。多くの牛が、事前の週において、胎盤停滞、ケトーシス、子宮炎、乳房炎、食餌性第一胃アシドーシスのような周産期疾患を経験している。

### 第四胃左方変位（LDA）
Left displaced abomasum

#### 症状

変位した第四胃は左側肋骨部下方のほぼ全域を占めており、聴打診によって発見される。その尾側背面は、最後肋骨の後方に拡大し、直腸検査によって、膁部の内奥にある第一胃とは異なる軟らかい腫脹したものが触診される。左膁部を縦に切開した図4-76では、第四胃（図中のA）は切開頭側部と脾臓（図中のB）の間にみられ、脾臓は第一胃壁（図中のC）の可視部前端の頭側に位置する。LDAはさまざまな症状をもたらし、しばしば濃厚飼料への食欲を突然喪失し、乳量が急減する。他の牛は中等度の食欲不振、体重減少、続発性ケトーシスを示す。部分的な食欲不振によるこの緩徐な状態の悪化につれて、第四胃の膨らみ（図中のA）が左膁部により明白になってくる（図4-77）。

#### 類症鑑別

第四胃右方変位（図4-78）、盲腸捻転（図4-89）、原発性ケトーシス。

#### 対処

伝統的な母体回転による整復、牛房への閉じ込め、および粗飼料の多給で症例の30％までは回復する。いくつかある手術法の1つを用いた第四胃固定術、または「びん吊り法：toggling」が好まれており、それで予後は良好である。

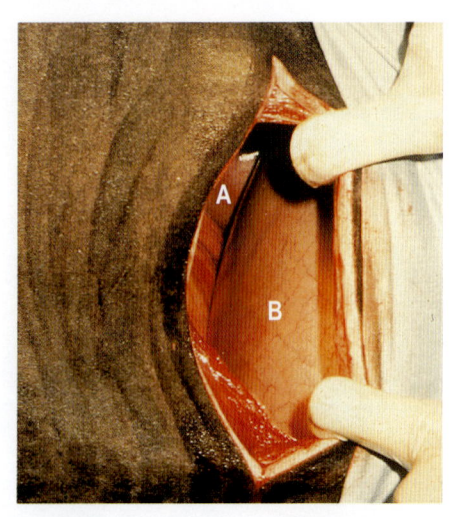

図4-78　第四胃右方変位（RDA）：開腹創を通して第四胃(B)の後方に下降十二指腸(A)がみえる（ガーンジー）

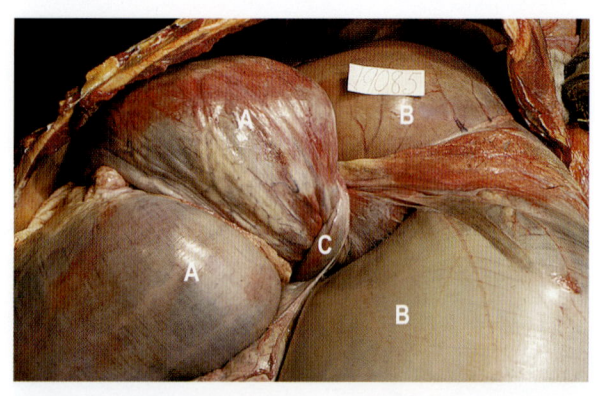

図4-79　剖検時の第四胃捻転で、第四胃(A)、第一胃と第二胃(B)、および十二指腸(C)

## 第四胃右方変位（RDA）
Right displaced abomasum

### 症状
症状は左方変位と同様であるが、鼓脹した第四胃は右側の打診によって発見される。このガーンジー牛（図4-78）では、拡張した第四胃が、最後肋骨の後方約7cmになされた右側膁部切開を通してみられる。第四胃の他の部分は肋骨弓の内側に位置している。下降十二指腸を包む大網（図中のA）が、拡張した第四胃（図中のB）の後方にみられる。

### 類症鑑別
第四胃左方変位、第四胃、小腸または盲腸の捻転、ケトーシス、第四胃潰瘍。

### 対処
RDAの軽症例は、内科的治療（非ステロイド系抗炎症薬メクロフェナム酸、鎮痙薬）と食餌管理に緩徐に反応する。さらに進行した症例では、外科的な排液と第四胃固定術が必要となる。大量のガスと液体の排除後に、ほとんどの症例は徐々に回復する。

## 第四胃捻転　Abomasal torsion

### 症状
拡張を伴った第四胃の捻転は臨床的に重症となり、罹患牛は元気消失し、時には横臥し、完全に食欲が停止し、脱水し、ショック状態となり、直腸は空虚となる。拡張した第四胃は右側の打診によって認められたり、直腸検査で触診されることがある。第四胃（図中のA）、第一・二胃（図中のB）、および十二指腸（図中のC）からなる剖検標本（図4-79）は、第四胃と第三胃の両者の完全な捻転を示している。本例の牛は激しいショックを示した典型的な例であった。第四胃の内容液の量は90ℓを超えていた（正常では10～20ℓ）。

### 対処
ほとんどの症例は淘汰される。何らかの治療法としては、体液不均衡の修正、および第四胃整復の試みの後の第四胃の排液がある。

## 第四胃食滞　Abomasal impaction

### 症状
牛群における多発は通常、肉用若牛群で、寒冷気候下の低品質粗飼料の大量摂取によって起こる（例えば、カナダ、サスカチュワン州の大平原）。乳牛における散発的な孤発例は迷走神経性消化障害(p.71)の続発症としてみられる。症状には、食欲停止、減じた糞便、および両側腹部膨満（10時から4時の様相）がある。コーンサイレージとグラスサイレージを給与されたこの5歳のホルスタイン牛（図4-80）は、大きく硬く拡張した腹部のために連れてこられた。剖検（図4-81）で、第四胃の容積は60～70ℓに達し、15～20kgの砂を含んでいた。内容排除後の第四胃粘膜は非常に充血し、なおいくらかの砂が襞と襞の間に存在する。本牛は牛郡内で唯一の発生であったので、この食滞が事前の迷走神経性消化障害と関連することが示唆された。

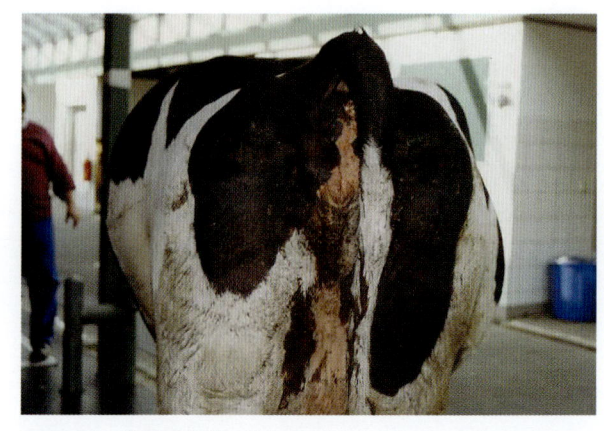

図4-80　第四胃食滞の牛（ホルスタイン、ドイツ）

消化器疾患　75

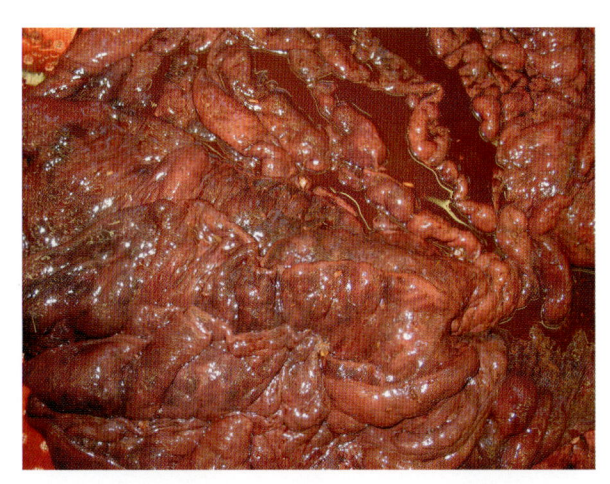

図 4-81　図 4-80 の牛の剖検像で、激しい第四胃粘膜の充血と多量の砂の集積がある（ドイツ）

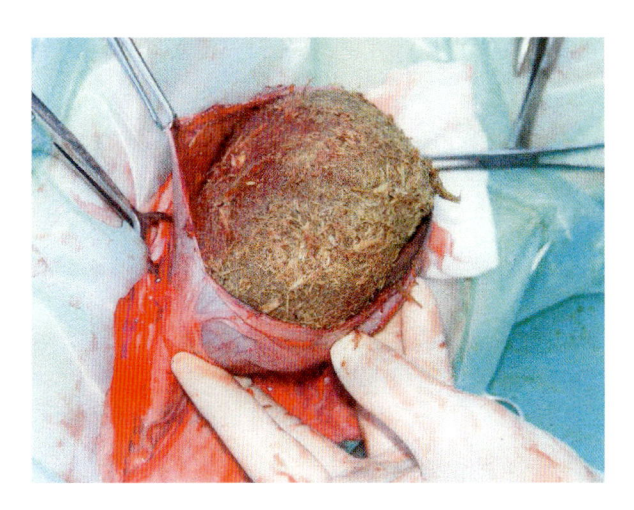

図 4-82　手術時の子牛の第四胃内毛球（キアニナ、イタリア）

### 類症鑑別
迷走神経性消化障害（図 4-69〜図 4-71）、第三胃食滞、腸閉塞（脂肪腫、図 4-101）、び漫性腹膜炎（図 4-90）。図 4-82 の毛球も参照。

### 対処
切迫解体。入手できれば十分な良質粗飼料給与によって食滞を避ける。

## 第四胃毛球　Abomasal trichobezoar

### 病態
圧縮された被毛と植物系物質の円形の塊が、拡大し、第四胃を一部閉塞している。

### 症状
本症はある地域の特殊な飼養管理下の若牛（例えば、6〜12 カ月齢）にみられ、牛では毛球（図 4-82）は比較的まれである。症状は食欲不振や体重減少など特徴がないが、子牛の腹部膨満が診断的となり得る。第四胃毛球はまた、しばしば続発性の第四胃炎やそれに伴う第四胃潰瘍をもたらす。

### 対処
個々の高価値牛では外科手術、飼料の変更、飼養管理（例えば、被毛の舐食を減じるためのシラミの治療）。

## 小腸　Small intestine

### 出血性空腸症候群（JHS）、出血性腸症候群（HBS）、出血性腸管症候群（HGS）、出血性腸炎　Jejunal hemorrhagic syndrome, Hemorrhagic bowel syndrome, Hemorrhagic gut syndrome, "Hemorrhagic enteritis"

### 病態
本病は比較的近年に、搾乳牛の急性症として報告され、通常、致命的であり、病因は不明であるが、高乳量高飼料摂取牛に関連している。

### 症状
おそらく表面的な症状は臨床型のケトーシスを示唆している（搾乳室に行く気がなく、横臥している）。ほとんどの症例は、ショック、完全な食欲停止、および激しい貧血の突然の発症（図 4-83）である。右側腹部の拡張と膨満は、腹側の小腸ループに満ちた液体と、膁部と肋骨弓下のガスを示している。12 時間以上の生存例では、早期の横臥を伴った、広範な暗色タール状便の排出があり、36 時間以内に死亡する。右側腹部の試験切開では、多発性の空腸ループの血様液で満ちた拡張（図 4-84）が示される。剖検では、多数の空腸ループ内の大量の全血凝塊（図 4-85）が示され、また初期の腹膜炎（明白な漿膜のタグ）とともに、小腸漿膜面の点状出血がある。

### 類症鑑別
穿孔と初期腹膜炎を伴う急性第四胃潰瘍、急性空腸

図 4-83　出血性空腸症候群（JHS）により伏臥しているホルスタイン：元気消失、開口呼吸と被毛の逆立ち、右膁部の激しいストレス症候（米国）

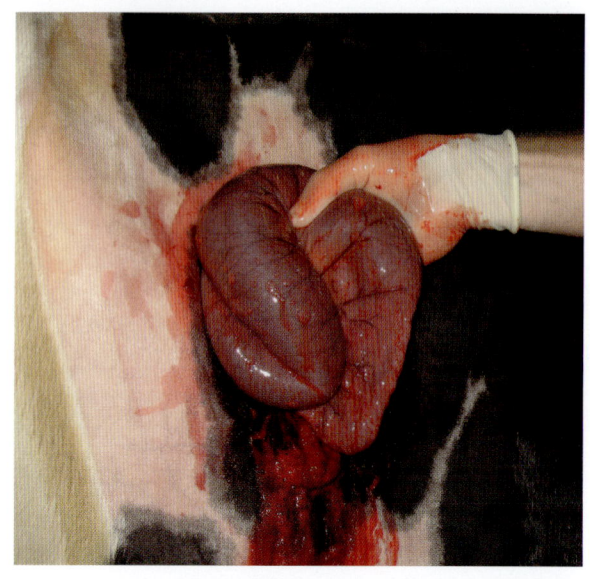

# Alimentary disorders

図 4-84 出血性空腸症候群(JHS)：立位での右側腹壁切開で、大きく拡張し、血液が充満した典型的な空腸がみえる(米国)

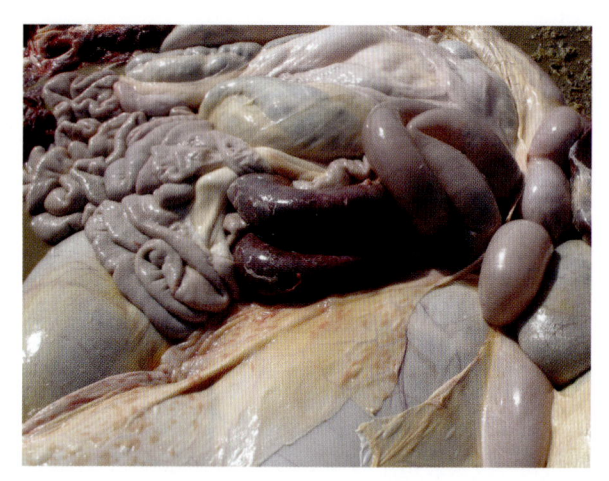

図 4-85 出血性空腸症候群(JHS)：剖検により数個の拡張し出血性の空腸ループと、その右側に液とガスが充満した他のループがある。初期のフィブリンの付着は腹膜炎の予兆である(米国)

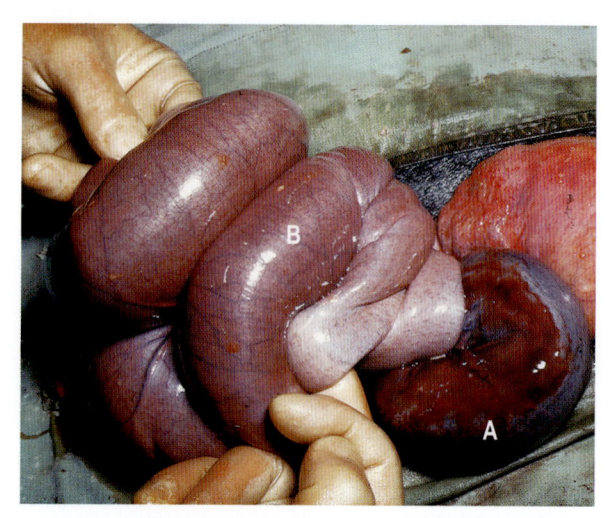

図 4-86 試験開腹時の空腸の重積(B)

重積、第四胃右方捻転。

### 対処
もし大量の液体と血液の喪失を修正しようと試みるなら、早期に JHS と認識することが必須である。甚急性症の生存例は少ない。食餌管理の改善が指示される。

## 空腸の捻転と重積　Jejunal torsion and intussusception ("twisted gut")

### 病態
空腸自体の捻転と、小腸断片の重積。

### 症状
重積は散発的であるが、牛では小腸閉塞の原因として最も多い。どの年齢層にも発生し、初期に激しい腹痛を生じる。進行性にショックが発生する。直腸は完全に糞便を排出してしまう。大きな牛では、直腸検査によって捻転が発見されることがあり、腹腔を斜めに横断する腸間膜の帯が触れる。図 4-86 には、特に腸間膜縁に、激しい充血と漿膜下出血を示す小腸の暗色ループ（図中の A）があり、重積部が通過した腸管の一部である。拡張した近位の腸管が図中の B にみられる。重積の陥入部は、この写真ではみえないが、指の下深くに強く嵌頓している。

広範な空腸捻転の剖検例が図 4-87 にみられ、ほとんどの空腸ループが拡張して退色しており、腸間膜部は点状出血を伴っている。第四胃はこれらのループに隣接している。このような症例は通常、急性で致命的である。

罹患牛はしばしば、事前に動きのなくなった小腸ループ、第四胃、および第一・二胃内の液体貯留によって、大きく拡張した腹部を示す(図 4-88)。

### 類症鑑別
第四胃捻転(図 4-79)、出血性空腸症候群(図 4-83、図 4-84)。

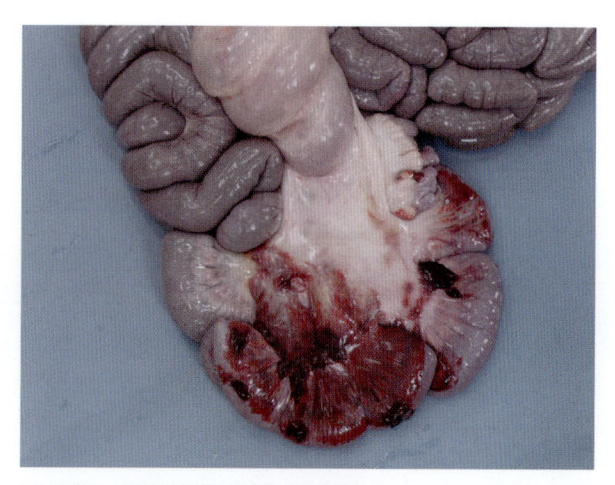

図 4-87 重積と捻転の混在(剖検像)

消化器疾患 77

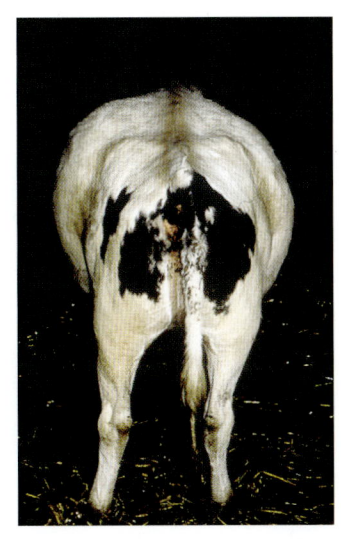

図4-88　空腸の閉塞と捻転による激しい腹部膨満

## 対処

早期の症例はときどき外科的修正（切除と縫合）が可能である。しかし、ほとんどの症例は迅速に淘汰すべきである。腸重積（腸管の刺激）の大きな誘因を減じる理論的な予防法には、寄生虫防除と食餌管理がある。

# 大腸　Large intestine

## 盲腸の鼓脹と捻転　Cecal dilatation and torsion

### 症状

罹患牛は元気消失し、部分的な食欲減退、乳量低下を示す。症状の開始はゆっくりではっきりしない。拡張した盲腸は尾側右上腹部の打診、および直腸検査による触診（わずかに可動性の食パンの形状）で判定できることがある。盲腸の変位と拡張に続いて、このホルスタイン牛（図4-89）は、48時間以内に疼痛性の急性腹症を発症した。拡張した盲腸が直腸検査で触診できた。盲腸の盲端部が尾側の右背側切開部から脱出して

いる（図4-89）。しかし、ほとんどの盲腸部分はなお腹腔内にある。腹膜の表面はわずかに充血している。単純な盲腸鼓脹の多くの症例は無症状である。症例のあるものが盲腸捻転に移行し、さらに激しい疼痛と元気消失に発展する。他の症例は拡張症から自然回復することがある。

### 類症鑑別

第四胃右方変位。ケトーシス。

### 対処

多くの症例は鎮痙薬と食餌管理に反応する。盲腸壁の生存性を確認する時には、外科的な排液が必要となる。

## 腹膜炎　Peritonitis

### 病態

壁側および臓側腹膜の炎症。

### 症状

本症は局所性か全域性であり、また急性か慢性である。腹腔内の汚染に続発することも多い（例えば、外傷性第二胃炎や帝王切開）。発症例では、腹部を気遣った硬直歩行（p.70参照）を示す。牛の腹膜と大網は消化管内容の漏出を防ぎ、膿瘍を限局化するという優れた能力を持っている。この機能によって、しばしば腹部前方には合併症をほとんどまたはまったく生じない。腹腔後部に発生した癒着は、進行性に腸管の閉塞を生じることがある。図4-90には、臓側と壁側の腹膜（第一胃、空腸、および大網）が、線維性、化膿性の滲出物で包まれており、典型的な全域性腹膜炎の初期を示している。他の症例（図4-91）では、その変化はさらに進行し、これは敗血性第二胃腹膜炎に由来した（図4-67も参照）。

活動的な腹膜炎の典型的な症状には、元気消失、発熱、しばしば部分的な食欲停止があり、乳量が減少す

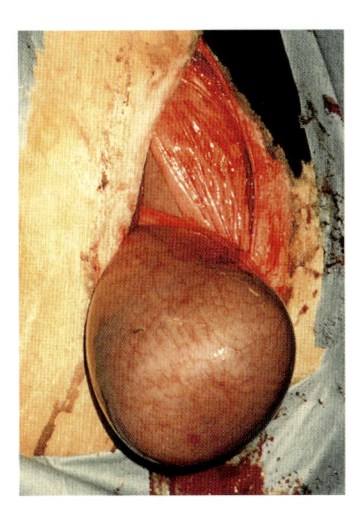

図4-89　牛の盲腸捻転で、その先端が開腹時に飛び出している（ホルスタイン）

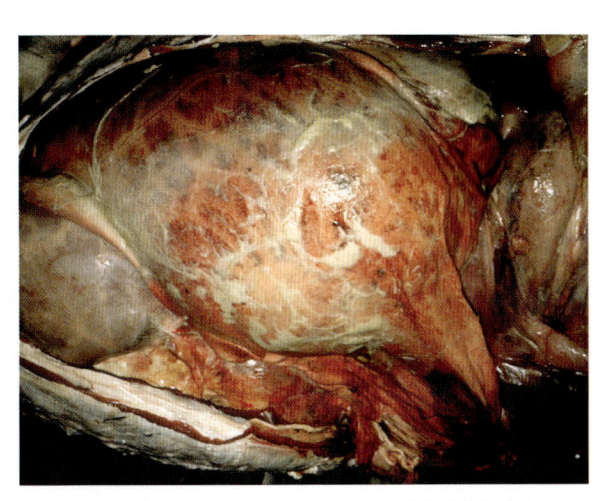

図4-90　剖検時の大網に広がる初期の広範性腹膜炎（米国）

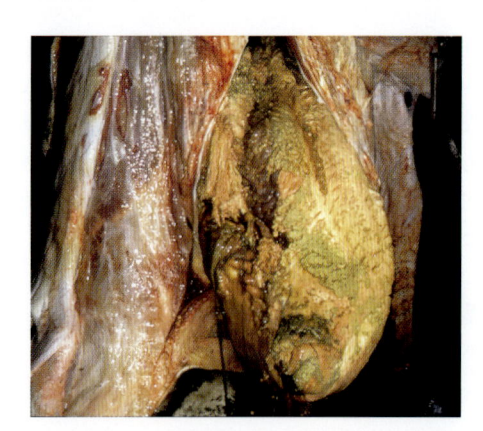

図4-91　敗血性第二胃腹膜炎に続いて、進行した慢性の腹膜炎(剖検像)

図4-92　高齢牛の腹水症で、典型的な西洋ナシ様の様相を示す(ギャロウェイ)

る。より慢性化した症例では、体調不良となる。直腸検査で空虚な第一胃が分かり、腹腔臓器を触診すると典型的な「粉を捏ねる」感じがする。

他に多い腹膜炎の原因には、子牛期(図2-29)か成牛期(図4-73)のいずれかにおける第四胃潰瘍の穿孔、および整復されなかった腸重積や小腸捻転に続発した小腸の破裂がある。新生子の腹膜炎が、閉鎖した腸管(図1-22)前方の拡張した小腸の破裂に続発することがある。

### 診断

腹膜炎は臨床症状と直腸検査から疑われる。腹部(腹腔)穿刺術で疑われる液を採取し、細胞学的検査と培養検査をする。

### 対処

輸液、強力な広域性抗菌剤治療、非ステロイド系抗炎症薬(NSAID)。ほとんどの症例は淘汰が最善である。

## 腹水　Ascites

### 病態

腹腔内への漿液性(浮腫性)の液体の異常な貯留。

### 症状

腹膜炎と同様で、この液体の貯留は結局西洋ナシ様の様相(図4-92)をもたらす。腹水の性状は漿液性または浮腫性であり、通常は無菌である。この高齢のギャロウェイ牛は、慢性の重度肝蛭症から肝硬変になっていた。腸管閉塞の写真(図4-88)と比較する。腹部は、腹膜炎(p.77)とは違って、触診で疼痛を示すことはほとんどない。診断は腹部正中線の穿刺(滅菌針)によって確定される。

### 類症鑑別

腹膜炎(図4-90)、羊膜水腫、尿膜水腫(図10-54)、第四胃食滞(図4-80)。

### 対処

ほとんどの症例は治癒不可能であり、淘汰すべきである。

## 肝疾患　Hepatic diseases

肝疾患の臨床症状には幅があり、それは多様な機能と関係している。これらには、胆汁の生成、特異な血漿成分の合成、解毒機能、貯蔵機能、およびさまざまな代謝機能がある。

その大きな機能の予備能のために、肝疾患の症状は通常、肝障害が広範に至った時にのみ、明瞭となる。機能障害の特徴的な症状はほとんどないので、その診断は臨床医にとってしばしば大きな挑戦となる。いくつかの特異な肝疾患は体重減少をもたらし、食肉処理場での肝廃棄(肝膿瘍、肝蛭寄生)をもたらす。補助的な診断法には、酵素測定(SDH、GDH、GGT)、および経皮的肝バイオプシーがある。

以下に図示する肝疾患には、重度寄生から生じた肝蛭症、*Clostridium novyi* type B (*oedematiens*) により生じた壊死性肝炎、第一胃炎(*Fusobacterium necrophorum*)に続発した肝膿瘍がある。特に肝臓には限らないで、他の型の吸虫症もこの文節に含まれる。病的な栄養および代謝障害によって生じた脂肪肝症候群は第9章(図9-9)に記載され、肝疾患に続発した光線過敏症は第3章(図3-3～図3-9)に記載されている。

## 肝蛭症
Fascioliasis (common liver fluke infection)

### 病態

肝蛭(*Fasciola*)の寄生によって生じた疾患で、ジストマ症とも呼ばれる。

### 症状

多くの地域で増加している問題であり、軽度の吸虫

消化器疾患

図4-93 胆管の広範な線維化を伴う重症肝蛭症の肝臓

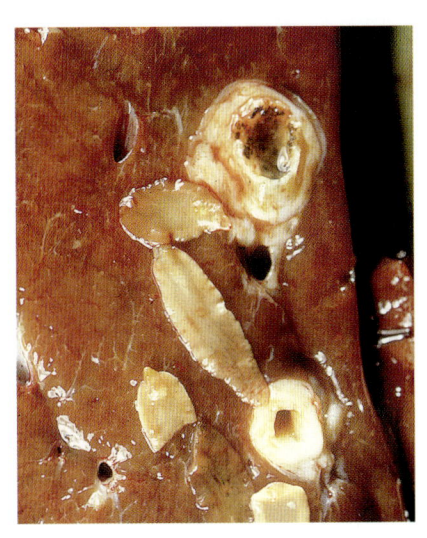

図4-94 肝蛭虫体と肥厚した胆管

寄生は、体調不良、減衰状況（体重および乳量と乳質）、および貧血のような、非特異的な臨床症状をもたらす。剖検では、肝臓は線維化して腫大し、胆管は肉眼的に肥厚しており、その管腔を成熟した肝蛭（*Fasciola hepatica*）が占めている（図4-93、図4-94）。末期には管壁は石灰化する。肝臓表面は不規則となり、顆粒状を示す。靱帯付着部の肝周囲脂肪は消失していき、削痩が進むにつれてほとんどなくなり、腹膜表面は灰白色になる。臨床例では、低タンパク血症となり、腹部と下顎部に浮腫を生じる。末期の腹水症（図4-92）は多い。しばしば食肉処理場で肝臓廃棄となる。

### 診断

亜急性と慢性疾患では、さまざまな数の虫卵が糞便中に発見される。吸虫卵がなくても、吸虫の存在は否定できない。胆管障害を持った牛では、血漿GGTが上昇している。血清検査で吸虫の抗体が認められる。剖検所見が診断を確定する。

### 類症鑑別

牛捻転胃虫症、オステルタギア症。

### 対処

放牧管理と殺吸虫剤。しかし、ある薬剤は成虫のみを死滅させ、他の虫はライフサイクルの幅広い段階にある。また多くの薬剤は乳牛への使用が承認されていないので、防除は困難である。

## 双口吸虫症（第一胃吸虫）
Paramphistomiasis (rumen or stomach flukes)

### 症状

比較的多数の軟らかいピンク色をした西洋ナシ形の成吸虫が第一胃壁に付着していても（図4-95）、特に高齢牛では、ほとんどまたはまったく症状を示さない。メタセルカリア嚢から孵化し、近位を移行中の未成熟虫が十二指腸に付着すると、潰瘍を生じ、症状として、発育不良や下痢を起こし、若牛では死亡することもある。*P. cervi*、*P. microbothrium*、*P. ichikawai*などのいくつかの異なった種類がある。ヒラマキガイ科のカタツムリが中間宿主となり、ライフサイクルは肝蛭に似ている。双口吸虫症と肝蛭症が併発することがあり、より激しい症状をもたらす。

### 診断と対処

上述の肝蛭症を参照。第一胃内の成双口吸虫感染にはオキシクロザニド（oxyclozanide）で治療する。感染した牧野は乾燥した後も2〜3カ月間メタセルカリアが生存しているので、その牧野から牛を遠ざける。

図4-95 双口吸虫症による第一胃壁の成虫（南アフリカ）

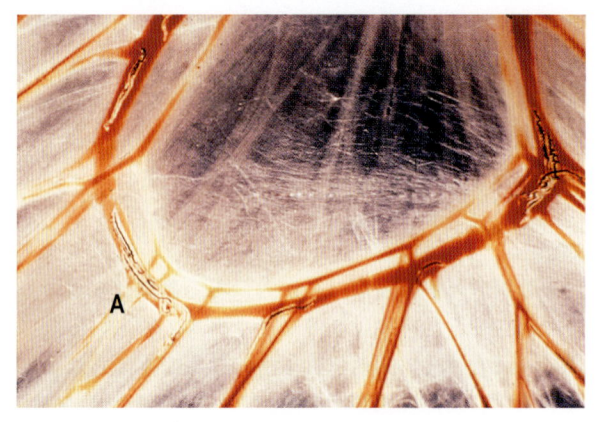

80　Alimentary disorders

図4-96　住血吸虫症：腸間膜血管内の成虫（南アフリカ）

## 住血吸虫症
Schistosomiasis (blood flukes): Bilharzia

### 病態
　吸虫綱の充血吸虫類によって起こる疾患で、一群の牛に慢性出血性腸炎、貧血、および削痩を生じ、多くの牛は数カ月後に死亡する。

### 症状
　充血吸虫には8種の品種のあることが、アフリカ、中東、アジアで報告されている。セルカリアは中間宿主のカタツムリから水中に移行し、皮膚または粘膜を穿孔する。図4-96には、拡張した腸間膜血管中に一対の伸張した吸虫（図中のA）を示しているが、雌は雄の縦長の溝の中に存在する。吸虫の長さは30 mmにもなることがある。病原性を示す種類は主として腸間膜血管中にみられるが、S. nasaleのみは鼻粘膜に寄生する。主な臨床症状は出血性腸炎、貧血および削痩であり、棘状の卵が腸管壁を通過するときに生じる。
　肝臓型では、卵の周囲に肉芽腫を形成する。病変はまた、肝、肺、膀胱にもみられる。S. nasale（図4-97）は、肉芽腫様塊を伴う増殖性の反応を生じ、これは鼻蝶形骨を通じてその正中断面にみられる。膿瘍の破裂により、鼻腔内に膿と卵が放出される。その結果、慢性の鼻閉塞と呼吸困難が生じる。この寄生虫は鼻粘膜の静脈に寄生する。S. nasaleはインド亜大陸、マレーシアおよびカリブ海諸国で問題となっている。人では、セルカリアは「泳ぐ人のかゆみ(swimmer's itch)」および「湿地帯のかゆみ(swamp itch)」と呼ばれている。

### 診断
　病歴と臨床症状では診断に不十分である。糞便、直腸の掻き取り物、または鼻粘液からの卵の証明が必要である。

### 対処
　例えば中国のように流行病的に広がっていて問題となっている地域では、大規模な化学療法(例えば、プラジカンテル；praziquantel)キャンペーン、軟体動物(カタツムリなど)駆除薬、および慣習や飼育管理の変更が、防圧に効果がある。

## 伝染性壊死性肝炎
Infectious necrotic hepatitis (Black disease)

### 病態
　本症はClostridium novyi type B (oedematiens)によって生じる急性毒血症であり、壊死性の肝臓梗塞をもたらす毒素を産生する。ほとんどの症例は突然始まる現象である。

### 症状
　肝表面の離散性の不規則な退色した梗塞部位(図4-98)が、この急性毒血症の特徴である、肝蛭症の流行地域に最も頻繁にみられ、肝蛭の幼虫が通常、初期障害の原因となっている。その結果生じた病変部に、Clostridiaがコロニーを形成して毒素を産生し、激しい沈うつと毒血症による急死をもたらす。肉眼的な病変として広範な漿膜下出血も生じ、図4-99の腎周囲

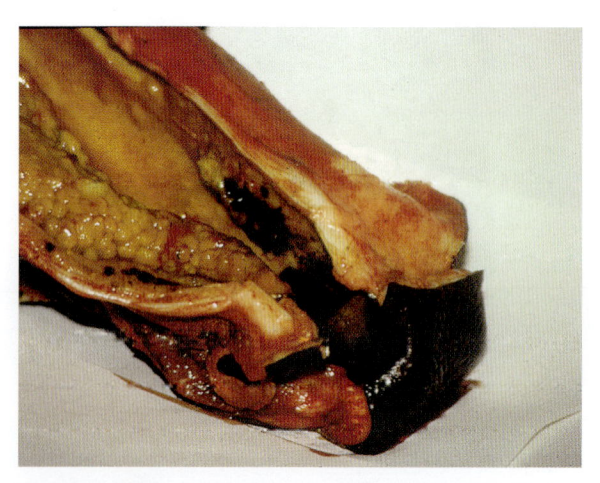

図4-97　鼻甲介骨内のSchistosoma nasale（ベルギー）

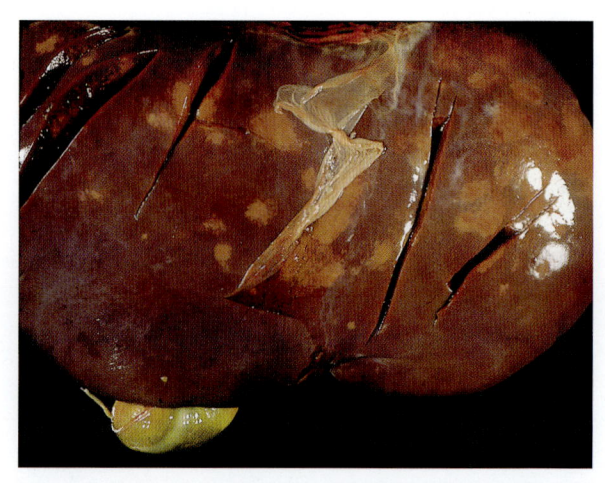

図4-98　離散性の肝梗塞を示す伝染性壊死性肝炎（米国）

消化器疾患 81

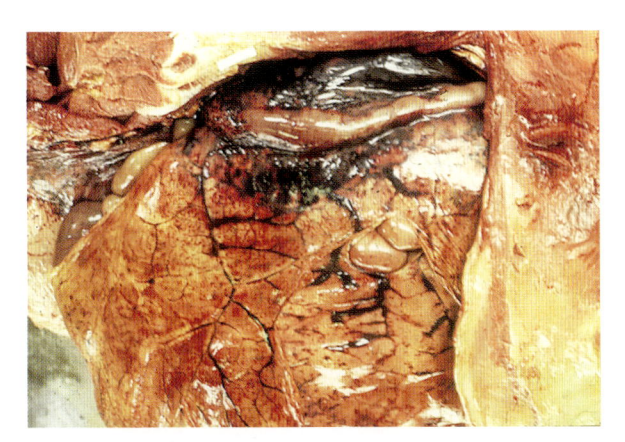

図4-99 伝染性壊死性肝炎による腎周囲の漿膜下の出血(米国)

部にみられる。本病は表面に出ないため、内側の皮膚表面が暗色化している。

### 類症鑑別
他のクロストリジウム疾患(p.247〜249)、他の原因による急死。

### 対処
臨床例として治療を要求されることはまれであるが、本症には抗生物質と非ステロイド系抗炎症薬(NSAID)が有効である。もし多発例が診断されるなら、ワクチン接種が指示される。

## 肝膿瘍　Hepatic abscessation

### 症状
臨床症状は非特異性で、発熱、食欲不振、腹痛、および増体や乳量の減少がある。剖検すると、肝膿瘍は通常、多発性で大きさはさまざまである。この症例(図4-100)では、大きな中央の膿瘍が破裂し、クリーム様の膿を放出している。典型的な原因は急性の第一胃炎(図4-57)であり、それが血行性に隣接の肝臓に拡散したり、または臍感染や外傷性第二胃炎の結果として生じる。これら膿瘍からは通常、培養により*Arcanobacterium pyogenes*が回収されるが、初期の肝臓コロニー形成は一般に*Fusobacterium necrophorum*による。肥育中の若雄牛と高泌乳の乳牛が、その相対的な濃厚飼料多給のために、より罹患しやすい。肝膿瘍に特異的な合併症としては、後大静脈血栓症(図5-31)や肺血栓塞栓症(図5-32)があり、本書の他のページに記載されている(p.94)。

### 類症鑑別
外傷性第二胃炎、第四胃潰瘍、腹膜炎。

### 対処
初期症例には強力な抗生物質療法が有効であるが、肝膿瘍はより重度化し、合併症が増加する危険性があるので、早期の淘汰が勧められる。

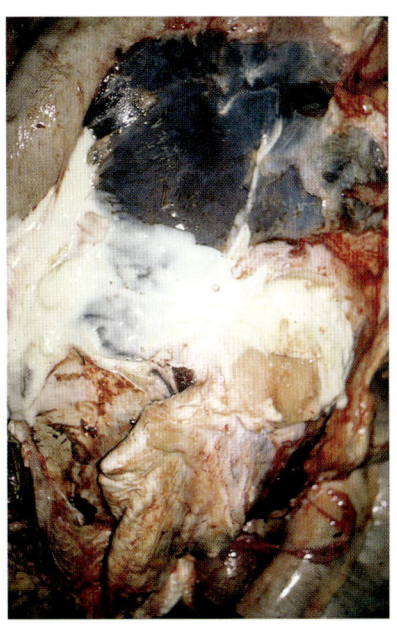

図4-100 剖検時の破裂した肝膿瘍(米国)

## その他　Miscellaneous

### 脂肪腫(腹部の脂肪壊死)
Lipomatosis (abdominal fat necrosis)

### 病態
腹腔内の大きな脂肪腫の塊。

### 症状
この高齢のアンガス牛の骨盤腔の断面像(図4-101)は、大きな脂肪壊死塊によって囲まれ、重度に狭窄した直腸を示し、脂肪塊は硬く、乾燥し、乾酪化している。脂肪腫(lipomata)とも呼ばれるそのような部位は、大網、腸間膜、後腹腔脂肪のどの場所にも発生する。それらは慢性進行性の腸管閉塞を生じる。

図4-101 脂肪腫により絞約している脂肪腫を伴う直腸の縦断面(米国)

しかし、大多数は無症状に過ぎ、直腸検査で偶然発見され、胎子と間違われることがある。脂肪腫の発生は比較的まれであるが、成長したまたは高齢のチャネル島(Channel Island)系の品種により多いと考えられている。病因は不明であるが、遺伝的要因、大豆の過剰摂取、および持続性の発熱が提唱されている。

**類症鑑別**

腹部リンパ肉腫、腹腔臓器の癒着を伴った慢性腹膜炎。

**対処**

脂肪腫は治療できない。

## 直腸脱　Rectal prolapse

**症状**

直腸粘膜の脱出が明白である。第1例(図4-102)では、直腸脱が24時間前から起こり、主に粘膜からなり、なお新鮮でほとんど無傷である。第2例(図4-103)は7日前から始まり、激しい裂傷と浮腫を伴っている。唯一の無傷の部位は皮膚粘膜接合部近辺のみである。直腸脱は、再発性の努責を生じるような、急性重度または慢性の下痢を起こした若牛に主にみられるが、若牛のみとは限らない。この直腸の傷害と出血を持ったピエモンテーゼ若牛のように、時には直腸と膣の脱出が同時にみられる(図4-104)。この初産牛はコーンの多給により努責と直腸脱が誘発され、前月の難産により続発性に膣脱を起こした。仙骨神経ブロック(アルコール)、陰唇のブフナー(Buhner)縫合、および食餌の修正後に回復した。他の努責の誘因としては、コクシジウム症(図2-31)、バベシア症(図12-43)、壊死性腸炎(図2-35)、およびまれに狂犬病(図9-34)がある。

**対処**

硬膜下麻酔下で脱出を整復し、その部位に巾着縫合を施し、しばらく保つ。努責の原因を制御する。

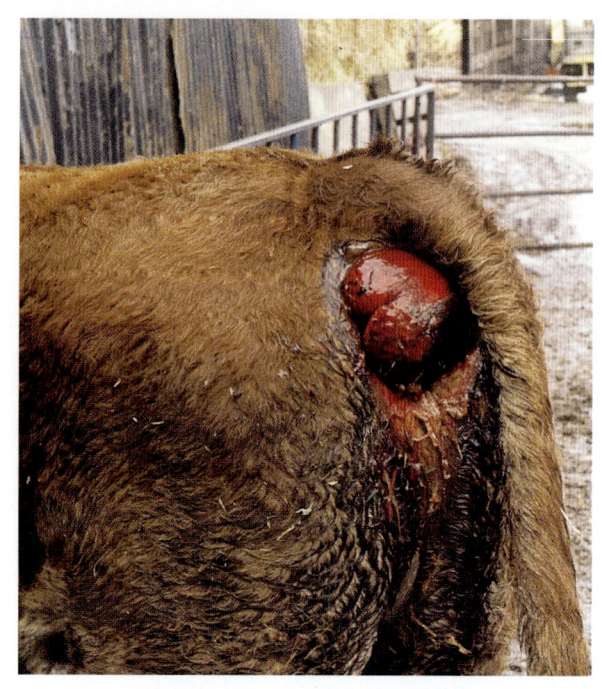

図4-102　24時間経過した直腸脱：会陰部の血液に注目

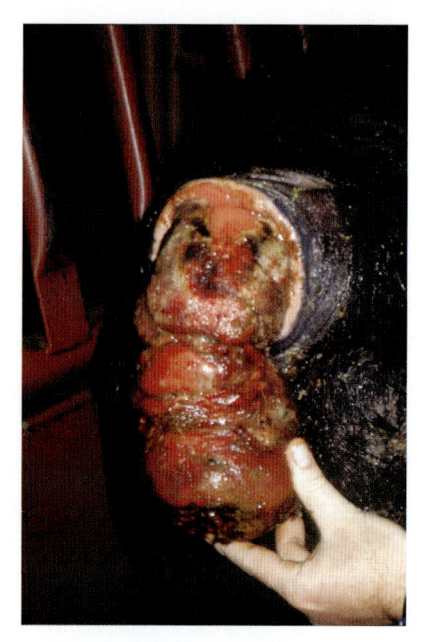

図4-103　7日目の直腸脱で、多数の亀裂と浮腫を示す

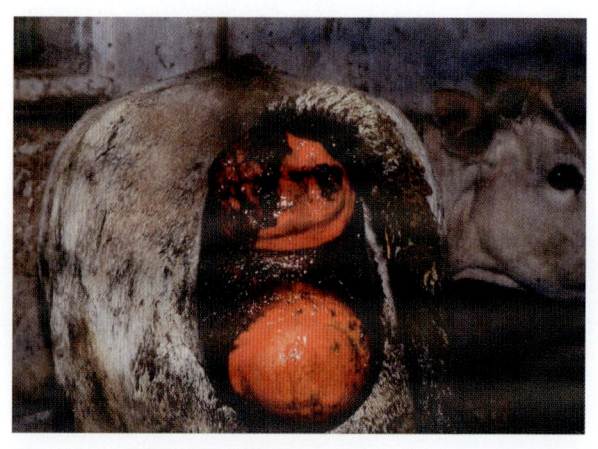

図4-104　直腸と膣の脱出(イタリア)

消化器疾患　83

## 肛門の浮腫　Anal edema

直腸肛門粘膜の突出を生じる肛門の浮腫（図 4-105）は、時として医原性に、直腸検査後に発生する。

**対処**

12〜24 時間後に自然治癒するので、治療は必要でない。

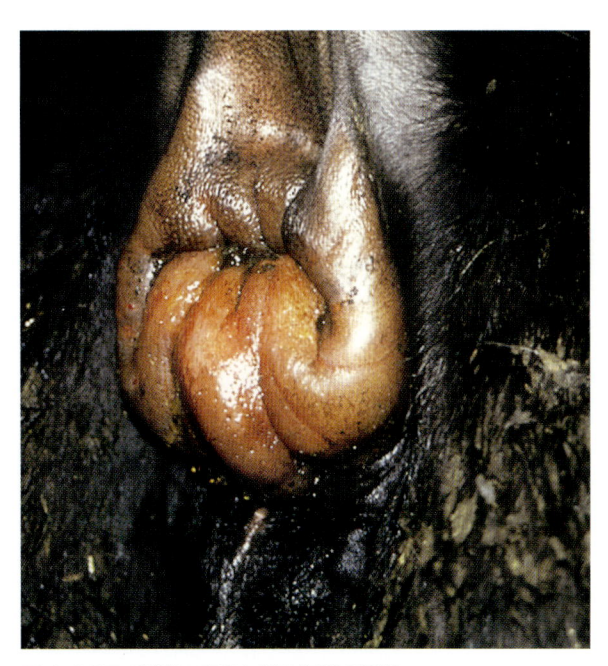

図 4-105　粘膜の突出を伴う肛門の浮腫

# 第5章

# 呼吸器疾患 Respiratory disorders

| | |
|---|---|
| はじめに ・・・・・・・・・・・・・・・・・・・・・・・・・・・・ 85 | 結核 ・・・・・・・・・・・・・・・・・・・・・・・・・・・・・・・・ 91 |
| 感染症 ・・・・・・・・・・・・・・・・・・・・・・・・・・・・・・ 85 | 肺虫症(寄生虫性気管支炎) ・・・・・・・・・・・・ 92 |
| 　牛伝染性鼻気管炎(IBR)(赤鼻) ・・・・・・・・・ 85 | 非感染症 ・・・・・・・・・・・・・・・・・・・・・・・・・・・・ 93 |
| 　パスツレラ症(輸送熱) ・・・・・・・・・・・・・・・・ 87 | 　非定型間質性肺炎(牛肺気腫、牛伝染性腺腫 |
| 　出血性敗血症 ・・・・・・・・・・・・・・・・・・・・・・・・ 88 | 　　症、フォッグフィーバー、喘ぎ症) ・・・・・ 93 |
| 　地方病性(風土病性)子牛肺炎 ・・・・・・・・・・ 88 | 　誤嚥性肺炎(吸引性肺炎) ・・・・・・・・・・・・・・ 93 |
| 　慢性化膿性肺炎 ・・・・・・・・・・・・・・・・・・・・・・ 90 | 　肺血栓塞栓症(後大静脈血栓症：PTE-CVC) |
| 　牛肺疫(牛伝染性胸膜肺炎：CBPP／肺病み) | 　　・・・・・・・・・・・・・・・・・・・・・・・・・・・・・・・・・・ 94 |
| 　　・・・・・・・・・・・・・・・・・・・・・・・・・・・・・・・・・・ 90 | 　胸垂病(高所病、高山病) ・・・・・・・・・・・・・・ 95 |

## はじめに

呼吸器疾患にはさまざまな要因があるが、これらを3つのグループに分けると、牛伝染性鼻気管炎(IBR)などの感染性因子が第1グループとなる。IBRは、ヘルペスウイルスによって発症し、他の器官にも影響を及ぼす。

また、第2グループはパスツレラ菌(*Pasteurella* spp.)によるもので、これらは幼若子牛がストレスにさらされた後に発症することが多い(そのため、パスツレラ症は別名「輸送熱」と呼ばれる)。*Mannheimia haemolytica* の血清型1型と *P. multocida* は、どちらも上部気道の常在菌であり、特に扁桃陰窩に生息する。これらの細菌は、ストレス、あるいは牛ウイルス性下痢・粘膜病(BVD-MD)、呼吸器合胞体ウイルス(RSV)、パラインフルエンザ3型(PI-3)などの主なウイルス感染によって体内の防御機構が低下していると、肺に定着することもある。

第3グループは、地方病性または風土病性子牛肺炎と呼ばれる感染症で、子牛群に影響を与え、経済的打撃も大きい。ウイルス(例えば、PI-3、BVD、IBR、RSV、アデノウイルス、ライノウイルス)とマイコプラズマはどちらも原発性因子となり得るが、発症直後にパスツレラ菌による細菌定着が進行する傾向が強いことから、これらの発生原因の多くはいまだに解明されていない。このため、ウイルス感染の主要因は剖検で明らかになることもある。また、*Chlamydia* の役割は明らかになっていない。

*Histophilus somni* は、化膿性肺炎(図9-29)の原因菌として最も重要なものであるが、これらは複数の他臓器にも影響するため、第9章の伝染性血栓塞栓性髄膜脳炎(ITEME)の項で詳述する。

子牛は、さまざまな病原因子に対する免疫力が未熟であり、それゆえに予防接種も極度に制限されることから、子牛の呼吸器疾患は経済的影響がきわめて大きい。抗生物質治療は非常に高価であり、回復後の子牛の増体率が低下することが多い。牛肺疫(CBPP)は、アフリカの一部やインド、中国など発展途上国の多くの国で問題となっており、これらの国では罹患牛の殺処分制度やワクチン接種プログラムを通じて組織的に撲滅に取り組んでいる。

本章では、呼吸器疾患を発症原因別に、感染症(ウイルス、細菌、その他の感染性因子)と非感染症(アレルギー、医原性、循環性、生理学的因子)に分類している。また、他器官にも影響する疾患については、必要に応じて他の章と相互参照できるようになっている。例えば、子牛ジフテリアと咽頭膿瘍(図2-42〜図2-46)は、成牛が罹患することもある疾患だが、どちらも新生子牛の章に記載されている。

## 感染症

### 牛伝染性鼻気管炎(IBR)(赤鼻)
Infectious bovine rhinotracheitis ("rednose")

#### 病因と病理発生

IBRは、牛ヘルペスウイルス1型(BHV-1)によって引き起こされる。呼吸器疾患以外にも、BHV-1が原因となる症候群には、主に流産や生殖管感染症などがある。BHV-1.1は呼吸器系、BHV-1.2は生殖器系、BHV-1.3は脳炎への感染原因ウイルス亜型に分類される。名称の末尾は、ヘルペスウイルスの特徴別に、BHV-Sとして最近再分類されたものである。パスツレラ菌が二次感染菌として侵入することが多い。

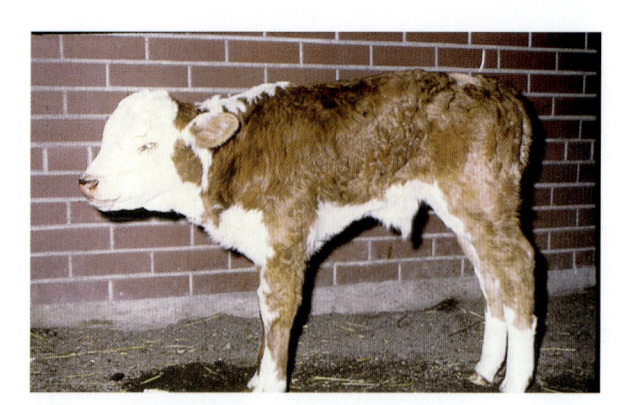

図5-1 牛伝染性鼻気管炎(IBR)に罹患した新生子牛（ヘレフォード雑）

BHV-1は子牛に重度疾患をもたらし、発熱、眼漏、鼻汁、呼吸困難、協調運動障害などを生じ、痙攣症状から死に至る症例もある。

図5-3 IBRによる眼と鼻からの膿性排出物

## 症状

IBRの一般的な呼吸器症状は、主に鼻孔（これが別名「赤鼻」と呼ばれるゆえんである）と眼に現れる。フィードロット牛は特に感染リスクが高い。子牛群の中で、数頭が同時期に流涙と沈うつ症状を示すことがある。重症例では、図5-1の雑種の新生子牛のように、動きが鈍い、傾眠、腹部巻き上げを伴う食欲不振を示し、鼻の粘液膿性排出物、粘膜充血、リンパ節腫脹がみられ、時々激しい咳き込みを伴う。急性期には、眼粘膜に重度の充血やうっ血がみられることがある（図5-2）。外眼角の近くに特徴のある、隆起した赤色の小さな斑点が現れる。二次感染により、眼瞼痙攣を伴わないIBR特有の化膿性結膜炎とともに、眼と鼻からの膿性排出物（図5-3）を生じる。

この牛は剖検で、重度の壊死性および出血性咽頭気管炎が明らかになった（図5-4）。図5-5に重症例をもう1つ示した。このような重症例では、鼻中隔から壊死性粘膜が剥がれ落ちることもある（図5-6）。粘膜血管の破裂後に、鼻出血が続発することがある。

牛ヘルペスウイルスの感染により、亀頭包皮炎を併発することもある（p.188）。図5-7では、牛伝染性膿疱性陰門膣炎(IPVV)による膿疱が多数点在している。雄と雌の病変に類似性がみられるのは明らかである（比較は図10-29を参照）。

## 類症鑑別

合併症のない症例においては、特徴的な症状や発熱、眼病変に注目することで診断が容易になされる。放牧地での発症では、ウイルスの分離あるいは抗体価

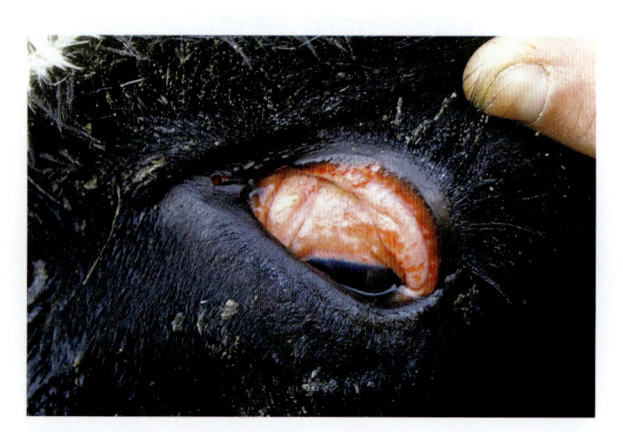

図5-2 IBRによる眼瞼の激しい充血

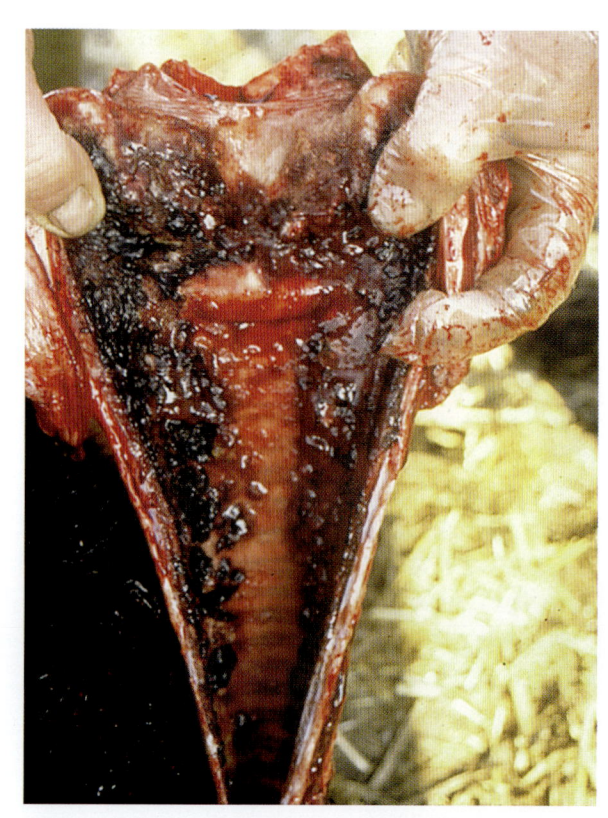

図5-4 IBRによる重度の壊死性出血性咽頭気管炎

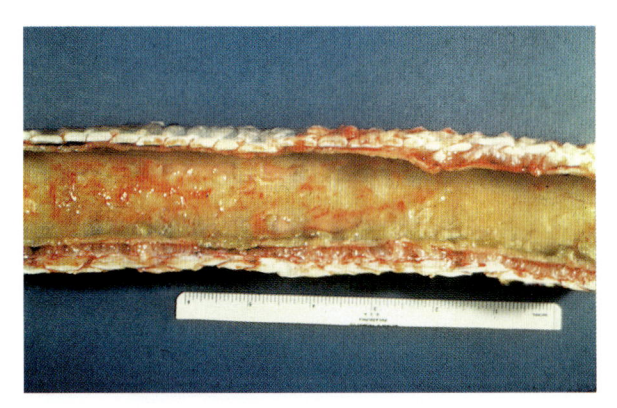

図5-5　IBRによる重度の化膿性気管炎（米国）

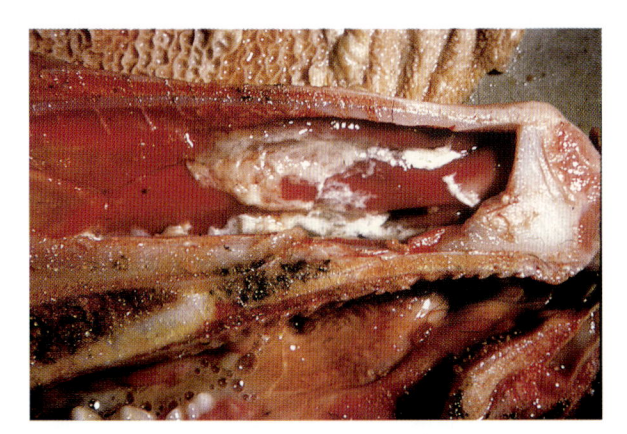

図5-6　IBR：壊死性粘膜がはがれ落ちた鼻中隔

の上昇を確認することで感染を確かめることが望ましい。バルク乳を用いた抗体検査で、簡便かつ安価に牛群の状況が分かる。

## 対処

症状が眼病変のみならば、自然治癒することが多いが、その後に受胎率の低下や流産率の増加などを招く。二次感染（パスツレラ菌）の予防や治療には抗菌薬治療が必要である。種牛、更新用雌牛、および子牛には、予防的に2カ月齢以降に弱毒化生ワクチンを筋肉内や鼻内注入によって接種する。フィードロットに入れる牛は、その2～3週間前にワクチン接種を実施すべきだが、その免疫反応はあまりよくない。

ヨーロッパの一部の国々は、血清学的検査を実施し、陽性反応を示した牛に対しては淘汰、あるいは別の群に分けて徹底的に管理することにより、IBRの絶滅に成功している。

## パスツレラ症（輸送熱）
Pasteurellosis ("shipping fever", "transit fever")

### 病態

パスツレラ性肺炎の発症原因は、*Mannheimia haemolytica* 血清型1型バイオタイプAであることが多く、*P. multocida* あるいは *Histophilus somni* の場合もある。これらの菌はすべて、上部気道に常在している。パスツレラ症は、呼吸器ウイルス感染症に続発することが多い。

### 病因と病理発生

輸送やウイルス感染などのストレスを受けた後、これらの微生物は急速に増殖し、気管や気管支、肺へと広がっていく。*A. pyogenes* は、二次感染菌になることが多い。

### 症状

図5-8の子牛は、重度の呼吸困難を生じていることが明らかである。頭頸部伸展と開口呼吸が認められ、口唇から泡を吹いていたこの子牛は、この写真撮影の1時間後に死亡した。呼吸器症状が重篤であることは、動作緩慢、食欲不振、発熱、湿性の発咳などの徴候から明らかであった。聴診により、頭腹側肺野に喘鳴音を確認できる。呼気時に喉音を発することもある。別の腹部を巻き上げた去勢肉牛（図5-9）は、開口呼吸による重度な呼吸困難を示している。

他の子牛の剖検像（図5-10）では、主気管支の泡沫に加え、肺の前葉と中葉は典型的な暗赤色を示し、わずかに腫脹し、硬化し、微小膿瘍を含んでいた。横隔葉（後葉）は正常である。このような肺では、胸膜面にフィブリン沈着がみられることがある。肺の病変は左右対称に現れる傾向がある。図5-11に示した前葉と中葉の肺炎を起こしている部位では、淡黄色の膿瘍が点在しているのが観察できる（*H. somni* の図9-29も

図5-8　パスツレラ症（輸送熱）により重度の呼吸困難を示す子牛（ヘレフォード雑）

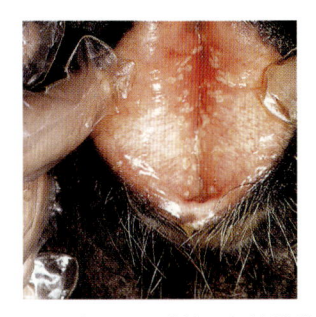

図5-7　牛ヘルペスウイルス感染の伝染性膿疱性陰門膣炎（IPVV）型

図 5-9　パスツレラ症によって開口呼吸をする去勢牛

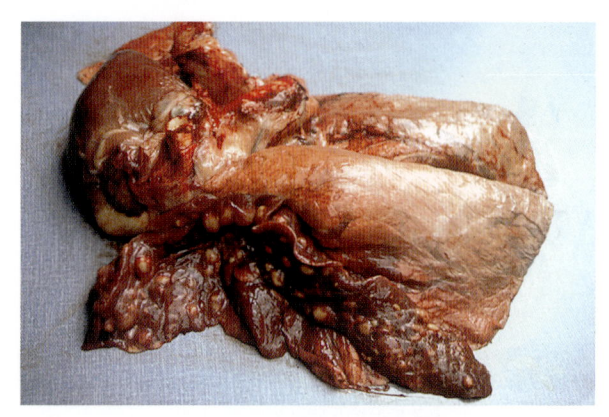

図 5-11　パスツレラ症による多数の肺小膿瘍

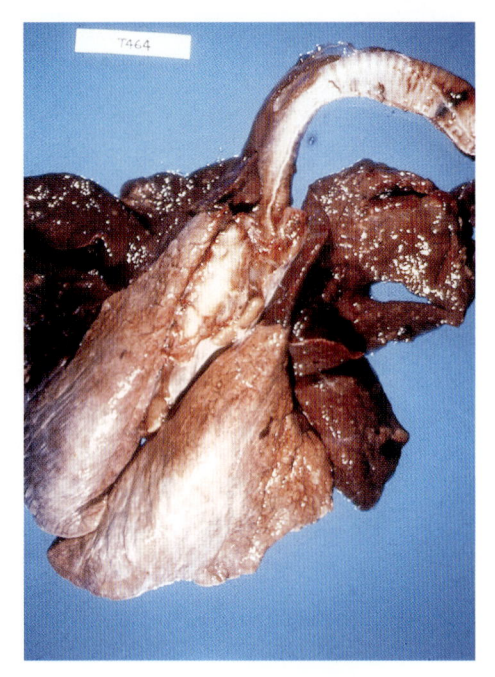

図 5-10　パスツレラ症による重度の肺病変

参照のこと）。

### 類症鑑別

下部気道または剖検時の肺組織からの由来物を細菌培養して、診断する。抗生物質感受性試験は実施すべきである。血清学的検査はあまり有効な診断方法ではない。

### 対処

罹患した牛に症状が現れたら、診断結果を待たずに迅速かつ積極的に抗生物質治療を開始し、慢性肺膿瘍に進行するのを防ぐ必要がある。肺のうっ血と呼吸困難の症状が重篤な場合には、非ステロイド系抗炎症薬（NSAID）は有効な手段となる。

パスツレラ症のトキソイドワクチンは発症抑制にきわめて高い効果があるが、免疫反応が未熟な子牛に対しては複数回の接種が必要なこともある。

## 出血性敗血症　Hemorrhagic septicemia

### 病態

*Pasteurella multocida* 血清型 B：2 または E：2 が原因となる敗血性のパスツレラ症で、重症化し、致死的になる頻度が高い。

### 症状

特徴的な症状は、高熱、呼吸困難、流涎、熱と痛みを伴う浮腫性皮膚腫脹、粘膜下の点状出血が突然発症することである。主な発生地域はアジアとアフリカであるが、ヨーロッパ南部や中東の一部で確認されることもしばしばある。雨期に川の流域やデルタ地帯で発生することが多い。

剖検により、浮腫や広範な出血などの特徴から容易に診断がつく。また心膜血腫が観察されることも多い。出血を除き、肺炎に移行することはまれである。

### 類症鑑別

パスツレラ性肺炎（図5-8〜図5-11）、牛疫（2010年に全世界的に撲滅、図12-9〜図12-15）、炭疽（図12-63）、急性サルモネラ症。

### 対処

化学療法剤（スルホンアミド、テトラサイクリン）の早期投与が効果的である。予防としては、年に2回ワクチン接種を行い、オイルアジュバントまたはミョウバン沈殿させた死菌ワクチンを使用するのが望ましい。

## 地方病性（風土病性）子牛肺炎
Endemic (enzootic) calf pneumonia

### 病態

地方病性子牛肺炎は、子牛の伝染性肺疾患全般の幅広い呼称であるが、その定義は明確ではない。輸送によるストレスで罹患することはないが、牛舎内や運動場での過密飼育に起因することが多い。

呼吸器疾患　89

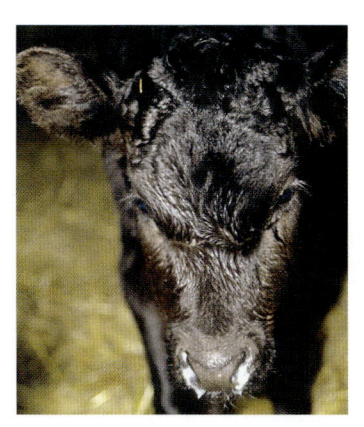

図5-12　粘液膿性鼻汁がみられる地方病性子牛肺炎

図5-13　地方病性子牛肺炎による「発汗した被毛」

## 病因と病理発生

　この疾病の病因と病理発生には、広範なウイルス性および細菌性の病原体が関与している（本章「はじめに」の項を参照）。

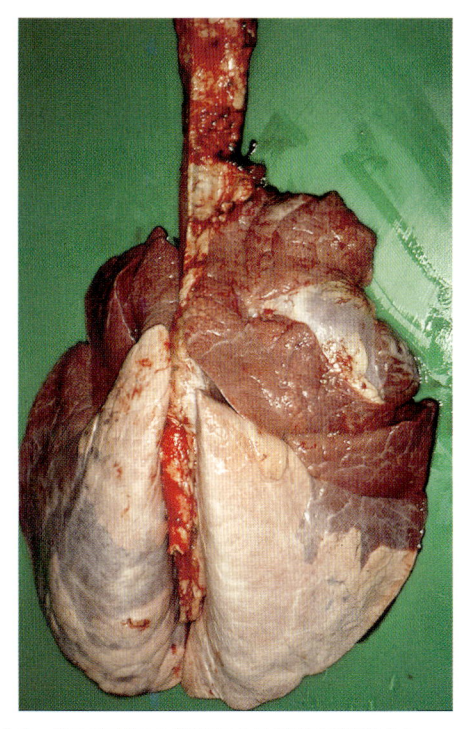

図5-14　地方病性子牛肺炎による肺硬変（肝片化）

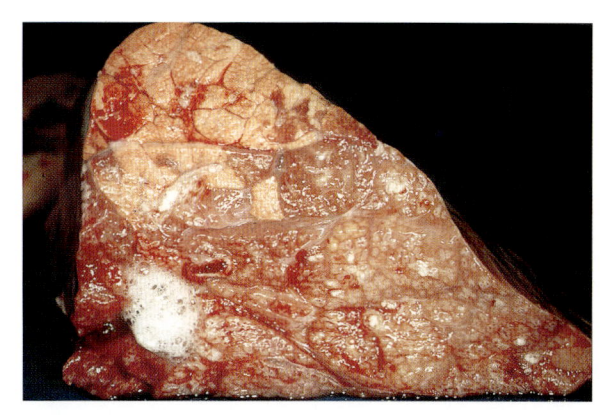

図5-15　地方病性子牛肺炎：肺の断面

## 症状

　最初に現れる一般的な症状は、漿液性の眼漏と軽度の結膜炎であり、その後、二次感染（パスツレラ菌による場合が多い）によって両側性の粘液膿性鼻汁（図5-12）がみられるようになる。また図5-13のように、発汗により被毛がじっとりと湿って、もつれ合った状態になる子牛もいる。同様な被毛の変化は、健康な子牛でも濃縮飼料の多給により成長を速めた場合にみられることがある。しかし、これらは呼吸困難を伴うか否かにかかわらず、発咳の有無で判別できる。罹患すると、群の中の多くの牛に発熱と食欲不振の症状が現れる。症例によっては、明らかな臨床症状が発現してから2～3日で死に至る。

　剖検像から、肺の特に前葉と中葉が桃灰色あるいは紫色に硬変しているのが分かる（図5-14）。フィブリン沈着は通常みられない。この肺の断面（図5-15）を見ると、腹側に浮腫性の硬変肺炎を起こしている部位があるが、そこから離れた肺の上部は正常なピンク色を示している。この症例からは*Mycoplasma dispar.*が分離された。二次感染により、肺膿瘍が形成されることもある。呼吸器合胞体ウイルス（RSV）に感染した子牛の肺（図5-16）には、気腫性嚢胞形成（図中のA）、斑点状の硬変部（図中のB）が観察される。これらは後葉に形成されることが多いが、肺葉全体が罹患

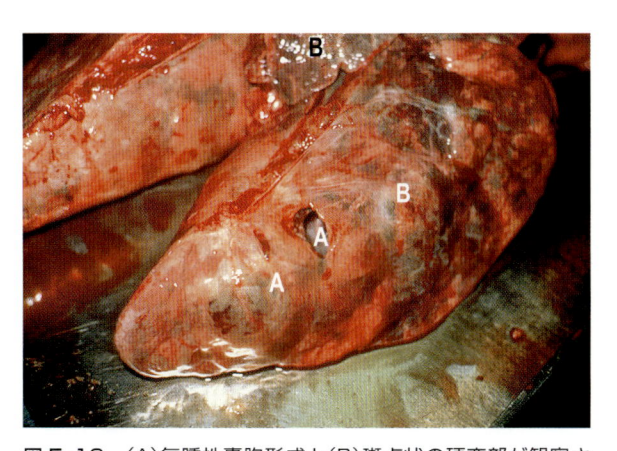

図5-16　(A)気腫性嚢胞形成と(B)斑点状の硬変部が観察される呼吸器合胞体ウイルス（RSウイルス、RSV）に感染した子牛の肺

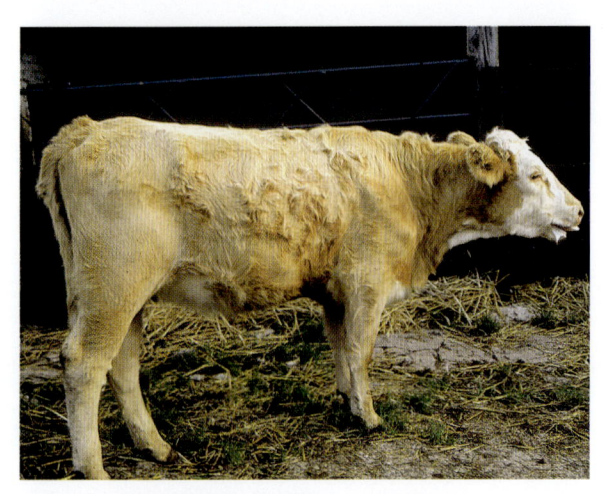

図5-17　慢性化膿性肺炎に罹患した未経産肉牛

する可能性もある。RSVに感染した肺の周辺部は、典型的に気腫性腫脹が著しいため、丸みをおびていることに留意する。

### 類症鑑別

二次感染の原因細菌と同様に、複数のウイルスが関与している可能性がある。これらの識別には、血清学的検査と剖検が役立つ。

### 対処

牛舎の管理や換気の適正化、新生子期の十分な初乳摂取、2〜3カ月齢までの哺乳子牛の個別ペン飼いなどを実施する。また、年齢構成の異なる群や、さまざまな免疫や疾病状態からなる出生地の異なる群を、空気を共有する環境下に混在させることは避けるべきである。牛舎は乾燥状態を保ち、隙間風が入らないようにするが、換気は十分に行う。敷きワラは頻繁（4〜6週ごと）に交換する。原因物質の特定に続いて、子牛期にワクチンを接種しておくと、発生抑制に効果がある。発症直後ならば、群全体に抗生物質治療を行うと有効である。

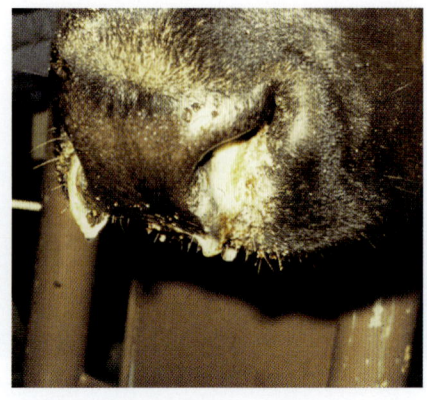

図5-18　慢性化膿性肺炎に罹患した雌牛（ホルスタイン、7歳）

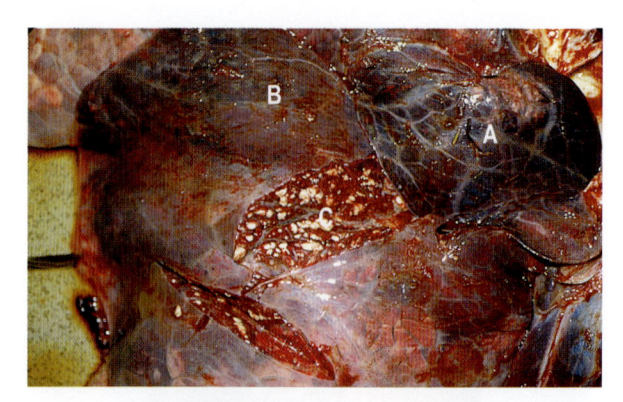

図5-19　慢性化膿性肺炎による(A)暗赤色の硬変、(B)気腫性嚢胞、(C)膿瘍(米国)

## 慢性化膿性肺炎
### Chronic suppurative pneumonia

慢性肺炎の多くは化膿性になりやすく、多数の微生物が関与していることがある。あらゆる年齢層の牛が罹患する可能性がある。この未経産肉牛（図5-17）は動きが鈍く、健康状態の悪化、舌の突出、頭頸部の伸展、重度の呼吸困難があり、口唇から泡を吹いている。慢性化膿性肺炎では、7歳のホルスタイン牛（図5-18）のような大量の粘液膿性鼻汁がみられることが多く、発咳が持続する。この剖検像（図5-19）では、暗赤色の硬変部（図中のA）、気腫性嚢胞（図中のB）、膿瘍（図中のC）が観察された（図9-29も参照）。

### 対処

発症初期に抗生物質の長期投与（例えば、1〜2週間程度）を積極的に行うと有効なこともあるが、この期間を超えた場合には、ほとんどの症例で、治癒不能として淘汰されるべきである。

## 牛肺疫（牛伝染性胸膜肺炎：CBPP／肺病み）
### Contagious bovine pleuropneumonia ("lung sickness")

### 病態と病因

*Mycoplasma mycoides mycoides* を病原体とする牛肺疫（CBPP）は、伝染性の強い肺疾患で、胸膜炎を併発することが多い。現在もアフリカ諸国の大部分（少なくとも30カ国以上）、インド、中国を中心に蔓延しており、小規模な流行は中東でも起きている。その他の地域では、イタリアで1990〜1993年、ポルトガルで1997年にCBPPの流行がみられた。

### 症状

CBPPは、感受性の高い牛が感染牛の飛沫を吸入することで伝播するケースが圧倒的に多いが、まれに感染牛の尿や胎盤の摂取によっても伝染する。感受性の高い群の罹患率はほぼ100％、致死率は50％に達し、

呼吸器疾患　91

る部位（図中のB）では硬化と壊死が進行していた。慢性の肺病変の中には、生菌を含有した大きな壊死片形成があり、これらが重要な感染源となっていた。図5-22では、大きな胸膜下壊死片（図中のA）が広範な胸膜炎病変部位（図中のB）の左側にみられる。これらの感染物質は、臨床的には正常なキャリア牛から飛沫として飛散することがある。すなわち、肺に損傷があったとしても、明らかな臨床症状が示されるとは限らない。

### 類症鑑別

臨床症状、補体結合試験（CFT）、剖検により容易に鑑別できる。急性パスツレラ症（図5-9～図5-11）が最も類似的な症状を示す。

### 対処

CBPPは、殺処分の義務化政策により、北米、ヨーロッパ（イベリア半島およびバルカン諸国の一部を除く）、オーストラリアでは根絶している。しかし、感染牛の一部がキャリアとなることや現在使用できるワクチンの有効性があまり高くないことから、この伝染病の根絶は容易ではない。ほとんどの国において、CBPPが発生したら、その国の動物衛生管理機関に通知される体制が敷かれているはずである。CBPPの流行地域では治療法が限られているが、感染牛の他の場所への隔離や血液検査、弱毒化ワクチンの予防接種によって伝染病の拡散を抑制できる。

## 結核　Tuberculosis

### 病因と病理発生

牛結核は、*Mycobacterium bovis* が原因で発症し、主に感染した牛乳を経由してヒトへ感染する。この結核によって罹患する牛の臓器には、肺、消化管、乳房がある。

### 症状

結核の症例のほとんどは、臨床症状がみられる前に病気が特定され、罹患した牛は淘汰される。呼吸器結核の進行症例では、慢性的な湿性の発咳が続き、その後、呼吸困難に陥り、聴診時に異常音が認められるようになる。続いて、リンパ節腫脹、進行性の削痩、嗜眠の症状が現れる。肺の病変部には、橙黄色の膿が含まれている部分があり、これらが乾酪化することも少なくない（図5-23）。この肺では多数の小結節が観察され、チーズ様の内容物をみやすくするために切開した部分もみえる。図中で手袋をはめた手が保持しているのは所属リンパ節である。「ブドウ様」の茶色の塊が胸膜に付着することもある（図5-24）。症例によっては、肉眼的な肉芽腫性小結節が腸粘膜下に形成される（図5-25）。

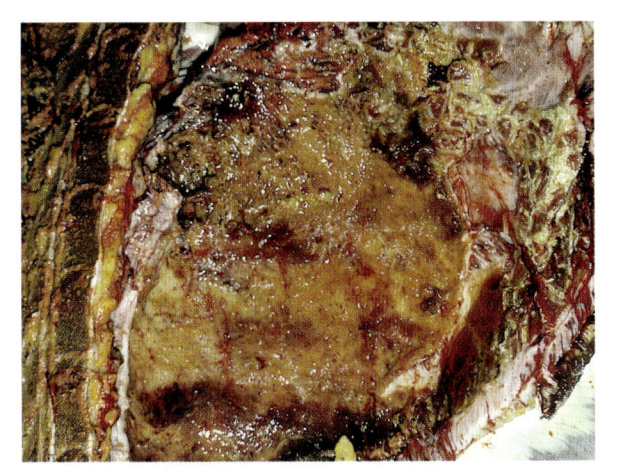

図5-20　牛肺疫（CBPP）による重度の胸膜炎と線維素性壊死性肺炎

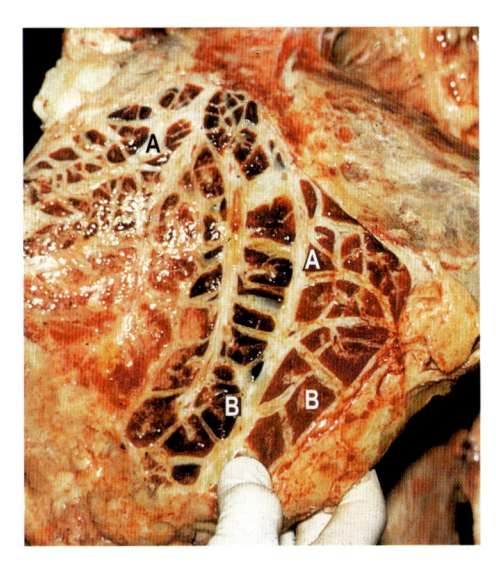

図5-21　CBPPによって大理石様の紋様を形成した肺

生存個体の50％がキャリアとなることがある。剖検では、重度の漿液線維素性胸膜炎（図5-20）と線維素性壊死性肺炎が認められることが特徴である。図5-21で留意すべきは、線維素性滲出液によって肺小葉間中隔（図中のA）が極度に腫脹し、大理石様の紋様を形成していることである。肺の暗赤色に変色してい

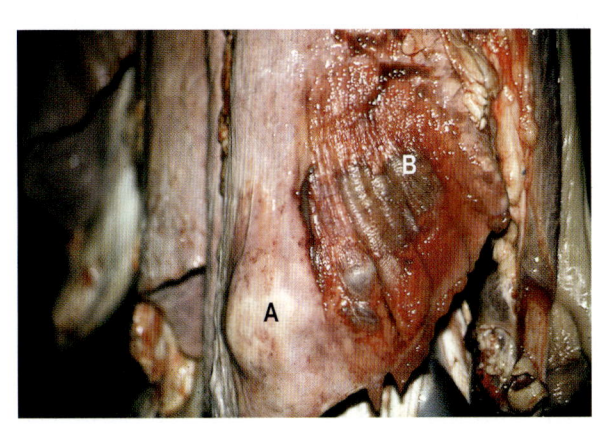

図5-22　CBPP：(A)胸膜下壊死片と(B)胸膜炎部位

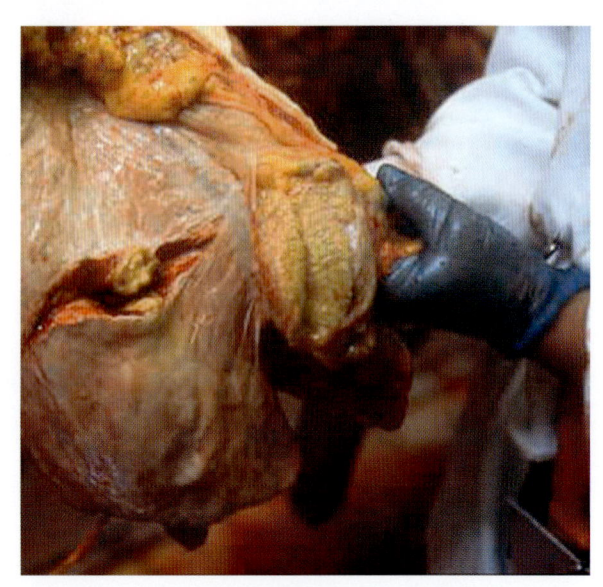

図5-23　チーズ様の粒が観察されるリンパ節結核

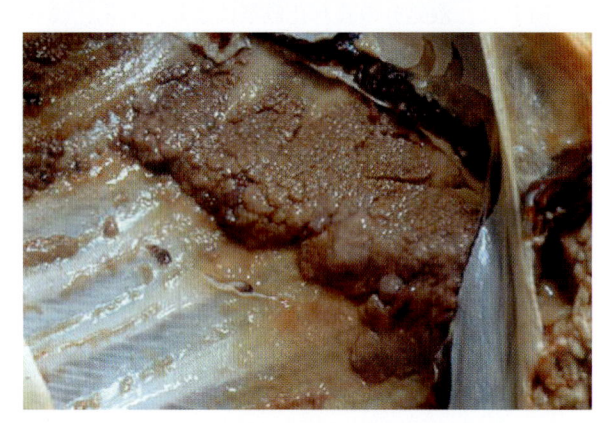

図5-24　結核による胸膜に付着した「ブドウ様」の塊

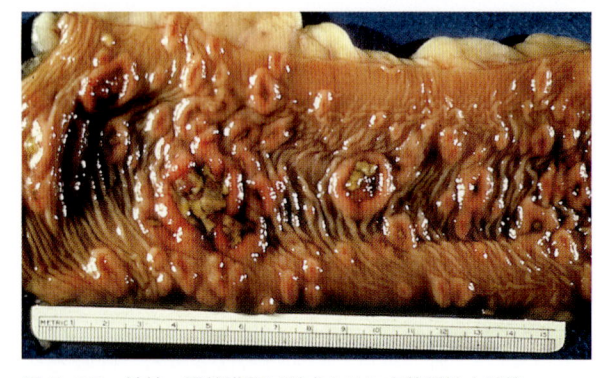

図5-25　結核：腸粘膜下に形成された肉芽腫性小結節

**診断検査**

ツベルクリン皮膚検査、およびELISA法による血清学的検査。

**対処**

現在、結核は多くの国で広く撲滅されたものの、アフリカ、インド亜大陸、極東の一部では、牛から感染した結核が今もヒトに深刻な健康被害を与えている。これらの国々では、感染が慢性的にゆっくりと拡大する傾向があることから、早期に臨床診断を下すことが難しい。診断検査や殺処分政策の実施が困難な地域では、代替手段として、定期的検査(3カ月ごと)や反応陽性個体の隔離などを実施することもできる。一部の国では、野生の結核菌保有動物(例えば、英国ではアナグマ、ニュージーランドではフクロネズミ)が、この疾病の撲滅達成をいちじるしく遅らせている原因となっている。

### 肺虫症(寄生虫性気管支炎)　Lungworm infection (verminous bronchitis, "husk", "hoose")

**病態**

*Dictyocaulus viviparus* によって発症する下部気道感染症。

**病理発生と症状**

牛肺虫症は、最初の放牧期に感染幼虫を摂食した幼牛が罹患する疾病で、気管支炎やパスツレラ症を引き起こす。この疾病は主に、ヨーロッパ北西部の温帯地域で問題となっている。臨床症状が現れるのは、一般的に晩夏から秋にかけてである。感染初期(発症前)には、多呼吸、部分的な食欲不振、顕著な体重減少がみられる。感染が進行すると、気管支内に寄生する *D. viviparus* によって炎症が悪化するため、持続的な発咳が強くなり(husk)、子牛は頭頸部を伸展させた姿勢で立つようになる(図5-26)。感染末期の特徴的所見は、慢性の非化膿性好酸球性肉芽腫性肺炎で、主に肺の後葉が侵される。罹患した牛は体重減少が深刻であり、臨床的に回復した症例においても体重増加はよくない。重症例の剖検像(図5-27)には、おびただしい数の成熟幼虫が気管支と細気管支内に観察される。再感染は成牛に起こり(通常は秋季に乳牛にみられることが多い)、広範な好酸球性気管支炎を示す。成乳牛が原発性に感染することもあり、罹患すると体重減少が顕著である。

**診断**

幼虫は罹患牛の糞便や、進行症例では口や鼻の粘液から確認できる。血清学的検査は感染を確定するが、疫学的調査と臨床症状がしばしば特徴的となる。

**対処**

罹患牛には適切な駆虫剤を与え、舎飼いにするか、あるいは衛生的な牧草地に移動させる必要がある。感染源となった牧草地には翌年の夏まで幼虫が残っている可能性がある。体重の減少分は飼料を改善することで補う。駆虫剤を用いた戦略的な治療方法(丸剤または反復投与)は、その時点では肺虫の抑制に有効だが、長期的な予防効果はない。最適な予防法は、放射線照射した幼虫ワクチンを経口投与(子牛の初放牧の6週間前と4週間前の2回)する方法である。その後、放牧地で野生の幼虫と接することで子牛の免疫力

図 5-26　肺虫症：咳をする子牛

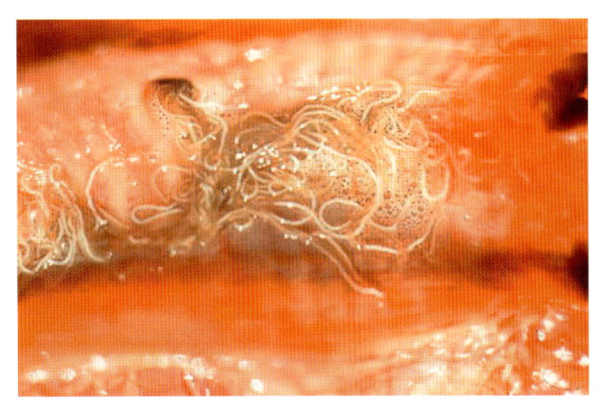

図 5-27　気管支内で成熟中の肺虫の幼虫

は高まるが、同時に駆虫剤治療を併用すると免疫力が低下する可能性があるので、慎重に計画する必要がある。

## 非感染症　Noninfectious disorders

### 非定型間質性肺炎(牛肺気腫、牛伝染性腺腫症、フォッグフィーバー、喘ぎ症)
Atypical interstitial pneumonia (bovine pulmonary emphysema, enzootic bovine adenomatosis, "fog fever", "panters")

#### 病態
　急性の過敏性またはアレルギー性呼吸器疾患症候群は、一般的には成牛にみられることが多く、肺水腫、肺うっ血、間質性肺気腫、肺胞病変を引き起こす原因となる。

#### 病理発生
　この疾病は、体重の重い肉牛の成牛群に起こることが圧倒的に多く、それより発症率は下がるが乳牛にもみられる。一般的には、秋に牧草地の青草を食べてから5〜10日後に発症することが多いが、春に発生することも少なくない。症例の中には、肥料の窒素含有量の増加が関与しているものもある。秋の青草には、アミノ酸やD,L-トリプトファンが多く含まれ、これらの物質がこのタイプの肺炎の主要原因と考えられている。実際には、毒性物質として作用するのは、D,L-トリプトファンが代謝によって第一胃内で生産する3-メチルインドールである。

#### 症状
　泡沫性流涎と開口呼吸を伴う、重度の呼吸困難がみられる(図5-28)。この症状が起きると、牧草地からの移動などの適度な運動でも重度の呼吸困難を示し、極度の衰弱や死に至ることもある。一部の症例では、鬐甲部から背線に沿って皮下気腫が認められる。急性例の肺(図5-29)は重く、崩壊に陥り、広範囲に肺水腫と肺気腫(図中のA)がみられ、そのうちの一部は大きな水疱を形成することもある。

#### 類症鑑別
　パスツレラ症(図5-9〜図5-11)、有機リン中毒(図13-26)。

#### 対処
　発症原因と思われる牧草地が特定でき次第、牛を近づけないようにするとともに、呼吸困難の症状が現れないように最大限注意をはらう。それでも新たな発症例が出ることもある。非ステロイド系抗炎症薬(NSAID)は治療薬として有効であり、利尿薬と予防的抗生物質の両方を投与することもある。食餌は徐々に青草に戻すことで管理する。モネンシンまたはラサロシドを予防的に餌に添加すると有効なこともある。

### 誤嚥性肺炎(吸引性肺炎)
Aspiration pneumonia (inhalation pneumonia)

#### 病因と病理発生
　投薬時の異物、あるいは第一胃鼓脹症や時には全身麻酔の後の胃内容の誤嚥が、肺壊死を伴う重度でしば

図 5-28　非定型間質性肺炎に罹患した雌牛(ヘレフォード)

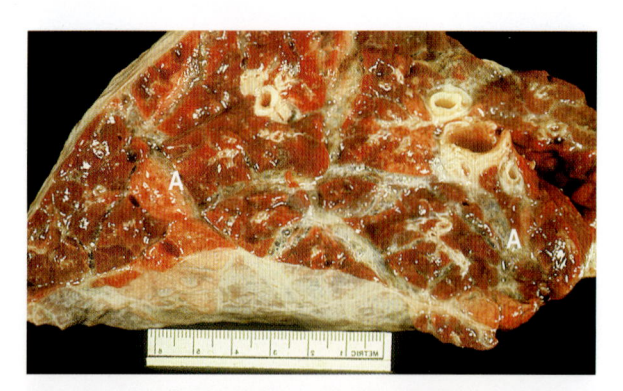

図 5-29　非定型間質性肺炎：肺水腫と肺気腫（A）を伴う急性例の肺（米国）

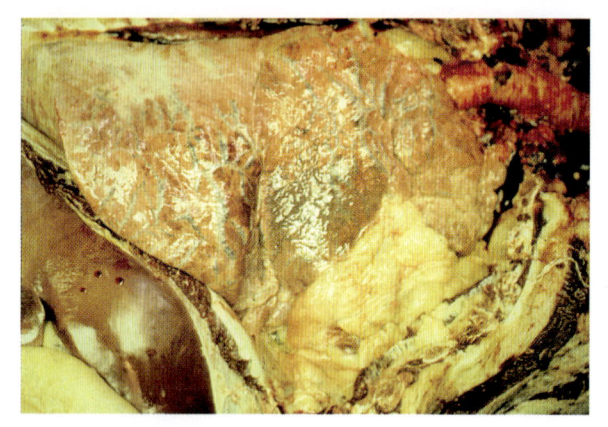

図 5-30　誤嚥性肺炎：鉱物油の表面付着と肺水腫と肺気腫の発症がみられる右肺（米国）

しば致死性の肺炎を生じることが多い。誘因には、異常な頭部の姿勢、もがき、吼え鳴き、口蓋裂（新生子牛）、咽頭部の膿瘍や腫瘍がある。

　肺の前腹側部に肺炎が起きることがほとんどである。図5-30は、60時間前に誤って鉱物油（流動パラフィン）を誤嚥したホルスタイン牛の右胸壁を取り除いた様子を示している。破れた水疱から油が漏れ出したため、肺を覆う胸膜の表面は全体的に油でべとべとしている。肺小葉間に重度の肺水腫と肺気腫が認められる。罹患した小葉には、うっ血と初期の壊死もみられた。異物の誤嚥（薬液や第一胃液）は48〜72時間以内に死に至ることがしばしばある。

### 対処
　誤嚥が発生した場合には、牛を静かに保ち、非ステロイド系抗炎症薬（NSAID）や予防的に広域性抗生物質を投与する。どの症例でも予後不良である。

## 肺血栓塞栓症（後大静脈血栓症：PTE-CVC）
Pulmonary thromboembolism
(caudal vena caval thrombosis)

### 病理発生
　PTE-CVCはどの年齢の牛でも罹患する。PTE-CVC症候群の症状は劇的に変化し、その病因も複雑である。肝膿瘍に続いて発症することもあるが、この原因は臍感染症や第一胃炎であることが多く、初期の肺疾患から誘発されることもある。一部の症例では、限局性の後大静脈血栓症に進展する（図5-31）。止血鉗子が押さえているのが、後大静脈の壁面である。敗血性塞栓症の誘因には、菌血症や敗血症（図5-32）の発症後の菌の肺への侵入や、原発性呼吸器感染症などが挙げられる。敗血性塞栓症は他の臓器に広がり、腎梗塞（図5-33）を発症することも多い。腎皮質の色の暗い部分（図中のA）が新しい梗塞部で、色の明るい部分（図中のB）が古い部分である。肺動脈病変は、血栓塞栓症、動脈瘤形成、重度の気管支内出血、喀血、貧血、飲み込んだ血液の下血を招くことがある。PTE-CVCによって最終的に致死的な喀血を来した牛は、鼻口部に泡沫状の動脈血がみられ、敷きワラに大量に喀血した（図5-34）。

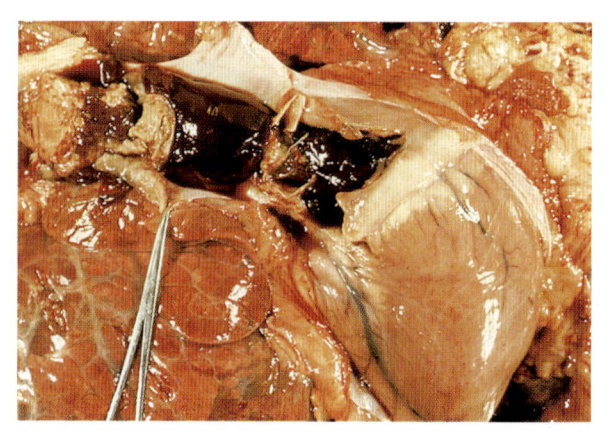

図 5-31　肺血栓塞栓症にみられる限局性の後大静脈血栓症（カナダ）

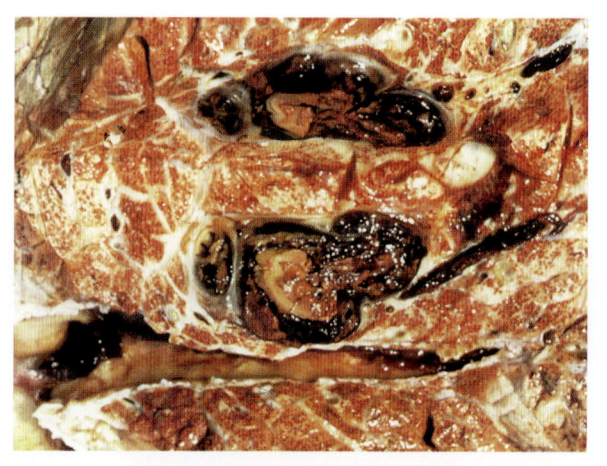

図 5-32　敗血性塞栓症を示す肺血栓塞栓症（PTE-CVC）

## 対処

食餌制限は、第一胃炎とアシドーシスの進行予防に役立つ。呼吸器疾患やその他の細菌感染の防止が必要である。急性例では効果的な治療法はないが、軽度の鼻出血や発熱ならば、抗生物質治療で対処できることもある。

## 胸垂病（高所病、高山病） Brisket disease (altitude sickness, high mountain disease)

### 病理発生と症状

胸垂病は、高地（通常は海抜2,200 m以上）でのうっ血性心不全に起因する疾病である。このような高地では、心予備力の許容量よりも循環器系または呼吸器系の機能低下が上回り、慢性的な低酸素状態を招く。感受性の個体差は大きいが、性別や年齢（ただし、1歳齢以下が圧倒的多数を占める）、あるいは品種を問わず、どの牛にも罹患する可能性がある。ロコ草を食べる牛に有病率が高いが、原因は不明である。米国コロラド州のヘレフォード未経産牛（図5-35）は、明らかな下顎部と胸骨前部の浮腫、沈うつ、脱水症状を示している。

### 類症鑑別

他の原因によるうっ血性心不全。

### 対処

注意深く高度の低い土地へ移動する、ロコ草を避ける。

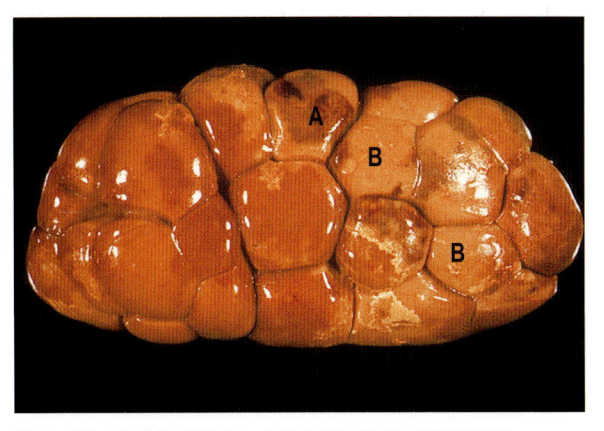

図5-33 敗血性塞栓症によるPTC-CVCの腎梗塞部（A：新しい梗塞部　B：古い梗塞部）（カナダ）

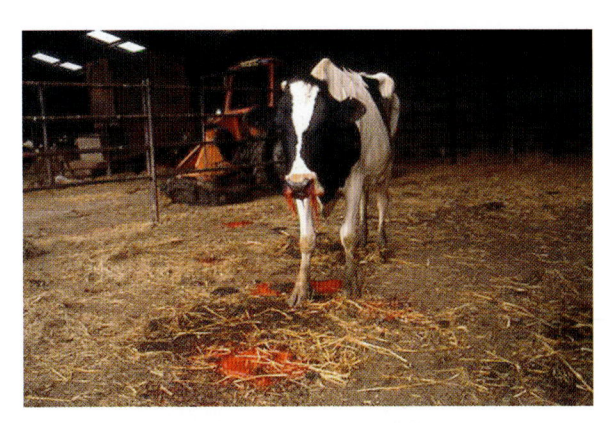

図5-34 肺血栓塞栓症による致死的な喀血

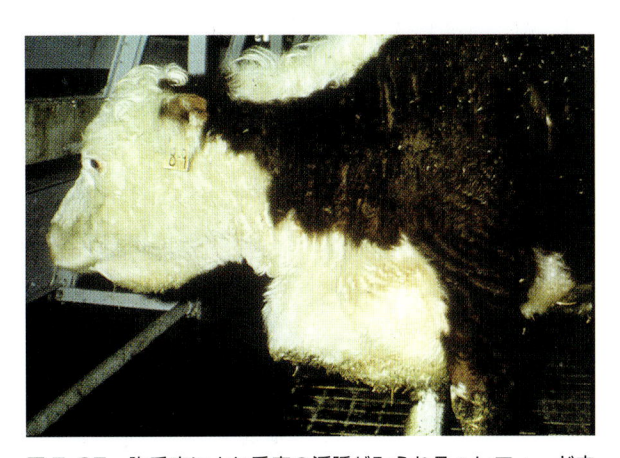

図5-35 胸垂病により重度の浮腫がみられるヘレフォード未経産牛（米国コロラド州）

# 第6章

# 循環器疾患 Cardiovascular disorders

はじめに・・・・・・・・・・・・・・・・・・・・・・・・・・・・・・・・・・・ 97
　うっ血性心不全・・・・・・・・・・・・・・・・・・・・・・・・・・・ 97
増殖性または結節性心内膜炎・・・・・・・・・・・・・・・・ 98
敗血性心膜炎および心筋炎・・・・・・・・・・・・・・・・・・ 98

## はじめに

　本章のページ数は少ないが、これは循環器疾患が珍しい病気だからではなく、他の章に多く紹介されているからである。心疾患は基本的に3つのグループに分けられ、病態の大部分がこのいずれかに含まれる。第1グループのうっ血性心不全は、弁膜症（図6-4）、心筋症または心膜疾患（図6-5〜図6-8）、高血圧、あるいはシャントを生じる先天異常が原因となって引き起こされる。第2グループの急性心不全は、うっ血性心不全よりも発症頻度は低い。急性心不全を誘発する頻脈性不整脈は、栄養欠乏性ミオパシー（例えば、銅やセレンの不足）、電殺または落雷（神経疾患の章に分類。図9-41〜図9-44）、あるいは Solanum、Trisetum、Lantana種の植物中毒による徐脈（これらの植物はすべて、心筋の病変を生じさせる。図13-13〜図13-16）の結果として発現する。第3グループである末梢循環障害は、血管拡張や、敗血性ショック（例えば、急性壊疽性乳房炎や急性子宮炎）にみられる循環血液量の減少、あるいは甚急性大腸菌性乳房炎（図11-4〜図11-9）による内毒素性ショックによって引き起こされることがある。また末梢循環障害は、激しい出血（図5-34）や新生子牛の下痢（図2-16〜図2-24）の結果として発現した血液原性の疾患に起因することもある。

### うっ血性心不全　Congestive cardiac failure

**病態と病理発生**

　うっ血性心不全では心筋収縮能が低下し、左心室の機能不全が起こった場合には心拍出量の減少と肺水腫を生じる。または、循環障害によって静脈還流が妨げられる場合には、右心室側のうっ血性心不全に腹水や圧痕浮腫がみられる。

**症状**

　肺に適量の血液を送り出す右心室の機能が低下すると、図6-1のフリーシアン牛にみられるような頸静

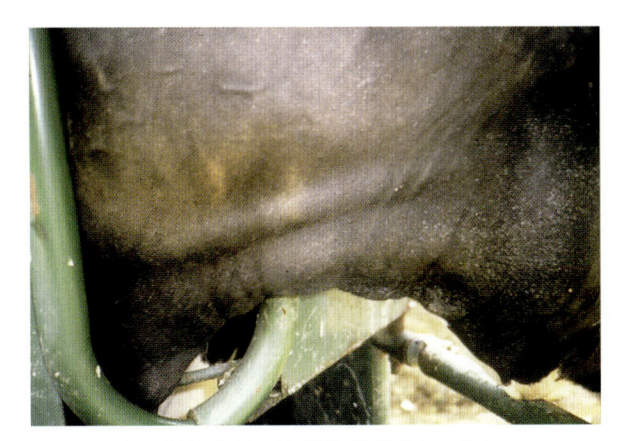

図6-1　うっ血性心不全：頸静脈怒張がみられる牛（フリーシアン）

脈怒張（太い縄状に怒張した頸静脈）がはっきりと現れることがある。この牛は、動きの鈍さや発熱の症状の他に、受動性静脈うっ血による慢性の発咳も観察された。静脈血の還流機能が低下したリムーザン雑雄牛（図6-2）は、下顎部、胸骨前部と下腹部、および包皮部に随伴性の浮腫が進行していた。

図6-2　うっ血性心不全により、広範囲に浮腫が認められる雄牛（リムーザン雑）

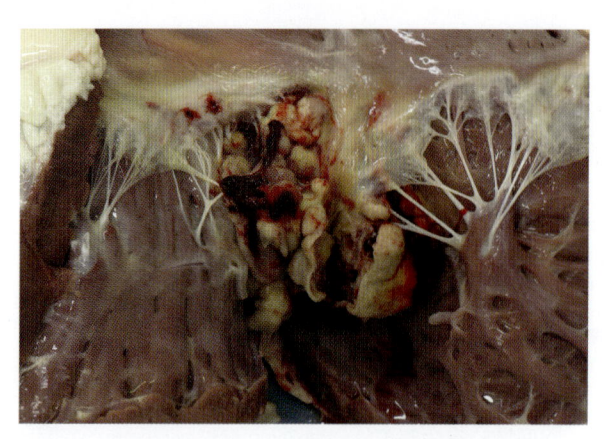

図6-3　増殖性心内膜炎：右房室弁を囲む増殖性の腫瘤

### 類症鑑別

循環障害に起因する腹部の浮腫は、乳牛に普通にみられる分娩前後の一時的な乳房の浮腫（図11-55）、および皮下浮腫（図3-1、図3-2）と区別する必要がある。

### 対処

利尿薬（フロセミドあるいはクロロチアジド）などの対症療法薬を使うことが多い。原発の原因の特定を試みる。ほとんどの症例は淘汰される。

## 増殖性または結節性心内膜炎
## Vegetative or nodular endocarditis

### 病理発生と症状

うっ血性心不全のもう1つの原因である牛の心内膜炎は、関節や臍などの遠位感染巣に起因する敗血症や慢性菌血症が関係していることがある。特徴的な症状には、体重減少、乳量減少、運動不耐性、随伴性浮腫、頻脈、心雑音がある。あるいは、成牛の場合には無症状のまま徐々に病変が進行し、細菌感染（心内膜症）の明確な症状を示さないこともある。細菌性心内膜炎では、三尖弁（右房室間）と僧帽弁（左房室間）が罹患することが多い。

腐蹄症の既往歴があり、急速に右心不全を発症したフリーシアン牛には、下顎部と腹部に明らかな浮腫がみられる。心臓の断面には、右房室弁の増殖性心内膜炎による重度の病変が示されている（図6-3）。

図6-4のガーンジー牛（図3-68も参照）は、左側の腹皮下静脈（乳静脈）を囲む大きな膿瘍を形成し、これが原因で重度の弁膜性心内膜炎を発症して死亡した。これとは対照的に、正中線にできたゆるく下垂した塊（図3-69）は巨大な線維腫であり、乳静脈からはうまく分離されている。幼若子牛では目立った弁の小結節を生じることがあり、ここから *Mannheimia haemolytica* 血清型1型やα溶血性連鎖球菌が分離されることもある。このことから、最初の侵入経路は呼吸器系であると考えられる。また、ストレスの多い乳牛群に組み込まれた未経産牛からは、*S. uberis* などの環境性連鎖球菌が分離される症例が多数報告されている。

### 対処

発症初期であれば、病変の進行を止めるのに抗生物質治療が有効であると考えられており、罹患牛は弁からの血液の漏れにうまく適合できるようになる。予防手段としては、子牛期の呼吸器疾患の防止、初産牛の乳牛群への組み入れの改善、感染病巣のリスク減少が挙げられる。

## 敗血性心膜炎および心筋炎
## Septic pericarditis and myocarditis

### 病理発生

外傷性第二胃腹膜炎に続いて発症することが多く、それより頻度は少ないが血行性の拡散により発症することもある。

### 症状

敗血性心膜炎は通常、第二胃に入り込んだワイヤーなどが横隔膜を突き破って心膜まで貫通した結果として発症する（p.70「外傷性第二胃炎」を参照）。収縮能の低下により、うっ血性心不全を示す。図6-5のシャロレー雄牛の症例では、（スクランブルエッグ様の）大量の黄色の膿が心膜に広がっている。膿の下の心膜表面（図中のA）は肥厚し、心外膜の一部が線維化している。心膜の壁の厚さは胸骨（図中のB）の深さから判断することができる。図6-6は敗血性心膜炎の別の症例であり、器質化された膿状の滲出物が心外膜表面と心膜に付着している。

心不全は、異物（ワイヤー、図中のA）が心筋そのものに混入したことによって発症することもある（図6-7）。外傷性第二胃炎に起因する敗血性心膜炎では、発症後に腹部に浮腫を生じることがしばしばある。

感染が第二胃から横隔膜を通って心膜や心臓に達した形跡のない別の症例（図6-8）では、血行性感染によって致死的な心筋膿瘍がもたらされた可能性があ

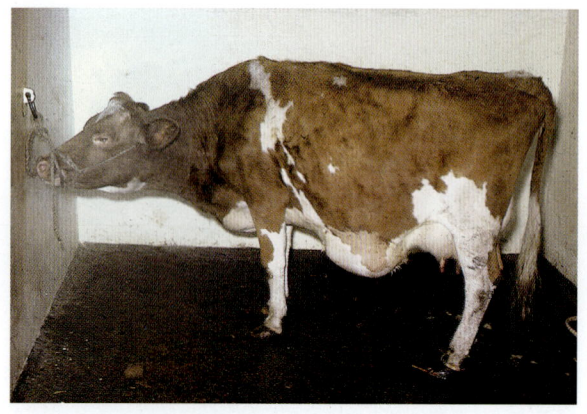

図6-4　左側の腹皮下静脈に形成された大きな膿瘍

循環器疾患　99

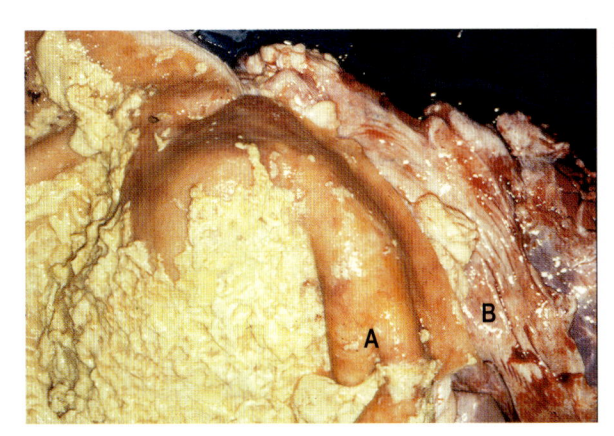

図6-5　(A)線維化した心外膜と(B)胸骨がみられる雄牛の敗血性心膜炎(シャロレー)

図6-6　敗血性心膜炎

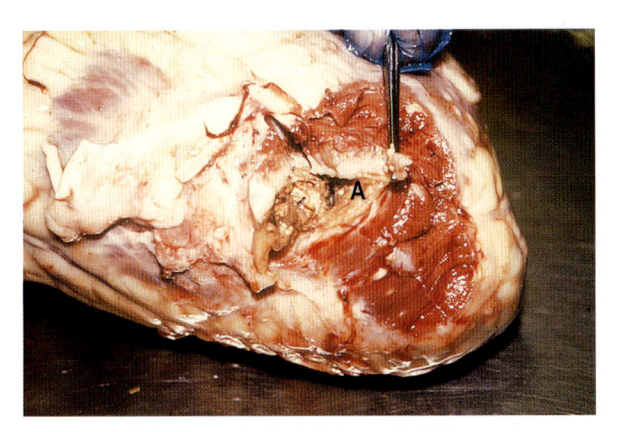

図6-7　異物(ワイヤー)が埋め込まれた心筋炎

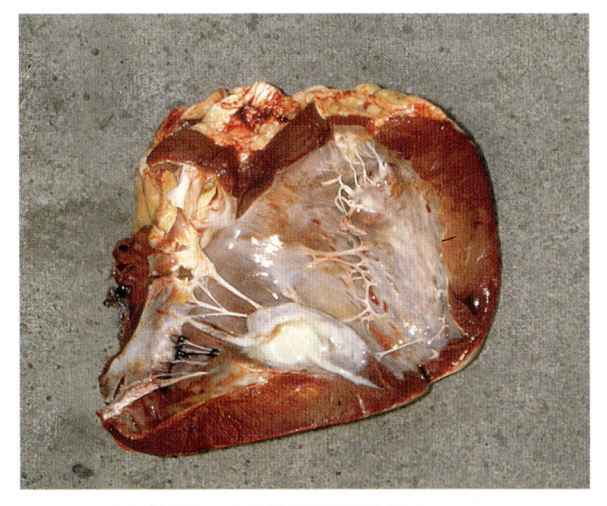

図6-8　血行性経路による致死的な心筋膿瘍

る。この牛(図6-8)の原発病巣は脚部の敗血性関節炎だったが、乳頭筋と心筋に膿瘍(開かれている)を形成していた。

　タイヤワイヤーが第二胃から貫通したことにより、心膜内に大量の血液が急速に貯留して心タンポナーゼを起こした症例(図4-68)では、この牛のように突然死あるいはうっ血性心不全のいずれかに至る。

### 対処
個々の症例の治療が成功することはほとんどない。

### 予防
「外傷性第二胃炎」(p.70)を参照のこと。

# 第7章

# 運動器疾患 Locomotor disorders

## 下肢と蹄 Lower limb and digit

| | |
|---|---|
| はじめに | 101 |
| 蹄底および軸側蹄壁の疾患 | 102 |
| 　白帯病 | 102 |
| 　軸側蹄壁の亀裂と穿孔 | 104 |
| 　蹄底の過成長 | 104 |
| 　蹄底潰瘍(Rusterholz潰瘍) | 105 |
| 　蹄踵潰瘍 | 106 |
| 　蹄尖潰瘍 | 107 |
| 　蹄尖壊死(末節骨の骨髄炎) | 108 |
| 　蹄底の異物穿孔 | 108 |
| 　二重蹄底 | 109 |
| 　縦裂蹄 | 110 |
| 　横裂蹄 | 110 |
| 　コルク栓抜き蹄 | 111 |
| 　鋏状蹄 | 111 |
| 趾蹄疾患の合併症 | 112 |
| 　蹄冠帯膿瘍 | 112 |
| 　蹄踵膿瘍(後関節膿瘍、敗血性舟嚢炎) | 112 |
| 　深屈筋腱断裂 | 113 |
| 　敗血性末節骨関節炎(遠位趾間敗血症) | 113 |
| 趾の皮膚と蹄踵の疾患 | 114 |
| 　趾間壊死桿菌症(趾間フレグモーネ、股腐れ、趾間腐爛) | 114 |
| 　趾間皮膚過形成(線維腫、タコ) | 116 |
| 　趾皮膚炎(毛状いぼ、Mortellaro病) | 117 |
| 　ホルマリンによる皮膚やけど | 119 |
| 　趾間皮膚炎 | 119 |
| 　沼地熱 | 119 |
| 　蹄球びらん(スラリーヒール) | 120 |
| 　趾間の異物 | 120 |
| 　末節骨骨折 | 120 |
| 　蹄葉炎 | 121 |
| 　急性真皮炎、蹄葉炎、蹄底出血 | 121 |
| 　慢性真皮炎、蹄葉炎 | 122 |

## はじめに

　乳牛では、全跛行障害の原因の約80％は蹄にあり、特に後蹄のどちらか一方が侵されることが多く、症例の大多数は後外蹄に発症する。また、跛行は家畜福祉の観点からも重要な意味を持つばかりでなく、経済的損失の主要原因にもなる。罹患牛には急速な体重減少や泌乳量の低下がみられ、また長期化する症例では、生殖能力に影響が及ぶこともある。さらに、跛行による淘汰牛の増加や、蹄の治療や予防的削蹄にかなりの経費がかかるという問題もある。跛行に伴って重度の疼痛があることは、背中の彎曲、増加した体重を支えるために開き気味に前方に突き出した前肢、疼痛のある左後肢に負重がかからないように体の重心を前方に移動して頭部を低く下げる姿勢から確認できる(図7-1)。正確な数字は引用できないが、乳牛に比べて肉牛の方が跛行の発生率は低く、経済的影響もそれほど大きくない。跛行の発生にはさまざまな病因が関係しており、特に硬く弾力性のない通路や床面での長時間の立位、牛の移動時の手荒な扱い、腐食性のある汚泥への蹄の長期的な湿潤、分娩時の角質の成長鈍化、アシドーシスを誘発する高濃厚飼料／低繊維飼料

**図7-1　跛行牛**

の給餌などがその要因となる。これらの要因はすべて、蹄葉炎／真皮炎を促進させることがあり、その結果、角質の発育異常や蹄の磨耗、蹄底角質の軟化、末節骨の蹄内への下垂、白帯の脆弱化と広幅化を招き、蹄跛行を誘発しやすくする。

　本章では、牛の一般的な蹄病である、白帯膿瘍、蹄底潰瘍、趾間壊死桿菌症、趾間皮膚過形成、趾皮膚炎について説明する。これらの初期症状の合併症によって蹄深部への感染が起こることもある。舟嚢まで感染

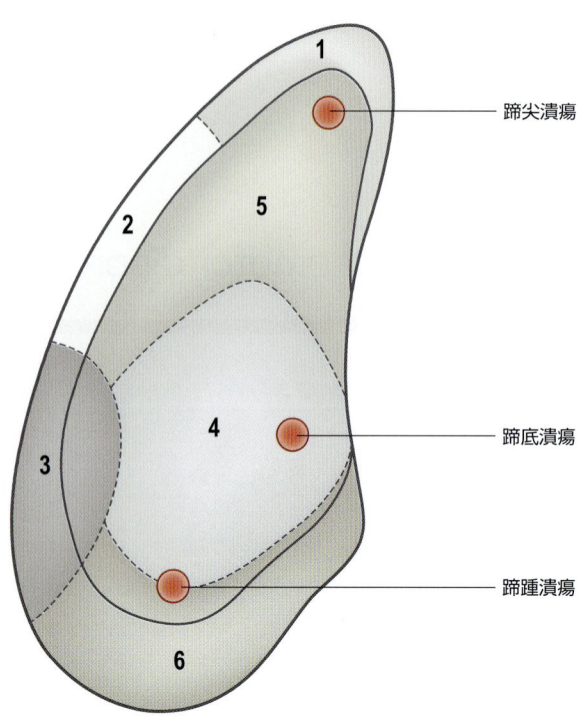

図7-2 蹄のゾーン区分
- 蹄尖潰瘍
- 蹄底潰瘍
- 蹄踵潰瘍

図7-3 右外蹄の白帯病

する症例が多く、最終的には蹄の関節（遠位趾節間）に達して屈筋腱断裂や蹄冠帯膿瘍を生じる。本章の終わりでは、蹄葉炎／真皮炎を取り上げる。口蹄疫（図12-7）などの全身性疾患に起因する蹄病は、関連する章にそれぞれ記載されている。図7-2は、International Ruminant Lameness Symposium（国際反芻動物跛行シンポジウム）が定義した蹄のゾーン区分であり、本章の各項ではこの名称を使用している。

## 蹄底および軸側蹄壁の疾患
Disorders of the sole and axial wall

### 白帯病　White line disorders

#### 病態
　白帯は蹄底角質と蹄壁とを接合するセメント質の部分である（図7-2中の1と2のゾーン）。この部分の角質は管状構造を持たないため、蹄壁や蹄底をつくる管状の角質に比べるとかなり脆弱である。真皮病変の発症原因は、白帯のセメント質につくられた欠損部から蹄底と蹄壁が分離し、そこに小石や破片、汚物が入り込むことで感染しやすくなることにある。特に小石はくさびとして働き、蹄底からさらに蹄壁を引き離す。感染が真皮まで達すると、膿がつくられ、その部分が圧迫されると痛みを感じて跛行に至る。真皮内部での無菌性炎症に起因すると思われる症例もある。

#### 症状
　白帯病の初期症例では、白帯のセメント質に（血清による）黄変、あるいは（出血による）発赤が認められ

る。図7-3には、右（外側）蹄のゾーン2に白帯の出血、蹄底潰瘍部位（左蹄のゾーン4）に出血、蹄の両方共に黄変部が示されている。さらに進行した症例（図7-4）では、白帯の欠損部に生じた亀裂に小石や破片などが入り込んでおり、これらがくさびとして働き、白帯の分離をさらに押し広げている。真皮まで感染が達すると、蹄底を横断して、あるいは図7-5のように近位の蹄壁薄層沿いのいずれかの経路をたどって蹄冠帯に達し、滲出物が排出される。後外蹄の反軸側の白帯に病変が生じることが最も多く、特にゾーン3か

図7-4 異物が貫入した白帯病の蹄の亀裂

運動器疾患　103

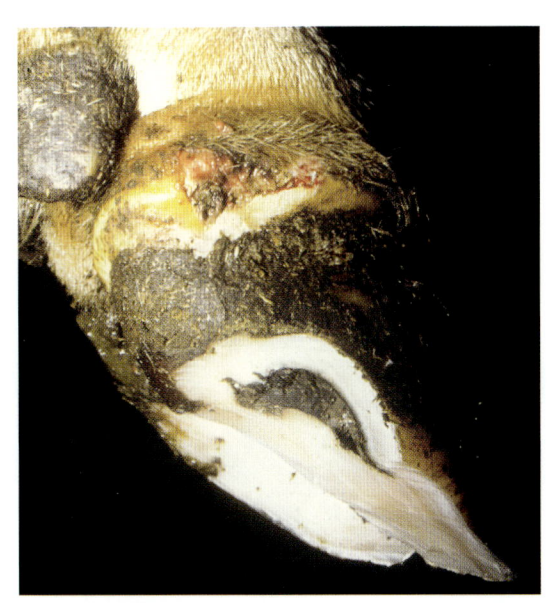

図 7-5　白帯病の上行により蹄冠帯から排出された膿性排出物

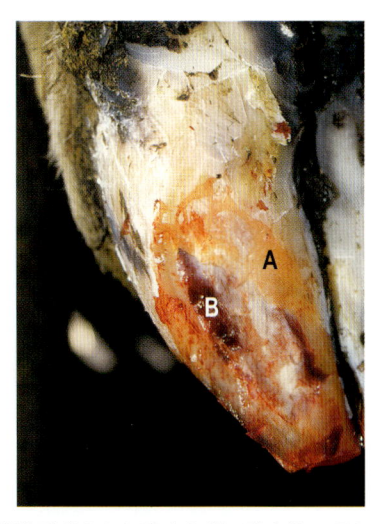

図 7-7　坑道形成された蹄底角質の除去後に現れた新生角質（A）と B 部の出血部位（図 7-6 と比較）

ら蹄踵部にかけては、運動時に硬い蹄壁と柔軟な蹄踵部の間にある帯に機械的ストレスがかかることから罹患しやすい。

　白帯膿瘍は、感染の初期侵入部位と感染の拡大方向によって、さまざまな病変がみられる。図 7-6 に示した左蹄では、蹄尖近くの白帯の感染侵入部から薄灰色の膿が滲出している。膿は蹄底の下に流れ込んで、真皮下層と角質とを分離させており、著しい跛行がみられた。図 7-7 では、坑道形成された蹄底を取り除くと、新しい蹄底角質が現れ、蹄底の中央部に形成された乳白色の組織層（図中の A）は、削蹄した角質の周辺との境が明らかであった。白帯の出血部位（図中の B）は感染の初期侵入部位である。治療を行わないと、感染の侵入はさらに深部に達する。図 7-8 の別の蹄底の所見では、真皮への感染侵入によって末節骨（図中の A）の先端部が露出している。この症例の牛は重度の跛行を示したが、最終的には完治した。図 7-9 では、白帯の病変は蹄底の真皮層に沿って上行して真皮乳頭層に達し、蹄冠帯に排出物がみられる。坑道形成された蹄壁を除去すると、褐色の壊死線が現れ、ここから排膿が可能になった。罹患した蹄を保護するために、木製のブロックを健康な側の蹄に接着させた。この牛は 3 週間以内で正常に歩行できるようになったものの、蹄冠から生成される角質が下方に伸びて損傷した蹄が完全に修復されるのには 12 カ月以上かかった。

**類症鑑別**

　蹄底（異物）穿孔、蹄底挫傷、蹄底潰瘍、末節骨の骨折、蹄壁の垂直亀裂。

**対処**

　白帯病は、主に真皮にできた欠損がセメント質の病変に進行する疾病である。真皮炎の発症にはさまざま

図 7-6　蹄尖近くの白帯から滲出した膿

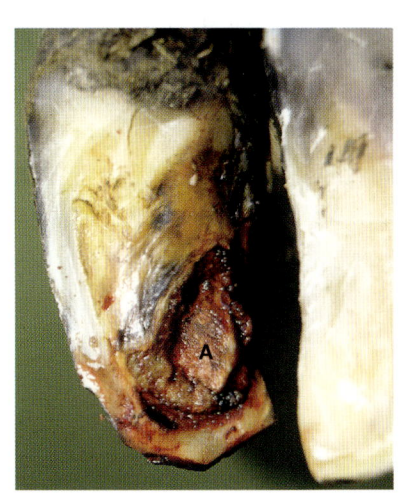

図 7-8　蹄底角質のびらんにより露出した末節骨

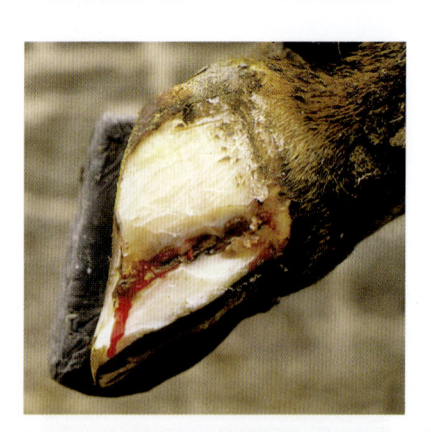

図7-9　上行性の白帯感染による膿を排出するために蹄壁を除去した蹄

図7-10　軸側蹄壁の亀裂

な素因があり、外傷（例えば、ストール内の居住性の悪さによる長時間の立位、あるいは長時間にわたる給餌および搾乳など）、飼料（第一胃アシドーシスによるビオチン合成の減少と白帯のセメント質への病変発生）、および環境などが考えられる。白帯の分離や膿瘍形成の症例が増えているが、これらは粗い小石が散在する凹凸の多い床面や通路を牛が急いで歩かされたことが原因の場合もある。あるいは蹄が長時間濡れた状態にあったために蹄が軟化し、その結果として起こることもある。分娩期には角質の成長抑制と蹄骨の運動増加の両方の要因が重なり、真皮が傷つきやすくなるため、病変化した角質が蹄底の負重面に到達した約2～3カ月後に白帯の病変や蹄底潰瘍の発症が増加する。

### 軸側蹄壁の亀裂と穿孔
Axial wall fissure and penetration

#### 病態
亀裂は白帯の病変の一種であり、軸側蹄壁沿いに趾間裂に向かって上行する。軸側の趾間隙の角質はきわめて薄いため（1～2mm）、異物が穿孔しやすい。

#### 症状
発症頻度の高いこの症例（図7-10）では、白帯に黒い破片が挟まっているのが確認され、隣接する角質の下部に坑道形成がみられることもしばしばある。真皮下層に亀裂が進行し、軸側蹄壁が分離した結果、疼痛を生じ、跛行に至る。この部位に穿孔した異物は、局所的な感染性蹄葉炎（図7-28〔図中のA〕）を発症し、その後、趾間腫脹と壊死を継発する。

#### 類症鑑別
趾間の異物、趾間皮膚炎

#### 対処
どの症例も、坑道形成した角質を除去することで治療する。誘因は白帯病と同様であるが、湿潤環境が特に影響が大きいと考えられている。また趾間の趾皮膚炎も、蹄冠帯から生成される角質に病変を来すことから、これらの症状の原因となることもある。

### 蹄底の過成長　Sole overgrowth

#### 病態
蹄底中央部は、末節骨の屈筋結節の下部にあるゾーン4と呼ばれる位置にあり、この部分には負重がかからない。しかし、蹄底ウェッジ（楔）の成長により、蹄底の主な負重面がゾーン3からゾーン4に移ることは珍しくない。これは特に、コンクリート上での長時間の立位などによって蹄壁が磨耗し、蹄底が負重面になるような症例で起こる。末節骨の屈筋結節の下部にある蹄底真皮に外傷が生じると角質の成長が促進されるが、生成された蹄底角質は軟質であることが多く、出血がみられることもある。これに続いて、このウェッジの下に蹄底潰瘍が発症することもある。

#### 症状
図7-11では、外（左）蹄が内蹄に比べていちじるしく腫大し、この過成長した蹄底角質のウェッジ（図中のA）が主な負重面となって内蹄方向に伸びている。このウェッジにより、罹患牛は蹄底挫傷や蹄底潰瘍を発症しやすくなる（図7-13、図7-34）。図7-12に蹄底の所見を示した。蹄踵の黒い部分は初期のびらんである（図7-67）。前肢の蹄底過成長は内蹄に多くみられる。

#### 対処
蹄底の過成長は、長時間の立位によって発症した真皮炎／蹄葉炎によって起因すると考えられており、特に分娩後6～12週間の初産牛に多くみられる。これは、分娩前まで敷き草のある牛舎内で飼育されていた未経産牛の蹄底は比較的薄いため、分娩後にコンクリート床の牛房に移されたことによって、蹄底に傷が

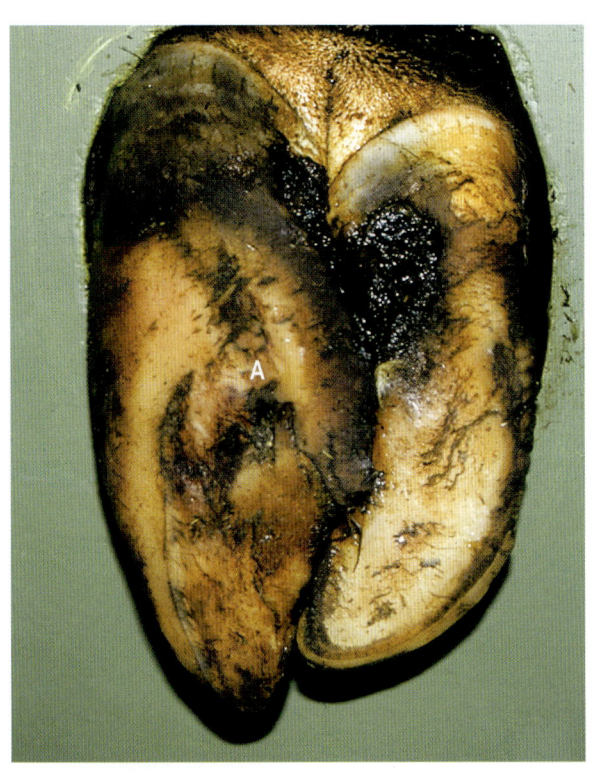

運動器疾患

図7-11 軸側蹄壁と蹄底のウェッジ(A)の著しい過成長を示す、過成長した外蹄蹄底

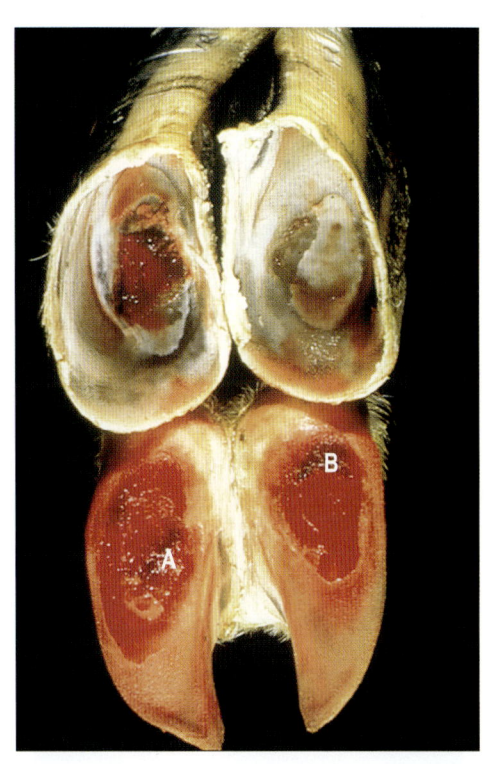

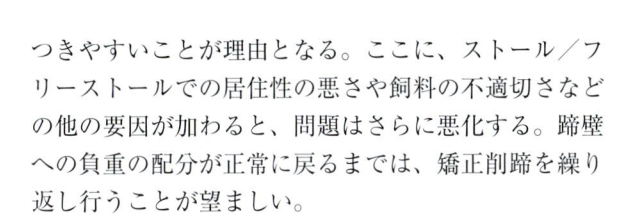

図7-13 蹄切断面にみられる蹄底潰瘍(A)と蹄踵潰瘍(B)の出血部位

つきやすいことが理由となる。ここに、ストール／フリーストールでの居住性の悪さや飼料の不適切さなどの他の要因が加わると、問題はさらに悪化する。蹄壁への負重の配分が正常に戻るまでは、矯正削蹄を繰り返し行うことが望ましい。

## 蹄底潰瘍（Rusterholz潰瘍）
Sole ulcer ("Rusterholz")

### 病態
　蹄底潰瘍は、ゾーン4の角質にできる真皮下層を露出する病変であり、白帯病と同様に、真皮の損傷部位から潰瘍が形成される。蹄踵部と蹄尖部の潰瘍については、次項で説明する。蹄底潰瘍はよくみられる異常であり、末節骨の屈筋結節の下部にあるゾーン4と呼ばれる蹄底部位の軸側に発症することが一般的である。図7-13は、1対の蹄の切断面を示している。左側に示された蹄底の真皮にある重度の出血部位(図中のA)は潰瘍に進展する可能性がある。右側の出血部位(図中のB)は蹄踵潰瘍である。

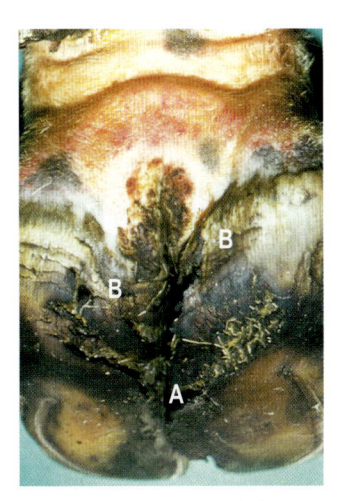

### 症状
　図7-12の蹄（蹄底面）は、蹄壁が蹄底あるいはそれより下部まですり減っており、蹄底角質のウェッジ（図中のA）が右（外側）蹄の軸側から左蹄に向かって伸びている。このウェッジは負重面の主要な部分を占めるようになるが、さらに蹄底真皮にも過度の負重を伝えるため、その結果出血や挫傷を起こし、最終的には角質形成に異常を来す。また、蹄踵部のびらん（図中のB）にも注目する必要がある。別の牛（図7-14）の所見では、これらの蹄底のウェッジを削り取ると、右（外側）蹄に分散した蹄底出血部位があることが明らかになった。それと同じ側の蹄に認められる白帯の発赤は、真皮炎／蹄葉炎の発症を示唆しており、どちらの蹄も過成長していることに注目する。さらに、出血した角質を削って取り除くと、坑道形成された角質と壊死の特徴を示す蹄底潰瘍が現れた（図7-15）。症例によっては、蹄底潰瘍（図7-16）が成長し、肉芽組織が隆起した大きな塊を形成することもある。別の症例の縦断面（図7-17）には、蹄底と蹄踵の接合部にある屈

図7-12 蹄底角質のウェッジを伴う蹄底潰瘍

図7-14　蹄底潰瘍：分散してみられる出血部位

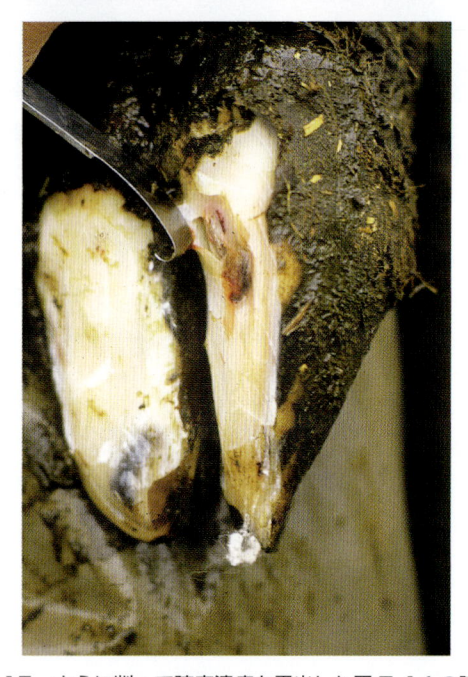

図7-15　さらに削って蹄底潰瘍を露出した図7-14の蹄

図7-16　蹄底潰瘍部にみられる隆起した肉芽組織

図7-17　特異な部位に形成された蹄底潰瘍（縦断面）

筋結節の下部という特異な部位に軽度の慢性潰瘍が認められる。蹄底の角質は穿孔し（図中のA）、炎症性変化は深屈筋腱の付着点まで上行している。蹄踵の角質はわずかに坑道を形成し（図中のB）、蹄尖に蹄葉炎性出血（真皮炎）がみられる（図中のC）。蹄底潰瘍は一般的には後肢の外蹄にみられるが、まれに前肢の内蹄に形成されることもある。重症度は異なるが両後肢の外蹄に同時に発症することも少なくない。真皮への損傷が広範囲に及ぶ場合には、潰瘍の治癒は白帯膿瘍や坑道形成された蹄底（図7-7）よりも長期化する。

### 類症鑑別

蹄底の異物穿孔と膿瘍。

### 対処

真皮炎が主な誘因となるので、白帯病の発症原因の多くも蹄底潰瘍を引き起こすことがある。現在は特に長時間の立位が蹄底潰瘍の発症リスクを高め、また突然の方向転換も白帯病に大きな影響を与えると考えられている。個々の症例の治療には、潰瘍周辺の坑道形成された角質をすべて削り取る、余分な肉芽組織を除去する、および欠損部位の角質新生を促進するために負重を最小限に留める、などの方法がある。これは、罹患した蹄を削蹄して体重の負重を健康な蹄側に移行させるか、健康な蹄に保護具を装着させるなどの方法で実現できる。

## 蹄踵潰瘍　Heel ulcers

### 病態

蹄踵潰瘍は蹄後部の中心にある蹄踵角質と蹄底角質の接合部、つまりゾーン4とゾーン6の境界付近で起こる。図7-13に示された右蹄の切断面の出血部位は蹄踵潰瘍である。蹄尖潰瘍はゾーン5で生じる。

### 症状

図7-18の左蹄の小さな黒い坑道跡（図中のA）は蹄踵潰瘍であり、蹄底角質を尾側に進行している。隣接

運動器疾患    107

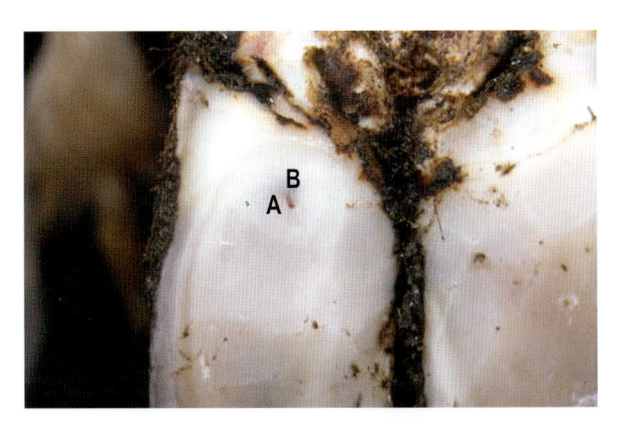

図 7-18　小さな黒い坑道跡によって示される蹄踵潰瘍（A）

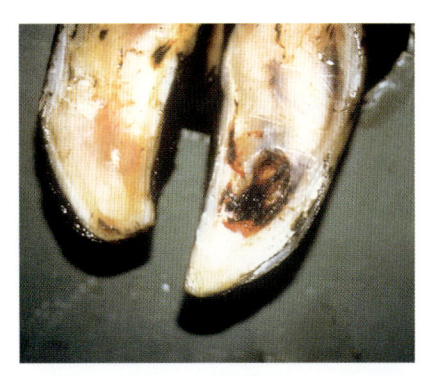

図 7-20　広範な出血を伴う蹄尖潰瘍

するBの暗色の部分は、坑道形成された角質である。被さっている角質層を取り除くと小さな病変は見えなくなったが、別の症例では蹄踵部の中心に形成された深部膿瘍腔まで坑道が続いていることも多い。いくつかの症例では、蹄踵の病変から膿が排出されることもあるが、深部膿瘍が形成される頻度は、蹄底潰瘍や白帯病による深部膿瘍ほど多くはない。通常、蹄踵潰瘍は蹄底潰瘍を併発するが、後肢の内蹄と前肢の外蹄に生じる頻度が蹄底潰瘍よりも高い。図7-19の深部蹄踵潰瘍（図中のA）は、右蹄の中央部に位置し、それよりも蹄表面に近い蹄底潰瘍（図中のB）は左蹄の軸側に位置する。この部位には、広範な白帯の分離と蹄踵角質のびらんも生じている。これらの発症原因は不明だが、上方の末節骨保定装置の軟骨性変化と、下方の蹄底の間に挟まれた真皮の圧迫に起因する可能性がある。

### 類症鑑別
蹄底潰瘍と同様。

### 対処
どちらの病態も、損傷を受けた角質をすべて切除し、罹患した蹄への負重を最小限に抑える。真皮炎の初期原因を特定して予防する。

## 蹄尖潰瘍　Toe ulcers

### 病態
軸側蹄壁のゾーン5の白帯病と同時に発症する蹄尖潰瘍は、蹄の過度の磨耗が原因となることがあり、これらは蹄の削り過ぎなどの不適切な削蹄の後遺症として発症することが一般的である。

### 症状
蹄尖潰瘍は、ゾーン5に広範な出血部位（図7-20）を示すこともあるが、図7-21にみられるような蹄尖の単純な軟化症状として現れることの方が一般的である。図7-21では、蹄尖での蹄壁の磨耗の状態と蹄底付近の初期出血に注目する。これらは未経産牛や若い雄牛がコンクリート床に順応していない状態のまま乳牛群に編入される場合によくみられ、外傷や過度の磨耗が原因であると思われる。前肢と後肢のどちらも罹患することがある。牛群全体で蹄底の過度な磨耗が大きな問題となることがあるが、この場合には削蹄の頻度を減らすか範囲を狭めるべきである。

図 7-19　右内蹄にみられる蹄踵潰瘍（A）と、左蹄にみられる蹄底潰瘍（B）、白帯の出血、蹄踵角質のびらん（スラリーヒール）

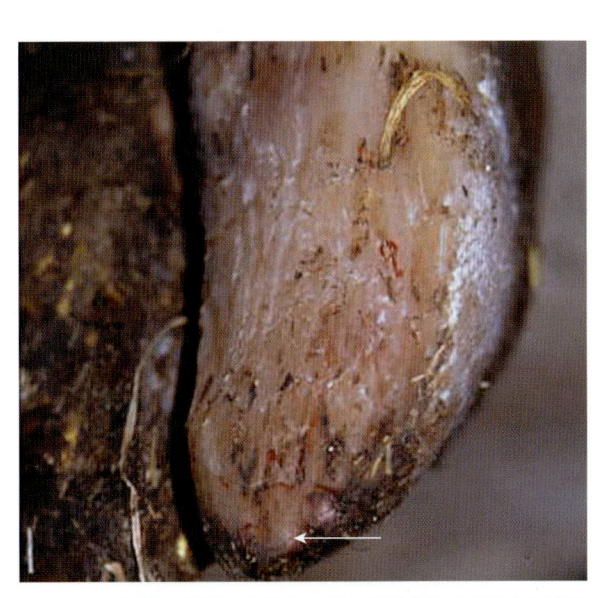

図 7-21　過度な磨耗による蹄尖部の蹄壁全体のびらんと真皮の露出（目視不能）

図 7-22 罹患蹄が上方に巻いている典型的な蹄尖壊死

### 類症鑑別
白帯病、蹄尖壊死。

### 対処
牛舎および環境への順応体制の改善。

## 蹄尖壊死（末節骨の骨髄炎）
Toe necrosis (osteomyelitis of distal phalanx)

### 病態
蹄尖の膿瘍は、蹄骨（末節骨）先端の二次感染を引き起こす。また、蹄尖潰瘍の結果として生じることも多い（図7-21）。英国では、趾皮膚炎に対する処置が不十分な群で高い発生率を示し、乳牛の発症例の大半は趾皮膚炎の誘因との区別ができないトレポネーマ感染を伴う。

### 症状
蹄尖壊死は乳牛とフィードロット牛のどちらでも起こり、過度の磨耗によって蹄尖部の角質が薄くなることに関係している可能性がある。乳牛は蹄尖部の疼痛を緩和するために罹患した蹄を前に突き出すように歩くが、その結果、角質が過成長することが多い。図7-22 では、左後肢の内側蹄の蹄尖部にその様子がみられる。この症例の誘因は肢元の不衛生さにあること

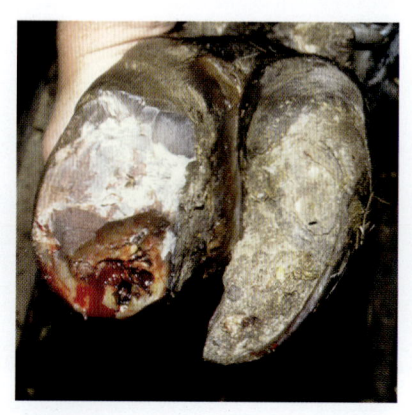

図 7-23 蹄尖壊死

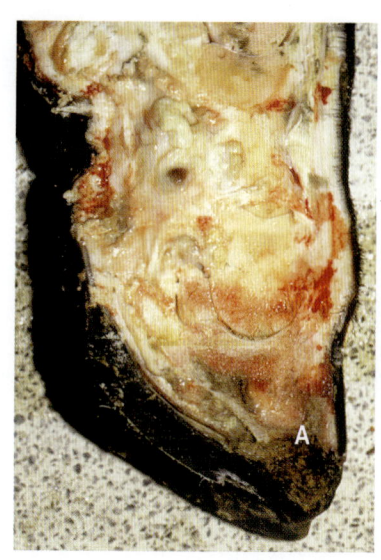

図 7-24 末節骨のびらんを伴う蹄尖壊死の横断面

に注目する。これとは別の汚れていない蹄を示した図7-23 では、蹄尖部の坑道形成された蹄底と蹄壁の大部分を切除したところ、背側の蹄壁の下を上行する黒い壊死部が露出した。病変には必ず明らかな腐敗臭を伴い、その他の蹄病が存在することはほとんどない。触診により、末節骨先端の壊死が認められることもある。別の蹄の横断面（図7-24）には、末節骨の先端部が図中の A の部分でびらんを生じていることが明らかに示され、乾燥した糞便の欠片が蹄尖部の残存腔に埋没し、灰色の部分には壊死した末節骨がみえた。

### 対処
坑道形成された角質の完全除去、創面切除、洗浄、および抗生物質の塗布による治療で回復する症例もわずかにあるが、多くの場合は、骨髄炎や壊死を発症した蹄骨先端、あるいは蹄全体の外科的切除などのより根本的な治療が必要となる。従来の方法で治療した病変部は治癒しなかったり数カ月後に再発したりすることも多いが、罹患牛の中には跛行の程度も重くなく、罹患した蹄に通常の削蹄を施すだけで乳生産を継続できるケースもある。

## 蹄底の異物穿孔
Foreign body penetration of the sole

### 病態
異物が蹄底に穿孔すると、真皮に感染が伝わり、その結果として蹄底の坑道形成や膿瘍形成が起こる。

### 症状
異物として最も多いのは、釘、小石、歯状の金属などである。図 7-25 の金属製の U 字型留め具は、蹄底から蹄踵に向けて完全に食い込んでいる。異物が蹄底角質を穿孔していない場合には、感染の発症と真皮の坑道形成を起こすが、跛行は比較的軽度である。図

図 7-25　蹄底の異物（金属製の留め具）

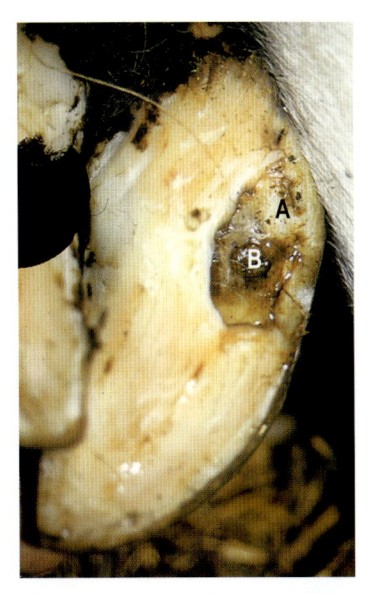

図 7-27　排膿するために削蹄された図 7-25 の蹄底

図 7-26　軸側の白帯近くの蹄底を穿孔する異物

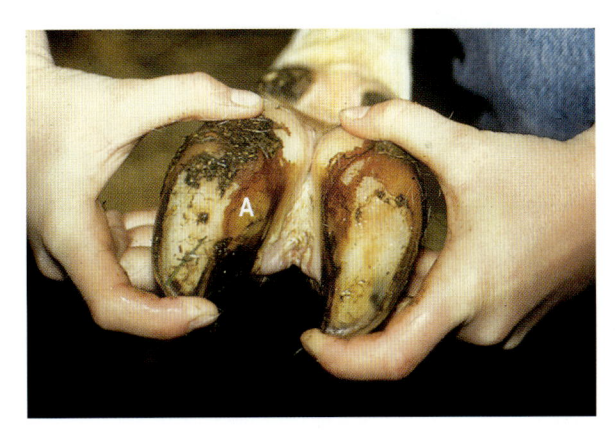

図 7-28　軸側の趾間隙近くの異物穿孔

7-26 の蹄は、釘の一部が軸側の白帯にある蹄底角質を穿孔し、真皮に感染が伝わっている。図 7-27 では、坑道形成された角質表面と隣接する蹄壁を取り除いて膿を出し、その下に新生した蹄底（図中の A）を露出した。中央部（図中の B）の真皮は炎症を起こしている。異物穿孔は蹄壁の角質が最も薄い軸側の趾間隙（図 7-28）の周辺でも起こり、この結果、趾間の腫脹や壊死、あるいは感染性の蹄葉炎を生じる。蹄尖部での蹄底穿刺は、末節骨の骨髄炎の原因となることがある（図 7-23、図 7-24）。

### 対処
　異物を除去し、効果的に排膿できるように周辺の坑道形成された角質を削蹄する。異物が蹄踵の深部組織まで穿孔している場合には、積極的な抗生物質の長期的非経口投与による治療が示唆される。

## 二重蹄底　False sole

### 病態
　「二重蹄底」とは、角質上層を除去したときに現れる、その下に新たに形成された 2 層目の角質のことをいう。二重蹄底は白帯膿瘍や異物穿孔に継発してみられることがしばしばある。

### 症状
　図 7-27 の坑道形成された蹄底を除去すると、真皮を覆う表皮角質の薄い層が現れた。蹄底から遊離している角質はしばしば「二重蹄底」と呼ばれる。別の症例（図 7-15）では、蹄刀の先端が二重蹄底を押し上げている。他には、急性真皮炎の発症によって、一時的ではあるが完全に角質形成が停止し、穿孔や白帯病などの外的徴候を伴わずに補助的な蹄底、あるいは二重蹄底が形成される症例もある。

### 対処
　坑道形成された二重蹄底角質は、その下層の角質の再成長を促進するために削蹄する。

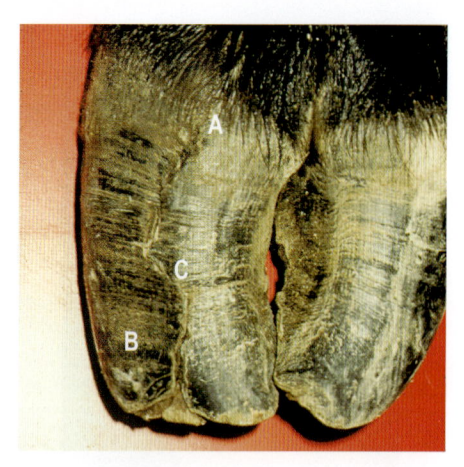

# Locomotor disorders

図7-29 アンガス雄牛の内外両蹄にみられる縦裂蹄

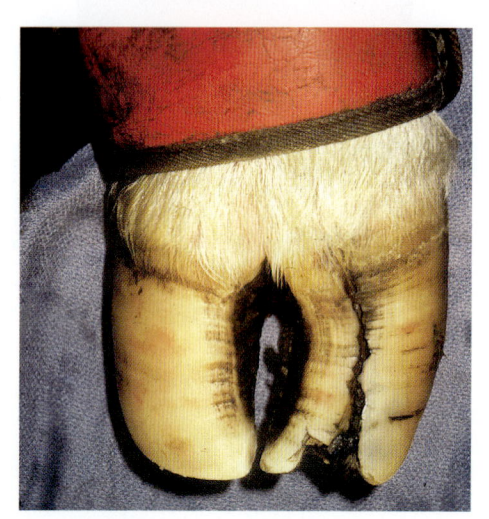

図7-30 縦裂蹄による割れ目

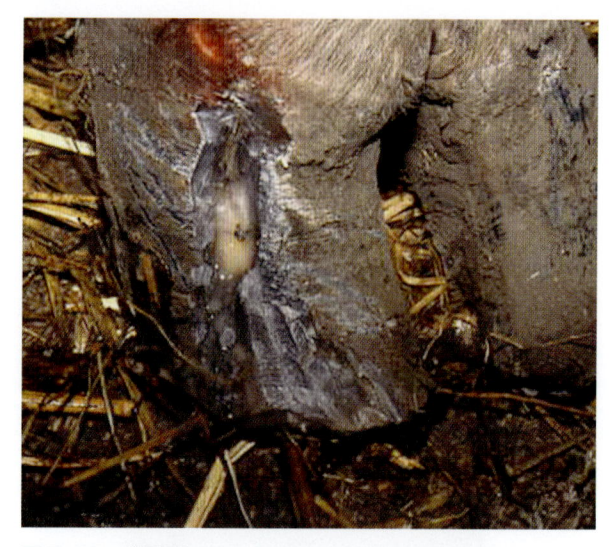

図7-31 縦裂蹄

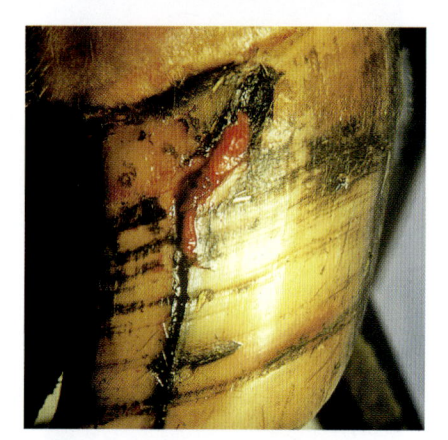

図7-32 肉芽組織が突出している縦裂蹄

## 縦裂蹄　Vertical fissure (vertical sandcrack)

### 病態
縦裂蹄は、蹄壁の蹄冠帯から蹄底の負重面に向かって走る垂直方向の割れ目であり、裂傷の深さはさまざまである。体重の重い肉用種に起こることが多い。

### 症状
縦裂蹄は、角質縁表層や蹄冠帯下部への損傷の結果として発症する。これらの損傷は例えば、高温乾燥の天候や、外傷や趾皮膚炎感染による蹄冠帯損傷に起因するものである。図7-29の過成長を示す左前肢の内外両蹄は、内蹄にのみ目立った亀裂がみられるが、縦裂蹄に罹患している。注目すべきは、亀裂の道筋が不規則で、亀裂の起点が(図中のA)の蹄冠帯であること、さらに(図中のC)にある斜裂によって(図中のB)がわずかに遊離していることである。図7-30の縦裂蹄は割れ目の幅が広く、広範囲にわたっている。この部分の蹄壁は薄く剥き出しになりやすいことから、ほとんど膿が存在しないにもかかわらず、重度の跛行を示した。急性の跛行を示した別の肉牛は、前肢の縦裂蹄の罹患部分を広範に削蹄した結果、膿が排出され(図7-31)、跛行が解消した。進行した症例(図7-32)では、肉芽組織が亀裂から突出している。この部分では、炎症を起こした真皮が末節骨の伸筋突起に増殖性骨炎を生じる可能性が高くなり、蹄内部の限られたスペースに、拡張した骨が入らなくなる。

### 対処
亀裂を蹄刀で開き、割れ目の両側の坑道形成された角質と負重部の角質を除去する。さらに角質のあらゆる蝶番部を開き、亀裂の動きを抑制する。図7-32のように、肉芽組織が亀裂から突出している症例では、末節骨の骨髄炎を併発していることがある。この場合は、蹄を切断する以外の治療法はない。ビオチン補給により肉牛の発症率の低下が明らかになっている。乳牛群での予防には、趾皮膚炎の発症率を下げることが必要である。

## 横裂蹄　Horizontal fissure (horizontal sandcrack)

### 病態
横裂蹄は角質形成が一時的に中断したことによって起こり、この原因は重度の疾患や代謝障害であること

運動器疾患　111

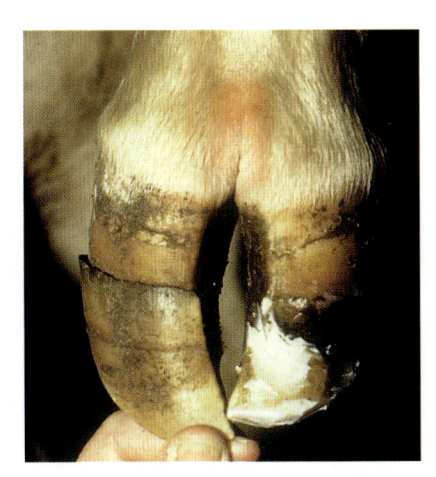

図 7-33　両蹄にみられる横裂蹄

図 7-35　図 7-34 と同じ蹄：反軸側の外蹄壁が蹄底の下に巻き込んでいる

が多い。中断の程度が著しい場合には、亀裂は真皮まで進行することがある。中断が軽度の場合は、しばしば「ハードシップライン（苦労線）」として知られる、角質成長が一時中断したことを示す線が形成される。縦裂蹄とは異なり、通常は 8 つの蹄すべてに痕跡が残る。

## 症状

図 7-33 の症例では、両蹄とも罹患している。手で把持している内蹄の蹄壁の亀裂は、飼料の急変に続き、4 カ月前から角質形成が中断していることに起因している。蹄壁前部の長さは蹄踵の高さよりも長いため、「指抜き状」の角質は最終的には蹄踵の支持を失うが、蹄尖部でつながったままになっている。跛行は、蹄壁薄層の下にある角質の蝶番部が圧迫される、あるいは指抜き状の角質が遊離（蹄尖の損傷）したときに、炎症を起こしやすい蹄壁薄層が露出されることによって生じる。図 7-33 の外蹄の比較的小さな亀裂は、炎症を起こしやすい蹄壁薄層を露出せずに、部分的に削蹄して指抜き状の角質の動きを抑制した。急性乳房炎、口蹄疫、急性子宮炎などの重度の全身障害の結果として、全四肢の両蹄が横裂蹄を生じることもある。

## 対処

横裂蹄の発症頻度の高い牛群では、間違いなく真皮炎／蹄葉炎の発生が定期的に起きているため、この原因の特定と改善が必要である。特に周産期の乳牛では、食餌要因や疾患が関係している可能性がある。群全体の問題を調査する場合は、移行期乳牛の履歴を精査することから着手する。

## コルク栓抜き蹄　Corkscrew claw

### 病態

通常は両後肢の外蹄が、蹄の全長にわたってラセン状にねじれる。

### 症状

前肢または後肢の外蹄が罹患することがあり、遺伝性の成長障害が原因の一部となる。図 7-34 の過成長の外蹄尖は上方に逸れ、同じ蹄の反軸側蹄壁は、負重面を変更せざるを得ないために、蹄底の下面に巻き込んでいる（図 7-35）。その結果、軸側の過成長蹄底（図中の A）は主要な負重面となり、蹄底潰瘍や蹄骨の圧迫によって跛行が起こることがある（図 7-11 も参照）。図 7-36 の蹄骨標本は、コルク栓抜き蹄の圧迫による副作用として、図中の A の蹄尖部に骨溶解がみられる。左側の末節骨と空洞は正常である。図 7-35 にも、両蹄踵に初期びらん（図 7-67 も参照）と、破片の埋伏による内底蹄の空洞がみられる。

## 鋏状蹄　Scissor claw

### 病態

鋏状蹄がコルク栓抜き蹄と異なる点は、①一方の蹄尖が他方の蹄尖に交差するように成長する、②蹄壁の関与が少ない、③縦軸に沿った回転がない、ところである。

### 症状

図 7-37 の左蹄の蹄壁は、地面との接点でわずかに

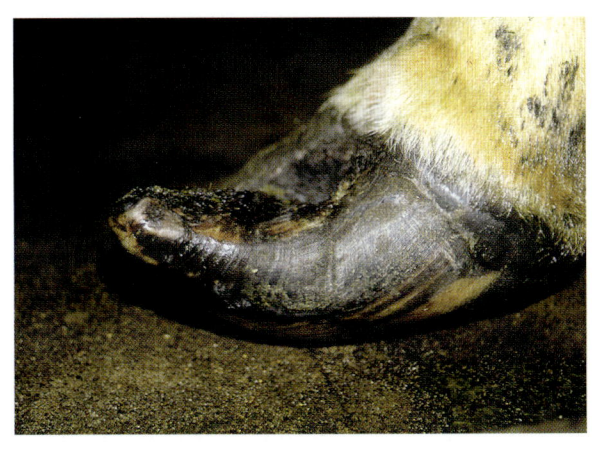

図 7-34　コルク栓抜き蹄：外蹄

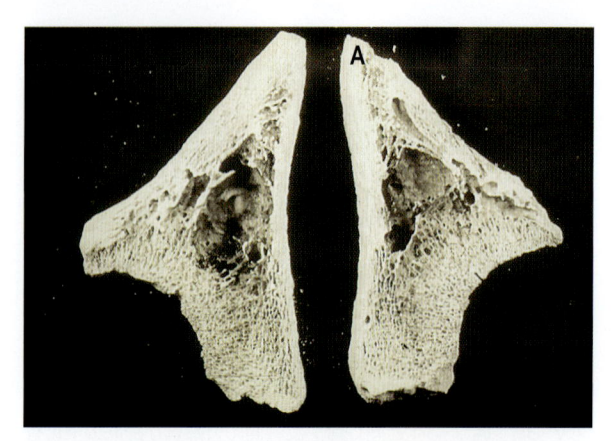

図7-36　蹄尖部(A)に骨溶解がみられる蹄骨標本(日本)

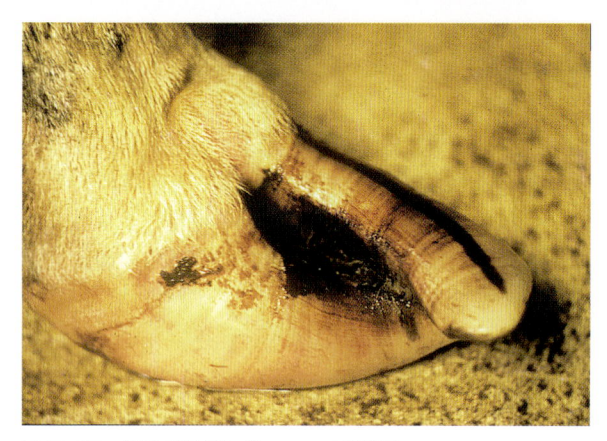

図7-37　外蹄が軸側に巻いている鋏状蹄

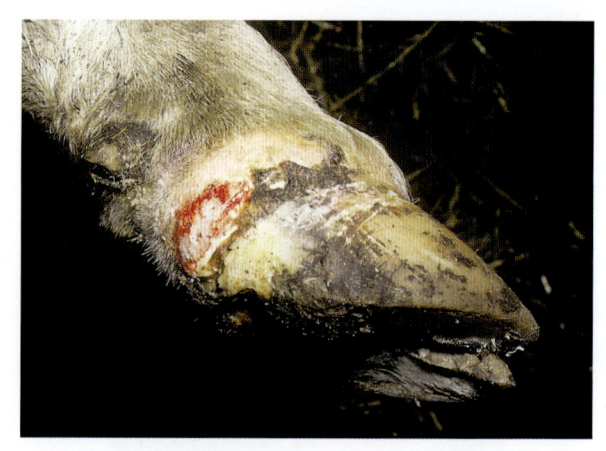

図7-38　敗血性蜂巣炎を併発した蹄冠帯の膿瘍

軸側に巻いており、二重蹄底を形成している可能性がある。歩行中に、上に重なった蹄尖が他方の蹄尖を圧迫することにより、軽度の機械的跛行が生じることがある。

**対処**

コルク栓抜き蹄と鋏状蹄はどちらも徹底した削蹄を繰り返し行う必要がある。そのため集約的農場では経済的な理由により、通常は早期に淘汰せざるを得ない。

## 趾蹄疾患の合併症
Complications of digital hoof disorders

真皮表面に形成された坑道は、分離した角質を除去して角質の新生を促すことで容易に治療できる。しかし深部組織が感染されると、特に罹患蹄の蹄冠帯周辺の腫脹などの別の症状が引き起こされ、より重度な跛行が長期間続くことが多い。例えば、蹄冠帯や蹄踵の膿瘍、深屈筋腱の断裂、深部感染症などの症状がみられることがある。

### 蹄冠帯膿瘍　Abscess at the coronary band

白帯から始まった感染は、蹄壁の下を近位の方向に進んで図7-38にみられる蹄冠帯に到達し、この部位で趾側副靱帯の深部組織へ広がり、顕著な腫脹を伴う敗血性の蜂巣炎を発症する。この慢性病変部は、蹄底角質の過成長と同じぐらい明らかに、角質壁が膿瘍下部の蹄冠帯から切り離されることを示している。罹患した蹄尖は背側に変位しており、屈筋腱の部分断裂が示唆される。この結果、この部位に負重がかからないことから、相応する角質が過成長する。

**対処**

坑道形成された角質をすべて除去して、角質薄層とその次に真皮乳頭層を上行した感染経路を露出し、深部膿瘍をすべて排液する。抗生物質の静脈投与による積極的な治療を1週間以上続ける。

### 蹄踵膿瘍(後関節膿瘍、敗血性舟嚢炎)
Abscess at heel (retroarticular abscess, septic navicular bursitis)

**病態**

深屈筋腱と舟状骨の間の滑膜腔にできた膿瘍であり、通常は蹄底潰瘍の放置または感染によって生じることが多い。

**症状**

重度の跛行、蹄踵部と蹄冠帯の腫脹がみられ、背側に膿瘍が広がり球節またはそれより上部まで上行することもある。罹患蹄の縦断面(図7-39)には、舟状骨に隣接する蹠枕(図中のA)、深趾屈筋腱(図中のB)、末節骨関節の隣接部(図中のC)に化膿性感染がみられる。蹄踵膿瘍はしばしば、後関節膿瘍とみなされ、外科的排膿による治療を要する。同様に図7-40の蹄には、蹄踵部腫脹と化膿性滲出液が示され、これらは感染した舟嚢あるいは後関節膿瘍から、原発の潰瘍部位(図中のA)を経由して排出されていると思われる。健康な側の蹄に木製ブロックが装着されていた。合併症により、屈筋腱断裂(図7-42)を生じることもある(次項を参照)。

運動器疾患 113

図 7-39　蹄踵（後関節）膿瘍：蹠枕（せきちん）（A）

### 対処
　坑道形成された角質をすべて除去して、通常は掻爬により原発の蹄底潰瘍部位から膿瘍を排液する。数日間洗浄を繰り返し、積極的な抗生物質治療を行う。遠位関節の敗血症は切断術または関節融合術で処置する必要があるが、多くの症例において動物福祉および経済面の観点から淘汰することが最良の選択肢となる。

## 深屈筋腱断裂
Rupture of the deep flexor tendon

### 症状
　重度の白帯膿瘍や蹄底潰瘍、あるいは図 7-41 に示される後関節蹄踵膿瘍の合併症として、深屈筋腱の感染と断裂を生じることがある。図 7-41 の蹄は、蹄冠帯の重度の歪みと蹄踵の腫脹、さらに蹄尖部が上向きに反り返っており（蹠行（しょこう）型）、これにより罹患した蹄の過成長と負重の欠如が起こる。感染した蹄の縦断面（図 7-42）には、蹄底角質を穿孔した潰瘍（図中の A）と深屈筋腱の断裂部（図中の B）が明らかに示されている。蹄尖部の角質が過成長していることに注目する。

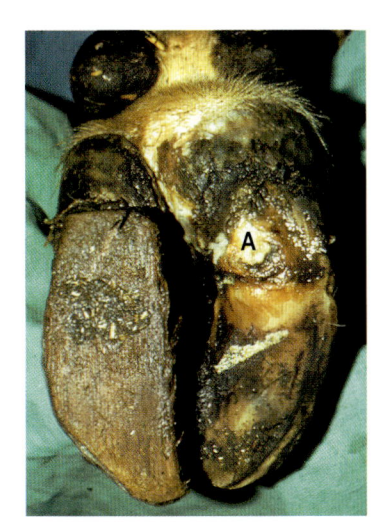

図 7-40　舟嚢の感染あるいは後関節膿瘍による重度の蹄踵部腫脹

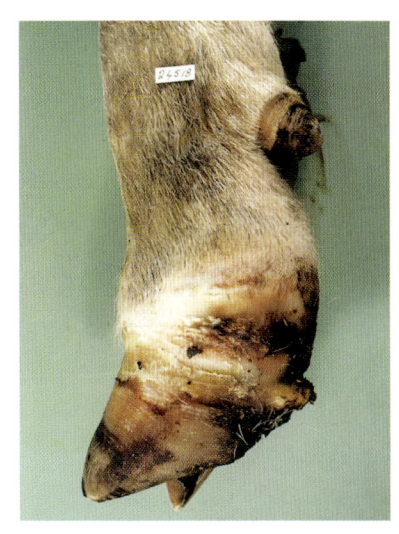

図 7-41　深屈筋腱断裂と蹠行型の蹄尖

この段階では関節は侵されていないため、迅速な治療により回復する可能性がある。

### 対処
　膿瘍はすべて急性期に素早く排液する。過成長した上向きの蹄尖部は、通常の削蹄方法で長期的に手入れする。この治療により、その後数年間、生産能力を持続する症例が多い。

## 敗血性末節骨関節炎（遠位趾間敗血症）　Septic pedal arthritis (distal interphalangeal sepsis)

### 病態
　遠位趾間関節（末節骨関節）の感染症。

### 症状
　一般に末節骨関節は、重度の白帯膿瘍、蹄底潰瘍、趾間壊死桿菌症、またはこれらが放置された場合に発症する。重度の跛行を示し、負重をかけないこともしばしばある。図 7-43 では、左蹄踵に著しい片側性の

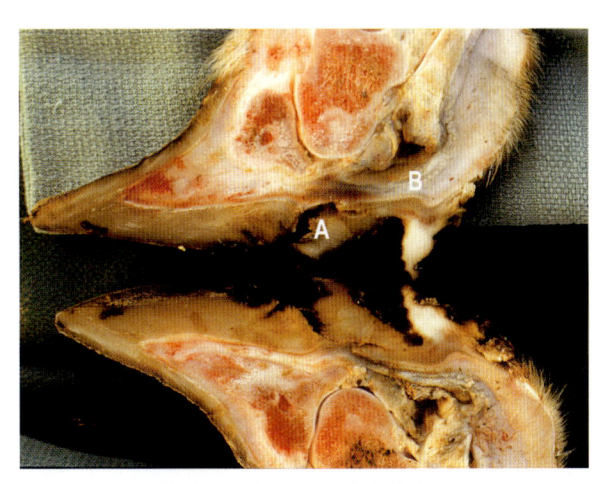

図 7-42　後関節膿瘍に継発した屈筋腱断裂

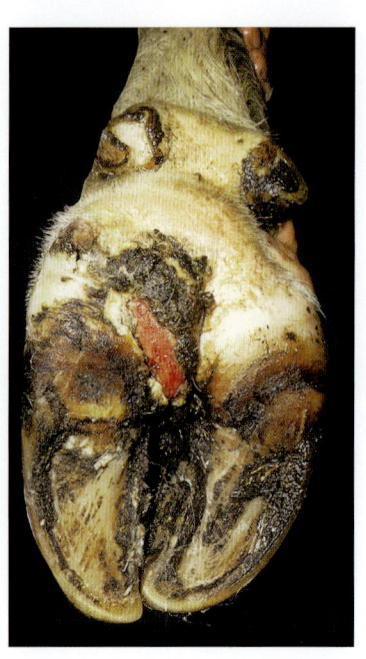

図 7-43　深部感染後に発症した敗血性末節骨関節炎

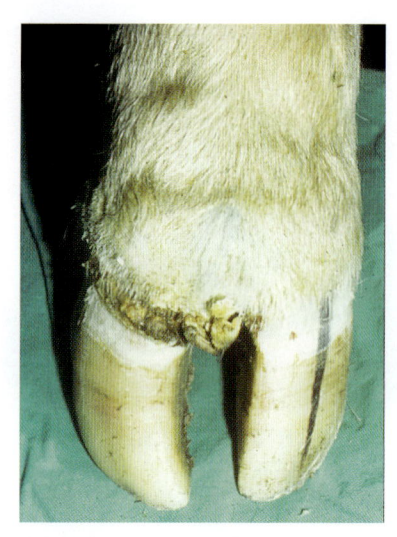

図 7-45　敗血性蹄冠炎による蹄鞘剥離を伴う敗血性末節骨関節炎

腫大がみられることに注目する。この炎症は球節まで上行し、蹄が歪曲する原因となっている。舟囊と末節骨関節も感染し、敗血性末節骨関節炎を生じている。極度の腫大により趾蹄底部と蹄踵角質が隆起し、特に蹄踵から趾間隙にかけての部分が顕著である。図 7-44 のヘレフォード雌牛は、8 週間跛行を示していた。罹患した後蹄は腫大と炎症の程度がいちじるしく、蹄冠部の腫れと蹄冠帯での角質の分離（図中の A）がみられ、また、感染した関節から膿が分泌している部位では趾間隙から肉芽組織が突出している。図 7-45 の慢性症例では、蹄の肥大の程度は軽いが、罹患した後蹄の蹄鞘は、敗血性蹄冠炎に起因する圧迫と壊死により剥離しかかっている。

長期にわたる蹄の感染症は、骨炎と新生骨の過形成を生じることがあり、この様子は図 7-46 のホルスタイン雌牛の慢性的な感染性蹄底潰瘍の骨標本に示されている。潰瘍部位には深い空洞があり、舟状骨、蹠枕、蹄冠部に広範な新生骨の過形成がみられる。基節骨（P1）、中節骨（P2）、末節骨（P3）に関節強直がみられる場合には、跛行の重度は軽減される。図 7-47 は断趾術後の蹄の矢状断面を示し、舟状骨の壊死（図中の A）の拡大が遠位関節の重症感染症の原因となっている。蹄冠帯の感染（図中の B）により、蹄冠部より上部に腫脹が生じている。

### 対処

敗血性末節骨関節炎が確認された場合には、継発する合併症を防ぐために早期に断趾術を施すことが最良の選択肢となることも多いが、症例によっては動物福祉および経済面の観点からは淘汰が最善策であることもある。坑道形成された角質をすべて除去してから趾の深部膿瘍を掻爬して洗浄し、積極的な抗生物質治療を行う方法が効果的である。蹄冠帯上部の排膿は初期の瘻孔の経路に沿って排膿チューブを挿入する方法が簡便で有効である。長期にわたる広範な骨膜炎に起因する顕著な骨性腫脹が蹄冠帯より上部にある症例では、関節強直が起こり、その後乳生産を継続できる。

## 趾の皮膚と蹄踵の疾患
Disorders of the digital skin and heels

蹄病が真皮から発症し、その素因の大半が原発部位での管理失宜にあるのに対して、趾間の皮膚に起こる疾患は伝染性の要素が大きい。

### 趾間壊死桿菌症（趾間フレグモーネ、股腐れ、趾間腐爛）　Interdigital necrobacillosis (phlegmona interdigitalis, "foul", "footrot")

#### 病態

跛行のよくある原因の 1 つである趾間壊死桿菌症

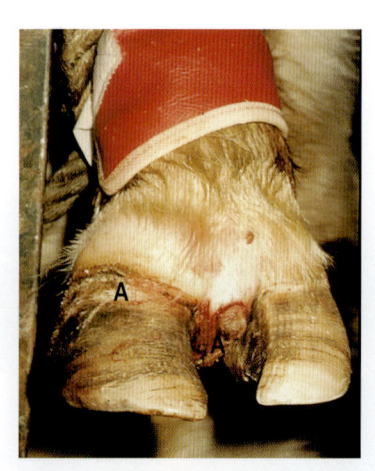

図 7-44　蹄冠部での角質分離と趾間の肉芽組織突出を伴う敗血性末節骨関節炎（ヘレフォード）

図 7-46　関節感染症に継発した骨炎の骨標本

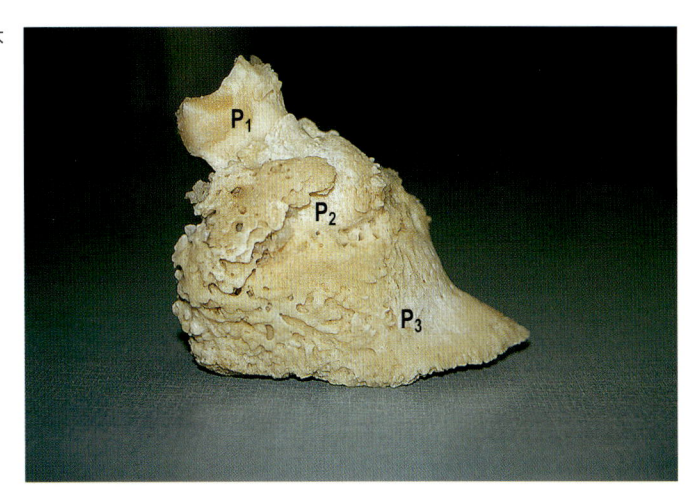

は、趾間の皮膚の真皮層の感染症であり、*Fusobacterium necrophorum*、あるいは *Porphyromonas assacharolytica* や *Prevotella* spp. などの細菌が関与している。感染は真皮から始まる。

**症状**

　初期には明らかな跛行と、蹄球部に左右対称で両側性の充血と腫脹がみられ、副蹄まで広がることもある。この段階では、皮膚は腫脹しているが損傷はないため、牛の起立時に両蹄が押し開かれる。24〜48時間後に趾間の皮膚は裂け（図7-48、表皮の痂皮は除去してある）、さらに進行した症例では真皮が露出する（図7-49）。真皮の露出範囲が広い症例もしばしば起こり（図7-50）、肉芽組織の発達がみられる。悪臭とチーズ様の滲出物がみられることもある（図7-51）。図7-52は、放置された病変を洗浄した後の趾背側の写真で、趾間隙に痂皮の取れた壊死片がみられる。肉芽組織の増殖は、壊死が深部に広がったことが原因である。初期にみられた左蹄の軸側蹄壁の分離（図中のA）と蹄冠部の腫脹は、末節骨関節の炎症性変化が初期のものであることを示唆している。蹄冠帯より遠位の水平方向の溝（図中のB）は、この異常が存在したのが約1カ月前であることを示している。

　甚急性の趾間壊死桿菌症の存在は「過度の腐乱（super foul）」（図7-53）として知られ、重度の壊死が趾間の裂け目から蹄踵の皮膚にまで広がる。真皮壊死は発症時に激しい痛みを生じ、症状が初めて現れてから48時間以内に関節を侵す可能性がある。いくつかの原因細菌が関与しているが、抗生物質感受性パターンは異なることもある。迅速かつ積極的な治療がきわめて重要である。

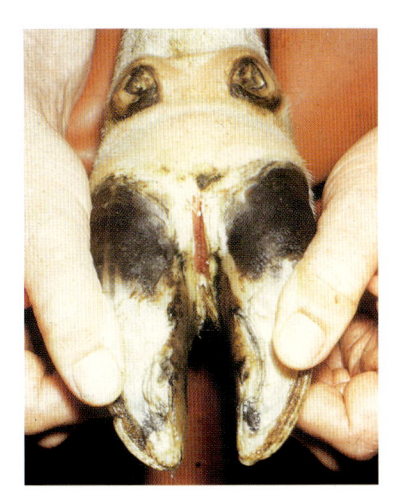

図 7-48　典型的な皮膚裂傷を伴う趾間壊死桿菌症（股腐れ、趾間腐爛）

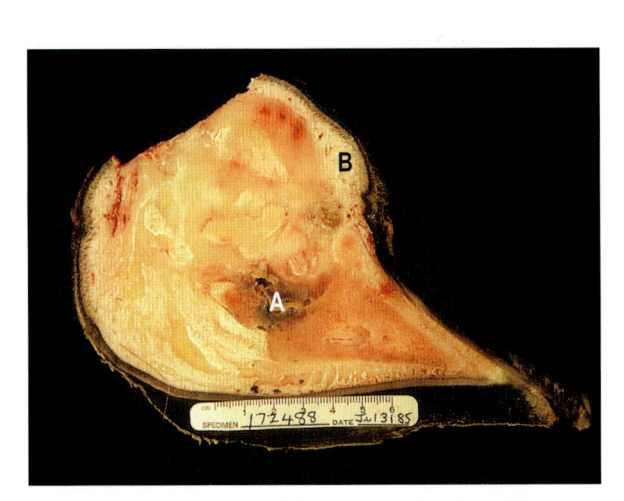

図 7-47　敗血性末節骨関節炎を発症した蹄の矢状断面

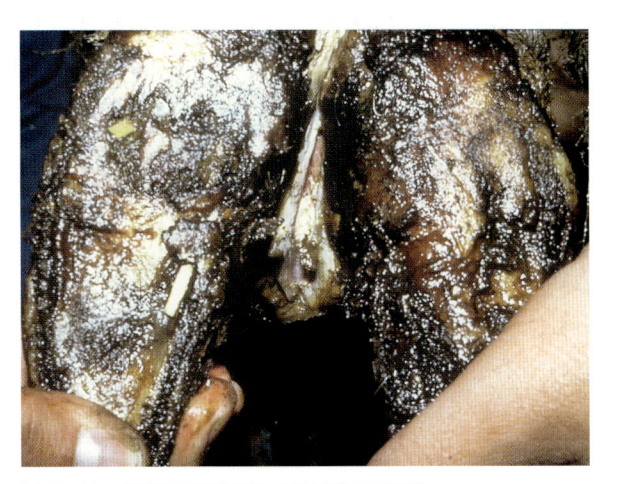

図 7-49　趾間壊死桿菌症：真皮深層の露出

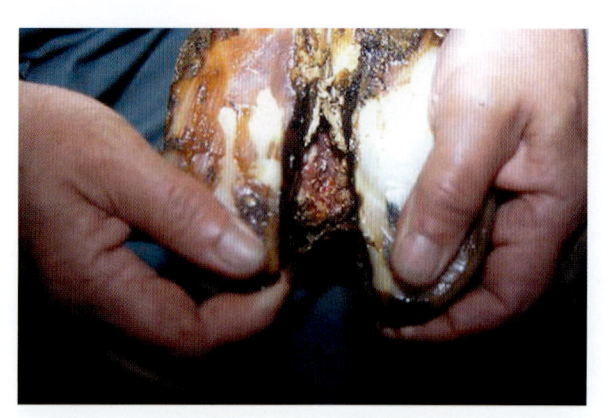

図7-50　趾間壊死桿菌症：真皮の露出範囲が拡大している

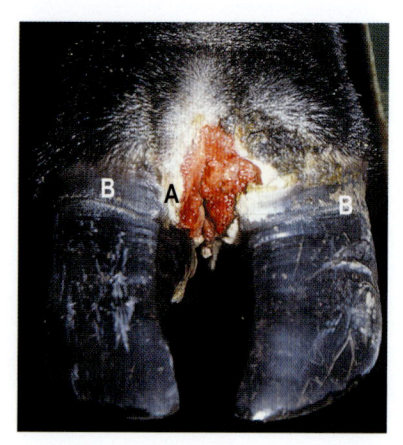

図7-52　痂皮が取れて壊死片がみられる趾間壊死桿菌症の放置例

### 類症鑑別

趾間皮膚炎(図7-65)、趾間の異物(図7-69)、趾皮膚炎(図7-57〜図7-59)。

### 対処

牛舎床面を洗浄して肢部の衛生状態を改善することや、特に消毒作用のある薬液で定期的(例えば、毎日)蹄浴を行うことで発症率を大幅に低減できる。牛舎の出入口やそれ以外の床面に、趾間の裂隙を傷つける恐れのある凹凸がないようにする。通常は非経口的および局所的な抗生物質投与が有効であるが、「過度の腐乱(super foul)」の発症群に対しては非ステロイド系抗炎症薬(NSAID)を併用した積極的治療が必要となるだろう。

## 趾間皮膚過形成(線維腫、タコ)
Interdigital skin hyperplasia (fibroma, "corn")

### 病態

趾間隙の過形成は、図7-54に示すように、軸側蹄壁に隣接する皮膚のひだから発達する。

### 症状

この病変は体重の重い肉牛や乳牛の品種、または肉用雄成牛が罹患しやすく、症例によっては遺伝性が認められ、通常は両側性を示す。跛行は両蹄が歩行中に趾間の皮膚を挟みこむ場合、または圧迫壊死部位の(壊死桿菌による)二次感染(図7-55)によって生じ、また趾皮膚炎の二次感染の結果としてもよくみられる。表在性であるが壊死組織がいちじるしく脱落していることに注目する。少数であるが、過形成が趾間隙の背側に限局する症例(図7-56)では、跛行は起こらないこともある。

### 類症鑑別

趾間壊死桿菌症(図7-48)、趾皮膚炎(図7-57〜図7-59)。

### 対処

症状の予防において避けるべき誘因は、外傷部位から趾間皮膚への刺激、凹凸の多い床面歩行時の趾間皮膚の過度な引き延ばし、軸側蹄壁除去時の不適切な削

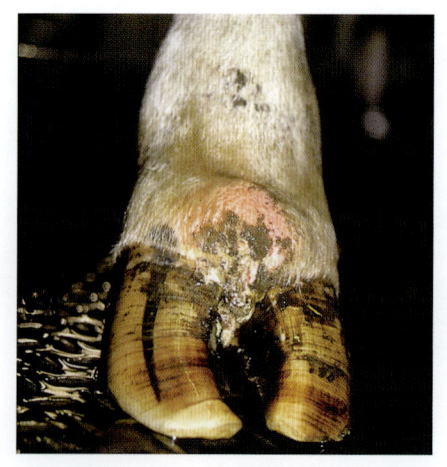

図7-51　趾間壊死桿菌症：チーズ様の滲出物と趾間の痂皮

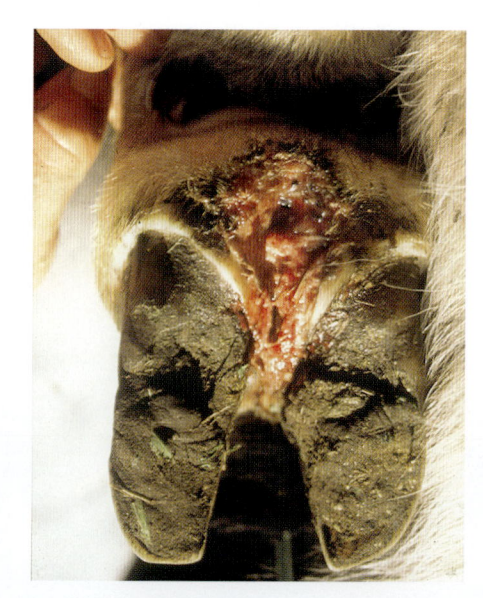

図7-53　広範な壊死を伴う甚急性の趾間壊死桿菌症(過度の腐乱；super foul)

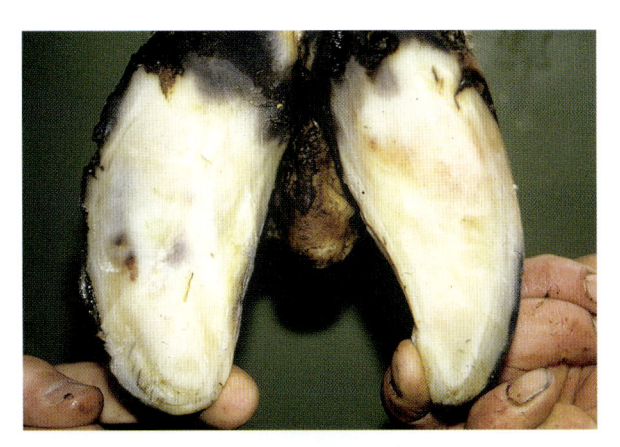

図7-54　趾間皮膚過形成（線維腫、タコ）

蹄、両蹄の離開、趾間隙の伸展などであり、趾皮膚炎や趾間壊死桿菌症からの慢性的な刺激も避ける。小さな病変は軸側蹄壁の過成長部を取り除いて、皮膚の挟み込みを最小化する方法やホルマリンや硫酸銅液などの収れん性のある液体を用いた定期的な蹄浴などによって治療する。大きな病変は切除術を要する。

## 趾皮膚炎（毛状いぼ、Mortellaro病）
Digital dermatitis ("hairy warts", "Mortellaro")

### 病態
趾の皮膚表皮に起こる細菌（トレポネーマ属）感染症である。感染に関与するトレポネーマ属は3種類と考えられている。

### 症状
この病変は一般に、趾間隙近位の蹄球部より上部の皮膚にみられる。初期症例（図7-57）では、初診において毛が逆立ち、著しい滲出液でもつれた状態になっていることが分かる。類似の症例で表層の壊死組織片（図7-58）を洗い落とすと、直径1～2cmの発赤した円形の表皮炎が現れ、特徴的な「イチゴ様」の小さな斑点と明らかな腐敗臭を示した。多くの症例で、腐敗臭だけで最初の診断がつく。罹患牛は突然歩行が困難

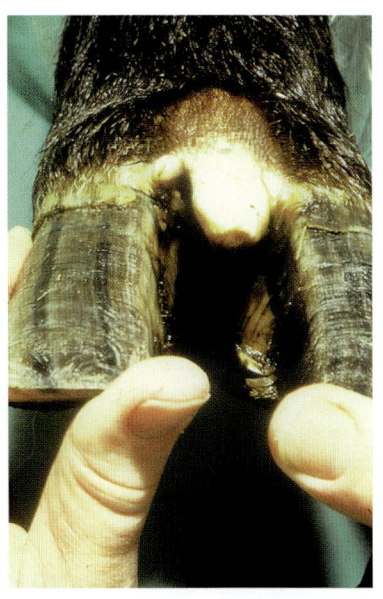

図7-56　趾間隙の背側に限局した趾間皮膚過形成

になり、真皮組織への感染がほとんどない場合でも、強い触覚過敏を示す（趾間壊死桿菌症と比較する、図7-48）。進行した病変（図7-59）には、蹄踵角質にびらんと坑道形成がみられ、表皮炎による広範な皮膚欠損部は副蹄の方へ上行している。症例の大部分は蹄底面で発症するが、趾背側病変（図7-60）に潰瘍が生じることも珍しくない。これらの病変は蹄冠帯の角質縁に生じ、縦裂蹄や末節骨骨炎などの合併症を発症することがある。また跛行もいちじるしく長期化することがある。その他の合併症状には、原発の蹄踵病変から蹄底部へ形成された坑道がある（図7-61）。治癒しにくい慢性の白帯病変や蹄底潰瘍の多くは、趾皮膚炎による二次感染であり、独特の腐敗臭を放つ。放置されて慢性化した病変は「毛状いぼ」を形成し、典型例では蹄踵の裏側に皮膚細胞を房状に増殖させる（図7-62）。病変部が乾いている軽度な症例を図7-63に示した。多くの群には、趾間の裂隙に5～25mmの過角化した皮膚が密集している牛が存在し、これらは趾皮

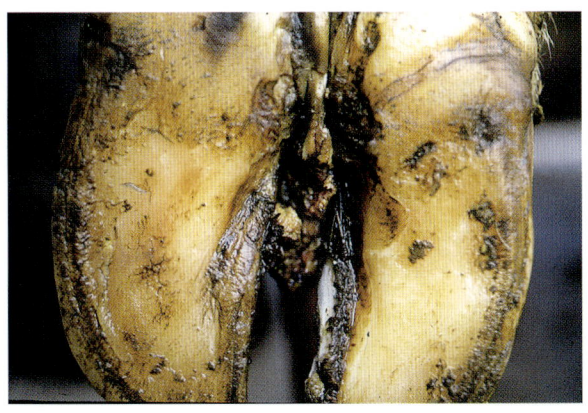

図7-55　圧迫壊死に起因する二次感染を伴う趾間皮膚過形成

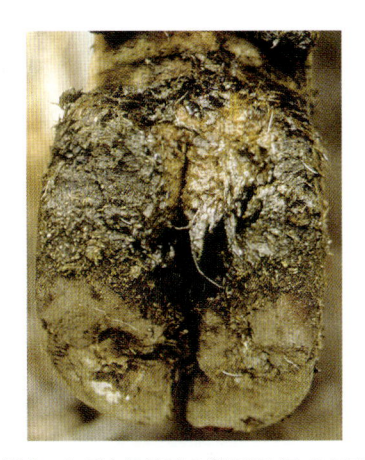

図7-57　逆立った毛と粘液状の滲出液がみられる、蹄踵上部の典型的な部位に発症した趾皮膚炎

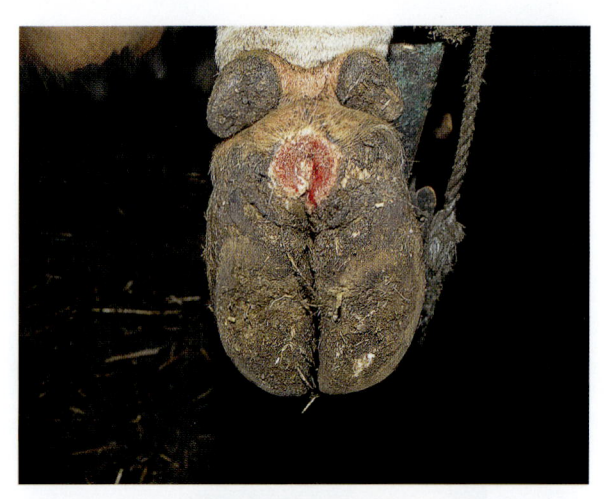

図 7-58　孤立性の表皮炎を伴う趾皮膚炎

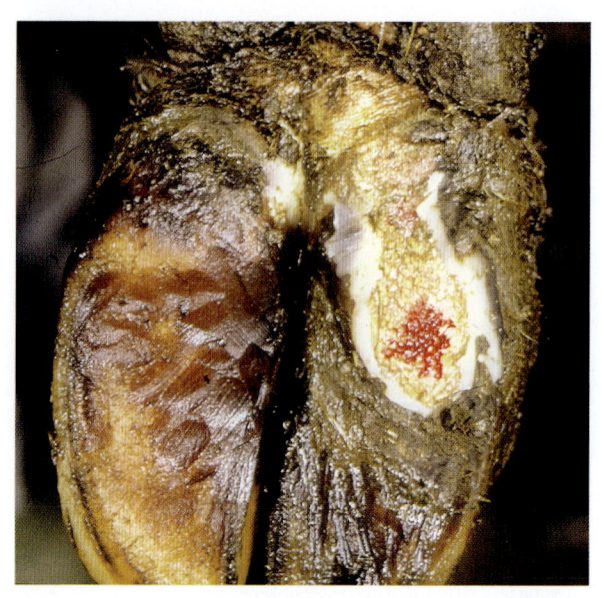

図 7-61　趾皮膚炎の原発の蹄踵病変から穿孔している蹄底の坑道

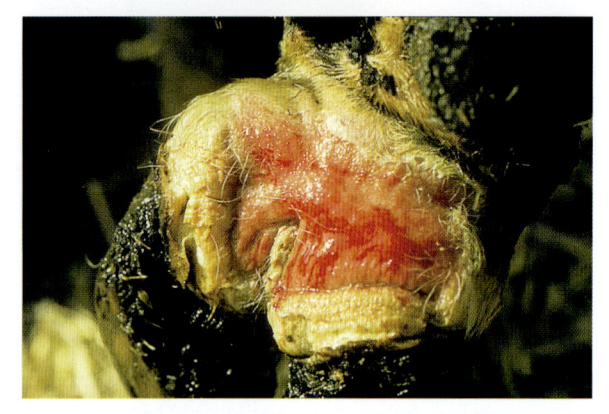

図 7-59　表皮炎による広範な皮膚欠損部と蹄踵角質の坑道形成を示す趾皮膚炎の進行症例（イタリア）

膚炎の「キャリア」であることを示している。

### 類症鑑別
趾間壊死桿菌症（図7-48）、趾間皮膚炎（図7-65）、沼地熱（図7-66）、蹄球びらんまたはスラリーヒール（図7-67）。

### 対処
趾皮膚炎は、特に尿や糞が混ざったスラリーとの接触機会が頻繁にあると発症する疾患であり、通常これら糞尿はスクレーパー（除糞機械）で自動的に集められている。乾乳期にみられた悪性度の低い病変は、泌乳初期に急激に進行して病変部の表皮がむけることがしばしばあり、群れの他の牛に感染が広がる。そのため、この疾患はほとんどの場合、泌乳初期からピークにかけてみられる。防止対策の基本は、肢部の衛生状態の改善や、病変の悪化を防ぐために消毒作用のある薬液での定期的な（例えば、毎日）蹄浴などである。病変部の表皮が高い確率でむける群に対しては、抗生物質を用いた蹄浴が指示されるが、一部にはこの方法が認められていない国もある。消毒液による蹄浴の多くは、感染予防のために用いられる。ホルマリン液は最も安価で手に入るが、一部の国では使用を許可されていない。また使い方を誤ると、皮膚やけどを起こすこともある（図7-64）。

跛行の原因となっているさらに進行した症例では、抗生物質入りの液剤を1頭ずつ局所的に噴霧する方法や、抗生物質軟膏を塗布し包帯でテーピングする方法で治療する。時には、大きな「毛状いぼ」には外科的切除が必要である。

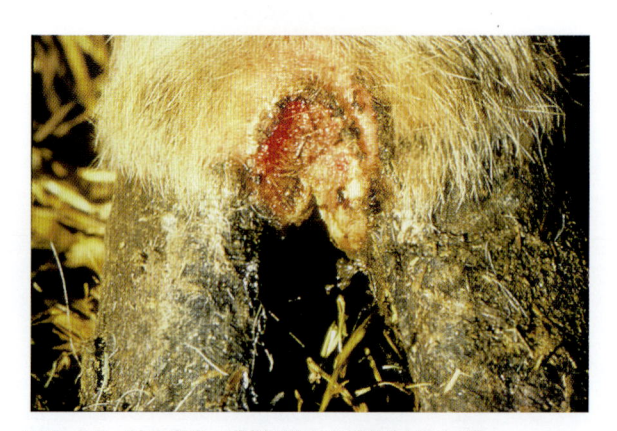

図 7-60　趾皮膚炎：背側に生じた潰瘍（オランダ）

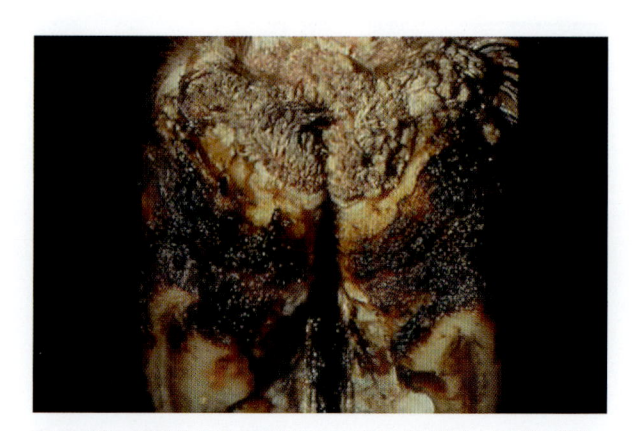

図 7-62　慢性的な趾皮膚炎にみられる典型的な「毛状いぼ」

運動器疾患　119

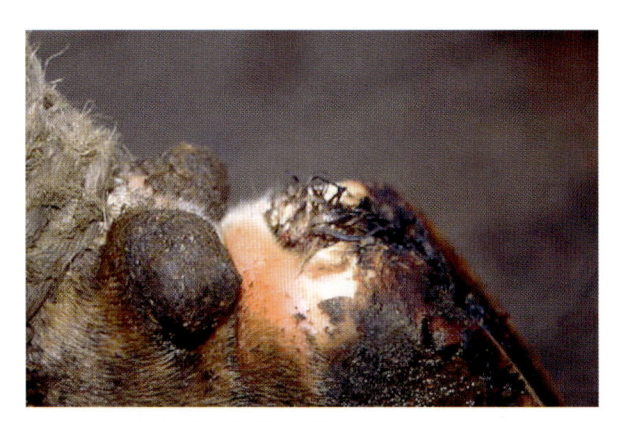

図7-63　趾皮膚炎の「毛状いぼ」

## ホルマリンによる皮膚やけど
Formalin skin burn

### 病態
　表皮層がむけた状態であり、ホルマリンによる蹄浴法が不適切な場合に起こる。例えば、濃度5％以上のホルマリン液への蹄浴時間が長過ぎた場合の症例もここに含まれる。

### 症状
　特に高温で乾燥した気候のときに多くみられるが、これは乾燥した趾の皮膚がホルマリンを吸収しやすいからであろう。図7-64では、蹄冠帯周辺の皮膚が肥厚し、乾燥して硬く、柔軟性を失っているようにみえる。乾燥した皮膚の壊死片がはがれ落ちた部位からは、表皮下層が剥き出しになっている。ホルマリンによる蹄浴を中止すれば、合併症を伴うことなく迅速に治癒する。暑熱時に高濃度の蹄浴槽から立ち上る蒸気によって、牛が蹄浴に入るのを嫌がることもしばしばある。

### 類症鑑別
　趾皮膚炎（図7-57）、沼地熱（図7-66）、皮膚デルマトフィルス症（図3-38、図3-43）、光線過敏症（図3-5～図3-9）。

図7-64　ホルマリンによる皮膚やけど

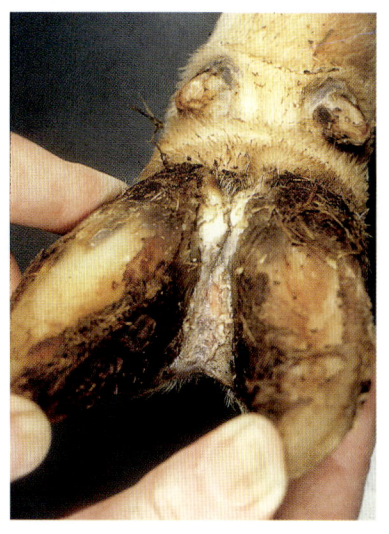

図7-65　表在性の湿性炎症を伴う趾間皮膚炎

## 趾間皮膚炎　Interdigital dermatitis

　趾間皮膚炎は、趾間表皮に起こる表在性の湿性炎症（図7-65）であり、深部組織には関与しない点が壊死桿菌症（図7-48）とは異なる。病変から*Dichelobacter nodosus*が分離されることもある。一度に複数の牛が罹患することがあり、病変が表在性であるにもかかわらず、跛行が長期化することが少なくない。この病変と趾皮膚炎との識別がつきにくいと考える人は多い。

### 類症鑑別
　趾間壊死桿菌症（図7-48）、趾皮膚炎（図7-57～図7-59）。

### 対処
　抗生物質液の局所的噴霧。

## 沼地熱　"Mud fever"

### 症状
　沼地熱は寒さや雨、ぬかるみなどの状況に牛が曝された後に発症し、*Dermatophilus*による二次感染を招くこともある（図3-38を参照）。図7-66に示された肢は、特につなぎ部の周囲が腫脹し、跛行は重度であった。洗浄後の皮膚は乾性湿疹で肥厚し、蹄冠部からの部分脱毛部位が球節まで広がっている。乾燥した皮膚はひび割れることが多く、その部分に表在性出血を生じる。四肢すべてが罹患することもある。

### 類症鑑別
　趾皮膚炎（図7-57）、ホルマリンによる皮膚やけど（図7-64）、皮膚デルマトフィルス症（図3-37、図3-42）、光線過敏症（図3-5～図3-9）。

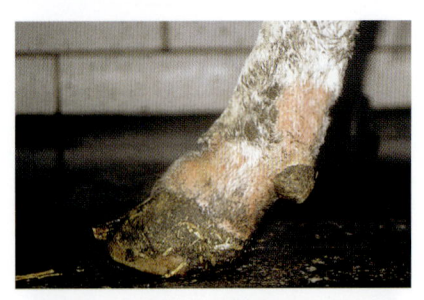

120　Locomotor disorders

図 7-66　沼地熱によって生じた乾性湿疹により肥厚した皮膚

### 対処

罹患部位を徹底的に洗浄し、脂分の多い防腐軟膏を擦り込む。または、皮膚軟化効果の高い乳頭消毒用の薬剤を噴霧する方法もある。重症例では、3日間のペニシリン全身投与による治療法が効果的である。

## 蹄球びらん(スラリーヒール)
Heel erosion ("slurry heel")

### 病態

蹄踵角質のびらん。蹄踵は重要な負重面であり、その正常な構造は、前出の写真(例えば図7-55)の中で示されている通りである。

### 症状

びらんは、スラリー内で起立することのある舎飼いの乳牛でよくみられる。蹄踵角質を失うと、蹄の安定性の低下、負重面の移動、衝撃の増大を招き、また末節骨の尾腹方向への捻れによって蹄底潰瘍が生じやすくなる。スラリーヒールは趾皮膚炎および趾間皮膚炎と関連があることもある。このどちらの病変からも、*Bacteroides nodosus*が検出されることがある。図7-67の蹄は、当初の滑らかな角質が侵食され、左蹄に深い亀裂が入っている。右(後)蹄踵の角質はさらに重症なびらんを示し、蹄底から肉芽組織が露出している。図7-68の進行症例では、両方の蹄踵はほぼ全体的に侵食されている。図7-68のように、趾皮膚炎とスラリーヒールは併発することが多く、どちらも衛生状態の悪い環境で生じやすい。

### 類症鑑別

趾皮膚炎(図7-57)。

### 対処

舎飼いの牛に対しては、消毒用の蹄浴の頻度を増やすと発症率が低減するが、放牧牛では自然治癒もみられる。壊死組織が挟まっている角質の組織片を除去するために削蹄を要する症例もあるが、注意が必要である。蹄踵角質を除去しすぎると蹄が尾腹方向へ捻れ、蹄底潰瘍が生じやすくなる。

## 趾間の異物　Interdigital foreign body

### 症状

図7-69の蹄は、趾間隙に小石が埋伏し、左蹄軸側の皮膚に潰瘍を生じている。小さな細枝や特に植物の棘が亀裂に縦に刺入して趾間の皮膚を損傷し、壊死桿菌症を継発する(図7-28も参照)。

### 類症鑑別

趾間壊死桿菌症。

### 対処

異物を除去し、趾間の外傷の深さと範囲を入念に調べる。局所抗生物質で治療する。

## 末節骨骨折　Fracture of the distal phalanx

### 病態

末節骨骨折は主に前肢に起こり、通常は外傷により関節内に生じるが、病理学的にはフッ素沈着症(図13-31)あるいは骨髄炎と関連することもある。

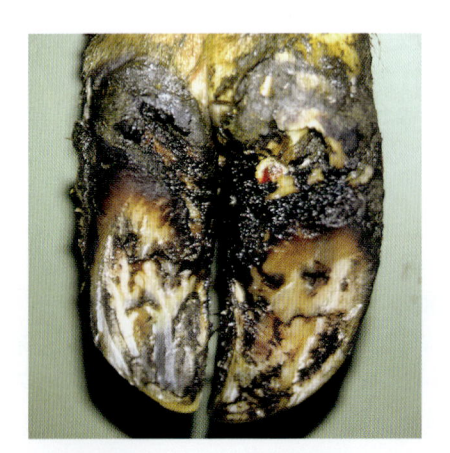

図 7-67　蹄踵角質のびらんと深い蹄踵亀裂を伴う蹄球びらん(スラリーヒール)

図 7-68　重度の蹄球びらんと趾皮膚炎

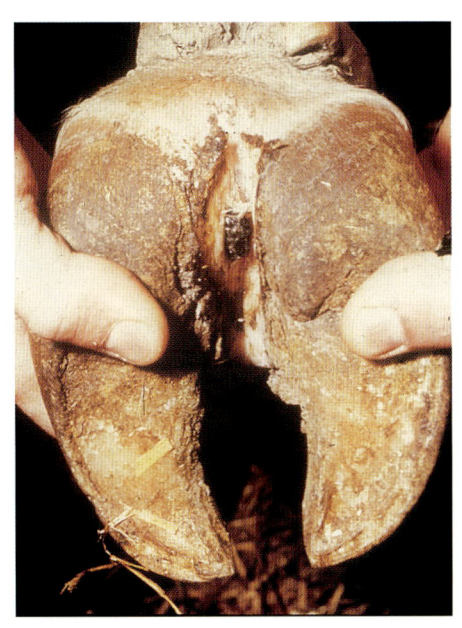

図7-69　趾間の異物（小石）

図7-70　左前肢内蹄の末節骨骨折時の肢勢

## 症状

内蹄に生じることが多く、牛は交叉肢勢をとろうとするため、外蹄に負重が移動する（図7-70）。図7-71の骨折線（図中のA）は、遠位趾間（末節骨）関節から垂直方向に走り、末節骨の2つの骨片は分離している。このタイプの骨折は、目に見える初期症状である熱感や腫脹を示さずに、突然重度の跛行を生じることが少なくない。その後、骨折した蹄は明らかに熱をおびるが、初期ではX線画像なしで診断するのは難しい。また、牛が前肢交叉肢勢をとる最も多い原因は両側性の蹄底潰瘍である。

## 類症鑑別

前肢内蹄の両側性潰瘍、趾間隙あるいは蹄底の異物穿孔。

## 対処

蹄鞘自体が骨折した骨に「副子」の役割を果たすため、わずかな治療介入だけで回復する症例がほとんどである。健康な側の蹄に外科用のブロックを装着すると、骨折した蹄への負重が最小化されて痛みが緩和されるため、動物福祉の向上と治癒プロセスの迅速化を図ることができる。

## 蹄葉炎　Laminitis

### 病態

「蹄葉炎（laminitis）」という用語は現在も広く使われているが、真皮の薄層（laminar）は蹄壁腹側の軸側と反軸側の相反した部位にのみ存在し、病変がこれらの薄層に限定していることはめったにない。蹄の背側と蹄底を覆っている真皮は真皮乳頭層（角質を形成する層）であり、例えば、蹄底に出血がみられる症例は、その部位に薄層が存在しないことから蹄葉炎とはいえない。炎症が真皮全体におよぶ症例のほとんどは、「真皮炎」という用語の方が適している。蹄底潰瘍と白帯病の病理発生に関する最新の研究は、末節骨が沈下しても真皮薄層が正常のまま（つまり、炎症経過が存在しない）であり、蹄葉炎という用語は牛には妥当ではないと、提言している。原発性の変化は微小血管で起こり、この原因は外傷、周産期変化、感染、代謝性疾患、食餌の急変などの多元的な要因がある。

### 急性真皮炎、蹄葉炎、蹄底出血
Acute coriosis, laminitis and sole hemorrhage

### 症状

図7-72のフリーシアン牛が示しているのは、急性蹄葉炎の典型的な姿勢であり、前肢は外転して後肢は腹下前方に置き、背彎姿勢と頸部伸展を示し、さらに頭部を低く下げ、尾をわずかに挙上している。図

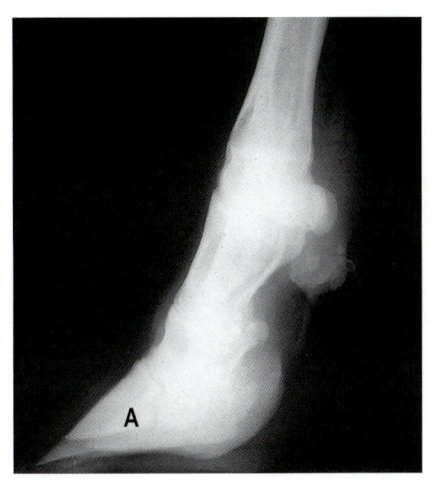

図7-71　関節内骨折線（A）を示す肢遠位部のX線写真

図7-72　急性真皮炎：前肢の外転、背彎姿勢、前方寄り後肢（米国）

図7-74　白帯の拡張と出血を示す急性真皮炎（剖検像）（シンメンタール雄牛、3歳）

7-73に蹄葉炎／真皮炎による蹄の変化を示した。蹄球表面と白帯に沿って出血がみられる。黒い破片が蹄踵方向に白帯を広げて埋伏し、これが原因となって白帯感染を起こしていることに注目する（図7-6）。蹄尖部の蹄底角質にみられる血塊は、真皮の血管が強度のうっ血を起こしたことが原因と考えるのが最も適切であろう。真皮炎／蹄葉炎に罹患したこの雌牛は2カ月前に分娩しており、周産期に角質組成が弱体化したことが発症原因であると思われる。この結果、薄くなった蹄底が傷つきやすくなり、さらに繊維性飼料から濃厚飼料多給への転換（アシドーシスの発生）、コンクリート床での長時間の立位などの要因が組み合わさっている。この症状は、ヤード（牧冊で囲われた所）や牧草地で飼育された未経産牛が分娩後に初めてストール牛舎に導入されたときにしばしばみられる。

　3歳のシンメンタール雄牛の白帯には出血と著しい拡張が認められる（図7-74）。これは、数カ月以上にわたって乳牛群のフリーストール内で過度に運動したことに起因する。この過度の運動の初期に急性蹄葉炎を発症した。これらの変化によって白帯が軟化して汚物が侵入しやすくなり、蹄底に坑道が形成された結果、最終的に急性跛行を示した。急性真皮炎の継発疾患としては、白帯膿瘍（図7-6〜図7-9）と蹄底潰瘍（図7-13〜図7-16）が多い。

## 慢性真皮炎、蹄葉炎　Chronic coriosis, laminitis

### 症状

　この蹄の縦断面（図7-75）は、初期の慢性真皮炎／蹄葉炎を示す6歳のショートホーン雄牛の蹄であり、蹄底薄層には肥厚と出血がみられ、ピンク色の溝は蹄底角質の特に蹄尖部分に出血があったことを示唆している。末節骨はその周囲の蹄壁から分離して下方に変位している。さらに進行した段階では（図7-76）、末節骨の下にある蹄底角質に線状の出血痕（図中のA）があるのが容易に判別できる。この出血痕の原因となる炎症性の損傷は、およそ5週間前に発生した。蹄尖部が肥厚し、上向きに変形していることに注目する。これらの変化は、図7-77および図7-78にみられるタイプの成長異常をもたらす。図7-77では、外蹄（図中の左）の蹄壁が軸側にカーブし、蹄踵に深い亀裂と明らかな二重蹄底が形成されている。内蹄（図中の

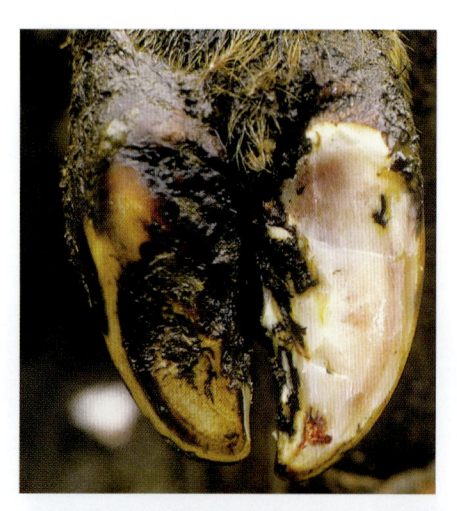

図7-73　急性真皮炎：蹄の病変には白帯沿いと蹄踵の出血も含まれる

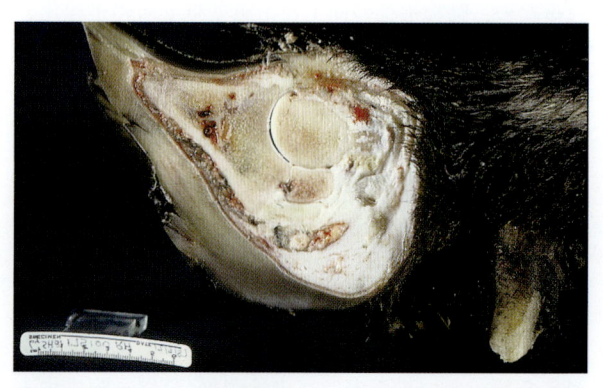

図7-75　肥厚した蹄底薄層とピンク色の溝を示す慢性真皮炎（剖検像）（ショートホーン雄牛、6歳）

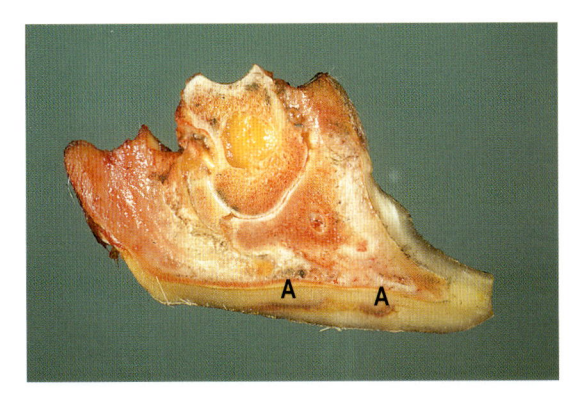

図7-76 出血のある蹄底部と上向きに変形した蹄尖部を示す慢性真皮炎（剖検像）

右）は、白帯の拡張がみられる。図7-78の後肢の蹄はどちらも過長し、蹄踵は沈下している。蹄尖部の角度は小さく、明瞭な水平方向の線があり、蹄冠帯の角質縁は薄くて剥がれやすい。

**対処**

真皮炎の原因と予防については、白帯病、蹄底潰瘍、横裂蹄の項で説明している。

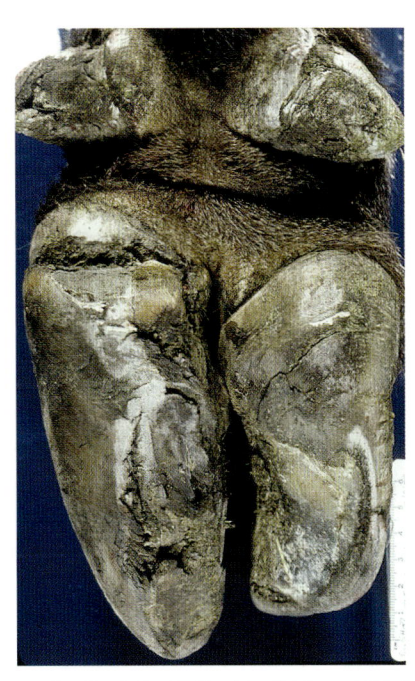

図7-77 不規則な成長、蹄踵の深い亀裂、二重蹄底を示す慢性真皮炎

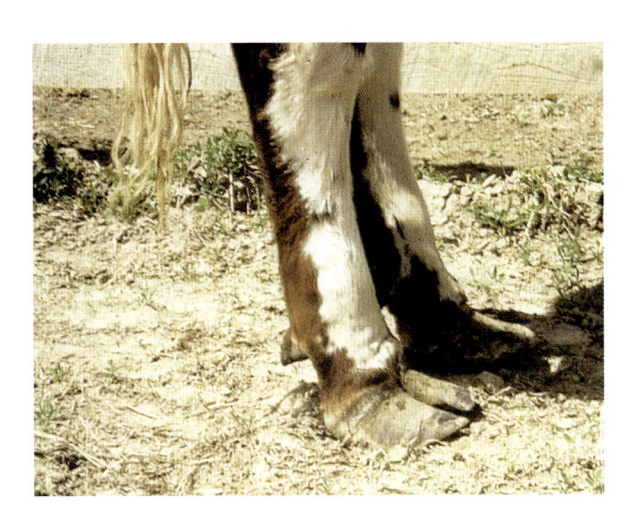

図7-78 慢性真皮炎／蹄葉炎により水平方向の線を伴う過長蹄

# 上肢と脊椎 Upper limb and spine

- はじめに･･････････････････････････ 124
  - 起立不能牛(ダウナー牛)･･････････････ 124
  - 仕切り症候群･････････････････････ 125
  - 脊椎または骨盤の損傷･･･････････････ 125
  - 股関節脱臼･･･････････････････････ 126
  - 大腿骨骨折･･･････････････････････ 127
  - 閉鎖神経麻痺･････････････････････ 128
- 脊椎の異常････････････････････････ 129
  - 脊椎圧迫骨折･････････････････････ 129
  - 脊椎(脊柱)症･････････････････････ 130
  - 頸椎骨折････････････････････････ 130
  - 仙腸関節の亜脱臼と脱臼･････････････ 131
  - 仙尾骨骨折と尾神経麻痺･････････････ 131
- 関節と長骨の損傷･････････････････････ 132
  - 骨盤骨折････････････････････････ 132
  - 大腿骨骨折･･･････････････････････ 133
  - 膝蓋骨脱臼･･･････････････････････ 133
  - 変性性関節疾患(DJD)･･････････････ 134
  - 無菌性膝関節炎(膝の骨関節炎)････････ 134
  - 中手骨/中足骨骨折････････････････ 135
  - 感染性関節炎(敗血症関節炎および骨端炎)･･ 137
- 飛節部の異常･･････････････････････ 138
  - 足根滑液嚢炎と蜂巣炎･･････････････ 139
  - 内側足根ヒグローマ(水嚢胞)･････････ 140
  - 足根腱鞘の腱滑膜炎(飛端嚢腫)･･･････ 140
  - 腓腹筋の損傷･････････････････････ 140
- 末梢神経麻痺･････････････････････ 141
  - 坐骨神経麻痺(L6、S1-2 神経根)･･････ 141
  - 大腿神経麻痺(L4-6 神経根)･････････ 141
  - 腓骨神経麻痺(坐骨神経根の頭側分枝)･･ 142
  - 橈骨神経麻痺(C7-8、T1 神経根)････ 142
  - 上腕神経叢の損傷(C6-T1 神経根)････ 143
- その他の運動器の異常･･････････････ 143
  - 手根ヒグローマ(水嚢胞)････････････ 143
  - 痙攣性不全麻痺("Elso heel")･･･････ 143
  - 股関節異形成･････････････････････ 144
  - 離断性骨軟骨症(OCD)･････････････ 144
  - 敗血性筋炎(膝窩部の膿瘍)･･･････････ 144
  - 腹鋸筋断裂･･･････････････････････ 145
  - 白筋症(地方病性筋ジストロフィー、翼状肩甲骨)･･ 145
  - 中足骨周囲の異物･･･････････････････ 146
  - 肢遠位部の壊疽:外傷性･････････････ 146
  - フェスク(ウシノケグサ)中毒による趾の壊疽 146
  - 麦角菌による壊疽･･･････････････････ 147
  - ハイエナ病･･･････････････････････ 147
- 欠乏性疾患････････････････････････ 148
  - くる病･････････････････････････ 148
  - リン欠乏症(骨軟化症、"peg-leg")･･･ 148
  - 銅欠乏症(低銅血症、"pine")･･･････ 149
  - マンガン欠乏症･･･････････････････ 150
  - コバルト欠乏症("pine"、地方病性消耗症)･･ 150

## はじめに

この項で扱う疾患は、主に罹患部位と損傷のタイプによって分類して解説している。「起立不能牛(ダウナー牛;downer cow)」症候群は肉体的損傷ではないが、ここに分類された疾患の多くは、「起立不能牛」症候群の結果として発現するため、「起立不能牛」も本章で取り上げている。その次に、脊椎の疾患、関節や長骨に影響を与える外傷(例えば、骨折)を紹介する。麻痺については、起立不能牛の項で説明したものを除き、別の小さなグループにまとめた。感染原因の疾患は、敗血性関節炎の項で図示している。跛行の原因となるビタミンまたはミネラルの欠乏症や代謝障害などのその他の疾患は、本項の最後にまとめて列挙した。

## 起立不能牛(ダウナー牛) Downer cow

### 病態

低カルシウム血症(p.167、図9-6・図9-7)の治療後に起立できなくなった牛や理由もなく横臥している牛は起立不能牛と診断されることがあり、一般に「ダウナー牛(downer cow)」とも呼ばれる。原因ははっきりしないことが多い。

### 症状

特に無反応性の乳熱や低カルシウム血症(図9-6、図9-7)などの代謝障害は、起立不能牛(ダウナー牛)症候群の主な原因となる。これらの牛は低カルシウム血症の治療後も起立できないが、その発症原因は不明であることが多い。硬いコンクリート上での横臥や排水溝の縁上での立位、あるいはストール内でのわずか6時間程度の留置が、後肢の神経に回復不能な損傷を与える原因となり得る。カルシウム値が正常であっても、もがくことで股関節の脱臼や筋断裂、大腿骨骨折、その他の外傷性事故を招き、起立不能になることもある。また、子宮炎、乳房炎、中毒などの潜行性の強い疾患も、雌牛と雄牛のどちらも起立不能になる原因となり得る。虚血性の筋壊死により、血清グルタミン酸-オキザロ酢酸トランスアミナーゼ(SGOT)やクレアチンホスホキナーゼ(CPK)などの筋肉酵素の急激な上昇を含む血液性状の変化が起こる。

運動器疾患　125

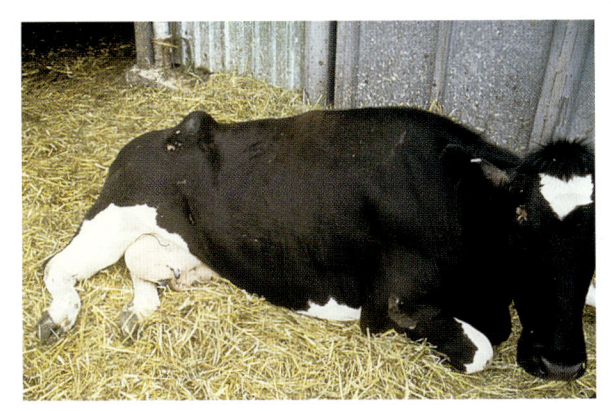

図 7-79　顕著な殿部の腫脹を伴う仕切り症候群

図 7-80　脊椎または骨盤の損傷:「犬座姿勢」をとる後躯麻痺の牛（シンメンタール）

図 7-81　脊椎リンパ腫に起因する進行性後躯麻痺の牛（ホルスタイン、米国）

### 類症鑑別

マグネシウムまたはリン欠乏症を伴う低カルシウム症、大腿骨または脛骨骨折（図7-89、図7-112）、脊椎損傷（図7-94）、腓骨または坐骨神経麻痺、股関節脱臼（図7-86、図7-87）、急性乳房炎、子宮炎、尾骨骨折。

### 対処

起立不能牛（ダウナー牛）のケアはきわめて重要である。牛が起立するときに蹄が床面で滑らないように適度な軟らかさのある床の上で看護することが第一条件であり、これには砂地の上にワラを敷いた床などが適している。牛が自分で寝返りを打てなければ、1日にできれば数回、最低でも1回は体の向きを変えてやる必要がある。食欲不振や動きの鈍さの悪化、介助なしで起立不能、または中毒症状がみられる場合には予後不良が示唆されるが、このような要注意牛が数週間後に自然に起立できるようになった症例もいくつか知られている。カウリフトやカウスリング、膨張式バッグは、一時的に後肢と腰部を持ち上げる作用がある。

## 仕切り症候群　Compartment syndrome

### 病態

後肢の虚血性筋変性は、激痛や四肢機能障害を引き起こし、筋肉破壊の副作用から最終的には毒血症に至る。

### 症状

図7-79の雌牛は、右を下にした横臥位を24時間続けており、右肢を検査しやすくするために寝返りを打たせた。殿部に明らかな腫脹と肥厚がみられ、脛骨周辺はさらに重度の腫脹が認められた。触診で腫大部位の硬直と疼痛が確認された。このような症例は予後不良である。雌牛は動くのを嫌がり、その結果生じる毒血症により食欲不振を生じる。

### 類症鑑別

主に神経麻痺（図7-142～図7-144）、骨盤骨折（図7-109、図7-110）、大腿骨骨折（図7-89）。

### 対処

軟らかな床に寝かせ、日に数回寝返りを打たせる。食餌と水分を確実に摂取できるようにする。

## 脊椎または骨盤の損傷　Spinal or pelvic damage

### 症状

難産後に突然、図7-80の犬座姿勢を取るようになったシンメンタール雌成牛は、腰椎または骨盤腔の損傷が示唆される。後躯麻痺は3週間後に緩解し、この雌牛は完全に回復した。この奇妙な姿勢は脊椎関節症を発症した結果、習慣性となることもある。後肢球節の「ナックリング」を示すホルスタイン成牛（図7-81）は、脊椎リンパ腫に継発して重度の進行性後躯麻痺を発症した。同様の症例の剖検（図7-82）では、尾側脊椎部の横断面に黄褐色のリンパ腫組織（図中のA）と脊柱管内に正常な白い硬膜外脂肪が確認された。こ

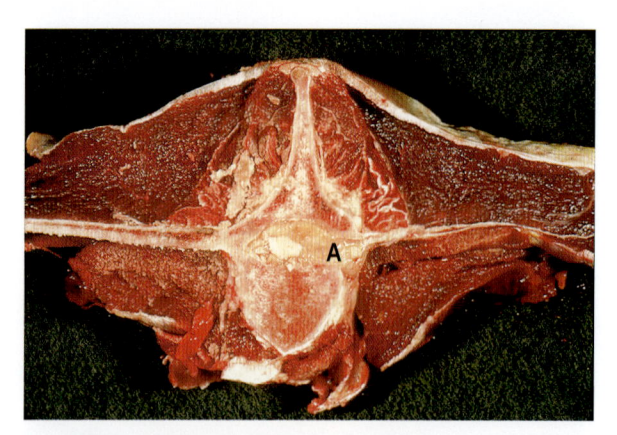

図 7-82　剖検時の腰部脊柱管のリンパ腫(A)

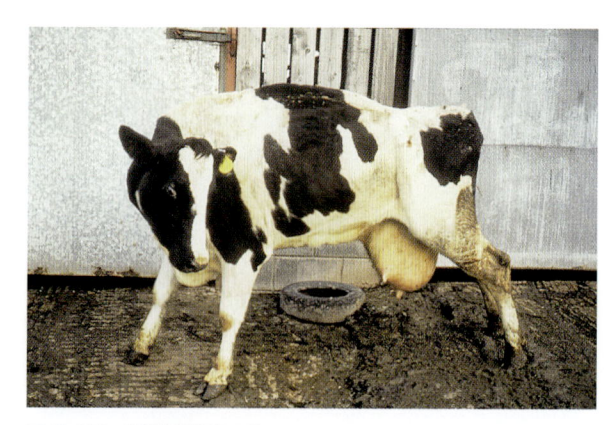

図 7-84　腰部脊椎症の牛

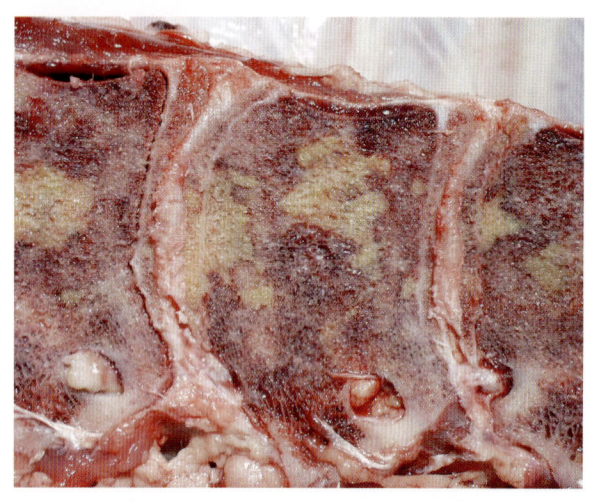

図 7-83　複数の腰椎椎体へのリンパ腫性浸潤(黄色)

のリンパ腫が原因となり、坐骨神経を含む脊髄神経を強く圧迫していた。また、複数の腰椎椎体にリンパ肉腫組織(黄色)が浸潤している(図 7-83)のが認められるが、これが進行性の後躯麻痺を発症する原因となる。

　図 7-84 のフリーシアン牛は、腰部脊椎症にかかっており、起立や歩行にかなり難渋していた。全身状態はきわめて悪く、胸腰椎は筋萎縮のために凸状に突出している。後肢の肢勢は、脊髄神経の痛みを逃しやすくするためである。同様の症例の側方 X 線像(図 7-85)は、腹側に骨棘形成(図中の A)を伴う腰部の変性性関節症を示している。進行性の関節硬直により椎体に新たに沈着した骨が破壊される恐れがあり、その結果として起立不能牛(ダウナー牛)症候群に至る。

### 類症鑑別

　代謝障害あるいは中毒性感染症、後肢外傷(図 7-86〜図 7-93)。

### 対処

　厚みのある軟らかい牛床での適切な看護が奏功する症例もある(図 7-80)。症状の悪化がみられたら、早急に全身をくまなく再診する必要がある。

## 股関節脱臼　Dislocated hip

### 症状

　股関節脱臼は起立不能牛(ダウナー牛)の原因となり得るが、通常は発情期の活動などによる転倒後に起こることが多い。頭背側に生じる頻度が高く(股関節脱臼の 80％)、図 7-86 の雌牛のように、後肢の肢勢と輪郭に異常がみられる。図 7-87 のフリーシアン未経産牛は、左大腿骨頭が前上方(頭背側)に脱臼しており、後躯の骨特徴点の調和がとれていない。左殿筋は大腿骨大転子(図中の A)が背側に変位しているために突出している。大腿骨の回転時に捻髪音が聞こえることもある。また、腹尾側に変位した大腿骨頭が閉鎖孔に侵入すると(図 7-88、土手から車道に飛び落ちた

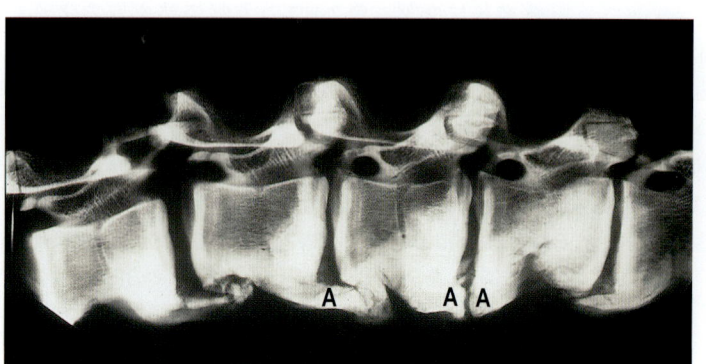

図 7-85　重度の変性性関節症と腹側の骨棘(A)を示す腰椎の側方 X 線像

運動器疾患 127

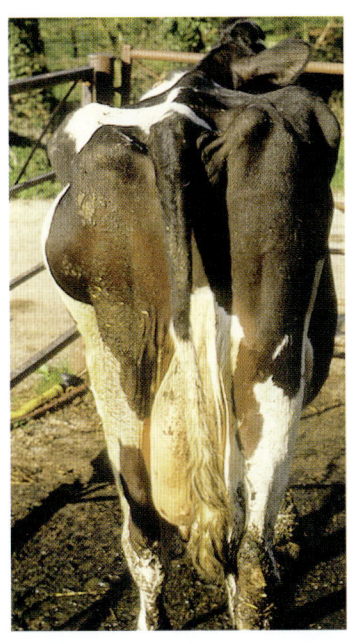

図7-86　明白な非対称性を示す頭背側への股関節脱臼(左)

シャロレー雑雌牛)、損傷が閉鎖神経に及ぶ原因となる(図7-91)。図7-88の雌牛は、大腿骨大転子が正常な位置から腹側に変位している。

### 類症鑑別
骨盤骨折(図7-110)、近位大腿骨骨折(図7-89、図7-90、図7-112)、閉鎖神経麻痺(図7-91、図7-92)、脊椎骨折(図7-94、図7-95)。

### 対処
脱臼の初期ならば、操作により整復できることもある。特に幼牛の頭背側の脱臼は整復による治癒の可能性が高い。脱臼発生後24時間以上経過した場合には、治癒不能として淘汰されるのが一般的である。

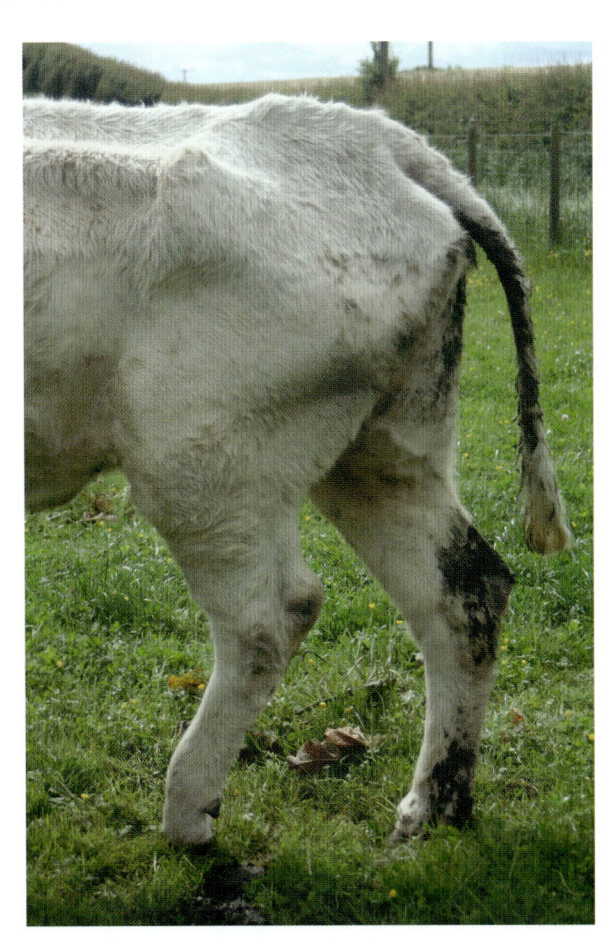

図7-88　腹側への股関節脱臼を示す牛(シャロレー雑)

## 大腿骨骨折　Fractured femur

### 症状
周産期の牛の大腿骨骨折の大半は大腿骨の骨頭周辺の近くで生じるが、この診断の基本となるのは後肢の肢勢異常と後肢動作時の捻髪音である。図7-89の起立不能牛(ダウナー牛)は右大腿骨の中央骨幹部を骨折し、関連する軟組織に腫脹がみられた。右後肢の下部は、大腿骨骨幹下部が外側へ動くために外側へ転位している。この部位には激しい疼痛が生じる。このような骨折を生じた牛が常に横臥するとは限らない。その

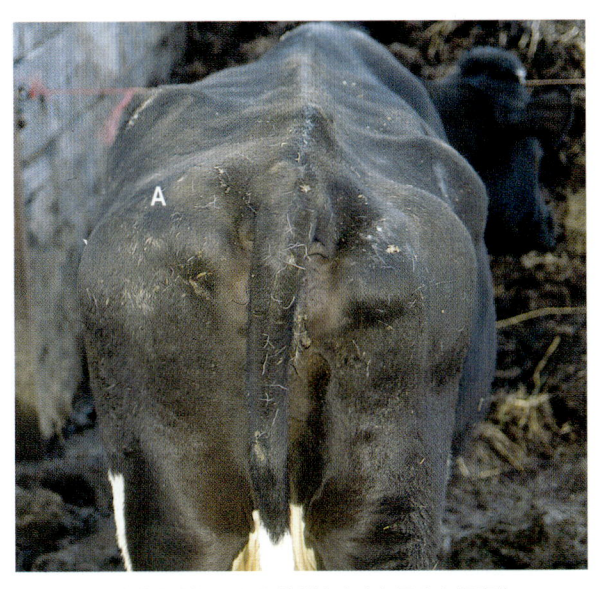

図7-87　左背頭側への股関節脱臼(A)を示す未経産牛

図7-89　右大腿骨中央骨幹部の骨折を示す起立不能牛(ダウナー牛)

図 7-90　右大腿骨骨幹骨折を生じた牛の異常立位肢勢

図 7-91　両側性の閉鎖神経麻痺を示す起立不能牛（ダウナー牛）

他の大腿骨骨折の症例（図 7-90）では、広範な軟組織の腫脹がみられ、肢勢が前外側に開いていた。子牛の場合、1、2回は立ち上がろうと試みるが、その後は諦めることが多い。下敷きになっている非骨折側の後肢は重度の虚血性筋壊死になりやすい（p.125 参照）。子牛の大腿骨骨折については、図 7-112 に基づいて図説する。

### 類症鑑別

股関節脱臼（図 7-86、図 7-87）、骨盤骨折（図 7-110）。

### 対処

幼若子牛の中央または遠位骨幹部の骨折を除き、通常治癒不能である。価値の高い子牛には、内固定法（プレートまたはピン）を試みることもある。

## 閉鎖神経麻痺　Obturator paralysis

### 病態

閉鎖神経は後肢の内転筋を支配する。胎子のサイズが大きすぎて難産になる場合、片側性または両側性の神経麻痺を生じ、その後下肢外転に至ることがある。

### 症状

図 7-91 の牛は左右対称に後肢が外転し、両側性閉鎖神経麻痺の特徴的な肢勢を示している。重症度の低い症例では後肢外転の肢勢で歩くことはできるが、滑りやすいコンクリート上では、（図 7-91 で起きたように）スリップして開脚し（股開き）、その結果、二次的な症状として股関節脱臼や大腿骨骨折を生じることがある。図 7-91 の後肢外転の程度を、図 7-92 の二次的な股関節または大腿骨損傷の症例と比較してみるとよい。この牛は回復しないと思われる。別の牛（図 7-93）は、9カ月前に閉鎖神経麻痺からある程度回復したが、歩行時には相変わらず右後肢が外転する。左後肢は正常であり、負重に耐えられる。

図 7-92　二次的な股関節または大腿骨損傷を生じた両側性の閉鎖神経麻痺の牛

### 類症鑑別

股関節脱臼（図 7-86、図 7-87）、大腿骨骨折（図 7-89、図 7-90）。

### 対処

ワラを十分に敷いた牛舎内で飼育する。閉鎖神経麻痺が疑われる場合には、運動機能が改善するまで、蹄で把持しやすい軟らかい床面の上で飼育する。球節または飛節に拘束具を装着すると、肢の過度な外転を予防し、搾乳場まで安全に移動するのに役立つ。簡易な試みとして定期的にカウリフトで立位に持ち上げ進行状況を検査し、後肢の血液循環を助けることもある。

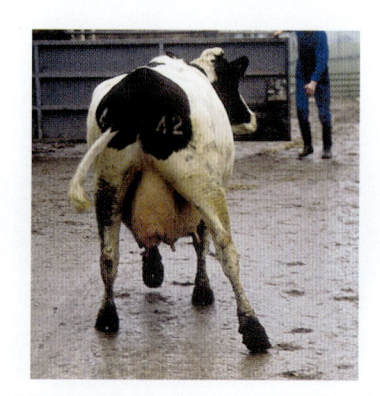

図 7-93　右閉鎖神経麻痺の発症から9カ月後の牛

運動器疾患　129

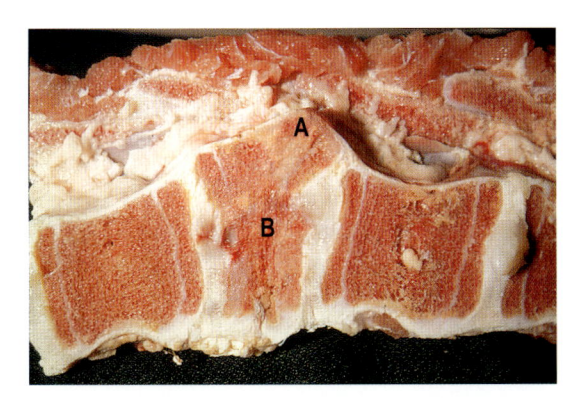

図7-94　剖検時の未経産牛の脊椎骨折を伴う脊髄圧迫（ホルスタイン、米国）

図7-96　椎間板(L1-L2)の破壊と感染を伴う図7-95の牛の腰椎の剖検像

## 脊椎の異常　Spinal conditions

### 脊椎圧迫骨折　Spinal compression fracture

#### 症状

　脊髄圧迫(図7-94のA)は脊椎の骨折(図中のB)によって起こることがある。写真の8カ月齢のホルスタイン未経産牛は突然後躯麻痺を発症したが、これは数カ月間にわたってくる病の臨床症状を示していたことと関係があると思われる。圧迫骨折により、椎体が徐々に背側に押し出され、脊柱背彎症(アーチ型の背中)を引き起こした。脊柱管の狭窄が進行し、くる病に侵された他の骨の骨折により脊髄が圧迫される。通常、圧迫骨折と脊椎成長板の敗血巣はどちらも若牛に生じる。

　尾側胸椎に局部的な突出のあるフリーシアン去勢雄牛(図7-95)は、突然脊柱背彎症を発症し、急激に症状が悪化したために淘汰を余儀なくされた。剖検の結果(図7-96)、敗血性骨端軟骨(板)炎により、第1腰椎(図中のA)と第2腰椎(図中のB)の間の椎間板腔の圧迫破壊と感染が明らかになった。また脊柱管のずれと脊髄圧迫も数カ所に認められた(図中のC)。脊柱背彎症は先天性であることもあり、加齢と共に進行する。罹患牛の多くはやがて横臥位をとるようになる。

　このフリーシアン雑子牛(図7-97)は脊柱の側彎と背彎が明らかであり、通常このような症例は進行性のため、発育不全として淘汰される。図7-98のホルスタイン成牛は、医原性の脊柱側彎症を示している。この成牛は左傍脊椎無痛麻酔(T13、L1、L2へ塩酸リドカイン20ml×3を投与)を適用した第四胃左方変位(LDA)の手術直後に側彎症(図7-98の写真は上から撮影)を発症し、翌週になっても回復しないことから、淘汰を余儀なくされた。剖検は実施できなかったが、左側腰髄にきわめて重度の損傷があることは間違いないだろう。

#### 類症鑑別

　浸潤性リンパ肉腫塊、骨盤または仙骨骨折、骨髄炎など他のタイプの脊椎外傷。

#### 対処

　早期発見と可能であれば根本原因の是正が不可欠であることは明白である。罹患牛の大半は淘汰せざるを得ないが、食餌管理によりさらなる発症を予防することは可能である。ミネラル分を添加していないトウモロコシベースの高濃厚飼料が関与していることが多く、これはまた、四肢の自然骨折を招きやすくする。

図7-95　腰部外傷に起因する脊柱背彎症

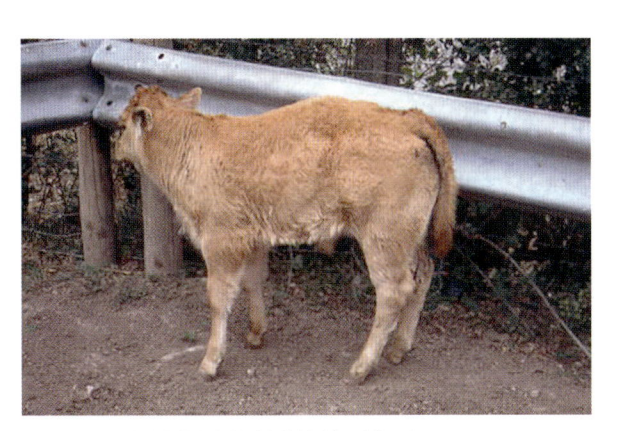

図7-97　脊柱側彎症(脊柱背彎症)の雑子牛

図7-98　第四胃左方変位手術時の傍脊椎無痛麻酔後に発症した医原性の脊柱側彎症（米国、立位の牛を上部から撮影）

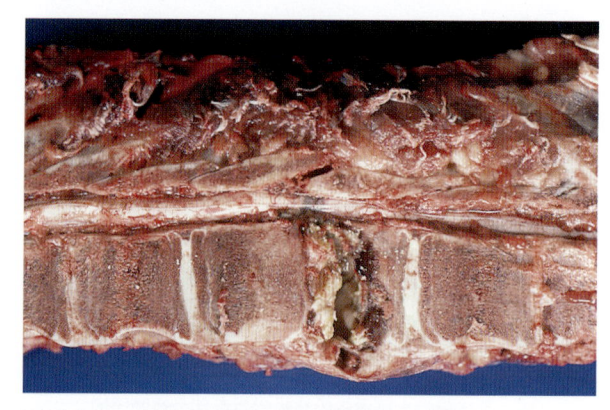

図7-100　剖検時の子牛の腰椎成長板の骨髄炎（ホルスタイン、6カ月齢）

## 脊椎（脊柱）症　Spinal (vertebral) spondylopathy

### 病態

骨髄炎、脊髄膿瘍、硬直症（脊椎症）を含むあらゆる椎骨の疾患。

### 症状

脊椎骨の骨髄炎は、血行性により広がる疼痛性の進行性疾患であり、子牛と成牛のどちらにもみられる。図7-99の牛は脊髄膿瘍のために疼痛があり、ぎこちなく歩いていたが、やがて立とうとしなくなった。

図7-100の標本は、6カ月齢のホルスタイン子牛の胸腰椎の長軸断面である。骨髄炎は腰椎骨端軟骨（成長板）の全層に及んでいる。椎間板は崩壊し、脊柱管は狭窄している。狭窄した脊髄を覆う髄膜の下には明らかな出血がみられる。感染はおそらく血行性であろう（Arcanobacterium pyogenes が分離された）。

図7-101の牛は、胸腰椎が弓形に曲がり、後肢が正常な位置よりも後方に下がっている。右後肢の蹄が浮いているのは、脊椎痛を緩和しようとしているからである。このような牛はしばしば後肢を"バタつかせ"、起立が困難なこともある。腰部脊椎症（図7-84）や脊椎骨髄炎（図7-99）と比較すると症状の進行は緩慢であり、無菌性のものである。椎体で増殖する骨は、最終的には硬直症を引き起こすことがある（図7-85）。

### 類症鑑別

脊椎圧迫骨折（図7-94～図7-97）。

### 対処

ほとんどの症例は進行性で緩慢または急激に進行し、特に突然横臥姿勢をとるようになった場合には、動物福祉の観点から淘汰すべきである。

## 頸椎骨折　Cervical spinal fracture

図7-102の2歳のフリーシアン未経産牛は第5、第6頸椎骨を骨折し、頭頸部が上がらなくなっている。肩甲骨の前の背側頸椎部がくぼんでいるのがはっきりと分かる。同様の症例の他の雌牛は、首を曲げることができないために、膝を折り曲げて牧草を食べていた。

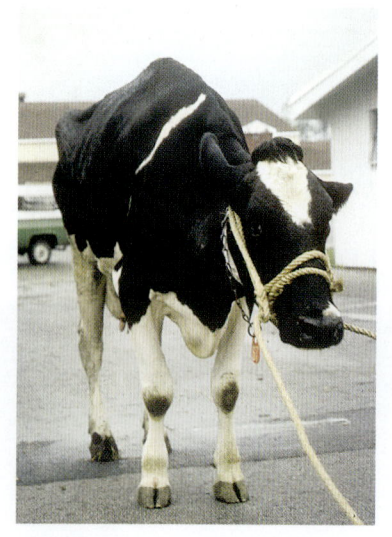

図7-99　脊椎骨髄炎のフリーシアン牛（米国）

図7-101　脊椎（脊柱）症の姿勢を示す牛（ホルスタイン）

運動器疾患　131

図 7-102　未経産牛の頸椎(C5-6)骨折
(フリーシアン、2歳)

図 7-104　仙骨骨折

## 仙腸関節の亜脱臼と脱臼
Sacroiliac subluxation and luxation

### 病態
　周産期の牛の体は骨盤と仙骨の接合部にある靱帯を緩めることで、胎子が産道を通るのを助けている。そのため、大きめの胎子を強く牽引すると、脊椎の仙骨が回転する。この時、仙腸関節の線維性癒合の接合性が一部喪失(亜脱臼)したり、また2つの関節面の接触性が完全に喪失(脱臼)したりすることもある。

### 症状
　亜脱臼は、一時的な横臥をもたらすことがあり、いわゆる起立不能牛(ダウナー牛)症候群(p.124)になる。フリーシアン雌牛(図7-103)の腸骨翼は、腰椎と比べると一段高くなっている。直腸検査により、仙骨岬角が後方に押し下げられ、その結果、骨盤入口部の直径が背腹方向に狭小されていることが明らかになった。これとは対照的に(腸骨翼と仙骨との接触部がまったく残っていない)完全脱臼を生じた雌牛が正常な姿勢や歩行状態に回復する可能性はほとんどない。

### 類症鑑別
　骨盤骨折(図7-109〜図7-111)、腰椎骨折、脊椎症(図7-99、図7-100)、他の起立不能牛(ダウナー牛)症候群。

### 対処
　亜脱臼症例には数日間で改善し、泌乳を継続するものもしばしばあるが、完全脱臼の場合はできるだけ早く淘汰すべきである。一度亜脱臼を経験した牛は骨盤入口部が狭くなり難産になりやすいため、繁殖に供用すべきでない。

## 仙尾骨骨折と尾神経麻痺
Sacrococcygeal fracture and tail paralysis

### 症状
　この部位の骨折には、「尾根部の破砕や損傷」および尾神経麻痺が関係することがある。図7-104は、仙骨骨折と尾側の腰椎と仙骨の変位を生じたフリーシアン雌牛の背側骨盤部を示している。いちじるしく目立つ坐骨結節が尾根部よりかなり上に突き出ていることに注目する。図7-105には異なる形態の症例を示した。押しつぶされた尾根部と仙骨損傷を生じたこのレッドフリーシアン泌乳牛は、進行性の後躯麻痺を発症している。この雌牛は最近雄牛と交配したのだが、

図 7-103　腸骨翼の盛り上がりを示す仙腸関節亜脱臼の牛
(フリーシアン、ベルギー)

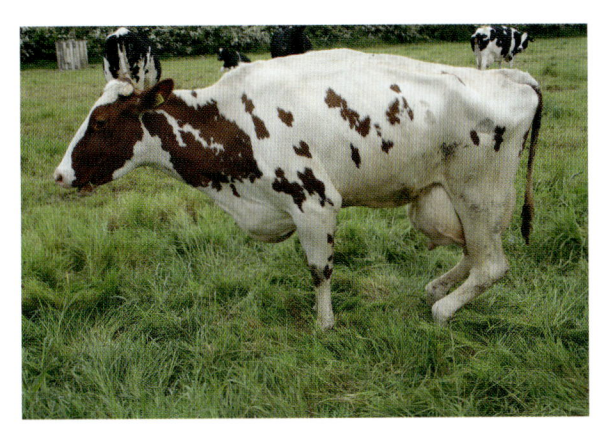

図 7-105　押しつぶされた尾根部

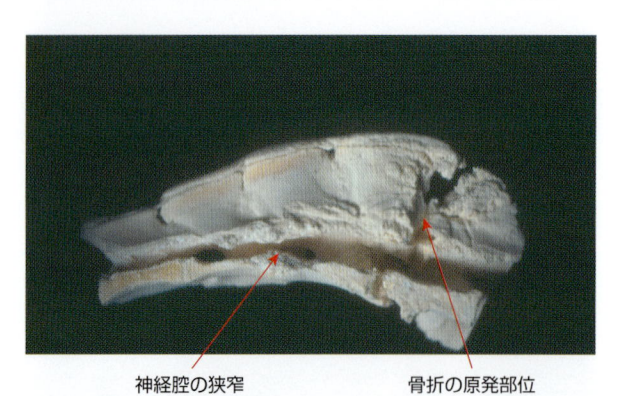

図 7-106　後躯麻痺の原因となった押しつぶされた尾根部と仙骨の損傷（フランス）

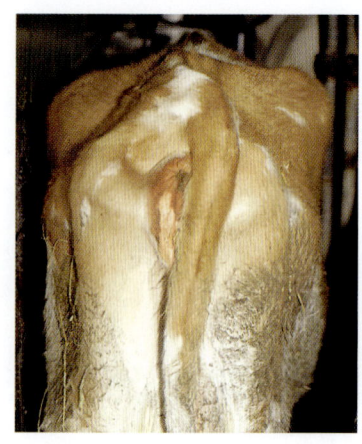

（矢印：神経腔の狭窄／骨折の原発部位）

図 7-108　未経産牛の仙尾骨骨折（ガーンジー、2 歳）

その全身状態の悪化に注目する。筋肉に張りのない、だらりと垂れ下がった尾がこの症状の特徴である。図7-106 は、図7-105 と同様の過程を経た牛の仙骨の骨標本である。このヘレフォード雄牛（図7-107）は、排便時に尾を上げられなかった。尾根部の著しい腫脹（図中の A）は、交配時の転倒に起因する陳旧骨折によるものであり、尾骨神経支配の圧迫を招いていた。しかし、仙尾骨骨折が必ずしも神経機能障害を引き起こすわけではなく、図7-108 の 2 歳のガーンジー未経産牛にみられるように、外観の変形異常のみを示すこともある。特に育成牛は、脊柱の圧迫骨折を起こし、椎体の成長板に転移性の敗血巣を局在させやすい傾向がある（図7-99、図7-100 と比較する）。

### 対処

罹患部位が尾のみであれば、尾の毛を刈り取ることで乳房への糞便汚染を低減することが可能であり、症例の多くが最終的に回復している。「押しつぶされた尾根部」は通常、発情期の 1～2 日後にみられ、症状が現れたら直ちに非ステロイド系抗炎症薬（NSAID）による治療を開始すべきである。図7-105 の牛のように球節を地面につけている場合には、滑らない床敷きの屋内スペースで個別に飼育する。症状が深刻な場合は搾乳場まで安全に移動できず、さらに悪化すると介助なしには起立できない。後者の牛は淘汰されるべきである。大半の症例は回復するが、数カ月かかることもある。

## 関節と長骨の損傷
Trauma of joints and long bones

### 骨盤骨折　Pelvic fracture

#### 病態

骨盤骨折のほとんどは腸骨翼に関係があり、症状はあまり深刻ではない。これに対し、腸骨骨幹部と恥骨の骨折は、発症頻度はきわめて低いが、重度の跛行と時にはダウナー牛のように横臥位を示す原因となることもある。

#### 症状

図 7-109 に示された雌牛の左腸骨翼の開放骨折はひどく汚染されており、排膿が十分にできないために、この部位の病変の治癒は緩慢である。これらの骨折は、手荒な扱いや密飼いによる外傷、急ぎ足での牛舎出入り口の通行、あるいは硬い床面で突然の転倒などが原因となって引き起こされる。腸骨翼骨折の大半

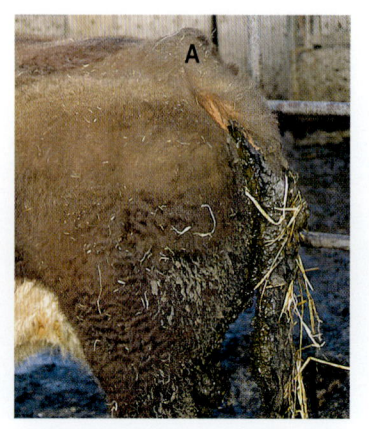

図 7-107　尾の挙上不能な雄牛の仙尾骨骨折（ヘレフォード）

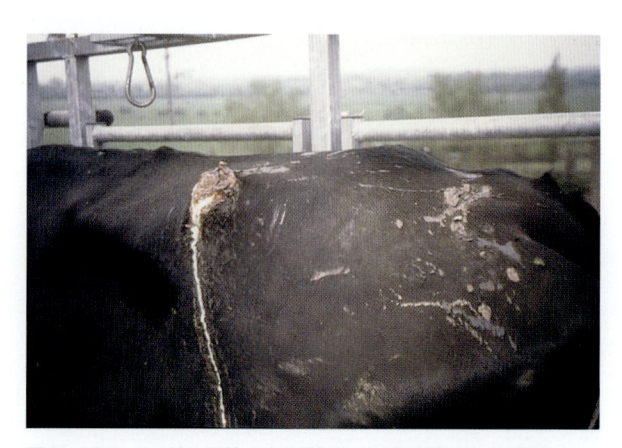

図 7-109　ひどく汚染された雌牛の左腸骨翼の開放骨折

運動器疾患

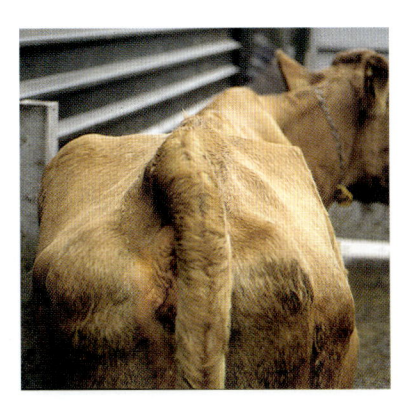

図7-110　雌牛の右腸骨翼の閉鎖骨折（殿部下垂；"dropped hip"）（ガーンジー）

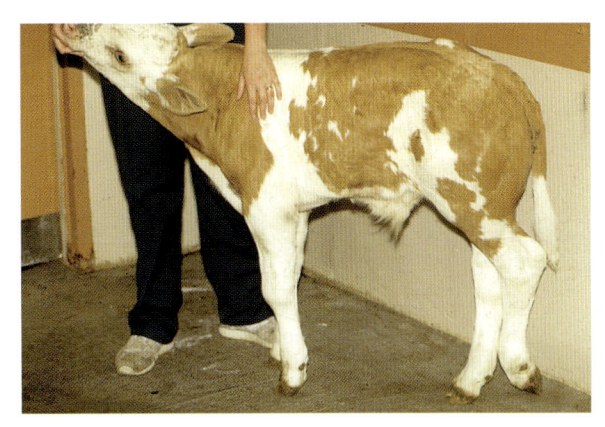

図7-112　大腿骨骨幹軸を骨折した子牛の姿勢（シンメンタール）

は閉鎖性で、骨折片が大腿筋膜によって押し下げられており、写真のガーンジー雌牛（図7-110）のように、右側では骨隆起がみられない（殿部下垂；"dropped hip"）。他の症例では、腸骨翼を覆う皮膚が壊死し、痂皮を生じている（図7-111）。腸骨翼はほとんどの場合、外観が悪いだけでそれ以上の問題はない。

#### 対処
開放性の場合には、骨折片をすべて除去した後に定期的に創傷を治療する必要がある。突出した骨を切除すると治癒が促進される。

### 大腿骨骨折　Femoral fracture

#### 症状
このシンメンタール雄子牛（図7-112）は、2日前に骨折した大腿骨骨幹軸を覆う軟組織が腫脹している。起立時の姿勢から、大腿神経麻痺、あるいは股関節脱臼や大腿骨頸部骨折などの大腿部損傷と混同されることがある。その他の大腿骨骨折は図7-89と図7-90に示してある。

#### 対処
外科的修復がしばしば指示される。ギプスを使った肢固定は適用できない。経済的および動物福祉の観点から安楽死が行われることも少なくない。

### 膝蓋骨脱臼　Patellar luxation

#### 病態
膝蓋骨脱臼には上方または側方、一時的または永久的に変位するものがあり、その発症原因は不明である。

#### 症状
個々の症状はいちじるしく異なる（図7-113と図7-114とを比較）。図7-113のホルスタイン未経産牛は、右後肢を目一杯伸展させた肢勢を数秒間保ち、その後前方に素早く引っ込めた。膝蓋骨は大腿滑車部の上に一時的に固定されていた。動かせながらの触診でなされた膝蓋骨上方脱臼という診断は、内側膝蓋靭帯切断術への反応によって確定された。ある特定タイプの上方脱臼と固定は育成牛と成牛に起こり、インド亜大陸の荷役牛にもよくみられる。脱臼のタイプによっては遺伝性がある。

これに対し、ホルスタイン子牛（図7-114）は後膝関節を屈曲している。膝蓋骨は容易に触診でき、大腿滑車部の側方に脱臼し、関節の全幅が拡大していた。随

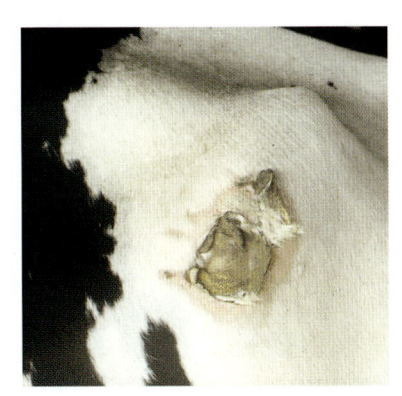

図7-111　骨折後にできた右腸骨翼を覆う皮膚の壊死

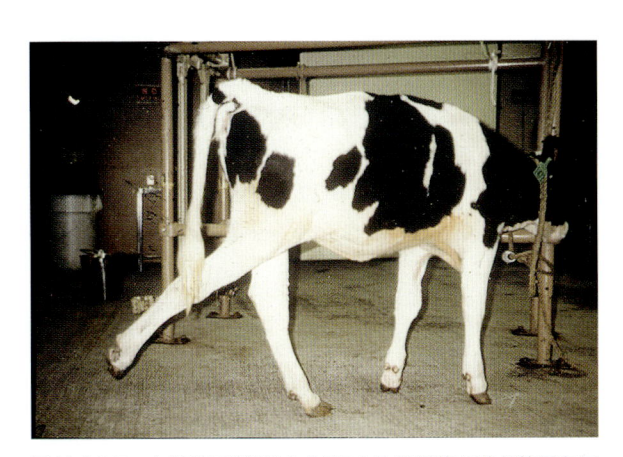

図7-113　右膝蓋骨脱臼（上方）による特徴的な肢の伸展を示す未経産牛（ホルスタイン、米国）

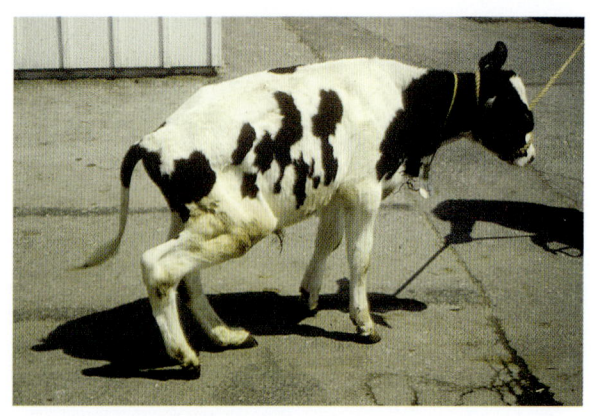

図7-114　右膝蓋骨脱臼（側方）を示す子牛（ホルスタイン、米国）

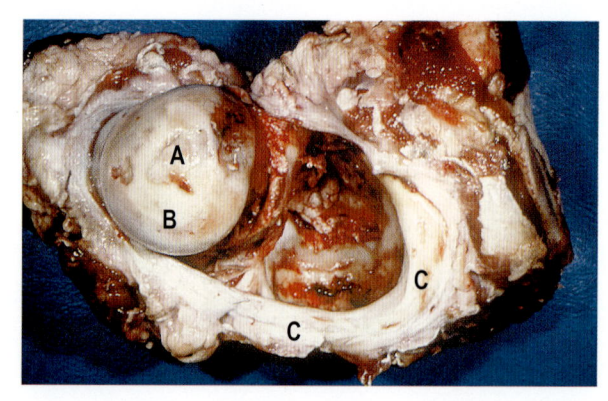

図7-115　びらん、象牙質化、肥厚した関節嚢を示す股関節の変性性関節疾患（DJD）

伴する大腿四頭筋の重度の萎縮と後肢の跛行肢勢に注目する。一般的に膝蓋骨側方脱臼は、1カ月齢未満の幼若子牛に生じる。

### 類症鑑別
膝蓋骨上方固定では痙攣性不全麻痺（図7-148）、膝蓋骨側方脱臼では大腿神経麻痺（図7-143）。

### 対処
上方脱臼や固定では内側膝蓋靭帯切断術、側方脱臼では内側オーバーラップ（被蓋）手術を行い、手術後の予後管理を慎重に行う。一時的な上方脱臼では自然に回復する症例もある。

## 変性性関節疾患（DJD）
Degenerative joint disease

### 病態
関節軟骨の慢性変性であり、雌と雄のどちらの成牛においても関節嚢の肥厚と1つまたは複数の主要関節への骨棘形成を伴う。雄成牛では自然交配時の乗駕が不能になることがある。

### 症状
変性性関節疾患（DJD）は、負重関節の中でも特に股関節と後膝関節に発症する頻度が高い。写真のヘレフォード高齢牛の股関節（図7-115）はDJDの典型的な特徴である、広範な軟骨関節のびらん（図中のA）、下層の骨の象牙質化（図中のB）、肥厚した関節嚢（図中のC）を示している。出血部位の存在から、慢性変性発症後ごく最近に外傷を伴う事象が発生したことが分かる。

### 類症鑑別
後膝関節のDJD（無菌性膝関節炎〔図7-116〜図7-118〕を参照）、骨盤骨折（図7-109〜図7-111）。

### 対処
休息、閉じ込め、鎮痛剤、および非ステロイド系抗炎症薬（NSAID）。

## 無菌性膝関節炎（膝の骨関節炎）
Aseptic gonitis (stifle osteoarthritis)

### 病態
一側または両側の後膝関節に発症する変性性関節疾患（前述のDJDの項を参照）であり、高齢牛が罹患することが多い。

### 症状
無菌性あるいは非感染性の膝関節炎は外傷に起因し、牛は重度の慢性的な跛行を示す。後膝関節が徐々に腫大し、関節を屈曲せずに肢を動かすようになる牛もいる。肢の筋萎縮は急速に進行する。1歳のフリーシアン牛（図7-116）の罹患部は、線維症と二次的な骨増殖を伴う関節周囲の炎症液により腫脹している。

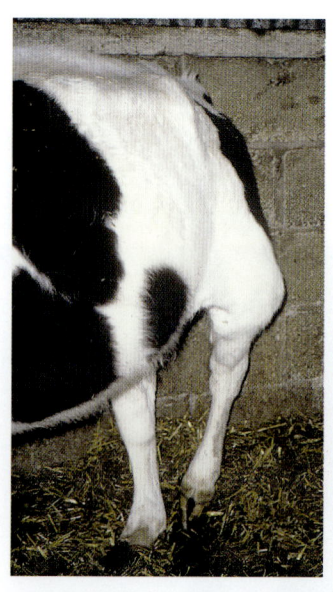

図7-116　重度の関節腫脹を伴う無菌性外傷性膝関節炎の1歳牛（フリーシアン）

運動器疾患

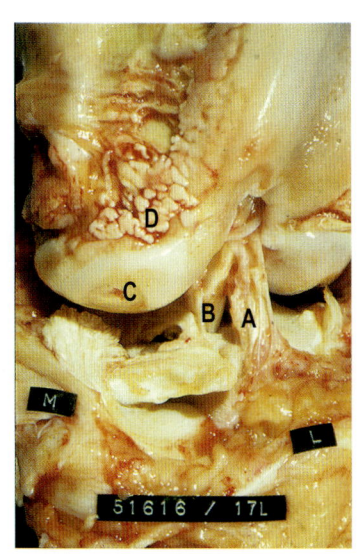

図7-117　後膝関節の慢性変性を示す、剖検時の前十字靱帯断裂

概して若牛は側副靱帯の部分断裂を生じることがある。このような症例の一部は、二次的な変性性膝関節炎によりわずかに跛行が残る。この成牛（図7-117）では、前十字靱帯（CrCL）断裂が重度の後膝跛行の一般的な原因である（断裂靱帯〔図中のA〕）。類似症例の高齢肉牛の後膝関節の側方X線像（図7-118）は、大腿顆上で脛骨関節面がかなり頭側に移動している状態（約3cm）を示している。小さな骨片が脛骨隆起部の近くにあるのが明らかである（図中のA）。図7-117の切開された後膝関節の頭側からの所見は、後十字靱帯（図中のB）が無傷であるのに対し、前十字靱帯（図中のA）のわずかな断片を示している。内側半月板は断裂し、断片化している。大腿骨内側顆にはびらんによる骨喪失（図中のC）と、顆上突起縁に過剰な骨棘増殖（図中のD）がみられた。触診可能な関節嚢の肥厚と骨の腫大は前十字靱帯の断裂に顕著な症状である。

### 類症鑑別

敗血性膝関節炎、大腿骨遠位部骨折、関節周囲膿瘍。

### 対処

回復する症例はほとんどない。非ステロイド系抗炎症薬（NSAID）と鎮痛薬が罹患部の運動を助けるが、泌乳牛はヤードと開放区画に閉じ込めるのが最善である。

## 中手骨／中足骨骨折
Metacarpal/metatarsal fractures

### 病態

中手骨／中足骨骨幹部の骨折は、閉鎖性のことも開放性のこともある。罹患年齢層は幅広く、散発性の症例が子牛と成牛のどちらにも起こる。

### 子牛の症状

図7-119のフリーシアン子牛は、少し前に遠位中手骨骨幹部を骨折したことにより重度の角状変形を生じている。この骨折は整復も固定もなされなかった。中手骨を覆う軟組織はわずかなため、これらの骨折が皮膚を穿孔して感染を起こし、その結果、骨髄炎を引き起こしやすい。これらの骨折、あるいは中手骨骨端軟骨の分離は、難産時に胎子を過剰に強く牽引した後に起こることがきわめて多い。図7-120のアンガス子牛は両側性の中手骨骨幹部骨折を生じたが、これは球節のすぐ上に装着した産科チェーンの牽引によって起こった。残された瘢痕に注目する。この所見では、外副子固定から治癒までに2週間を要したが、10～20°の不整列があることに注目する。

中手骨骨折は、X線像（図7-121）にみられるように、骨端分離を併発することがある。このX線像は、新生子牛の遠位中手骨成長板の部分的な分離と変位（図中のA）、および骨幹端骨折（図中のB、サル

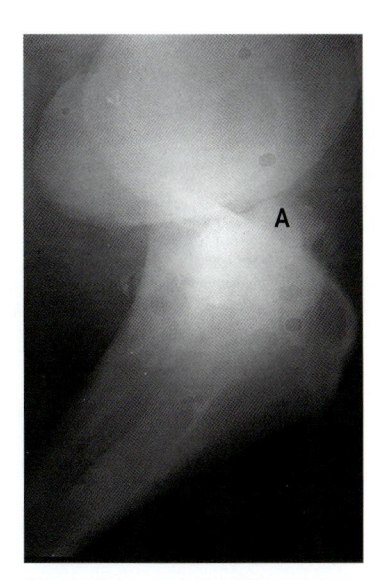

図7-118　脛骨の前方への変位と骨片（A）を示す後膝関節の側方X線像

図7-119　重度の屈曲化を伴う子牛の遠位中手骨骨折

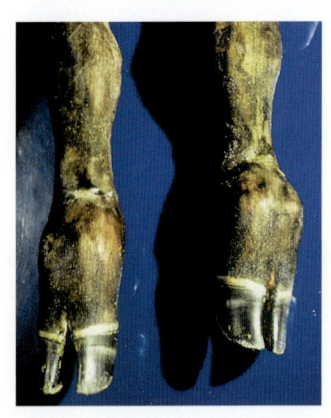

図7-120　球節上に装着されたチェーンの過度の牽引により生じた両側性の中手骨骨折（米国）

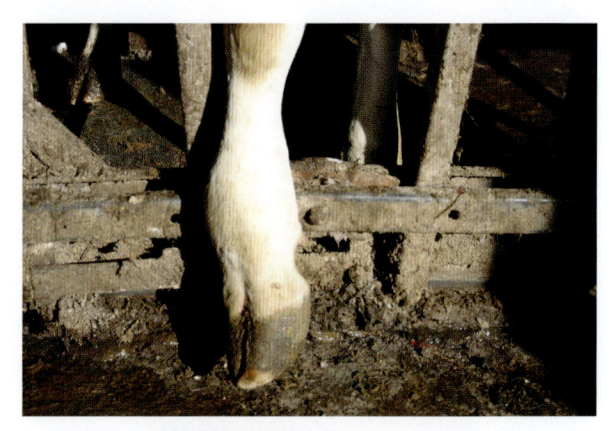

図7-122　遠位中手骨の骨端骨折

ターⅡ型）を示している。骨端分離を伴う中手骨骨折は、図7-122の8カ月齢のホルスタイン未経産牛にみられる。球節外側面に硬直した疼痛性腫脹と、肢に著しい外転があることに注目するが、整復は不可能である。

**類症鑑別**

入念に触診を行い、骨幹部の骨折や遠位骨端軟骨の分離の有無を明らかにする。X線写真を用いて正確に確認できる。

**対処**

閉鎖骨折では、骨端骨折により不整列が残ることはあるが、体外補助具などを使いていねいなケアを行えば予後は良好である。骨折の開放部位やそれによる感染の有無を入念に確認する。このような症例では予後はさらに悪化するため、外固定を装着する前に創面切除と洗浄を行う必要がある。カテーテル挿入や再洗浄のために「丸窓（porthole窓）」を残しておいてもよ

い。体外補助具（例えば、樹脂）は、手根骨の近位と蹄冠部の遠位に広く装着する。抗生物質の全身投与を5～7日間行う。

**成牛の症状**

症例のほとんどは突然跛行を示す。典型的な中手骨／中足骨の骨幹部骨折は非常に多く、成牛の長骨骨折のおよそ50％に相当する。

第2のタイプ（剥離骨折）は、骨皮質からの腐骨片を含み、時としてみられる（図7-123）。しかし、初期段階では中手骨／中足骨骨幹部の変化を見きわめにくい。図7-123のような進行症例では、硬い腫脹が明らかであり、左中足骨の外側面に排液洞が2つ形成されていた。この雌牛は、数カ月前に更新牛として農場に輸送されたときに肢を傷めた。X線像で、中足骨の中央骨幹部の外側面に骨皮質の皿形の腐骨がはっきりと認められた。ほとんどの症例の原因は外傷性であり、細菌感染が起こることもあるが、排液は異物反応に起因するものである。

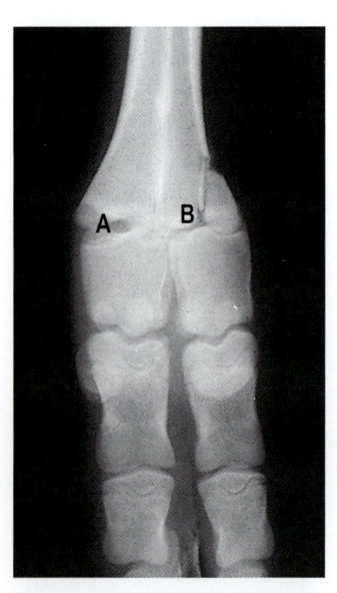

図7-121　骨端分離を伴う中手骨骨折のX線像（サルターⅡ型）

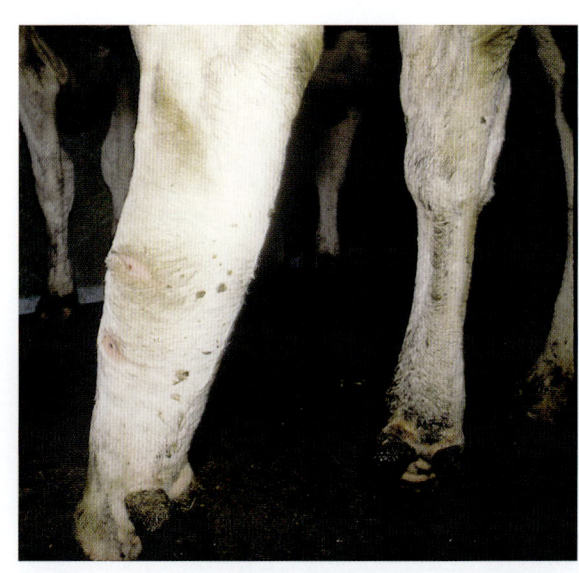

図7-123　腐骨に関係する2つの排液洞を伴う中足骨骨折

ないが、外部固定具の装着により線維性組織が形成され緩慢に治癒することもある。次に、腓腹筋断裂の症例を2つ示す。1例目のショートホーン未経産牛(図7-139)は、飛節の下垂と腓腹筋筋腹の腫脹を示している。

2例目の図7-140のフリーシアン牛は両側性完全断裂を生じ、起立ができず、飛節の底面で体重を支えている。外観は踵骨の骨端剥離骨折に類似しているが、この場合には腓腹筋・腱群の損傷はない。腓腹筋損傷のもう1つの形態は、図7-141の2歳のフリーシアン未経産牛にみられるような外傷性の切断である。この損傷は腓腹筋が削がれるように切れた場合に生じ、かなり重症化することがある。創傷の感染は疑いない。腓腹筋と浅屈筋の両方の腱が損傷しているため、負重には耐えられない。

#### 類症鑑別
踵骨骨折、腓腹筋筋腹の断裂。

#### 対処
腓腹筋の完全断裂あるいは切断した症例は、繰り返し負重をかけようとした結果、治癒不能になることがほとんどである。体の小さな育成牛の非感染性症例で、副子固定をした場合には数週間で回復することがある。

## 末梢神経麻痺　Peripheral paralyses

末梢神経麻痺の形態の1つ(閉鎖神経麻痺)はすでに図説してある(図7-91～図7-92)。以降の項では神経

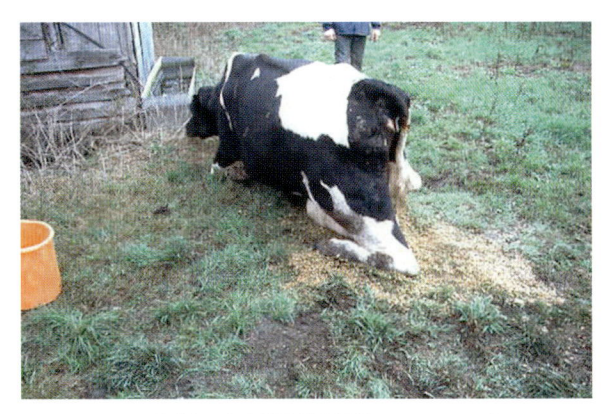

図7-140　両側性の完全腓腹筋断裂(フリーシアン)

損傷のその他のタイプについて説明する。

### 坐骨神経麻痺(L6、S1-2 神経根)
Sciatic paralysis (L6, S1-2 nerve roots)

このアンガス未経産牛(図7-142)の左坐骨神経麻痺は、深殿部神経周囲に投与した抗生物質による偶発的(医原性)事故に起因する。一般には長時間作用型の抗生物質製剤が関与する。坐骨神経麻痺は、時には分娩不全麻痺による長期間の横臥後に継発する。重度の虚血性筋壊死が、損傷した神経の周囲に明らかに認められる(p.124「起立不能牛〔ダウナー牛〕」を参照)。

### 大腿神経麻痺(L4-6 神経根)
Femoral paralysis (L4-6 nerve roots)

この4日齢のシンメンタール子牛(図7-143)は大腿四頭筋不全のため、屈曲した後膝関節を伸展して負重に耐えることができない。大腿部内側の皮膚感覚は失われていた。二次的な膝蓋骨側方脱臼を生じることが時々ある(図7-114)。7～10日後に大腿四頭筋がえ

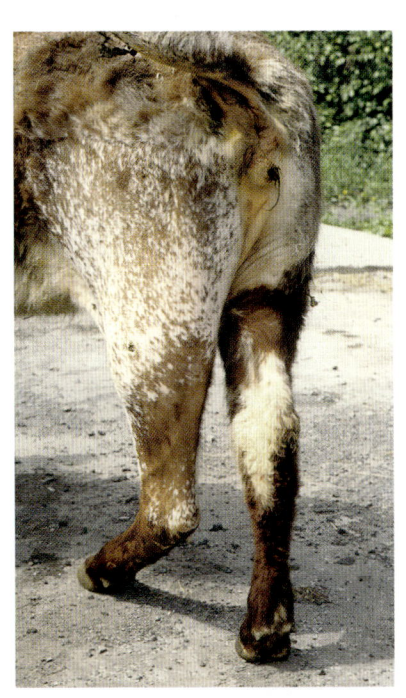

図7-139　飛節の下垂と腓腹筋断裂を示す未経産牛(ショートホーン)

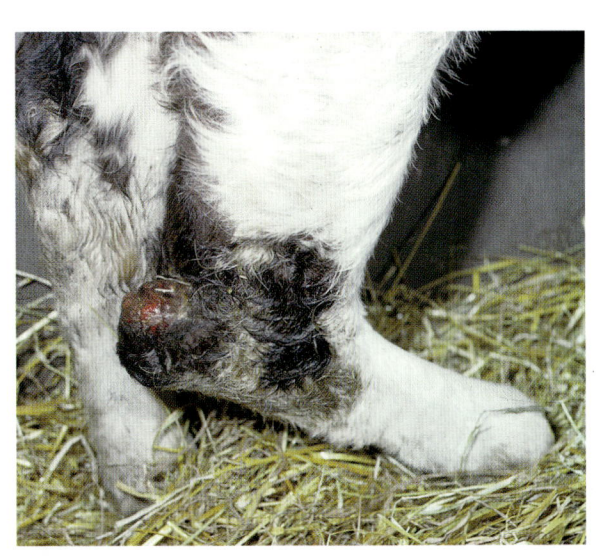

図7-141　未経産牛にみられる腓腹筋腱の外傷性切断(フリーシアン、2歳)

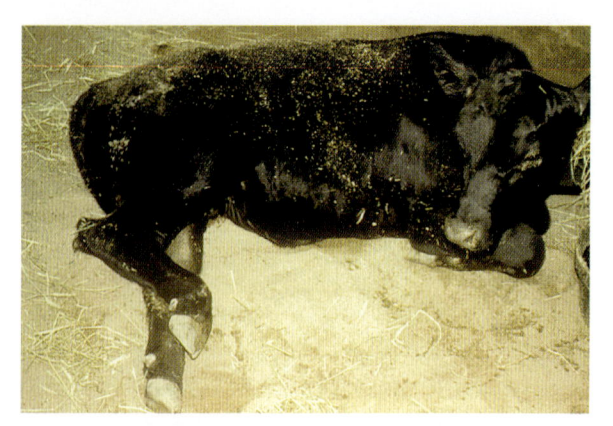

図7-142　不注意な医原性の注射による坐骨神経麻痺

図7-144　両側性の腓骨神経麻痺を示す雌牛（フリーシアン、6歳）

ぐれたような外観がみられるようになる（筋萎縮）。新生子牛の症例が最も一般的であり、その発症原因は不明なことが多い。主な症状には、分娩時の過度の牽引による胎子の過伸展、筋圧迫、あるいは虚血性無酸素症などがある。

**類症鑑別**
膝蓋骨側方脱臼。

### 腓骨神経麻痺（坐骨神経根の頭側分枝）
Peroneal paralysis (cranial division of sciatic nerve roots)

腓骨神経麻痺は分娩後によく起こる障害であり、図7-144の6歳のフリーシアン牛はその一例である。飛節屈腱と趾伸腱の麻痺により、写真のような姿勢を示している。不全麻痺あるいは完全麻痺は数日から数週間継続し、場合によっては生涯続くこともある。腓骨神経は後膝関節の外側面の損傷に対して最も敏感な部分であるため、損傷とそれに付随する麻痺は硬い床面に横臥した後にみられる。大半は片側性である。ナックリングの程度が著しいと、球節の背側面の擦過傷の原因となり、関節障害を生じることがある。

**類症鑑別**
脛骨神経麻痺（本書での図説なし）、坐骨神経麻痺または不全麻痺。

**対処**
硬く滑りやすい床での飼育を避け、二次的な損傷を防ぐ。

### 橈骨神経麻痺（C7-8、T1神経根）
Radial paralysis (C7-8, T1 nerve roots)

このホルスタイン成牛（図7-145）は、肘の下垂、手根と球節の屈曲、負重不能を示している。この牛は全身麻酔を投与されてクッション台の上で2時間、右横臥位を保っていた。起立した直後に麻痺を発症したが、2日後には正常な歩行に戻った。

**類症鑑別**
上腕骨骨折。

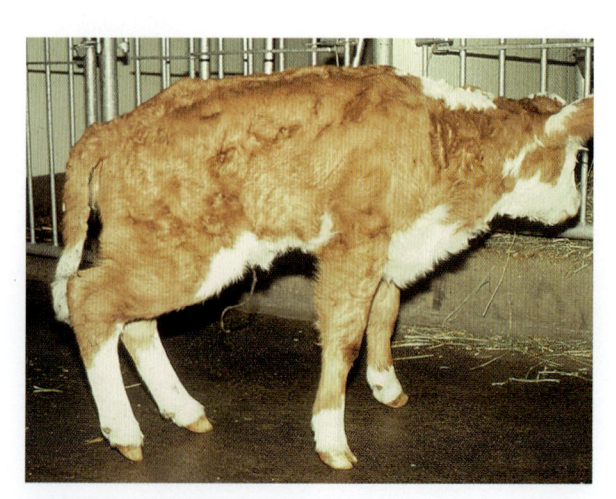

図7-143　子牛の右大腿神経麻痺（シンメンタール、4日齢）

図7-145　橈骨神経麻痺を示す雄牛（ホルスタイン）

## 上腕神経叢の損傷（C6-T1 神経根）
Brachial plexus injury (C6-T1 nerve roots)

図7-146のフリーシアン牛の肘は下垂しているが、前肢は何とか負重に耐えて歩行することができた。この損傷は重度の前肢の外転に起因し、発情期の他の雌牛への乗駕時の転倒などがその原因となる。橈骨神経麻痺もある程度認められた（橈骨神経は上腕神経叢の一部を構成している）。

### 対処
天候が良ければ、罹患牛を牧草地に出して運動を促し、さらなる損傷を生じないようにする。放牧できない場合には、ワラを十分に敷いた牛床で飼育する。起立時のもがきによる自傷（坐骨神経麻痺）や球節の背側面の擦過傷（橈骨神経麻痺）を防ぐ。非ステロイド系抗炎症薬（NSAID）を使用すると不快感を緩和できる。

# その他の運動器の異常
Miscellaneous locomotor conditions

## 手根ヒグローマ（水嚢胞） Carpal hygroma

### 病態
手根前部にある体液で満たされた嚢をいう。

### 症状
手根ヒグローマ（水嚢胞）は、まれにこの高齢のフリーシアン牛（図7-147）の前肢にみられるほどの大きさに達することがある。通常は両側性で薄い血清様の液体を含み、跛行を引き起こすことはほとんどない。足根滑液嚢炎（図7-132）と同様に、手根ヒグローマもまた、不適切な設計の牛舎内の硬い床面（コンクリート床）で打撲傷を繰り返すことに起因する。あるいは、近年では珍しいが、ブルセラ症が原因となることもある。

### 対処
ワラ敷きのヤードまたは牧草地に移動させ、緩慢な

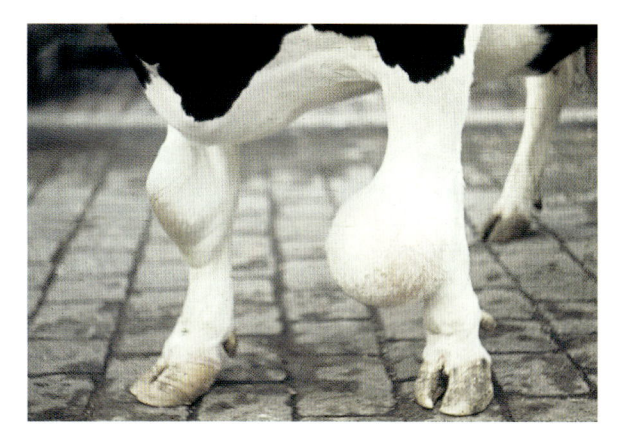

図7-147 肥大した両側性手根ヒグローマ（水嚢胞）（チェコ共和国）

解消を待つ。

## 痙攣性不全麻痺（"Elso heel"）
Spastic paresis ("Elso heel")

### 病態
まれな進行性の後肢伸筋の痙攣で、発症原因は不明である。

### 症状
この6カ月齢のフリーシアン未経産牛（図7-148）は、左飛節が過伸展し、触診で腓腹筋腱と腓腹筋の緊張がみとめられた。この異常は遺伝性であり、乳用種と肉用種の両方に散発的にみられる。片側または両側の後肢を侵し、2〜9カ月齢から進行性の機能不全を発症する。外科的矯正も可能だが、繁殖供用牛への応用は推奨できない。

### 類症鑑別
膝蓋骨上方脱臼、関節症、膝関節炎、局所的な脊椎外傷、空隙占拠性病変。

図7-146 肘の下垂がみられる上腕神経叢損傷の牛（フリーシアン）

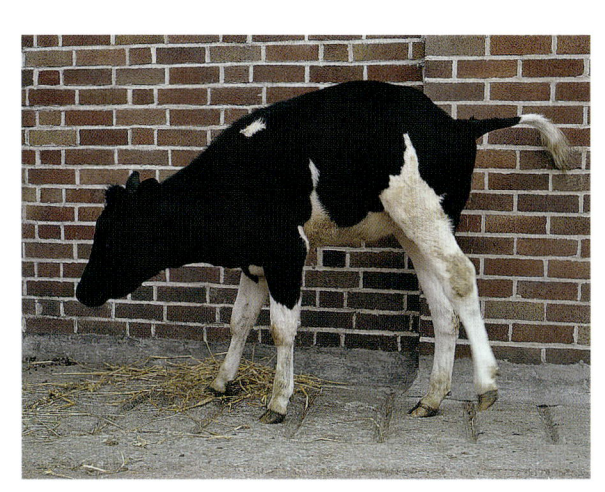

図7-148 痙攣性不全麻痺（"Elso heel"）の雌牛（フリーシアン、6カ月齢）

## 対処

手術を実施して肥育可能な状態にするか、早めに淘汰する。

## 股関節異形成　Hip dysplasia

### 病態

この進行性の変性性関節疾患は両側に発症し、おそらくは遺伝性である。アバディーン・アンガスやヘレフォードなどのいくつかの肉用種にみられる。

### 症状

図7-149の1歳のヘレフォード雄牛は後躯に重度の萎縮を生じている。前肢を尾側に、後肢を頭側に位置させることで、前躯側により多くの負重をかけている。別のヘレフォード雄牛(図7-150)の寛骨臼が示す広範囲の軟骨びらんと骨喪失部位は、この疾患の変性過程によって生じた。2〜18カ月齢に症状が発現する。一般に、股関節異形成は進行性である。

### 類症鑑別

後膝関節の離断性骨軟骨症。

## 離断性骨軟骨症(OCD)　Osteochondrosis dissecans

OCDは、成長の速い若齢の肉牛群に時々発症する変性性無菌性関節障害であり、その発症原因は不明である。1歳のアンガス雑去勢肉牛は、両肩関節共に慢性的に肥大し、跛行と成長不全を生じていた。この関節を切開した写真(図7-151)には、軟骨と軟骨下骨(図中のA)の消失と関節周囲線維症(図中のB)が示されている。罹患する関節には、後膝関節、飛節、肩関節が多く含まれる。

### 類症鑑別

敗血性多発性関節炎、股関節異形成、筋ジストロフィー。

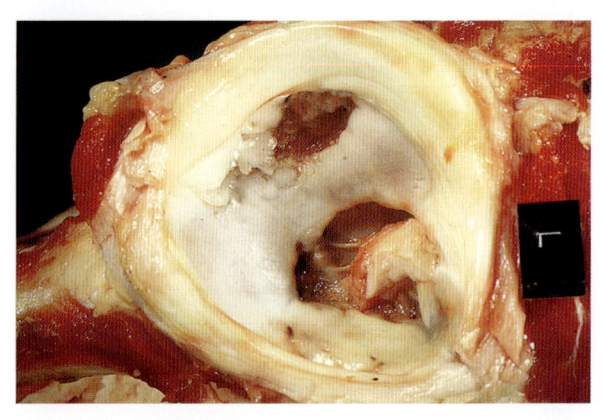

図7-150　股関節異形成：寛骨臼のびらんと骨欠損

### 対処

OCDの発症原因はほとんど解明されていないが、若牛への濃厚飼料多給による急速な発育、運動不足、飼料中のミネラル分不足、最適とはいえない床面などが関係している。これらいくつかの要因については、予防策を講じられるように詳細な検査を深める必要があるだろう。

## 敗血性筋炎(膝窩部の膿瘍)　Septic myositis (popliteal abscess)

### 症状

この2歳のシンメンタール雄牛(図7-152)の右大腿部には著しい腫脹がみられ、中等度の跛行の原因となっていた。写真で色が明るくみえる部位は、試験穿刺のために毛が刈り取られたところである。この腫脹部には12ℓの膿汁が包含されていた(検出菌：*Arcanobacterium pyogenes*)。詳しくは、膝窩部の膿瘍(図3-67)を参照のこと。

### 対処

患部を長めに切開して十分に排膿する。最初に洗浄してから、病巣をていねいに掻爬する。

図7-149　重度の衰弱を示す1歳雄牛の股関節異形成(ヘレフォード)

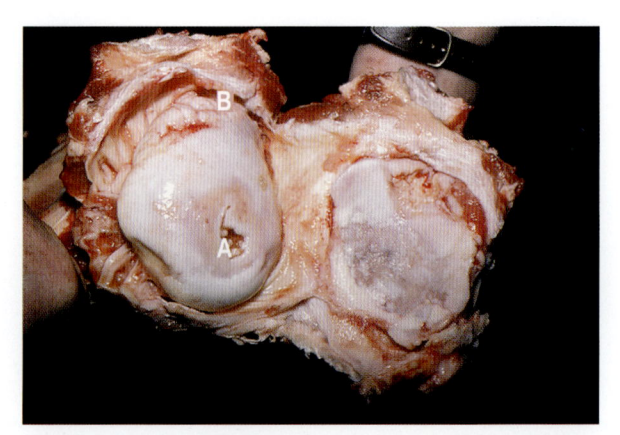

図7-151　肩関節の離断性骨軟骨症(OCD)を示す去勢肉牛(アンガス雑、1歳、米国)

運動器疾患　145

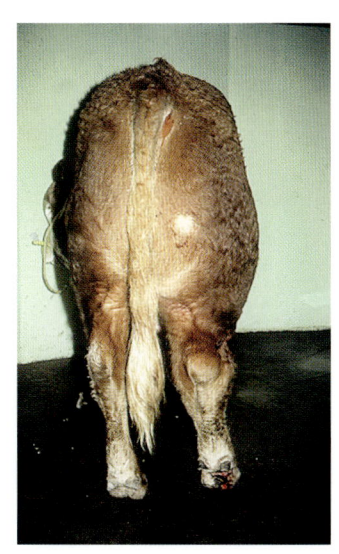

図7-152　敗血性筋炎(膝窩部の膿瘍)の雄牛(シンメンタール、2歳)

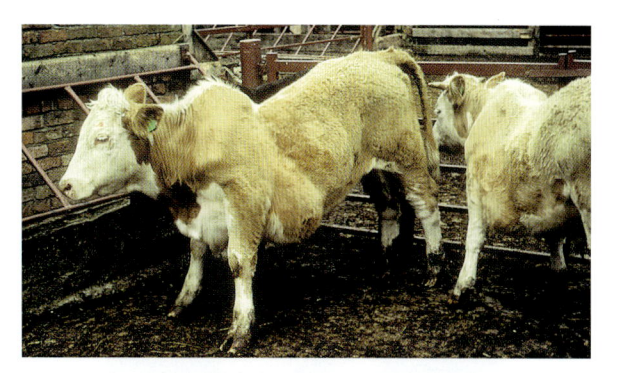

図7-154　白筋症(翼状肩甲骨)の2頭の去勢肉牛

## 腹鋸筋断裂
Rupture of the ventral serrate muscle

図7-153のフレミッシュ・ミューズラインイーセル(FMR)成牛の右肩甲骨は、腹鋸筋と肩甲下筋の断裂によって胸椎よりも上方に突出している。肩甲骨は、肢に負重がかかっていない時には、解剖学的に正常な位置に戻る。成牛における発症原因は慢性的な筋肉の変性と萎縮であろう。

### 対処
この異常は外観が悪くなるが、罹患牛は乳生産寿命を全うする能力を失わない。

## 白筋症(地方病性筋ジストロフィー、翼状肩甲骨)　White muscle disease (enzootic muscle dystrophy, "flying scapula")

### 病態
ビタミンEやセレン欠乏に起因する筋肉変性であり、フリーラジカルを持つ過酸化物が筋変性とカルシウム沈着性の壊死を引き起こす。

### 症状
症状は春の放牧開始後にみられることがしばしばあり、この時期は運動量の増加による全身の筋肉ストレスの急増と、春季の青草に含まれるFFA (free fatty acid；遊離脂肪酸)の急激な摂取が同時に起こる。これは特に、冬季の不十分な給餌がビタミンEやセレン欠乏症を引き起こしている症例に顕著である。罹患牛は跛行、全身の運動機能障害、横隔膜が侵された場合は呼吸困難を示し、また、心臓変性から突然死を来すこともある。図7-154の2頭の去勢肉牛は、腹鋸筋と肩甲下筋の機能を失い、肩甲骨が胸椎の上方へせり上がっている。異常な身体機構で体重を支持するために、前肢が広踏肢勢になっていることに注目する。白筋症の子牛の心臓(図7-155)には、心外膜に広範囲にわたる淡灰色の部位(図中のA)があり、主に心筋層に向かって拡大している。また、内皮の斑点も認められる。心臓の形状は慢性肥厚により球形を示している(図7-155)。白筋症の病変は通常は両側性であり、剖検で骨格筋と横隔膜にもみられる。

### 対処
バランスの取れた給餌と、必要に応じビタミンEやセレンの補給を行う。成長速度を速めたり、特に高多不飽和脂肪酸(PUFAs)などの高油脂飼料を給与し

図7-153　右腹鋸筋断裂を生じた牛(FMR牛、ベルギー)

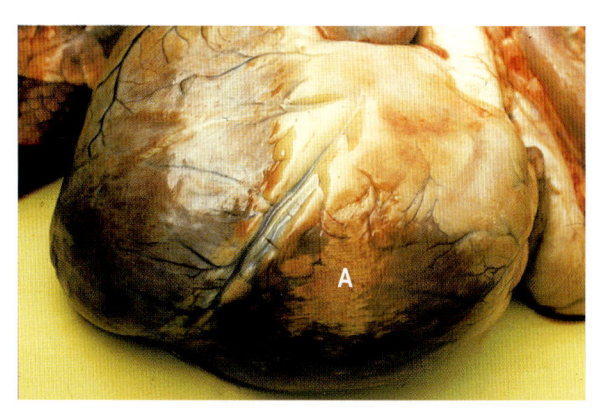

図7-155　白筋症：灰色がかった斑点(A)を伴う球形の心臓

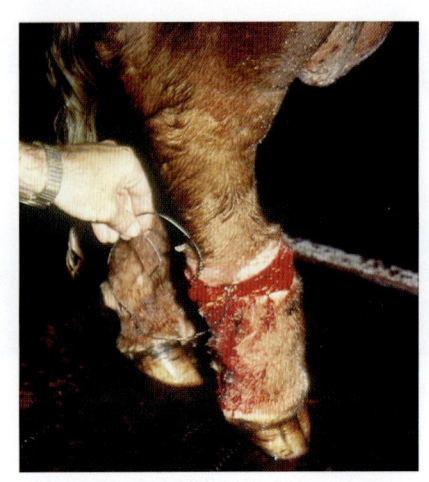

図7-156 雄牛の中足骨周囲に巻き付いた異物（ワイヤー）（リムーザン、2歳）

図7-157 スタンチョンのチェーンによる損傷から生じた肢遠位部の壊疽（米国）

たりする場合には、その必要性はさらに高まる。罹患牛はビタミンEとセレンの非経口療法に良好に反応する。

## 中足骨周囲の異物
Foreign body around the metatarsus

図7-156では、ワイヤー断片を除去した中足骨の軟組織に、特徴的な深い環状の肉芽創が形成されている。この2歳のリムーザン雄牛は中等度の跛行を示したが急速に回復した。

### 類症鑑別
他のタイプの創傷。

### 対処
牛を十分に保定し、鉗子を使って中足骨に達する深部まで異常の有無を調べ、金属ワイヤーを除去する。

## 肢遠位部の壊疽：外傷性
Distal limb gangrene: traumatic origin

図7-157では、壊死部と健康な皮膚が明瞭な境界線で分かれている。このホルスタイン牛は、支柱のチェーンに中足骨の位置で肢を緊縛され、翌朝、チェーンが付いたまま横臥している状態で発見された。数日後に皮膚は乾燥していたが疼痛はなかった。3週間後にその皮膚部が遠位軟組織と蹄鞘と共に脱落したため、安楽死させた。皮膚の変化を図7-156と比較する。

### 対処
早期淘汰。

## フェスク（ウシノケグサ）中毒による趾の壊疽
Fescue foot gangrene

### 病態
フェスク趾は、丈の高いフェスクについた内部寄生菌を食べた牛が麦角菌様の毒素によって発症するものである。フェスクは米国の多くの州、ニュージーランド、イタリア、オーストラリア、オークニー諸島（英国）に生息している。

### 症状
図7-158の11カ月齢のヘレフォード去勢雄牛は、

図7-158 フェスク（ウシノケグサ）中毒による趾壊疽の去勢雄牛（ヘレフォード、11カ月齢、米国）

後肢繋の皮膚の暗色部位に乾性壊疽を生じている。はっきりした斜めの境界線（図中のA）が球節上に広がり、正常な皮膚と壊疽部を分けている。皮膚はさらに蹄冠帯でも分離し、感染した皮下組織（図中のB）を露出している。写真の上にみえる（右）肢のピンク色の部分は、壊疽した皮膚が脱落したところである。耳の端と尾も壊疽する可能性がある。同一群内で罹患した複数の若牛は、どの牛も危険な状態である。

### 類症鑑別

麦角中毒（図7-159）、凍傷（図3-73）、外傷（図7-157）、サルモネラ症（図2-26）。

### 対処

可能であれば牧草地を変える、あるいは舎飼いで内部寄生菌を含まない乾草を与える。個々の症例は治癒不能である。

## 麦角菌による壊疽　Ergot gangrene

### 病態

麦角中毒は、乾草や穀物、あるいは播種した牧草に寄生する *Claviceps purpurea* 菌の摂取によって起こる。

### 症状

四肢の壊疽は、麦角菌が寄生する穀草類やその他の飼料の摂取によって起こる異常で、世界的な問題になっている。臨床的特徴はフェスク趾（図7-158）に類似している。図7-159 の1歳の未経産牛は、下肢と尾端が侵されている。壊疽した皮膚は左中足骨部から脱落し、右肢にも同様の境界線がみられる。尾の遠位25 cm は捻れ、湿性壊疽を生じている。さらに進行した肢の病変を図7-160 に示した。左蹄は繋部でほぼ脱落し、尾は遠位1/3 が切り離されている。

図7-160　麦角菌による重度の趾と尾の壊疽

### 類症鑑別

フェスク趾（図7-158）、凍傷（図3-73）、外傷（図7-157）、サルモネラ症（図2-26）。

## ハイエナ病　Hyena disease

### 病態

後肢骨と腰椎に起こるまれな軟骨異形成であり、発症原因は不明である。攻撃的な行動を伴うことがしばしばある。

### 症状

ハイエナ様姿勢を示す3歳のフレンチフリージアン牛（図7-161）は、後肢の発育不全を伴う重度のハイエナ病に侵されている。子牛は、出生時は正常であり、生後6〜10カ月でハイエナ病の初期徴候を発現する。2歳の正常な牛の脛骨（図7-162、左）と比較すると、罹患牛（22カ月齢）の脛骨は横幅や関節面は同等であるが、長軸が極端に短いことが分かる。この異常は、骨の異形成に起因するものと考えられる。

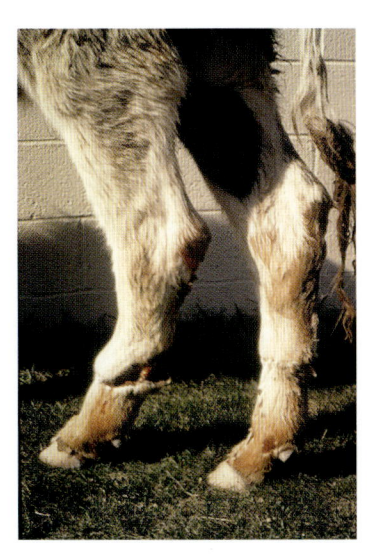

図7-159　両後肢の中足骨部の麦角菌による壊疽（米国）

図7-161　ハイエナ病の牛（フリージアン、3歳、フランス）

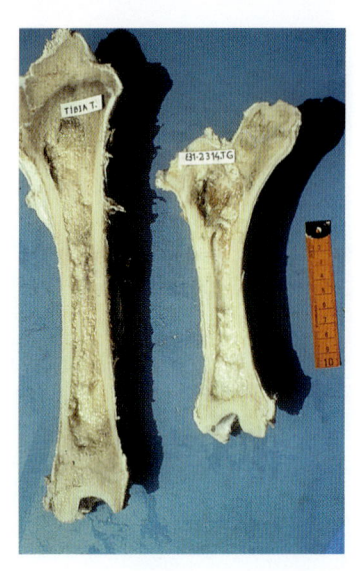

図7-162　ハイエナ病：剖検時の正常な脛骨(左)と短縮した脛骨(フランス)

### 対処
治療不能。

## 欠乏性疾患　Deficiency diseases

### くる病　Rickets

#### 病態
くる病はカルシウム、リン、ビタミンDの欠乏によって発症し、育成期の子牛の類骨や軟骨の石灰化不全を起こす。

#### 症状
四肢のすべての大関節に腫脹と疼痛を生じる。図7-163の6カ月齢のホルスタイン未経産牛は、遠位中足骨骨端軟骨の腫大により、球節部が太くなっている。関節面は正常である。この子牛は跛行を示した。第一胃アシドーシスを促進するミネラル含有量の少ない濃厚飼料多給は、急成長期の牛に突発性骨折を引き起こすタイプのくる病の原因となる。

#### 類症鑑別
銅欠乏症(図7-171)、骨端炎。脊椎圧迫骨折の項(図7-94)も参照のこと。

#### 対処
飼料の適正化。

### リン欠乏症(骨軟化症、"peg-leg")
Phosphorus deficiency (osteomalacia, "peg-leg")

#### 病態
過度の類骨の蓄積を伴う成牛の骨石灰化障害は、リンやビタミンDの欠乏によって生じる。リン欠乏症は、ミネラル欠乏症の中で世界的に最も多くみられる疾患である。

#### 症状
罹患牛は発育不全、食欲不振、硬直歩行を示す。図7-164のブラジルの去勢雄牛には発育不全、極度の削痩、重度の歩行困難がみられた。この牛のような重度のリンの欠乏状態は、現地ブラジルでは「entreva(麻痺)」と呼ばれている。ブラジルのゼブー(ギル種)牛(図7-165)が口にしているのは骨であり、食べ残した骨が地面に散乱している。これは異食症に陥っている証拠であり、この悪癖がボツリヌス中毒を引き起こすこともある(図12-69)。オーストラリア内陸の奥地で見つかったリン欠乏症の牛の死体には、肋骨に多数の骨折があったが、これらはナイフで切断できるほどに軟質化している(図7-166)。若牛のリン欠乏症は、低成長と関節変形を伴うくる病(図7-163)の原因となる。

#### 類症鑑別
他のミネラル欠乏症(例えば、カルシウム、銅、コバルト)、飢餓。

図7-163　くる病：跛行を示す未経産牛の腫大した球節(ホルスタイン、6カ月齢、カナダ)

図7-164　発育停止と削痩を示すリン欠乏症(骨軟化症；"peg-leg")の去勢雄牛(ブラジル)

図 7-165 リン欠乏症または骨軟化症の牛（ゼブー、ギル種、ブラジル）

図 7-167 褐色がかった被毛を示す銅欠乏症（"pine"）の未経産牛（ヘレフォード雑）

## 対処

最も簡単で経済的な予防法は、リン酸塩を含むミネラルサプリメントを、雨水の当たらないところに置いた餌入れや桶に入れて給与することである。オーストラリアでは、土壌中のリン含有量が少ないため、肉牛には常時リン濃縮物を与える必要がある。広大な放牧地では、サプリメント給与上の問題がよくおこる。

## 銅欠乏症（低銅血症、"pine"）
Copper deficiency (hypocuprosis, "pine")

### 病態
血中および組織中の銅濃度が異常に低い状態。

### 症状
図 7-167 のヘレフォード雑未経産牛は発育不全であり、腫大した球節と特徴的な褐色をおびた被毛を示している（このヘレフォード牛にはシラミも発生していた）。被毛と毛の色素が失われ（図 7-168）、図 7-169 のホルスタイン／フリーシアン雑子牛のように、脱毛と脱色によって"眼鏡をかけた"ような外観と銅欠乏症に特有の剛毛を示すこともある。その他に

図 7-168 銅欠乏症

は骨の脆弱性や貧血などの症状が現れる。図 7-170 のブラジルの牛には発育不全、被毛の劣化、色素の消失がみられる。球節の腫大（図 7-171）は中手骨遠位骨端軟骨の広幅化と不規則な形状に起因し、X 線像（図 7-172）には正常な牛（右）と比較した罹患牛（左）の球節が示されている。X 線での同様の変化は蹄にもみられる。症例により、発育不全、四肢の湾曲、腱の萎縮、脊柱背彎が起こる。広範囲にわたる熱帯地域の放牧牛にとって、銅はきわめて不足しがちなミネラルであり、リン欠乏症を除き、銅欠乏症は最も重度の疾患となることがある。

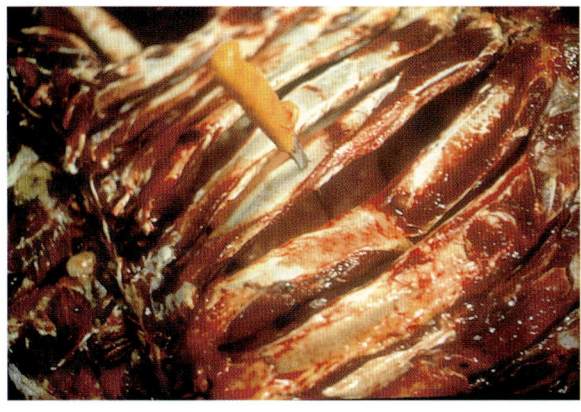

図 7-166 リン欠乏症を示唆する複数の肋骨骨折（オーストラリア）

図 7-169 眼鏡をかけたような外観を示す銅欠乏症の子牛（ホルスタイン雑）

図 7-170　発育不良と被毛粗剛を伴う銅欠乏症（ブラジル）

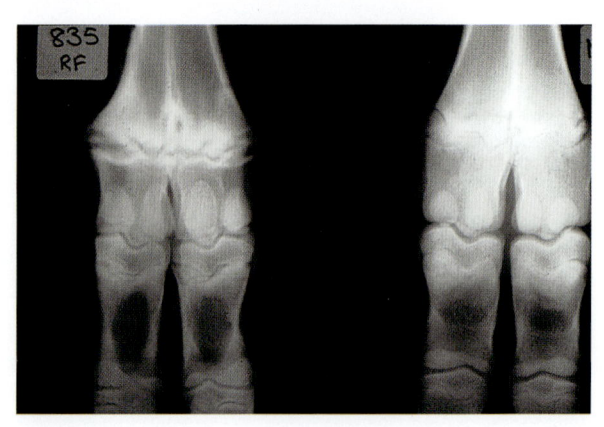

図 7-172　銅欠乏症：球節のＸ線像（左は罹患した牛、右は正常な牛）

### 類症鑑別

リン欠乏症（図7-164）、くる病（図7-163）、コバルト欠乏症（図7-174）。

### 対処

銅サプリメント。

## マンガン欠乏症　Manganese deficiency

### 病態

母牛または産子の血中マンガン濃度が異常に低い状態であり、さまざまな骨格の変形や不妊を引き起こす。

### 症状

このヘレフォード新生子牛（図7-173）は、腫大した球節の先天的な捻れと屈曲のために起立できない。この牛には、その他にも多数の骨格異常が存在した。これらの異常の原因は、母牛が妊娠中に重度のマンガン欠乏症に侵されていたことである。カナダの100頭のヘレフォード群において、子牛の5〜10％が異常を伴って生まれ、写真の子牛はその中で最も症状が重かった。外部固定具を装着することにより、子牛の多くは腱の拘縮から回復した。

### 対処

リスクのある妊娠肉牛にマンガンサプリメントを給与する。若齢子牛には必要に応じて外固定具を装着し、適切に看護する。

## コバルト欠乏症（"pine"、地方病性消耗症）
Cobalt deficiency ("pine", enzootic marasmus)

### 病態

長期間にわたるコバルトの摂取不足により、増体低下や食欲不振が起こる。

### 症状

このブラジルのゼブー牛は痩せて元気も食欲もなく、被毛は荒れている（図7-174）。また、貧血も示している。コバルト欠乏症の肉眼的所見は非特異的で、半飢餓の症状に似ている。若牛ほど罹患しやすい。最終的な診断は、コバルトサプリメントの給与に対する反応性によることになる。

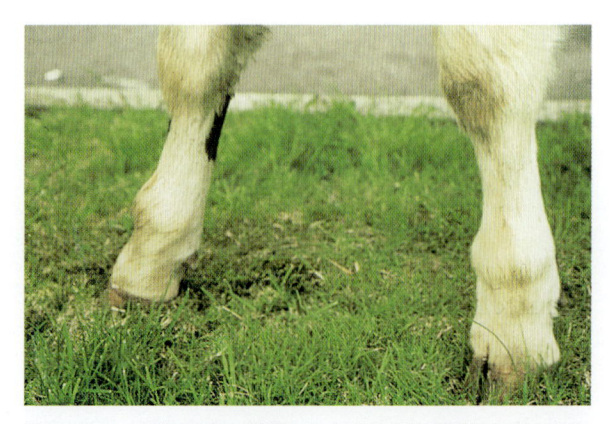

図 7-171　銅欠乏症：拡張した中手骨骨端が球節の腫大を生じている

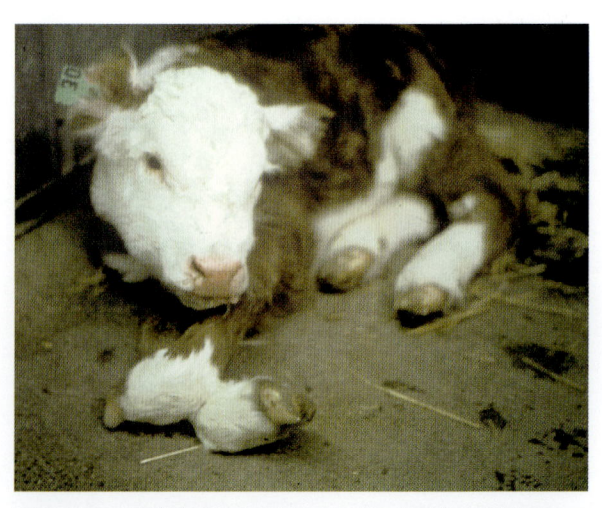

図 7-173　関節変形がみられるマンガン欠乏症の新生子牛（ヘレフォード、カナダ）

図7-174 コバルト欠乏症("pine")：削痩し、粗剛な被毛を示す牛(ゼブー、ブラジル)

### 類症鑑別

リン欠乏症(骨軟化症、図7-164)、低銅症(図7-167)、寄生虫感染症、低飼料摂取。

### 対処

血液や他の組織の生化学分析によって欠乏症の有無を確認する。また、給餌を適切に行い、その後ミネラルサプリメントを十分に摂取させる。

# 第8章

# 眼疾患 Ocular disorders

| | |
|---|---|
| はじめに・・・・・・・・・・・・・・・・・・・・・153 | 眼の外傷・・・・・・・・・・・・・・・・・・・・・159 |
| 先天異常・・・・・・・・・・・・・・・・・・・・・153 | 眼の異物・・・・・・・・・・・・・・・・・・・・・159 |
| 　無眼球症；小眼球症・・・・・・・・・・・・・・153 | 眼虫症（テラジア）・・・・・・・・・・・・・・・160 |
| 　白内障・・・・・・・・・・・・・・・・・・・・・154 | 眼球の脱出（眼球突出症）・・・・・・・・・・・160 |
| 　眼組織欠損症（コロボーム）・・・・・・・・・154 | 眼瞼の裂傷・・・・・・・・・・・・・・・・・・・161 |
| 　皮様腫・・・・・・・・・・・・・・・・・・・・・155 | 眼瞼内反症・・・・・・・・・・・・・・・・・・・161 |
| 　斜視・・・・・・・・・・・・・・・・・・・・・・155 | 前房出血・・・・・・・・・・・・・・・・・・・・・161 |
| 　新生子牛の角膜混濁・・・・・・・・・・・・・156 | 牛の虹彩炎（ブドウ膜炎、虹彩毛様体炎、 |
| 後天性疾患・・・・・・・・・・・・・・・・・・・156 | 　"silage eye"）・・・・・・・・・・・・・・・・162 |
| 　ビタミンA欠乏症・・・・・・・・・・・・・・・156 | 腫瘍性疾患・・・・・・・・・・・・・・・・・・・162 |
| 　結膜炎・・・・・・・・・・・・・・・・・・・・・156 | 扁平上皮癌・・・・・・・・・・・・・・・・・・・162 |
| 　牛伝染性角結膜炎（IBK、感染性眼炎、"New | リンパ肉腫（悪性リンパ腫）・・・・・・・・・163 |
| 　　Forest disease"、ピンクアイ）・・・・・・157 | 乳頭腫・・・・・・・・・・・・・・・・・・・・・164 |
| 　前房蓄膿・・・・・・・・・・・・・・・・・・・158 | |

## はじめに

　眼の疾患は比較的容易に観察や写真撮影を行うことができる。眼疾患の原因には、先天性、栄養性、感染性、外傷性、腫瘍性があり、それぞれの症例について図説した。牛伝染性角結膜炎（IBK）など、世界中で発生している疾患もいくつかあり、その経済的損失は大きい。罹患牛は、疾患の活動期に生じる疼痛により飼料摂取量が低下し、その結果体重が減少する。失明した場合には、特に広い牧場において採食が難しくなり、外敵にも狙われやすくなる。

## 先天異常 Congenital disorders

　先天異常とは定義上は出生時にすでに存在する異常のことだが、これらの疾患の中には子牛がある程度成長しないと確認できないものもある。斜視はその典型例である。先天異常には遺伝的に継承されるものと、環境要因によって発生するものがある。疾患によっては、原因が複数存在することもある。例えば、先天性白内障は遺伝するが、母牛が妊娠中にBVDに感染したことによって発症することもある。異常の多くは原因不明である。眼以外の器官の先天異常については第1章で解説している。

　BVD-MDは「消化器疾患」の章で解説している疾患であり（p.54）、先天性または後天性の眼病変を引き起こすことがある。先天性のBVD-MDは催奇形性物質誘発性の網膜壊死や網膜変性、限局性水晶体囊白内障、あるいは視神経膠腫、小眼球症（後述参照）、視神経炎の原因となり得る。図8-1は、BVD-MDウイルスの催奇形作用による子牛の網膜変化を示している。多数の網膜血管の著しい減弱、網膜の反射性亢進、斑点状の黄色色素異常が認められる。

### 無眼球症；小眼球症　Anophthalmos (anophthalmia); microphthalmos (microphthalmia)

**病態**

　無眼球症は眼球の発達欠損であり、小眼球症は一側または両側の眼球が異常に小さい状態のものである。

**症状**

　無眼球症と小眼球症についてそれぞれの症例を示す。図8-2のガーンジー未経産牛の左眼には小さな眼窩があるだけで、眼球そのものは存在していない。正常な右眼と比較すると、眼窩全体が崩壊し、小さくなっていることに注目する。この病変は遺伝性のものである可能性がある。小眼球症と眼窩内脂肪の脱出がみられるジャージー雌牛（図8-3）は、おそらく子牛期に眼球に損傷を負った結果、このように眼球が萎縮したものと思われる（"phthisis bulbi"；眼球萎縮）。

154　Ocular disorders

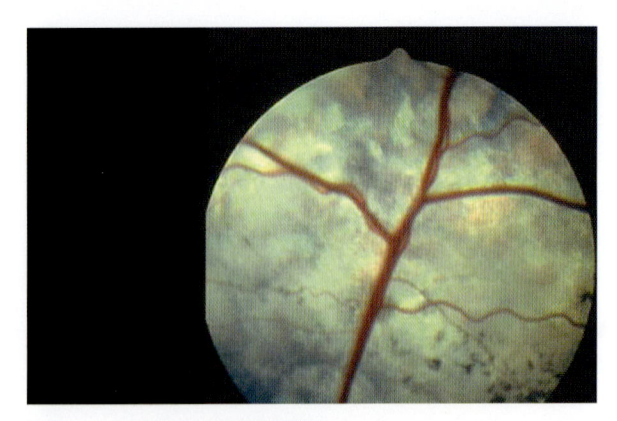

図8-1　BVDによる網膜異形成

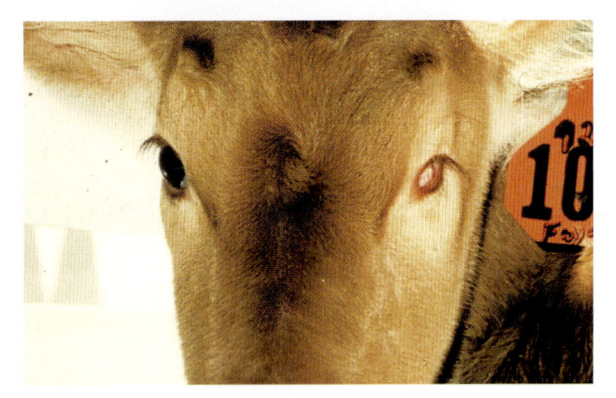

図8-2　未経産牛の左眼の無眼球症（ガーンジー）

## 白内障　Cataract

### 病態
水晶体または水晶体嚢、あるいはその両方の混濁が、出生時から存在する場合と、外傷や全身性疾患により後天的に生じる場合がある。

### 症状
図8-4の4日齢のヘレフォード雑子牛は両眼共に白内障に侵され、全盲である。症例によっては、片眼のみが罹患する場合や、白内障に侵されても全盲にならない場合もある。通常、先天性白内障は進行性の疾患ではない。盲目の牛は環境順応性がきわめて高く、

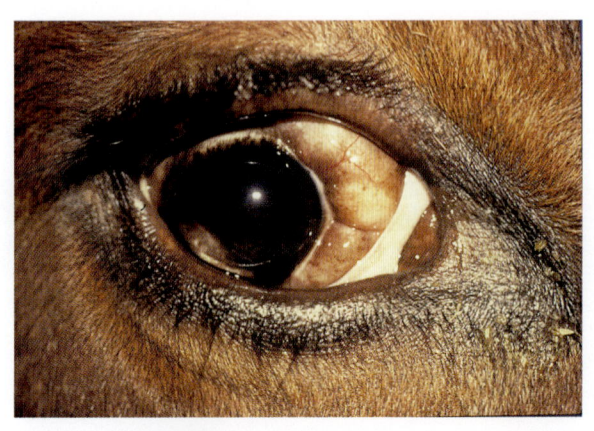

図8-3　雌牛の小眼球症（ジャージー）

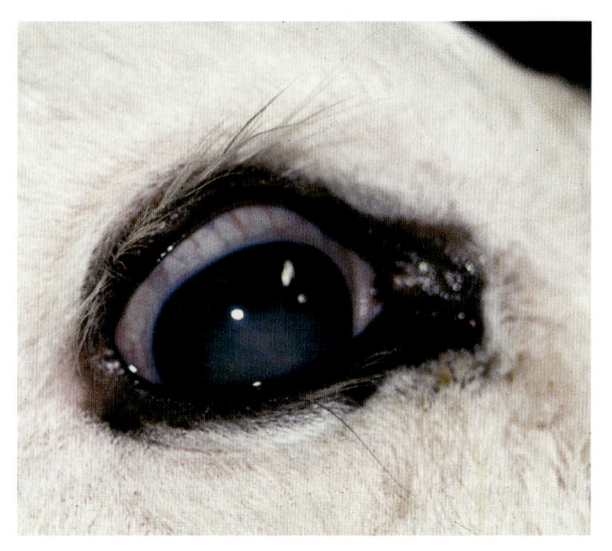

図8-4　両側性の白内障（ヘレフォード雑、4日齢）

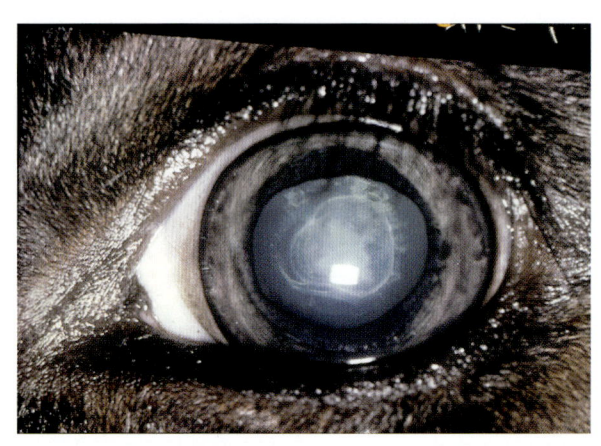

図8-5　BVDの母体感染に起因する子牛の水晶体核部の先天性白内障（フリーシアン）

閉鎖された場所であれば飼育も可能である。すぐに群の中で生き残る術を習得するが、扱いが難しいこともある。盲目の乳牛は群の牛に付いていき、牛舎と牧草地との往復方法も覚えるだろう。先天性白内障は遺伝による場合と、母牛の妊娠初期／中期のBVD感染による催奇形作用に起因する場合がある。図8-5はフリーシアン幼若子牛の水晶体核部の白内障を示している。

図8-6のガーンジー雌牛の後天性白内障では、2カ所の大きな癒着（角膜への虹彩の付着）と水晶体の混濁および皺に注目する。この白内障は眼内の炎症過程に継発したものであり、この場合これらは進行性の可能性がある。これに対して、先天性白内障（図8-4）が進行性であることはほとんどない。

## 眼組織欠損症（コロボーム）　Coloboma

### 病態
眼組織欠損症は胎生期の眼杯裂の閉鎖不全によって起こる先天性の裂口である。

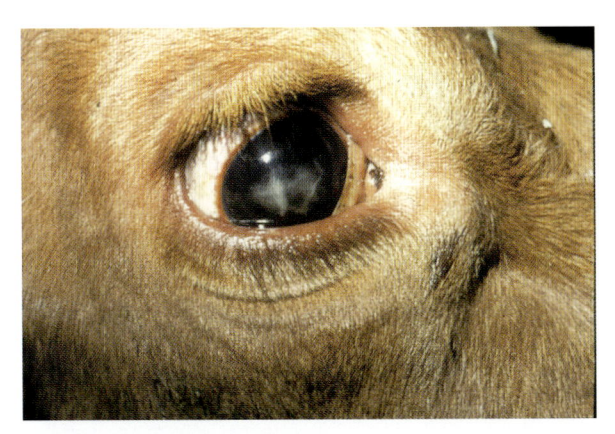

図 8-6　雌牛の後天性白内障(ガーンジー)

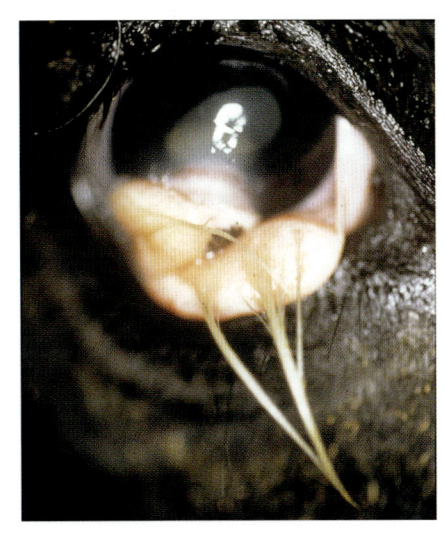

図 8-8　子牛の結膜に付着した皮様腫
(フリーシアン、4 カ月齢)

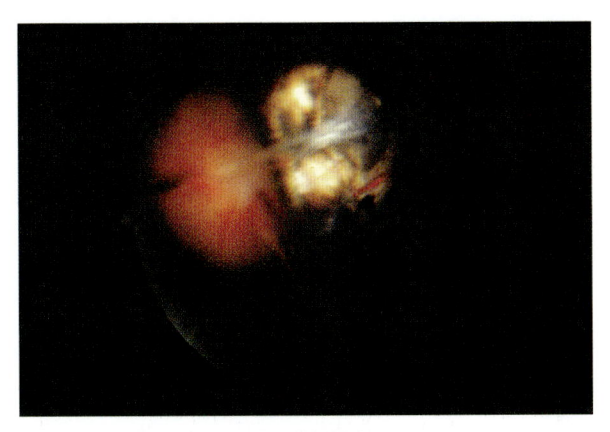

図 8-7　網膜を含む牛の眼組織欠損症

## 斜視　Strabismus ("squint")

### 病態
視線の不随意的なずれ。

### 症状
斜視には、眼の視軸が正常な視野で必要とされる以上に内側に寄るタイプ(内斜視)と外側に離れるタイプ(外斜視)がある。片眼のことも両眼のこともある。眼球が適正な軸よりもずれるのは、相対する外眼筋の過度の緊張によるためである。図 8-9 は、ヘレフォード雑未経産牛の左眼の内斜視を示している。斜視に伴う眼球突出は遺伝によるものと思われるが、6〜9 カ月齢になるまで気付かないこともしばしばあり、進行性のことも多い。症例によっては、視力が完全に失われるほど重症化することもある。

### 症状
眼瞼、虹彩、水晶体、あるいは図 8-7 に示したように網膜に起きる。機能的な網膜細胞が欠損して色が薄くなっている部分に注目する。この症状は、特定の品種の牛(例えば、シャロレー)に遺伝するが、視力障害は通常起こらない。

## 皮様腫　Dermoid

### 病態
発生学的起源の珍しい腫瘍であり、毛囊、種々の腺構造、および神経要素などの多様な組織を包含し、しばしば角膜、結膜、眼瞼に発現する。

### 症状
皮様腫の典型例は 4 カ月齢のフリーシアン子牛(図 8-8)にみられる。下眼瞼の結膜に付着した腫瘍から長い毛髪が生え、これにより片側性の流涙症の症状が現れている。

### 対処
眼球の皮様腫の大半は、外科的切除が可能である。再発はないと思われる。

図 8-9　未経産牛の内斜視(ヘレフォード雑)

156　Ocular disorders

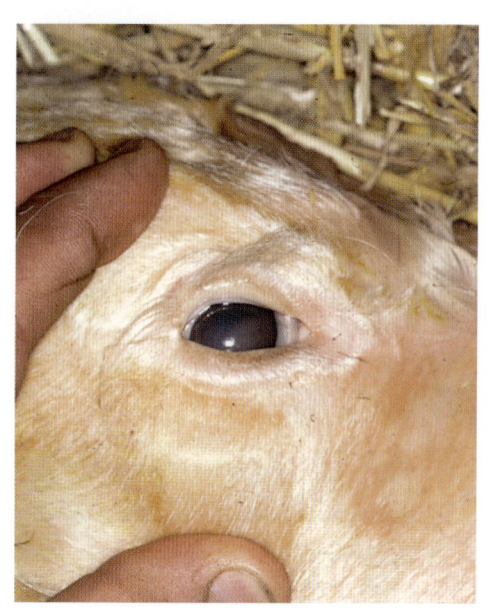

図8-10　死産子牛にみられる角膜混濁（シャロレー）

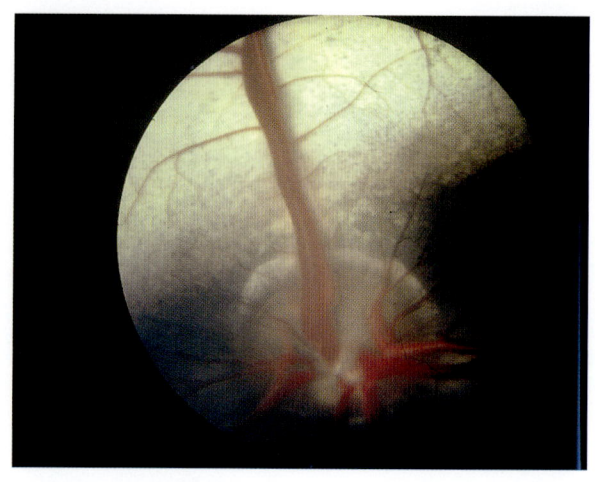

図8-12　正常な眼底

## 新生子牛の角膜混濁　Neonatal corneal opacity

　図8-10のシャロレー子牛は死産であり、眼圧の低下によって角膜が混濁していたことから、娩出の12時間以上前に死亡していたことが示唆される。また、眼球がわずかに眼窩に落ち込んでいる。

## 後天性疾患　Acquired disorders

### ビタミンA欠乏症　Vitamin A deficiency

　育成期の牛では、ビタミンA欠乏症による失明は視神経孔の狭窄とそれに伴う視神経の圧迫によって起こる。図8-11の写真では、瞳孔が拡張し、網膜に退行変性が認められる。図8-12に示した正常な眼底と比較すると、図8-11では視神経乳頭は縁が不鮮明で青白く、腫大し（乳頭浮腫）、非輝板部の白斑が網脈絡膜変性を示唆している。この盲目になった去勢雄牛は、飼料として大麦ワラや押し麦、および時には低品質乾草が与えられていた。

### 対処

　急速に発育している牛群には、穀類やワラ、および類似飼料に、ビタミンAが十分に添加されていることを確認する。

### 結膜炎　Conjunctivitis

　軽度の結膜炎では、臨床症状として流涙がみられる。湿った黒い着色跡が目頭から放射線状に広がっているのが典型的な所見である。より進行した症例（図8-13）では、ある程度の羞明を示す。化膿性結膜炎（図8-14）がみられることもある。結膜炎や流涙症は、子牛肺炎やIBR（図5-2）、IBK（図8-15）、眼の異物（図8-27）などの他の疾患に関連するさまざまな感染症や刺激によって起こる。

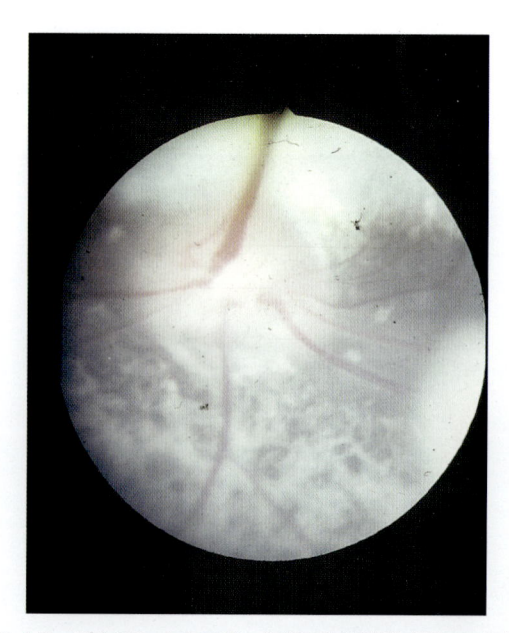

図8-11　ビタミンA欠乏症：網膜の退行変性（盲目の去勢雄牛、カナダ）

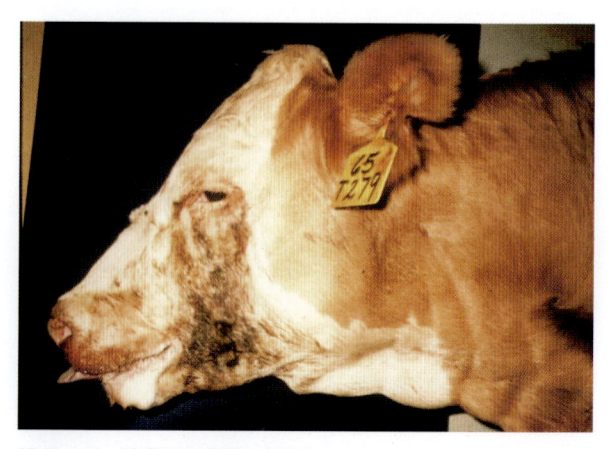

図8-13　結膜炎と羞明を伴う牛

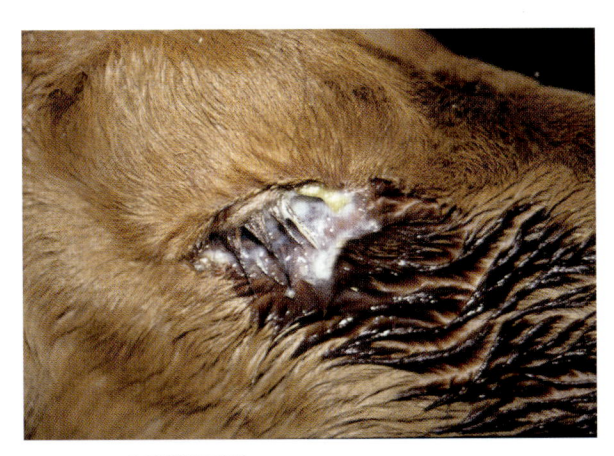

図 8-14　化膿性結膜炎

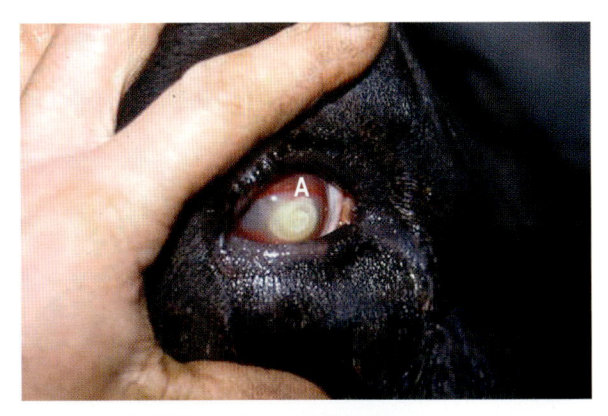

図 8-16　角膜混濁とパンヌスを伴う IBK

## 牛伝染性角結膜炎（IBK、感染性眼炎、"New Forest disease"、ピンクアイ） Infectious bovine keratoconjunctivitis (IBK, infectious ophthalmia, "New Forest disease" or "pinkeye")

### 病態と病理発生
　*Moraxella bovis* による細菌感染症である IBK は、眼瞼痙攣、結膜炎、角膜炎、角膜潰瘍を引き起こす。

### 症状
　軽症例では角膜潰瘍は起こらず、症状は流涙と限局的な眼瞼痙攣だけである。通常、潰瘍は角膜の中心部に形成され、表在性のこともあるが、さらに進行した症例（図 8-15）では角質基質まで深く侵食することもある。常に結膜炎の症状がみられる。激しい疼痛を生じ、羞明、眼瞼痙攣、流涙を伴う。初期の（付随的な）角膜血管新生は、図 8-15 のようにパンヌスに発展する。後期の症例（図 8-16）では、眼圧の増加により角膜混濁が進行し、さらに中央部潰瘍を覆うように角膜縁から形成されたパンヌス（図中の A）周囲に鮮赤色の縁がみられる。パンヌスは完治すると退行していく。
　パンヌスは、潰瘍が角膜混濁の一角に限局している

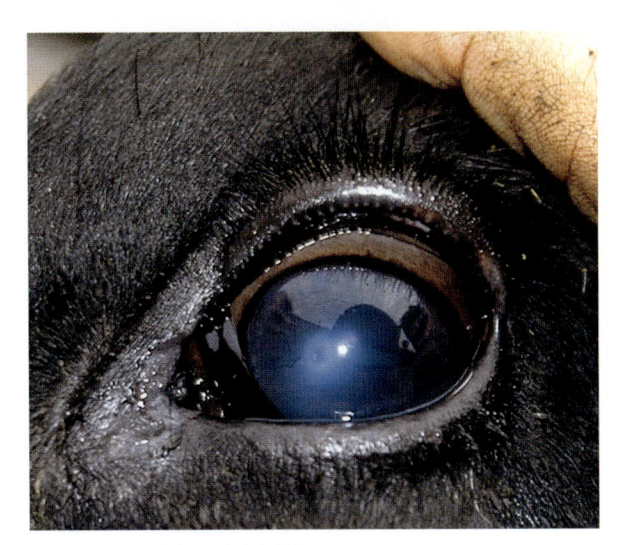

図 8-17　中央部の潰瘍を伴う IBK

浅い表在性病変には形成されない（図 8-17）。角膜破裂が起きていなければ完全に治癒するが、図 8-18 の内眼角にみられるような小さな角膜瘢痕（図中の A）が残る場合もある。視力は不完全ながら回復する。角

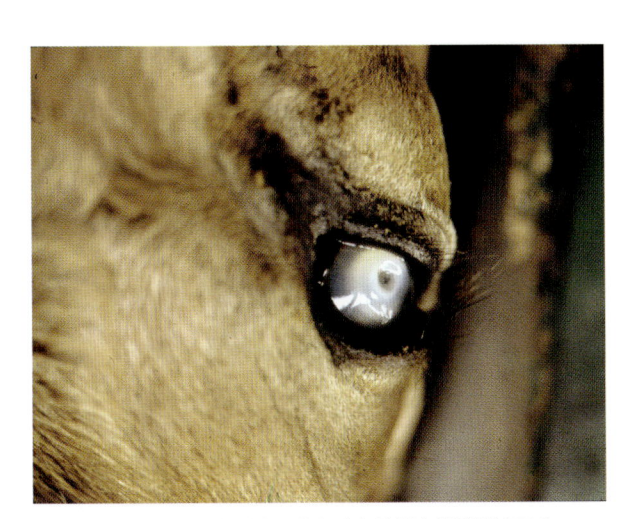

図 8-15　重度の角膜潰瘍を伴う牛伝染性角結膜炎（IBK）

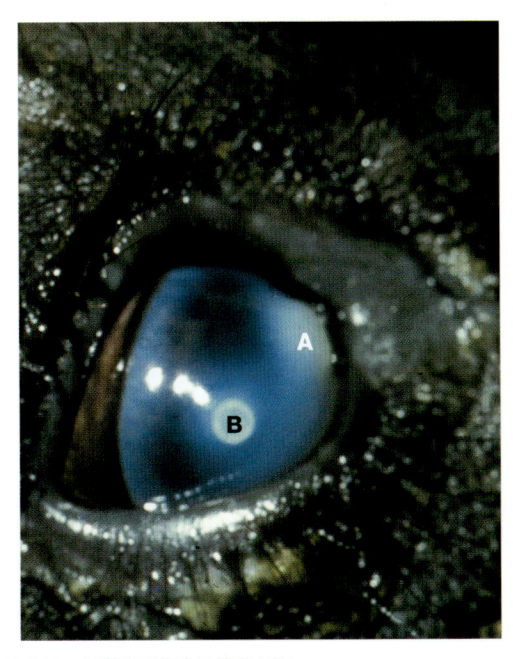

図 8-18　角膜瘢痕（A）を伴う IBK

158　Ocular disorders

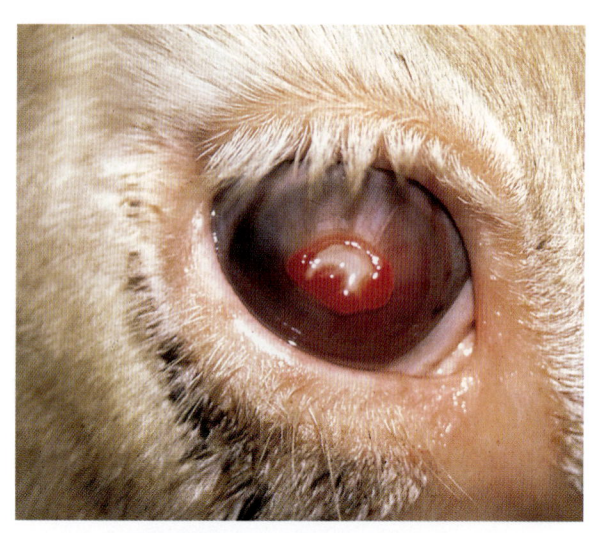

図8-19　穿孔性潰瘍とブドウ膜腫を伴うIBK

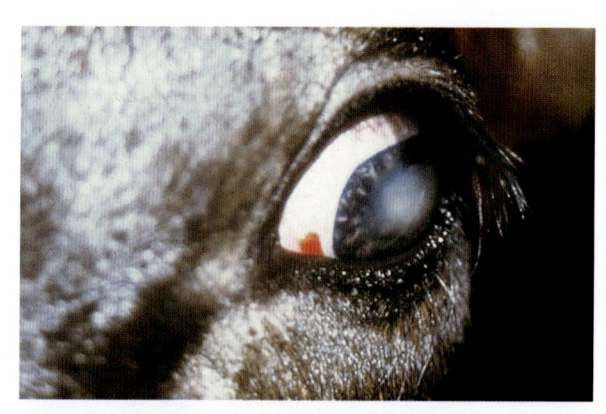

図8-21　前房蓄膿（前房内の膿）の子牛（4週齢）

膜上の丸い斑点（図中のB）は撮影フラッシュの映り込みによる人為的なものである。

　深部潰瘍は眼球の眼房水にまで穿孔することもある。図8-19では、虹彩の組織が破裂した潰瘍を塞ぎ、あたかも角膜表面から赤いリングが突出しているようにみえる。これは角膜ブドウ膜腫である。さらに進行した症例では、外観の赤味は消失し、最終的に治癒することもあるが、角膜の混濁と瘢痕が残る（図8-20）。この段階において、大半の症例は痛みを伴わず牛を苦しめることはないが、眼球の眼房水の排出障害によって緑内障を発症することもある。

### 類症鑑別

　眼の症状から診断は容易であり、特に複数の牛が罹患した場合には判別しやすい。類症には牛の虹彩炎（図8-35〜図8-37）、悪性カタル熱、ブルータング、眼の異物（通常は眼の周辺部、図8-27を参照）、寄生虫（図8-29）、IBRがある。疑わしい症例の菌を培養すると*Moraxella bovis*感染が確認されることがある。IBKとIBRの眼病変が同じ牛に生じることはまれである。

### 対処

　明るい陽射し、乾燥して埃っぽい不快な環境、ハエ、密飼いなどはすべて誘発因子となる。罹患牛は、日陰に隔離することが望ましい。*M. bovis*はさまざまな抗生物質に感受性があり、結膜下投与や局所投与、非経口投与がなされる。重症牛には外科手術（瞬膜フラップ手術）が効果的なこともある。*M. bovis*の死菌ワクチンの有効性についてはまだ結論が出ていない。

## 前房蓄膿　Hypopyon

### 病態

　前房内に膿が溜まる。

### 症状

　この4週齢の子牛（図8-21）は、初乳不足に起因する子牛敗血症により、動作緩慢、発熱、食欲不振を示していた。前房室内の白血球に注目する。この子牛は、抗生物質と非ステロイド系抗炎症薬（NSAID）による治療後に回復した。*Histophilus somni*感染による敗血症は、これに伴う網膜出血と浮腫により失明を

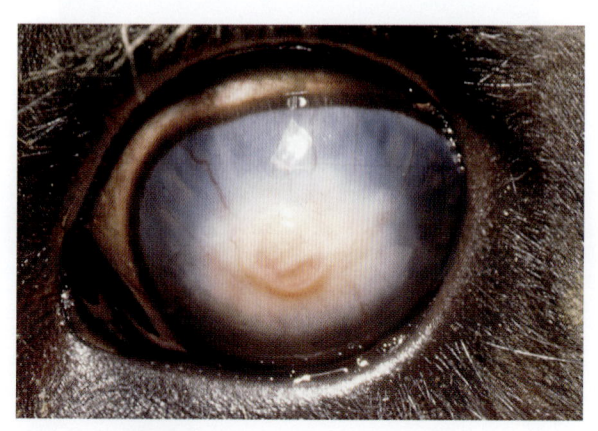

図8-20　角膜の陳旧性瘢痕と緑内障を伴うIBK

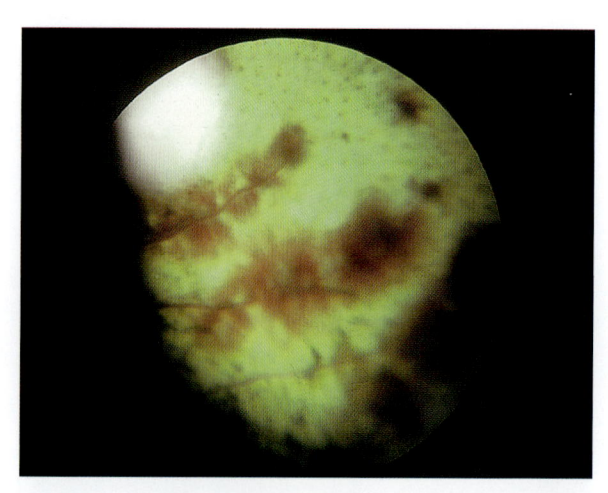

図8-22　前房蓄膿、網膜出血、浮腫（*Histophilus somni*感染、カナダ）

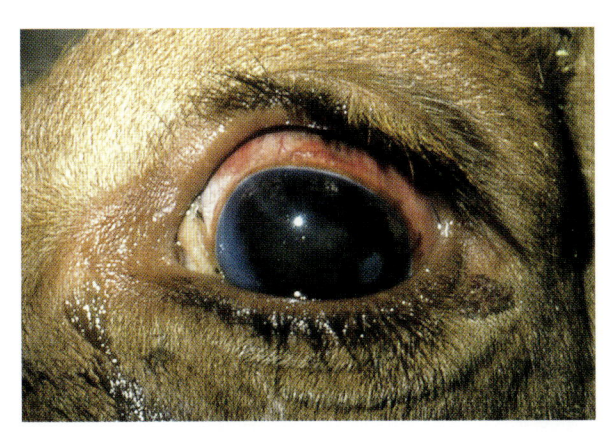

図 8-23　強膜の充血、瞳孔の不明瞭化、内眼角の角膜混濁を伴う眼の外傷（ガーンジー）

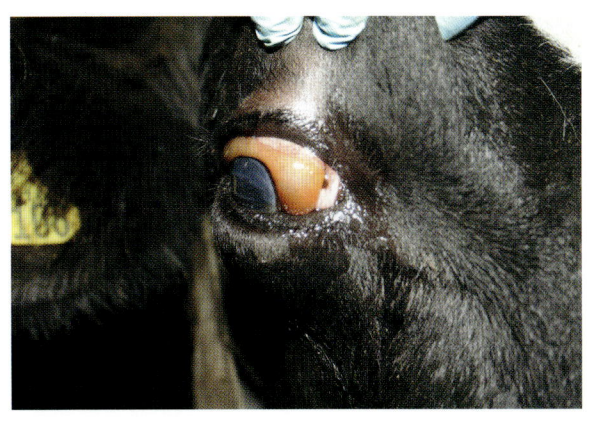

図 8-26　結膜浮腫

図 8-24　強膜出血の 4 日齢のホルスタイン子牛

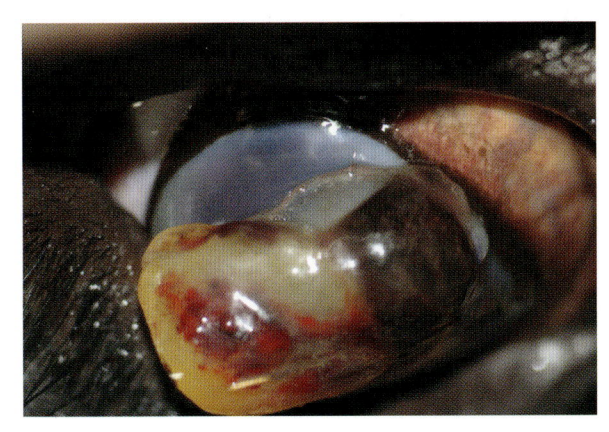

図 8-25　角膜の穿孔、および水晶体と虹彩の脱出

もたらすこともある（図 8-22）。

## 眼の外傷　Ocular trauma

### 症状

　眼球は骨性の眼窩内にあり、異物が近付くと瞬時に瞼を閉じる反射によってしっかり保護されているにもかかわらず、外傷性の眼病変はよく起こり、異物の侵入によるものが特に多い。角膜炎や結膜炎は、埃や紫外線による刺激によって起こされる。図 8-23 のガーンジー牛は、（上眼瞼の下にみられる）強膜と結膜の充血、瞳孔の不明瞭化、内眼角の軽度の角膜混濁が認められる。おそらくは打撲が原因と考えられる。図 8-24 の子牛は、難産で生まれた後に著しい強膜の出血がみられた。図 8-25 の重度難産のために起立不能になった牛は、角膜の穿孔、および水晶体と虹彩の脱出を示している。また別の牛（図 8-26）は、頭部への外傷に起因する二次的損傷として、混濁した角膜の条痕、初期の前房出血、重度の結膜浮腫が認められた。

### 対処

　ほとんどの症例は 2、3 日以内に完治する。長期化する場合は、局所療法を開始する前に異物の有無を詳しく検査すべきである。

## 眼の異物　Ocular foreign body

### 症状

　結膜に入り込んだ牧草の種やその他の植物の一部が、眼球が動くたびにその部位を傷付け、びらんや潰瘍を生じることがある。特に頭上に設置された草架から採食する牛はリスクが高い。図 8-27 は、植物の一部の欠片（図中の A）が外眼角近くの角膜表面内に埋没している。周辺にみられる初期の角膜炎と角膜混濁に注目する。さらに進行した図 8-28 の症例では、初期の角膜潰瘍を伴う角膜炎がみられる。異物の大半は外眼角に入り込み、小さな欠片が角膜全体を突出させることが多い。

### 対処

　牛をしっかり保定して局所麻酔をかけた後、異物を指先または先端が細くて丸い鉗子で除去する。数日間は局所治療を行うべきである。角膜に埋没して角膜炎の原因となっている小さな異物は、そのうち自然と治癒していくことがある。

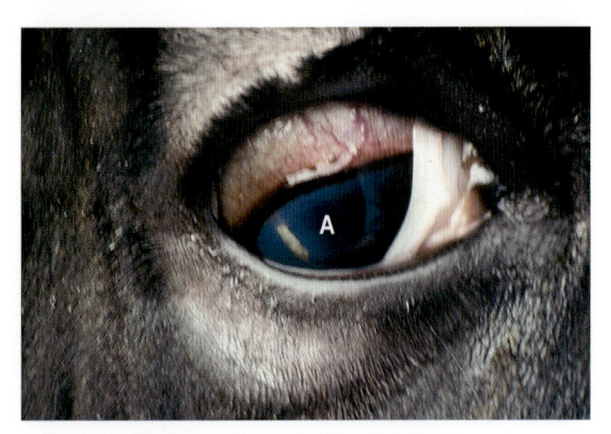

図8-27　眼の異物：埋没した植物の一部（A）

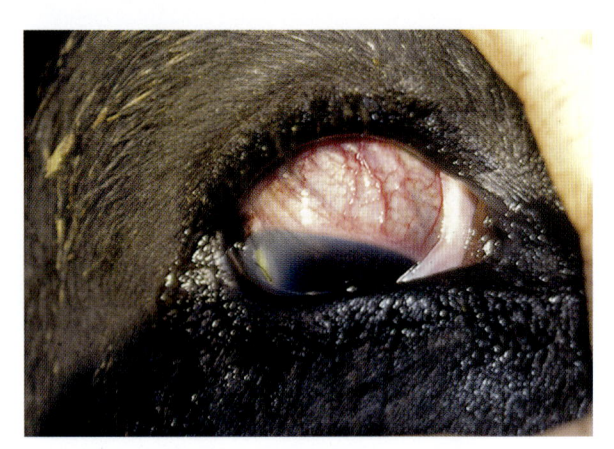

図8-28　眼の異物による角膜炎と初期の角膜潰瘍

## 眼虫症（テラジア）　*Thelazia* ("eyeworm")

### 病態
牛の涙管や結膜嚢に寄生する*Thelaziidae*属の旋尾線虫（例えば、*T. rhodesii*）のことであり、中間宿主

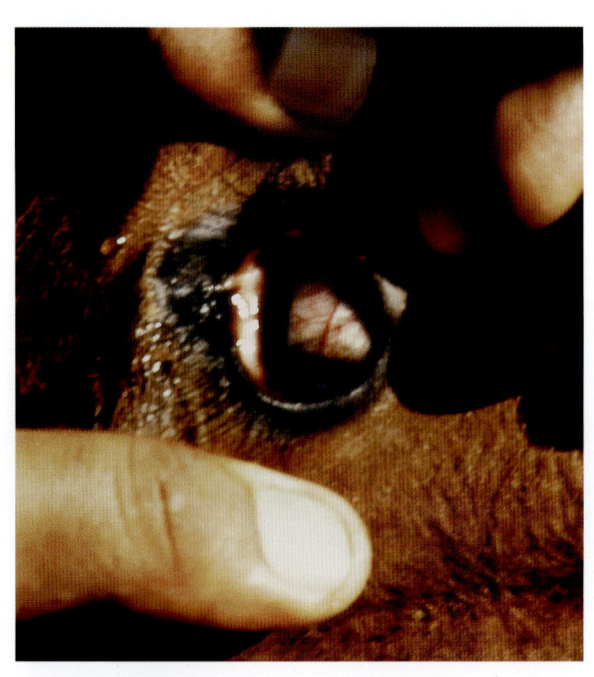

図8-29　涙液分泌液内のテラジア（眼虫）の幼虫

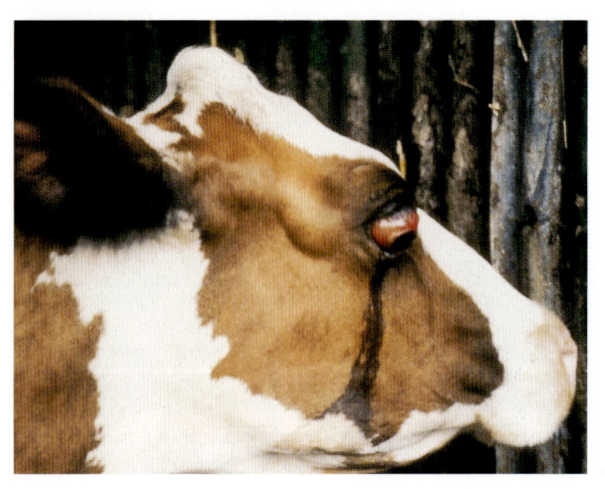

図8-30　眼球の脱出（眼球突出症）の牛（エアシャー）

であるハエ（*Musca* spp.）を媒介してこれらの嚢に集まる。

### 症状
感染により、結膜炎、流涙、眼瞼痙攣、角膜炎を生じる。図8-29は、下結膜嚢の涙液分泌液に白い*Thelazia*の幼虫が浮遊しているのがみえる。視診により診断する。

### 類症鑑別
IBK（図8-15）、牛の虹彩炎（図8-35）、眼の異物（図8-27、図8-28）。

### 対処
局所麻酔薬注入後に鉗子で機械的に除去する。感染予防には、ドラメクチンと併用してレバミゾールやイベルメクチンを投与すると共に、牛の顔にハエがたかるのを防止するようにする。

## 眼球の脱出（眼球突出症）
Prolapse of the eyeball (proptosis)

### 病態
眼球の前方変位または膨張。

### 症状
眼球の脱出は頭部の外傷によってまれに起こる。図8-30のエアシャーでは、強膜の充血と浮腫、および両眼瞼より突出した眼球に注目する。

### 対処
牛を鎮静させ局所麻酔をかけた状態で眼球を眼窩に戻すことが可能である。両瞼を縫合して4～5日間固定すれば、図8-30のような症例のほとんどに十分な回復が見込める。

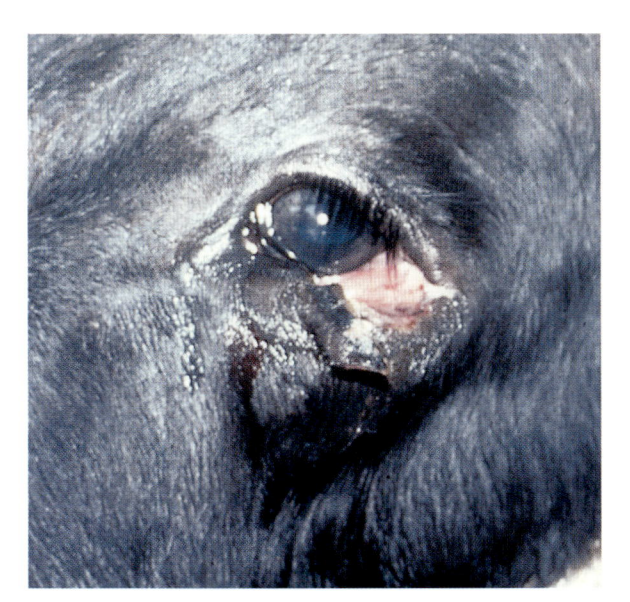

図8-31 下眼瞼に裂傷がある未経産牛（アンガス）

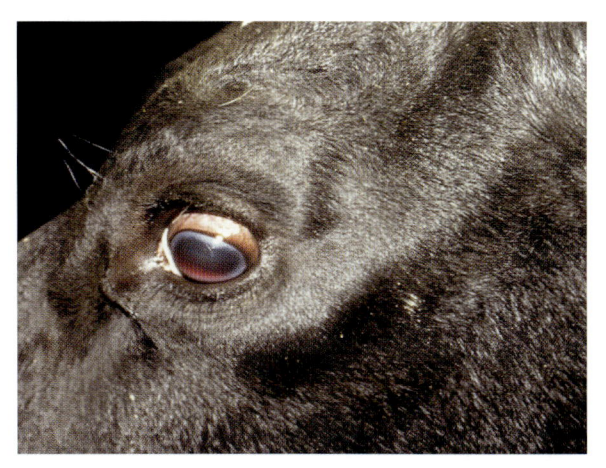

図8-33 重度の前房出血

## 眼瞼の裂傷　Eyelid laceration

### 症状

下眼瞼の裂傷はかなりよくみられる。他の牛の頭と接触して擦れたり、餌槽や建造物の突出部分、あるいや針金の切れ端に眼球がぶつかったりすることが原因となることが多い。図8-31のアンガス未経産牛にみられる外眼角近くの下眼瞼の損傷は数日前に生じたものだが、順調に治癒した。

### 対処

眼瞼の縁の治癒が不十分な場合、眼瞼が完全に閉じなくなり、軽度の角膜潰瘍や流涙を生じることが少なくない。そのため、重症例では縫合手術が効果的である。

## 眼瞼内反症　Entropion

### 病態

眼瞼の辺縁の反転。先天性、後天性の両方がある。

### 症状

写真のシンメンタール雄牛（図8-32）は、ブドウ膜炎（p.162「牛の虹彩炎」を参照）発症後に右下眼瞼に内反を生じ、その部位に二次性の角膜パンヌスが形成されていることも確認された。この内反は痙性型であり、局所治療後に回復した。

## 前房出血　Hyphema

### 病態

前房出血は眼の前房への出血であり、その原因は外傷、凝固障害、感染症などさまざまである。

### 症状

図8-33では、前房の底部に貯留している新鮮血に注目する（図13-2のワラビ中毒も参照）。さらに進行した図8-34の症例では、異物に起因する角膜外傷が明らかであり、前房出血、結膜炎、浮腫も併発している。

### 対処

外傷性症例の多くは両側性であり、牛は一時的ながら完全に失明する。大半の症例は、治療をしなくても2～3週間で自然に回復する。

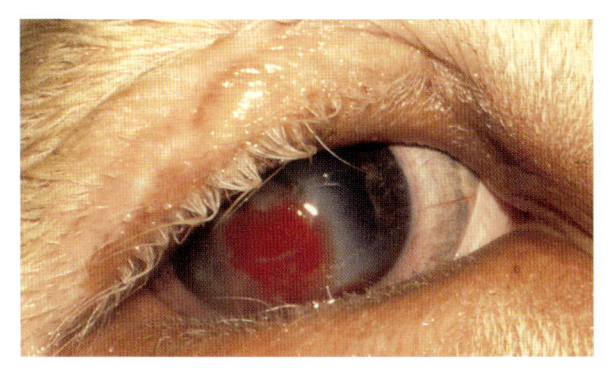

図8-32　下眼瞼の内反とパンヌスを示す雄牛（シンメンタール）

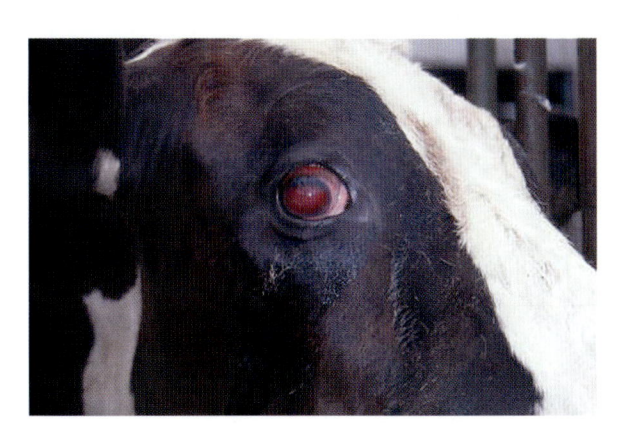

図8-34　頭部への衝撃後に発症した前房出血と結膜の浮腫

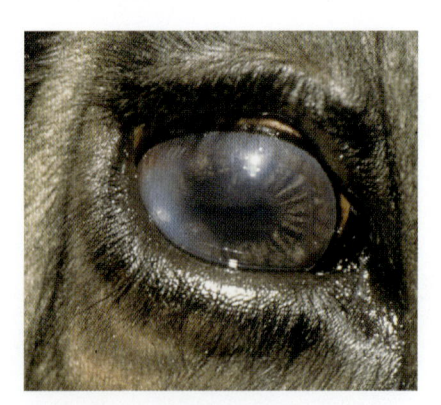

図8-35　虹彩の拡張と皺を示す初期の牛の虹彩炎

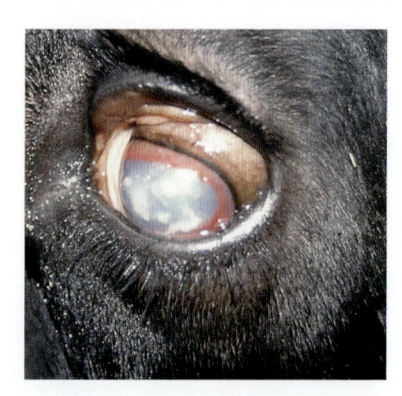

図8-37　角膜斑形成がみられる重度の牛の虹彩炎

## 牛の虹彩炎（ブドウ膜炎、虹彩毛様体炎、"silage eye"）
Bovine iritis（uveitis, iridocyclitis, "silage eye"）

### 病態
前部ブドウ膜（虹彩および毛様体）に起きる炎症を虹彩毛様体炎といい、毛様体と脈絡膜に起きる炎症を後部ブドウ膜炎という。

### 症状
育成牛や成牛の全身性疾患と同様に、いくつかの新生子牛疾患（例えば、臍帯感染症）はブドウ膜炎と関係があることがあり、このような疾患には悪性カタル熱、結核、IBRなどがある。近年では、牛の虹彩炎は *Listeria monocytogenes* 感染に関係があり、この感染源はおそらく大梱包のサイレージであると考えられている。発症は片眼のことも両眼のこともある。初期症例（図8-35）では、虹彩の拡張と皺がみられ、中央部の縮瞳を生じている。外眼角付近には角膜の内層表面（デスメ膜）に内皮性の白斑があり、角膜混濁と初期のパンヌス形成が認められる。症状が悪化するとパンヌスが周囲に広がり（図8-36のA）、角膜の変色と混濁が進行する。重症例（図8-37）では、内皮性の角膜斑によって表面の凹凸が大きくなり、完全な失明に至る。

### 診断
大梱包のサイレージへの近接機会と群内の眼疾患牛の有無が診断のポイントとなる。その他の類症には、IBK（図8-15～図8-20）や眼の異物（図8-27）がある。

### 対処
重症例（図8-36、図8-37）の場合でも、抗炎症薬と抗生物質への結膜下投与により回復する。発症は主に牧草が十分に成長した成熟期にサイレージを切断するときに起こる。円形フィーダーまたは風の当たる場所に置いた餌槽からの採食時に、サイレージと眼との接触機会が増えるほど、病気のリスクも高まる。

## 腫瘍性疾患　Neoplastic conditions

第三眼瞼（瞬膜）と眼球の悪性腫瘍は世界中のどこの牛にもよくみられる。リンパ肉腫は眼球内または眼窩に発現し、眼球の脱出を起こすこともある。乳頭腫も時折報告される。

## 扁平上皮癌　Squamous cell carcinoma

### 病理発生
扁平上皮癌（SCC）は牛の眼にできる腫瘍の中で最も発症頻度が高く、頭部が白い成肉牛に特に多くみられ、これにはヘレフォードやその他の眼の周囲の色素がほとんどない品種（例えば、シンメンタール）などが含まれる。本疾患は太陽光（紫外線）に関連がある。

### 症状
SCCの好発部位は下眼瞼、第三眼瞼（瞬膜）、眼球の角膜縁などである。程度の差はあるが両眼共に罹患することも少なくない。良性の小さな前駆病変は退行することもときどきある。図8-38のヘレフォード雄牛では、眼瞼沿いにSCCが数カ所（図中のA）、角膜縁から角膜にかけて直径10 mmの灰色の斑点が1カ所（図中のB）、第三眼瞼に初期のSCC（図中のC）が

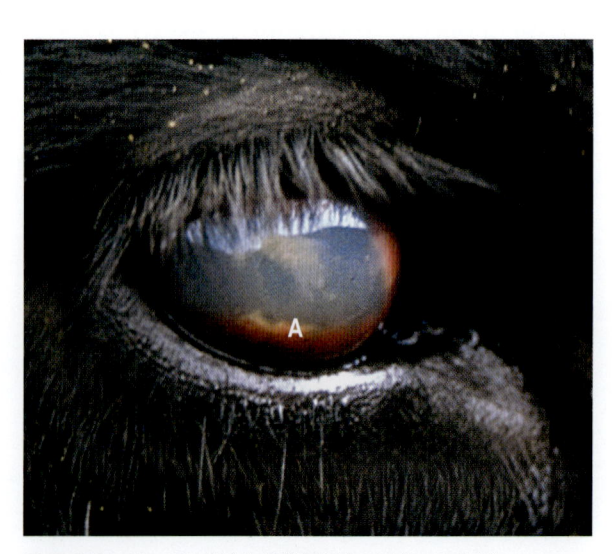

図8-36　パンヌス（A）と角膜混濁を示す牛の虹彩炎

眼疾患　163

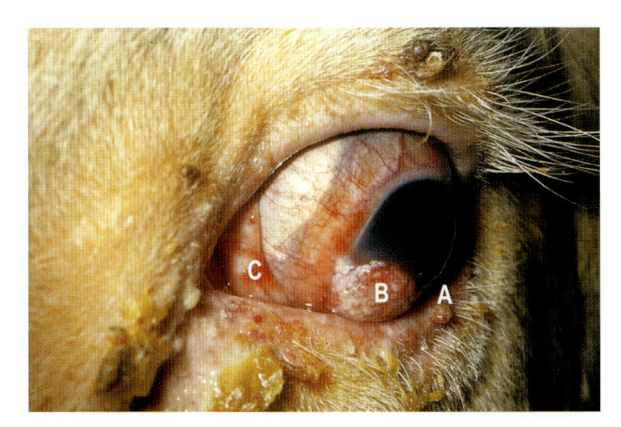

図 8-38　眼瞼、角膜、第三眼瞼に扁平上皮癌(SCC)を示す雄牛(ヘレフォード)

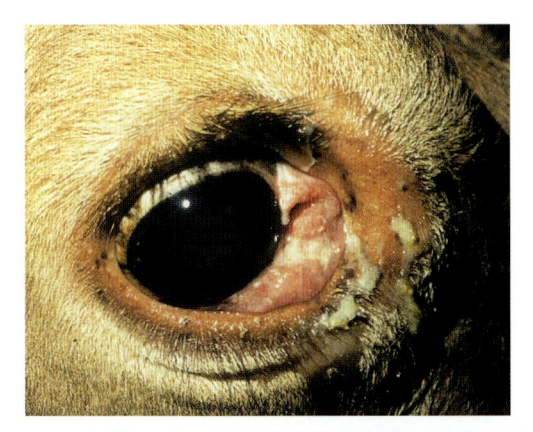

図 8-39　内眼角の第三眼瞼(瞬膜)から腫瘍性組織が突出している牛(ガーンジー)

認められる。図 8-39 のガーンジー牛と図 8-40 のフリーシアン成牛は、ピンク色の腫瘍性組織が内眼角の第三眼瞼から突出している。図 8-40 の牛には、その他にも小さな病変が下眼瞼と角膜表面にみられ、二次的な表在性の化膿性感染が認められる。放置された症例の 10％が最終的に局所リンパ節に転移し(食肉処理場で不良認定されることになる)、割合は少ないが図 8-41 のように肺に転移するものもある。表面に凹凸があり色が薄くなっている部位が腫瘍組織である。

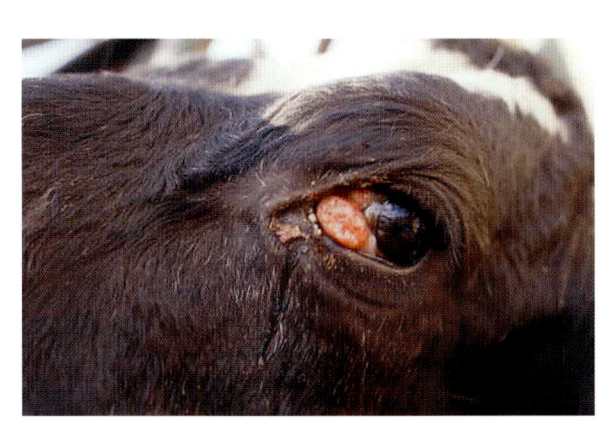

図 8-40　第三眼瞼と下眼瞼の扁平上皮癌(フリーシアン)

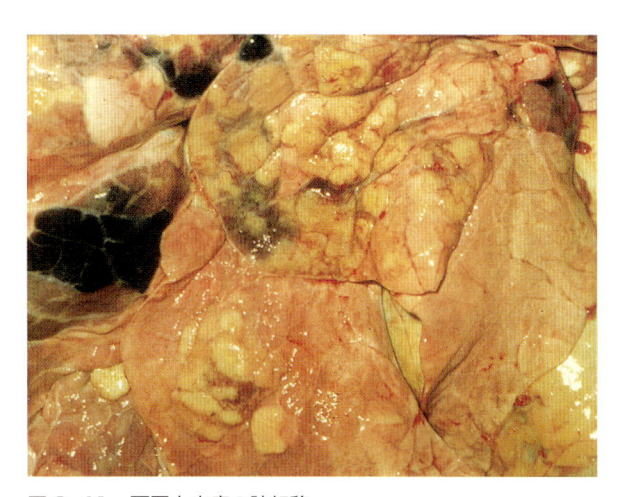

図 8-41　扁平上皮癌の肺転移

**類症鑑別**

IBK(図 8-15〜図 8-20)、眼窩周辺のリンパ肉腫(図 8-42)。

**対処**

第三眼瞼の初期病変は、牛を鎮静させて局所麻酔を投与した後、鉗子と鋏を用いて容易に摘出できる。縫合の必要はない。進行した症例では、局所的な拡散を防ぐために凍結療法あるいは眼球全摘術を施す。

## リンパ肉腫(悪性リンパ腫)
Lymphosarcoma (malignant lymphoma)

**病態**

リンパ組織の悪性リンパ腫であるリンパ肉腫は、さまざまな部位(第四胃、子宮)に発生する。通常、眼の場合には眼球後方に大きな塊として発現し、進行性の膨張と拡散を伴う。

**症状**

図 8-42 では、大きな腫瘍塊によって結膜が赤く平滑な球状に腫大し、眼球が内眼角(右)側に圧迫されている。眼のリンパ肉腫は進行性の眼球突出症を引き起こす。

**診断**

この腫瘍はほぼ間違いなく他の部位にも発生し、臨床検査によって、表在性あるいは腹部または骨盤のリンパ節腫脹や、その他のリンパ肉腫病巣が明らかになることが少なくない。腫瘍塊や腫大したリンパ節の生検や病理組織検査により診断が可能になる。

**対処**

罹患牛は淘汰すべきである。転移部位があると食肉検査で不可となる。

164　Ocular disorders

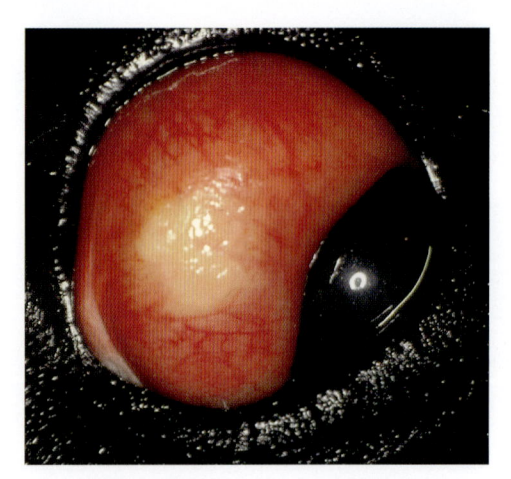

図 8-42　結膜後方の塊を示すリンパ肉腫（米国）

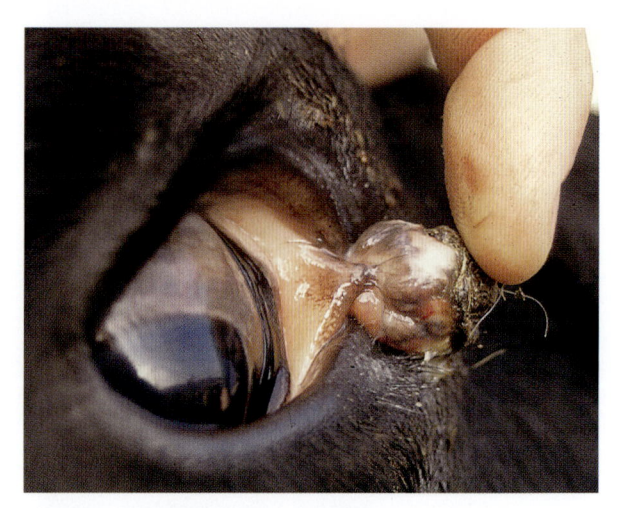

図 8-43　第三眼瞼に付着した乳頭腫

## 乳頭腫　Papilloma

　図 8-43 の乳頭腫は「茎」で第三眼瞼に付着し、その表面は角化して凹凸がかなり大きくなっている。乳頭腫は SCC に比べて発症頻度はきわめて少なく、外科的に容易に切除できる。眼周囲の乳頭腫（いぼ）は幼若子牛の群によくみられる。図 8-44 に示された発達した 3 つの乳頭腫は、内眼角と外眼角の眼瞼の皮膚に起因するものである。眼から離れたところにも小さな乳頭腫が複数認められる。他の部位の乳頭腫については当該箇所で解説している（頸部は図 3-45、陰茎は図 10-19、図 10-20、乳頭は図 11-29〜図 11-31 参照）。眼周囲のいぼは外観の悪さ以外の問題はないため、自然に消失するまで放置しておくのが一番である。

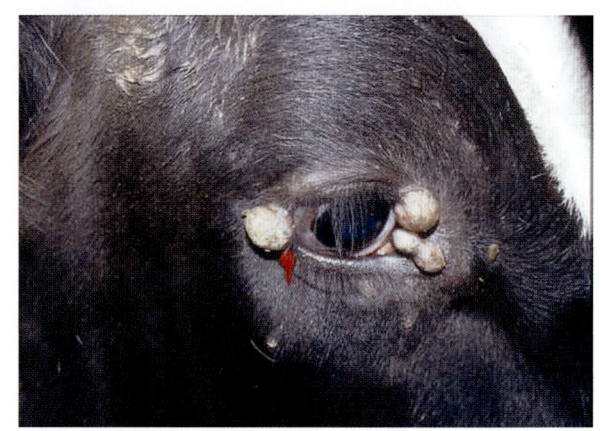

図 8-44　眼周囲のいぼ

# 第9章

# 神経疾患 Nervous disorders

| | |
|---|---|
| はじめに ································· 165 | 髄膜炎/髄膜脳炎 ····················· 171 |
| 　大脳皮質壊死症（CCN）（灰白脳軟化症）···· 165 | 血栓塞栓性髄膜脳炎（TEME）、ヒストフィル |
| 代謝病 ································· 166 | 　ス・ソムニ感染症 ····················· 172 |
| 　低マグネシウム血症（草量倒病、グラステタ | 脳共尾虫病（共尾虫症、旋回病）·········· 173 |
| 　　ニー）······························· 166 | ウイルス感染症 ························· 174 |
| 　低カルシウム血症（乳熱、産後起立不能症）·· 167 | 　狂犬病 ······························· 174 |
| 　神経型ケトーシス（アセトン血症、稽留熱）·· 167 | 　オーエスキー病（仮性狂犬病、瘙痒病）····· 175 |
| 　脂肪肝症候群（過肥牛症候群）············ 168 | 　牛海綿状脳症（BSE）···················· 175 |
| 細菌感染症 ····························· 168 | その他の疾患 ··························· 176 |
| 　リステリア症（旋回病）··················· 168 | 　かゆみ-発熱-出血症（PPH）·············· 176 |
| 　外耳炎 ······························· 169 | 　食塩渇望型の異食症 ···················· 176 |
| 　中耳の感染症（中耳炎）·················· 169 | 　落雷 ································· 177 |
| 　顔面神経麻痺 ························· 170 | 　感電 ································· 177 |
| 　脳の膿瘍 ····························· 170 | |

## はじめに

　本章では、神経症状を主な臨床症状とする疾病と障害を取り上げる。したがってその病因は幅広く、栄養性疾患（例えば、大脳皮質壊死症）、代謝病（例えば、低マグネシウム血症）、細菌およびウイルス感染症（例えば、リステリア症、狂犬病）、寄生虫病（例えば、*Coenurus cerebralis*）、物理的および外傷性の要因（例えば、落雷や感電）、さらには原因不明のさまざまな疾患（例えば、牛海綿状脳症）など多岐にわたる。しかし、著しい神経性の臨床症状を示す疾患でも、破傷風（図12-66～図12-68）、ボツリヌス中毒（図12-69）、鉛中毒（図13-29）などのように他の章で扱っているものもある。

　神経疾患の臨床評価は、行動、運動、歩様、姿勢などの変化に基づいて行われるため、静的な写真から判断を下すことは難しい。そのため、その動物の正常な状態を把握していることがきわめて重要である。本章では、実態が正しく伝わらないと思われる部分については、写真には写らない変化についてもできるだけ詳しい解説を付けるように努めた。

## 大脳皮質壊死症（CCN）（灰白脳軟化症）
Cerebrocortical necrosis (polioencephalomalacia)

### 病因

　大脳皮質壊死症（CCN）は、第一胃内の異常発酵の産物（チアミナーゼ）に起因するチアミン欠乏症によって起される。発症原因として最も有力なのは、チアミナーゼ1型酵素を分泌する第一胃細菌の過剰発育をもたらす濃厚飼料の給与であろう。また、尿石症（図10-5～図10-10）を予防するための尿酸性化薬である硫酸アンモニウム配合物が高濃度に添加されている飼料の摂取も、この症候群を引き起こす原因となることがある。

### 症状

　CCNは2～6カ月齢の子牛に最も多くみられ、濃厚飼料に変更した直後に発生することが多い。図9-1のシンメンタール雑子牛は特徴的な「空を見上げる」姿勢を取っている。発症が急性か亜急性かにより、症状が大きく異なることがある。その他の症状には、沈うつ、運動失調、頭突き行動（図9-2）、大脳皮質性盲目などがある。剖検時の病変（図9-3）は、通常左右対称に前頭葉、後頭葉、頭頂葉に発生する。大脳皮質の灰白質（図中のA）にみられるうっ血と黄色の変性は、通常白質と灰白質の結合部に発生し、特に左右の両端において顕著に現れる。侵された脳は紫外線下で青緑色の蛍光を発する。

# Nervous disorders

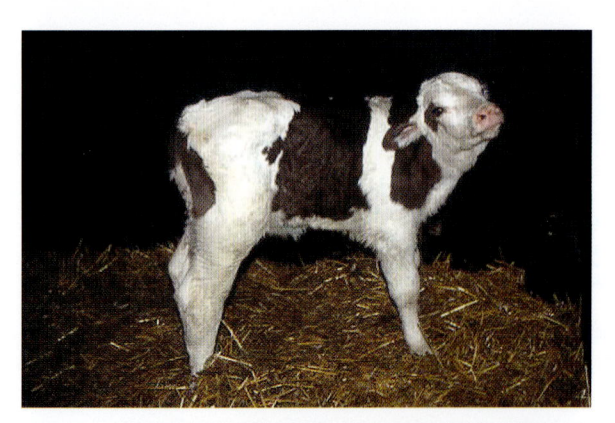

図9-1　大脳皮質壊死症（CCN）による「空を見上げる」姿勢の牛

図9-4　「見開いた」眼、瞳孔の散大、口角の泡、被毛の発汗を示す低マグネシウム血症で倒れた牛（フリーシアン）

図9-2　頭突き行動を示すCCNのフリーシアン子牛

### 類症鑑別

急性鉛中毒、低マグネシウム血症、脳の膿瘍、ビタミンA欠乏症。診断は症状とチアミン療法への反応に基づいて行う。

### 対処

症状の発現から2時間以内に塩酸チアミン注射液の複数回投与（初回は静脈内投与）を行うと、著しい改善がみられることがある。このとき、可能であれば利尿剤やデキサメタゾンを併用する。未治療の牛の死亡率は50％を超える。予防策は考え得る危険因子を除去することである。

## 代謝病　Metabolic diseases

本章で代謝病を取り上げるのは、この疾患の多くが行動性あるいは神経性の臨床症状を示すからである。一般にこれらの症状は生体恒常性が生理的限界を超えた時に生じる。ここでは、低マグネシウム血症、低カルシウム血症、アセトン血症またはケトーシス、脂肪肝症候群の4つの疾患について図説する。

## 低マグネシウム血症
## （草量倒病、グラステタニー）
Hypomagnesemia
("grass staggers", "grass tetany")

### 病態

低マグネシウム血症は、血液や脳脊髄液（CSF）のマグネシウム濃度の低下によって生じる複合的な代謝病で、過剰興奮、筋痙攣、痙攣を引き起こし、死に至ることもある。通常は泌乳牛や肉用牛の成牛が発症する。重症例では、発症後数時間で死亡することもある。

### 症状

図9-4のフリーシアン牛は搾乳場への移動中に転倒し、伸展性痙攣を起こした。「見開いた」眼、瞳孔の散大、口角の泡、被毛の発汗に注目する。図9-5の

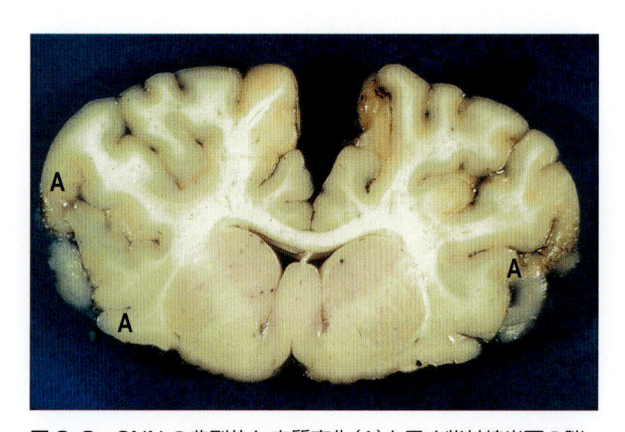

図9-3　CNNの典型的な皮質変化（A）を示す紫外線光下の脳

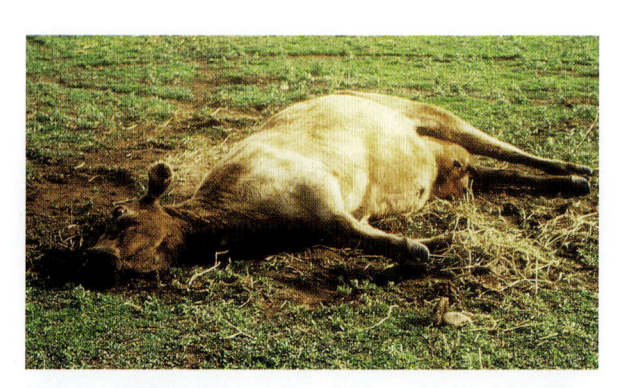

図9-5　伸展性痙攣を示す低マグネシウム血症の牛（交雑種、オーストラリア）

図9-6 典型的な頸部のS状屈曲の姿勢で伏臥する低カルシウム血症の牛

オーストラリアのクイーンズランド州の交雑種雌牛も同様の眼の変化を示している。頭部と後肢には伸展性痙攣がみられる。前肢と頭部を激しくバタつかせた結果、緑の牧草がなくなり、地肌が露出している。比較的軽度の牛は硬直したまま歩行することもあり、体への接触や音に対する過敏性がみられ、頻尿を示すこともしばしばある。この疾患は蓄積されたストレス下で、特に温暖な気候下でみられる。マグネシウムの少ない草地またはカリウムの多い草地（土壌中のカリウム濃度が高いためにマグネシウムではなくカリウムが吸収される）、およびマグネシウムの摂取が乏しくなるような他の草地で飼育されると、本疾患が誘発される。低カルシウム血症を併発すると症状はさらに悪化する。

#### 類症鑑別

低カルシウム血症（図9-6、図9-7）、BSE（図9-36～図9-38）、リステリア症（図9-11、図9-12）、ケトーシス（図9-8）。

#### 対処

罹患牛の治療として、痙攣抑制と心停止予防のために鎮静剤を投与し、25％硫酸マグネシウム溶液に、可能であればボログルコン酸カルシウムを添加して皮下注射する。少量の硫酸マグネシウム（$MgSO_4$）をゆっくりと静脈内投与することもある。

#### 予防

適量のマグネシウムを継続的に摂取できるように、草地の管理、緩衝剤給与、あるいは飼料や飲水へのマグネシウム塩添加などの対策を取る。

### 低カルシウム血症（乳熱、産後起立不能症）
Hypocalcemia
("milk fever", postparturient paresis)

#### 症状

低カルシウム血症（図9-6）は特に分娩直前または直後の高齢牛に発症することが多い。初期の症状には、過敏性や興奮の高まりなどがある。罹患牛はその後、筋力の喪失と神経機能の低下により起立不能となる。肛門括約筋の突出（直腸内の糞便の滞留と腹腔内圧の増加が原因）、軽度の第一胃鼓脹（第一胃アトニー）、および典型的な頸部の「S状屈曲」（図9-6）にも注目する。これは、完全な横臥位になると起き上がれなくなることを避けるための姿勢反射と考えられる。頭を側腹部にのせてうずくまる牛もいる（図9-7）。

#### 類症鑑別

中毒性乳房炎または子宮炎、ボツリヌス中毒（図12-69）、周産期の出血、重度の後肢外傷（図7-90）、両側性の閉鎖神経麻痺（図7-91）。

#### 対処

40％ボログルコン酸カルシウム液400 mlに、可能であればマグネシウムとリンを添加し、ゆっくりと静脈内投与する。カルシウムは皮下投与でもよい。予防のために分娩時の母牛の過度な体重増加に注意し、移行期の食餌管理を適切に行う。よく茂った高カリウム、高カルシウム草地への放牧を避け、長繊維の粗飼料や陽イオンと陰イオンのバランスの良い食餌を与える。

### 神経型ケトーシス（アセトン血症、稽留熱）
Nervous ketosis (acetonemia, "slow fever")

神経型ケトーシスはケトン体の循環による中毒であり、泌乳初期のエネルギー不足に関連している。典型的な臨床症状は食欲不振、嗜眠（このため稽留熱と呼ばれる）、沈うつ、便秘などであり、牛によっては強迫的な舐癖、流涎、側腹への噛み付き（図9-8の5歳のホルスタインにみられる）などの神経症状や、あるいは凶暴な行動がみられることさえある。この牛は搾乳室に入ることを嫌がり、写真撮影の6時間後、狂乱的に舐め回していた乳房と前肢から出血した。ブドウ糖とコルチコステロイドを投与すると迅速な改善反応

図9-7 側腹部に頭部をのせている低カルシウム血症の牛

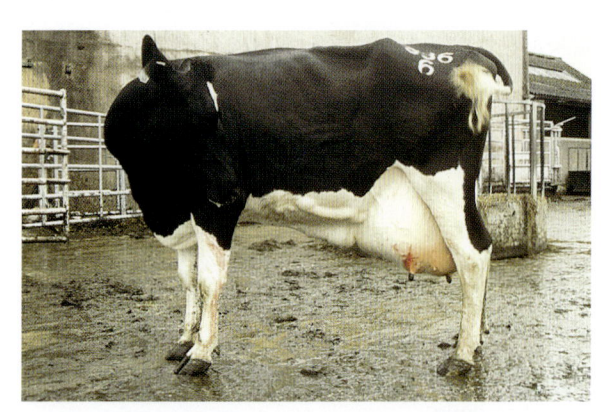

図9-8　強迫的な舐癖と乳頭の外傷を示す神経性ケトーシス（アセトン血症）の牛（ホルスタイン、5歳）

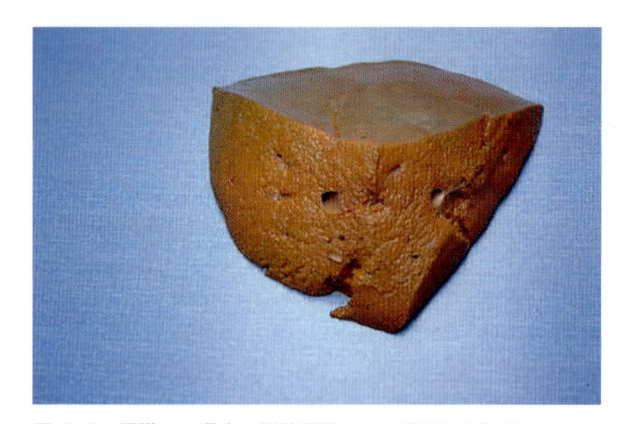

図9-9　肝臓への過度の脂肪浸潤を示す脂肪肝症候群

を示した。

### 類症鑑別

低マグネシウム血症（図9-4、図9-5）、BSE（図9-36〜図9-38）、リステリア症（図9-11、図9-12）。

### 対処

分娩時の母牛の過度な体重増加を避ける。移行期の食餌管理を適切に行い（前述の低カルシウム血症を参照）、泌乳初期に嗜好性の良い高エネルギー飼料を給与する。

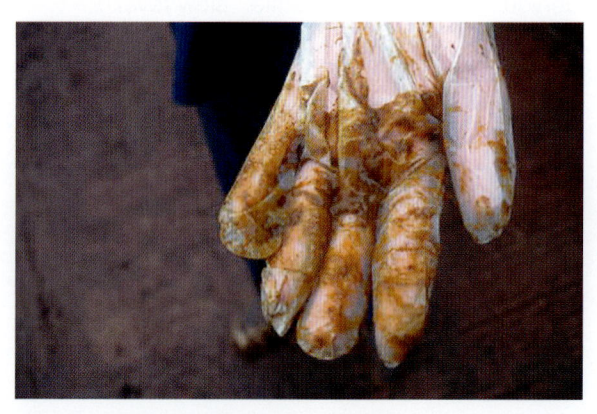

図9-10　毒血症に特徴的な黄色い下痢便

## 脂肪肝症候群（過肥牛症候群）
Fatty liver syndrome (fat cow syndrome)

### 病態

分娩時の過肥牛にみられる食欲不振、ケトン尿症、肝機能障害などの症状であり、その他の周産期疾患や摂食障害によって引き起される。特に分娩後にエネルギーの不足した飼料を給餌された牛にみられる。

### 症状

牛の多くは、特定の症状を示さない。進行した症例では、食欲不振、「空を見上げる」姿勢、妊娠中毒症への進展がみられ、最終的に起立不能に陥る。図9-9に過度の脂肪浸潤により脆弱化した肝臓を示した。図9-10のビニール手袋に付着しているのは毒血症に特徴的な黄色い下痢便であり、この乳牛が致死的状態にあることが分かる。

### 類症鑑別

低カルシウム血症（図9-6、図9-7）、乳房炎、子宮炎、毒血症のその他の形態。

### 対処

初期の症例ではグルコース液の静脈内投与、グルココルチコイドの非経口投与、牛ソマトトロピン投与（認可されている場合）に対して反応を示すことがある。症状が進行して起立不能になった牛は淘汰すべきである。予防法はケトーシス（p.167）と同様である。

## 細菌感染症　Bacterial infections

### リステリア症（旋回病）
Listeriosis ("circling disease")

### 病態

*Listeria monocytogenes* による感染症であり、髄膜脳炎症候群、新生子牛敗血症、または流産の原因となる。

### 症状

髄膜脳炎として発現した場合には、発熱、元気消失、失明、頭突き行動を示し、また片側性の顔面神経麻痺を生じると舌の突出（図9-11）や耳の下垂がみられるようになる。患側への強迫的な旋回行動（図9-12）もしばしばみられ、流産を起こすこともあるが、この場合には一般的に神経症状は伴わない。図9-11と図9-12はどちらも典型的な症状である眼瞼の麻痺により乾燥性角膜炎を発症していることに注目する。敗血症に侵された2〜4日齢の新生子牛は突然死に至る。剖検により複数の臓器から *Listeria* が分離されることがある。この微生物は普遍的に存在し、環境中でもほとんどの野生生物の体内にみられる。リステリア

神経疾患　169

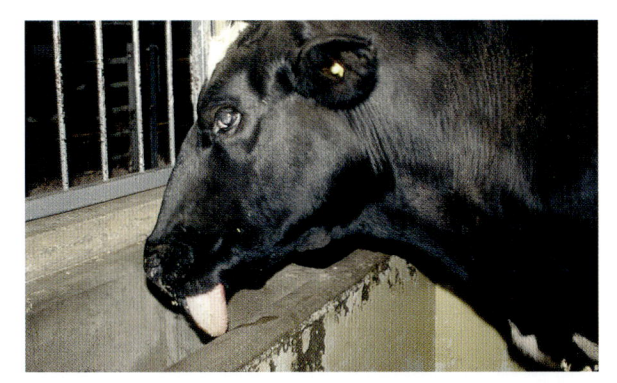

図 9-11　舌の突出と耳の下垂を示すリステリア症の牛

図 9-12　強迫的旋回行動と乾燥性角膜炎を示すリステリア症の牛

症は寒冷な気候とサイレージの給餌に関連がある。

### 類症鑑別

狂犬病（図 9-33）、急性鉛中毒（図 13-29）、CCN（図 9-1）、BSE（図 9-36）、ボツリヌス中毒（図 12-69）、細菌性髄膜炎（図 9-22）、ウイルス性脳炎、下垂体膿瘍（図 9-18）。

### 対処

初期の症例では早い段階で非ステロイド系抗炎症薬（NSAID）を併用した積極的なペニシリン治療を施すと反応することがある。*Listeria* は pH 値が高くカビが生えたサイレージにまん延しやすいため、サイレージ管理を予防の基本とする。出生時にペニシリンの非経口予防接種を行うと新生子牛敗血症による致死率を低減できることもある。

## 外耳炎　Otitis externa

### 病態

外耳道の炎症であり、臨床的には頭部の揺さぶり、前肢での頭掻き、間欠的な頭部の変位、疼痛、耳漏などの特徴を示す。発症原因には節足動物寄生虫や異物の関与、あるいは全身感染症などが考えられる。熱帯の国々では、*Rhabditis bovis* に起因することがよくある。

### 症状

写真の 2 カ月齢のホルスタイン子牛の外耳道（図 9-13）には、表面の湿潤と膿性滲出物を伴う発赤した皮膚炎が認められる。この症例は、局所的および非経口的な抗生物質治療により治癒した。

### 類症鑑別

中耳炎（図 9-14、図 9-15）、リステリア症（図 9-11）、髄膜炎（図 9-22）、CCN（図 9-1）。

### 対処

イベルメクチンの点耳、広域性抗生物質治療、局所洗浄。

## 中耳の感染症（中耳炎）
Middle ear infection (otitis media)

### 症状

中耳の感染症では、図 9-14 の子牛や図 9-15 のフリーシアン牛のように、頭部を片側に傾けるのが典型的な症状である。しかし、これらの牛は元気で食欲もあり、発熱も認められなかった。バランスを保つために広踏肢勢をとることに注目する。*Pasteurella* 菌類や *Mycoplasma bovis* などの呼吸器系の細菌性病原体が関与していることがしばしばあり、呼吸器疾患を伴う場合に発症率の増加がみられることが多い。

### 類症鑑別

リステリア症（図 9-11）、髄膜炎（図 9-22）、外耳炎（図 9-13）。

### 対処

抗生物質の非経口投与によりある程度の改善がみられるが、頭位傾斜が改善されないことから判断して、多くの症例で細菌が残存していると思われる。予防は

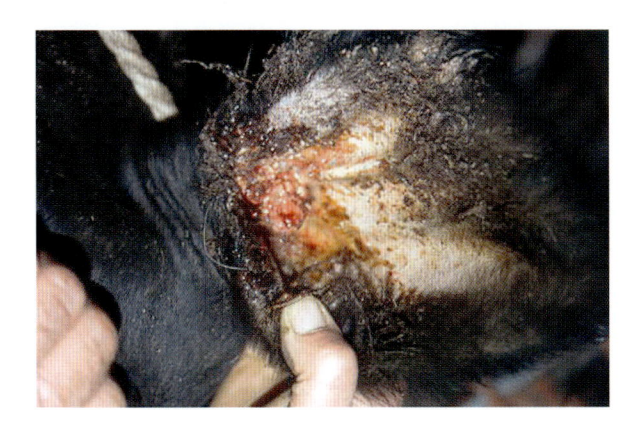

図 9-13　膿性滲出物を伴う外耳炎

呼吸器系の感染症を防止することで行う。

## 顔面神経麻痺　Facial nerve paralysis

### 症状

図9-16の雄牛は耳、上眼瞼、鼻孔部が下垂している。この症例の原因は不明だが、外傷、中耳疾患、リステリア症、およびその他の脳感染症に起因する可能性がある。

### 類症鑑別

ボツリヌス中毒（図12-69）、狂犬病（図9-33）、リステリア症（図9-11）。

## 脳の膿瘍　Brain abscess

### 症状

図9-17のエアシャー牛は不安感を示し、頭部を片側に傾け、前肢で起立できない状態である。剖検により脳底部に膿瘍（図中のA）が確認された（図9-18）。このような膿瘍は通常下垂体窩に位置していることが多い。下垂体膿瘍に侵された牛は初期の臨床症状として顎の閉鎖不能や舌の突出（図9-19）がみられ、その結果流涎も認められる。その後、しだいに平衡感覚を失って横臥するようになり、図9-19のシャロレー牛のように死に至る。この牛は除角したことが原因で感染性前頭洞炎を発症していた。剖検（図9-20）により、下垂体の怪網の膿瘍形成（図中のA）が明らかになった。

### 類症鑑別

リステリア症、血栓性脳脊髄炎、急性鉛中毒、ウイルス性脳炎、その他の脳内占拠性病変。

### 対処

個々の症例に対する治療は通常成功しない。予防は跛行、乳房炎、呼吸器感染症などの、菌血症の病巣の抑止にかかっている。

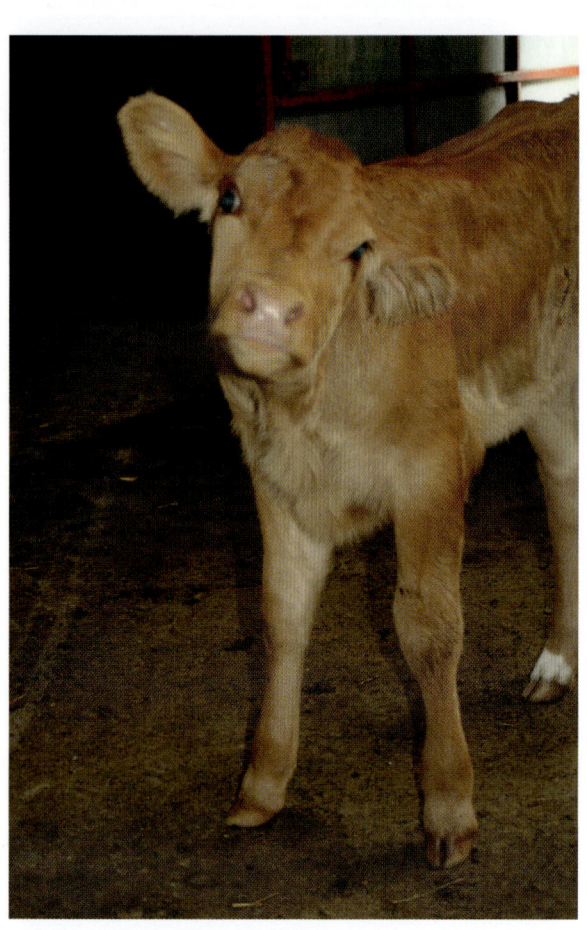

図9-14　中耳炎を発症した子牛

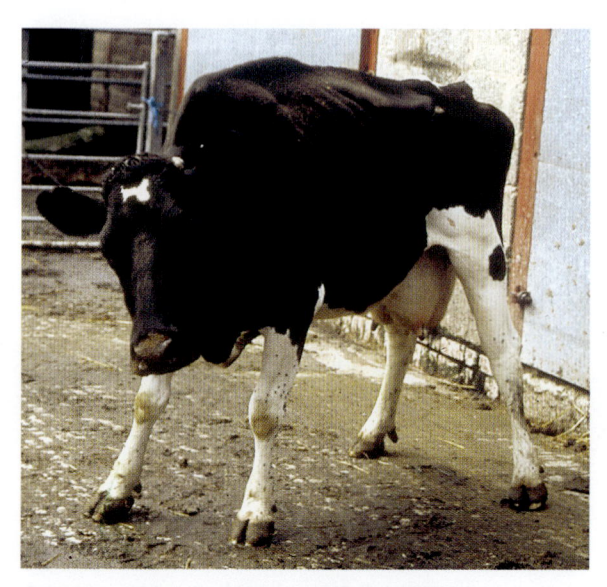

図9-15　中耳炎：広踏肢勢と頭位傾斜を示す牛

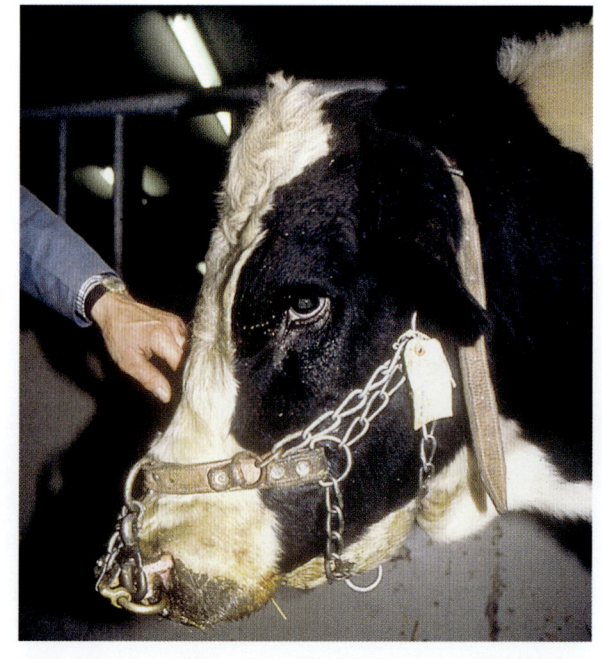

図9-16　耳、上眼瞼、鼻孔部に症状がみられる顔面神経麻痺

神経疾患　171

図9-17　脳の膿瘍：前肢での起立不能と頭頸部の異常な姿勢を示す牛（エアシャー）

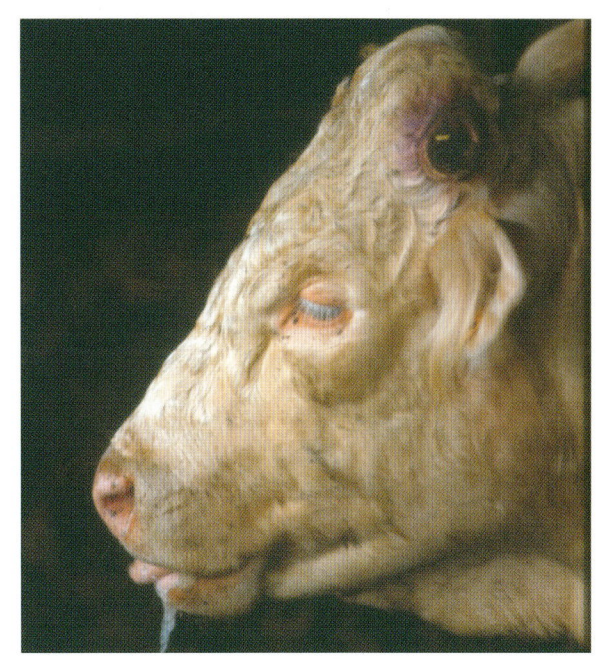

図9-19　下垂体膿瘍の雄牛の頭部近影（フランス）

## 髄膜炎／髄膜脳炎
Meningitis/meningoencephalitis

### 病態
さまざまな発症原因による髄膜の病理学的炎症である。

### 症状
髄膜炎では多様な症状が示される。子牛の場合は起立や歩行障害を生じることもあり、例えば、写真の4週齢のホルスタイン子牛（図9-21）は前躯が脱力し、その後間もなく伸筋硬直を起こした。図9-22の子牛は、壁に頭部を押し付けてもたれかかる姿勢、瞳孔の散大、口角の泡を示している。子牛の中には、横臥姿勢や動きの鈍さ、耳や眼瞼の下垂、激しい頭痛が認められる症例もある（図9-23）。また図9-23の子牛は前房蓄膿（p.158）も発症したが、治療により驚くほど迅速に改善した。前房蓄膿は図9-22の牛にも明らかに認められる。さらに極端な症例では、伸展性痙攣（図9-24）や後弓反張（図9-25）を生じることもあるが、これらの牛は回復した。成牛が罹患する場合も同様の症状がみられることがある。図9-26の剖検では典型的な脳のうっ血が示されている。髄膜炎には、*Streptococci*、*Histophilus*、*Pasteurella*、*Listeria* などを含む多様な微生物が関与する。

### 類症鑑別
狂犬病（図9-33、図9-34）、脳の膿瘍（図9-17）、急性鉛中毒（図13-29）、伝染性血栓塞栓性髄膜脳炎（図9-27）。類症鑑別では髄液検査が重要な役割を果たす。

図9-18　図9-17の牛の剖検時の脳の膿瘍（A）

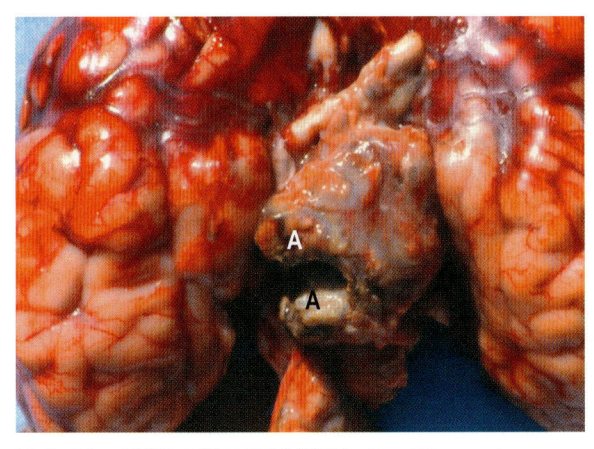

図9-20　剖検時の脳の下垂体膿瘍（フランス）

図9-21　髄膜炎：前肢の異常肢勢を示す子牛（ホルスタイン、4週齢）

図9-24　髄膜炎：伸展性痙攣と後弓反張を示す子牛

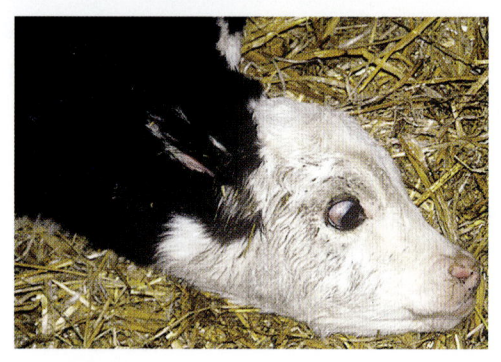

図9-25　髄膜炎：図9-24の後弓反張を示す子牛（近影）

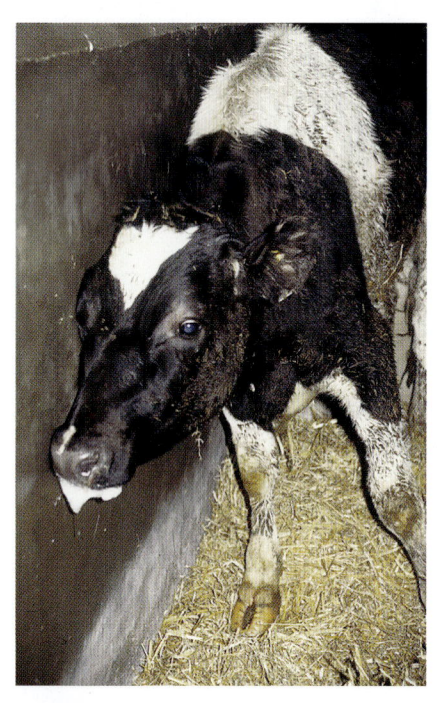

図9-22　髄膜炎：瞳孔の散大と口角の泡沫を示し、壁にもたれかかる子牛

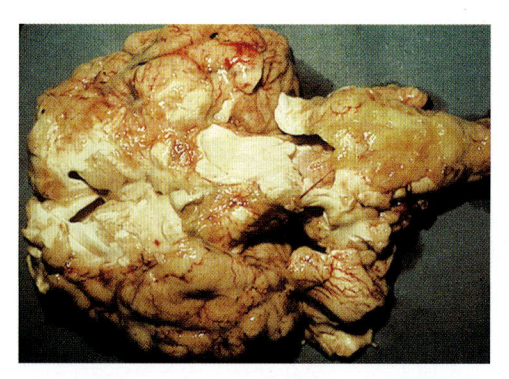

図9-26　髄膜炎：剖検時の髄膜と脳のうっ血（米国）

## 血栓塞栓性髄膜脳炎（TEME）、ヒストフィルス・ソムニ感染症　Histophilus somni disease complex (TEME, ITEME), thrombotic meningoencephalitis (TME), (histophilosis)

### 病態
　*Histophilus somni* によって1つまたは複数の器官が侵される急性の敗血性疾患であり、多くの場合致死的である。

### 症状
　主として北米のフィードロット牛にみられるが、ヨーロッパやイスラエルでも報告されている。正式な病名の統一については議論中である。血栓塞栓性髄膜脳炎（TEME、ITEME、TME）は突然発症し、最初は著しい発熱を伴う。図9-27のシャロレー雄牛のよう

図9-23　髄膜炎：耳や眼瞼の下垂を示す不活発な横臥子牛

神経疾患　173

図9-27　血栓塞栓性髄膜脳炎：沈うつと流涎を示す雄牛（シャロレー、ドイツ）

に、罹患牛は動きの鈍さと重度の沈うつ状態を示す。流涎と耳および眼瞼の下垂に注目する。その後2、3時間以内に横臥し、死亡することがある。発症初期には、網膜壊死の灰色の病巣と浮腫を伴う網膜出血による失明が特徴となる。剖検では、脳の腹側から観察すると著しい脳の浮腫、うっ血、出血がみられ、さらに灰白質のうっ血、脳出血（側脳質内）、髄膜炎、変色した脳脊髄液（CSF）も認められた（図9-28）。H. somni は単独でも化膿性気管支肺炎を引き起こし、頭腹側部の著しい変化（図9-29）や、輸送熱やパスツレラ症の併発をもたらすことがある。この病原菌は滑液、CSF、胸膜腔、心筋などの多くの器官から培養される。

### 類症鑑別

大脳皮質壊死症（図9-1、図9-3）、ビタミンA欠乏症、急性鉛中毒（図13-29）、リステリア症（図9-11、図9-12）、パスツレラ症（図5-10）、狂犬病（図9-33、図9-34）。

### 対処

罹患牛は隔離し、直ちに抗生物質治療を開始すべきである。TEME感染によって起立不能になった牛は、手厚く看護しても回復することはまれである。H. somni の細菌ワクチンを使用した予防プログラムの策定も試みられているが、北米での成功例はこれまでほとんどない。フィードロットへの到着時に長時間作用型のテトラサイクリンを大量に投与すると、H. somni による致死率は低減できないが、続発的な呼吸器疾患の発生を下げることができた。

## 脳共尾虫病（共尾虫症、旋回病）
*Coenurus cerebralis* (coenurosis, "gid")

### 病因

脳共尾虫（*Coenurus cerebralis*）は犬の条虫である *Taenia multiceps* の成長段階の中間形態（メタセストード）である。羊にみられるのが一般的であるが、ときどき牛の脳で被囊して緩慢な進行性の神経疾患を生じることがある。

### 症状

初期には失明、頭突き行動、眠気、無目的な徘徊などの症状が現れ、1～4カ月のうちにしだいに起立不能になる。写真のヘレフォード雑未経産牛（図9-30）では、起立不能、眼瞼閉鎖、頭部伸展がみられ、典型的な症状である頭痛も生じていると思われる。嚢胞は前頭骨の直下に形成されることが多く、大脳半球の外表面から外科的に切除することが可能である（図9-31）。この牛は完全に回復した。

### 対処

死体処分を適切に行い、犬が条虫に感染しないようにする。農場内の犬を含む、家畜と接触するすべての動物に対して3カ月ごとに定期治療を実施する。

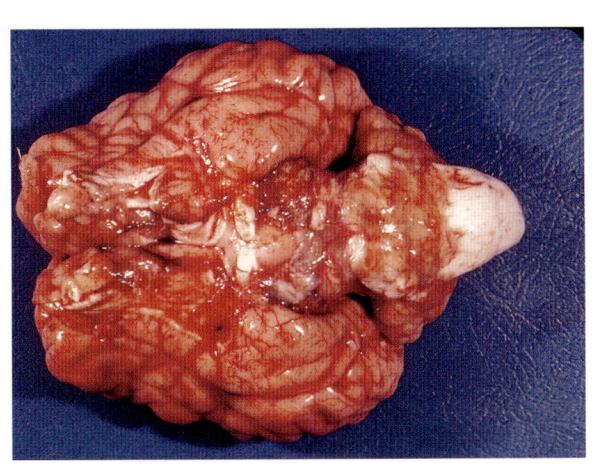

図9-28　血栓塞栓性髄膜脳炎：著しい浮腫と出血を示す脳

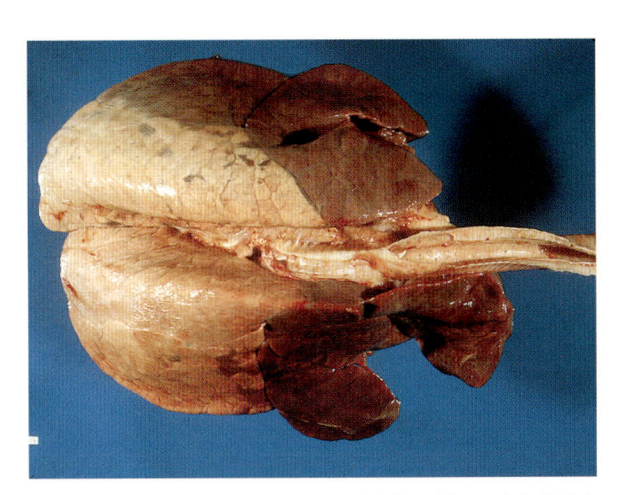

図9-29　血栓塞栓性髄膜脳炎：頭腹側部に著しい変化を示す肺（米国）

## Nervous disorders

図9-30 脳共尾虫感染（旋回病）により、頭部伸展がみられる未経産牛（ヘレフォード雑）

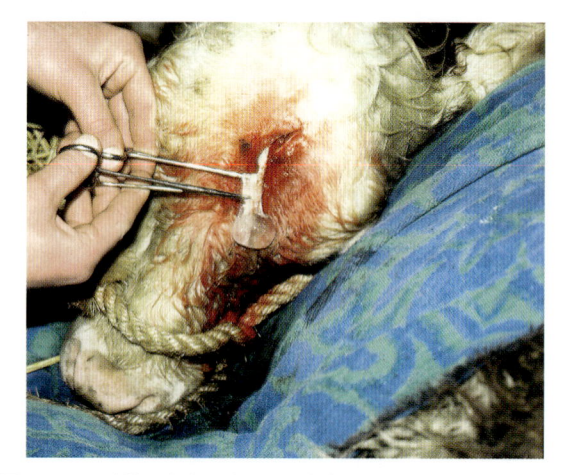

図9-31 脳共尾虫病：脳からの嚢胞摘出

# ウイルス感染症　Viral infections

## 狂犬病　Rabies

### 病態
狂犬病は、ラブドウイルスの感染症であり、人間を含むすべての温血動物に致死的な脳脊髄炎を引き起こす。

### 症状
犬や猫、および野生の肉食動物（例えば、キツネ、アライグマ、コヨーテ）に一次感染する。感染は保菌動物の唾液が咬傷などから侵入することによって起こる。例えば、図9-32のブラジルの症例のように、牛の血液を吸っている吸血コウモリを調べたところ、狂犬病ウイルスを保有していたことが確認された例もある。その後、このウイルスは末梢神経を通って脳に到達（上行性麻痺）するため、受傷部位によって潜伏期間が異なる。初期には行動の変化のみがみられるが、進行するうちに流涎、不安感、咆哮（図9-33）、後肢球節のナックリングなどの症状が現れるようになる。著しいしぶりを示す症例もある（図9-34）。その後すぐに麻痺を発症して死に至ることもあるが、狂犬病の中でも比較的古くからみられる「凶暴性」の強いタイプに感染すると、牛でも特徴的な咆哮や攻撃的な行動が認められることもある。熱帯地域では、感染牛の隔離施設がないため、安楽死までの期間、縄で牛の体を拘束しておくこともある（図9-33）。

### 類症鑑別
細菌性髄膜炎（図9-22）、脳の膿瘍（図9-17）、リステリア症（図9-11）、ボツリヌス中毒（図12-70）、オーエスキー病（図9-35）、低マグネシウム血症（図9-4、図9-5）、神経型ケトーシス（図9-8）。

### 対処
現在狂犬病が根絶されている国々では、犬や猫の外国からの入国に対して引き続き厳重な検閲を実施している。それ以外の狂犬病が発生している国の多くは、積極的な撲滅キャンペーンや特定の在来種への強制的なワクチン接種を展開している。

図9-32 狂犬病：狂犬病陽性が後から発覚した、牛の血を吸う吸血コウモリ（ブラジル）

図9-33 狂犬病：咆哮する去勢雄牛の縄による拘束

神経疾患　175

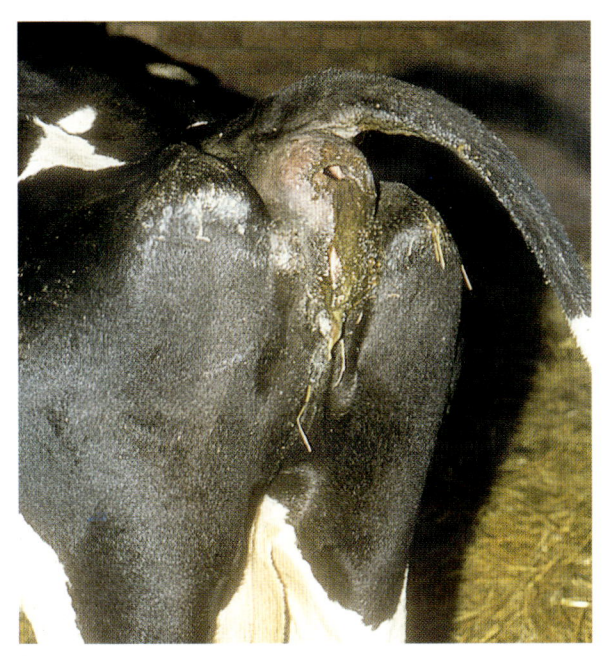

図9-34　狂犬病：著しいしぶり（ドイツ）

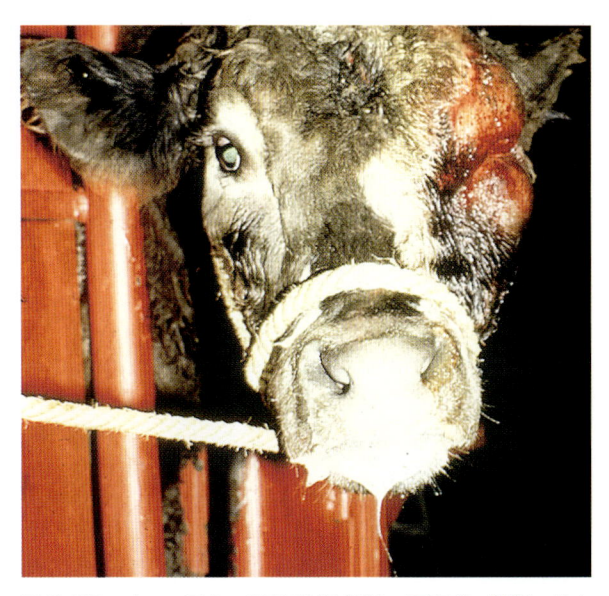

図9-35　オーエスキー病（仮性狂犬病）：不安感、流涎、およびかゆみに起因する自傷行為による負傷がみられる牛

## オーエスキー病
（仮性狂犬病、瘙痒病）
Aujeszky's disease (pseudorabies, "mad itch")

### 病態
　豚ヘルペスウイルス（SuHV-1）に起因し、通常は豚が感染源となる。進行性の致死的疾患であり、激しいかゆみと著しい興奮を伴う。

### 症状
　主として豚が侵されるヘルペス感染症であるが、牛を含む他の動物種でも発生し、通常は48時間以内に死に至る髄膜脳炎が散発的に引き起こされる。初期症状として不安感、舐癖、振戦、流涎（図9-35）がみられ、その後激しいかゆみ、極度の興奮、麻痺、痙攣が継発して死に至る。図9-35の牛の眼瞼がいちじるしく腫脹しているのは、かゆみを抑えようとしてその部位を激しくこすりつけた結果である。

### 類症鑑別
　神経型ケトーシス（図9-8）、狂犬病（図9-33、図9-34）、かゆみ-発熱-出血症（PPH、図9-39）、急性鉛中毒（図13-29）。

### 対処
　この疾患は届出伝染病である。一部の国では、感染の可能性のある豚と密接な接触がある牛にワクチン接種を実施している。

## 牛海綿状脳症（BSE）
Bovine spongiform encephalopathy

### 病態
　BSEは、進行性無熱性の致死的な脳変性疾患である。発症原因は完全には解明されていないが、現在ではある作用物質（プリオン）の経口摂取によって引き起こされる感染性疾患との説が一般的である。このプリオンは、羊にみられるスクレイピー病原体と完全に同一ではないものの類似点の多い感染性因子であり、反芻動物由来成分が配合された濃厚飼料に含まれていることがある。このBSEが世界中の政治や経済に与えた影響は甚大である。

### 症状
　牛海綿状脳症に罹患するのは主に3～6歳の雌牛である。時には雄牛の症例もある。肉用牛よりも乳用牛に多く、これは乳用牛が子牛期に濃厚飼料を与えられることが多かったからである。症状は体重減少（図9-36）や特に後肢の不安定な硬直歩行、あるいは歯ぎしり、鼻口部の舐癖、筋肉の痙攣、神経過敏、手拍子などの刺激に対する過剰反応、時には攻撃性を伴う行動の変化などがみられる。重度の後躯運動失調を生じ、数日から数カ月のうちに起立不能に陥る。写真では歩様の変化がうまく伝わらないが、図9-37のフリーシアン雌牛は全身状態が悪く、背彎姿勢、尾の挙上、後肢の硬直を示し、また歩行時のバランスを保つために広踏肢勢を取っていた。この雌牛は扱いが単に困難なだけでなく危険であった。起立不能の症例（図9-38）では、特徴的な犬座姿勢を取ることがしばしばある。脳の剖検では通常、顕微鏡的な海綿状変性が認められる。

　1906年に初めて発見されたBSEは、アイルランド

やスイスで何件か確認されたものの、当初は大半が英国内に留まっていた。しかし1990年代中頃から現在までには、ポルトガル、フランス、ドイツ、およびその他のヨーロッパ諸国で数百件の症例が確認されている。感染の感受性にはおそらく遺伝性があり、胎盤や初乳を介した母系伝達が起こることもある。BSEは、ヒトの新変異型クロイツフェルト-ヤコブ病(nvCJD)の原因となる可能性があることから、全世界で届出伝染病に指定されている。2010年までの10年間で、発症件数は着実に減少している。

### 類症鑑別

狂犬病(図9-33、図9-34)、オーエスキー病(図9-35)、リステリア症(図9-11、図9-12)、髄膜炎(図9-21～図9-26)、脳の膿瘍(図9-17、図9-18)、低マグネシウム血症(図9-4、図9-5)。

### 対処

BSE感染が疑われる牛は届出後に農場で安楽死させ、その脳を検査してBSEの特徴的変化を調べる。現時点では生前診断法は検討段階にある。英国では臨床的に疑わしい個体のうち陽性であることが判明するのは85％のみである。BSEの撲滅は、感染した可能性のある牛や臨床的に疑わしい牛は全頭殺処分し、哺乳動物タンパク質を反芻動物の飼料から完全に排除す

図9-36　体重減少と異常歩行を示す牛海綿状脳症(BSE)の雌牛

図9-37　BSE：背彎姿勢、尾の挙上、硬直歩行を示す牛（フリージアン、5歳）

図9-38　BSE：起立不能のために「犬座姿勢」を取る、興奮しやすい牛

ることに基づいてなされる。

## その他の疾患　Miscellaneous disorders

### かゆみ-発熱-出血症(PPH)
Pruritus-pyrexia-hemorrhagica

#### 病態

原因不明のまれな非感染性疾患で成牛が罹患し、激しいかゆみとその他の多様な全身症状を示す。

#### 症状

PPHでは、頭部(図9-39)、頸部、尾、乳房の皮膚に斑点が生じ、初期は白癬に似た症状を示すが(図3-25、図3-26)、激しいかゆみを伴う。重症例では、発熱、食欲不振、鼻口部や直腸からの出血がみられる。原因不明であるが、*Penicillium*および*Aspergillus*などによって作り出されるカビ毒であるシトリニン、および牧草のハルガヤの両方が関与している可能性がある。剖検により心臓を含む全身に重度の出血がみられ、腎臓部には白い壊死病巣も認められる。

#### 類症鑑別

オーエスキー病(図9-35)、疥癬(図3-11)、神経型ケトーシス(図9-8)、特に出血型の冬季赤痢(図4-19)、白癬(図3-25)。

### 食塩渇望型の異食症　Salt-craving pica

長期的に欠乏飼料を与えられた牛は、激しく食塩を欲しがるようになる。何でも構わずに舐めたり噛んだりする行動（異食症）がみられることが多く、固形塩に猛烈に食らい付くこともある(図9-40)。泌乳量、飼料摂取量、成長率や受胎率が低下する。

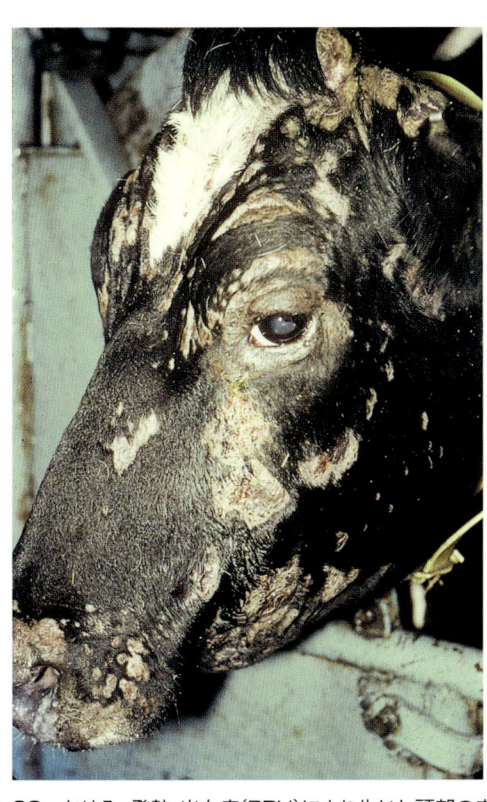

図9-39 かゆみ-発熱-出血症（PPH）により生じた頭部の皮膚斑

## 落雷　Lightning strike

### 症状

　落雷を受けた牛は生け垣や針金の柵（図9-41）の近く、あるいは木の下で発見されることが多い。写真の木には落雷による被害の痕跡が残っているかもしれない。浅く水平に広がる根を持つ木は危険であり、特に地面が湿っていたり、地下に用水路が通ったりしている場所は危険性が高い。死亡した牛の口には入れたばかりの食べ物が新鮮なまま残され、特に肢の被毛に焼け焦げた跡が認められた（図9-42）。皮を剥ぐと皮下血管の破裂によって生じた広範な出血が明らかになった（図9-43）。軽症例では、期間は異なるが回復することもある。

### 類症鑑別（突然死の）

　低マグネシウム血症（図9-4）、鼓脹症（図4-61）、肺血栓塞栓症（図5-31～図5-34）、心不全（第6章参照）、炭疽（図12-63）。

## 感電　Electrocution

### 症状

　牛の感電事故はごく一般にみられ、これは電気に対する牛の感受性が先天的に高いことと、搾乳室へ出入りする機会が比較的多いことも一因となっている（図

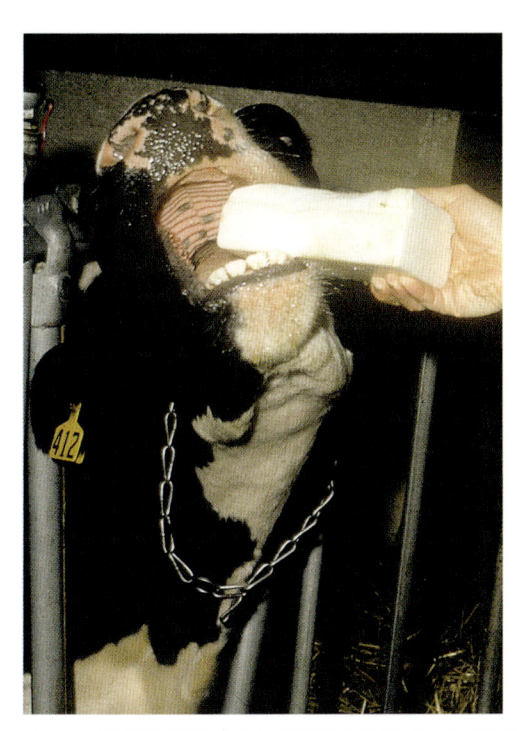

図9-40 食塩渇望型の異食症：固形塩を渇望する牛（米国）

図9-41 落雷：針金の柵沿いで落雷を受けて死亡した牛の集団

図9-42 落雷：焼け焦げた跡が残る被毛

178　Nervous disorders

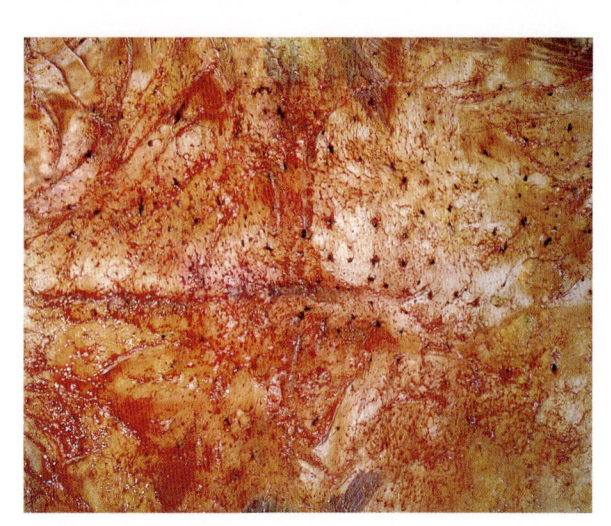

図9-43　落雷：広範な皮下出血

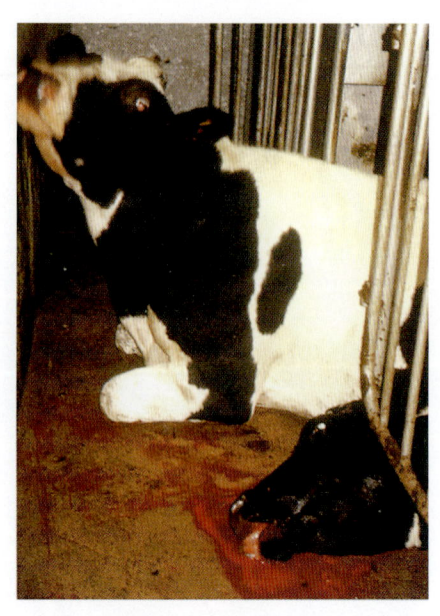

図9-44　感電：搾乳室内で全身出血を伴って死亡した2頭の牛

9-44）。症状は、鼻や口、および眼球からの出血を伴う気絶程度のものから、図9-44の雌牛のように多量の出血を伴って死亡するものまでさまざまである。死因は心室細動と呼吸停止による。高電流でも死に至らない程度のレベルであれば、電圧の強さによってさまざまな神経性の変化や行動の変化が起こる。搾乳室では、アース線の設置が不十分なことから発生した「迷走電流」が問題を引き起こし、乳汁の流下不全や、しばしばクラスターを蹴るような神経質の牛を生じる。

### 対処

農場内のすべての電気製品に対する定期点検とメンテナンスを確実に行い、特に搾乳室内やその周辺部の安全確認を強化する。

# 第10章

# 泌尿生殖器疾患 Urinogenital disorders

本章は尿路系、次いで雄性生殖器、最後に雌性生殖器に分けられる。それぞれの項で短い序文を設けている。

## 尿路系 Urinary tract

| | |
|---|---|
| はじめに ················· 179 | 尿石症 ················· 181 |
| 腎盂腎炎 ················ 179 | アミロイドーシス ·········· 182 |
| レプトスピラ症 ············ 180 | 膀胱炎 ················· 183 |

### はじめに

牛尿路系の主な感染症と細菌性疾患は腎盂腎炎とレプトスピラ症である。尿石症は代謝および栄養障害に由来する多要因性の尿路疾患である。またアミロイドーシスは、成牛ではそう多くない散発性の疾患であるが、腎盂腎炎との鑑別を要する。

続発的な腎病変を伴う状態には、かゆみ-発熱-出血症（PPH、図9-39）、オーク（ドングリ）中毒（図13-6、図13-7）、後大静脈血栓症に続発する腎梗塞（図5-33）、バベシア症（赤水、図12-39～図12-43）、および菌血症や敗血症を生じる多くの原因がある。

### 腎盂腎炎　Pyelonephritis

#### 病態

腎と腎盂の細菌感染症（通常 *Corynebacterium renale*）である腎盂腎炎は、通常、膣と陰門からの上行性感染である。

#### 症状

腎盂腎炎の症例は世界各地で発生しているが、いずれも散発的であり、全体的な発生率は低い。症例は分娩後3カ月以内に最も多くみられ、それは感染尿との接触から、または生殖器感染から生じている。ほとんどの感染は、牛同士の接触が密になる冬季舎飼い期にはじまっている。罹患牛は発熱し、体重が減少し、多尿、血尿、膿尿を示す。そして被毛は乾燥し、青みがかった退色を示し、膀胱炎（図10-14）と似て、しばしば尾と会陰部の尿焼けを示す。直腸検査で肥厚した尿管または腫大した（左）腎に触れる。18カ月齢のリムーザン未経産牛（図10-1）は数日間病状を示し、剖検で、直近の出血部を伴った顆粒性腎皮質を示した。さらに、数個の小さな散在性の腎膿瘍があり、そのうちの1つは破裂していた。

重度の慢性腎盂腎炎が図10-2に示されている。左腎は収縮し退色しており、右腎は腫大し、顆粒状である。両側尿管、特に左尿管は膿と細胞片を含んで厚くなっている（膿尿管）。

腎盂腎炎の他の症例では、主に腎髄質に多数の乾酪性の膿性巣があり、直腸検査で触れることがある。

慢性腎盂腎炎の一例（図10-3）では、腎杯に結石（図中のA）が認められ、さらに多くの結石が肥厚し線維化した尿管内にみられ、膀胱粘膜面に多数の点状出血（図中のB）がある。

診断は通常、尿サンプルの肉眼的観察、尾や会陰部の尿焼け、および膀胱と腎臓の直腸検査によってなされる。腎盂腎炎と膀胱炎は併発することがある。

#### 類症鑑別

尿石症、腸閉塞（急性腎盂腎炎において）、膀胱炎（図10-14）。

#### 対処

病初期の症例では、強力な全身的抗菌剤投与（例えば、アモキシシリン、有効なスルフォンアミド）が有効である。罹患牛は隔離するのが最善である。進行例は淘汰がよい。

180　Urinogenital disorders

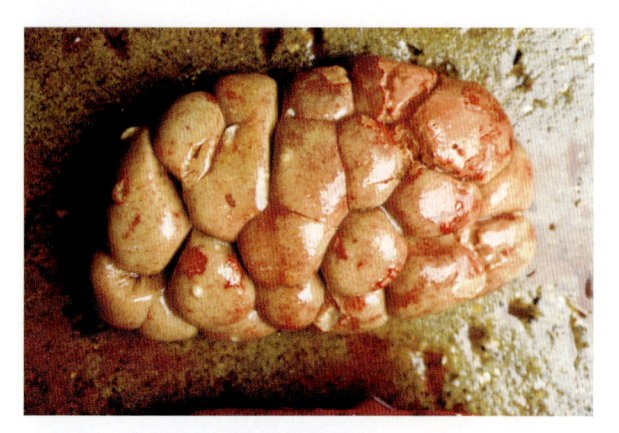

図10-1　未経産牛の慢性腎盂腎炎（リムーザン、18カ月齢）

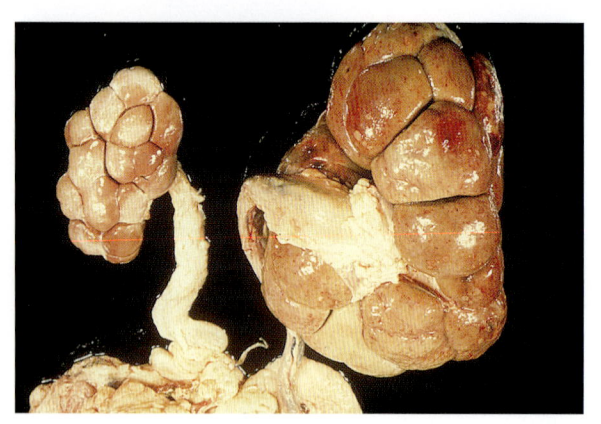

図10-2　重度の慢性腎盂腎炎と肥厚した尿管

## レプトスピラ症　Leptospirosis

### 病態
成牛と若牛の双方に感染する疾患で、それぞれ症状が異なり、スピロヘータ目のレプトスピラが原因である。

### 症状
*Leptospira interrogans* serovar *pomona* または *hardjo* 感染の成牛への主な影響は、多発性の流産（レプトスピラ流産が有力視される胎子については、図10-

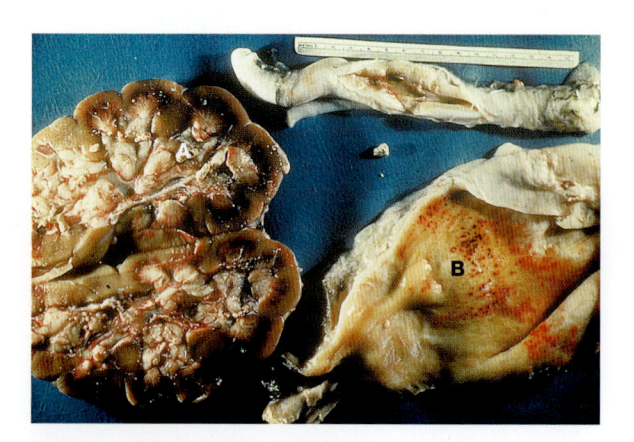

図10-3　慢性腎盂腎炎と腎臓結石

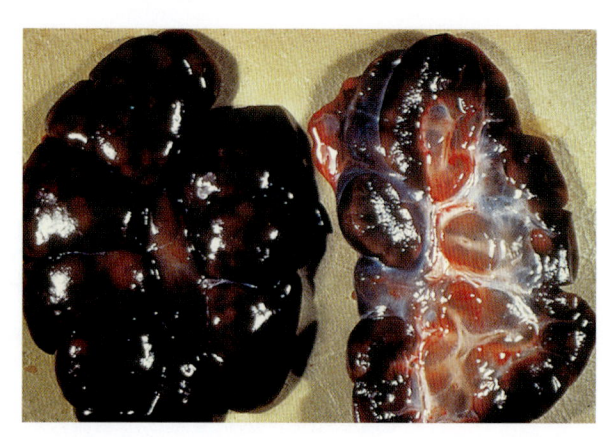

図10-4　レプトスピラ症：暗色で腫脹した腎臓は溶血性の危機を示唆する

86を参照）、死産、乳量減少、および妊娠能の低下がある。子牛では、*L. pomona* はヘモグロビン尿、黄疸、貧血、および死に至る急性敗血症を生じる。暗色の腫脹した腎（図10-4）は通常、溶血性の危機を示唆している。回復した牛は、ほとんど病的ではないが、明瞭な灰色の皮質の斑点を示し、巣状間質性腎炎を示唆する。スピロヘータは暗視野顕微鏡下で尿中にみられることがあるが、そうでなければ、診断の確定は血清学的または病理組織学的になされる。

### 類症鑑別
バベシア症（図12-39～図12-43）、アナプラズマ症（図12-44～図12-47）、セイヨウアブラナとケール中毒（図13-10）、産褥性血色素尿症、細菌性血色素尿症。腎盂腎炎（図10-2）とアミロイドーシス（図10-13）とはまったく異なった様相なので、注意する。

### 対処
溶血性の危機を伴う成牛の *L. pomona* の初期症例はテトラサイクリンに反応する。子牛の急性症状には輸血が追加的に有効なことがある。群れにおける大発生の初期では、全牛への迅速なワクチン接種と抗生物質治療で、それ以上の流産が避けられることがある。

### 予防
毎年のワクチン接種と閉じ込め飼育がよい。*L. hardjo* の防圧は、散発的な症例（流産）にのみ有効であり、感染キャリア牛が淘汰されている時以外は、困難である。すべての新規導入牛は検査して、陰性牛のみを保有する。群全体のワクチン接種は、持続性の腎 *L. hardjo* キャリアを生じるリスクがある。

泌尿生殖器疾患　181

図 10-5　尿石症：包皮被毛部のストラバイト結晶

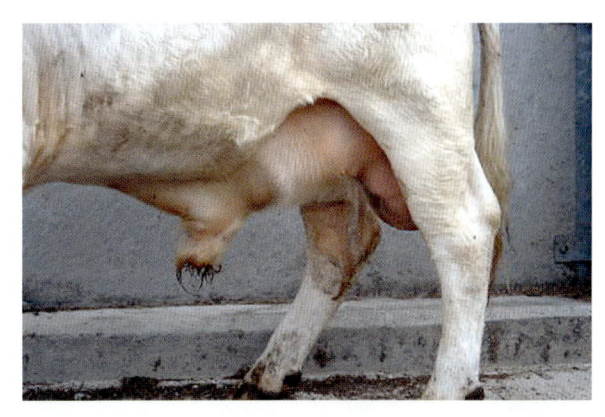

図 10-7　尿石症：破裂した尿道と尿を含んだ皮下の腫脹

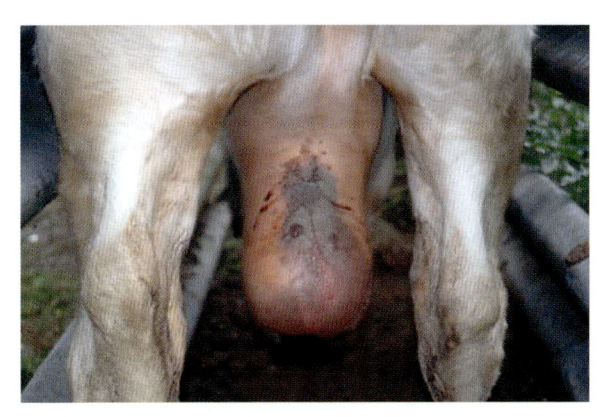

図 10-8　尿石症：尿道破裂後の腫脹した陰嚢

## 尿石症　Urolithiasis

### 病態
尿路系における結石の形成。

### 病因
尿石症の病因には多くの要因があり、食餌性ミネラル不均衡、相対的な水分摂取の減退、濃厚飼料の多給、および去勢などがある。その状態は腎における微小結石の形成からはじまる（図10-3）。そして結石が尿道を閉塞するほど十分な大きさに成長すると、臨床的な問題となる。臨床症状は尿道の直径がより小さい雄牛（去勢または無去勢）に限定される。

### 症状
初期症状は沈うつ、食欲不振、ぎこちない歩行（ロボットのような）である。結石が十分成長すると、直腸検査で腫大した疼痛性の膀胱に触れることがある。診断は包皮部の変化に基づいてなされる。包皮の結晶（しばしばストラバイト、六水和リン酸アンモニウムマグネシウム）は多くの子牛にみられるが（図10-5）、比較的少数の子牛のみが閉塞症状を発症し、その閉塞は陰茎S状曲の中またはその直前で、あるいは陰茎遠位部で発生する傾向がある。会陰部の手術中の写真（図10-6）は、S状曲近位の拡張した尿道と閉塞した結石を示している。

持続的な完全尿道閉塞は、膀胱または、より多く尿道の破裂をもたらす。図10-7のシャロレー雑雄牛は、S状曲部の尿道破裂の結果として、尿を含んだ大きな皮下の腫脹を示している。腫脹はS状曲から先の包皮口に及び、その部位の乾いた包皮被毛は結晶で覆われている。後方からの観察（図10-8）では、肉眼的に腫大した陰嚢（特にその頸部）、初期の挫傷、表面への液の滲出がみられ、それらはすべて貯留した尿に起因する。また時には、腫脹が包皮周辺部に限局的に散在している。対照的に、重度に進行した症例では、フリーシアン去勢牛（図10-9）が、虚血性壊死が陰茎を覆い隠すほど広範な皮膚壊死を生じるほどの、激しい腫脹を示した。他のヘレフォード去勢牛（図10-10）の症例では、尿道閉塞の結果として、尿道よりむしろ膀胱が破裂した。尿は腹腔の下部に貯留し、腹部の進行性の腫脹と拡張（尿性腹膜症）を生じている。膀胱破裂と尿性腹膜症に続いた激しい尿毒症のために死亡した、6歳のショートホーン雄牛の剖検では、充血した出血性の膀胱粘膜がみられた（図10-11）。無数の結石（直径2〜7mm）とフィブリンも粘膜表面にみられた。腹膜は広範に炎症化していたが、その変化は敗血性第二胃腹膜炎後の変化（図4-90、図4-91）よりひどくはない。尿石症はしばしば、重度の腎盂腎炎

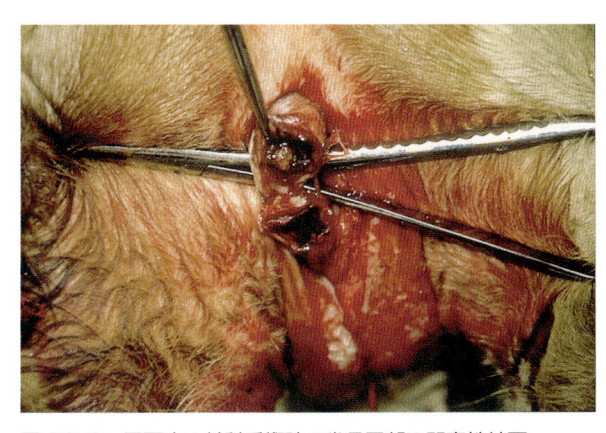

図 10-6　尿石症：外科手術時の坐骨弓部の閉塞性結石

182　Urinogenital disorders

図10-9　尿石症：去勢牛の尿逸脱後の腹下部皮膚の壊死（フリーシアン）

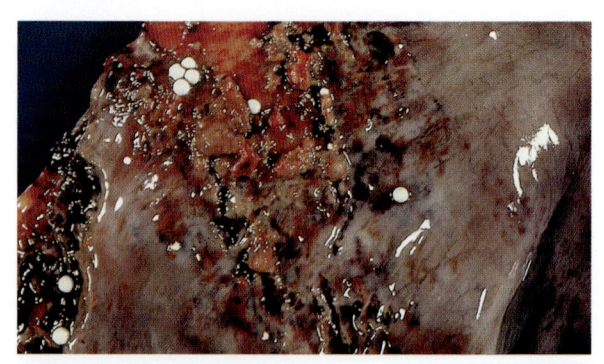

図10-11　尿石症：雄牛の粘膜面に結石と出血を伴った膀胱破裂（ショートホーン、6歳）

（図10-1〜図10-3）を伴っている。

### 類症鑑別
　成雄牛では陰茎血腫（図10-23）や膿瘍形成、若牛では数日前の無血去勢器（Burdizzo）の誤用（図10-36参照）。陰茎や包皮に限局しない下腹部腫脹の類症には、腹水症（図4-92）、腸閉塞（図4-88）、および広範な滲出を伴う全域性腹膜炎（図4-91）がある。他の類症鑑別には、膀胱炎（図10-14）、重度の亀頭包皮炎、および重度の包皮凍傷がある。

### 対処
　重度尿毒症の症例は食肉検査を通過できないので、もし膀胱と尿道が健全であれば、鎮痙薬を短期間試みるとよい。なお、閉塞が持続するなら、陰嚢背側の会陰部尿道切開術（図10-6）が応急処置となる。尿焼けや切開部の狭窄がその後の問題となろう。変法として、尿が充満した部位全体に数カ所の皮膚切開を加え、排液を容易にする方法があり、皮膚を通して持続的な尿の流れを維持する。まれに、触診可能な1個の結石は外科的に除去される。遠位の尿道破裂と皮膚壊死を伴った肥育去勢牛もまた、肥育するために処置がなされる。

### 予防
　飼料中のカルシウム：リン比の修正（約2：1）、過剰なマグネシウムの排除。現在の多くの子牛飼料には、尿酸化剤としての塩化アンモニウムが含まれている。濃厚飼料への補助的な塩類の添加（2〜5％）は、劇的に水分摂取を促進し、尿を希釈するので、新鮮な飲水への接近を容易に確実にする。原発性膀胱炎の可能性を予防する（後述参照）。

## アミロイドーシス　Amyloidosis

### 病態
　さまざまな組織への、異常なほとんど不溶性のタンパク、アミロイドの細胞外沈着は散在性疾患である。反応性のアミロイドーシスは、慢性の抗原刺激に続いて生産された過剰な血清アミロイドA（SAA）に由来する。より多いのは特発性（続発性）アミロイドーシス

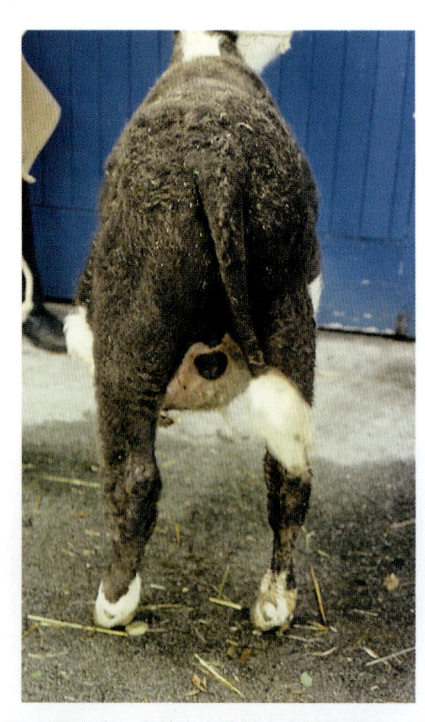

図10-10　尿石症：去勢牛の膀胱と尿性腹膜症（ヘレフォード）

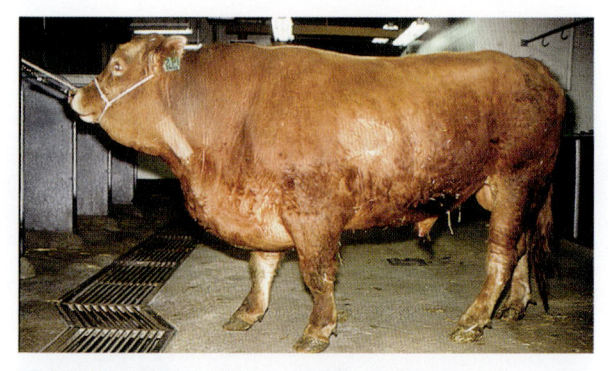

図10-12　アミロイドーシス：雄牛の腎アミロイドーシスによる胸前の浮腫（リムーザン、3歳）

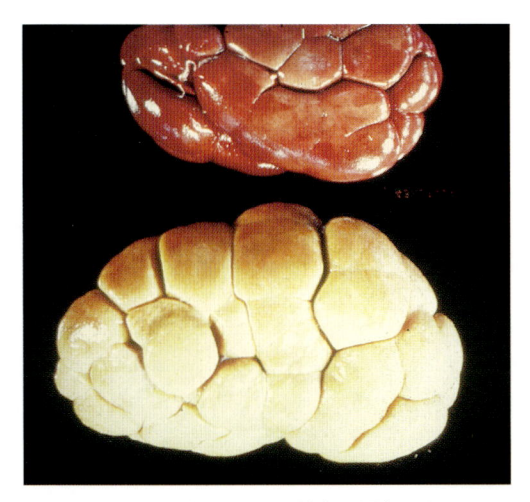

図10-13　アミロイドーシス：腫大し退色したアミロイド腎；上は正常腎

で、慢性化膿性疾患に伴っている。

### 症状

図10-12の3歳のリムーザン雄牛にみられる著明な胸前の浮腫は、重度の両側性腎アミロイドーシスが原因であり、多尿と多量のタンパク尿が特徴で、顕著な低タンパク血症をもたらしている。

慢性化膿性疾患では、図10-13の雄牛の腎は上の正常な腎と比べて、著明に腫大し、退色し、蝋様となり、顆粒状である。この程度の腫大は直腸検査で触診できる。

### 類症鑑別

診断は困難であり、腎盂腎炎を含む併発疾患が存在すると特に困難となる。

### 対処

アミロイドーシスは治癒不能で、また予防もできない。

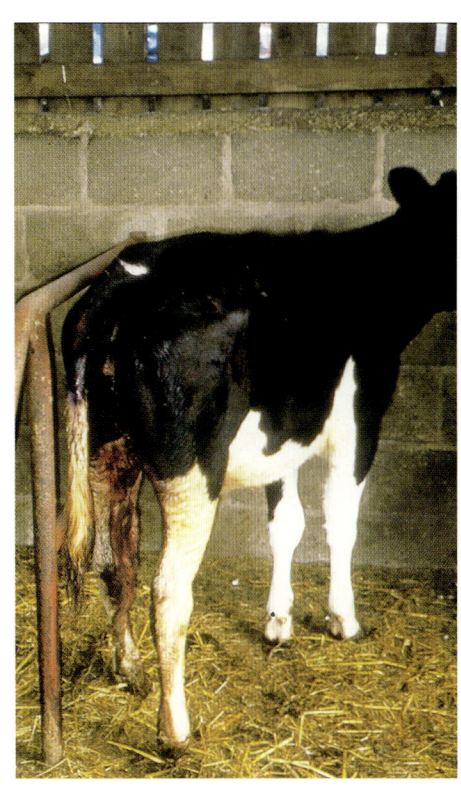

図10-14　膀胱炎：若牛の尿滴下による会陰部のただれ（フリーシアン、6カ月齢）

## 膀胱炎　Cystitis

### 病態

膀胱の炎症であり、腎盂腎炎、尿石症、または特発性の原因、さらに授精時の膣損傷後などの機械的原因と関係することがある。

### 症状

図10-14の6カ月齢の若牛は少量の尿を頻回排出した。会陰部は腐敗した尿の悪臭を放ち、尿の滴りによりただれている。尾はわずかに挙上され、尿意によるしぶりを示している。より高齢の牛では、直腸検査で肥厚した膀胱壁にしばしば触れることができる。

# 雄性生殖器 Male genital tract

| | |
|---|---|
| はじめに ・・・・・・・・・・・・・ 184 | 包皮の異常 ・・・・・・・・・・・・・ 187 |
| 雄性先天異常 ・・・・・・・・・・・・・ 184 | 包皮脱（包皮外反） ・・・・・・・・・ 187 |
| 仮性半陰陽（フリーマーチン） ・・・・・・ 184 | 包皮と陰茎の膿瘍 ・・・・・・・・・ 188 |
| 陰茎包皮小帯遺残 ・・・・・・・・・・ 184 | 包皮炎および亀頭包皮炎 ・・・・・・・ 188 |
| 潜在精巣を伴う精巣形成不全 ・・・・・・ 184 | 陰嚢の異常 ・・・・・・・・・・・・・ 189 |
| 潜在精巣 ・・・・・・・・・・・・・・ 185 | 鼠径ヘルニア ・・・・・・・・・・・・ 189 |
| 陰茎の異常 ・・・・・・・・・・・・・ 185 | 陰嚢ヘルニア ・・・・・・・・・・・・ 189 |
| 線維乳頭腫（いぼ） ・・・・・・・・・・ 185 | 精巣炎 ・・・・・・・・・・・・・・ 189 |
| 陰茎ラセン状偏位（コルク栓抜き様陰茎） ・・ 186 | 陰嚢血腫 ・・・・・・・・・・・・・ 190 |
| 陰茎および陰茎周囲血腫（陰茎挫傷、陰茎裂傷） ・・・・・・・・・・・・・・・・・・・ 187 | 精索の硬化 ・・・・・・・・・・・・・ 190 |
| 陰茎の外傷 ・・・・・・・・・・・・・ 187 | 陰嚢壊死および壊疽 ・・・・・・・・・ 191 |
| | 陰嚢の凍傷 ・・・・・・・・・・・・・ 191 |
| | 精嚢腺炎 ・・・・・・・・・・・・・・ 192 |

## はじめに

　雄性生殖道の部分と、その尿路系の部分との共通発達との解剖学的な区分が、本項の統合性を難しくしている。本項は先天異常にはじまり、陰茎、包皮、陰嚢、そして最後に精巣上体と精嚢腺に関与する異常へと続く。いくつかの先天異常（例えば、小帯遺残、潜在精巣、および精巣形成不全）は、繁殖適齢期（1～2歳）になるまで、明らかにならない。

## 雄性先天異常 Congenital male abnormalities

### 仮性半陰陽（フリーマーチン）
Pseudohermaphrodite (freemartin)

#### 病態
　性線は一方の性であるが、外見上は他方の性を示す個体。

#### 症状
　本症はまれである。罹患牛は出生時に尿の排出部位から雌と誤認されることがある。このフリーマーチン状態は図 10-40～図 10-42 に図示されている。

### 陰茎包皮小帯遺残
Persistent penile preputial frenulum

#### 病態
　出生時に腹側縫線に沿って、陰茎と包皮の間の小帯遺残または不完全分離を示す個体。

#### 症状
　図 10-15 では、陰茎体が結合織の微細な長軸方向の帯（図中の A）によって、包皮とくっついている。陰茎偏位を生じる陰茎小帯遺残は先天異常であるが、陰茎腹側偏位や完全な突出失宜のような症状は通常、陰茎挿入を試みた時に初めて観察される。本症は品種によっては遺伝性であり、外科的に矯正された雄牛を、種牛更新用繁殖群の交配に利用してはいけない。購入されたばかりの2歳のアンガス雄牛（図 10-16）の繁殖能検査では、積年の陰茎-包皮癒着が判明した（図 10-15 と対比）。この雄牛は売却人に返却された。外科的矯正は非倫理的である。

### 潜在精巣を伴う精巣形成不全
Testicular hypoplasia with cryptorchidism

　図 10-17 のフリーシアン子牛は、左側精巣は下降しており、大きさも正常である。右精巣は小さくて下降不全で、陰嚢頸部にある。

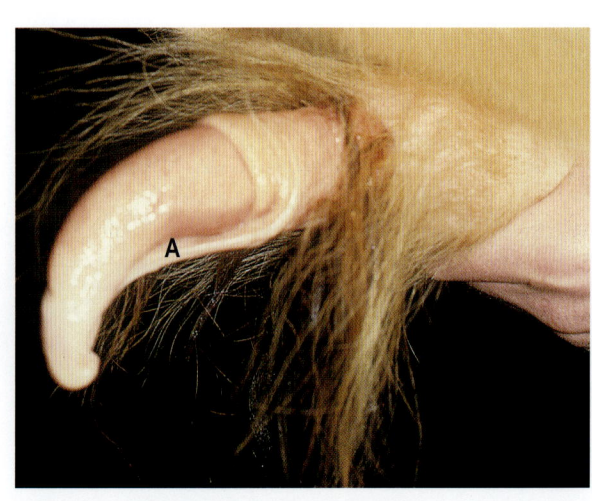

図 10-15　陰茎の偏位を伴う包皮小帯遺残

泌尿生殖器疾患　185

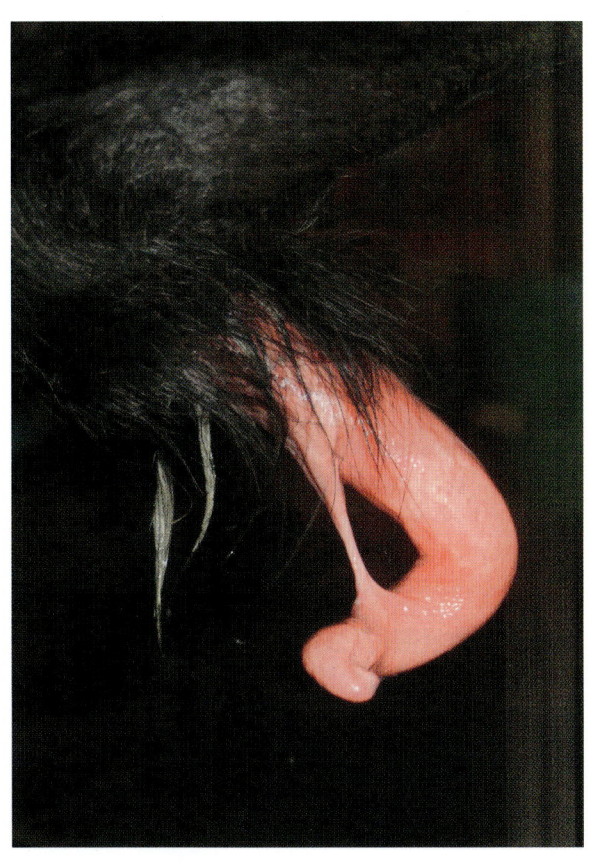

図 10-16　小帯遺残

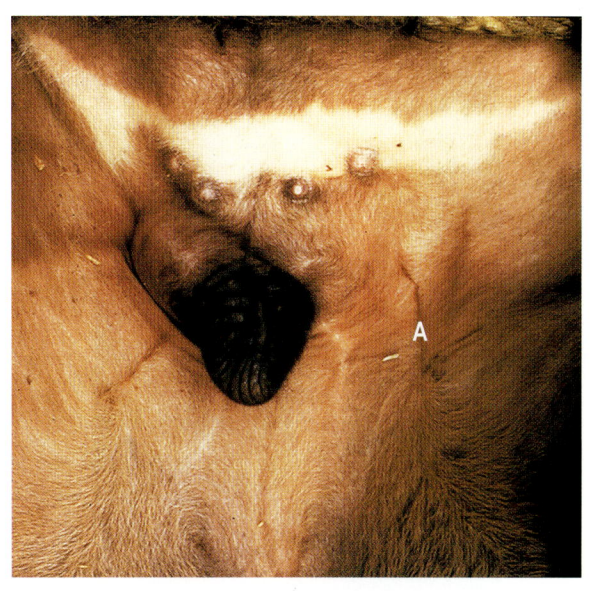

図 10-18　潜在精巣：左側精巣は鼠径内(A)にある

## 潜在精巣　Cryptorchidism

### 病態
一側または両側の精巣の発育不全を特徴とし、大きさが小さく下降不全を含む状態。

### 症状
牛の潜在精巣は、去勢用の1群中では、それほど珍しい所見ではない。無角状態と関連する可能性があるが、すべての品種の牛が罹患する。この図10-18の4週齢のヘレフォード雑子牛では、正常な右精巣が陰嚢内にあるが、左精巣は鼠頸部（図中のA）にある。間違った部位にある性線は、正常な下降過程からずれており、「精巣逸所症」と呼ばれることもある。下降不全の精巣は例外なくかなり小さく、切開すると、精細管組織は非常に退色している。

### 対処
その牛が明確に識別されない限り、単に陰嚢内の精巣を除去することは安全ではない。なぜなら、下降不全の精巣が後日に陰嚢内に下降することがあり、望まれない妊娠を生じることがあるからである。対処法の選択肢としては、以下の3つが挙げられる。①両側精巣を残しておいて2、3カ月後にその牛を再検査する、②鼠頸部皮膚を切開して下降不全の精巣を外科的に除去する（図10-18の症例にはこの選択肢がなされた）、③若雄牛として肉用に肥育する。

## 陰茎の異常　Penile conditions

### 線維乳頭腫（いぼ）　Fibropapilloma ("wart")

#### 病態
種特異性のパポバウイルスによって起こる上皮と結合織の良性腫瘍。

#### 症状
図10-19の2歳のフリーシアン雄牛は、陰茎亀頭部に付着した数個の、血管がよく発達し、潰瘍化した塊を持っている。大きな塊の後部には、より小さな、より無茎の線維乳頭腫がある。これらの多数の増殖性の塊には好発部位があり、伝染性である。狭い場所に

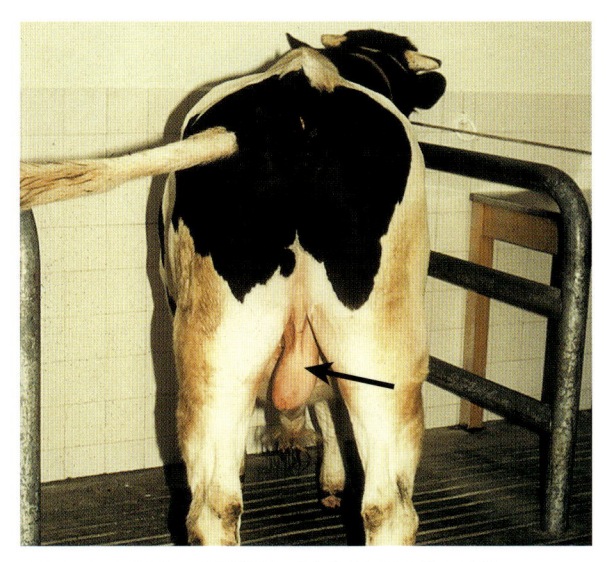

図 10-17　子牛の右側精巣の低形成を示す潜在精巣（フリーシアン）

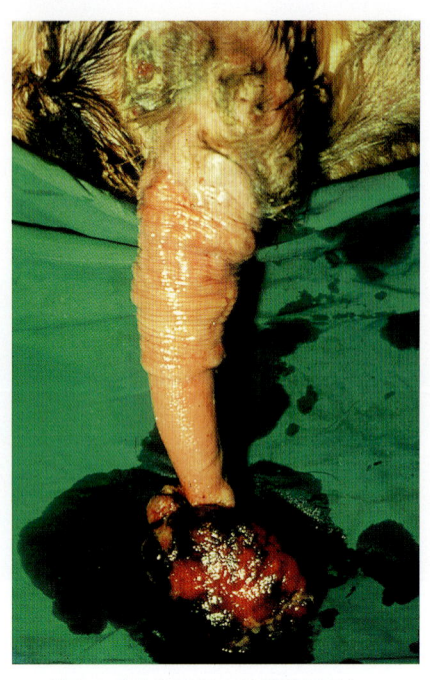

図 10-19　雄牛の陰茎亀頭部の線維乳頭腫(フリーシアン、2歳)

閉じ込められた若雄牛に比較的多い。

### 対処
　小さな腫瘍はゆっくりと退縮し、乳頭のいぼが2、3歳までに解消するのに似ている。大きな塊は、持続性の陰茎突出を生じることがあり、除去(例えば、結紮によって)するか、または図10-19の選択肢となったように、巾着縫合によって包皮内に閉じ込めておく。図10-20は4カ月後の同じ雄牛で、その後すぐに交配に用いられた。症例によっては、治癒時に瘢痕化と陰茎の彎曲を伴い、その結果、陰茎偏位を生じ、挿入不能となる。

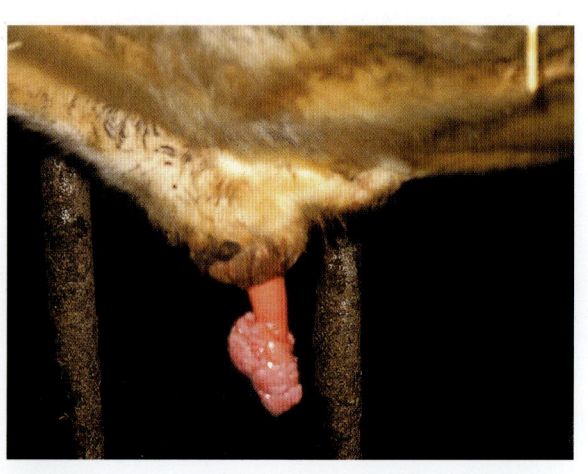

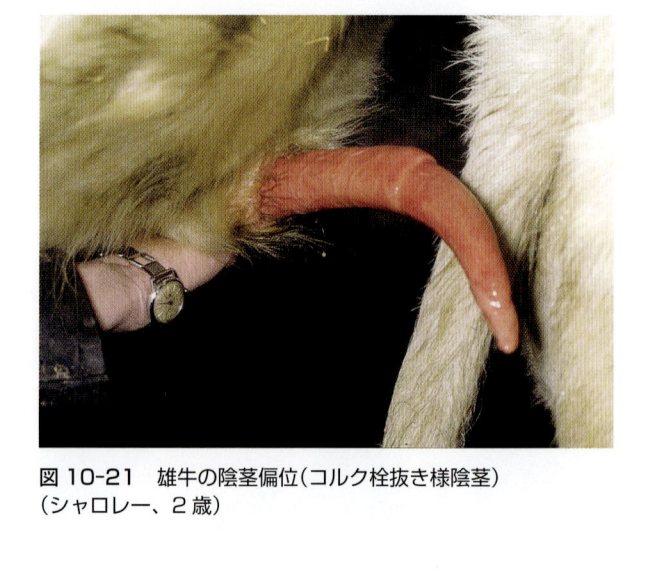

図 10-21　雄牛の陰茎偏位(コルク栓抜き様陰茎)(シャロレー、2歳)

## 陰茎ラセン状偏位(コルク栓抜き様陰茎)
Spiral deviation of penis ("corkscrew penis")

### 病態
　ラセン状偏位は、陰茎の背側頂部の靭帯のすべりによって生じ、断続的に発生する。

### 症状
　ラセン状またはコルク栓抜き様の陰茎の形状は、膣内射精時の正常な現象である。しかし、未成熟なコルク栓抜き化は重症で、陰茎挿入の十分な障害となる。初めの症例(図10-21)は2歳のシャロレーで、腹側への90度彎曲を示している。2例目(図10-22)はラセン化の影響が明瞭で、挿入困難である。雄牛によっては、陰茎亀頭部の潰瘍が、会陰部への接触の繰り返しから生じた擦過傷を示す。

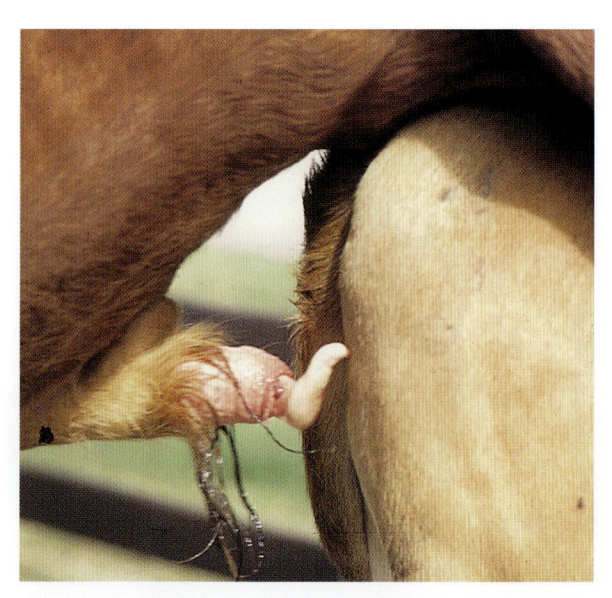

図 10-20　図10-19の4カ月後の雄牛陰茎線維乳頭腫

図 10-22　重度のラセン状を示す陰茎偏位で、陰茎挿入に問題を生じている

## 類症鑑別

若雄牛の陰茎小帯遺残、線維乳頭腫後の瘢痕形成。

## 対処

外科的な矯正は可能であるが、もし遺伝的な状態が疑われるなら、倫理的な配慮が重要となる。

## 陰茎および陰茎周囲血腫（陰茎挫傷、陰茎裂傷）
Penile and parapenile hematoma ("fracture of penis", "broken penis")

### 病態と病因

限局性の血液の貯留が陰茎海綿体（CCP）に生じ、ほとんど常に、S状曲のすぐ遠位で、被膜の背側壁を通じて起こる。白膜が破裂し、陰嚢の前に血腫と浮腫を生じる。破裂は射精時に生じるか、または多くはないが、挿入中に、例えば経産牛や未経産牛が突然動くなどして、完全に充血した陰茎がその生理学的な限度を越えて突然曲げられた時に生じる。

### 症状

孤発性の腫脹が図10-23のヘレフォード雄牛にみられ、また続発的に陰茎突出を生じていた。この雄牛は交配ができない。罹患した陰茎の剖検標本（図10-24）では、破裂した陰茎海綿体の広がりが明白であり、S状曲（図中のA）はその塊のすぐ近位にある。黒色のワイヤーが尿道内に挿入されている。

### 類症鑑別

傍陰茎膿瘍（図10-27）、尿石症（図10-5〜図10-10）。

### 対処

小さな病変は、発情周期を示す雌牛群から隔離して、4〜6カ月休ませると消退することがある。交配を試みると、雄牛によってはまた出血することがある。ある症例は傍陰茎膿瘍へと進行し、その時点では外科的修復（注意深い排液と空虚化）はもはや有効でない。

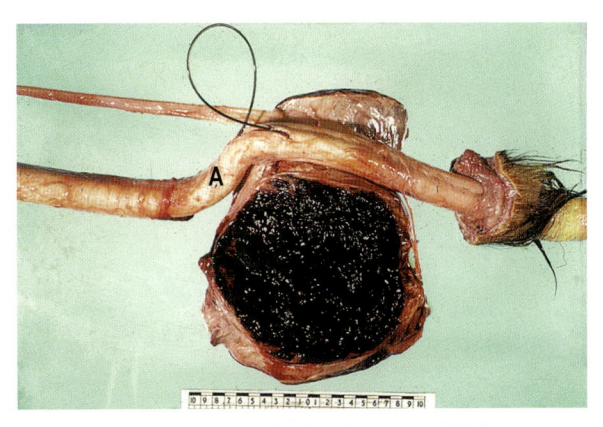

図10-24　剖検時に陰茎海綿体の破裂を示す陰茎血腫

## 陰茎の外傷　External penile trauma

400頭の乳用雌牛群の中に入っていたリムーザン雄牛が、交配後の包皮出血のために上診された。直腸刺激によって陰茎を突出させると（図10-25）、遠位の陰茎が完全に切断されており、約15〜20cmが欠失していた。残存部には表面的な二次感染がある。その雄牛は全身症状を示さなかったが、肉用として転用するのが唯一の選択肢であった。

## 包皮の異常　Prepuital conditions

### 包皮脱（包皮外反）
Prolapsed prepuce (prepuital eversion)

#### 病態

包皮腔を内張りする粘膜が、包皮口から脱出する。

#### 症状

包皮脱は、ブラーマンやサンタ・ガートルディスのような *Bos indicus* において、および有角種の雄牛も罹患するが、比較的脆弱な包皮筋を持つ傾向のある無

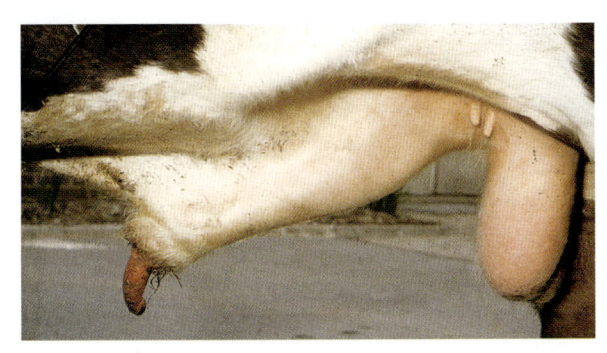

図10-23　雄牛の続発性陰茎脱を伴う陰茎血腫（陰茎裂傷）（ヘレフォード）

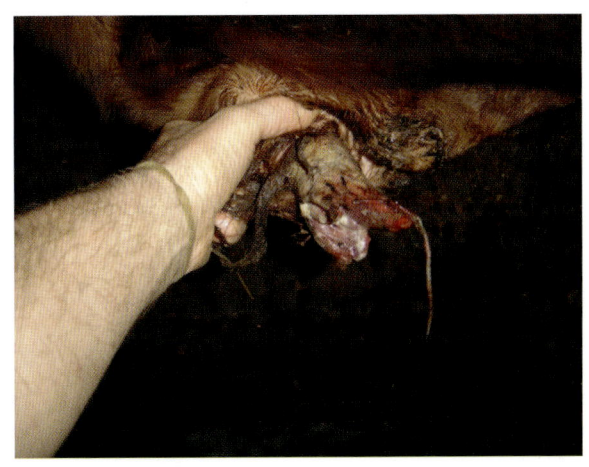

図10-25　陰茎の外傷

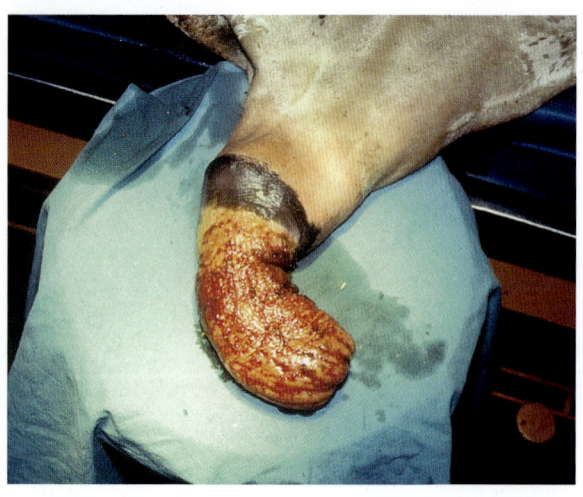

図 10-26 雄牛の包皮脱(ブラーマン、6歳、南アフリカ)

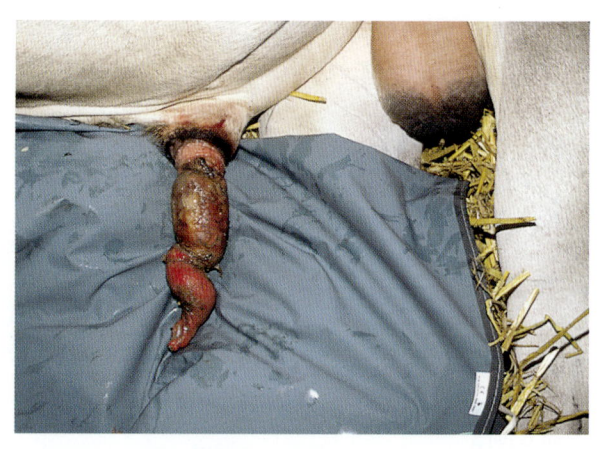

図 10-28 雄牛の陰茎脱と包皮脱(ピエモンテーゼ)

角種に、品種特異性に発生する。損傷や感染が原因となる場合が多い。比較的最近起こった部分的包皮脱が、この南アフリカの6歳のブラーマン(図10-26)にみられる。粘膜面は表面に出血部を伴って、顆粒状を示している。重症例では二次的に外傷や浮腫が起こりやすい。

### 対処

注意深い医学的保存処置、すなわち、洗浄、消毒、脱出部の還納、および巾着縫合による保存がなされる。重症例では外科的切除が必要となる。進行した症例では、初回の還納が不可能で、その大きさを減じるために、圧迫包帯が必要となり、毎日交換する。

## 包皮と陰茎の膿瘍
### Prepuital and penile abscess

### 症状

図10-27の5歳のヘレフォード雄牛は、手で陰茎が露出されている。この手は包皮粘膜(内葉)の陰茎体付着部のすぐ尾側の包皮と陰茎を保持しており、横断する襞がみえる。陰茎を伸張すると、粘膜の裂け目から膿が漏出した。その欠損部に真紅の勃起組織が明瞭にみえる。その創傷の下方では、粘膜が平滑になっており、わずかにピンク色がかった灰色を示し、さらに膿瘍のポケットを形成している。

### 対処

この部位の膿瘍の多くは、有効で完全な排液が困難なため、予後は不良である。

## 包皮炎および亀頭包皮炎
### Posthitis and balanoposthitis

### 病態

包皮炎は包皮の炎症であり、亀頭包皮炎は包皮と陰茎の両方の炎症である。

### 症状

図10-28のピエモンテーゼ雄牛は、突然、包皮と陰茎の脱出を生じた。皮膚境界部には正常なピンク色の包皮がみえる。包皮の中央部が傷害されており(包皮炎)、その遠位部は、陰茎周囲を締め付ける帯を形成して、血流を絞扼している。ピンク色の陰茎は充血し、腫大している。この雄牛は、巾着縫合で陰茎を包

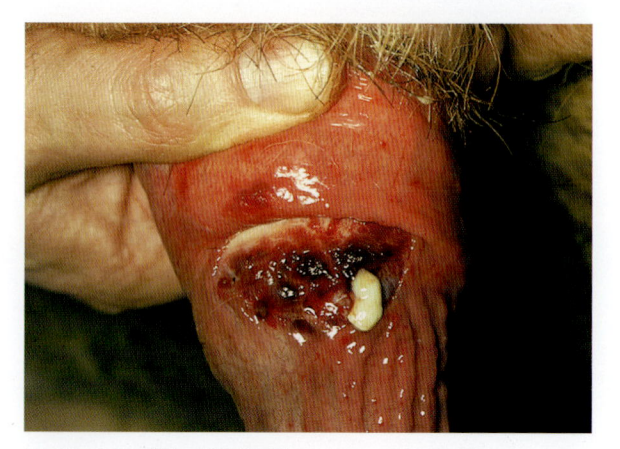

図 10-27 雄牛の陰茎膿瘍(ヘレフォード、5歳)

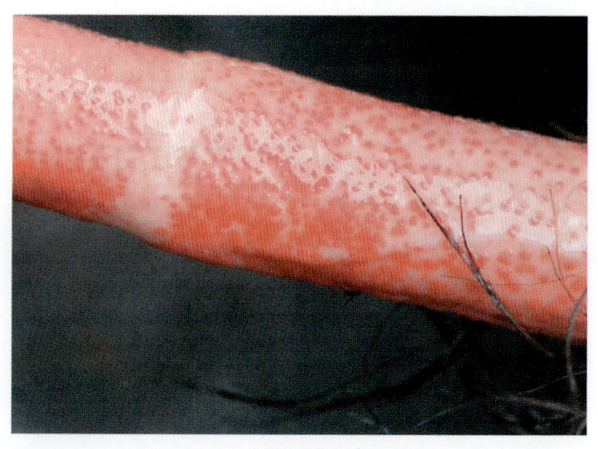

図 10-29 IPVV感染による亀頭包皮炎、図5-7と比較

泌尿生殖器疾患　189

皮内に5週間保存する療法によって、よく回復した。
　亀頭包皮炎の症例によっては、生殖器 IBR 感染（図10-29）によることがある。ヘルペスウイルス（BHV-1）による亀頭包皮炎の本症例は、包皮粘膜面に、多数の退色した嚢胞を示し、そのいくつかは融合している。陰茎上への包皮の反転は右側にみられる。亀頭包皮炎の他の症例は外傷性であった。IPVV（伝染性膿胞性陰門膣炎）の他の詳細については、p.87 の図 5-7 を参照されたい。

### 対処
　内科的処置でよい。ほとんどの症例は自然治癒する。いくらかの症例は重症化し、広範な癒着を生じ、予後不良となる。

## 陰嚢の異常　Scrotal conditions

### 鼠径ヘルニア　Inguinal hernia

#### 症状
　ジンバブエ産のサセックス雄牛（図10-30）で、2個の乳頭痕跡上方の鼠径部に柔らかく還納可能な腫脹がみられる。陰嚢頸部も陰嚢体部も腫大しておらず、鼠径管のみが影響されている。鼠径ヘルニアは大網または大網と小腸ループを含んでいる。鼠径ヘルニアには遺伝的素因を持つ牛があり、遺伝様式は劣性である。

#### 類症鑑別
　過肥牛では脂肪沈着とヘルニアとの区別が困難になる。膿瘍の場合もある。

### 対処
　罹患雄牛は後継雄牛に使用すべきでない。

### 陰嚢ヘルニア　Scrotal hernia

#### 病態
　鼠径ヘルニアが陰嚢内に達したものである。

#### 症状
　図 10-31 の 6 歳のヘレフォード雄牛は、左側の陰嚢頸部に明白な腫脹がある。その腫脹は軟らかく、疼痛がなく、一部還納可能であった。この陰嚢ヘルニア症例は、局所的な発熱のために非常に不良な性状の精液を生産した。このヘルニアは外傷の結果として後天性に生じたもので、先天性ではない。陰嚢ヘルニアは牛ではまれであり、めったに腸の絞扼を生じない。

#### 類症鑑別
　一側性精巣炎（図10-32）。

#### 対処
　外科処置が困難なため淘汰される。

### 精巣炎　Orchitis

#### 病態
　精巣の炎症。

#### 症状
　図 10-32 の 4 歳のシンメンタール雄牛の陰嚢は、右精巣が腫大し、左側より下垂していることを示している。陰嚢頸部に腫脹のないことに注意する。この精巣は疼痛があり、触診に敏感である。この一側性精巣炎の病因はおそらく外傷性であったが、*Brucella abortus*、*Mycobacterium bovis*、および *Arcanobacterium pyogenes* などのさまざまな細菌性病原が、他の

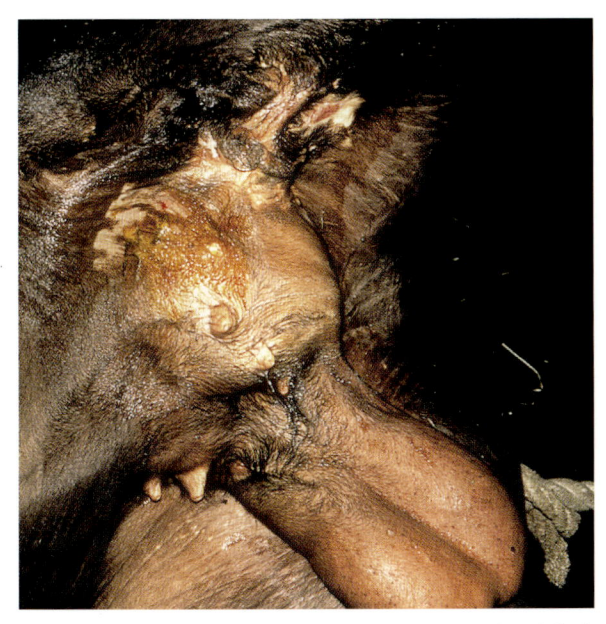

図 10-30　雄牛の鼠径ヘルニア（サセックス雄牛、ジンバブエ）

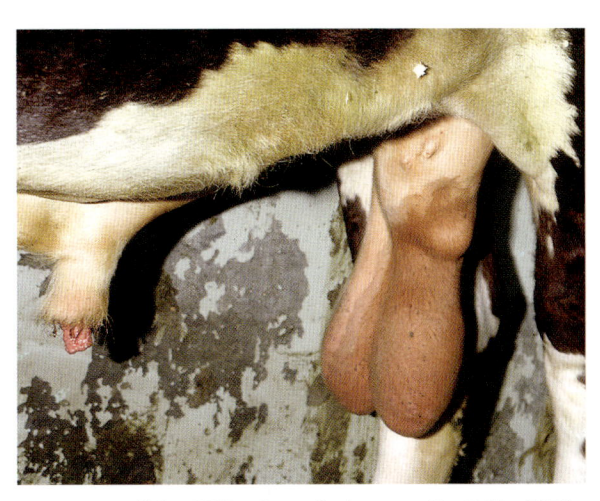

図 10-31　雄牛の陰嚢ヘルニア（ヘレフォード、6歳、米国）

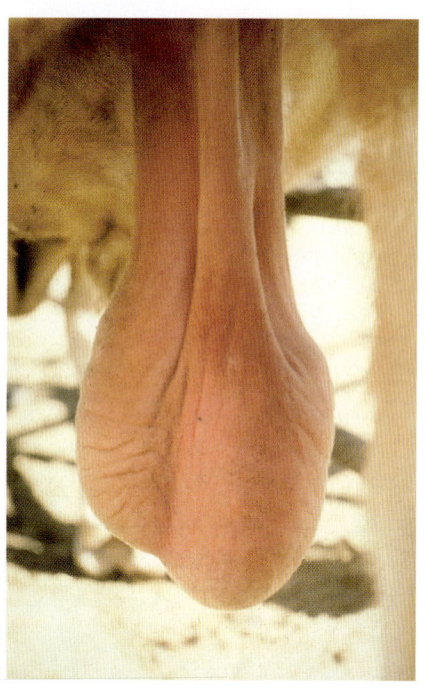

図 10-32　雄牛の右側精巣炎（シンメンタール、4 歳、南アフリカ）

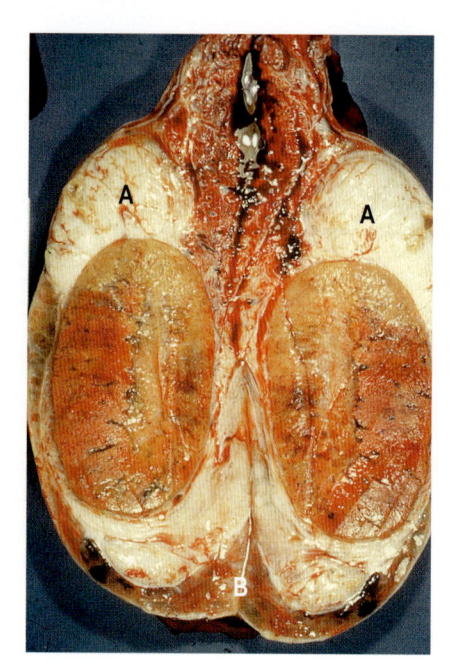

図 10-33　急性ブルセラ性精巣炎と精巣周囲炎(A)で、浮腫(B)を伴う

症例で関与していた。図 10-33 に示された急性ブルセラ性精巣炎では、被膜と精巣上体の炎症反応が重度の精巣周囲炎（退色部、図中の A）を生じ、精巣の腫大と白膜による圧迫の結果として、初期の精巣壊死を伴っていた。腹側では、浮腫性の液（図中の B）が皮下に貯留していた。

### 類症鑑別
陰嚢ヘルニア、陰嚢血腫。

### 対処
全身への影響を防止するために、初期に抗生物質治療が用いられるが、回復した牛は淘汰すべきで、繁殖には用いない。

## 陰嚢血腫　Scrotal hematoma

### 症状
ここではホルスタインの症例（図 10-34）を示すが、陰嚢血腫は外傷によって生じるものであり、肉用雄牛により多くみられる。陰嚢は腫脹し、緊張しているが、疼痛は比較的示さない。大量の血液が右側に貯留しているが、精巣は正常に保たれている。

### 類症鑑別
精巣炎（図 10-32）、陰嚢ヘルニア（図 10-31）。

### 対処
ほとんどの症例は自然に寛解する。

## 精索の硬化　Scirrhous cord

### 病態
去勢後に線維化し、感染を受けて腫大した精索痕部のことで、しばしば微小膿瘍を伴っている。

### 症状
図 10-35 の 4 カ月齢のフリーシアン子牛は陰嚢が非常に腫脹している。腹側の陰嚢切開部（去勢）上に、乾いた凝血塊がある。触診で腫大した精索痕部がみられ、それは手術時の後天的な感染の結果であった。肉眼的な陰嚢腫大を伴った去勢直後の出血は、有力な発

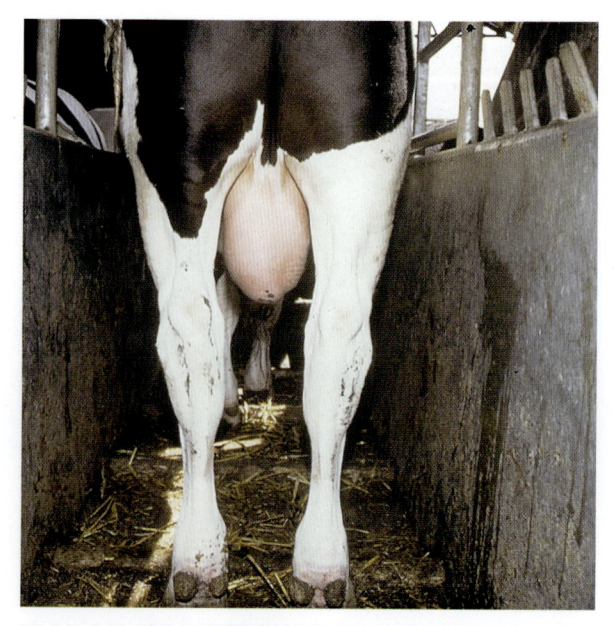

図 10-34　雄牛の陰嚢血腫（ホルスタイン）

泌尿生殖器疾患　191

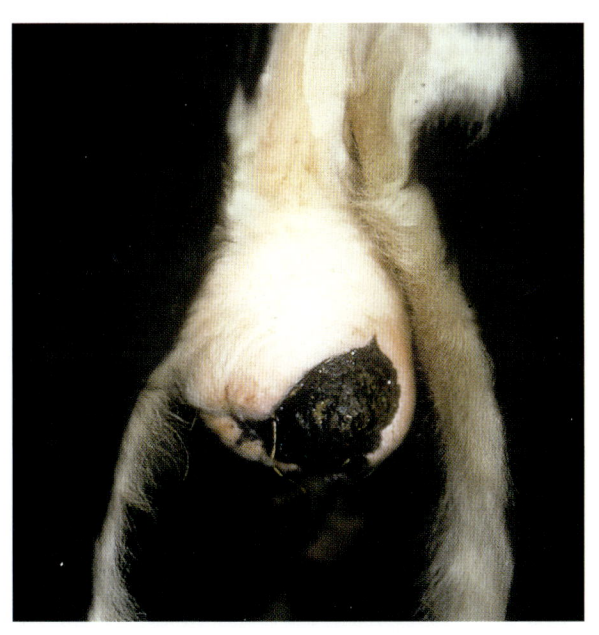

図10-35　子牛の陰嚢切開下の硬化した精索（フリーシアン、4カ月齢）

症誘因となり、膿瘍形成、発熱、およびその他の全身症状を生じることがある。このような創傷は、子牛の破傷風の誘因となる。

### 対処
ほとんどの子牛では、陰嚢血腫や膿瘍の良好な排液と洗浄の実施、痕部の洗浄、および5～7日間の全身的抗生物質投与が有効である。もし精索が触診で腫脹と疼痛を示し、鼠径管内に波及しているならば、予後は良くないであろう。持続的な問題症例では、微小膿瘍の全領域を含む、精索痕部の切除が必要になる。

### 予防
清浄な外科的技術とアフターケア（例えば、清潔な敷き草）。

## 陰嚢壊死および壊疽
Scrotal necrosis and gangrene

### 症状
図10-36のフリーシアン子牛は、陰嚢頸部に不規則な壊死線を示し、正常組織から壊疽部を分離している。この反応は無血去勢器(Burdizzo)の適用失宜の結果である。連続的な挫滅線が陰嚢頸部を取り囲み、それより下方の血液供給を遮断している。去勢用輪ゴムが陰嚢頸部の周囲に掛けられた場合にもこれと同じ結果が得られ、輪ゴムより遠位の全組織が萎縮していく。この処置が1週齢以降の比較的遅い時期に実施された場合は、その反応はさらに激しくなる。図10-37のフリーシアン子牛は、リングが2カ月齢で掛けられた。多くの国では、動物福祉法令で違法とされている。リングより近位部の激しい腫脹に注目し、遠位部のしなびた暗色の壊死と比較してみる。

もし無血去勢器が高すぎる位置に適用されたら、偶発的に尿道が破壊され、尿道破裂を招き、尿道結石による閉塞後（図10-9）と同様な、腹側皮下への尿の貯留をもたらす。多くの国は、無血去勢器や輪ゴム去勢が実施できる年齢の上限を法令化している。

### 類症鑑別
尿石症。

### 対処
近位組織の腫脹がみられる子牛（図10-37）には予防的な抗生物質投与を実施すべきである。その他の場合は、自然に壊死するのを待つ。

## 陰嚢の凍傷　Scrotal frostbite

### 症状
この2歳のシンメンタール（図10-38）は、2～8週間前にカナダのサスカチュワン州でマイナス30℃の

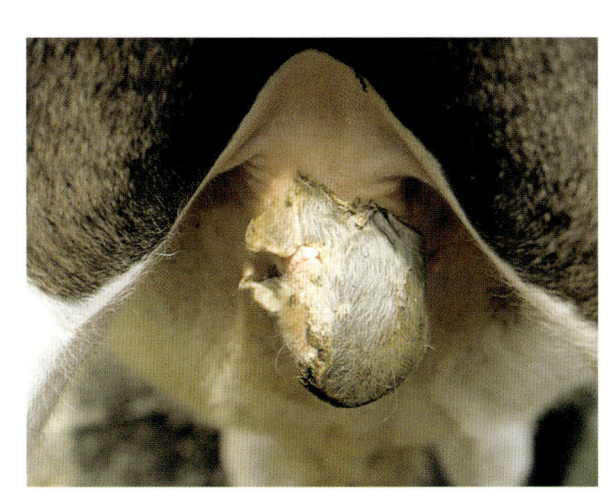

図10-36　無血去勢器の誤用による陰嚢の壊死と壊疽

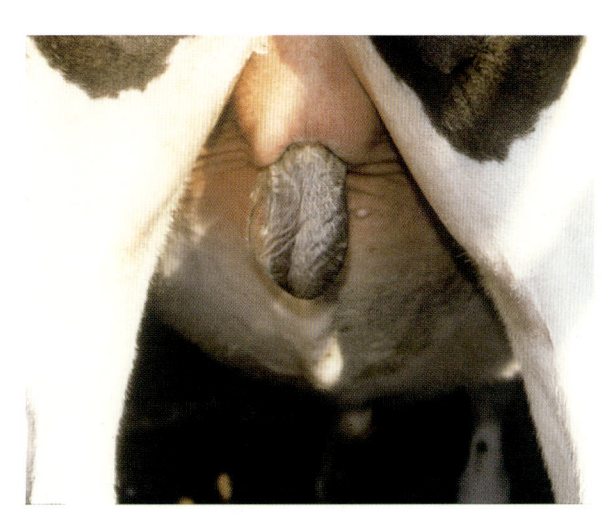

図10-37　ゴム製去勢リングの遅延適用による陰嚢壊死

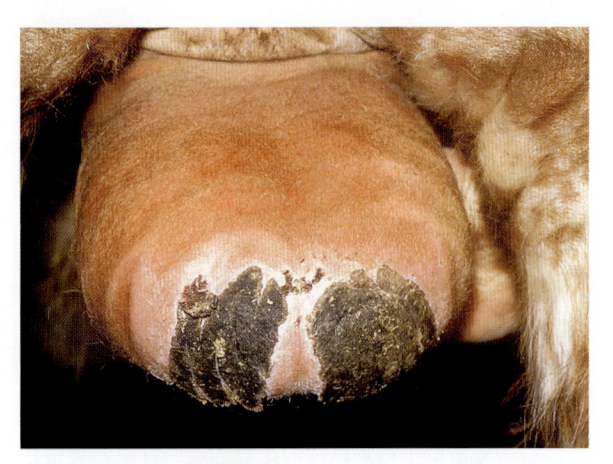

図 10-38　雄牛の陰嚢凍傷（シンメンタール、2歳、カナダ）

天候に曝された後、陰嚢底部に中等度の凍傷を受けた。精液性状は不良となった（生存精子数が 10％以下）。ほとんどの症例は 2〜3 カ月後に正常な精液性状に回復する。

### 精嚢腺炎　Seminal vesiculitis

#### 症状

図 10-39 の雄牛の右精嚢腺は正常であり、右精管膨大部の内腔が露出されている。左側の精管膨大部は欠失しており、左精嚢腺は嚢胞性、出血性、軽度炎症性の変化を示している（図中の A）。図中の B は骨盤部尿道である。精嚢腺炎は交配後に膿様の包皮排出物を生じ、人工授精（AI）時の採取精液中に膿がみられることがある。一般的な原因微生物には、*Arcanobacterium pyogenes*、*Brucella*、および *Escherichia coli* がある。若雄牛が主に感染する。

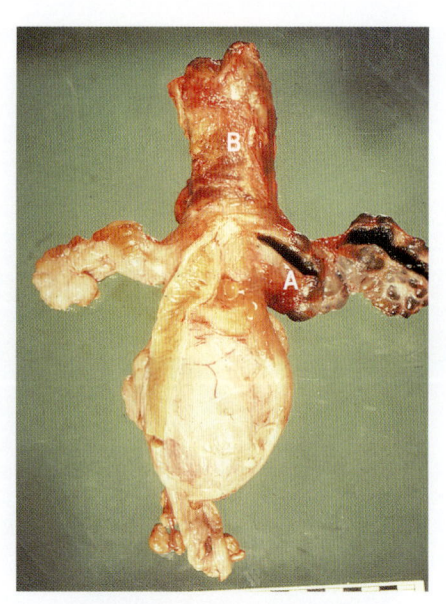

図 10-39　剖検時の左側精嚢腺の嚢胞と出血性変化を示す精嚢腺炎

#### 診断

精嚢腺炎は直腸検査と精液検査によって診断される。左右対称性の欠如、硬結、および疼痛が重要な所見となる。

#### 対処

治療不可能である。

# 雌性生殖器 Female genital tract

| | |
|---|---|
| はじめに ………………………………… 193 | 殿位（股関節屈折） ……………………… 199 |
| 先天異常 ………………………………… 193 | 水腫胎 …………………………………… 199 |
| 　フリーマーチン ………………………… 193 | 子宮捻転 ………………………………… 199 |
| 　分節状子宮無形成（ホワイトヘッファー病、 | 分娩後の異常 …………………………… 200 |
| 　　膣弁遺残） ……………………………… 194 | 　膣壁の裂傷と出血 ……………………… 200 |
| 　二重頸管（重複外子宮口） ……………… 194 | 　直腸膣瘻 ………………………………… 200 |
| 卵巣の異常 ……………………………… 195 | 　敗血性の陰門炎と陰門膣炎 …………… 201 |
| 　卵巣嚢腫 ………………………………… 195 | 　胎盤停滞 ………………………………… 201 |
| 　黄体嚢腫 ………………………………… 195 | 　陰門排出物、子宮内膜炎、子宮炎、および |
| 　卵胞嚢腫 ………………………………… 195 | 　　子宮蓄膿症 …………………………… 202 |
| 　卵管間膜の癒着と卵管水腫 …………… 196 | 雌性生殖器の脱出 ……………………… 204 |
| 雌性生殖器の腫瘍 ……………………… 196 | 　膣脱 ……………………………………… 204 |
| 　卵巣の顆粒膜細胞腫 …………………… 196 | 　子宮頸脱出 ……………………………… 205 |
| 　子宮のリンパ肉腫（リンパ腫） ………… 197 | 　子宮脱 …………………………………… 205 |
| 　子宮の線維筋腫 ………………………… 197 | 　膣と子宮頸のポリープ ………………… 206 |
| 　尿膜水腫と羊膜水腫 …………………… 197 | 流産と早産 ……………………………… 206 |
| 難産 ……………………………………… 198 | 　早産子牛 ………………………………… 206 |
| 　頭部のみ露出 …………………………… 198 | 　胎子ミイラ変性 ………………………… 207 |
| 　頭部と1肢の露出 ……………………… 198 | 　ブルセラ症（伝染性流産、バング病） … 207 |
| 　3肢が出て頭部が出ない ……………… 198 | 　真菌性流産 ……………………………… 208 |
| 　胎子の尾位下胎向 ……………………… 199 | |

## はじめに

　良好な繁殖性の維持は、肉用牛と乳用牛の両者にとって経済的に非常に重要である。生涯にわたる牛乳と子牛の高い生産性は、雌牛が規則的に繁殖されることによってのみ得られ、これを達成するには繁殖検査、健康管理、疾病予防、および適切な栄養のためにかなり大きな努力が必要である。これらの作業の多くはここでは図示できない。例えば、発情発見不良のような管理技術の不良は、牛群の繁殖記録の解析によって最もよく理解されるものであり、このアトラスでは記述されない。ミネラルや微量元素の欠乏は、受胎率低下や卵巣周期撹乱によって繁殖性に影響するが、ここではやはり写真で示すことができない。

　雌性生殖器の疾患と異常は数多くある。本項は雌牛の解剖学的、先天的、および発達時の異常の記述ではじめ、その中には卵巣嚢腫と生殖器の腫瘍を含めている。腫瘍は比較的まれである。難産を写真で示すのは困難である。難産の多くの異常は膣内および子宮内の操作で診断され修復されている。分娩後の疾患には、膣壁の破裂と出血、生殖器の部分的脱出（子宮脱が最も多い）、および子宮炎、子宮内膜炎、子宮蓄膿症があり、それらはすべて難産の後遺症である。難産はひるがえって、その一部は雄牛選択の失宜に由来することがある。価値の高い子孫を得るための大型種の雄牛の利用と、分娩を容易にするための小型種の利用の間には、しばしばその利点に矛盾を生じる。すべての妊娠が分娩に至ることはないので、本章の最後の項では流産と早産のいくつかの症例を図示している。

## 先天異常 Congenital abnormalities

　間性とフリーマーチンは、妊娠初期の胎盤の癒合から生じる。中腎傍管の分節状無形成は遺伝性であり、ホワイトヘッファー病（膣弁遺残）を含むさまざまな異常をもたらす。卵巣無形成、卵巣形成不全、および卵管無形成はすべて報告されているが、それらの発生はまれであるため、ここでは表示しない。

### フリーマーチン Freemartinism

**病態**

雄子牛との異性双胎で生まれた不妊の雌子牛。

**症状**

　牛では双胎子牛の90％以上が癒合胎盤を持ち、共通の血液供給を受ける。図10-40は癒合部がいかに小さいかを示している。雌子牛は雌としての発達を開始するが、妊娠30日と40日の間（すなわち、性分化の前）に、胚細胞とホルモンの交流が起こるために、雌の多くは雄の性状を発達させる。フリーマーチンはおそらく自己の性腺からの分泌によって、雄性化される。図10-41のフリーシアン牛は腫大した陰核を持ち、過剰な被毛が陰門腹側交連から房状に発育している。直腸検査によって、子宮頸を越えると、内部生殖器が触診されない。精巣が陰嚢内に存在し、右側が腫

Urinogenital disorders

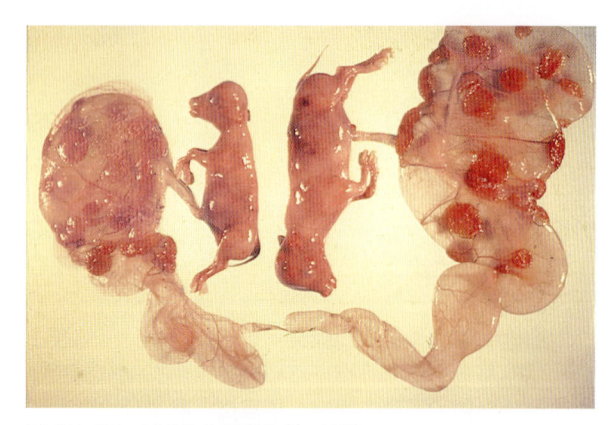

図10-40　癒合した胎盤を持つ双胎

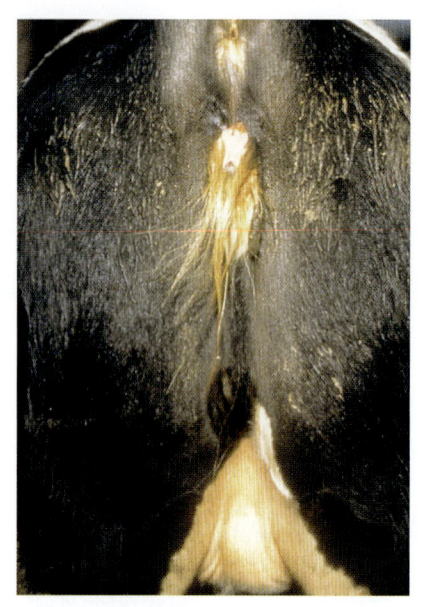

図10-41　陰核の腫大を伴うフリーマーチン子牛

大している。さまざまな程度の形成不全と雄性化がみられる。図10-42は膣前部の形成不全(図中のA)、子宮頸の欠損、痕跡的な卵巣(図中のB)、および精巣(図中のC)を示し、精巣は管で未成熟な子宮角につながっている。

### 診断

試験管を用いて2～4週齢子牛の膣長を調べて短ければ、フリーマーチンと確定される。しかし、すべての子牛が正常な膣長を示すわけではない。ほとんどの症例は非繁殖用の未経産牛の直腸検査および外部生殖器の変化によって、識別される。染色体検査のための血液採取も可能であり、フリーマーチンではXYとXX染色体を持つ白血球が混在している。

## 分節状子宮無形成(ホワイトヘッファー病、膣弁遺残)　Segmental uterine aplasia ("white heifer disease", Imperforate hymen)

### 病態

分節状子宮無形成は中腎傍管系の発達障害である。卵巣の発達は正常で、正常な発情行動を示すが、膣弁がしばしば遺残している。軽症例では妊娠が成立するが、膣弁遺残のために時として難産を生じる。

### 症状

図10-43に示されているような重症例では、右子宮角が無形成で、残存部(図中のA)は周期的に分泌される液で拡張している。本例は単角子宮に分類される。本症は伴性劣性遺伝によるが、ホワイトヘッファー病という通俗名にもかかわらず、必ずしも被毛の色と関係しない。

## 二重頸管(重複外子宮口)
Double cervix (double os uteri externum)

この第2の中腎傍管異常症例(図10-44)では、外子宮口のみが重複している。内視鏡観察(図10-45)

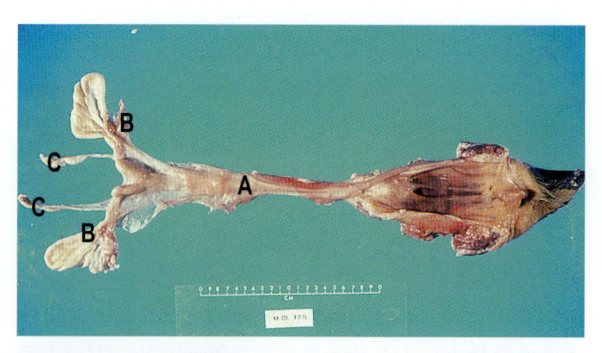

図10-42　子宮頸欠損、小さな精巣、および痕跡的な卵巣を伴うフリーマーチン(標本)

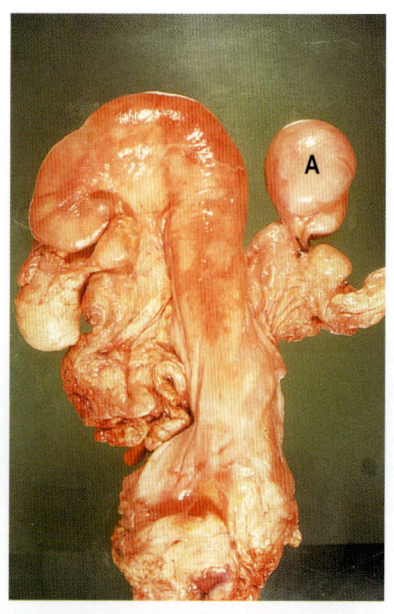

図10-43　剖検時の右子宮角無形成を伴う分節状子宮無形成(ホワイトヘッファー病)

泌尿生殖器疾患　195

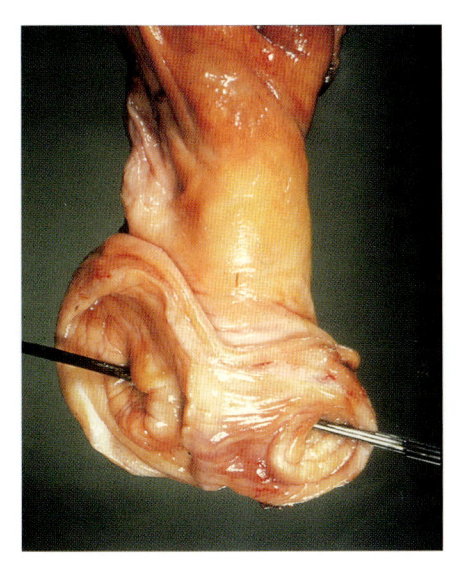

図 10-44　剖検時の重複外子宮口

は、胎膜を示しており、左外子宮口を通してみられる（上方の暗色部）。この比較的多い先天異常は、難産を生じることが驚くほど少ない。

## 卵巣の異常　Ovarian disorders

### 卵巣嚢腫　Cystic ovaries

　卵巣嚢腫は排卵障害から生じる。無排卵卵胞が直径2.5 cm 以上の液で満たされた構造物の大きさに発育する。通常、正常な卵巣周期は中断される。しかし、嚢腫は妊娠との両立を妨げず、食肉処理場の検査で嚢腫を持った妊娠例が驚くほど多く示されている。推測される原因には、ストレス、ミネラルと微量元素の欠乏、高泌乳牛への多給、および遺伝がある。卵巣嚢腫

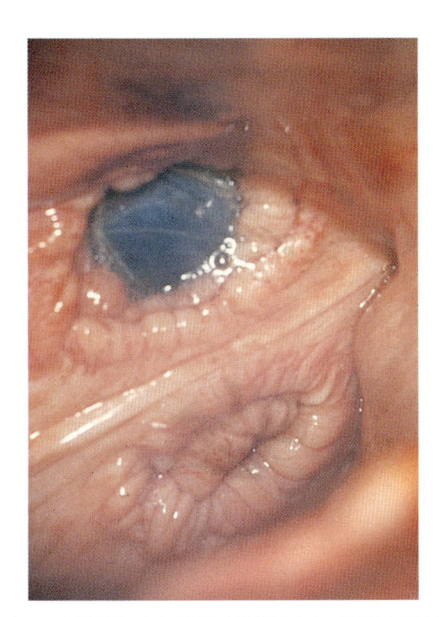

図 10-45　内視鏡により暗色の胎膜を示す重複外子宮口（ドイツ）

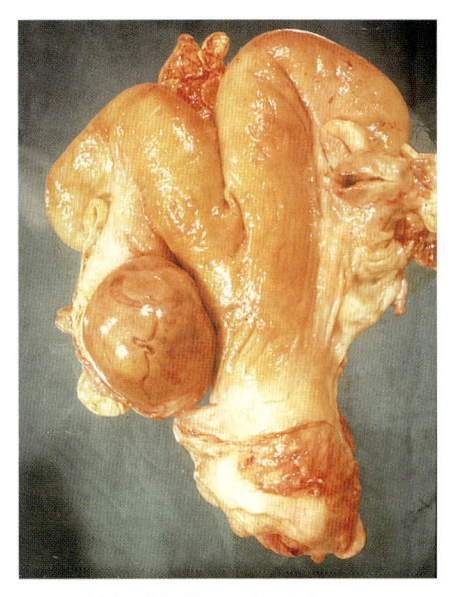

図 10-46　左卵巣の黄体嚢腫（壁が厚い）

は、伝統的に黄体嚢腫と卵胞嚢腫に細分類されてきたが、おそらく両型の間において相互に交替する程度の差であろう。多くの嚢腫、特に泌乳初期に発生するものは、自然に消退するが、その他の嚢腫は治療を要する。

### 黄体嚢腫　Luteal cyst

　図 10-46 では、単一の大きな球形の壁の厚い嚢腫が左卵巣に存在する。黄体嚢腫はプロジェステロンを分泌し、長期の無発情を生じる。右卵巣は、切開された黄体を持っている。

### 卵胞嚢腫　Follicular cyst

　図 10-47 では、右卵巣に大きな壁の薄い卵胞嚢腫がある。このような嚢腫は常にエストロジェン性であり、不規則または持続性の発情を生じる。しばしば多胞性の卵胞嚢腫が発生する。左卵巣には 5～7 日目の黄体があり、無影響卵巣では正常な発情周期が続いて

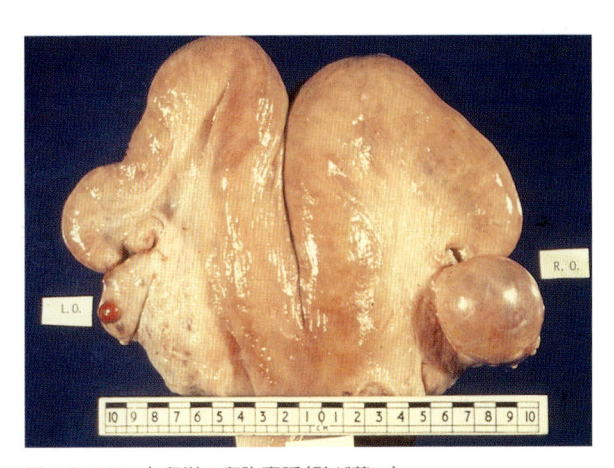

図 10-47　右卵巣の卵胞嚢腫（壁が薄い）

## Urinogenital disorders

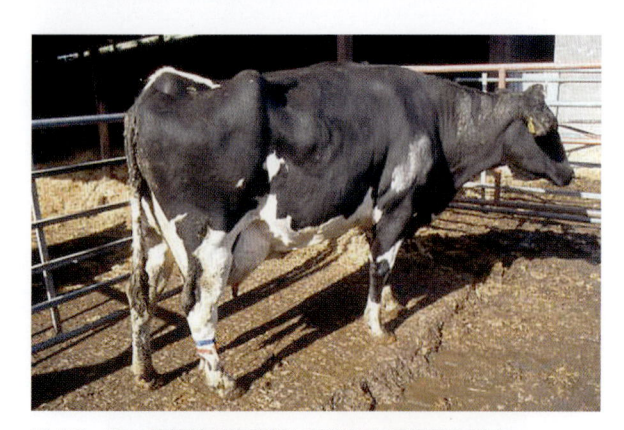

図 10-48　持続性卵胞嚢腫に特徴的な尾根部の挙上

いることを示唆している。消退しない卵胞嚢腫を持った牛は、骨盤靭帯の弛緩の結果、尾根部の挙上を示し（図10-48）、大きな声でうなったり、地面を引っ掻いたりするなど、特徴的な雄様の行動を示す。

### 対処
誘因となる要因を制御する。プロスタグランジン、GnRH、またはプロジェステロン放出器具で治療する。

### 卵管間膜の癒着と卵管水腫
Bursal adhesions and hydrosalpinx

図10-49の卵管間膜は、右卵巣の大型嚢腫に密に癒着しており。卵管（図中のA）は液で拡張している（卵管水腫）。左卵管の小さくみえる部分（図中のB）は正常であり、左卵巣には3～5日の黄体（図中のC）がある。卵管間膜の癒着と卵管水腫はいずれも、例えば卵巣嚢腫の用手破砕や黄体の用手除去のような、卵巣への粗暴な処置の結果である。

図10-50の卵管では、卵管水腫がより重度であり、通路の閉鎖により卵管液で大きく拡張されている（図中のA）。正常な卵管の小部分（図中のB）がみられ、

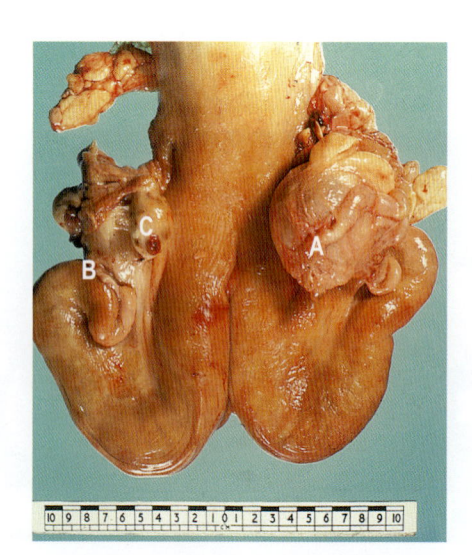

図 10-49　大きな右卵巣嚢腫上への卵管間膜の癒着

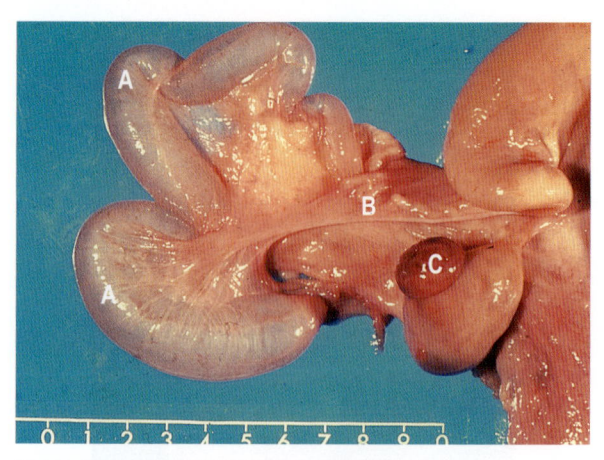

図 10-50　大量の液が貯留した卵管水腫（A）

また卵巣には6～8日の黄体（図中のC）がみられる。

### 対処
癒着のみであれば、卵管の開通性が維持されているので、必ずしも不妊症を生じない。開通性は子宮内への色素の注入によって検査される。

## 雌性生殖器の腫瘍
Female genital tract tumors

### 発生状況
顆粒膜細胞腫が卵巣腫瘍では飛び抜けて多いが、線維腫、肉腫、および癌腫も報告されている。子宮の線維筋腫、平滑筋腫、およびリンパ肉腫はまれであるが、膣と子宮頸の線維乳頭腫（ポリープ）はそう少なくはない。

### 卵巣の顆粒膜細胞腫
Ovarian granulosa cell tumor

### 病態
発育中の成熟卵胞内で、卵巣を取り囲むように発達している顆粒膜細胞による卵巣支質の腫瘍。

### 症状
図10-51では、大きな嚢胞性の腫瘍が右卵巣にみられる。初期にエストロジェンを分泌する、このような腫瘍は持続性発情の原因となる。進行した症例では、黄体化が進み、無発情または雄性化さえ生じる。子宮角を切開すると、内膜過形成と子宮粘液症がみられる。

### 対処
ほとんどの症例は淘汰されるが、外科的な卵巣切除術が単純な処置法となる。

泌尿生殖器疾患　197

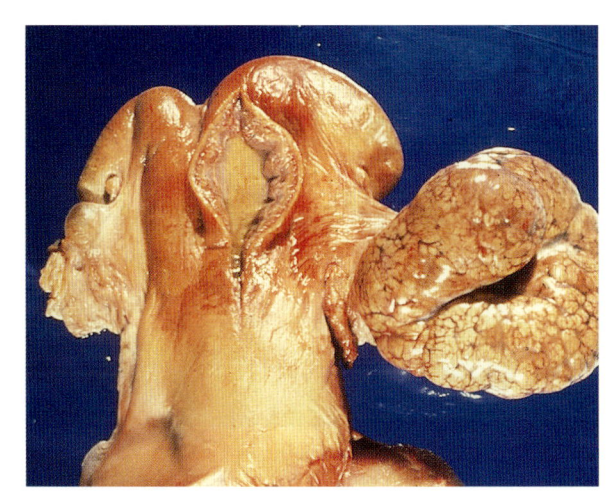

図 10-51　卵巣顆粒膜細胞腫（右側）

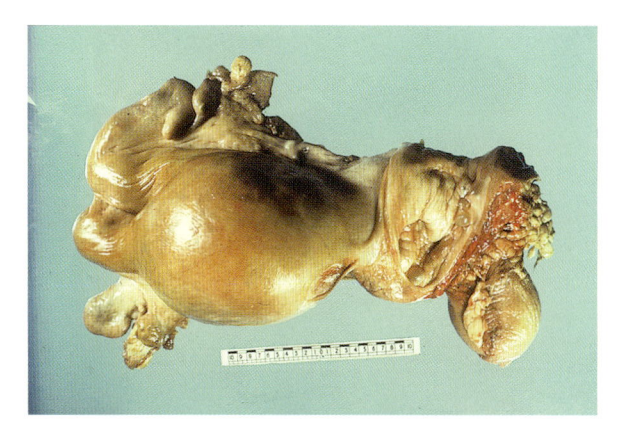

図 10-53　子宮の線維筋腫

## 子宮のリンパ肉腫（リンパ腫）
Uterine lymphosarcoma (lymphoma)

### 症状
　通常は、心、脊椎管（図 7-81）、肝を含む地方病性（成牛の）牛白血病（EBL、図 12-80・図 12-81）における多発腫瘍の1部位としてみられ、子宮の所見（図 10-52）は妊娠診断時の直腸検査で容易に判別される。腫瘍塊は硬く平滑であり、局所のリンパ節（腰リンパ節）の腫脹も通常触診される。剖検では（図 10-52）、子宮壁に柔軟な黄褐色の組織からなる多数の小結節がみられる。子宮壁全体に腫瘍塊があり、その厚さを示すために2カ所で切開されている。

### 類症鑑別
　妊娠初期、他の子宮腫瘍（図 10-53）。

### 対処
　早期の淘汰。

## 子宮の線維筋腫　Uterine fibromyoma

### 病態
　線維様の要素を含む良性腫瘍、または平滑筋腫。

### 症状
　子宮壁を含む平滑な腫瘍塊（図 10-53）としてみられ、直腸検査で用意に触診される。このタイプの腫瘍は必ずしも妊娠の妨げとはならない。

## 尿膜水腫と羊膜水腫
Hydrops allantois and hydrops amnii

### 病態
　尿膜腔や羊膜腔、あるいはその両方における過剰な胎水の貯留。

### 症状
　尿膜水腫では、子宮内の通常は尿膜腔内に過剰な胎水が貯留した結果として、腹下部が対称性に大きく緊張して拡張している（図 10-54）。この状態は妊娠7～9カ月で発生し、その初期はゆっくりとした進行性の腹部拡張がみられ、また体重減少、食欲不振、進行性の呼吸困難、起立困難そして最後に起立不能となる。胎子が死亡することもあり、また水腫が恥骨前腱の断裂（図 3-71）を起こすこともある。300ℓにも及ぶ液量が記録されている（正常では8～10ℓ）。

### 類症鑑別
　双胎または品胎、腹水症（図 4-92）、大きな腹部腫瘍、その他の体重減少要因。

### 対処
　プロスタグランジン $F_{2\alpha}$ またはその類似体、あるいは副腎皮質ステロイドによる分娩誘起。ショック、子宮無力症、難産、および胎盤停滞を併発することが多く、それらはしばしば致死的である。治療せずに食肉処理しても、浮腫と削痩のために食肉にはなりにく

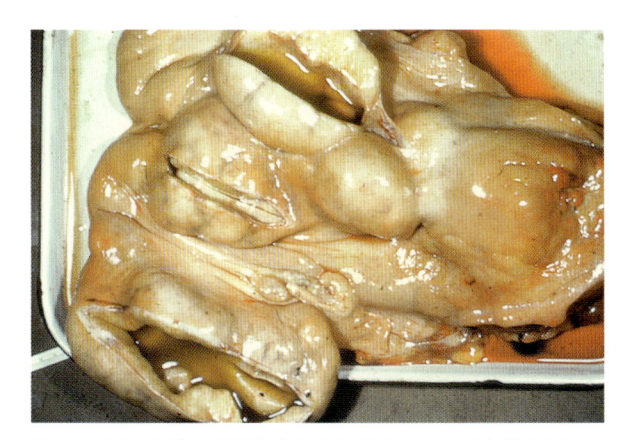

図 10-52　多数の黄褐色塊を伴う子宮のリンパ肉腫またはリンパ腫（米国）

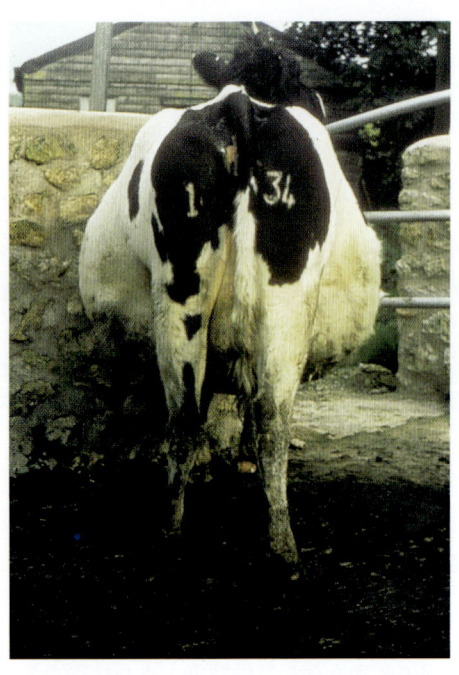

198　Urinogenital disorders

図 10-54　典型的な腹部拡張を伴う尿膜水腫（羊膜水腫）

く、また動物福祉の観点から、多くの国ではその輸送が禁じられている。

## 難産　Dystocia

### 病態
困難な分娩。

### 病因
牛の難産は、双胎、胎勢の異常、胎子奇形（例えば水腫胎〔図 10-60〕および反転性裂体〔図 1-10〕）、母体の異常（例えば子宮捻転）、および胎子と母体の大きさの不均衡によって生じる。後者は、特に初産牛で最も多い原因であり、そのほとんどは小型の標準以下の未経産牛、過大胎子をもたらす不適切な雄牛選択、あるいは母牛への過剰給餌による骨部産道の有効面積を制限する脂肪沈着によって生じる。本項に示された状態はそれらの例として選ばれたものである。このリストはすべてを含むものではない。

### 対処
多くの難産救助法の選択肢があり、例えば牽引、用手胎子整復（胎位の異常に対して）、切胎術、帝王切開術などがある。

### 予防
雄牛選択や母牛給餌の修正。

### 頭部のみ露出　Head only presentation

図 10-55 の症例は、頭部が湿っており、正常な大

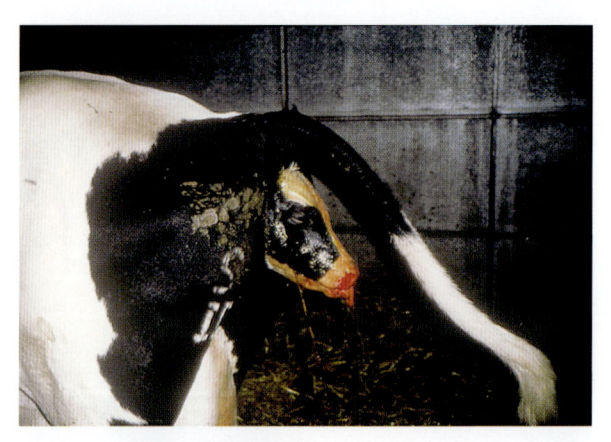

図 10-55　難産：頭部のみ露出

きさで、舌の突出がないので、そう時間が経過した難産ではない。おそらく肩が骨盤入口にあり、前肢が子宮内にあると思われる。

### 頭部と 1 肢の露出
Head and one leg presentation

図 10-56 はさらに時間が経過した難産症例（"leg back"）が示されている。頭部は乾いて腫脹し、突出した舌は浮腫性である。腫大した浮腫性の陰唇は、分娩後 24～48 時間持続することがある。

### 3 肢が出て頭部が出ない
Three legs and no head presentation

この胎位（図 10-57）の最も多い原因は双子の存在であるが、他の原因による可能性もある。3 本のロープがどのようにかけられているかに注目する。各肢に 1 本と下方の胎子頭部に 1 本である。上方の第 2 胎子の肢は第 1 子牛の摘出前に押し戻される。

図 10-56　難産：頭部と 1 肢が露出

泌尿生殖器疾患　199

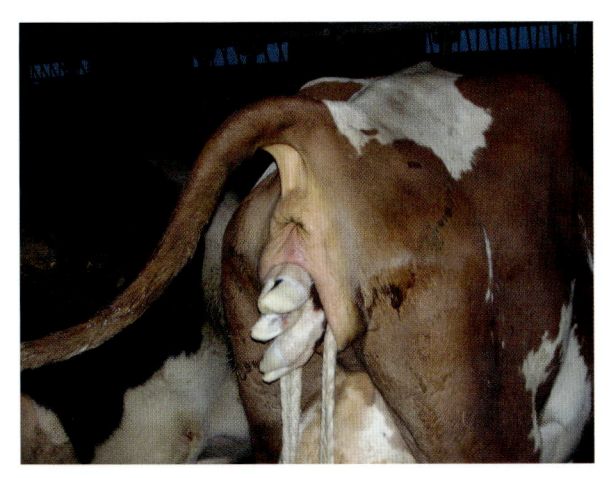

図 10-57　難産：3 肢の露出、頭部と他の 1 肢は残る（双胎）

## 胎子の尾位下胎向　Posterior presentation with fetal dorsoventral rotation

図 10-58 の胎子の肢と球節の最初の観察では、頭部が左側に偏位（head back）した頭位の症例であろうと推測された。詳しく検査すると、陰門部に飛節を認めたが、飛節端（踵骨）が腹側を向いていた。胎子回転により生存子牛の娩出が容易になった。

## 殿位（股関節屈折）　Breach presentation (hip flexion)

図 10-59 では尾のみがみられ、陰門の腫大はない。腹部の努責を刺激するほどの十分な胎子塊が産道に侵入することができないため、殿位の多くは数時間いや数日間も気付かれずに過ぎ、この問題が最後に明白になり、整復がなされた時には、しばしば胎子が死亡している。

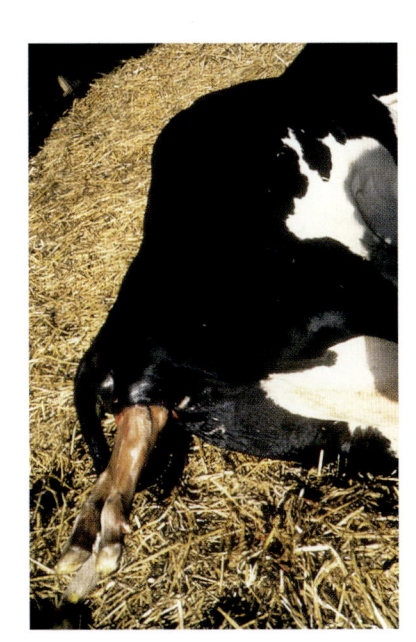

図 10-58　難産：尾位下胎向

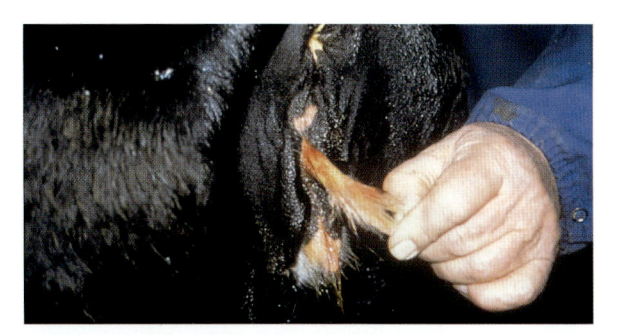

図 10-59　難産：尾のみが見える殿位

## 水腫胎　Anasarca

### 病態
広範な皮下の浮腫。

### 症状
図 10-60 の水腫胎の子牛では、頭部、胸部、および腹部にかけて皮下の浮腫がある。多くの症例はゆっくりした牽引と十分な潤滑化によって経膣で摘出されるが、放置されたこの症例では、子宮破裂により母牛が死亡した。エアシャーの胎膜水腫は遺伝性である。難産をもたらす他の奇形には、関節彎曲症（図 1-12）、反転性裂体（図 1-10）、腰椎欠如奇形体（腰椎と骨盤の欠損）、および腹水症がある。

## 子宮捻転　Uterine torsion

### 症状
膣前部が時計方向に回転しているのがみえる（図 10-61）。症例の約 75％は 90～360 度の反時計方向の捻転であり、臨床的に膣壁のラセン状変化で発見される。捻転は妊娠のごく末期、第 1 期陣痛の末期、または陣痛第 2 期の初期に発生し、通常大きな胎子と関連している。本症例では、捻転の整復後に生存子牛が摘出されたが、多くの場合は死産となる。

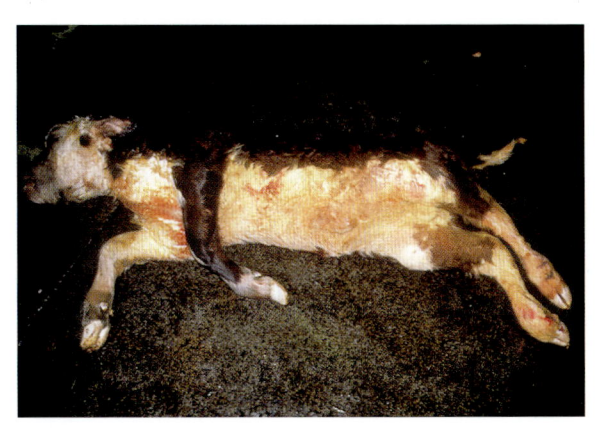

図 10-60　胎子の全身浮腫を伴う水腫胎

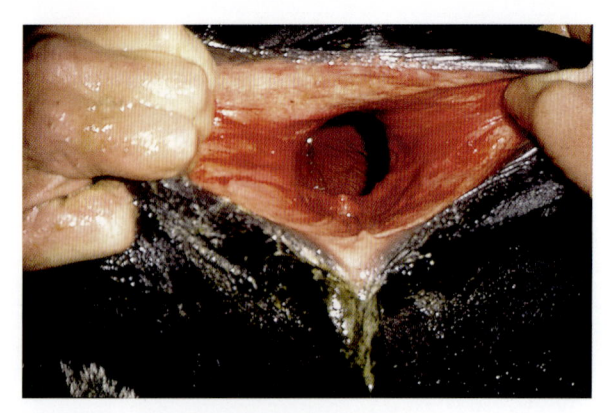

図 10-61　右方子宮捻転が膣深部で明白

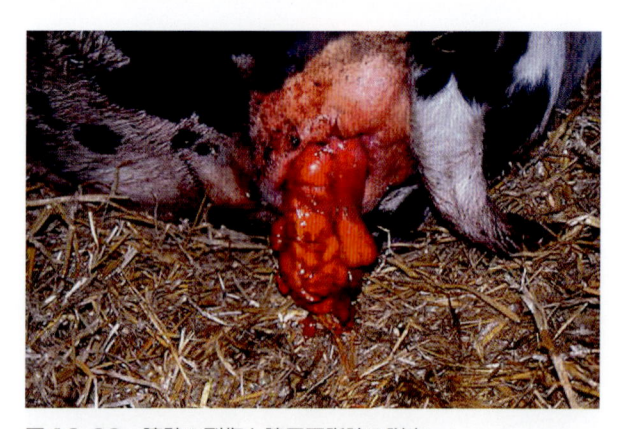

図 10-62　膣壁の裂傷と膣周囲脂肪の脱出

### 対処

ほとんどの症例で、経膣の子宮操作、または捻転と同方向への母体回転によって整復される。また一部の母牛は子宮頸の弛緩が不十分であり、難産となり、そのため帝王切開術が最良の選択肢となることがある。

## 分娩後の異常　Postpartum complications

正常で助産の必要ない分娩は、わずかしか合併症を生じない。しかし、難産後、特に強力な牽引を要する母体の不均衡症例では、しばしば合併症を伴う。最も多いのは子宮内膜炎であり、その後の妊娠能を低下させる。幸い頻度は低いが、ここに紹介するさらに劇的な合併症のいくつかには、膣壁の裂傷、子宮とその他の脱出、直腸膣瘻、および敗血性膣炎がある。胎盤停滞は正常分娩後にも生じる。牛群の繁殖管理プログラムの一部として実施される、交配前の検査の中で、子宮頸と膣前部からの排出液の用手または内視鏡検査は、重要な役割を果たしている。遭遇するさまざまな排出液の様相は、いくつかの肉眼的な子宮病変とともに表示されている。

### 膣壁の裂傷と出血
Vaginal wall rupture and hemorrhage

#### 症状

出血を伴う膣壁の裂傷は多い合併症であり、特に大きな子牛を持った過肥の初産牛、牽引時の不十分な潤滑、および正常な膣と陰門の拡張を待たない過度に早すぎる牽引でみられる。予防的な会陰切開術が有効となることもある。典型的な場合は、側方の膣壁が陰唇部から外尿道口の背側にかけて、約10〜20cm裂けている。その裂け目から骨盤部脂肪の大きな塊が脱出し、陰唇の外に突出している（図10-62）。側方の膣壁の裂け目の部位で容易に触診できる、内陰部動脈の分枝の膣動脈が破裂すると、分娩後1時間以内に激しい出血（しばしば致死的となる）を生じる（図10-63）。幸い、この初産牛は血管が識別され縫合された。しかし、この牛はその後重度の膣周囲炎と局所的な骨盤部腹膜炎を発生した。

#### 対処

予防は、難産の排除（雄牛選択、母牛給餌）と注意深い娩出（十分な潤滑、ゆっくりした牽引）に基づいてなされる。有力な（会陰切開術）または近時の問題（膣の裂傷、動脈破裂）を早期に認識することが、外科的な矯正法につながる。観察の欠如や誤診の結果のいずれでも、遅延すると、死に至ることがある。

### 直腸膣瘻　Rectovaginal fistula

#### 病態

直腸と膣の損傷による交通。

#### 症状

直腸膣瘻は難産後の合併症であり、通常、過大胎子または胎子失位の結果として生じる。図10-64（分娩後4日目）は腹側肛門粘膜が避け、背側膣壁にかけて広範な裂傷がある。膣底部の白色物は子宮内治療に由来する。3ヵ月後の同牛（図10-65）では、膣と肛門の裂傷は自然治癒し、小さな変形した部位となっている。気膣の発生や膣内への糞便の吸引によって、妊娠能は通常低下するが、この牛はその後2年間毎年妊娠した。他の症例の手術中の観察では（図10-66）、陰

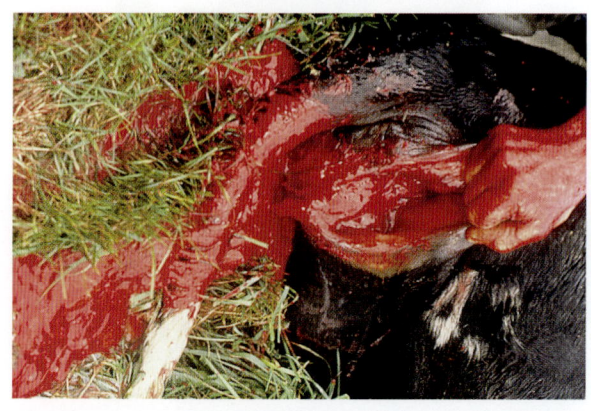

図 10-63　未経産牛の膣動脈破裂による出血（ホルスタイン）

泌尿生殖器疾患　201

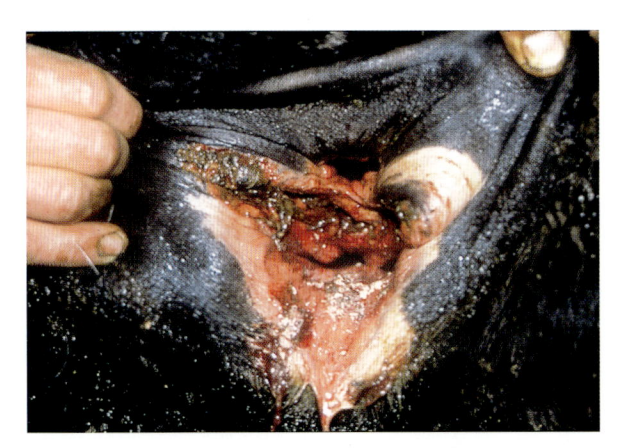

図10-64　肛門粘膜と膣壁の破裂を伴う直腸膣瘻

唇を開いている鉗子が直腸と膣の間の裂傷の広がりを示している。手術の準備として、組織は洗浄され、壊死部が除去された。

### 対処
ごく小さな瘻は自然に治癒するが、ほとんどは外科的整復を要する。大きな瘻は治療不能である。驚くことに、未治療の牛のいくらかは妊娠能を維持する。

## 敗血性の陰門炎と陰門膣炎
Septic vulvitis and vulvovaginitis

### 症状
図10-67は、過大胎子の難産摘出後4日目の所見で、感染した皮膚の小さな裂創が腫脹した背側陰門交連付近にみられる。胎盤の一部が陰門腹側にみえる。敗血性陰門炎の重症例では、特に腹側交連部で、陰門が炎症を起こして浮腫状となり、しばしば陰門から膿様の出血性排出物を生じる。尾の挙上としぶりは不快感を示している。分娩時の損傷が陰門の浮腫と蜂巣炎の最も多い原因であるが、本症はまた急性下痢症が引き起こす刺激性の糞便の結果としても起こる。

### 対処
全身的抗生物質投与、およびもし疼痛としぶりがあれば、非ステロイド系抗炎症薬（NSAID）も投与する。

## 胎盤停滞　Retained placenta

### 病態
胎盤の排出は分娩第3期にあたり、正常では胎子娩出後3～6時間に起こる。胎盤停滞に対する正確な時間の定義はないが、24時間以上経過した症例はそう呼んでよいであろう。

### 症状
胎盤停滞（図10-68）は第3期陣痛を妨げる要因と強く関係しており、それらには、双胎、長時間分娩、過剰な用手介助、流産や早産、過肥や削痩牛、およびビタミンEとセレンのようなビタミン、ミネラル、

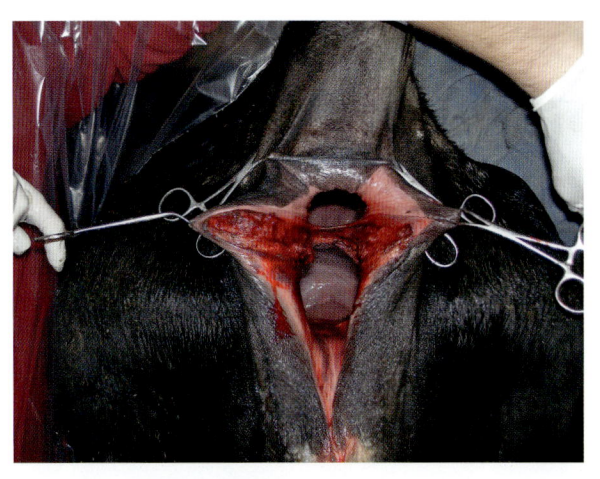

図10-66　手術前の直腸膣瘻（イタリア）

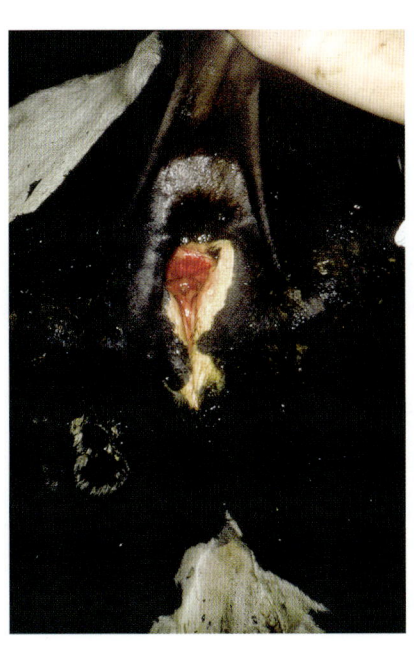

図10-65　3カ月後の図10-64の牛の治癒した直腸膣瘻

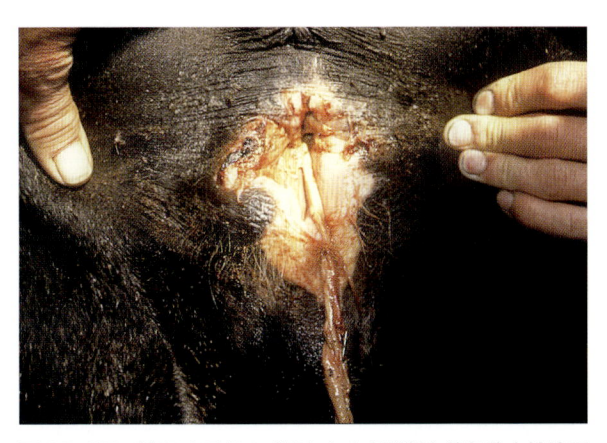

図10-67　難産4日後の感染した皮膚裂創を伴う敗血性陰門炎と陰門膣炎

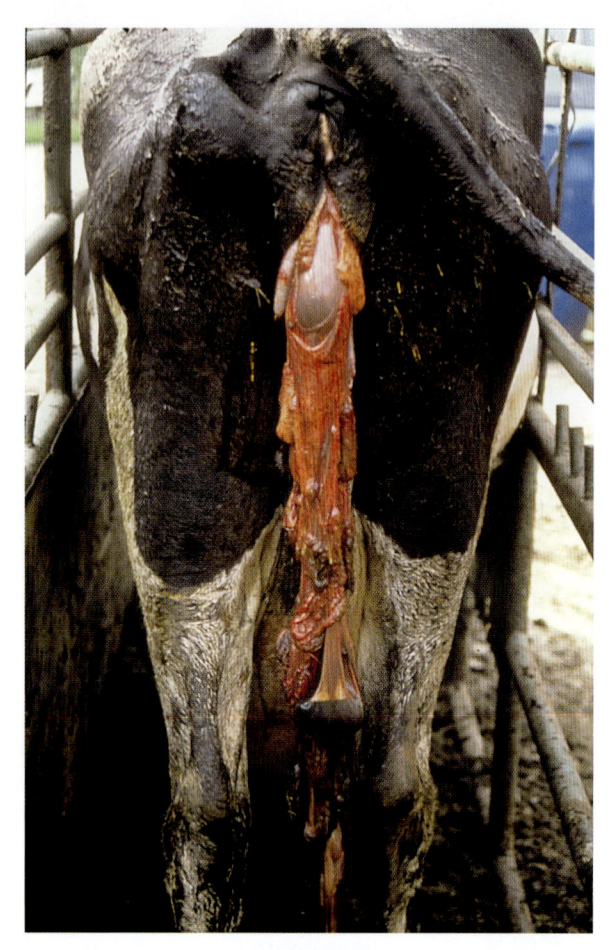

図 10-68　分娩後 4 日目の胎盤停滞

## 陰門排出物、子宮内膜炎、子宮炎、および子宮蓄膿症　Vulval discharge, endometritis, metritis, and pyometra

### 病態

子宮内膜炎は子宮内膜の炎症である。子宮炎はさらに広い子宮の炎症であり、しばしば続発性の発熱と毒血症を伴う。子宮蓄膿症は陰門排出を伴わない、閉鎖性、化膿性の子宮の炎症である。

### 症状

陰門排出物は、敗血性陰門膣炎、胎盤停滞、子宮炎、および子宮内膜炎と関連している。排出物の性状は、分娩から臨床検査までの間隔、および子宮内膜炎の程度によって異なる。多くの排出物は正常であり、治療を要しない。透明粘液中の発情後の血液は子宮小丘の出血に由来する（図 10-69）。頸管粘液栓（図 10-70）は、分娩の直前または直後にみられ、正常である。赤褐色物（図 10-71）や黄色退廃物（デトリタス；detritus）の小球（図 10-72）を含んだ無色の粘液は、通常処置を要しない悪露の例示である。

子宮内膜炎はしばしば管理者によって最初に、牛床に寝ている牛からの白色膿様陰門排出物としてみられ、そのものは寝床の上に溜まっている（図 10-73）。白色小片を含む透明粘液（図 10-74）は、軽度の子宮内膜炎を示唆すると考えられている。濃い白色排出物は、特に悪臭を伴えば、典型的な子宮内膜炎を示唆する。*Arcanobacterium pyogenes* と *Fusobacterium necrophorum* の関与が多い。症例によっては白色小球に血液が混じっている（図 10-75）。

子宮炎では悪臭のある褐色排出物（図 10-76）がみられ、特にその排出物の密度は液状であり、粘液状ではない。罹患牛はしばしば全身症状を示す。例えば、図 10-77 の牛は充血した結膜を露出して目がくぼみ、下痢をして横臥していた。本牛は毒血症と重度脱

微量元素の欠乏がある。近年、分娩後の食欲減退、低カルシウム血症の発生増加、周産期の顕著な免疫抑制、および分娩後の回復不良に関連した、高泌乳牛の新しい代謝症候群が認識されてきた。これらは分娩後の牛に、胎盤停滞、急性子宮炎、全身性毒血症、疾病、および死亡を著明に増加させている。

分娩後 4 日目に撮影された図 10-68 の写真では、胎盤が自己融解のためにピンク色になっており、乳房は悪臭のある子宮排出物で汚染されている。

### 対処

治療には議論がある。数日後に胎盤を優しく引き出し、母体の子宮小丘を裂いたり傷つけたりしないように注意する。子宮内抗生物質投与は無価値で、正常な胎盤剥離を遅延させるので、かえって禁忌であると考えている人もいる。全身的な抗生物質と非ステロイド系抗炎症薬（NSAID）の投与は、いかなる発熱や毒血症であっても解決の助けとなるだろう。

### 予防

原因となる要因の排除。

図 10-69　透明粘液中の発情後の出血（正常）

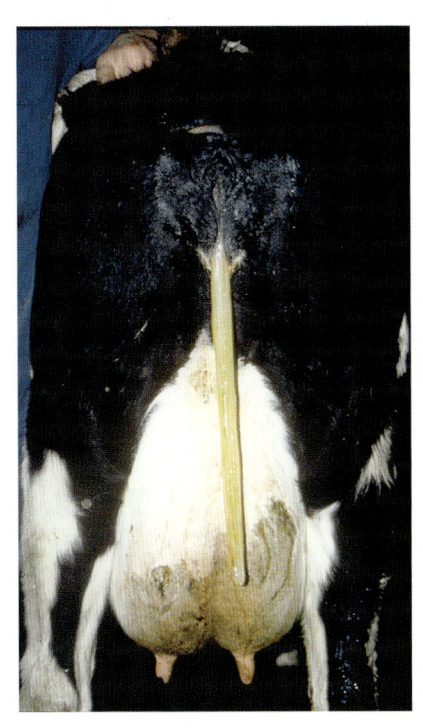

図 10-70 頸管粘液栓（正常）

水のために2、3時間後に死亡した。剖検で、子宮角を切開すると、褐色膿様液（図10-78）の中に壊死性の子宮小丘がみられた。乾酪性膿性の子宮周囲炎の部位が、子宮頸を越えて骨盤部膣に広がる退色部と炎症を伴って、切開部の上にみられる。

**対処**

必要に応じて膣検査と子宮内膜炎の治療をすることが、特に乳牛群において、日常的な群の繁殖管理の重要な点となる。その詳細は適切なテキストを参考にす

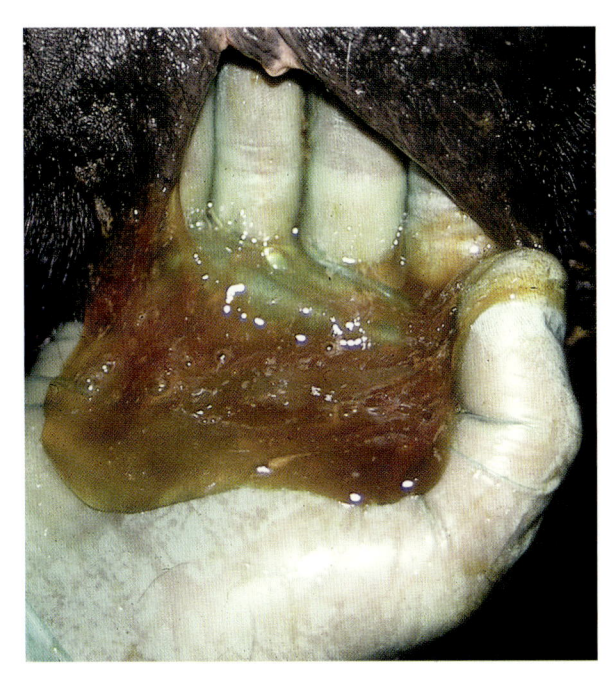

図 10-71 赤褐色粘液の陰門排出

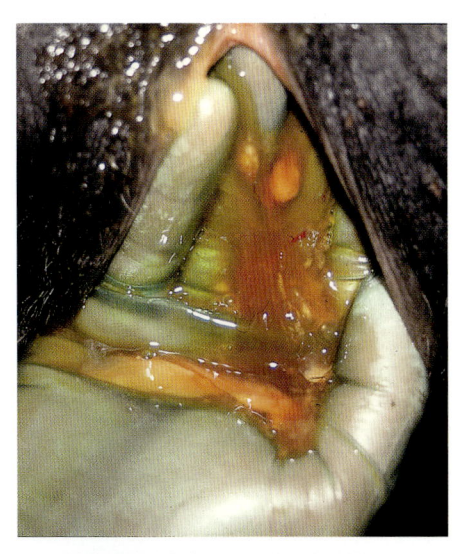

図 10-72 黄色退廃物（デトリタス）の陰門排出

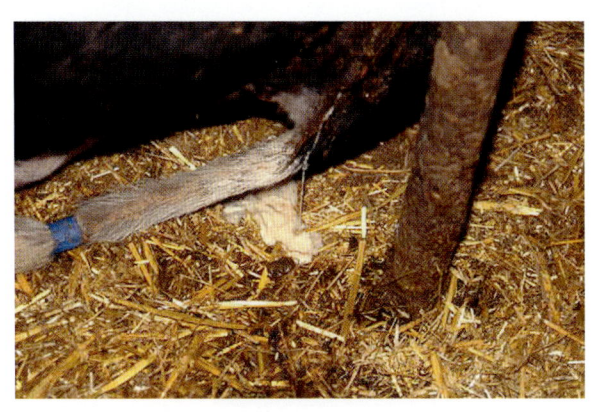

図 10-73 子宮内膜炎：膿性の陰門排出物

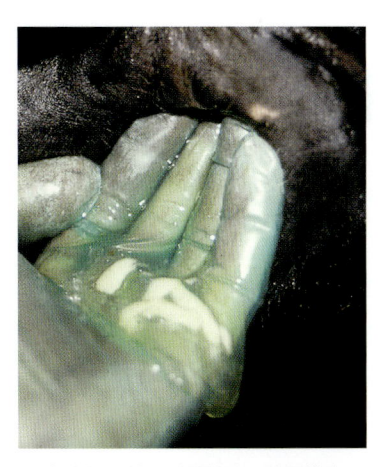

図 10-74 白色小片を伴う透明粘液の陰門排出

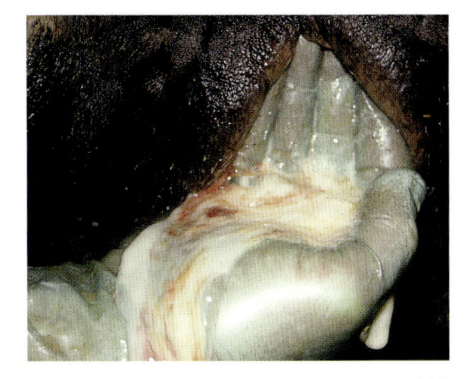

図 10-75 子宮内膜炎：膿の白色小球と混じった血液

## Urinogenital disorders

図 10-76　子宮炎：褐色の子宮排出物

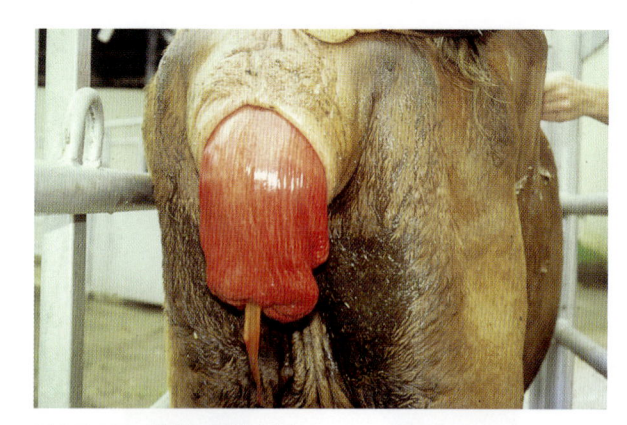

図 10-79　膣脱：新鮮症例

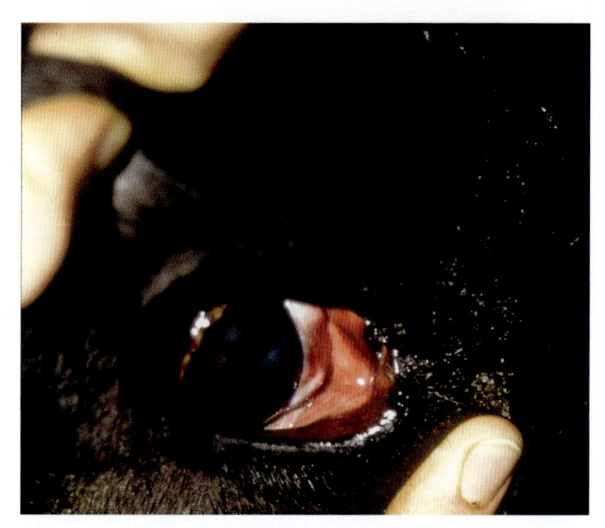

図 10-77　重度の子宮炎により死の縁にある牛の陥凹した眼球と充血した結膜

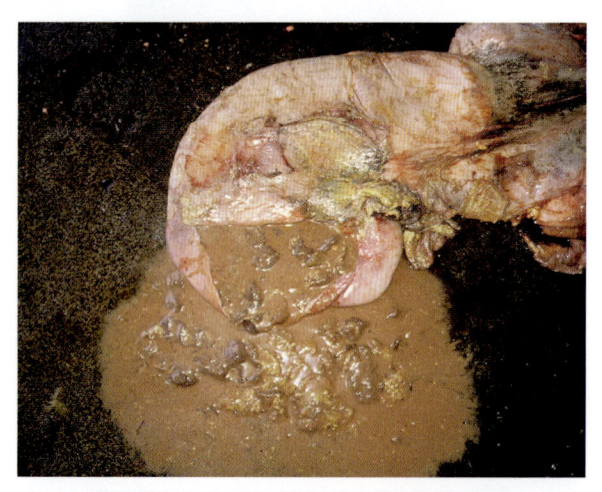

図 10-78　図 10-77 の牛の激しい化膿性子宮内膜炎と子宮周囲炎

るとよい。予防には、難産の防止、正しい母牛栄養、特に周産期には代謝病の防止、および分娩時の適切な衛生維持がある。

## 雌性生殖器の脱出
Prolapses of the female reproductive tract

### 膣脱　Vaginal prolapse

#### 病因

膣脱は時には分娩後にもみられるが、多くは高齢牛の妊娠後期に生じる。妊娠後期の腹腔内容による骨盤腔への圧力が、特に牛が横臥している時にかかるのが原因で、また過剰な膣周囲脂肪、努責を招く何らかの膣や直腸肛門への刺激、牛の高齢化、骨盤靭帯の弛緩を招く飼料中のエストロジェン様物質、および特にヘレフォードのようなある種の肉用牛品種も関与している。

#### 症状

図 10-79 では、新鮮な脱出状態が、露出部の軽度充血を伴い、最近の発生を示唆している。頸管粘液栓が後肢下部にみられた。時間が経過した症例では、うっ血と刺激が進行し、さらにしぶりを刺激する、図 10-80 のような難産に伴う膣壁の脱出は、そう多くない。膣は陰門から脱出して大きく反転し、子宮頸部（図中の A）に終わる。乾燥した胎子はなお胎盤中にあり、その前肢は部分的に拡張した子宮頸を通して触診できる。

#### 対処

膣脱が座位または横臥位の時のみに生じる場合は、無処置でよいだろう。膣脱は分娩後に解消されやすい。持続的な膣脱は硬膜外鎮痛下で整復すべきで、その状態を保持したまま、外部外傷による腫脹や刺激を避けるために、陰門を深く横縫合する。分娩の開始を知ることが重要で、その時に縫合を解除する。図 10-80 の症例では、用手整復と最小限の介助で、正常に分娩した。多発するような牛群では、上述の誘因を注意深く検査すべきである。

泌尿生殖器疾患　205

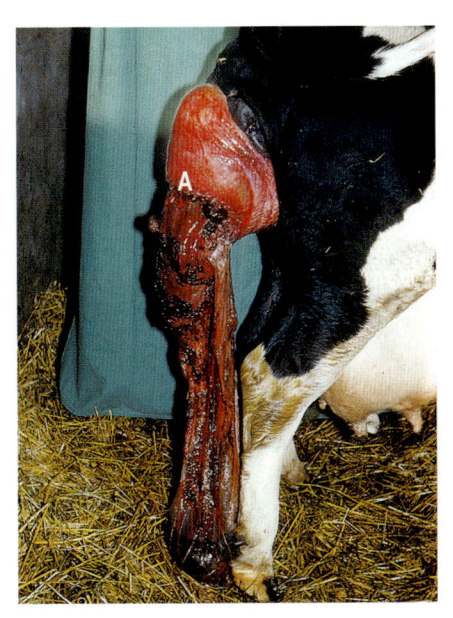

図10-80　胎盤内の胎子を伴う難産時の膣脱

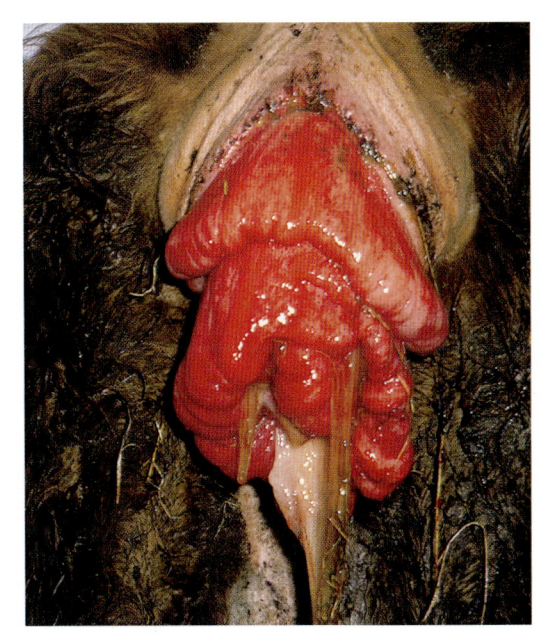

図10-82　重度浮腫を伴う子宮頸の脱出と膣の一部脱出（ショートホーン）

## 子宮頸脱出　Cervical prolapse

　子宮頸脱出の病因は膣脱と同様である。外子宮口の一部が、妊娠後期または泌乳初期（図10-81）の牛の陰門から脱出しており、特に起立時に、しばしば消退する。より進行した症例が、図10-82の分娩後のショートホーン牛にみられる。外子宮口が浮腫状となり大きく拡張している。子宮頸と陰門の間に、短い膣壁が露出されている。完全な子宮頸と膣の脱出も生じ得る。

### 対処

　小さな脱出は自然に消退する。大きな集塊は洗浄して整復し、陰門横縫合で維持する。

## 子宮脱　Uterine prolapse

　ほとんどの子宮脱症例は、分娩後2、3時間以内に発生する。難産や大型胎子娩出後の高齢牛に多くみられ、低カルシウム血症や胎盤停滞が関与することもあり、また初産牛でも発生する。図10-83の若いヘレフォード牛は2時間以内の持続をしている子宮脱を示している。胎盤はなお付着しており、湿潤して新鮮な状態である。ほとんどの牛は横臥している。強く動こうとする牛は、脱出部を傷つけ、出血とショックから死亡するリスクが増加する。図10-84のショートホーン牛は子宮と子宮頸、膣が完全に脱出している。

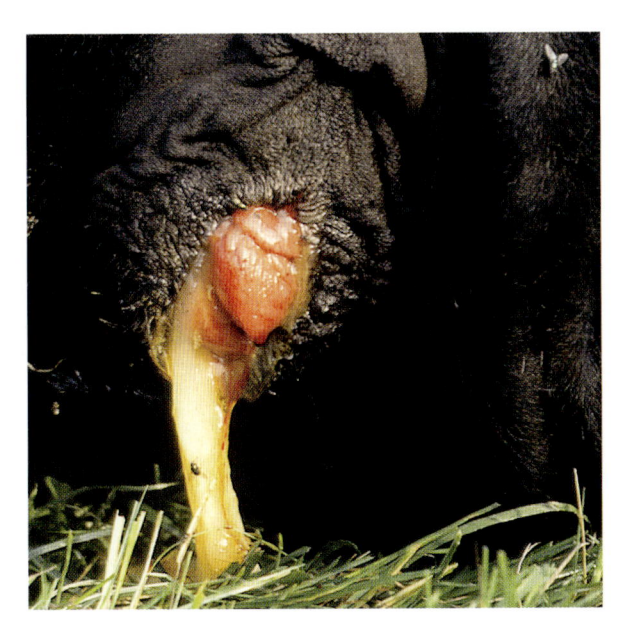

図10-81　子宮頸の一部脱出

図10-83　若牛の2時間経過した子宮脱（ヘレフォード）

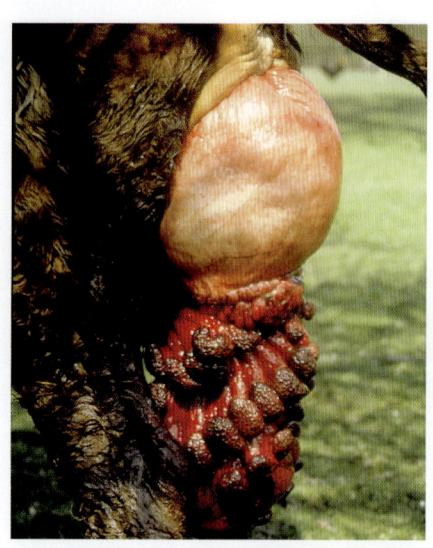

図 10-84　牛の子宮、膣、および子宮頸の脱出（ショートホーン）

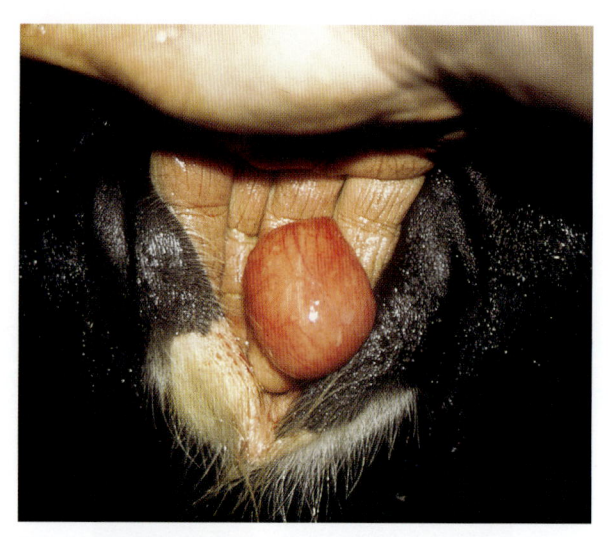

図 10-85　有茎の膣ポリープ

本症はまれであり、膣と子宮頸のような他の症例と同様に、脱出の整復が試みられたが、本牛はショックと内出血の結果、12時間以内に死亡した。

### 対処

緊急事態として処置する。子宮を清潔なシートで包んで、外傷や汚染から守るが、多くの牛では横臥したままにおき、邪魔しないのが最善である。硬膜外麻酔下で、両後肢を後ろに伸ばして横臥牛を腹臥位にするか、または後駆を地面から挙上し、子宮を整復する。オキシトシン、抗生物質、ボログルコン酸カルシウム、およびショックの可能性があれば非ステロイド系抗炎症薬(NSAID)を投与する。ほとんどの牛はよく回復し、妊娠能を維持し、次回分娩時には再発しない。

## 膣と子宮頸のポリープ
Vaginal and cervical polyps

分娩後の合併症ではないが、膣のポリープは時々膣脱の初期と混同される。図10-85の膣ポリープは有茎で、妊娠後期に陰門から突出しており、分娩後に腹圧が減じると消退する。

### 対処
治療は必要ない。

## 流産と早産
Abortion and premature parturition

### 病態
流産は受胎産物の未熟な排出と定義され、その多くは死産である。早産は妊娠後期に発生し、生きているが虚弱な子牛、または自力で生存できる能力を持っていたが死亡した子牛を生じる。両者とも感染性および非感染性の原因による。

### 症状
感染性の要因には、ブルセラ症、IBR、BVD、レプトスピラ症、カンピロバクター症、ブルータング、ネオスポラ症、リステリア症、*Clamydia*、*Coexiella*、アスペルギルス症、および米国西部で重要な流行性牛流産(EBA)がある。非感染性の要因には、ストレス、致死遺伝子(例えば、関節彎曲症)、有毒物(例えばロコ草〔図13-19〕およびマイコトキシン)、栄養欠乏(例えば、ビタミンE、セレン、またはヨウ素〔図2-51〕、および物理的外傷がある。流産胎子の様相(図10-86は妊娠7カ月で流産された)は、しばしばその原因を示唆していない。

上述した流産の原因の多くは、胎盤や胎子のいずれにも診断的な特徴を持たないので、ここでは表示されない。

### 類症鑑別
特別な診断検査が必要であるが、注意深い検査にもかかわらず、流産の原因は全症例中25％以下しか究明されていない。

### 対処
母牛は時には子宮内膜炎の治療を要する(p.202)。原因を究明する。BVD、IBR、およびレプトスピラ症にはワクチンが利用できる。*Aspergillus*、*Listeria*、および毒素などの経口摂取の可能性を防止する。*Neospora* のキャリア牛の淘汰を考慮する。

### 早産子牛　Premature calf

小さな体格に加えて、図10-87の未熟なシンメンタール雑子牛(胎齢7カ月)は、口腔と鼻腔の充血(赤色化)、および短く目立つ被毛を示している。上述の

図 10-86　妊娠 7 カ月の流産胎子、原因不明

図 10-88　胎齢 4 カ月のミイラ変性胎子

流産原因のほとんどはまた早産ももたらす。この症例は母牛が Leptospira hardio に対して 1：1600 の抗体価を持っていたので、レプトスピラ症が原因として最も可能性がある。

## 胎子ミイラ変性　Mummified fetus

図 10-88 の胎子は妊娠約 4 カ月で死亡したが、8 カ月まで排出されなかった。落ちくぼんだ眼窩、および分解中の胎子と胎盤の特徴的な乾いたチョコレート色の褐色化に注目する。BVD と Neospora がミイラ変性の二大原因である。妊娠初期のストレスが誘因となることもある。特にジャージー種など、特定の雄牛がミイラ変性胎子の発生を増加させることもある。

## ブルセラ症（伝染性流産、バング病）
Brucellosis (contagious abortion, Bang's disease)

### 病態

ブルセラ症は Brucella abortus によって牛に引き起こされる細菌性感染である。

### 症状

感染した胎子、胎盤または子宮排出物を摂取した牛、および特に妊娠 7 カ月と 8 カ月の間に流産した牛が疑われる。激しい胎盤炎が、子宮小丘上の小さな白色壊死巣および子宮小丘間の胎盤の肥厚の形でみられる（図 10-89）。微生物は子宮排出物中と同様に乳汁中にも排泄される。ほとんどの牛は流産を 1 回するのみであるが、持続性のキャリア牛となり、その後の正常分娩時に Brucella を排出する。胎盤停滞、子宮内膜炎、および不妊症が合併症として多くなる。

雄牛では精巣（図 10-33）と精嚢腺が罹患するが、感染は精液中にのみまれにみられる。ブルセラ症は人に伝播するので、多くの国で届出疾患となっている。

### 類症鑑別

トリコモナス症、レプトスピラ症、IBR、ネオスポラ症などの流産の他の原因。診断は血液凝集反応、ミルクリングテスト、補体結合（CF）検査によってなされる。

### 対処

多くの国で、検査、反応陽性牛の淘汰、および子牛期のワクチン接種による撲滅対策を取っている。

図 10-87　粘膜充血と短い被毛を持った早産子牛（妊娠 7 カ月、シンメンタール雑）

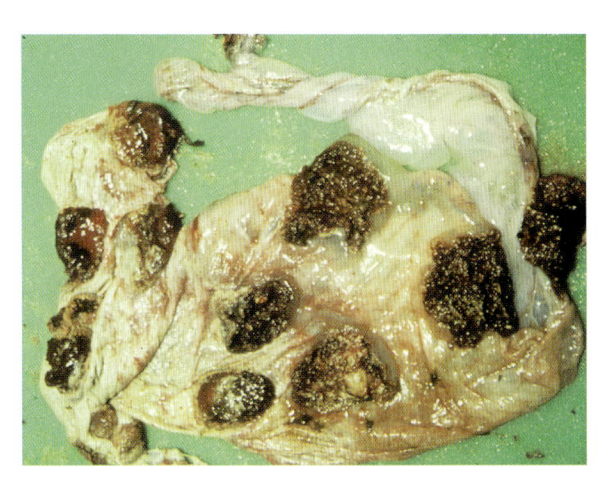

図 10-89　ブルセラ症：子宮小丘上に白色壊死巣を伴う肥厚した胎盤

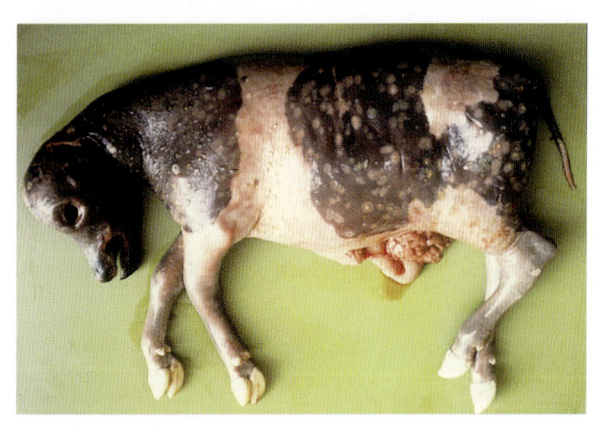

図10-90　真菌性流産：リングウォーム様皮膚病変から*Aspergillus*が分離された

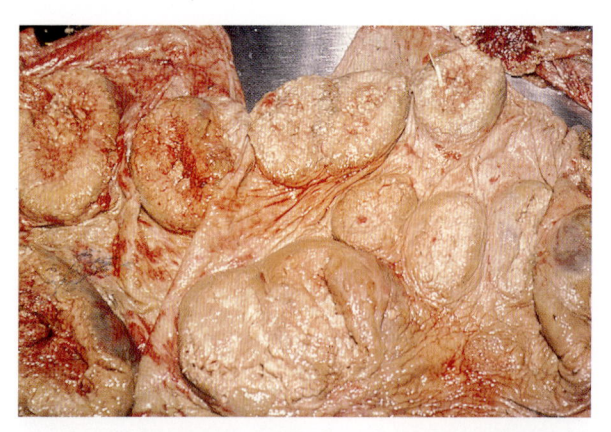

図10-91　真菌性流産：肥厚した胎盤と子宮小丘の壊死

図10-92　真菌性流産：*Mucor*種による黄変した胎盤の退色

## 真菌性流産　Mycotic abortion

### 病態
全身性真菌症（アスペルギルス症、まれにカンジダ症とムコール症）が、流産をもたらす散発性の非特異的症候群となることがある。

### 症状
妊娠後期の20頭の牛に偶発的に給餌されたカビの生えたサイレージが、全身性のアスペルギルス症をもたらした。血行性に拡散し、胎子に感染して、10日間に3頭が流産した。胎子から*Aspergillus*が分離された。症例によっては、小さな円形のリングウォーム様の病変（図10-90）が胎子の皮膚にみられる。そこにはまた、胎盤の重度の肥厚と子宮小丘の壊死もみえる（図10-91）。流産は妊娠4カ月から妊娠満期にかけて発生する傾向があり、国によっては、冬季に多く発生する。*Mucor*種もまた関与し、胎盤漿膜面の薄い黄色化と退行性変性を生じる（図10-92）。

### 診断
皮膚の病変、特に眼瞼上の胎子皮膚炎中の菌糸、胎盤の病変、気管支肺炎、および可能性として第四胃内容に基づいてなされる。もしその流産がマイコトキシンの摂取が原因であり、原発性の真菌感染が原因でなければ、特別な病変がない。その時の診断は、その危険性の病歴、有力なその他の合併症状（腹痛、消化障害、下肢の腫脹）、および飼料中のマイコトキシンの証明によってなされる。

### 対処
カビの生えた飼料の摂取を減じるために、飼料の管理と保管を改善する。

# 第11章

# 乳房と乳頭の疾患 Udder and teat disorders

| | |
|---|---|
| はじめに  209 | 非感染乳頭の病変  218 |
| 先天異常  209 | 乳頭端のたこ（過角化症、乳頭管外反）  218 |
| 　副乳頭  209 | 乳頭基部の圧迫輪  219 |
| 　盲分房  209 | 先端圧迫と乳頭端壊死  219 |
| 乳房炎  210 | あかぎれとひび  220 |
| 　夏季乳房炎  210 | 黒点  220 |
| 　急性乳房炎  211 | 夏季びらんと乳頭湿疹  221 |
| 　慢性乳房炎  212 | 虚血性乳頭壊死  221 |
| 　乳房炎による乳汁の変化  213 | 物理的な乳頭の損傷  222 |
| 　乳汁中の血液  213 | 化学的な乳頭の損傷  222 |
| 　乳房炎乳  213 | 乳管洞の肉芽腫（豆粒）  223 |
| 感染乳頭の病変  214 | 乳房の皮膚と皮下織の病変  223 |
| 　牛ヘルペス乳頭炎（BHM）  214 | 乳房膿痂疹（乳房にきび）  223 |
| 　偽牛痘（パラポックス）  215 | 壊死性皮膚炎（乳房皮脂漏）  223 |
| 　牛痘（牛オルソポックス）  216 | 潰瘍性乳房皮膚炎（UMD、間擦疹）  224 |
| 　水疱性口内炎  216 | 乳房の挫傷  224 |
| 　口蹄疫  217 | 乳房と下腹の浮腫  225 |
| 　線維乳頭腫（いぼ）  217 | 乳房保定装置の断裂（下垂乳房）  225 |

## はじめに

　乳牛は大量の牛乳を生産するために、交配され給餌されている。高泌乳からくる代謝性のストレスと、1日2回または3回搾乳され取り扱われることからくる物理的な影響のために、乳房と乳頭が広範囲の疾患に曝されていることは驚くにあたらない。最重要な疾患である乳房炎は、世界的に経済的な重要性を持っており、多額の経費がその予防、治療、防止に費やされている。本章の初めの部分は泌乳牛と乾乳牛の乳房炎を扱い、乳汁にみられる変化も記載している。第2の部分は乳頭の損傷を図示しており、その中には特に牛ヘルペス乳頭炎、牛痘と偽牛痘、水疱性口内炎、および線維乳頭腫（いぼ）などの広範なウイルス感染を含めている。口蹄疫のような乳頭にも関与する他の全身性疾患は他の場所に記載されている（p.227）。

　特に、牛においては乳房が下垂しているという解剖学的な位置のために、乳頭は、損傷、湿疹、および他の物理的な影響を受けやすい。これらの疾患は本章の第3の部分で考慮されているが、光線過敏症に関する病変は他の場所に記載されている（図3-5）。本章の最後の部分は乳房のさまざまな疾患を扱っている。

## 先天異常　Congenital conditions

### 副乳頭　Supernumerary teats

**症状**

　副乳頭は先天的な異常である。副乳頭は、前後の乳頭間または後乳頭の後ろ（図11-1）にあるか、あるいは、搾乳の妨げとなるような、主乳頭の基部や側面にみられる。それらは典型的には正常な乳頭より短く壁が薄い。それらは既存の乳頭の乳管洞に通じていたり、またはより多くは独自の副乳腺を持っていたりする。

**対処**

　副乳頭は見苦しく、搾乳の妨げとなったり、乳房炎を誘発したりすることがあるので、通常、生後間もなく彎鋏で切除される。正しい乳頭を見分ける注意が必要である。

### 盲分房　Blind quarters

**病態**

　乳汁を生産しない分房のことをいう。

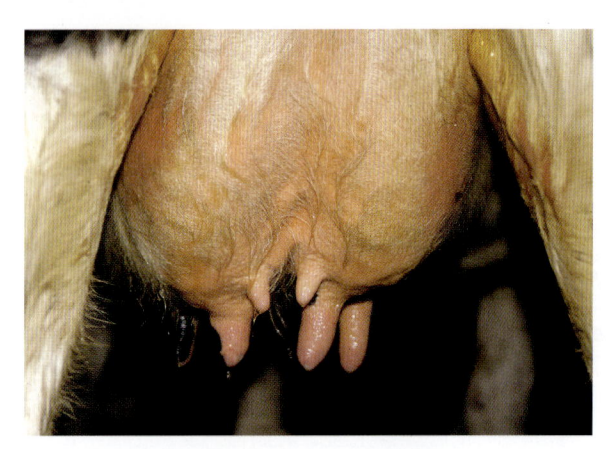

図11-1 後乳頭の後ろにある2つの副乳頭

## 症状

未開通の乳頭を持った未経産牛の盲分房は、先天性または後天性に生じる。先天性には2つのタイプがあり、その1つ目は乳管洞を完全に欠くが、乳房は乳汁で満たされているものであり、2つ目は、数は少ないが、乳頭基部の乳管洞乳腺部と乳頭部の間に遺残性の膜があり、乳頭内に乳汁が触れないものである。後天性のタイプは、乳管洞乳頭部内に厚化した中央塊があり、見過ごされた夏季乳房炎（図11-2）、または子牛同士の吸引による損傷（図2-14）が原因となることがある。罹患分房は分娩直後に貯留した乳汁で腫脹するが、その後は正常な分房よりも小さく退縮する。成牛では時として、前泌乳期の慢性乳房炎に由来する盲乳がみられるが、多くの牛は長期の乾乳期の間に自然治癒する。目にみえる分房の不均衡が泌乳牛の約60％にみられ、年齢、泌乳ステージ、乳房炎歴はさまざまである。

# 乳房炎　Mastitis

## 夏季乳房炎　Summer mastitis

### 病態

このタイプの乳房炎は典型的に非泌乳牛と未経産牛にみられ、広範な乳房支質の損傷と分房の喪失を常に誘発する。感染病変の多くに *Arcanobacterium pyogenes* が含まれ、多くの他の原因微生物が関与している。本症はヒツジアタマバエ *Hydrotaea irritans*（刺咬性のハエ）によって媒介される。いくらかの症例は、乳頭括約筋の損傷に続発して、泌乳牛にもみられる。

### 症状

このタイプの地方病性の化膿性乳房炎は、特徴的な悪臭を伴い、典型的にはヨーロッパでは夏季の中期から後期にかけて散発性に発生する。その理由は媒介者の *H. irritans* が7月から9月にかけて活動するからである。軽症例ではわずかに病的となるのみであるが、より重症の牛は、元気消失、発熱、食欲不振を示す。それらの牛は流産したり、満期に虚弱子を分娩したりすることがある。急性の未治療の症例では死に至ることもある。ごく少数の分房しか回復しない。ごくまれに分娩まで気付かれないで過ぎるほど軽い場合があり、その時には罹患分房は、非機能的（盲乳）になっており、肥厚した乳頭に触れる。時として、夏季乳房炎は雄牛や幼若子牛にみられる。

図11-2のシャロレー未経産牛は、発症初期であり、左後分房の拡張を示し、その分房は特に硬化し、びらんしており、突出し腫脹した乳頭を伴っている。さらに進行した症例では、図11-3の右後分房にみられるように、感染が乳房から暴発している。乳管洞乳頭部の中央の肥厚が触診され、分房は非常に硬くなり、刺激臭を伴った黄色の膿が乳頭と乳房から排出されていた。

### 対処

抗生物質とおそらく非ステロイド系抗炎症薬（NSAID）の全身投与が、症状を軽減させるであろ

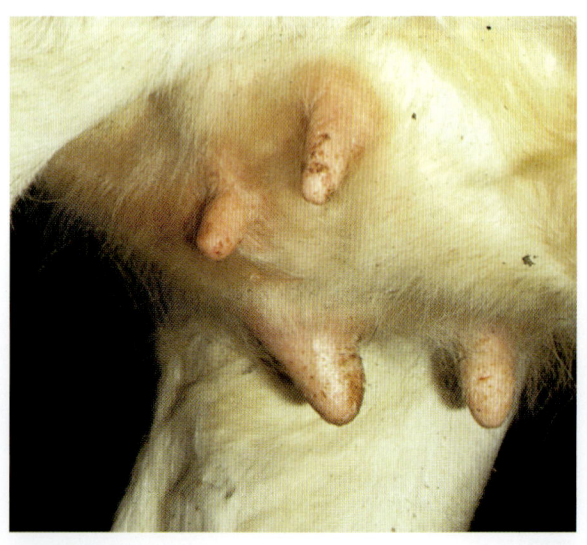

図11-2 夏季乳房炎：未経産牛の肥厚した左後分房と乳頭（シャロレー）

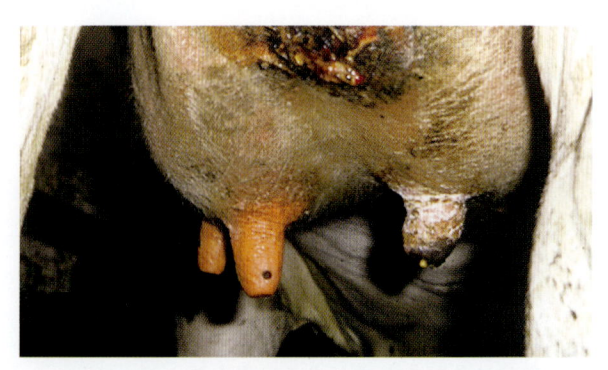

図11-3 夏季乳房炎：乾乳牛の化膿性乳房炎が皮膚から暴発している

う。罹患分房への局所的な抗生物質治療はほとんど成功しないが、頻回の搾乳、または乳頭の長軸切開による外科的な排液は、乳房の膿瘍化を防止することがある。

### 予防

長時間作用型の乳房内抗生物質投与による乾乳時治療、内用乳頭シーラント（封入剤）、ハエ忌避剤、およびハエ発生地域からの牛の隔離またはリスク期間の舎飼いがなされる。高リスク地域では、ハエ忌避剤を毎週乳房に適用するのが理想的である。

### 急性乳房炎　Acute mastitis

甚急性と急性乳房炎はほとんど分娩後最初の2、3週のうちにみられることが多く、しばしば周産期の免疫抑制の結果である。それらは乾乳期の潜在的な感染の再発か、あるいは泌乳期の新規乳房感染に由来する。発生の頻度は下がるが、泌乳期間を通じてみられる。毒血症を伴う甚急性乳房炎のほとんどの症例は、大腸菌感染から生じる。急性乳房炎では、大腸菌群（例えば、*Escherichia coli*）や*Streptococcus uberis*のような環境性微生物がしばしば関与している。時には免疫抑制が、Staphylococciのような伝染性乳房炎微生物による急性乳房炎を誘発する。これらの微生物は皮膚上や罹患牛の乳房内に存在して、搾乳中に他の牛に伝播される。

### 症状

急性乳房炎の最も顕著な症状は、腫大して硬くなり、熱感と疼痛をおびた分房であり、何らかの変化が乳汁内にみられるより前に、明白となる。症例によっては、図11-4のフリーシアン泌乳牛のように、罹患した分房と乳頭の表面に、褐色の漿液性排出物がみられる。罹患乳房の割面は（図11-5）、乳管洞乳腺部と乳頭部の粘膜に濃赤色の炎症を示している。皮下の浮

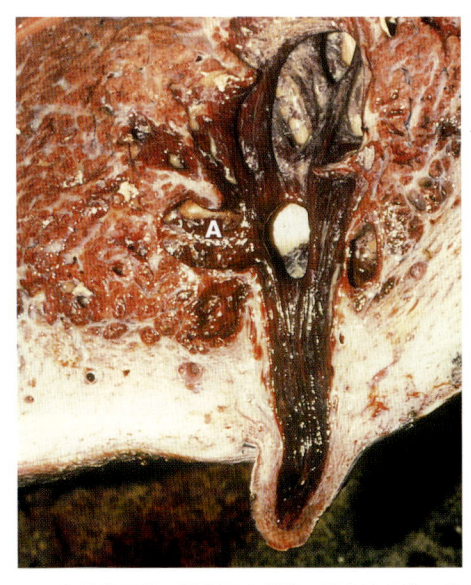

図11-5　急性乳房炎：乳管洞と粘膜の炎症性変化、激しい皮膚の浮腫

腫がよく目立ち、乳頭先端の皮膚は充血している。このような病変は壊疽に移行することがある。乳房支質の黄色巣（図中のA）は膿の貯留部位である。図11-6の罹患分房の乳頭は、出血域を伴って腫脹している。乳房皮膚に明確な壊疽の領域がみられ、それらは乾燥し、亀裂があり、冷感を示している。この牛は病状が重く、最後は毒血症で死亡した。しかし、ごく少数例で、乳房の壊死部位が腐敗脱落して、回復可能となる牛がいる。これらの症例を乳房の挫傷（図11-7）と混同してはいけない。

壊疽が進行すると（図11-8）、冷たい湿った乳房皮膚をもたらす。乳房炎は左前分房（図中のA）に限局されていたが、乳房全体が青変し、浮腫状となり、触れると冷感がした。罹患乳頭の隣接部では、皮膚が壊死し、赤色滲出物がみられた。乳房からの分泌液は、濃いポートワイン色をして、ガスが混じっていた。本牛は12時間前に正常に搾乳されていたので、本病の甚急性の発症が示唆された。非致死的な壊疽性乳房炎の症例では、罹患部の皮膚（図11-9）あるいは罹患分

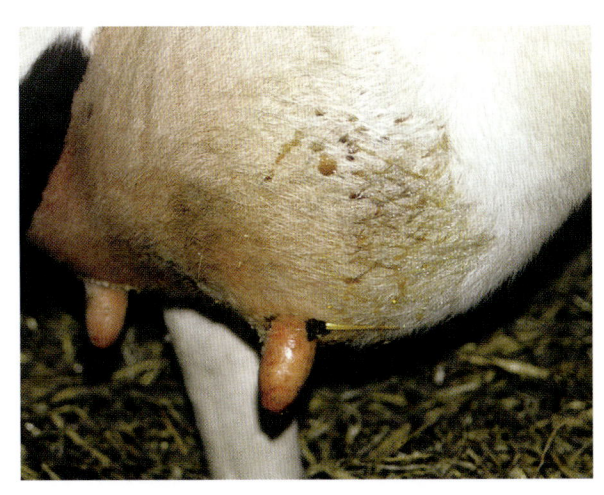

図11-4　急性乳房炎：皮膚への漿液性排出物を伴う腫大した分房

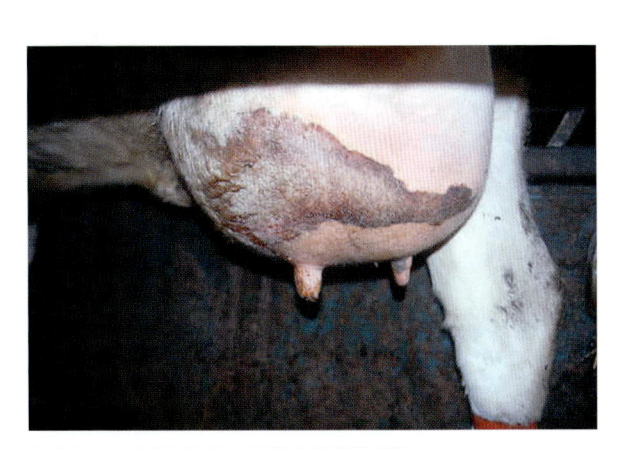

図11-6　急性乳房炎：初期の壊疽性病変

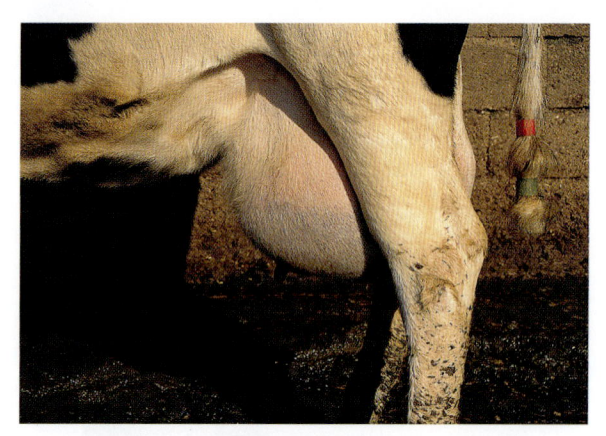

212　Udder and teat disorders

図11-7　皮膚の退色と腫大した前分房を伴う乳房の挫傷

図11-9　壊疽性乳房炎：広範な皮膚壊死を伴う非致死的な症例

房全体さえもが、1〜2カ月かけて壊死脱落する。

### 対処

乳房内抗生物質投与、抗生物質の全身投与を併用、輸液療法、より急性症には非ステロイド系抗炎症薬（NSAID）の投与をする。罹患分房の継続搾乳とオキシトシンの全身投与が、回復率を改善するといわれている。予防法は乳頭口の病原菌を減らすこと、およびミルカーの機能を正しく保つことである。環境衛生、正しい搾乳前の乳頭準備、乳頭括約筋への機械的な損傷（図11-32、図11-33）の排除、および乳頭端衝撃の最少化はすべて重要な点である。詳細については標準テキストに譲る。

## 慢性乳房炎　Chronic mastitis

### 病態

*Streptococcus agalactiae*、*S. disgalactiae*、*S. uberis*、ブドウ球菌類、*Mycoplasma*、*Arcanobacterium pyogenes* およびその他の細菌が慢性乳房炎をもたらし、触診可能な乳房病変の有無を伴って、乳汁中に凝塊を出現させる。

### 症状

図11-10のフリーシアン牛は、右後分房に2個、左側に1個の、乳房から突出した大きな硬い結節を持っている。これらは慢性の乳房内のブドウ球菌性の膿瘍である。ブドウ球菌が乳汁から培養された。乳汁は高い体細胞数を示し、CMT（カリフォルニア乳房炎検査）で強い陽性反応を示した。このような重症例は、通常は治療に反応せず、危険なキャリア（保菌牛）となるので、淘汰すべきである。もし1分房のみが罹患していたなら、その分房は乾乳すべきである。そうでないと、搾乳時に感染が他の分房または他の牛に伝播していくであろう。図11-11のフリーシアン牛は、盲分房を持っており、先の泌乳期に乳房炎を経験していた。左前乳頭が他の乳頭よりわずかに小さく、罹患分房は完全に萎縮している。

### 対処

環境性細菌の感染に対しては治療の選択肢がある。伝染性乳房炎の防止は、搾乳過程における牛から牛への感染の拡散を低減することにかかっている。搾乳衛生（手袋、ライナー、ペーパータオルなど）、症例の早期発見と治療、完全な搾乳後の乳頭消毒、正確なミル

図11-8　乳房の進行した壊疽病変：罹患分房(A)周囲の皮膚の壊死を伴う甚急性症

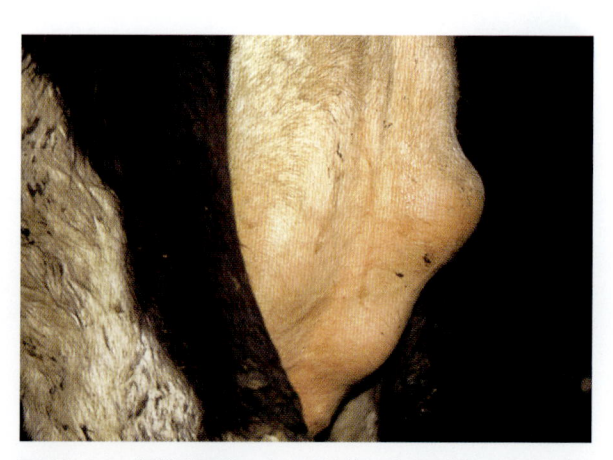

図11-10　慢性乳房炎：大きな結節は乳房支質内の慢性ブドウ球菌性膿瘍からきている

乳房と乳頭の疾患　213

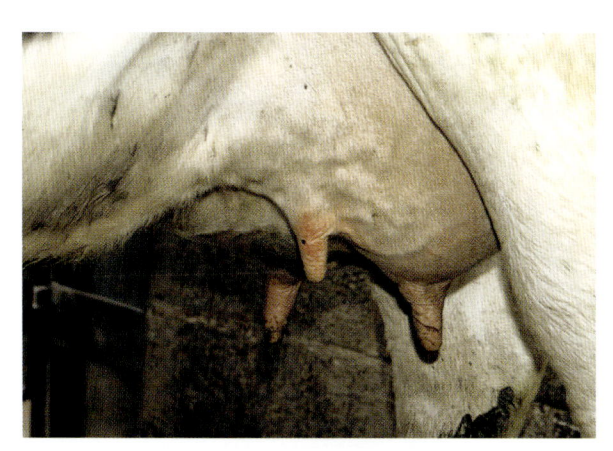

図11-11　盲分房：萎縮した左前乳頭と分房

図11-13　乳汁中の血液：重症例

カーの機能維持、抗生物質による乾乳時治療、および淘汰が重要な予防法となる。バルク乳体細胞数の上昇は、金銭的なペナルティーの対象となる。

## 乳房炎による乳汁の変化
Mastitic changes in milk

　乾乳期と分娩直後（初乳）の乳汁は、より濃厚で、粘稠性が増している。乳房炎乳の性状もまた変化している。特殊なタイプの乳房炎感染はしばしば、同じような乳汁の変化を示すけれども、乳汁の所見はその疾患に特徴的なものではないので、原因微生物を同定し、抗生物質感受性を決めるために、細菌学的検査が必要である。

## 乳汁中の血液　Blood in milk

### 症状
　真の血塊の存在が乳汁中の血液の特徴である。血塊はわずかにピンク色がかった乳汁中に存在したり（図11-12）、あるいはより重症例でほとんど完全に赤い乳汁中に存在する（図11-13）。最近分娩した牛または外傷後にのみみられ、通常は自然に消退する。

### 対処
　どの治療法もいつも有効であるとは限らない。乳汁を搾り残すと、乳房内圧を高め、止血に役立つと考えられているが、これにより新規分房感染のリスクが増加するので、予防的な抗生物質投与をすべきである。

## 乳房炎乳　Mastitic milk

### 症状
　水様で透明な、時々凝塊を含んだ乳汁（図11-14）が、*S. agalactiae*や*S. dysgalactiae*によって起こるような軽度な乳房炎の特徴である。重度のブドウ球菌（図11-15）や*Arcanobacterium pyogenes*感染では、正常な乳汁はまったく存在せず、分泌液は透明な漿液性の液中に濃厚な凝塊を含んでいる。夏季乳房炎（しばしば*A. pyogenes*）は、特徴的な刺激臭を伴った濃厚分泌液を常に生じる。
　淡褐色の血清色をした分泌液は*E. coli*感染（図11-16）の特徴であり、また急性壊疽性乳房炎（例えば、急性ブドウ球菌感染）は赤色または褐色の均質な分泌液（図11-17）を生じ、しばしばガスを混じている。

図11-12　乳汁中の血液：個別の血塊を伴う分娩直後の牛

図11-14　乳房炎乳：いくらかの凝塊を伴う水様乳

11

図11-15　乳房炎乳：透明な漿液性の液中の濃厚な凝塊

図11-16　乳房炎乳：大腸菌感染に特徴的な褐色の液

図11-17　乳房炎乳：急性壊疽性乳房炎に特徴的なガスを伴う赤色または褐色の均質液

## 感染乳頭の病変　Infectious teat conditions

乳頭は2種類のポックスウイルスに罹患する。偽牛痘（パラワクシニア）は世界的に発生する軽度な感染症であり、牛痘（ワクシニア）は今日では非常にまれとなっている。いずれも人に伝播する。偽牛痘を引き起こすパラポックスウイルスは牛丘疹性口内炎（図4-13、図4-14）に関連している。牛ヘルペス乳頭炎（BHM）ははるかに激しい感染症であり、壊死性皮膚炎（乳房脂漏症）に関連した乳頭の変化と臨床的に混同されることがある。乳頭に病変を生じる他のウイルス感染には、水疱性口内炎（図11-26、図11-27）、線維乳頭腫（図11-29～図11-31）、ブルータング（図12-19）、口蹄疫（図12-2）、および牛疫（図12-9）がある。乳頭はまた、物理的な損傷、あかぎれ、および湿疹に罹患し、寒い湿った状況およびミルカーの機能不良状態によってしばしば悪化される。その例として、過角化症と乳頭括約筋の黒点（図11-40）、夏季（舐性）びらん（図11-42）、損傷、および光線過敏症（図3-5）がある。

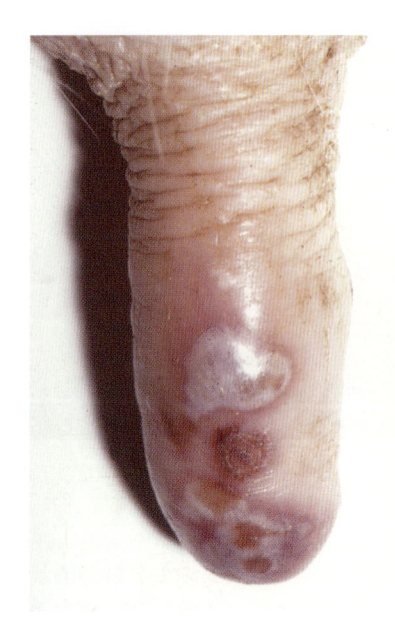

図11-18　牛ヘルペス乳頭炎（BHM）：破裂したまたは未破裂の特徴的な水泡を伴う乳頭

## 牛ヘルペス乳頭炎（BHM）
Bovine herpes mammillitis

### 病態
牛ヘルペスウイルス2型によって起こる乳頭と乳房皮膚の感染性潰瘍性皮膚炎。

### 症状
BHMは当初は液の満ちた水疱を形成し、図11-18のように、乳頭の中央部および先端方向にみられる。外被の上皮は緊張して白くなっている。最初の水泡は容易に破裂して、粗い潰瘍病変を露出し（図11-18の2つの水疱間にみられる）、それらはやがて融合し、後に厚い痂皮で覆われる（図11-19）。その病変は非常に疼痛があり、そのためしばしば罹患牛の搾乳が不能となる（図11-20～図11-24の偽牛痘と比較する）。BHMは突然多発する傾向があり、初産分娩直後の牛に最も多く、続発性の乳房炎が大きな問題とな

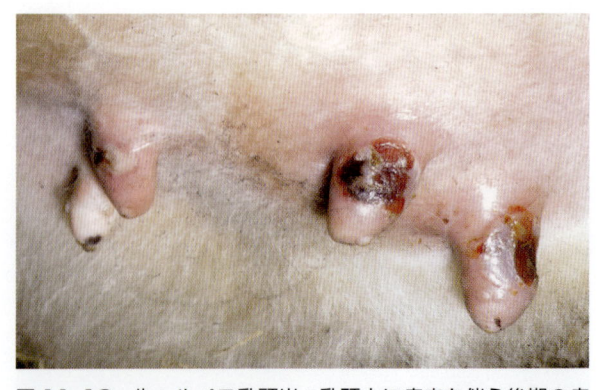

図11-19　牛ヘルペス乳頭炎：乳頭上に痂皮を伴う後期の病変

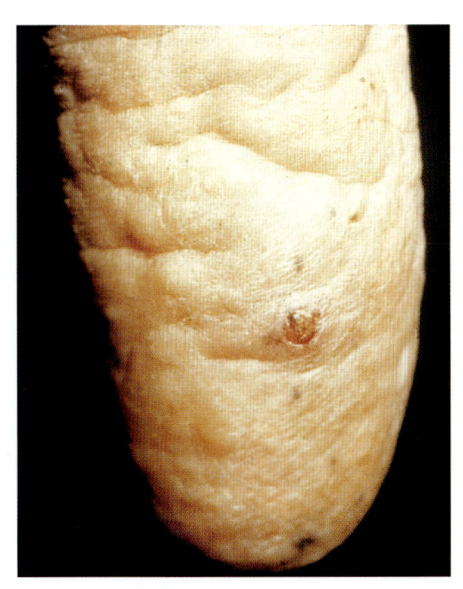

乳房と乳頭の疾患　215

図 11-20　偽牛痘（パラポックス）：乳頭上の小さな無痛性の丘疹

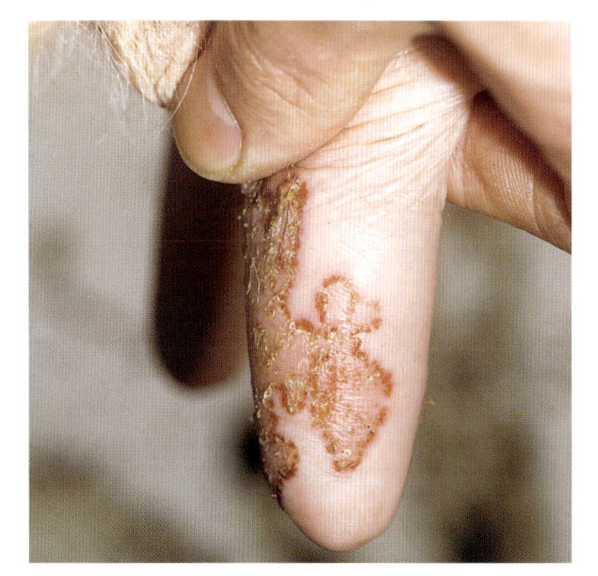

図 11-21　偽牛痘：特徴的な円形または馬蹄形の輪郭と辺縁の痂皮形成

る。罹患牛から吸乳する子牛は、鼻鏡、頬側粘膜、および舌に潰瘍を生じ、発熱して体重が減少する。多くの症例が分娩後最初の2、3週に発生し、周産期のキャリア（保菌）牛の免疫抑制の結果と考えられている。群感染が持続する可能性もある。回復後は終生免疫が得られる。

### 類症鑑別
壊死性皮膚炎（図11-53）、ブルータング（図12-19）、口蹄疫（図12-6）、偽牛痘（図11-20）。

### 対処
ヨード剤による乳頭消毒が感染の拡大防止に役立つことがある。罹患牛の隔離は有効ではなかった。

## 偽牛痘（パラポックス）
Pseudocowpox (parapox)

### 病態
パラワクシニアウイルスによって起こる乳頭感染。

### 症状
偽牛痘は世界的な感染症であり、ゆっくりと牛群内に浸透する。乳頭（原発性）と乳房の両方とも罹患し、人の手指に「搾乳者の結節」を生じることがある。個々の牛は数カ月にわたって臨床的に罹患を持続することがあり、免疫性は短期間なので、2、3年おきに再攻撃が生じ得る。

本症は皮膚表層の小さな無痛の丘疹（図11-20）としてはじまる。7〜10日後に、病変は周辺部から拡大し、小さな赤い痂皮で輪郭された、特徴的な円形または馬蹄形の病変（図11-21）を生じる。罹患部は粗雑な感触を受けるが、疼痛はなく、通常は搾乳の妨げと

ならない。痂皮は治癒期になるとゆっくり消退（図11-22）していくが、症例によっては（図11-23）、結節が生じる。まれな症例として、病変が非常に粗い、わずかに湿性の乳頭状病変に発展し、数個の隆起した融合塊を形成する（図11-24）。

### 類症鑑別
ブルータング（図12-19）、牛痘（図11-25）、水疱性口内炎（図11-26、図11-27）、牛ヘルペス乳頭炎（図11-18、図11-19）。

### 対処
搾乳衛生、緩和薬による良質の乳頭ディッピングの実行、および乳頭損傷の減少化が感染の拡散防止に役立つ。

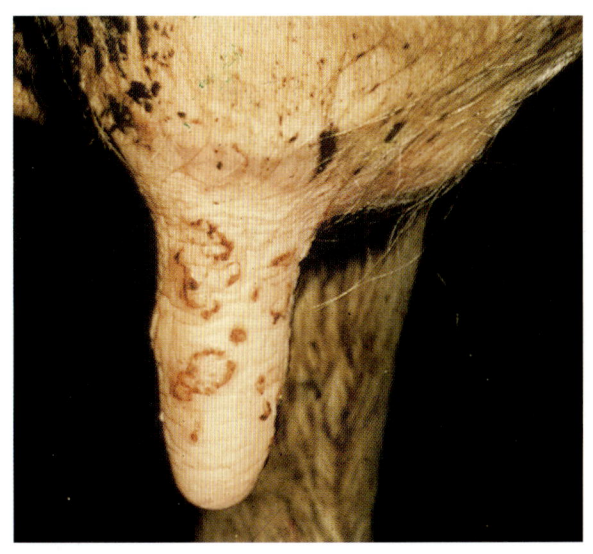

図 11-22　偽牛痘：治癒過程の痂皮

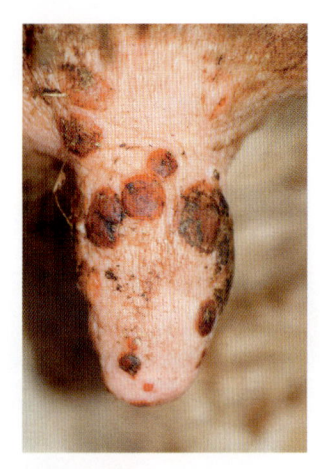

図11-23　偽牛痘の乳頭結節

## 牛痘（牛オルソポックス）
Cowpox (bovine orthopox)

### 病態
人の天然痘と近縁のオルソポックスウイルスよって起こる良性の伝染性乳頭感染。

### 症状
牛痘は乳頭と乳房の皮膚上に疼痛性の水疱を形成する。図11-25は3カ所の乳頭皮膚の水疱を示し、いずれも破裂して、その下の肉芽組織が露出している。過去2回の状況と同様に、ティートカップと搾乳者の手指によって拡散した。牛痘は今日非常にまれであり、感染は西ヨーロッパに限定されている。

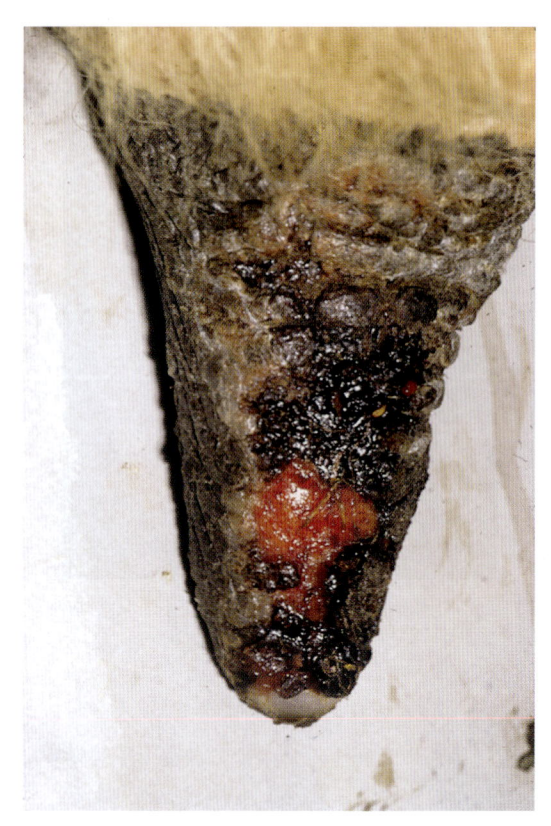

図11-25　牛痘（牛オルソポックス）：乳頭水泡の破裂後の肉芽組織

### 類症鑑別
偽牛痘（図11-20～図11-24）、牛ヘルペス乳頭炎（図11-18、図11-19）、水疱性口内炎（図11-26、図11-27）、壊死性皮膚炎。

### 対処
一般的な対策は牛ヘルペス乳頭炎と同様である。

## 水疱性口内炎　Vesicular stomatitis

### 病態
口内炎を起こす伝染性のウイルス性（ラブドウイルス）疾患で、時には乳房、乳頭、蹄冠部、趾間間隙に病変を生じる。

### 症状
水疱性口内炎は北米と南米にのみみられ、蚊と刺しバエによって伝播される。保菌宿主は米国の森林地上哺乳類である。過剰な流涎がしばしば最初の所見となる。本症は本来、口腔病変（図4-11）を生じるが、病変はまた乳頭にも生じる。図11-26と図11-27では、多数の不定形の白い水疱が乳頭皮膚の多くを覆っており、そのうちのいくらかは破裂している。合併症のない症例は、2週間以内に治癒する。回復した牛は12～18カ月間にわたって免疫能を保持する。

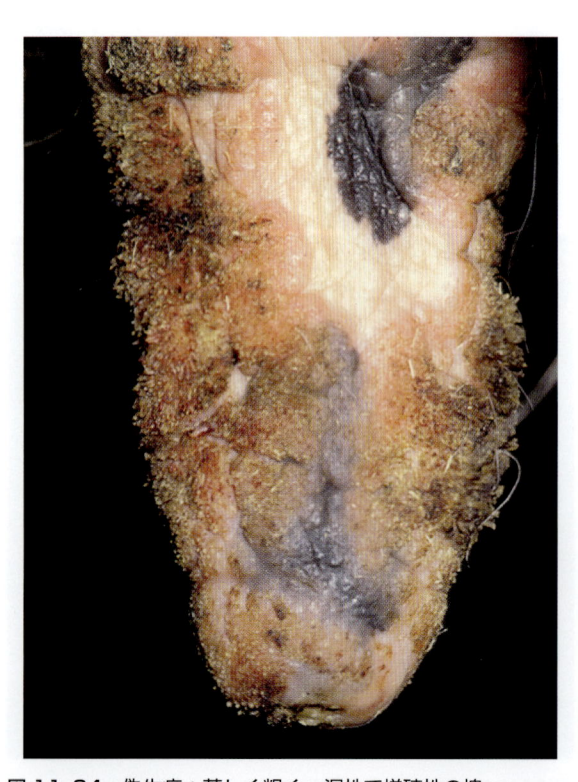

図11-24　偽牛痘：著しく粗く、湿性で増殖性の塊

乳房と乳頭の疾患　217

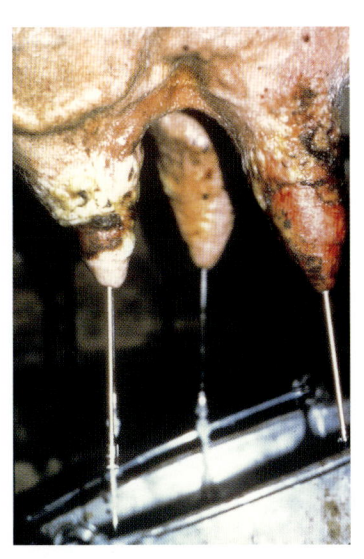

図11-26　水疱性口内炎：乳頭上の不定形の水泡、いくらかは破裂している

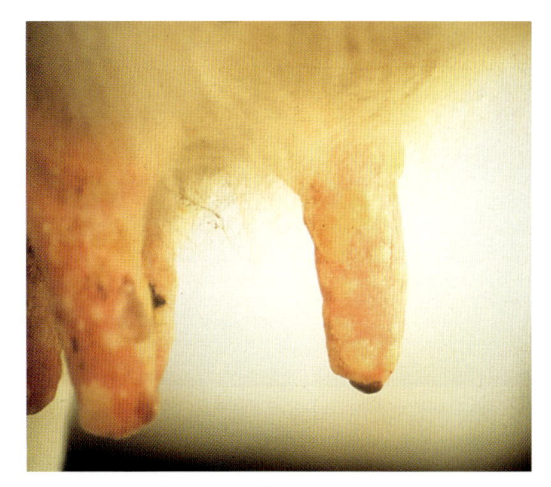

図11-28　口蹄疫：多数の乳頭の水泡（クウェート）

## 類症鑑別

口蹄疫（図12-2〜図12-7）、牛丘疹性口内炎（図4-13、図4-14）。診断は通常ELISAとCF検査によってなされる。

## 対処

本症は国の動物健康当局に届けるべきである。対症療法と牛の移動制限が通常なされる。

## 口蹄疫　Foot-and-mouth disease

### 症状

口蹄疫罹患牛の本来の症状ではないが、急性期に乳頭上に多数の水疱を形成することがあり、症例によってはほとんど搾乳不能となる。図11-28はクウェートの牛で多数の乳頭の水疱を示している（p.227も参照）。

## 線維乳頭腫（いぼ）　Fibropapillomas (warts)

### 症状

パポバウイルスの種々の株によって引き起こされ、妊娠未経産牛または初回泌乳期の牛にいぼが多くみられ、乳頭下部を覆うのが特徴である。あるものは羽毛状で、角化して、乳頭様の外観（図11-29）を示し、容易に引き抜くことができる。またあるものはより結節化し（図11-30）、皮膚に固着している。両者の混合型の感染もみられる（図11-31）。乳頭口と括約筋に近接する線維乳頭腫（図11-31）は、搾乳の妨げとなり、乳頭管閉鎖や乳房炎の誘因となる。牛によっては、病変が非常に広範で搾乳不能になる。ハエが伝播の重要な媒介者と考えられている。いぼはまた、皮膚（図3-44）、眼（図8-43）、および陰茎（図10-19）にも生じる。

### 対処

羽毛状のイボと明白な有茎のいぼは、驚くほど容易に引き抜くことができ、出血はごく少ない。非常に有

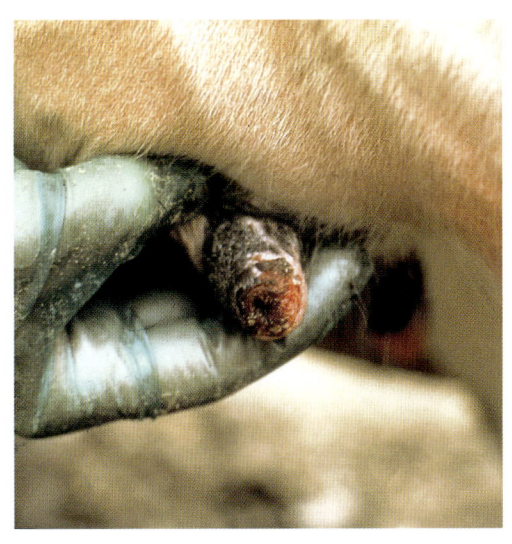

図11-27　水疱性口内炎：破裂した乳頭端の水泡と肉芽組織

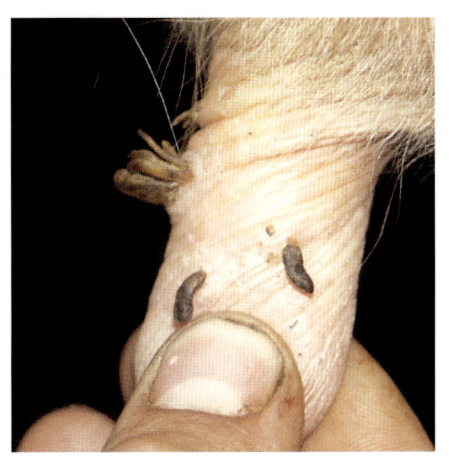

図11-29　線維乳頭腫（いぼ）：羽毛状および小乳頭突起タイプ

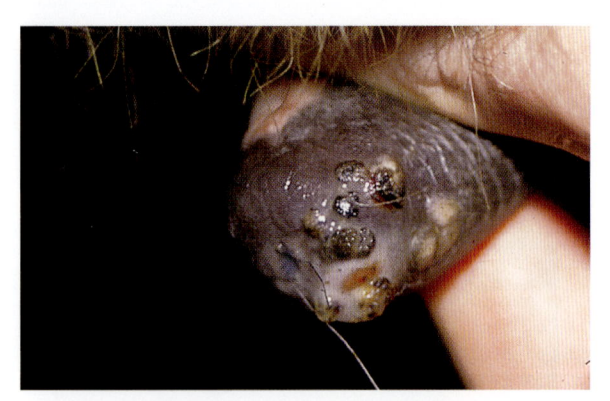

図 11-30　線維乳頭腫：乳頭上の結節タイプ

図 11-32　乾燥し角化した突起を伴う乳頭端のたこ（乳頭管の外反）、グレード 2

効なワクチンはないが、市販ワクチンより自己製剤の方が効くようである。多くのいぼは初回の泌乳期中にゆっくり消退する。

## 非感染乳頭の病変
### Noninfectious teat conditions

乳頭はミルカー、環境要因、および物理的化学的要因による損傷を受けやすい。いかなる損傷も、乳房炎の誘因となるので、かなりの経済的重要性を持っている。

### 乳頭端のたこ（過角化症、乳頭管外反）
Teat end callosity (hyperkeratosis, canal eversion)

#### 症状

正常な牛の乳頭では、乳頭管括約筋と乳頭口は乳頭端からほとんど突出していない。乳頭端のたことそれ

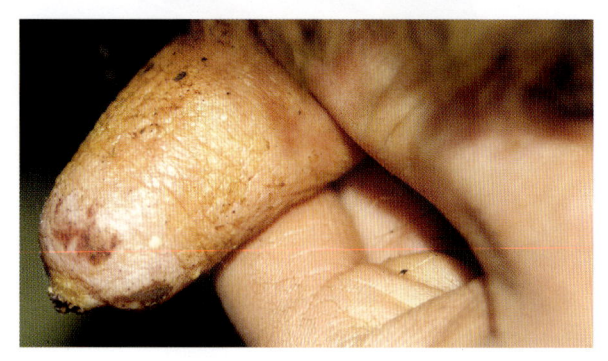

図 11-33　乳頭端のたこ：広範な葉状物の形成、グレード 3

に続く過角化症、すなわちケラチン葉や線維の突出は常に、機械搾乳の失宜の結果である。過角化症は、円筒形の乳頭よりも円錐形の乳頭に、高泌乳牛に、および泌乳期の初期から中期にかけて、より多くみられる。多くの乳頭は乾乳期中に回復するが、泌乳期から次の泌乳期へと損傷が繰り返されると、病変は蓄積される。

図 11-32 では、乳頭管が輪状の括約筋のところで、隆起した球根状の腫脹としてみえ、乾いて角化した物質の小さな突出性の破片を伴っている。これはグレード 2 の過角化症に相当する（グレード 0〜5 は正常から重度の変化を示す。他の指数化システムもまた用いられ、例えば平滑な輪〔smooth ring：SR〕、粗い輪〔rough ring：RR〕、非常に粗い輪〔very rough ring：RR〕などがある）。図 11-33 はグレード 3 のたこを示し、外反した乳頭管の全周囲に葉状化したケラチンを持っている。ミルカーによる損傷はまた、乳頭端にみられる乾いた輪状の出血部を生じた。ミルカー誘発性の損傷のさらなる影響として、罹患乳頭はしばしば硬化し、浮腫状となる。乾乳期と泌乳期の両方で新規乳房内感染を誘発する、本症の重症例は、激しい角化を示し（図 11-34、グレード 5）、それが黒点に先行することがある。

#### 対処

牛群のかなりの割合で多数の乳頭が罹患する場合は（例えば、平均乳頭スコアが 1.0 以上、20％以上の乳頭が粗いまたは非常に粗い輪を持つ、および 10％以

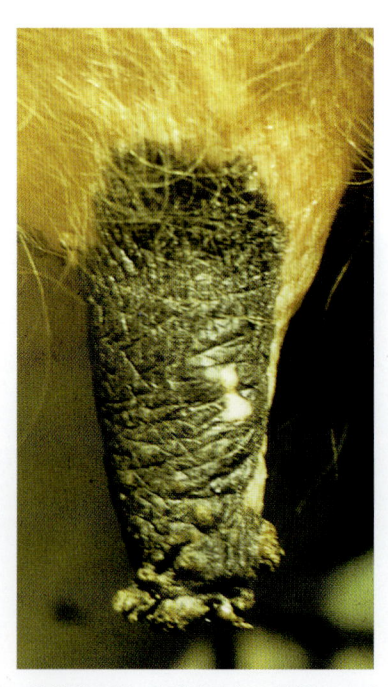

図 11-31　線維乳頭腫：小乳頭突起と結節タイプの混合した乳頭病変

乳房と乳頭の疾患　219

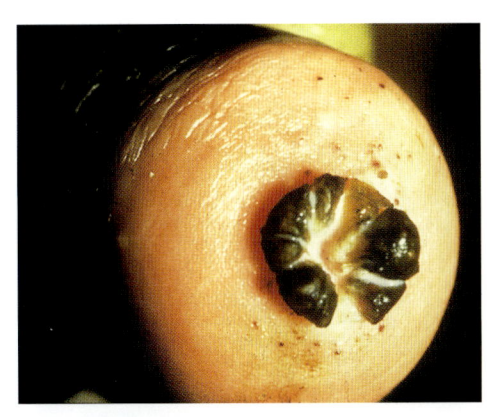

図 11-34　乳頭端のたこ：激しい角化病変、グレード5

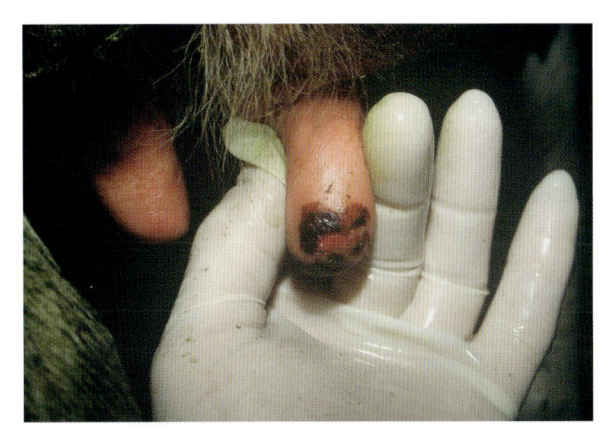

図 11-37　出血性病変、乳頭先端の圧迫

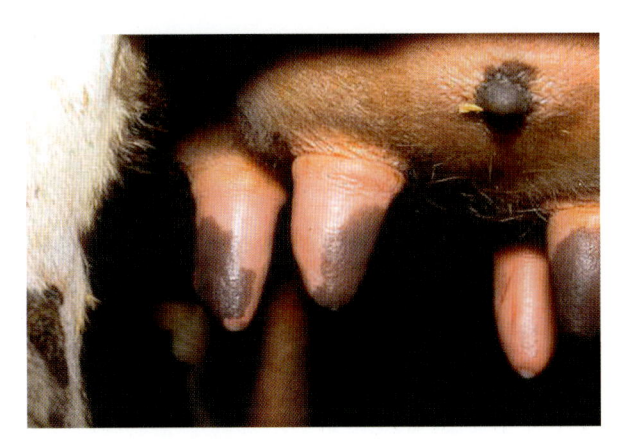

図 11-35　乳頭基部圧迫から生じた挫傷性の輪

上が非常に粗い輪を持つ）、乳頭端のたこと過角化症は常に機械搾乳の失宜であり、例えば、搾乳装置の設定の失宜（過剰な真空圧、不十分なd期〔パルセーションサイクル内の搾乳休止期〕のパルセーション〔脈動〕、およびクラスター取り外しの失宜など）、あるいはその使用法の失宜（ミルカー装着時間の延長、乳汁流下を遅らせる乳房準備の不良など）によって起こる。これらの失宜の修正後に治癒するので、失宜を発見し迅速に修正しなければならない。

## 乳頭基部の圧迫輪
Teat base compression rings

### 病態
過剰なライナー圧によって起こる乳頭基部の圧迫輪。

### 症状
この初産をしたばかりの牛の全4乳頭が（図11-35）、腫脹し浮腫状を示している。それらを触ると硬くなっている。右前乳頭の中央部を縦に走る引っ掻き傷は、吸乳時の子牛の歯形のあとである。左後乳頭基部（乳頭と乳房の接合部）の周囲に円周状の輪がみえる。乳頭のこの絞約が搾乳速度を遅くし、ミルカーの装着時間を延長し、ひいては間接的に乳頭端の損傷を誘発する。

### 対処
初産をしたばかりの牛の小さな圧迫輪は、特に乳房が腫大気味であれば、許容できるであろう。もし牛群単位でみられたら、その誘因（ライナーの装着不良〔空気流入〕、過剰な真空圧、ライナーの這い上がりを生じる軽いクロー、および過剰な乳房浮腫など）を調査して調整すべきである。

## 先端圧迫と乳頭端壊死
Apex compression and teat end slough

### 症状
乳頭端のたこよりもはるかに発生は少ないが、本症（図11-36）もまた、機械搾乳による損傷から生じる。乳頭皮膚の充血と肥厚（図11-36の右乳頭）という初期の病変は、乳頭端の激しい出血（図11-37）、虚血性壊死、および10〜15 mm上方に広がった（図11-36の左乳頭）、乳頭管を覆う表層の壊死へと進行する。円周状の壊死は非常に対称的であるが、皮膚の表層のみが壊死しているので、いったんミルカーによる損傷が排除されたら、きわめて早く治癒し、やけどに似た明白な皮膚病変が残る。

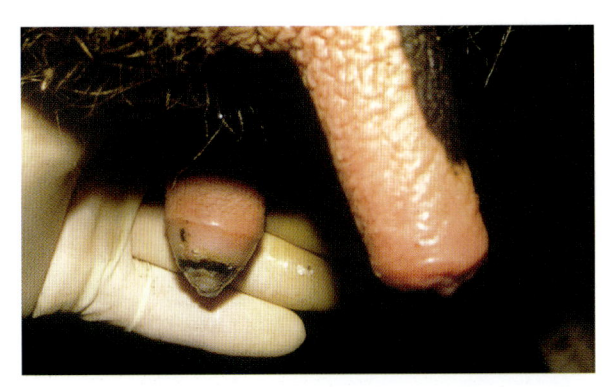

図 11-36　乳頭端の壊死：充血し肥厚した乳頭（右）、表層の乳頭壊死（左）

11

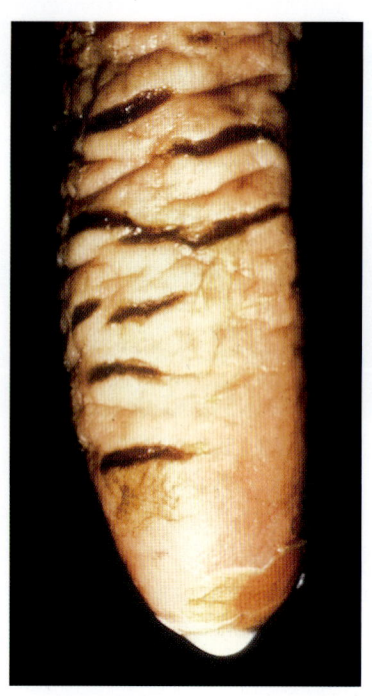

220　Udder and teat disorders

図 11-38　乳頭のあかぎれ：多数の平行な皮膚のひび割れ

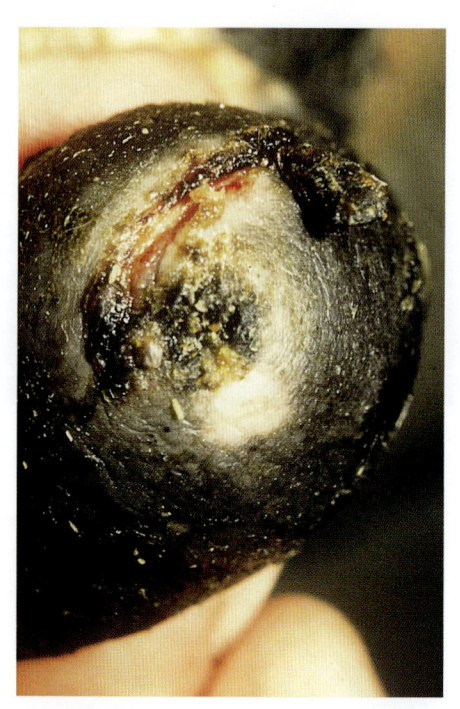

図 11-40　隣接する皮膚のひび割れまたは乳頭あかぎれを伴う黒点

## あかぎれとひび　Chaps and fissures

### 症状

　乳頭のあかぎれは皮膚の（上皮の）ひび割れである。本症は、湿った寒い風への頻回の露出、不適切な搾乳後の乳頭消毒、哺乳子牛による乳頭の咬傷、または刺激的な化学物質が原因となる。図11-38 に示すあかぎれは、乳頭全体を侵し、この状況で皮膚の防衛能が損なわれると、*Staphylococcus aureus* や *Streptococcus dysgalactiae* のような乳房炎微生物が増殖する。クラスター除去時にみられるある程度の乳頭端圧迫は、正常な機械搾乳の特徴である。進行した症例では、皮膚のひびとあかぎれは乳頭口にまで発展する（図11-39）。これらは、あまりにも細すぎるか、または平均乳頭長よりあまりにも短すぎるライナー（空気の流入）、不適切なパルセーション（脈動）、過剰な真空圧によって生じる。あるいは、ライナーは同じ平面で常に開閉しているので、パルセーションの間に乳頭端にひび割れ効果を生じるような過度に使い古したライナー（空気の流入）によっても生じる。

## 黒点　Black spot

### 病態

　黒点は乳頭括約筋周囲の乳頭端の増殖性壊死性皮膚炎をいう。

### 症状

　黒い壊死組織が、図11-40 の左側に広がっているのが明瞭にみえる。病変はしばしば環境性の損傷（例

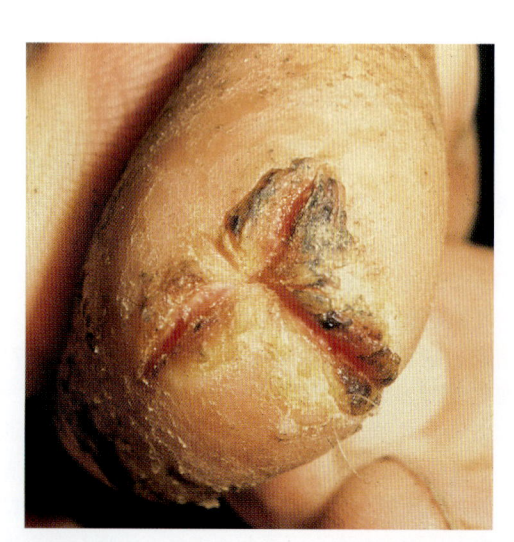

図 11-39　疲労し尽くしたライナーによる皮膚のひび割れまたはあかぎれ

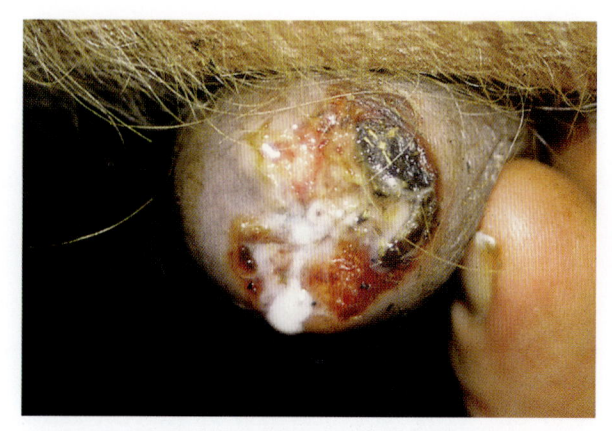

図 11-41　乳頭口近くの潰瘍を伴う乳頭の損傷と黒点

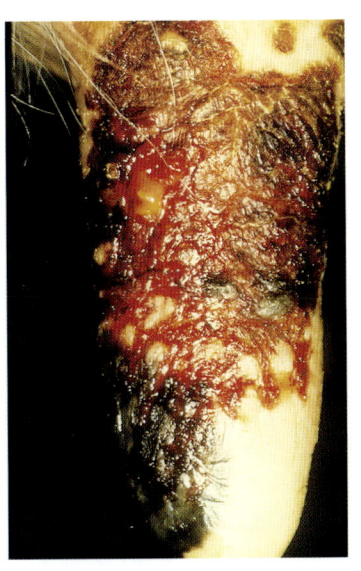

図 11-42　ほぼ乳頭全体を覆う乳頭湿疹または夏季びらん

えば、過搾乳、過度な真空圧の変動、寒冷風への濡れた乳頭の露出など）に続発し、乳頭口の損傷を誘発し、その後二次的に *Staphylococcus aureus* や *Fusobacterium necrophorum* が感染する（図11-41 も参照）。図 11-40 の黒点病変に隣接する皮膚のひび割れは乳頭あかぎれである。図 11-41 はさらに典型的な症例で、乳頭管を取り巻く湿性の湿った炎症部を示す。

### 対処
牛群単位で誘因を識別し、修正する。個々の症例の治療には、壊死組織除去剤、防腐クリーム、および皮膚軟化剤が有効で、さらなる機械的な損傷を防止するためにその分房を乾乳することもよい。いずれの場合も乳房炎になるリスクが高い。

## 夏季びらんと乳頭湿疹　Summer sores and teat eczema

### 症状
夏季びらんは過度の舐食から生じる湿疹性の病変であり、ハエによって起こる刺激に続発する。初めは乳頭基部の湿性の湿疹の不定形な部位として認められ、その後ほとんど全乳頭を覆うように拡散し（図11-42）、激しい疼痛を示すようになる。図11-42は、特に乳頭先端に向けて、肉芽組織中に島状に残存した上皮を示し、多量の滲出液を伴っている。乳頭皮膚の肥厚を生じる単純な日焼けもまた起こる（図3-4）。

### 類症鑑別
図 11-42 の段階では、牛ヘルペス乳頭炎（図11-19）、化学的損傷（図11-47）、日焼け、火傷（図3-75）、および壊死性皮膚炎（図11-51）との鑑別は困難である。

### 対処
ハエ防除対策、皮膚軟化剤。

## 虚血性乳頭壊死　Ischemic teat necrosis

### 病態
乳頭皮膚の表層炎であり、重症例では強い刺激を伴う。

### 症状
初期の病変は、常に乳頭基部内側の乾性皮膚炎の黒色部としてみられる（図11-43、この症例では左後乳頭）。病変は末梢から拡散し、乳頭内側面全体を覆うようになる。重症例（図11-44）では刺激性が強くなり、その乳頭は頻繁に舐められ、自己加害損傷によって全乳頭が剥離する。図11-44では、右前乳頭は正常にみえるが、左前乳頭は腫脹し出血している。隣接する腹壁に舐められた被毛が付着していることに注目する。右後乳頭の多くは舐食によりちぎれており、左後乳頭は完全に消失している。飛節の下の中足骨内側部に多量の血液のしみがある。

### 類症鑑別
初期の乾性湿疹は疾病に特徴的な所見であるが、そ

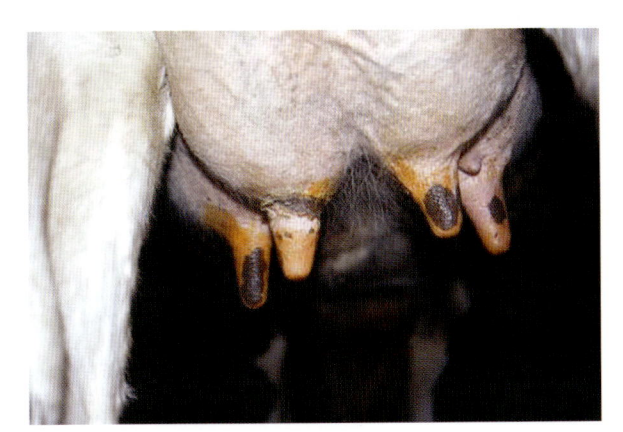

図 11-43　虚血性乳頭壊死―軽症例

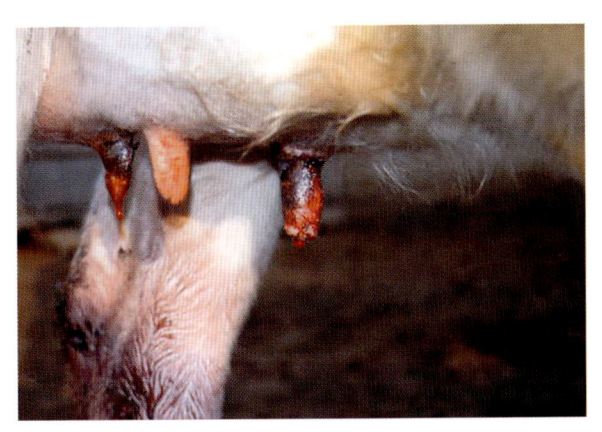

図 11-44　虚血性乳頭壊死―重症例

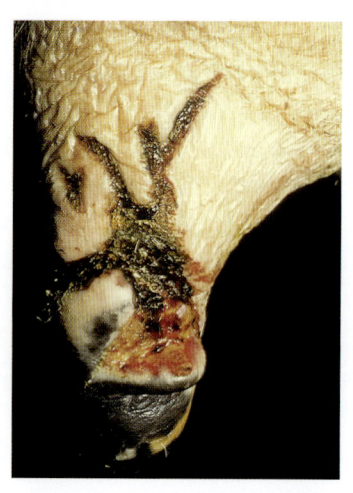

図 11-45　有刺鉄線による乳頭の外傷、皮膚片が遊離

の後の症状は夏季びらん(図11-42)と鑑別不能で、夏季びらんと鑑別すべき牛ヘルペス乳頭炎(図11-18、図11-19)、化学的損傷(図11-47)、日焼け、および火傷(図3-75)とも鑑別困難である。

### 対処

原因は現在不明である。初期の症例は、局所ステロイドと皮膚軟化剤など対症療法で治療され、搾乳時のクラスター装着を最小限に保つ。もし急性期の症候群が始まったら、非ステロイド系抗炎症薬(NSAID)が用いられるが、全乳頭の離脱を防止することにはほとんど役立たないようである。

## 物理的な乳頭の損傷　Physical teat trauma

### 症状

乳頭はその存在する位置のために、非常に損傷を受けやすく、特に膨満したまたは垂れ下がった乳房を持つ牛に多く起こる。有刺鉄線はしばしば多数の裂傷をもたらし、水平に裂けた皮膚片を生じる(図11-45)。搾乳時のティートカップ除去の際に、この皮膚片は下に引っ張られる傾向があり、治癒を遅らせる。皮膚片の切除が治癒を促進する。表層の上皮びらん(図11-46)はいくらかの問題を生じる。この乳頭は前の泌乳期に損傷を受けたが、乳頭基部に乳管洞からの瘻管(図中のA)を形成している。外傷が乳頭皮膚の大部分を完全に喪失させることがあるが、それらはしばしば驚くほどよく治癒する。乳頭括約筋を含む損傷は、乳房炎と乳頭口狭窄の両方のリスクを高くする。

## 化学的な乳頭の損傷　Chemical teat trauma

### 症状

損傷の程度は関与する化学物質によって部分的に異なる。一般的な原因には、酸(例えば、クラスターの洗浄に用いられる葉酸、乳頭ディッピングからの乳酸、およびバルクタンク洗浄と乳石除去のためのリン酸など)、およびアルカリ(例えば、水酸化ナトリウムと他の搾乳装置の洗浄用化学物質、水和石灰、およびフリーストールの床に敷く発電所の残灰など)がある。これらは、誤って搾乳後の消毒剤として乳頭に適用されるか、または牛が座った時に乳頭に接触するかのいずれかによる。図11-47の左後乳頭上の粗い開放性のびらん、および両乳頭基部の痂皮形成、特に乳房炎の誘因となる右乳頭先端の痂皮形成に注目する。

この損傷は、ディッピング剤として濃縮乳酸液を誤用した結果であった。

### 対処

やけどを起こしている化学物質を識別し、排除する。個々の牛には、濃い皮膚軟化剤にディップ(浸漬)

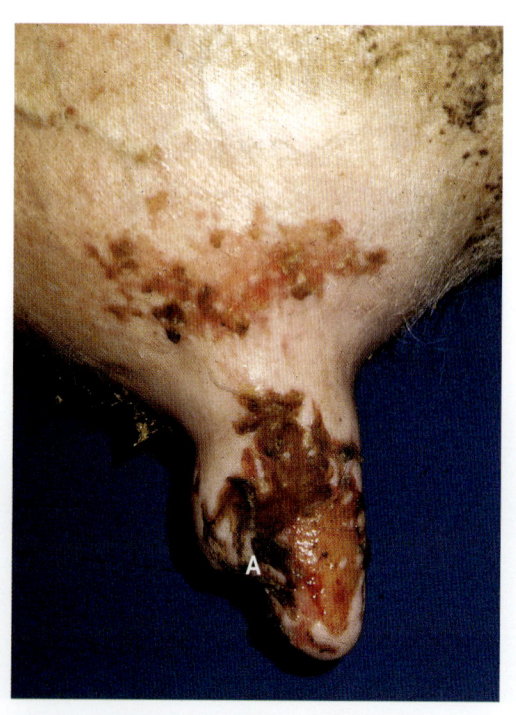

図 11-46　乳管洞からの乳頭瘻(A)と最近の外傷

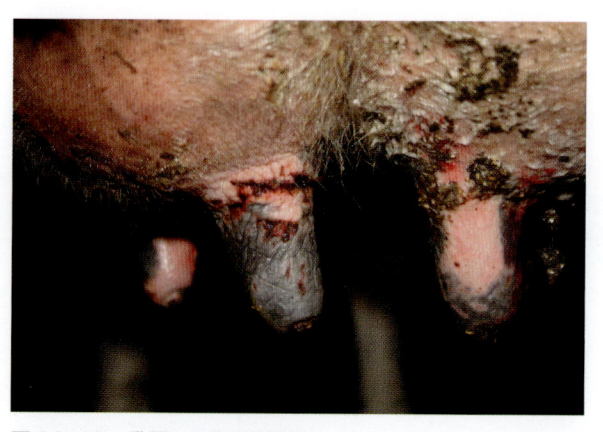

図 11-47　乳頭への化学的損傷

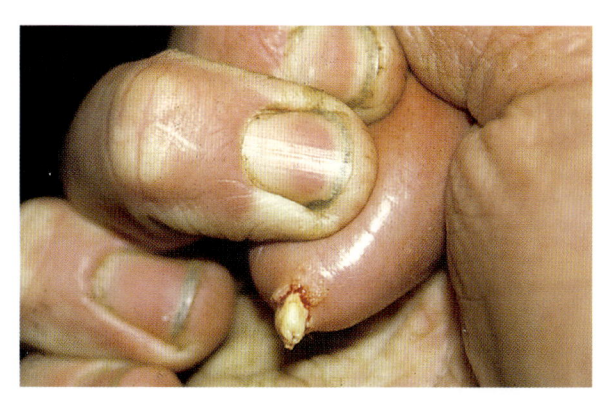

図 11-48 乳頭口から用手圧迫排出された乳管洞の肉芽腫（豆粒）

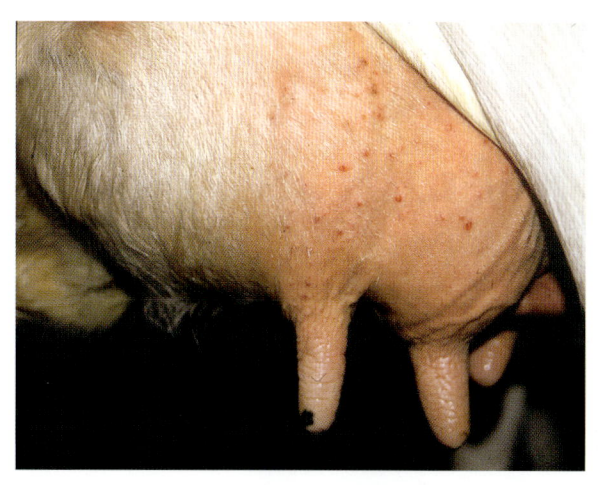

図 11-50 多数の赤色丘疹を伴った乳房膿痂疹（乳房にきび）

し、ミルカー装着を最小限にする必要がある。

## 乳管洞の肉芽腫（豆粒）
Teat cistern granuloma (pea)

#### 病態
離散性の線維性肉芽腫様の小塊が、乳管洞乳頭部内に遊離して浮遊していたり、またはその上皮に付着していたりする。

#### 症状
線維性凝固性物質からなる遊離浮遊している不定形の弾性の小塊（豆粒）が、乳管洞乳頭部内で発達し、括約筋まで下降し、乳汁の流れを妨げる。図 11-48 に示されているように、あるものは外科的に拡張された乳頭口から手指で押し出すことができる。またあるものは乳頭粘膜に付着して、容易には排除されず、乳管洞を閉塞し続ける。さまざまな形状、大きさ、および色調をしている（図 11-49）。いずれも弾力のある構造をしており、約 5〜10 mm の大きさで、多くは赤色をしているので、おそらく凝固血に由来するのであろう。

# 乳房の皮膚と皮下織の病変
Conditions of the udder skin and subcutis

## 乳房膿痂疹（乳房にきび）
Udder impetigo (udder acne)

#### 病態
乳頭と乳房皮膚のブドウ球菌性皮膚炎。

#### 症状
図 11-50 のフリーシアンの乳房上に、小さな赤い丘疹がみられる。それらは時々融合して滲出性の皮膚炎となり、乳頭上に拡散し、悪臭を発することがある。この症例からはコアグラーゼ陽性のブドウ球菌が分離された。

#### 類症鑑別（重症化した乳頭病変について）
牛ヘルペス乳頭炎（図 11-18）、壊死性皮膚炎（図 11-51）。

#### 対処
抗生物質の局所療法が驚くほど有効である。

## 壊死性皮膚炎（乳房皮脂漏）
Necrotic dermatitis (udder seborrhea)

#### 症状
この皮膚炎は、特に初産牛において、分娩後最初の 1〜2 週に発生し、分娩前の激しい乳房浮腫と関連しており、皮膚の虚血と壊死を誘発する。軽症例（図 11-51）では、乳房と内股の接触面の側面に湿性の、しばしば悪臭のする表層性皮膚炎を生じている。さらに進行した症例（図 11-52）では、虚血性の乳房皮膚は赤紫色に変色し、急性または甚急性乳房炎（図 11-4）のいくらかの症例と同様な、汚い漿液性の滲出物を生じる。乳頭の広範な肥厚を伴う乾性の痂皮性皮膚炎（図 11-53）は、牛によっては搾乳困難をもたらす。

図 11-49 約 5〜10 mm の長さを持つ 3 個の乳頭肉芽腫（豆粒）

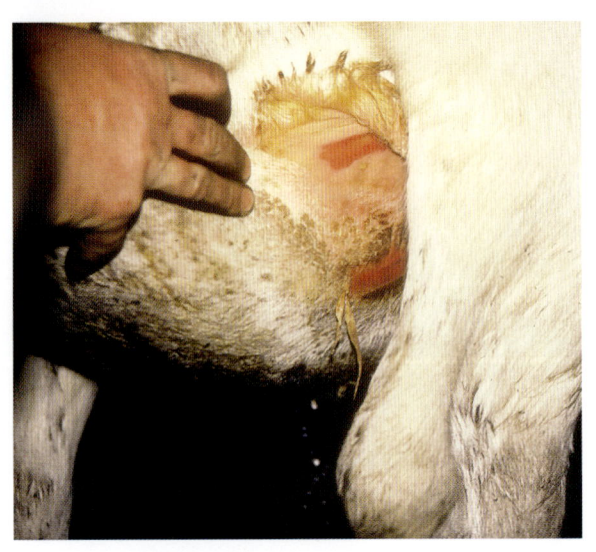

図 11-51　壊死性皮膚炎または間擦疹：軽度な湿性の表層性皮膚炎

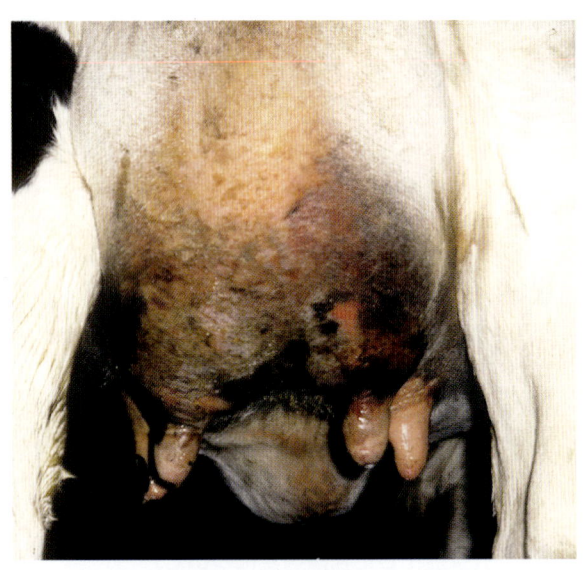

図 11-52　赤褐色虚血性の乳房皮膚と汚れた漿液性排出物を伴う壊死性皮膚炎（後望）

この初産牛の乳房前方の皮膚浮腫の残存に注目する。

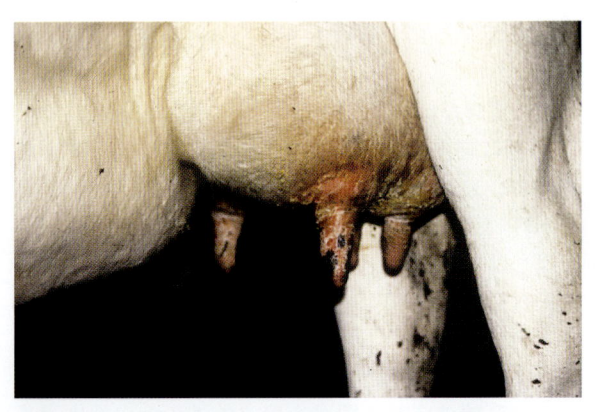

図 11-53　壊死性皮膚炎：乳頭の肥厚を伴う乾性の痂皮性皮膚炎

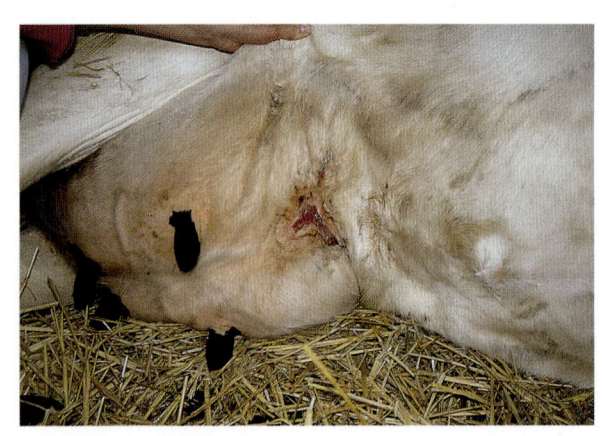

図 11-54　潰瘍性乳房皮膚炎：深部の滲出性病変を伴う、乳房と下腹壁の間の間擦疹

### 類症鑑別
重度の乳房膿痂疹（ブドウ球菌性皮膚炎、図 11-50）、ブルータング（図 12-19）、牛ヘルペス乳頭炎（図 11-18）。

### 対処
病変部を洗浄し、壊死片を除去し、抗生物質または防腐剤を局所適用する。

### 予防
注意深い移行期の飼養管理、過肥牛を作らないこと、および乳房浮腫を減じるために運動量を増加する。

## 潰瘍性乳房皮膚炎（UMD、間擦疹）
Ulcerative mammary dermatitis (UMD, intertrigo)

### 病態
両側の前分房と下腹壁の間の皮膚の湿性皮膚炎。

### 症状
間擦疹とも呼ばれる病変は、刺激臭を伴った深部の湿性の滲出性皮膚炎である（図 11-54）。中央部に壊死片がみられる。趾皮膚炎のスピロヘータによく似た微生物が、いくらかの症例で分離されている。

### 対処
病変を完全に清浄化し、抗生物質または防腐剤を局所適用する。症例によっては数週間から数カ月持続する。

## 乳房の挫傷　Udder bruising

### 病態
乳房の皮下出血が通常は腹側面にみられ、損傷に関連している。

図11-55　分娩後の初産牛の下腹の浮腫（ホルスタイン）

### 症状
　図11-7の前分房は明らかに腫大し、前乳頭が内側に偏位し、そして青色をした退色部が両側分房の下半分にみられる。しかし、牛は元気で活力があり、乳汁にも目にみえる変化がなく、皮膚は温かかった。このような症例を壊疽性乳房炎（図11-6）と混同してはいけない。

## 乳房と下腹の浮腫
Udder and ventral abdominal edema

### 症状
　生理学的な周産期の状態であり、図11-55には2日前に分娩したホルスタイン初産牛の乳房前方に、広範な皮下浮腫がみられる。進行例ではその浮腫が胸骨位まで拡大している。典型的な浮腫は、指圧によって穴明け状になる。浮腫化した乳房（図11-56）の後部を指圧すると、くぼみを生じ（指先〔図中のA〕の左にみえる）、指をはずしてもくぼみが30～60秒間持続する。

### 類症鑑別
　膿瘍、血腫。

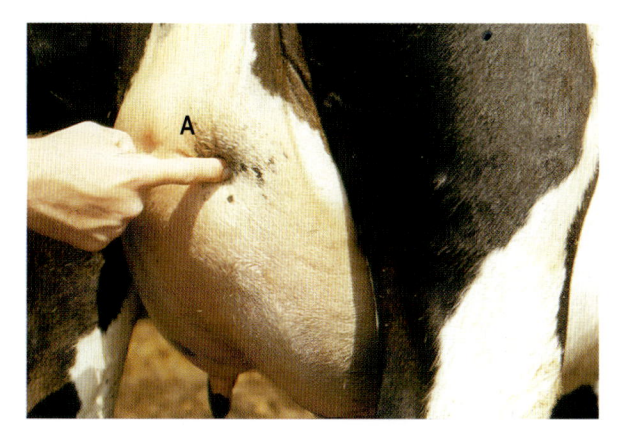

図11-56　乳房上の穴開けによって示された浮腫（米国）

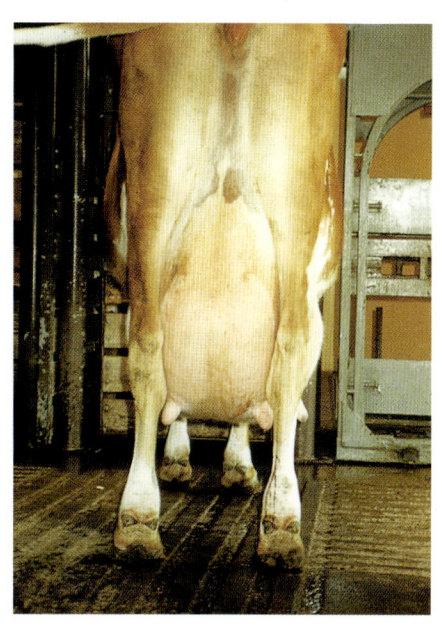

図11-57　分娩後4週目の牛における乳房保定装置の断裂（下垂乳房）（ガーンジー、6歳）

### 対処
　飼料の多給、塩分と他のミネラルの摂取過剰、分娩前の過肥、遺伝、および運動不足が、過度の浮腫に寄与する要因となり、適切な対策を要する。泌乳期中期の牛で1つ以上の分房の浮腫の突然の発生が近年報告されており、原因不明である。

## 乳房保定装置の断裂（下垂乳房）
Rupture of udder ligaments (dropped udder)

　乳房の保定装置は、浅保定装置外側板と深保定装置外側板、前方部の保定装置、および線維弾性の保定装置内側板からなっている。いずれも伸長したり、断裂したりすることがある。

### 症状
　乳房保定装置内側板と外側板の断裂。図11-57の6歳のガーンジー牛は4週間前に分娩し、乳房保定装置外側板と内側板の両方が突然断裂した結果、突然、乳房が大きく垂れ下がった。乳房の下面が飛節よりかなり下にあることに注目する。乳頭の外向き状態は、乳房保定装置内側板の支持がなくなった機械的な結果である。乳房炎の徴候はなかった。剖検により、下腹壁と乳腺支質の間の保定装置断裂周囲に、大量の出血が認められた。
　前方部の保定装置の断裂が、分娩したばかりのフリーシアン牛（図11-58）にみられ、突然、乳房前方の巨大な正中の浮腫を生じ、前分房と下腹壁の間の正常な空所を満たしている。前乳頭が左右に大きく広がっていることに注目する。そのため搾乳不能となった。乳静脈（図中のA）は図の上方を走っており、時には内部で破裂して、きわめて重度の貧血症を誘発する。

#### 類症鑑別

　急性乳房炎、下腹部の裂傷(恥骨前腱〔図3-71〕または腹直筋)、血腫、および重度の乳房浮腫(図11-56)。

#### 対処

　不治の疾病である。中等度の症例はしばしば泌乳期の残りの期間は維持できるが、フリーストールよりも敷き草牛舎内で飼育するのが最善である。クラスターの装着はしばしば、乳頭の変位と膨満した乳房のために困難となる。交配と、過剰な乳房膨満を生じるような分娩前の飼料の過給が、誘因となる。

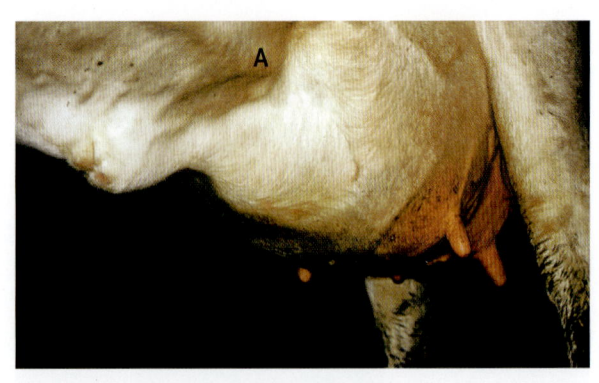

図11-58　前方部の乳房保定装置の断裂

# 第12章

# 感染症 Infectious diseases

| | |
|---|---|
| はじめに······· 227 | 牛点状出血熱(オンジリ病)······· 243 |
| ウイルス性疾患······· 227 | ヤムブラナ病······· 244 |
| 　口蹄疫(FMD)······· 227 | エールリヒア症······· 244 |
| 　牛疫······· 229 | トリパノソーマ症(アフリカトリパノソーマ症、 |
| 　ブルータング(BTV)······· 231 | 　ナガナ)······· 245 |
| 　悪性カタル熱(MCF、牛悪性カタル、悪性頭部 | 細菌性疾患······· 246 |
| 　　カタル)······· 232 | 　炭疽(脾臓熱)······· 246 |
| 　ランピースキン病(LSD)······· 233 | 　クロストリジウム症······· 247 |
| 　偽ランピースキン病(LSD)、(Allertonウイル | 　気腫疽(Clostridium chauvoei)······· 247 |
| 　　ス感染)······· 234 | 　破傷風(Clostridium tetani、牙関緊急)·· 247 |
| 　リフトバレー熱(RVF)······· 234 | 　ボツリヌス中毒(Clostridium botulinum、 |
| 　一日熱(三日病)······· 235 | 　　ラムジェット)······· 248 |
| ダニ媒介疾患(原虫とリケッチア感染)······· 236 | 　Mycoplasma wenyonii感染症······· 249 |
| 　ダニの侵襲······· 236 | その他の疾患······· 250 |
| 　ダニ毒性症······· 236 | 　牛白血病(牛ウイルス性白血病、牛リンパ肉腫) |
| 　バベシア症(赤水熱、テキサス熱)······· 238 | 　　······· 250 |
| 　ダニ熱······· 239 | 　子牛多中心型リンパ肉腫······· 250 |
| 　アナプラズマ症(胆汁病)······· 239 | 　胸腺型リンパ肉腫······· 250 |
| 　タイレリア症······· 240 | 　皮膚型リンパ肉腫······· 251 |
| 　カウドリア症(心水症)······· 241 | 　地方病性(成牛)牛白血病(EBL)、牛リンパ肉 |
| 　Q熱······· 242 | 　　腫······· 251 |
| 　散発性牛脳脊髄炎(SBE)(バス病、伝染性漿膜 | |
| 　　炎)······· 242 | |

## はじめに

　感染症は世界の多くの地域で、牛産業の主要な阻害要因となっている。1.6億頭の牛がいる熱帯アフリカでは、牛疫、口蹄疫(FMD)、牛肺疫(牛伝染性胸膜肺炎)、タイレリア症、およびトリパノソーマ症のような主要疾患はすべて感染症である。家畜生産上のこのような制約は、肉や乳、後継雌牛、および肥料の欠乏を招き、北米やオーストラリア、EUのような先進国からの輸入を余儀なくされる。その結果、これらの輸入は国内の家畜生産意欲を減退させ、また感染症の存在が先進国への牛や牛製品の輸出障害となっている。

　感染症のいくつかは、本書のこれまでの章で記載され図示されている。

## ウイルス性疾患　Viral diseases

　世界の多くの地域で流行している主要な牛疾病のいくつかはウイルスが原因である。それらは高度に伝染性の性格を持ち、さまざまな偶蹄類を宿主としているのが特徴である。疑わしい症状を早期に発見し、検査室で診断を確定し、同時に迅速で効果のある防止対策を講じることが、それらの撲滅に重要である。

### 口蹄疫(FMD)　Foot-and-mouth disease

#### 病態

　7つの血清型を持つ、ピコルナウイルス(Picornaviridae)科のアフトウイルス(aphthovirus)属によって起こる、潜伏期の短い高度な伝染性疾病である。国際獣疫事務局(OIE)の国際伝染病に指定されている。

#### 症状

　口蹄疫に罹患した牛は、元気消失し、食欲が停止し、流涎(図12-1)する。牛によっては跛行を示す。このジンバブエの牛にみられるように、口を開けると(図12-2)、口蹄疫の水疱が最近破裂した結果、舌と硬口蓋の上皮が広範囲に欠損している。図12-3もま

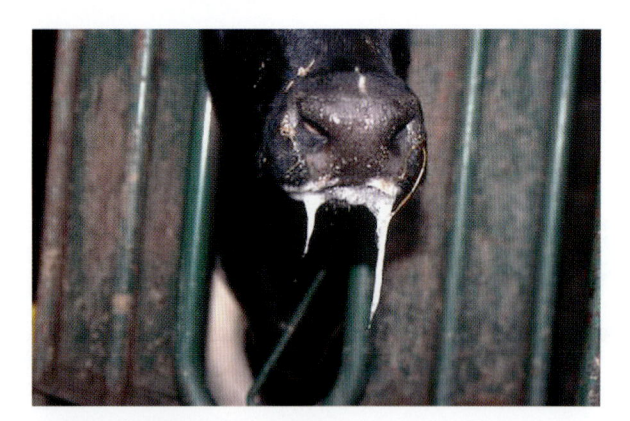

図12-1　口蹄疫(FMD)：流涎

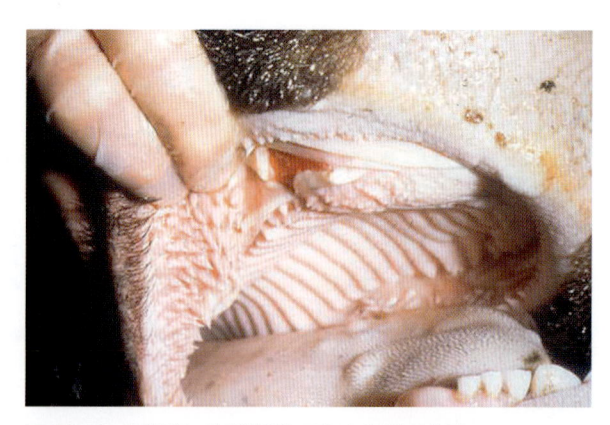

図12-4　口蹄疫：まだ破裂していない舌の水疱

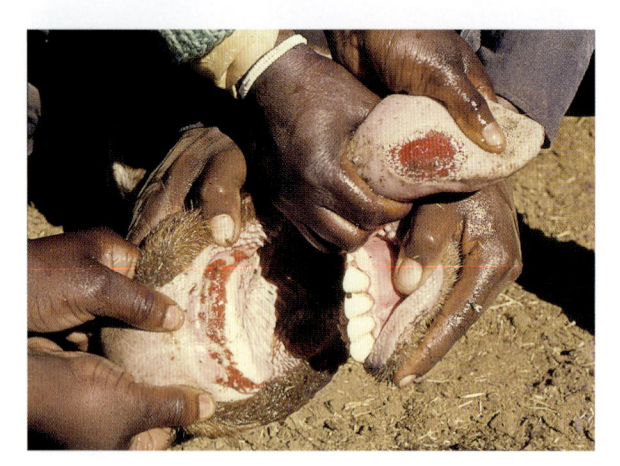

図12-2　口蹄疫：舌と歯肉の広範な上皮喪失（ジンバブエ）

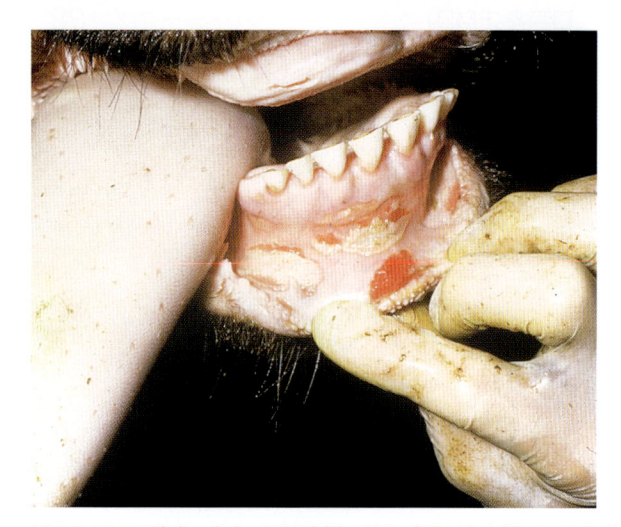

図12-5　口蹄疫：歯肉、下唇内側、および舌の潰瘍（約2日目）

た、最近破裂した舌の水疱を示している。図12-4には、未破裂の水疱が舌の背面にみられる。

　実験的に感染された去勢雄牛では、2日以内に最初の水疱が破裂し、下側の歯肉沿いおよび下唇内側に潰瘍を形成し、舌にも破裂した水疱を伴っている（図12-5）。2日後に、舌、下唇、および歯肉の病変は二次感染を受けた（図12-6）。他の部位では、蹄冠帯上と、趾間腔の背側部にあった水疱が破裂した。7日目には（図12-7）、趾間腔はその全長にわたって拡散した潰瘍で占められた。蹄踵上の軟らかい皮膚上の水疱が他の牛で破裂している（図12-8）。跛行が口蹄疫の

最初の症状となることがある。これらの趾間の病変は早期に二次感染を受ける。図11-28には多発性の乳頭の水疱が示されている（p.217）。

**類症鑑別**

　水疱性口内炎（図4-11）、BVD-MD（図4-3）、牛丘疹性口内炎（図4-13、図4-14）、牛疫（図12-13）、趾皮膚炎（図7-57～図7-60）、趾間皮膚炎（図7-65）がある。

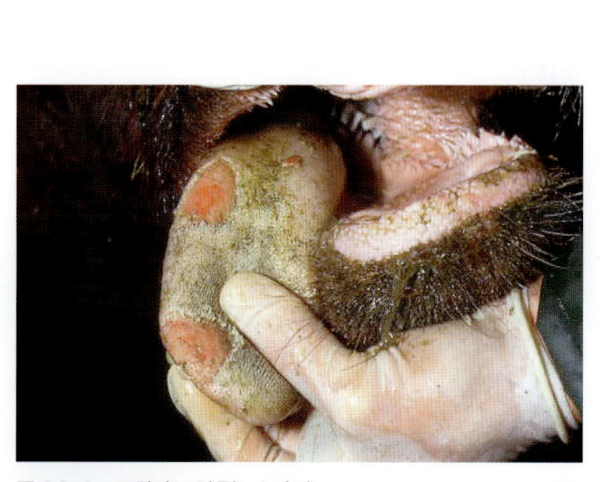

図12-3　口蹄疫：破裂した水疱

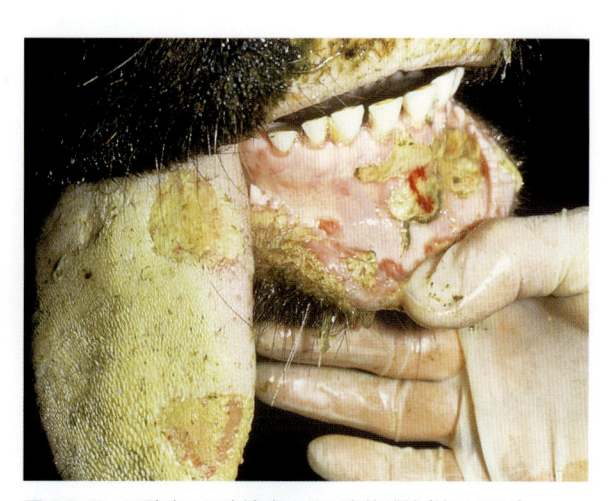

図12-6　口蹄疫：口内潰瘍への二次的感染（約4日目）

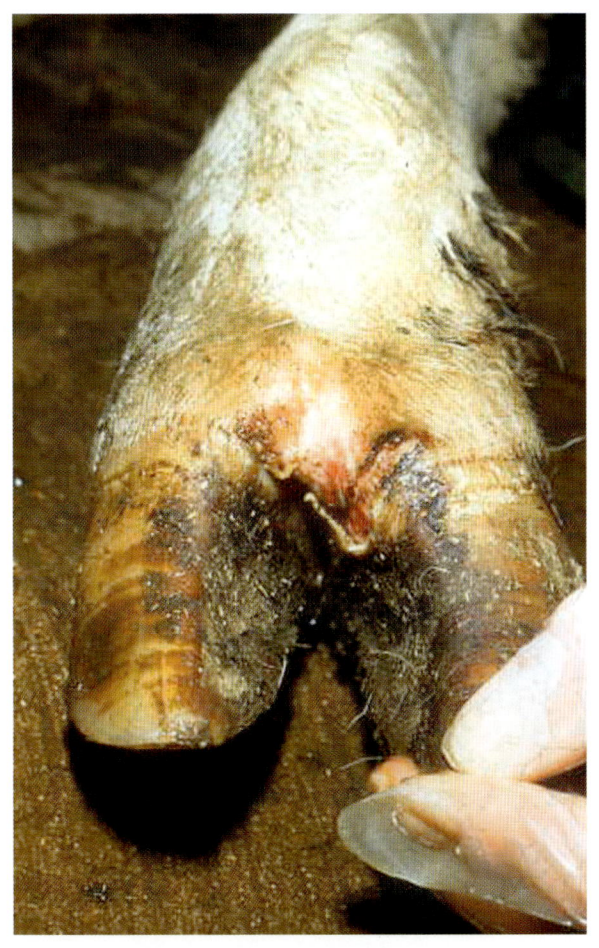

図 12-7　口蹄疫：広い潰瘍を持つ趾間腔（約 7 日目）

図 12-9　牛疫：動物流行病の様相（ナイジェリア）

## 牛疫　Rinderpest ("cattle plague")

### 病態
モルビリウイルス属（*Morbillivirus*）によって起こる伝染病で、さまざまな病変度を示し、広範な偶蹄類への宿主域を持つ。

### 症状
このナイジェリアのように（図 12-9）、処女地では流行病となり、急速に爆発的に広がり、しばしば汎発性家畜流行病にエスカレートする。一方、地方病性牛疫は、ゆっくりと拡散し、母牛由来抗体のない幼弱または若い牛群内で、数カ月間も不顕性に過ぎることさえある。

新規の流行地での臨床診断は比較的容易で、前駆症状としての発熱の発症後、疾患は 48 時間で明白となる。罹患牛は落ち着きがなくなり、乾いた鼻鏡と毛羽立った被毛を示す。乳量が低下し、呼吸が浅く速くなり、可視粘膜が充血し、また流涙（図 12-10）と鼻汁（図 12-11）が激しくなる。食欲は低下し、便秘が起こる。

2〜5 日後の粘膜びらんの出現が、牛疫を疑う最初の症状となる（例えば舌や口唇のように〔図 12-12〕）、すべての可視粘膜上に、オートミールの覆いを連想さ

### 対処
口蹄疫清浄国では殺処分の政策がとられる。本病の流行がみられる他の国々では、分離、強制隔離、およびリングワクチンがなされる。

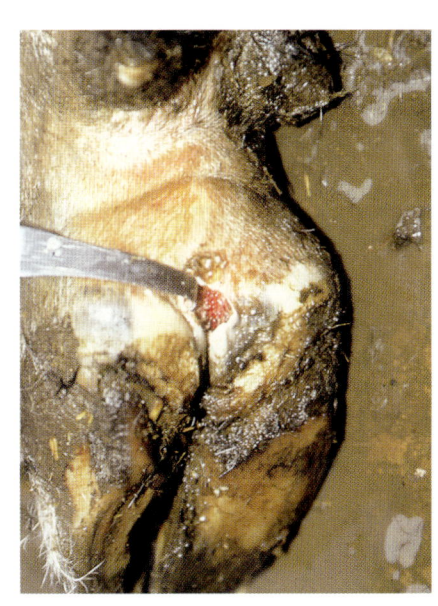

図 12-8　口蹄疫：蹄踵上の破裂した皮膚の水疱

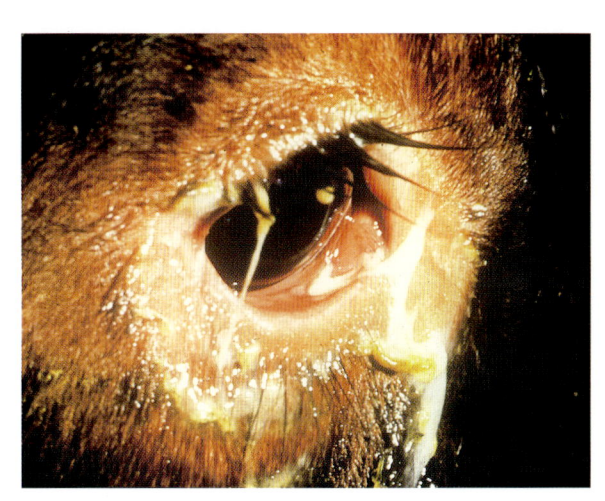

図 12-10　牛疫：流行病的大発生時の罹患した眼

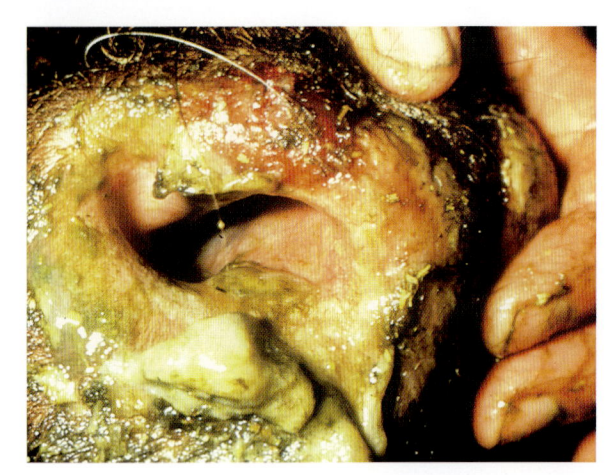

230　Infectious diseases

図12-11　牛疫：流行病的大発生時の汚れた排出物を伴う鼻

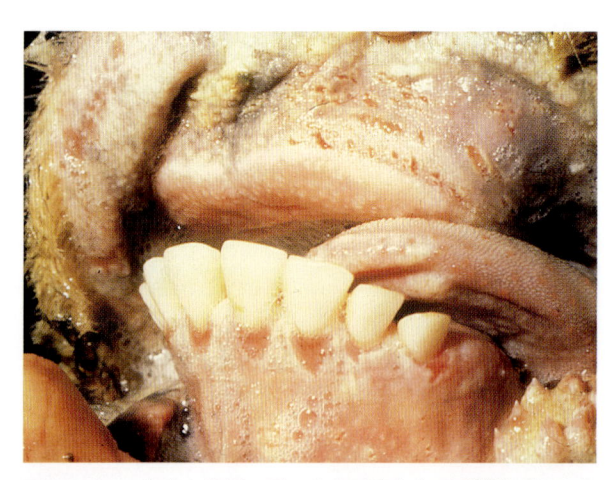

図12-13　牛疫：歯板、舌、および歯肉上の剥離性びらん病変

せるような、壊死上皮の隆起した小粒がみえる〔図12-13〕)。それらは急速に剥がれて、無傷の基底細胞層の出血を伴う、浅い潰瘍となる。びらんは口腔と食道(図12-14)から直腸にかけての全消化管に拡散し、融合する。流涎は大量になる。罹患牛はその時点で明白に病体となり、大量に水を飲み、軟便を排出する。2～3日で発熱は低下し、下痢が始まる。褐色水様便はすじ状に血液を交えた、壊死片を含んでいる。急速に脱水が進み、しきりに努責して、シマウマ模様と分かる直腸の毛細管うっ血を示す(図12-15)。呼吸は用力的で疼痛を伴う。ほとんどの牛は明白な疾病の開始後、6～12日以内に死亡する。妊娠牛は数カ月間に及ぶ病気の回復期の間に、流産する。対照的に、地方病性の牛疫は臨床的な診断が困難である。成牛は免疫を獲得しており、その保育子牛に受動免疫を与え、9カ月まで子牛を防御する(その後、子牛たちはリスク状態となる)。臨床症状は潜在性で、しばしば、発熱、びらん、粘液膿性の鼻と眼の排出物、および下痢のような古典的な流行病の症候群の基本的な特徴の1つ以上を欠いている。ほとんどの罹患牛は生存し、牛疫の疑いを表に出さない。本項で示した写真はサウジ

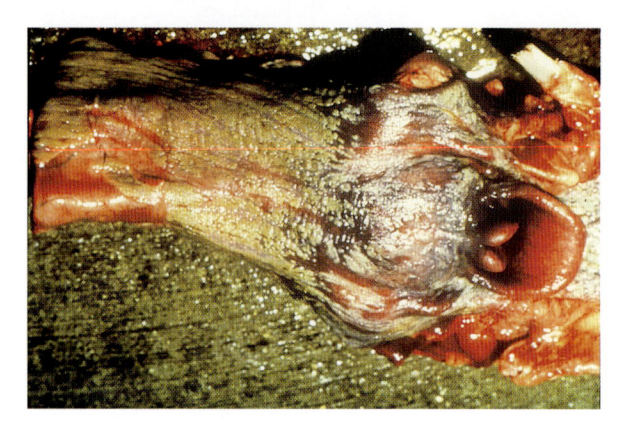

図12-14　牛疫：食道の広範なびらん

アラビア、イエメン、およびナイジェリアからのものである。

**類症鑑別**
　病変はBVD(図4-3)と区別できない。他の同様な疾患には口蹄疫(図12-1～図12-8)、IBR(図5-2)、および悪性カタル熱(図12-20～図12-22)がある。

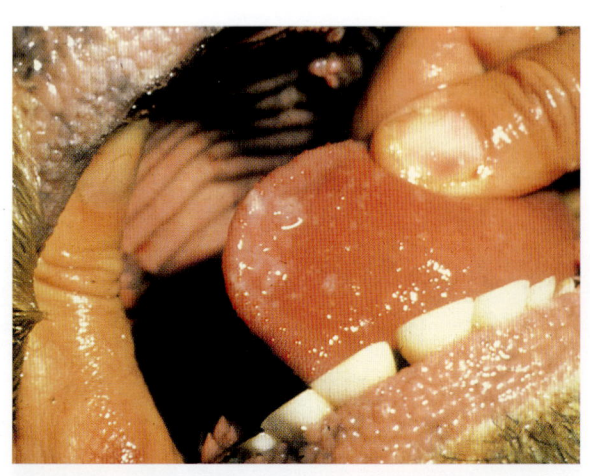

図12-12　牛疫：舌と口唇上の壊死上皮の隆起した小粒(オートミール様)

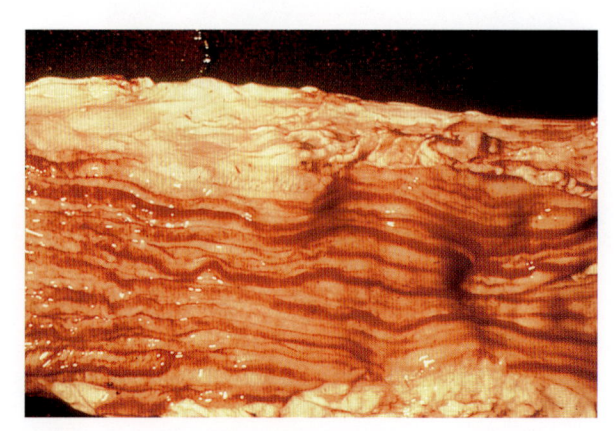

図12-15　牛疫：直腸の毛細管うっ血(シマウマ模様)

## 対処

牛疫の発生は、ヨーロッパと米国の財政援助を受け、国連の食糧農業機関(FAO)と国際獣疫事務局(OIE)によって組織された、広範な国際ワクチン接種キャンペーンによって、劇的に減少している。今日、牛疫は全世界で撲滅されているが、一地域、ソマリア南部に残っており、その国は無政府状態なので、血清サーベランスやワクチン接種が困難である。過去に存在した国では、OIEの規則(それは国際伝染病としている)を積極的に守り、牛疫の撲滅対策を維持している。新規発生の早期の確認と通知登録が最も重要である。

## ブルータング(BTV)　Bluetongue

### 病態

多くの血清型を持ったオルビウイルス(orbivirus)によって起こる疾病で、風で運ばれる小昆虫(*Culicoides*)によって伝達される。

### 症状

ブルータング(BTV)は、不明瞭な感染を特徴としてアフリカ大陸で流行しているが、東部ヨーロッパと地中海流域を含む世界の他の多くの地域では、散発的となっている。BTVの西ヨーロッパ諸国(英国、オランダ、ドイツを含む)での流行は2007年にみられた。北米では、臨床症状が軽く、類症鑑別が困難とされている。充血し食欲不振の牛となる疾病像よりも、感染自体がより多い。ブルータングは初期に鼻鏡と口唇の充血を示し、次いで炎症性のびらん病変に移行する。図12-16のダッチホルスタイン牛は、粘液膿性の鼻排出物、鼻鏡の充血、および初期の歯肉びらんを示している。壊死部はこの2歳の未経産牛(図12-17)にみられ、切歯の後ろの粘膜が壊死、または白いジフテリア様の斑点を示している。不快感と顎をうまく閉じられない結果として、大量の流涎がみられる。硬口蓋の病変は(図12-18)、歯板に及ぶ広範な潰瘍部を含んでいる。BTVのある症例は、不整形な乳頭の表層びらん(図12-19)を示した。ぎこちない歩行と蹄葉炎が、全四肢の遠位部浮腫を伴って、時々みられる。牛の臨床病変はIgEの高感受性反応によって仲介されるといわれている。診断はPCRとAGID検査およびウイルス分離によってなされる。

### 類症鑑別

光線過敏症(図3-4、図3-5)、BVD(図4-3)、IBR(図5-3)、水疱性口内炎(図4-11)、口蹄疫(図12-2)。

### 対処

個々の症例には支持療法を行う。流行地域では牛群に対するワクチンが入手できる。*Culicoides*への暴露

図12-17　ブルータング：壊死した口腔粘膜(オランダ)

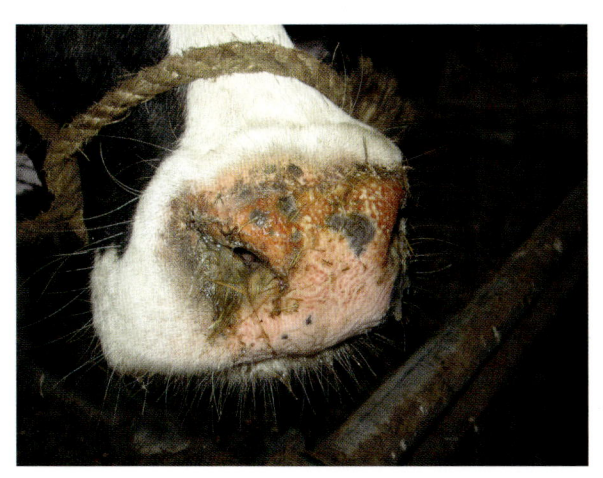

図12-16　ブルータング：粘液膿性の鼻排出物、歯肉びらん(オランダ)

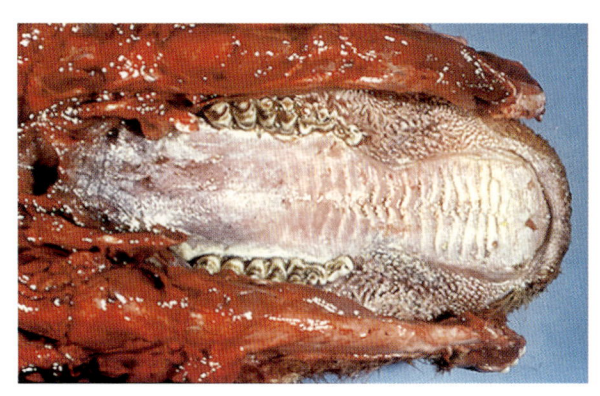

図12-18　ブルータング：硬口蓋の壊死(米国)

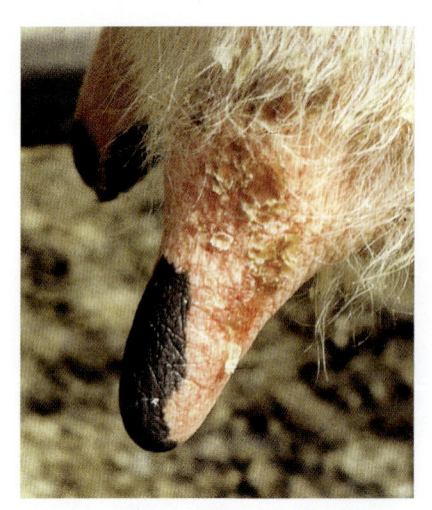

図12-19　ブルータング：乳頭の表層びらん

を減らす対策をとる。

## 悪性カタル熱（MCF、牛悪性カタル、悪性頭部カタル）　Malignant catarrhal fever (MCF, bovine malignant catarrh, malignant head catarrh)

### 病態
世界的な散発性の、ヘルペスウイルス感染症であり、ほとんど常に致死的である。ある型（ヌー型、ワイルドビーストが関連）は Alcephaline ヘルペスウイルス(AHV-1)によって起こり、他の型（羊が関連）は羊ヘルペスウイルス-2によって起こる。

### 症状
悪性カタル熱は、激しい発熱、食欲不振、および重度の沈うつを生じ、上部気道と消化管のカタル性と粘液膿性の炎症、特徴的な初期の末梢性結膜炎に続く角結膜炎、およびリンパ節腫脹症を伴う。典型的な臨床例は、腐敗性で刺激性の口臭を示す。悪性カタル熱の牛群での大発生には季節性があり、主にアフリカで発生する。他の地域（北米とヨーロッパ）ではわずかに散発例がみられる。図12-20のデボン牛の「頭と眼」の症候群は、膿性の眼と鼻の排出物、軽度角膜炎、および鼻孔の充血を含む。図12-21のシャロレー雑哺乳牛の、ほとんど本病に特徴的な前房蓄膿に注目する。よく目立つ眼からの排出物があり、膿が前眼房の底部に溜まっている。虹彩毛様体炎が羞明を招くことがある。鼻排出物は、通常はそれほどひどくない。乾性壊死と潰瘍部が図12-22の歯肉と歯板にみられる。同様な病変が鼻孔にもみられる。牛の臨床例は他の牛には感染しないが、もし生存すれば、終生の感染牛となり、子宮内で胎子に感染させる可能性がある。

### 類症鑑別
牛痘（図12-10、図12-11）、ブルータング（図12-16～図12-19）、東海岸熱（図12-48）、IBR（図5-2）、

図12-20　悪性カタル熱(MCF)：牛の頭と眼の症候群（デボン）

BVD-MD（図4-1）、ヤムブラナ病（インドネシア、図12-57～図12-60）、牛虹彩炎（図8-36）。

### 診断
臨床所見と肉眼的病理所見によりなされ、大発生時には血清ELISA検査と、宿主のリンパ球中のウイルスDNAによるPCR検査によって確定される。

### 対処
まれにコーチゾンと抗生物質による治療成功例の報告はあるが、ほとんどの症例は、診断が確定され次第、淘汰するのが最善である。不活化したワイルドビースト関連の悪性カタル熱ワクチンはいくつかの国で入手できる。西ヨーロッパのいくつかの国は、近年、自発的なワクチン接種プログラムを導入した。本

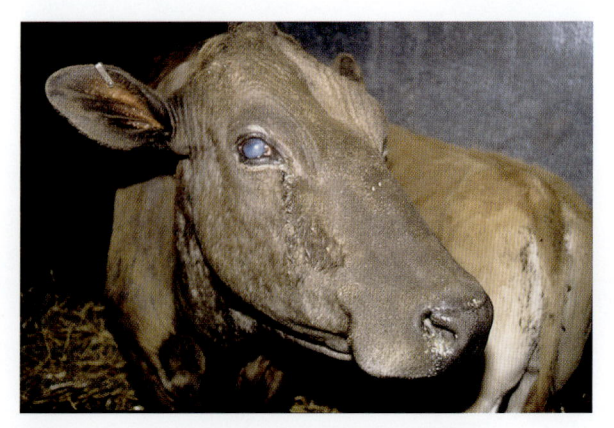

図12-21　悪性カタル熱：牛の特徴的な前房蓄膿（シャロレー雑）

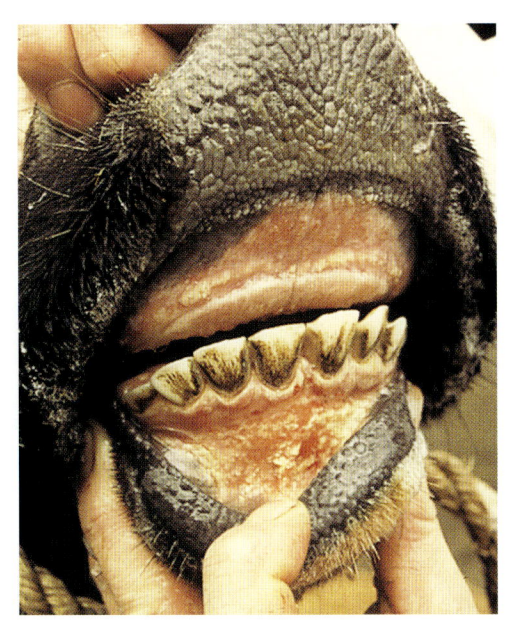

図12-22 悪性カタル熱：歯肉と歯板の乾性壊死と潰瘍

病はOIEによる国際伝染病である。

## ランピースキン病（LSD）　Lumpy-skin disease

### 病態
本病（LSD）は牛のカプリポックスウイルス（capripoxvirus）による疾患で、1929年に初めて北ローデシア（現ザンビア）で報告され、今日ではエジプトを含むアフリカ一帯に広がり、近年は中東にも拡散している。LSDはヨーロッパ種の牛を激しく侵す。刺咬性の昆虫が主な媒介者となる。

### 症状
最初の2週間は、波動熱、流涙、食欲不振を示し、その間に全身の皮膚（図12-23）、および口腔と気管、生殖器（精巣炎）、および結膜の粘膜上に、輪郭のある結節が出現する。これらの結節（図12-24）は離散性で硬く、隆起して疼痛があり、硬い灰黄色物を含んでいる。局所リンパ節は腫大している（図12-24では浅頸リンパ節）。重症の罹患牛では、四肢下部の浮腫が多くみられる。ある結節は急速に寛解し、あるものは硬い壊死性の頸部乾性壊疽になり（図12-23は躯幹部、図12-25は頭頸部）、ゆっくりと治癒して、瘢痕を残して剥げ落ちる。二次的感染が化膿性潰瘍と膿瘍をもたらす。少数の結節が数年間持続することがある。潜在性の症例では、しばしば見過ごされるような、孤立性の結節を生じる。

流行地の致死率は1〜3％であるが、処女地での流行では100％近くになる。南アフリカでは、長期にわたる体調不良、乳の損失、雌牛と雄牛の不妊症、流産、および皮革の損傷により、牛の経済的な損失の最も重要な原因となっている。

### 類症鑑別
潰瘍性リンパ管炎（仮性結核、図3-48）、偽ランピースキン病（Allertonヘルペスウイルス感染、図12-26・図12-27）、デルマトフィルス症（ストレプトトリクス症、図3-42）。

### 対処
良好な飼養管理、二次感染にはスルフォンアミド（サルファ剤）や抗生物質投与、および弱毒ウイルスワクチン（Neethling株）の接種がなされる。過去の清浄地域または国では、疾病が侵入しそうになる前に、リスクのある牛へのワクチン接種とともに、罹患牛と接触牛の殺処分対策を実施する。本病はOIEによる国際伝染病である。

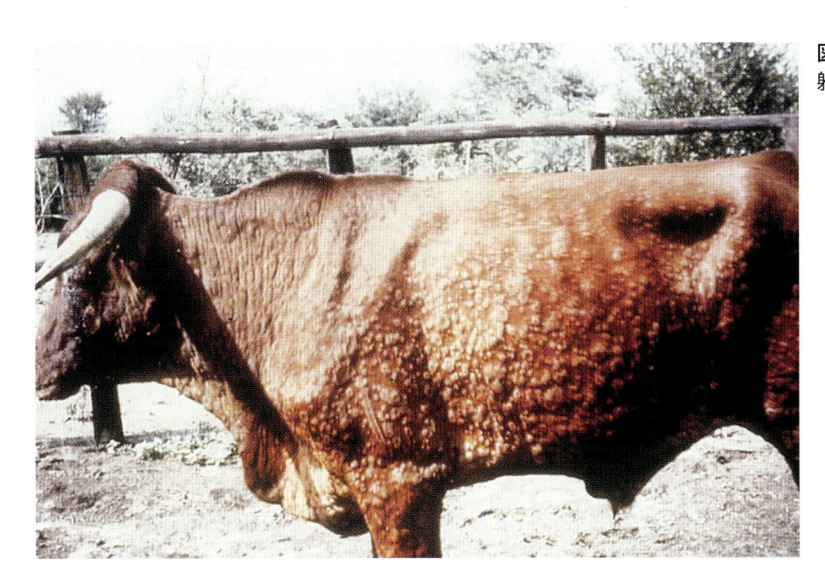

図12-23 ランピースキン病（LSD）：躯幹全面の多発性皮膚結節

234　Infectious diseases

図12-24　ランピースキン病：牛の離散性の結節と腫大した肩甲前結節（ジャージー）

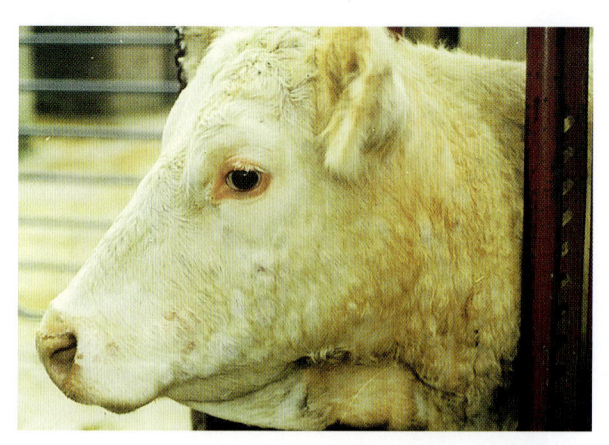

図12-26　偽ランピースキン病：頬部と頸部上の不規則な皮膚斑点

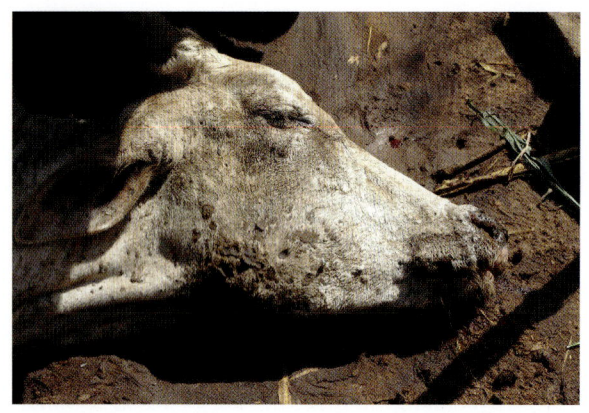

図12-25　ランピースキン病：顔面上の頸部乾性壊疽を伴ういくつかの結節の寛解（エチオピア）

## 偽ランピースキン病(LSD)、(Allerton ウイルス感染)
Pseudo-lumpy-skin disease, (Allerton virus infection)

### 病態
2種の牛ヘルペスウイルス(herpesvirus)-2症候群のうちの1つである（牛ヘルペス乳頭炎、p.214も参照）、偽ランピースキン病は一過性の中等度の発熱と滲出性の皮膚斑点が特徴である。本病は主にアフリカ南部で発生し、ごくまれに米国、オーストラリア、英国に発生する。

### 症状
初期の発熱と軽いリンパ節腫脹症に続いて、直径約1～2cmの無数の円形または卵円形の皮膚表層の斑点の出現が2、3日以内に起こる。これらの斑点は硬くしっかりしていて、赤色の縁を持ち、3～5cmに腫大して、臍のようになる。中心部はくぼんでおり、滲出物が褐色のかさぶたを形成している（図12-26）。かさぶたの下の皮膚は2週間以内に死滅して、新しい平滑な皮膚が出現し、2カ月以内に新しい被毛が発育する。この英国の純系シャロレー未経産牛のように、病変は顔面、頸部、背部、および会陰部にみられる（図12-27）。臨床的な回復は複雑ではない。

診断は臨床所見と、抹消病変から（皮膚掻き取り、またはパンチバイオプシー）、ヘルペスウイルス-2の株を証明することによってなされる。

### 類症鑑別
ランピースキン病（図12-24）、じん麻疹（図3-1、図3-2）、デルマトフィルス症（図3-37～図3-43）。

### 対処
良好な看護をする。

## リフトバレー熱(RVF)　Rift Valley fever

### 病態
本病(RVF)は牛と羊の急性発熱性疾患で、容易に人に伝染し、蚊由来のフレボウイルス(phlebovirus)（ブニヤウイルス科；*Bunyaviridae*）によって起こる。以前はエジプト（1977～1978年）を含むアフリカに固有であったが、サウジアラビアとイエメンで大流行し（2000年）、重大な牛の喪失と数多くの人の死をもたらした。

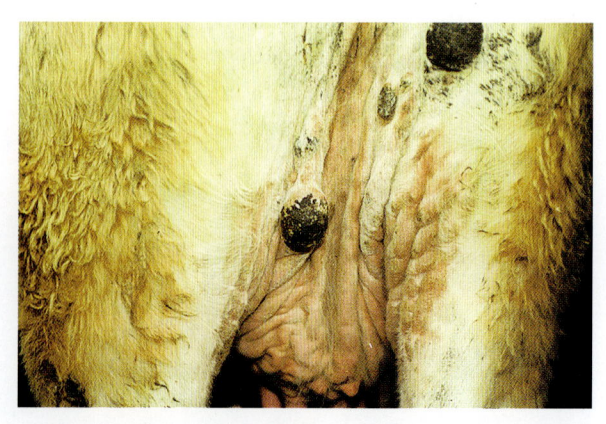

図12-27　偽ランピースキン病：会陰部と乳房皮膚上の多発性斑点、いくつかは褐色でかさぶたを形成（シャロレー）

感染症　235

図12-28　リフトバレー熱（RVF）：子牛の肝臓のオレンジ色の壊死巣（シャロレー）

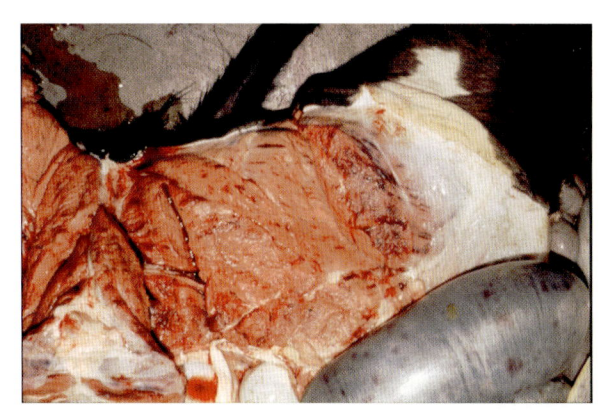

図12-30　リフトバレー熱：皮下と筋肉の出血

## 症状

子牛は通常、高熱、重度呼吸困難、および四肢と頸部を伸長した末期の横臥状態となり、短い甚急性症で死亡する。成牛は、一過性の発熱、黄疸、白血球減少症、および不調和に続いて、流産し、死亡することもある。非妊娠の成牛は軽度の発熱を経験する。RVFの流行は豊水年にリンクしており、その年は数多くの感染性の蚊（*Aedes linneatopennis*）の卵が孵化する。

子牛と胎子の剖検時の病変には、目を見張るほど鮮やかな橙黄色をした漫性の肝臓壊死（図12-28）があり、一方、成牛は離散性の巣状壊死を持つ肝病変（図12-29）を示す。皮下織、筋肉、腸の漿膜に広範な出血が明白に示される（図12-30）。診断は流産胎子や血液からのウイルス分離によってなされる。獣医師は、感染組織を取り扱った時に、特にリスクが高くなる。

## 類症鑑別

一日熱（図12-31、図12-32）、ブルータング（図12-16〜図12-19）、牛疫（図12-9）、ブルセラ症（流行時）。

## 対処

防止対策は、アフリカ大陸と隣接地域の流行地から、疑わしい牛や他の家畜の輸入を厳格に禁止することに主としてかかっている。キャリアの人によって、国から国へと人獣共通的に感染が拡散する可能性がある。弱毒死滅ウイルスワクチンと変異誘発株弱毒ワクチンが実用的であり、経済的な防止対策となる。本病はOIEによる国際伝染病である。

## 一日熱（三日病）
Ephemeral fever ("three-day sickness")

### 病態

本病は、ヌカカ（*Culicoides*、小昆虫）および蚊によって伝達されるラブドウイルス（rhabdovirus）によって起こる、伝染性の、まれに致死的となる疾病である。風で運ばれて拡散する。

### 症状

軽症例では、比較的元気であるが、発熱、ぎこちなさ、または軽い跛行を示し、泌乳牛は乳量が激減する。一日熱の重症例では、初めは胸骨位に座り、後に横臥し（図12-31）、弛緩性の麻痺を示す。他の特徴には、第一胃アトニー（無力症）、嚥下反射と舌の緊張性の消失（図12-32）、およびボツリヌス症に似た下顎の部分麻痺（図12-31）がある。非定型間質性肺炎とリンパ節腫脹症がみられることもある。死亡することはまれである。本病はアフリカ、アジア、およびオー

図12-29　リフトバレー熱：成牛のび漫性巣状肝臓病変

図12-31　一日熱：横臥した去勢雄牛の重症例（南アフリカ）

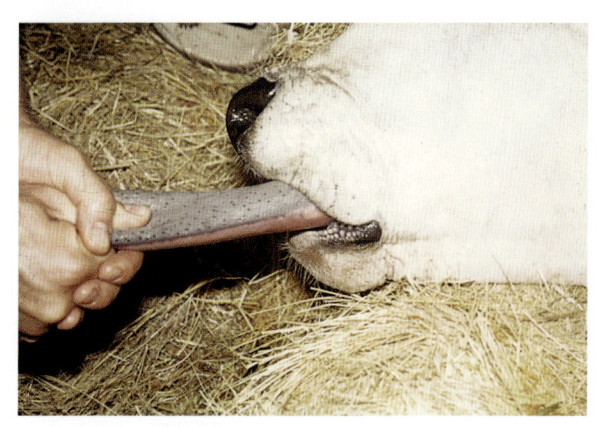

図12-32　一日熱：舌の緊張性喪失と部分的麻痺（南アフリカ）

ストラリアで発生している。

### 類症鑑別

ボツリヌス症（図12-69）、肺炎、重度毒血症、物理的な損傷、リフトバレー熱（図12-28）、狂犬病（図9-32〜図9-34）。

### 診断

臨床所見と血清検査（CF、AGID、ELISA）。

### 対処

支持療法、例えば非ステロイド系抗炎症薬（NSAID）とカルシウム液の投与が横臥している牛に有効なことがある。予防は毎年のワクチン接種とハエの防止対策による。

## ダニ媒介疾患（原虫とリケッチア感染）
Tick-borne diseases (protozoal and rickettsial infections)

熱帯地域では、牛産業への大きな被害のために、ダニが非常に重要である。ダニの寄生は、その吸血活動の結果、直接牛の生産性を低下させる。これは主に生体重の増加減退として表れる。その他の影響として、貧血、二次的な細菌感染やラセン虫寄生（図3-56）を誘発する皮膚の損傷、およびダニの唾液に対する毒性反応（例えば発汗病、図12-37）がある。しかし間接的には、ダニは疾病の媒介者としてはるかに重要な役割を持っており、例えば、ヨーロッパの亜熱帯地域、アフリカ、およびアジアにまたがって広く拡散しているタイレリア症がある。

牛生産を阻害する他のダニ媒介疾患としては、バベシア症、アナプラズマ症、心水症（カウドリア症）、およびデルマトフィルス症がある。牛に寄生するダニ類は、硬い背側盾板の有無によって、マダニ科（Ixodidae）のように体の硬いダニと、ヒメダニ科（Argasidae）のように体の軟らかいダニの2科に分類される。

これらの科はまた多くの他の相違型を持っている。

### ダニの侵襲　Tick infestations

#### 症状

西インド諸島のアンティーグァ島（Antigua）を例にとると、図12-33は乳頭に咬着しているダニ*Amblyomma variegatum*（熱帯アフリカダニ）を示す。これらの種は主に熱帯と亜熱帯地域にみられ、直接または寄生虫媒介の両方で疾病をもたらす。数種のダニの混合感染も発生する。その大きな口吻は重篤な損傷を引き起こし、それが二次感染を誘発する。陰嚢もまたダニ咬着の好発部位となる。図12-34には、*Amblyomma*種のダニがさまざまな飽血状態でみられ、ジンバブエの4カ月齢のフリーシアン子牛の会陰部と肛門周囲に咬着している。尾の縁に沿った白色の幼虫は、初期のハエ蛆症の病変を示している。これらの病変は図12-35ではさらに重篤となり、ダニの損傷は新鮮な出血部位を含む陰門の腫大を生じている。初期のハエ蛆症もまたみられる。ハエ蛆症はまた図3-56と図3-57に示されている。

心水症のエールリヒアリケッチア病原体である*Cowdria ruminantium*は*A. variegatum*によって運搬される。

#### 診断と対処

後述の「ダニ毒性症」を参照する。

### ダニ毒性症　Tick toxicosis

ダニ毒性症には明白に2種類ある（ダニ性麻痺と発汗病）。

#### 病態

ダニ性麻痺は広い地域でみられるが、発生は散発的で子牛が罹患し、少なくとも3種のダニによって起こる（マダニ属*Ixodes* spp.、カクマダニ属*Dermacentor* spp.、およびチマダニ属*Haemaphysalis* spp.）。毒素は上行性麻痺を生じ、後肢から前肢に麻痺が進行する。最後は呼吸不全によって死亡する。

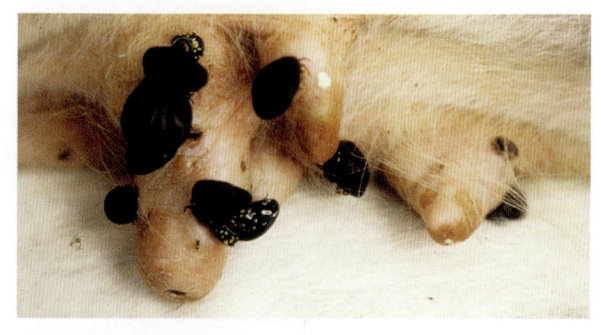

図12-33　乳頭へのダニの侵襲：熱帯アフリカダニ（*A. variegatum*）

感染症　237

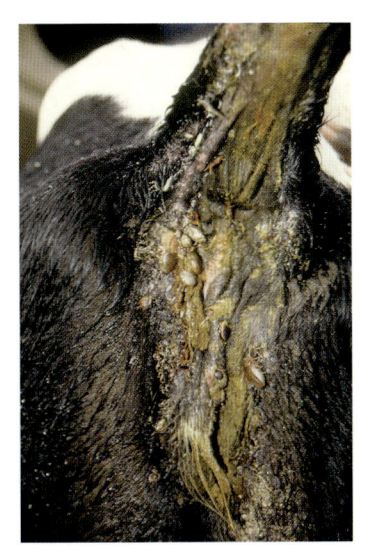

図 12-34　雌子牛の会陰部と肛門周囲に咬着するさまざまなステージの A. variegatum
（フリーシアン、4カ月齢、ジンバブエ）

　発汗病は子牛の急性非感染性疾患であり、イボマダニ属 Hyalomma spp. の雌ダニの咬傷によって起こり、その唾液は明らかに上皮親和性の毒素を持っている。雌の Hyalomma truncatum は体重 25～50 mg で感染性となる。十分な毒素が宿主の子牛に入るまで、このダニは5～7日間咬着していることが必要である。

## ダニ性麻痺の症状
　無気力な麻痺が主に子牛と1歳牛にみられる（図12-36）。これら2頭の交雑雌子牛は起立不能で、無気力で、食欲不振である。主に背部と腹部にいたダニが、殺虫剤の散布によって殺滅された結果、4日後に完全に回復した。

## 発汗病の症状
　本病は中央アフリカと南部アフリカ、およびインドにみられる。このジンバブエのフリーシアン子牛は

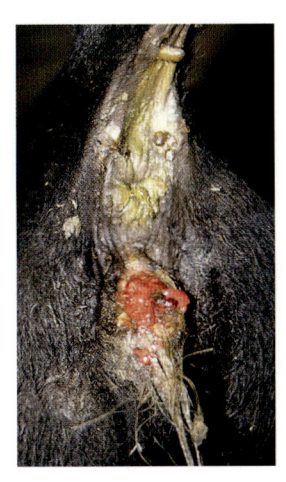

図 12-35　ダニの侵襲：腫大し出血している陰門の激しい損傷

図 12-36　ダニ性麻痺：横臥した未経産牛（フランス）

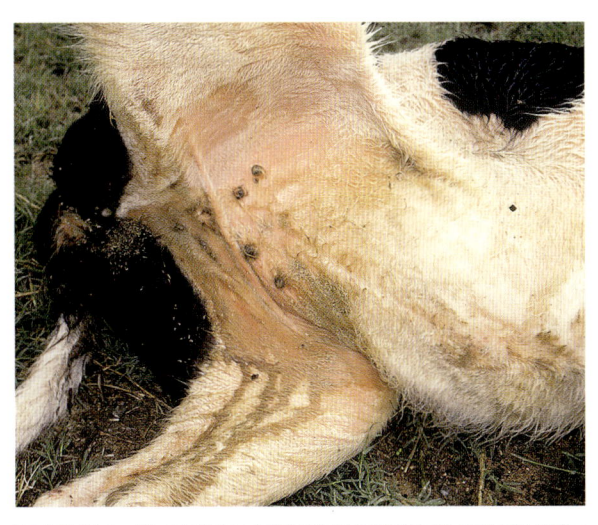

図 12-37　ダニ毒性症：腹側の湿性皮膚炎を伴う発汗病型（フリーシアン子牛）

（図12-37）、湿性皮膚炎が特徴的に鼠径部、会陰部、および腋窩に発生し、すえた酸敗臭を発している。陰門下部の初期のハエ蛆症に注目する。幼若子牛が通常罹患し、免疫が4～5年間持続する。時に全身的になる被毛の喪失が、初期の湿性皮膚炎に続発して生じる。被毛は牛の取り扱い時に、例えば耳の上のよ

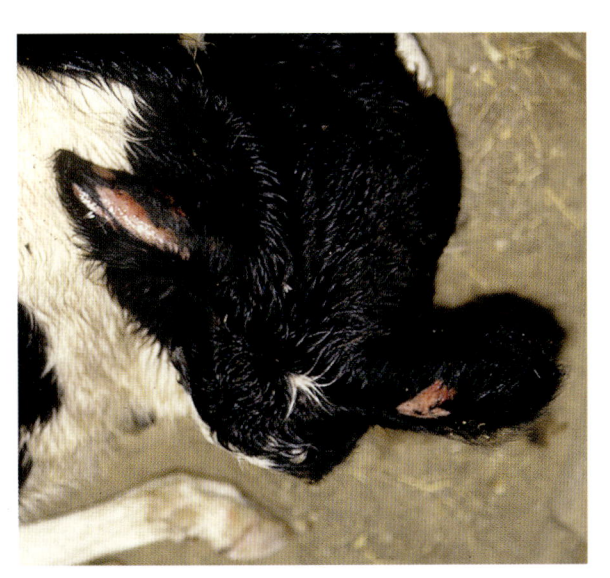

図 12-38　ダニ毒性症：二次的な耳の被毛脱落を伴う発汗病（ジンバブエ）

# Infectious diseases

うに(図12-38)、引き抜かれることがある。しばしば皮膚の二次感染が起こる。すべての粘膜も罹患するので、流涙と流涎が生じる。

### 診断

媒介ダニを検出する。類症鑑別には、脳バベシア症(図12-39～図12-41)、脳タイレリア症(図12-48)、髄膜炎(図9-22、図9-23)、狂犬病脳炎(図9-33、図9-34)がある。

### 対処

皮膚炎の治療に非ステロイド系抗炎症薬(NSAID)と広域性抗生物質の投与、および続発性ハエ蛆症の防止には殺虫剤とダニ駆除薬の局所投与をする。さらなる症例を予防するにはダニ駆除がよい。流行地域では、リスクのある期間、牛を毎週薬浴するのもよい。ワクチンはない。

## バベシア症(赤水熱、テキサス熱)
Babesiosis ("redwater fever", "Texas fever")

### 病態

バベシア症はバベシア属(*Bavesia* spp.)のダニによってもたらされる一連の疾患をいう。*B. bovis* と *B. divergens* が最も重要であり、単独または混合、アナプラズマ(*Anaplasma*)と混合して発生し、致死的なダニ熱を生じることがある。主な症状は発熱と血管内溶血であり、貧血、ヘモグロビン尿、および黄疸を示す。

### 症状

図12-39のサウスデボン牛は衰弱している。意気消沈しており、耳が垂れ下がり、眼が半分閉じ、前肢がバランスをとるため外転している。腹部がくぼんでおり、第一胃が満たされていないことを示唆している。図12-44のように、膣粘膜は極端に蒼白であり、眼結膜は貧血し黄疸色をしている(図12-40)。濃いポートワイン色をした尿が、図12-41のサウスデボン去勢雄牛にみられ、地面に落ちるとしばしば特

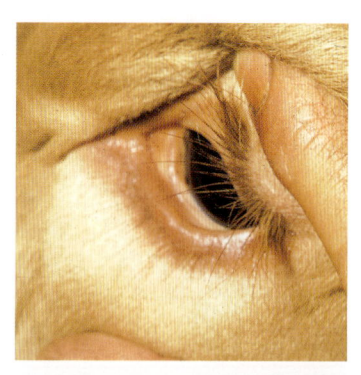

図12-40　バベシア症：貧血し黄疸色を示す眼結膜

徴的な黄金色の泡沫を生じる(図12-42)。罹患牛は発熱し、肛門括約筋の痙攣を生じ、「コイル状の便」を用力下で排出する(図12-43)。ある牛は急性疾患の後24時間で突然死することがあり、他の牛は流産することがある。タネガタマダニ(*Ixosdes ricinus*)が *Babesia bigemina* の一般的な媒介者となり、英国ではバベシア症の主要なタイプとなっている。バベシア症によって起こる疾患は、ダニがいる所はどこでも、世界中に分布している。熱帯で最も広く発生しており、バベシア症の重篤な病変は、オウシマダニ(*Boophilus microplus*)によって運ばれる *B. bovis* によって生じている。

### 類症鑑別(赤水 red water に関して)

アナプラズマ症(図12-44)、タイレリア症(図12-48)、ワラビ中毒(図13-3)、ケール中毒(図13-10)、子牛のレプトスピラ症、細菌性ヘモグロビン尿症、硝酸塩中毒(図13-27)、がある。診断は血液塗抹によってなされる。

図12-39　意気消沈した牛のバベシア症、状態が悪く、眼を半分閉じている(サウスデボン)

図12-41　バベシア症：去勢雄牛の濃いポートワイン色の尿(サウスデボン)

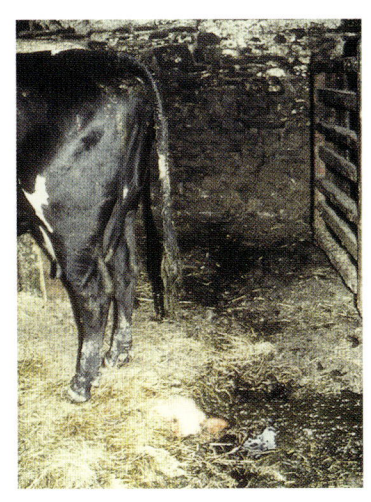

図12-42　バベシア症：黄金色をした泡沫状の尿

### 対処

個々の症例の治療には、イミドカルブ（imidocarb）またはアミドカルブ（amidocarb）のような殺バベシア剤によって原虫を破壊する。また重症例では輸血もよい。

### 予防

ダニの撲滅（例えば、草地の改良によって）、定期的な薬浴、およびおそらくワクチン接種または化学的免疫付与。

## ダニ熱　Tick-borne fever

### 病態

本病は、白血球に寄生する *Ehrlichia*（リケッチア目のエールリヒア属）*phagocytophila* によって起こる、良性のリケッチア疾患である。ダニ熱の発生はヨーロッパの亜熱帯地域、アフリカおよびアジアに限られている。自然の媒介ダニはタネガタマダニ *Ixodes ricinus*（ヨーロッパ）と *Rhipicephalus*（マダニ科のコイタマダニ属）*haemophysaloides*（アジア）であり、そのため大発生は季節的である。

### 症状

バベシア症（p.238）と比べて、ダニ熱ははるかに重症度が低い。泌乳牛は、特に最近その地域に導入されると、乳量が低下し流産することがある。牛は発熱し、食欲不振となり、また歩様がぎこちなくなる。2回目の放牧シーズン中の妊娠未経産牛は、高熱（草地熱）を経験したり、発咳したり、耳が垂れ下がったり、流産したりすることがある。防御機構が抑制されていると、産褥性敗血症のような二次感染を招くことがある。

### 類症鑑別

バベシア症（図12-39～図12-42）、ブルセラ症（図10-89）。診断は通常、典型的な地理的位置とダニの活動性によってなされる。発熱の2～8日後のギムザ染色血液塗抹で診断できる。

### 対処

ダニがはびこっている草地に、妊娠後期の未経験の未経産牛や経産牛を入れない。テトラサイクリンが治療と予防に有効である。

## アナプラズマ症（胆汁病）
Anaplasmosis ("gall sickness")

### 病態

アナプラズマ症は、ダニ媒介のエールリヒア寄生虫である *Anaplasma marginale* によって起こり、宿主の赤血球の破壊を招く。

### 症状

胆汁病はアフリカ、アジア、オーストラリア、および米国の熱帯と亜熱帯地域における流行病である。ダニ（ウシマダニ属；*Boophilus* spp.、カクマダニ属；*Dermacentor* spp.）、サシバエ類、および集団ワクチン接種時など医原性に伝達される。子牛が感染すると、生涯にわたって感染を維持する。ほとんどの牛は健康を維持するが、ストレスがあると臨床症状を生じる。成牛はより重度に罹患する。初期の発熱と食欲不振の後に、図12-44の膣粘膜上に示されているように、貧血が現れ、後期には膣粘膜は黄疸色になる（図12-45）。血色素尿はない。まれにみられる乳牛の甚急性症では、重度の発熱と呼吸困難が、興奮性の亢進とともに生じる。死亡率は50%に達することがある。

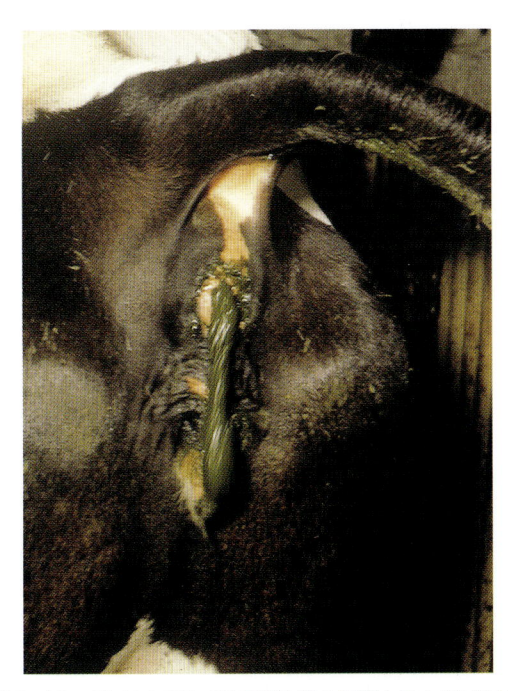

図12-43　バベシア症：肛門括約筋の痙攣と「コイル状」の排便

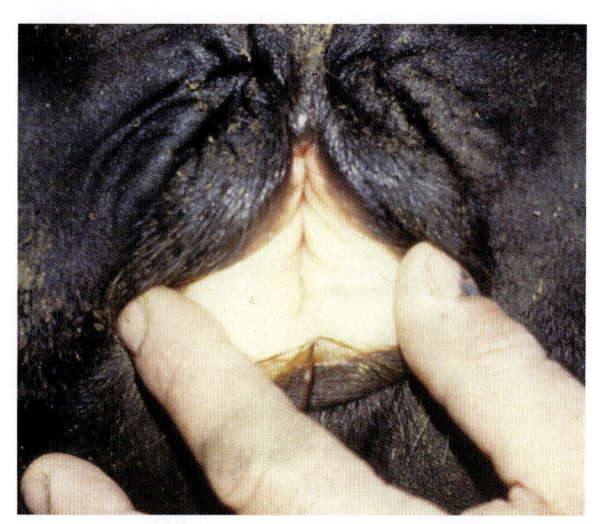

図 12-44　アナプラズマ症：特徴的な膣粘膜の貧血

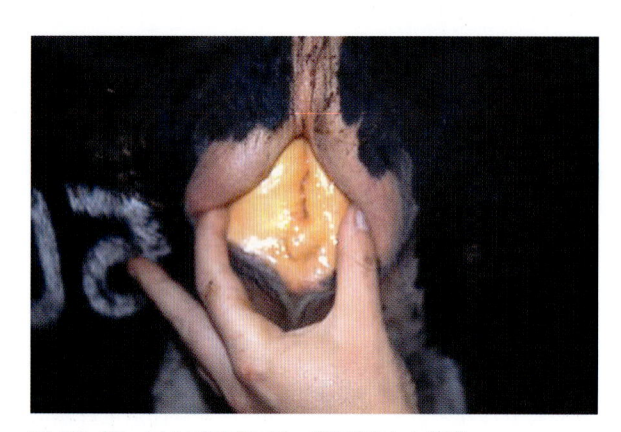

図 12-45　アナプラズマ症：黄疸色をした陰門

剖検で、解体後の牛体は退色し貧血性で、わずかに黄疸色をおびている（図 12-46）。凝固していない血液が脊椎に隣接する背部にみられる。肝臓は腫大し、モザイク状となり（図 12-47）、拡張した胆嚢は濃厚な胆汁を含み、脾臓が腫大している。回復した牛は、生涯にわたってキャリアとなる。本項で示した写真はジンバブエとオーストラリアのクイーンズランド州から提供されたものである。

図 12-46　アナプラズマ症：退色し貧血性のわずかに黄疸色をした解体後の牛体（ジンバブエ）

図 12-47　アナプラズマ症：腫大したモザイク状の肝臓

### 類症鑑別

バベシア症（図 12-39～図 12-43）、細菌性ヘモグロビン尿症、タイレリア症（図 12-48）、トリパノソーマ症（図 12-62）。診断は血液塗沫の検査によってなされる。

### 対処

治療はテトラサイクリンまたはジプロピオン酸イミドカルブ（imidocarb dipropionate）によってなされ、重度の貧血症例には輸血もなされる。害虫駆除による予防は実施できないが、流行地域では毎週の殺ダニ剤による薬浴がダニの付着を予防する。医原性の伝達（注射器と注射針）を避ける。ワクチン接種はなお議論中である。

## タイレリア症　Theileriases

### 病態

*Theilaria* 種はダニ媒介性の原虫性寄生体であり、リンパ球内で増殖し、その後赤血球に侵入する。

### 症状

タイレリア症は世界中のダニ発生地域でどこでもみられる。*Rhipicephalus*（コイタマダニ属）*appendiculatus* によって伝達される *T. parva*（東海岸熱、East Coast fever：ECF）は、中央および東部アフリカで重要な問題となっている。イボマダニ属 *Hyalomma* 種によって伝達される *T. annulata* は、アフリカ北部、ヨーロッパ南部、中東、インド、およびアジアでみられる。その病原性はさまざまであるが、死亡率が90％に達することもある。図 12-48 のジャージー未経産牛は、状態が悪く、耳下腺と浅頸リンパ節が大きく腫大し、被毛粗剛（特に背部）で、流涙のため顔面の被毛がもつれている。罹患牛は発熱し、貧血している。剖検では、脾臓の腫大、激しい肺気腫と浮腫、および全身リンパ節の過形成が最も目につく病変であった。

感染症　241

図 12-48　タイレリア症：体調が悪く、激しいリンパ節腫脹を示す未経産牛（ジンバブエ）

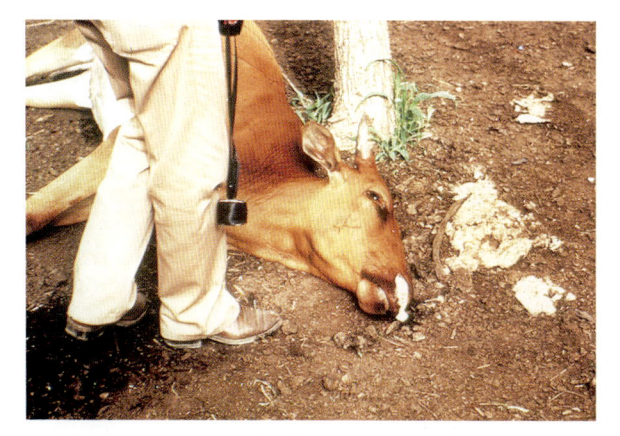

図 12-50　カウドリア症：横臥した急性症例にみられる泡沫状の鼻排出物

### 類症鑑別
　トリパノソーマ症（図 12-61、図 12-62）、カウドリア症（図 12-49～図 12-52）、悪性カタル熱（図 12-20～図 12-22）、牛伝染性胸膜肺炎（図 5-20～図 5-22）。

### 対処
　牛の抵抗品種の利用、殺ダニ剤、ワクチン接種（感染時と治療時の方法）。

## カウドリア症（心水症）
Cowdriosis ("heartwater")

### 病態
　エールリヒアリ属（*Ehrlichia*）のリケッチア *Ehrlichia ruminantium*（以前は *Cowdria rumminantium*）によって起こる心水症は、保因する野生の宿主（例えばワイルドビースト）から、キララマダニ属 *Amblyomma*（bont）ダニによって感受性のある牛に伝達され、血管内皮に重度の損傷をもたらし、発熱、心膜水腫、および神経症状を起こす。

### 症状
　本病は、アフリカのほとんどの地域およびカリブ海諸国に、発生が多い（本項で示した写真の牛はマリからのものである）。甚急性症では急死する。急性症では、図 12-49 のゼブー去勢雄牛にみられるように、初期は元気がなく、発熱し、食欲不振で下痢気味で、腹部が「巻き上がって」いる。次いで神経症状、痙攣、躁病的行動、および伸展性痙攣死が急速に生じ、鼻孔から泡沫状の排出物を出している（図 12-50）。血管透過性の亢進は全身的な循環障害を生じ、肺充血、胸水、および心膜水腫がみられる（図 12-51、ここでは鉗子が切開された心膜縁を持ち上げている）。図 12-52 の罹患した肺の割面は、広範な肺葉間の浮腫（図中の A）と充血（図中の B）を示している。本病は時々軽度または不顕性である。

図 12-49　カウドリア症（心水症）：元気なく「腹部が巻き上がった」去勢雄牛（ゼブー、マリ）

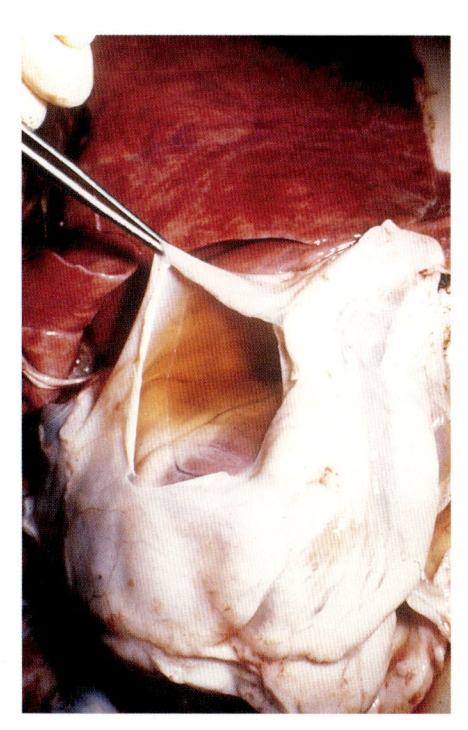

図 12-51　カウドリア症：心膜水症と肺充血

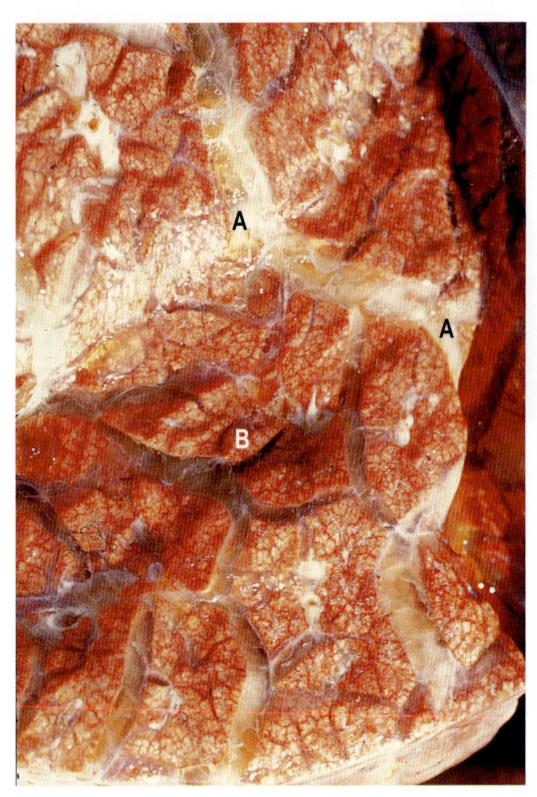

242　Infectious diseases

図 12-52　カウドリア症：広範な肺葉間の浮腫と充血（南アフリカ）

#### 類症鑑別
炭疽（図 12-63）、狂犬病（図 9-33〜図 9-34）、大脳バベシア症（図 12-39）、大脳タイレリア症（図 12-48）、髄膜炎（図 9-22、図 9-23）、腸管毒血症（C. perfrigens, type D）。疑似牛の症状は（しばしば輸入時）、通常診断可能である。確定診断は、脳毛細血管内皮におけるエールリヒアのコロニーの検出による。

#### 対処
症状の発現前の臨床例にオキシテトラサイクリンを投与する。予防はワクチン接種、ダニ予防、および化学的予防法による。

### Q 熱　Query fever

#### 病態
本病は Q 熱リケッチア *Coxiella burnetti* によって起こる世界的な人獣共通感染症である。本リケッチアはグラム陰性の真正細胞内寄生体であり、細胞質の小胞内に小さな凝縮した桿状物または大きな多形性の微生物として出現し、牛の流産を生じる。

#### 症状
感染は通常潜在性である。感染は空気伝播、直接接触、感染胎盤の摂取、または乳汁によって拡散する。主要なリスクは妊娠中の婦人である。

子宮は軽度または重度の胎盤炎を起こす。病原体は乳房、リンパ節流路、胎盤、および子宮に存在し、次の分娩時に排出される。

#### 類症鑑別
他の原因による流産：診断は病原体の証明（例えば、胎盤から）による。

#### 対処
テトラサイクリンによる治療の必要性はまれにしか生じない。流産牛の隔離、および汚染物質（排出物、床敷き）と流産胎子の焼却をする。

### 散発性牛脳脊髄炎（SBE）（バス病、伝染性漿膜炎）　Sporadic bovine encephalomyelitis ("Buss disease", transmissible serositis)

#### 病態
本病は *Chlamydophila pecorum* によって起こる。近年報告のあるパラミクソウイルス（paramyxovirus）による SBE は別の疾患である。

#### 症状
本病はまた伝染性漿膜炎とも呼ばれ、世界的に散発性に発生している、そう多くない全身感染症である。血管、漿膜、および滑膜の全身性炎症を起す。図 12-53 の子牛は、慢性の線維素性滲出性腹膜炎を示している。胸膜炎と心膜炎もみられる。疫学と病原性は牛悪性カタル熱（図 12-20〜図 12-22）と似ているが、死亡率は低い。間葉の損傷に続発して脳炎が起こる。

#### 診断
組織押圧塗抹のギムザ染色標本検査、脳の病理組織学的検査、および組織培養による病原体の分離によってなされる。

#### 類症鑑別
牛悪性カタル熱、リステリア症（図 9-11、図 9-

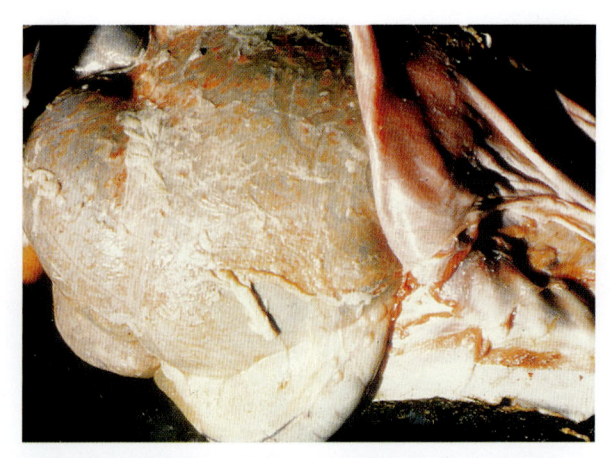

図 12-53　散発性牛脳脊髄炎：慢性線維素性滲出性腹膜炎と胸膜炎（南アフリカ）

感染症　243

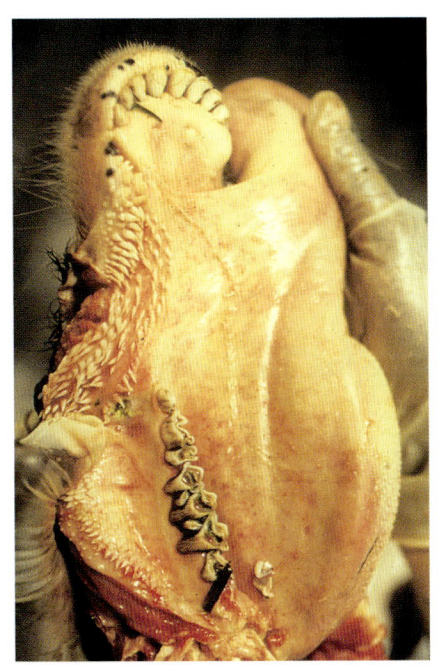

図 12-54　牛点状出血熱：舌下の点状出血（ジンバブエ）

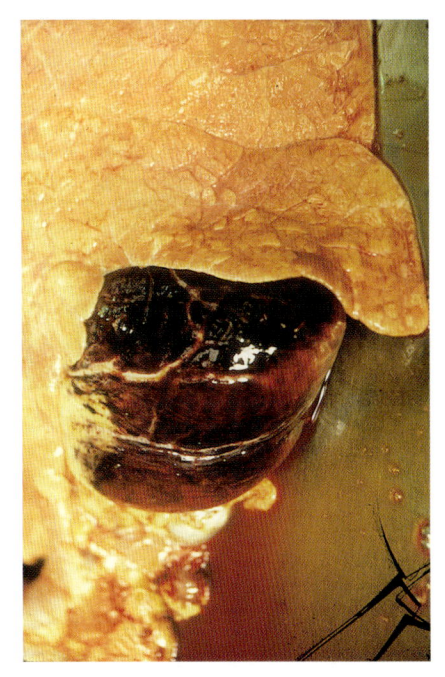

図 12-55　牛点状出血熱：心外膜の激しい点状出血（ジンバブエ）

12)、狂犬病（図9-32～図9-34）、鉛中毒（図13-29）、パスツレラ性肺炎（図5-8～図5-11）。

### 対処
初期にはおそらく広域性抗生物質がよい。

## 牛点状出血熱（オンジリ病）
Bovine petechial fever (Ondiri disease)

### 病態
原因となるリケッチアは *Ehrlichia ondiri* である。自然の伝播様式は不明であるが、おそらくダニが関与しているだろう。このリケッチアは伝染性でない。

### 症状
この病原体は、臨床症状が続く間は循環顆粒球と単球に存在し、その後脾臓と他の臓器に局在する。本病はケニアとおそらく隣接のタンザニアの標高約1,500 m以上の地域に限定される。在来牛は感染しても臨床症状を示さない。新規導入の外来牛が突然の発熱とともに、劇的な症状を示し、しばしば正常な食欲と行動を示さなくなる。乳牛は完全に泌乳を停止する。24時間以内に可視粘膜に無数の点状出血を生じる。例えば、舌下部（図12-54）、および心外膜（図12-55）と腫大したリンパ節（図12-56）のような内部器官にみられる。重症例では、鼻出血、黒色便、および前房出血が起こる。毛包は血液と麦わら色の液を流しだし、剥げ落ちた表皮の中で乾いていく。強膜と結膜の出血がみられることもあり、時には眼房水の下部に遊離血が存在する。眼球は緊張して腫脹し、めくれた結膜嚢から突出して、いわゆる「落とし卵の眼」のようになる。血液やカタル性滲出物を気道から排除しようとする、鼻息の荒い牛は通常、特に肺水腫があれば、死亡する。死亡時の可視粘膜は蒼白である。

### 診断
発熱期における血中病原体の証明、特徴的な病歴および症状による。

### 対処
臨床例の早期にオキシテトラサイクリンの全身投与。回復牛は潜在的なキャリアとなることがある。以前に大発生のあった地域は、理想的には避けるべきである。

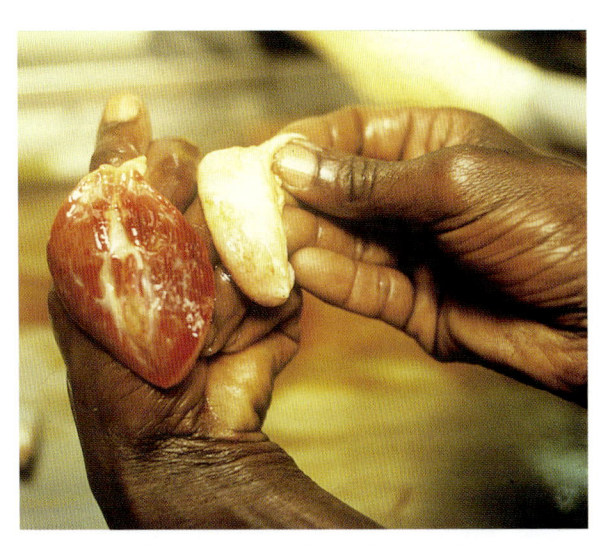

図 12-56　牛点状出血熱：正常と比較して、腫大した赤色のリンパ節（ジンバブエ）

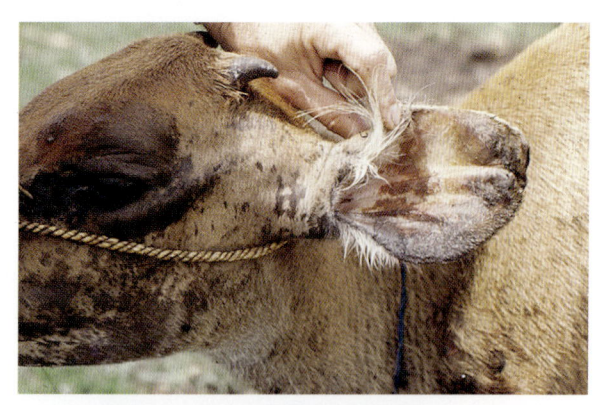

図 12-57 ヤムブラナ病：抹消壊死（例えば、耳）を伴うバリ病型（インドネシア）

## ヤムブラナ病　Jembrana disease

### 病態

本病は、バリ島のヤムブラナ地域における家畜化された野生牛バンテン（*Bos sondaicus* syn. *Bos javanicus*）の、免疫抑制性出血性体質をいう。病因は不明であるが、おそらくウシマダニ属（*Boophilus*）ダニ媒介のエールリヒア症、またはレンチウイルス感染症（近くの動物との接触によって拡散する）であろう。

### 症状

1964年に初めてみられ、31,000頭のバンテンのうち61％が死亡した。本病は今日ではインドネシアの他の島々にも広がっている。バリ病は他の病型であり、全身性血管炎の結果としての抹消壊死（例えば耳、図12-57）を特徴とする。処女地での流行の初期症状には、発熱、食欲不振、脱力、および移動嫌悪があり、また行動の変化、重度の全身リンパ節腫脹（図12-58）、および全身蒼白を示す。この牛は腫大した耳下腺（図中のA）、咽頭後部（図中のB）、および浅頸（図中のC）のリンパ節を示す。糞便は腸出血からの血液を混じている（図12-59）。妊娠動物は流産することがある。剖検時の病変には、硬口蓋と軟口蓋（図12-60）、および腸の漿膜面を含む全器官における重度の出血がある。増殖性の病変が、リンパ網内系組織、消化器、肝臓、腎臓、および肺に存在する。地方病的な症例はより軽度であり、死亡率は約20％である。

### 類症鑑別

牛疫（図12-10）、出血性敗血症。

### 対処と予防

回復した動物はキャリアとして残り、免疫を獲得している。出血性敗血症への多頭ワクチン接種時に、機械的に本病を伝達する危険性がかなりある。集団検査のためにはELISAとAGIDが利用できるが、診断には有用でない。テトラサイクリンを含む支持療法が助けとなる。特別な防止対策はない。

## エールリヒア症　Ehrlichiosis (Nofel syndrome)

### 病態

その寄生体が流行しているダニの多い地域で飼養されている健康な牛に、*Ehrlichia bovis*（良性牛リケッチア症の病原体）が循環単球の持続的な寄生体となるが、病原性は低い。媒介者（ベクター）は、*Hyalomma*（イボマダニ属）*aegypticus*（アフリカ北部）、*Amblyomma*（キララマダニ属）*variegatum*（アフリカ西部）、*Rhipicephalus*（コイタマダニ属、アフリカ南部）、*A. cajennense*（ブラジル）である。

### 症状

未経験の輸入牛が原発性の感染を受け、波動熱、食欲不振、および下痢を示し、状態が悪くなり、また神

図 12-58 激しいリンパ節腫脹を示すヤムブラナバリ病（インドネシア）

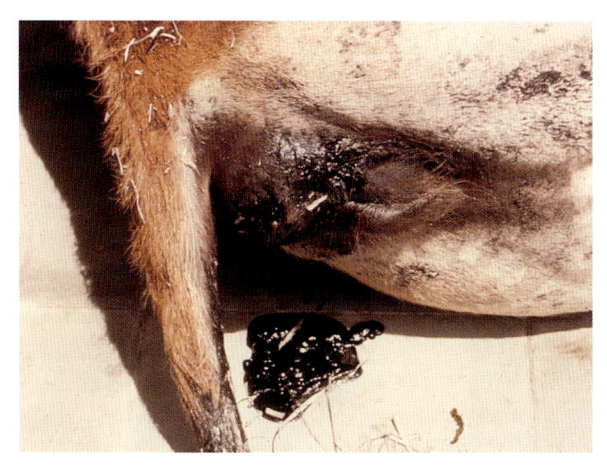

図 12-59　ヤムブラナバリ病：腸出血に続く血便（インドネシア）

図 12-61　トリパノソーマ症：痩せた放牧牛群

経症状を示すこともある。死亡率は低い。もう1つのタイプ（Nofel）は、過剰なストレスを受けた季節移動牛における、より悪化した *E. bovis* 感染であり、激しいリンパ節腫脹症、垂れ下がった耳の大きな浮腫、膿性の眼と鼻の排出物、食欲不振、および便秘を発現する。治療されなければ、ほとんどの牛は急速に死亡する。

### 類症鑑別
カウドリア症（図 12-49～図 12-52）。

### 対処
感受性のある未経験牛の導入を避ける。定期的な薬浴を実施する。重症例にはテトラサイクリンの投与。

## トリパノソーマ症（アフリカトリパノソーマ症、ナガナ）
Trypanosomiasis (African trypanosomiasis, Nagana)

すべての動物疾病の中で、亜湿潤および湿潤熱帯地方の中で牛生産に最も重要な制約を与えているのがトリパノソーマ症である。アフリカのみで、米国の牛の1/3以上に相当する牛が罹患している。年間の損失額は50億米ドルにも達している。

### 病態
本病は、トリパノソーマと呼ばれる血液寄生虫によって起こる急性、亜急性、または慢性の疾患である。さまざまな種があり、*Trypanosoma congolense* と *T. brucei* はアフリカ地域のみにみられ、ベクターとして約20種のツェツェバエ（ツェツェバエ科 *Glossina*）が見いだされている。*T. vivax* はツェツェバエ地域のみならず、アフリカ、アジア、南米と中央アメリカの非ツェツェバエ地域にもみられる。トリパノソーマはツェツェバエによって生物学的に循環的に伝達されるが、他のサシバエ類によって吸血中に機械的に移送されることもある。これらのサシバエには、*Stomoxys*、*Tabanidae*、*Lyperosia*、および *Hippoboscidae* がある。アフリカのトリパノソーマ症の臨床的感染の圧倒的多数は、ツェツェバエによって伝達される *T. congolense* と *T. vivax* である。牛に発生する世界的に分布する種である *T. theileri* は非病原性である。

### 症状
牛への感染は、皮膚の刺咬を通じて起こり、リンパ節を経由して血流に移行する。潜伏期は1～4週間である。臨床症状は非特異的で、毛羽立った被毛、間欠的な発熱、元気消失、貧血、乳量低下、および体重と体調の低下がある（図 12-61、図 12-62）。流産と繁殖障害が起こる。死亡率はさまざまであるが、慢性の経過は数カ月から数年に及ぶ。甚急性の出血性のタイプも発生し、アフリカ東部で特に *T. vivax* の系統に関連している。剖検時の特徴もまた非特異性であるが、リンパ節腫脹、脂肪組織の枯渇、および貧血（蒼白な水っぽい解体後の牛体）がある。急性 *T. vivax* 症例では、出血は漿膜病変としてみられる。

### 診断
家畜の所有者は臨床症状と治療への反応に頼ってい

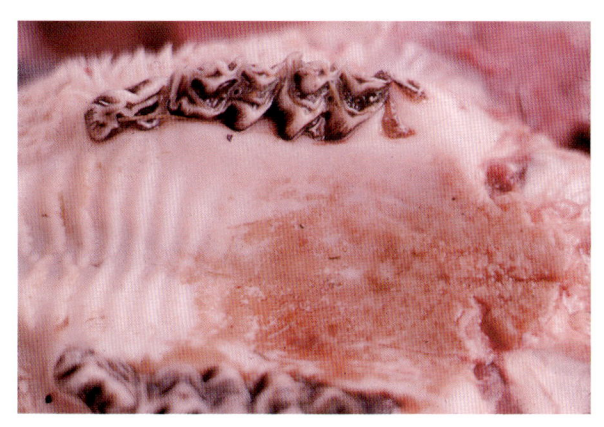

図 12-60　ヤムブラナバリ病：硬口蓋と軟口蓋の出血（インドネシア）

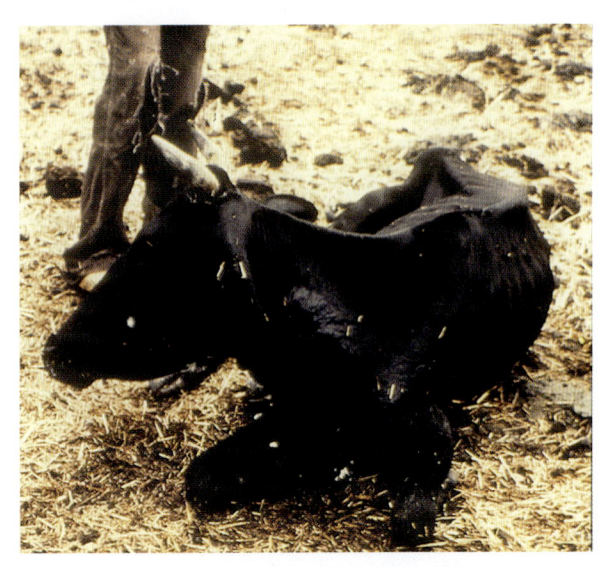

図 12-62　トリパノソーマ症：重度に削痩し横臥している牛

図 12-63　炭疽：牛の腫大した暗色の脾臓（ヘレフォード雑、ジンバブエ）

る。血液塗抹とリンパ節塗抹での寄生体の証明、あるいは新鮮血のバフィーコートの遠沈と検査が診断を確定する。循環寄生体の数は非常に大きく変化するので、個体または群での繰り返しの採材が、感染の証明に必要となる。過去の感染の程度を示すような、免疫学的または分子生物学的な技術を含む、さまざまな血清学的検査法が利用できる。

### 類症鑑別

肝蛭症、寄生虫症（例えば住血吸虫症）、バベシア症（図 12-39〜図 12-43）、アナプラズマ症（図 12-44〜図 12-47）、東海岸熱（図 12-48）、慢性の牛伝染性胸膜肺炎、結核、栄養不良（エネルギー、タンパク、またはミネラルの欠乏）、および高齢と頻回の妊娠の共存。急性出血性の症例は、出血性敗血症、牛点状出血熱、またはオンジリ病（図 12-54〜図 12-56）、および炭疽（図 12-63）と鑑別せねばならない。

### 対処

臨床例の治療には、diminazene aceturate (Berenil®)、isometamidium (Samorin® または Trypamidium®)、quinapyramine sulfate (Trypacide® および Triquin®)、homidium bromide (Ethidium®)、および homidium chloride (Novidium®) を用いる。薬剤耐性が増加しつつあり、問題である。

### 予防

さまざまな程度の予防法が、isometamidium および homidium の思慮深い使用によって実施できる。季節的な群編成の変更がツェツェバエへの暴露を減じる。ツェツェバエの数は、ポアオン方式、または牛の薬浴と散布、あるいはトラップと殺虫剤浸透標的を用いて、生息地の修正と殺虫剤の戦略的適用をすることによって、減少させることができる。トリパノソーマ耐性品種、特にアフリカ西部ではミニ牛品種である N'Dama と Muturu の維持が、もう 1 つの戦略となる。

## 細菌性疾患　Bacterial diseases

### 炭疽（脾臓熱）　Anthrax (Splenic fever)

#### 病態

*Bacillus anthracis* によって起こる甚急性疾患。

#### 症状

ほとんどの症例はそれまで健康であった牛が突然死することによって判明する。少数の終末的敗血症では、運動失調、および鼻、口、または肛門からの出血を示す。終末期には、暗色の血液が肛門と陰門から流出する。炭疽の剖検時の特徴は、ジンバブエのヘレフォード交雑牛の材料で、図 12-63 にみられるように、腫大した、暗色の軟らかくざらざらした脾臓である。牛は、汚染草地（例えば、化成場の排液を含んだ川水の時折の洪水）を通して、または汚染された人工または自然の飼料の摂取によって感染する。炭疽の疑いのある牛は決して剖検すべきではなく、最初に血液塗抹で診断を確定する。炭疽は多くの国で法定届出伝染病である。肉と骨を含む飼料を牛に給与することを禁じた BSE の法律によって、英国では炭疽の発生が減少した。

#### 類症鑑別

例えば、落雷（図 9-41）、鼓脹症（図 4-61、図 4-62）、クロストリジウム症（後述参照）、アナプラズマ症（図 12-44〜図 12-47）、細菌性ヘモグロビン尿症のような他の突然死の原因疾患。

#### 対処

初期では強力な全身的なペニシリンやオキシテトラサイクリン投与。流行地域ではワクチン接種。

感染症　247

図12-64　気腫疽(*C. chauvoei*)：子牛の広範な右殿筋の腫脹(シャロレー雑)

## クロストリジウム症　Clostridial diseases

　クロストリジウムは土壌および人と動物の消化管内にいる常在菌である。牛への病原性は、摂食または創傷汚染のいずれかによって発生する。クロストリジウムの1つのグループは、活発な侵襲と毒素生産によって病原性を発揮し、死を誘発する(破傷風、ガス壊疽)。第2のグループは、腸管内で(*C. sordellii*によって起こる腸管毒血症)、あるいは体外の飼料や腐肉中で(ボツリヌス症)、毒素を生産する。クロストリジウム症の1つである、*C. septicum*によって起こる悪性水腫は、第4章「消化器疾患」に図示されており(図4-44、図4-45)、頭部腫脹を誘発する他の疾患との類症鑑別に役立つ。広範囲なクロストリジウムの混合ワクチンが広く入手可能であり、この疾患の予防に非常に有効である。

## 気腫疽(*Clostridium chauvoei*)
Blackleg (*Clostridium chauvoei*)

### 病態
　本病は、*C. chauvoei*によって起こる急性熱性壊死性筋炎であり、気腫性の腫脹を特徴とする。

### 症状
　気腫疽は開放創の病歴がなくても自然に発生するが、打撲傷は、この菌が増殖する嫌気的な筋の状態を作ることによって、誘発要因となることがある。時には肥育牛が症状を示すことなく死んでみつけられることがある。ほとんどの症例は、急性の沈うつと跛行の症状の後に、死亡する。草地のシャロレー雑子牛は、右後肢の広範な殿筋の腫脹を伴って、重度の跛行をしていた(図12-64)。この牛の剖検は(図12-65)、正常な左肢と比べて、黒く壊死した筋肉を示している。後駆が通常最も激しい病変を示し、特徴的な酸敗臭のするガスの泡沫が筋肉に浸潤している。しかし、心筋を含む体のどの部分も侵されている。しばしば、重度に罹患した(黒くなった)筋が正常な組織に隣接している(図12-65)。

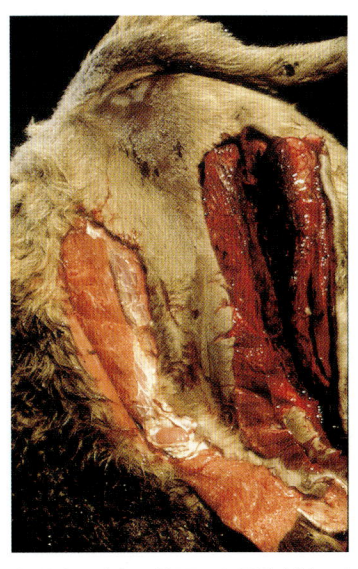

図12-65　気腫疽：暗色の壊死した殿筋(右)、および正常な殿筋(左)

### 類症鑑別
　悪性浮腫(図4-45)、炭疽(図12-63)、毒蛇の咬傷、落雷(図9-41～図9-43)。肉眼的な病変が通常特徴的であり、検査室での確定は蛍光抗体染色によってなされる。

### 対処
　もし瀕死状態でなければ、ペニシリン、非ステロイド系抗炎症薬(NSAID)、およびおそらく周囲組織を大気に曝すための外科的辺縁切除によって、牛を治療する。流行農場にはワクチン接種がよい。

## 破傷風(*Clostridium tetani*、牙関緊急)
Tetanus (*Clostridium tetani*, "lockjaw")

### 病態
　破傷風による毒血症は、*C. tetani*の特殊な神経毒によって起こり、通常は脊髄と脳へ神経管を上行する疾病である。

### 症状
　深部の嫌気的な皮膚創(例えば、去勢、図10-36)に侵入した*C. tetani*は、神経毒生産の結果として、進行性の神経症状を起こす。牛は全身的な硬直を示す。このヘレフォード雑の哺乳中の牛は(図12-66)、背彎姿勢をし、尾を挙上し、頭頸部を伸長し、耳をそばだて、「チャイニーズ・アイ(つり目)」をし、そして鼻孔が発赤腫脹している。瞬膜が突出することもある。第一胃鼓脹が多くみられる。この牛は非常に攻撃的で、その後転倒し、再び起き上がることができなかった。この子牛では(図12-67)、破傷風は進行性

図12-66　破傷風：背彎姿勢、頭頸部の伸長、「チャイニーズ・アイ（つり目）」、および発赤拡張した鼻孔の牛（ヘレフォード雑）

の呼吸障害を伴って、重度の伸張性硬直へと発展した。硬直が非常に激しいので、上方の肢は地面から離れたままである。尾は過度に伸長している。激しい後弓反張に注目する。この子牛は2週間前に去勢されていた。破傷風に罹ったフランスの牛の大写しの写真は（図12-68）、硬直し伸長された頸部の筋痙攣、後方に向いた耳、および麻痺した口唇の間の咀嚼できないいくらかの食物を示している。

### 類症鑑別（初期の症例について）

髄膜炎（図9-24）、大脳皮質壊死または大脳灰白質脳軟化症（図9-1）、子牛の低マグネシウム血症性テタニー（図9-4）、ストリキニーネ中毒、急性筋ジストロフィー（図7-154）。

### 対処

静かな環境下で、抗血清、抗生物質、筋弛緩剤、および支持療法をする。予防には、去勢時の正しい皮膚と器具の消毒の維持、およびワクチン接種がある。

## ボツリヌス中毒
### （*Clostridium botulinum*、ラムジェット）
Botulism (*Clostridium botulinum*, "Lamziekte")

### 病態

本病は、*C. botulinum* の神経毒（通常はタイプD）によって起こる、急速に致死的となる運動神経麻痺である。

### 症状

この毒素は、腐敗した動物由来物の中で菌が増殖した結果、生産される。例えば、鶏の排泄物が草地に散布され、その後その草地に牛が放牧されたり、あるいはその草地から作られたまたは他の鳥類や小動物の死骸を含んだ、保存牧草が牛に給与されたりする。英国における本症例の増加は、おそらく飼料中の抗生物質成長促進剤の排除によるであろう。米国における症例の大多数は、廃棄された食品中の *C. botulinum* の増殖と関係している。

毒血症は初期に後駆の運動失調を示し、起立不能へと進展する（図12-69）。肢を広げて立ち（広い着地）、後肢の球節はナックリングしている。舌の運動神経麻痺は（図12-70）、捕食、咀嚼、嚥下を困難にしてい

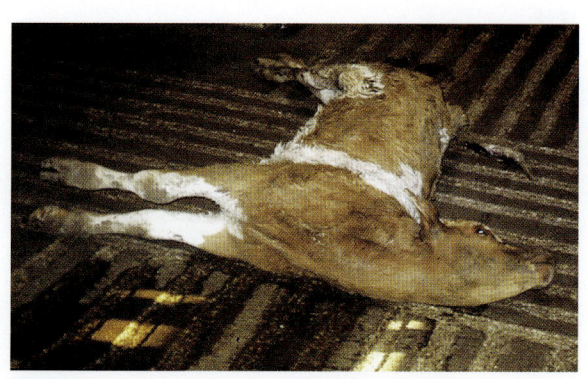

図12-67　破傷風：激しい伸張性硬直と後弓反張

図12-68　破傷風：頭頸部の症状（フランス）

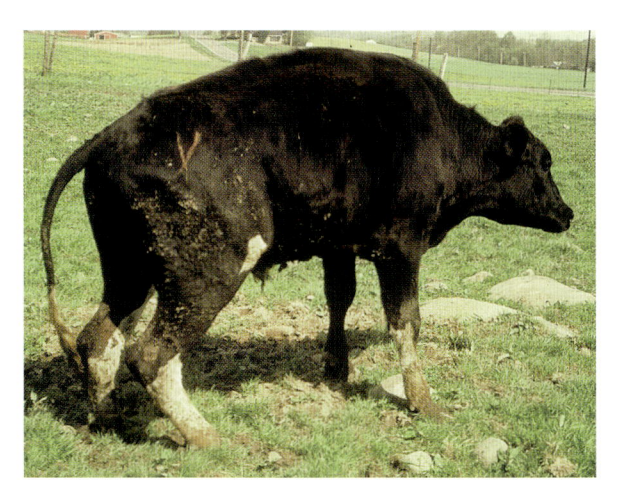

図12-69 ボツリヌス中毒：後躯の運動失調（米国）

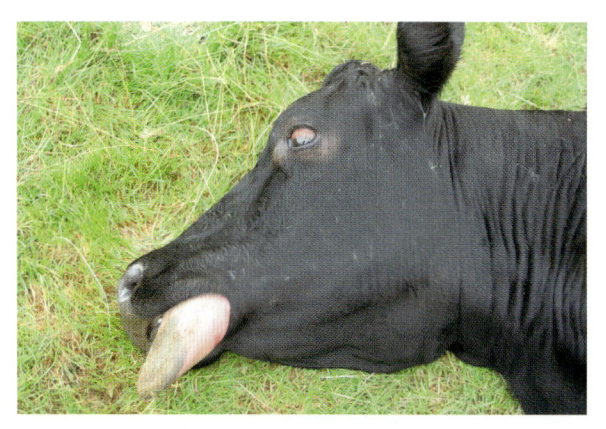

図12-71 ボツリヌス中毒：横臥の牛（アンガス雑）

る。この牛は頭部を持ち上げることができなかった。唾液中に、嚥下されずに、一部咀嚼された飼料片が含まれることがある。この横臥したアンガス雑牛もまた、舌の運動神経麻痺が明らかである（図12-71）。おそらく混合飼料中の植物類の摂食による、ボツリヌス症の集団大発生において（616頭の肥育牛中203頭が死亡）、この未経産牛は激しい呼吸困難を伴って、放し飼い牛舎内の区画床上で虚脱していた（図12-72）。伸長した頭頸部、拡張した鼻孔、および開口に注目する。尾は周囲を打ちつけていた。この大発生の症例のように、血清、剖検材料、および疑わしい飼料中の *C. botulinum* の確認はしばしば困難である。死亡は呼吸筋の麻痺から生じる。ある国では、ボツリヌス症の主な原因は分解された動物の死体である。この卑しい食欲（異食症）は、リン欠乏（図7-164、図7-165）によって刺激される。流行地においては、毎年ボツリヌス症のために3％に上る牛が死亡している。鶏の排泄物、および牛の飼料に用いられた鶏くずの混じったサイレージは、牛床に用いられた鶏くずと同様に、すべてクロストリジウム源として関与していた。

### 類症鑑別

有機リン中毒（図13-26）、血栓塞栓性髄膜脳炎（図9-27）、BSE（図9-36〜図9-38）、散発性牛脳脊髄炎（SBE、図12-53）、麻痺性狂犬病と損傷、リステリア症、産褥麻痺。

### 対処

食餌中の欠乏物質の修正、原因物質の排除、問題地域ではおそらくタイプDまたはCトキソイドによる免疫付与。

## *Mycoplasma wenyonii* 感染症
*Mycoplasma wenyonii* infection

### 病態

*Mycoplasma*（以前は *Eperythrozoon*）*wenyonii* は、近年英国で認められた、呼吸器を除くさまざまな体組織を侵す牛の病原体である。

### 症状

通常、数カ所の乳牛群で、夏の終わりから秋にかけて発生し、牛は突然、乳頭と乳房の浮腫とともに、両側性の後肢の浮腫性腫脹（図12-73）を生じる。罹患

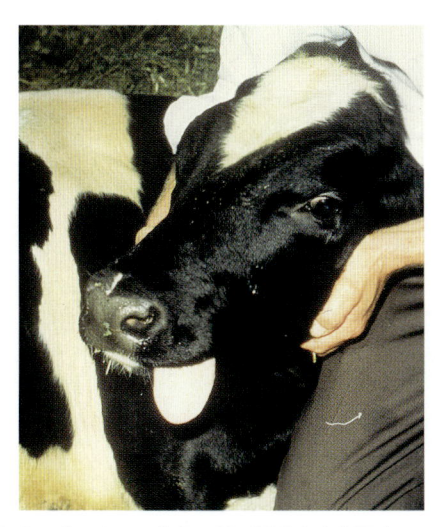

図12-70 ボツリヌス中毒：舌の運動麻痺を示すフリーシアン牛（米国）

図12-72 ボツリヌス中毒：虚脱した肉用未経産牛

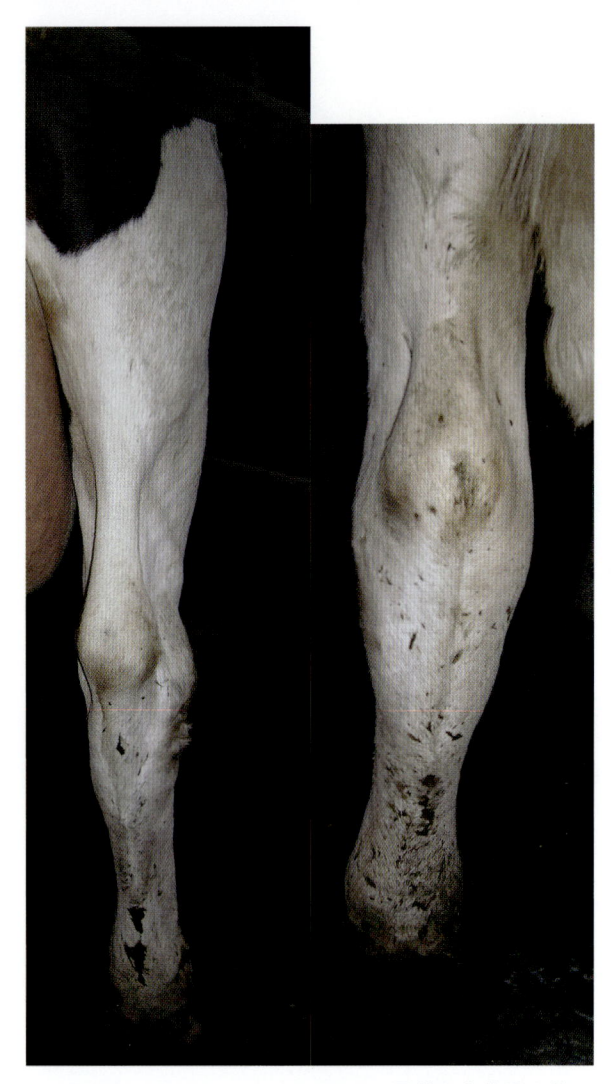

図 12-73　*Mycoplasma wenyonii*：正常な左後肢と比べて、浮腫性の腫脹をしている右飛節

牛は乳量の激減、食欲不振、発熱、およびリンパ節腫脹を示す。

**類症鑑別**

後駆の外傷、循環障害（右心）、塩分の不均衡、および中毒がある。

**対処**

一般的なハエ防除対策。数頭の牛への多数回注射にただ1個の注射針を用いないこと。タイロシン治療が有望である。

## その他の疾患

### 牛白血病（牛ウイルス性白血病、牛リンパ肉腫）　Bovine leukosis (bovine viral leukosis, bovine lymphosarcoma)

白血病には4型がある。子牛型、胸腺型、および皮膚型はすべて散発性白血病と呼ばれる。牛白血病ウイ

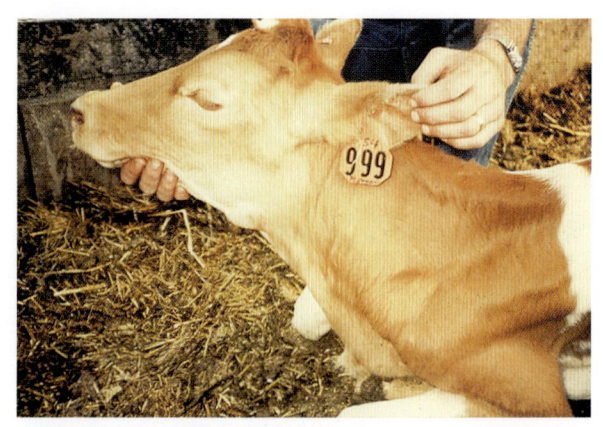

図 12-74　子牛の多中心型リンパ肉腫：大きな対称性のリンパ節腫脹症を示す子牛（ガーンジー）

ルスはこれら3型からは培養できず、また抗体も証明されない。第4のタイプの成牛型は、地方病性牛白血病（EBL）として知られ、牛白血病ウイルス（BLV）によって起こる。

### 子牛多中心型リンパ肉腫
Calfhood multicentric lymphosarcoma

図 12-74 のガーンジー子牛は、浅頚、顎下、耳下腺、および咽頭後リンパ節の肉眼的な対称性腫大を伴った、全身性リンパ節腫脹症を示している。リンパ節は平滑で疼痛はなく、皮膚を伴わず自由に動かせることが触診される。広範な腫瘍の転移が、通常6カ月齢以下の、このような症例にみられる。他の型の牛白血病と同様に、子牛型白血病は低い散発性の発生である。

### 胸腺型リンパ肉腫　Thymic lymphosarcome

図 12-75 のガーンジー未経産1歳牛の前胸骨部に、大きな硬い平滑な塊が存在する。浮腫もまた存在

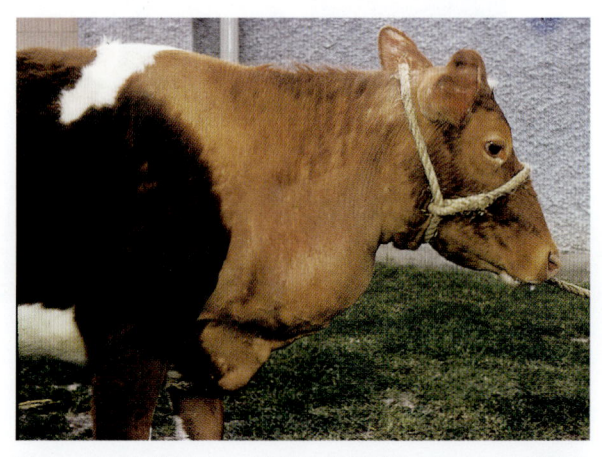

図 12-75　胸腺型リンパ肉腫：前胸骨部の塊を示す未経産牛（ガーンジー）

感染症　251

図 12-76　胸腺型リンパ肉腫：腫瘍塊の割面（アンガス雑、15 カ月齢）

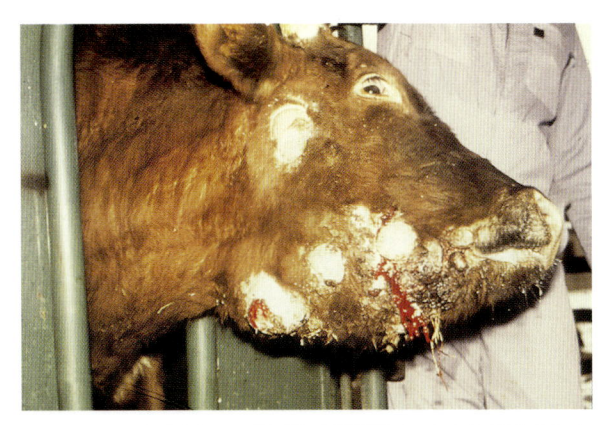

図 12-78　皮膚型リンパ肉腫：頭部周囲の大きな潰瘍化した塊

する。ほとんどの症例は 6〜24 カ月の年齢層にみられる。全身性のリンパ節腫脹症はない。ある症例は食道梗塞のために鼓脹になる。多中心型と同様に、この 15 カ月齢のアンガス雑牛の孤立性腫瘍の割面は（図 12-76）、肉芽腫様内容ではなく、淡黄色物を示している。

## 皮膚型リンパ肉腫　Skin lymphosarcoma

皮膚型白血病の発生はまれで、6〜24 カ月齢の未成熟な牛にみられる。図 12-77 の 1 歳の去勢雄牛は、頸部、背部、および前肢に灰白色結節を持ち、皮下深くに侵入している。よく目立つ腸骨下リンパ節とともに、全身性リンパ節腫脹症もまたみられる。図 12-78 の他の牛では、頭部の周囲に限局した大きな潰瘍性病変を持っている。これは牛の唯一の非致死的なリンパ様腫瘍であり、これらの皮膚の塊は数カ月で消退する。

### 類症鑑別

アクチノバチルス症（図 4-37）、アクチノマイコーシス（図 4-40）、線維乳頭腫（いぼ、図 3-44）。

## 地方病性（成牛型）牛白血病（EBL）、牛リンパ肉腫　Enzootic (adult) bovine leukosis, Bovine lymphosarcoma

### 病態

本病は、外因性 C タイプオンコ（腫瘍：onco）ウイルス（BLV）によって起こる、網内皮系の致死的な全身性悪性腫瘍である。

### 症状

地方病性牛白血病は、ほとんどの体表リンパ節の対称的な腫大を伴う、全身性リンパ節腫脹症を生じ、しばしば他の症状も示す（図 12-79）。図 12-80 のアンガス牛は、腫大した下顎、耳下腺（写真撮影の前に、針バイオプシーのために剃毛されている）、および浅頸リンパ節を示している。リンパ肉腫はまた、心臓と子宮にも認められた。症例によっては（20％）、通常一側性であるが、眼に好発する。腫瘍は一般に眼球後部にある。例外的に、図 12-81 の成牛は、大きな両側性の眼球突出症を示し、眼球内へのリンパ様組織の浸潤の結果として、肉芽組織の突出を示している。リンパ肉腫のみられる他の部位には、眼球自体（図 8-42）、脊髄圧迫の結果として進行性の後躯麻痺を生じ

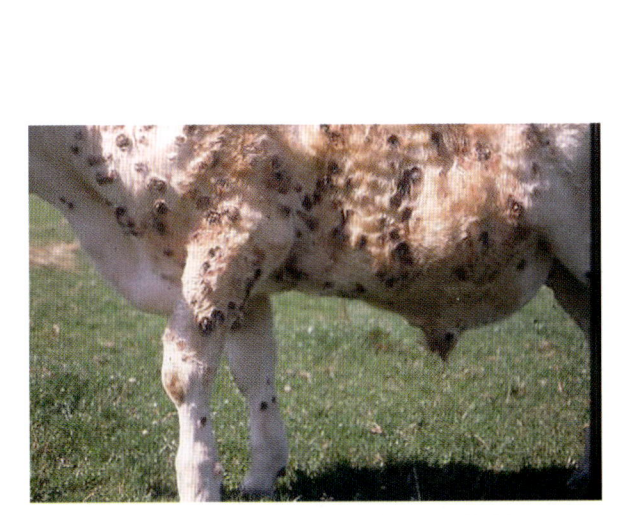

図 12-77　灰白色の結節を伴った皮膚型リンパ肉腫

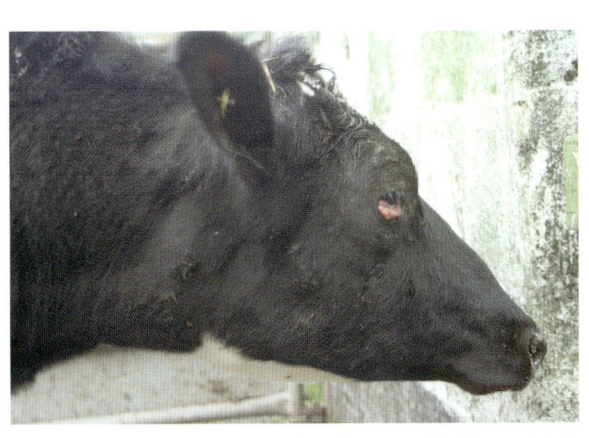

図 12-79　地方病性牛白血病（EBL）：リンパ肉腫における全身性リンパ節腫脹症

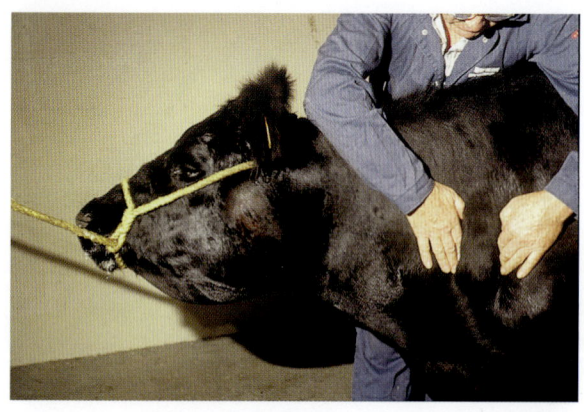

図12-80　地方病性牛白血病(EBL)：全身性リンパ節腫脹症を示す牛(アンガス)

る(図7-81)、脊柱管と脊髄、および第四胃(図4-75)がある。

### 地方病性牛白血病(EBL)の類症鑑別
散発性牛白血病、外傷性心外膜炎とうっ血性心不全、結核またはアクチノバチルス症によるリンパ節炎。

### 診断
腫大したリンパ節の病理組織学的検査。

### 対処
3カ月ごとに牛群の血清学的検査をし、陽性牛は淘汰する。

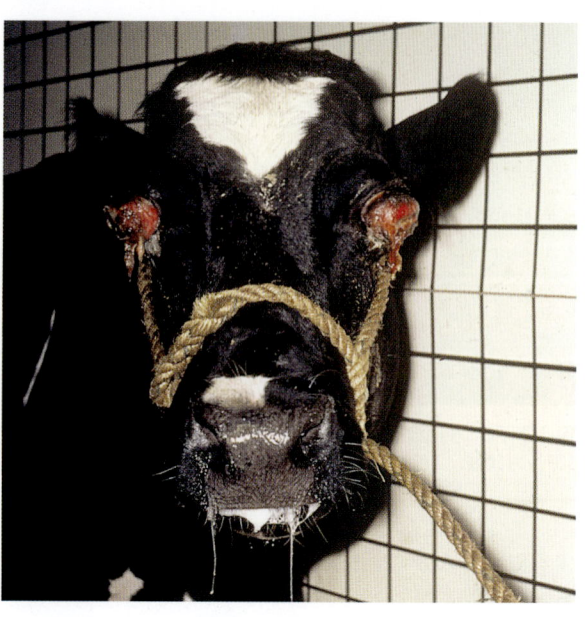

図12-81　牛リンパ肉腫：両側性の眼球後方の腫瘍塊により眼球突出症を生じている牛(フリーシアン、米国)

# 第13章

# 中毒性疾患 Toxicological disorders

| | |
|---|---|
| はじめに · · · · · · · · · · · · · · · · · · · · · · · · · · · 253 | ルピナス中毒(子牛関節彎曲症) · · · · · · · · · · · 259 |
| 植物による中毒症 · · · · · · · · · · · · · · · · · · · · · · 253 | 真菌中毒症 · · · · · · · · · · · · · · · · · · · · · · · · · · · · · · · · 260 |
| ワラビ(ワラビシダ) · · · · · · · · · · · · · · · · · · · 253 | 顔面湿疹(ピソマイコトキシコーシス) · · · · · · 260 |
| オーク(ドングリ) · · · · · · · · · · · · · · · · · · · · · 255 | 有機物による中毒症 · · · · · · · · · · · · · · · · · · · · · · · 261 |
| イチイ · · · · · · · · · · · · · · · · · · · · · · · · · · · · · · · · 255 | 塩素化ナフタレン · · · · · · · · · · · · · · · · · · · · · · · 261 |
| サワギク(セネシオ症) · · · · · · · · · · · · · · · · · · 255 | カーバメイトと有機リン化合物 · · · · · · · · · · · 261 |
| セイヨウアブラナとケール · · · · · · · · · · · · · · · 256 | 無機化学物質による中毒症 · · · · · · · · · · · · · · · · · 262 |
| ランタナ · · · · · · · · · · · · · · · · · · · · · · · · · · · · · · 257 | 硝酸塩／亜硝酸塩 · · · · · · · · · · · · · · · · · · · · · · · 262 |
| *Solanum malacoxylon* と *Trisetum flavescens* (地方病性石灰沈着症、*enteque seco*、*Naalehu*、*espichamento*) · · · · 257 | 鉛(鉛中毒) · · · · · · · · · · · · · · · · · · · · · · · · · · · · 263 |
| | ヨウ素(ヨウ素中毒) · · · · · · · · · · · · · · · · · · · · 263 |
| | フッ素沈着症 · · · · · · · · · · · · · · · · · · · · · · · · · · 263 |
| *Tetrapteris* 種 (peito inchado) · · · · · · · · · 258 | 銅 · · · · · · · · · · · · · · · · · · · · · · · · · · · · · · · · · · · · · · 264 |
| セレン中毒(ロコ草、セレン中毒症) · · · · · · · 259 | モリブデン · · · · · · · · · · · · · · · · · · · · · · · · · · · · 265 |

## はじめに

　牛の中毒性疾患を図示することは難しい。なぜなら、例えばイチイ(*Taxus baccata*)による中毒(p.255)のように、臨床症状が現れるのはほんのわずかな時間であり、数分もかからずに死に至ることがあるからである。また、臨床症状が特異的でないことも多い。しかし、中毒による影響は主に1つの器官系統に限られるので、これらの疾患に対する説明はそれぞれ適切な章に振り分けた。一例を挙げると、フェスク趾病と麦角中毒(図7-158〜図7-160)の説明は、運動機能障害の章に記載されている。この章では、中毒症を植物、有機物、無機化学物質のグループに分類し、それぞれについていくつかの例を挙げた。これらの症例は、ブラジル、中国、ドイツ、ニュージーランド、南アフリカ、英国、米国、ジンバブエから集めたものである。

　牛の肉、臓器、および乳汁に残存する化学物質に起因する食品安全性の問題はきわめて重要である。生産者は、食品安全基準に基づき、フードチェーンの汚染を避けることが義務付けられており、化学残留物で汚染された生産物をフードチェーンから排除しなくてはならない。乳製品販売業者やスーパーマーケットなどの食品業者は、発生した中毒事故の解決が済んでいない農場からの生産物買い入れを拒否するだろう。

## 植物による中毒症　Plant toxicoses

### ワラビ(ワラビシダ)　Bracken (bracken fern)

**病態**

　大量のワラビ(ワラビシダ)の経口摂取によって起こる急性あるいは慢性の中毒症で、世界中で発生している。これはワラビに含まれる数種類の毒素(再生不良性貧血因子)が原因であり、この毒素は骨髄の前駆細胞を殺す作用を持っている。

**症状**

　ワラビ中毒はいくつかの大陸で広範囲に発生している。ワラビ(*Pteridium aquilinum*)にはプタキロサイドなどの化学物質が含まれ、これらの毒素が蓄積されて2種類の症候群を引き起こす。1つ目は、2〜3週間にわたって大量のワラビを経口摂取した場合に、再生不良性貧血と血小板の減少を生じ、その結果、急性症候群の様相を示すというものである。突然死も時に起こる。図13-1に示したアンガス雑雌牛の陰門は、重度の貧血により蒼白になっている。小出血斑は血小板の減少に起因する。その他の部位からの出血としては、鼻出血、前房出血(図13-2、前房への出血)、あるいは膀胱粘膜からの出血による血尿(図13-3)などが起こり得る。

　2つ目として、数カ月間の長期間にわたって大量のワラビを経口摂取した場合に、慢性の地方病性血尿症を発症することがある。プタキロサイドは発癌性があ

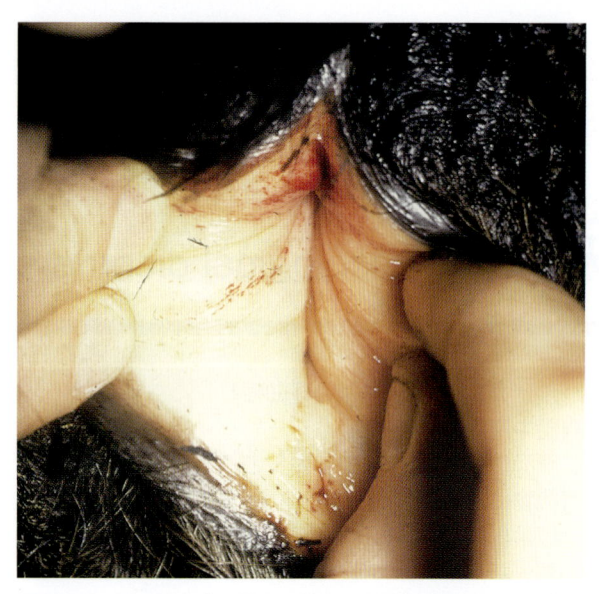

図 13-1　ワラビ中毒：雌牛の蒼白な陰門粘膜（アンガス雑）

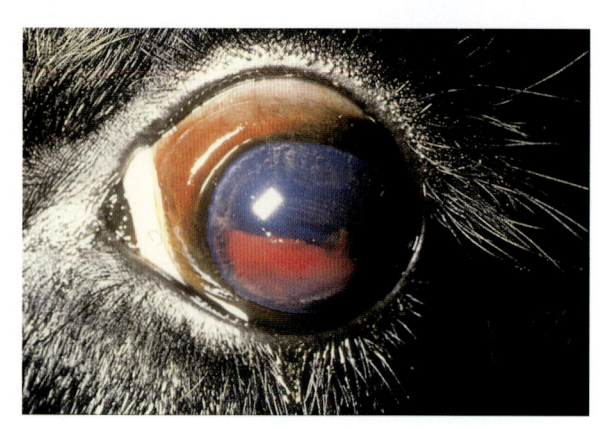

図 13-2　ワラビ中毒：前房出血を起こしている出血

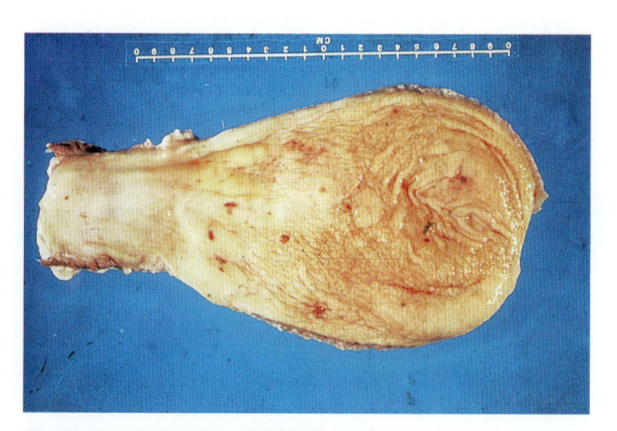

図 13-3　ワラビ中毒：膀胱粘膜の出血

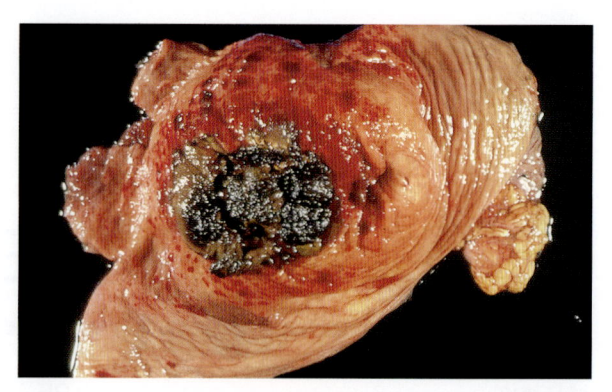

図 13-4　ワラビ中毒：膀胱粘膜から突出している複数の血管肉腫

るため、膀胱腫瘍を引き起こし、地方病性血尿症や血管肉腫（図13-4）などの悪性腫瘍の原因となる。写真の症例では、多数の離散性の塊が粘膜表面から突出しているのがみられ、膀胱の拡張や収縮に合わせて出血が起こりやすくなる。粘膜の一部（右上、左下）は正常と思われる。血管肉腫はさまざまなタイプの潰瘍性腫瘍に進展する可能性がある。消化管の腫瘍には扁平上皮癌や乳頭腫などがあり、それぞれ咽頭や食道を侵す。図13-5はブラジルの牛に確認された咽頭扁平上皮癌（図中のA）と食道乳頭腫（図中のB）である。牛乳頭腫ウイルス（2型と4型）も上部消化管腫瘍に関係することがある。

### 類症鑑別

急性症：炭疽（図12-63）、敗血性パスツレラ症（図5-10）、かゆみ-発熱-出血症（PPH）症候群（図9-39）、真菌中毒症（p.260）。慢性症：腎盂腎炎（図10-1、図10-2）、膀胱炎、バベシア症（図12-41）。

### 診断

ワラビへの暴露歴、重度の貧血や汎血球減少症の臨床症状、血小板数の低下によって診断する。放牧牛群で発生した場合には、罹患牛の多くは血液パラメーターが著しい異常値を示すが、無症状であることが多い。

### 対処

治療効果はどの症例に対しても期待できないが、輸血（5〜10ℓ）という選択肢もある。牧草や放牧地の管理（ワラビの根絶）を適切に行う。食品安全の観点からは、ワラビ牧野にいた乳牛の乳汁を直接消費する前に、4日間の出荷停止（英国）が推奨されている。

図 13-5　ワラビ中毒による消化管の腫瘍：(A)咽頭扁平上皮癌、(B)食道乳頭腫（ブラジル）

中毒性疾患　255

図13-6　オーク（ドングリ）中毒：食道粘膜の出血

図13-8　イチイ中毒：切開した第一胃内のイチイの葉

## オーク（ドングリ）　Oak（acorn）

### 病態
　ガロタンニンを含むオーク（ブナ科コナラ属の植物、*Quercus* 種）の実（秋）や若葉（春）を数日間にわたって摂取すると、中毒症状を起こすことがある。

### 症状
　毒性成分は腎臓および胃腸に病変をもたらす原因となる。亜急性や慢性の毒性によってもたらされる症状には、腹痛（出血性下痢を伴うことが多い）、口渇、多尿症、および体下方の浮腫などがある。食道粘膜が出血することもある（図13-6）。腫大した腎臓（図13-7）には散在性の出血とネフローゼがみられるが、これは腎不全を伴う症例にみられる体下方の浮腫、腹水症、水胸症の主な原因となっている。

### 診断
　オークの実や若葉への接近歴、あるいは剖検所見の特徴により診断する。

### 対処
　対症療法（非ステロイド系抗炎症薬〔NSAID〕や輸液療法）による。また、嵐が吹き荒れた直後などにドングリに近付くことを避ける。

## イチイ　Yew

### 病態
　イチイ科の植物（例えば、*Taxus baccata*：セイヨウイチイ、*T. cuspidata*：日本イチイ）には、心毒性のあるアルカロイド、タキシン、シアン化物が含まれている。

### 症状
　通常、イチイ中毒の症状は急性暴露後に発現し、神経過敏、運動失調、呼吸困難、虚脱などを示す。図13-8をみると、切開した第一胃の中の正常な摂取物にイチイの針状葉が混在しているのが分かる。一般的に牛はイチイの小枝や果実を2、3口摂食すると数分後に死に至る。欧米などではイチイの木を墓地の生け垣として植える習慣があり、このイチイの落葉や刈り取った新鮮な葉の一部が風にのって地肌が露出した冬の牧草地に運ばれた時に、イチイ中毒が起こることが多い。成牛の致死量は葉1kg程度であろう。致死までの期間は長い牛でも3日間ほどである。

### 対処
　治療にはビタミン$B_{12}$、スクロース（蔗糖）、およびアトロピンの経口投与が推奨される。価値の高い牛に対しては、第一胃の緊急切開手術が検討されることもある。

## サワギク（セネシオ症）　Ragwort（seneciosis）

### 病態
　サワギク（キク科キオン属〔*Senesio*〕植物の総称）は世界中に多くの種類があり、その中の1つの *Senecio jacobea* はピロリジジンアルカロイドを含み、急性および慢性の肝疾患を引き起こすが、慢性疾患の方が

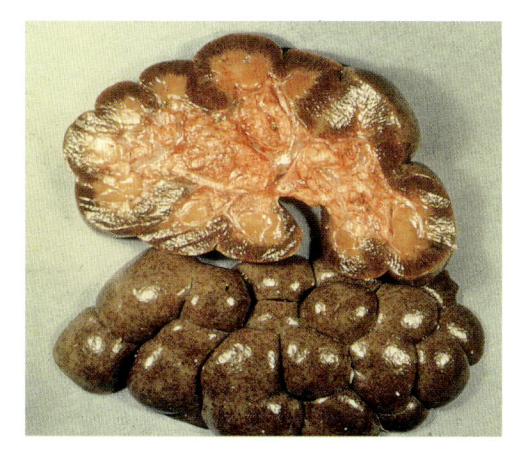

図13-7　オーク中毒：多数の出血を伴う腫大し腫脹した腎臓

13

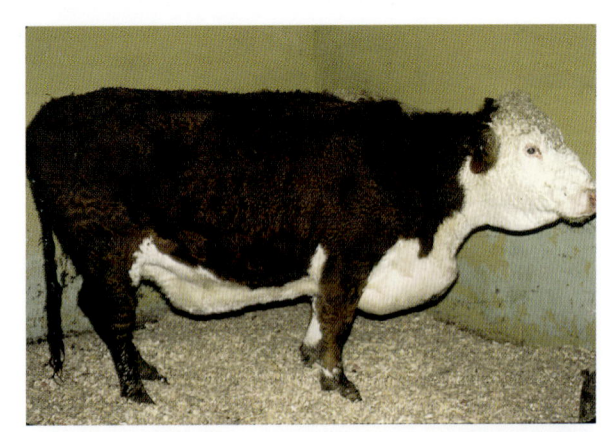

256　Toxicological disorders

図 13-9　サワギク中毒（セネシオ症）：腹部、胸部、頭部の下方の浮腫

図 13-10　セイヨウアブラナとケールの中毒：暗赤色の尿（ヘモグロビン尿）の排泄（米国）

より頻繁にみられる。また、タヌキマメ属（*Crotalaria*）などの別種の植物にも類似のピロリジジンアルカロイドが含まれており、結果的に慢性肝毒性を示すことがある。

### 症状

初期症状には暗色の下痢、光線過敏症、黄疸、腹痛、中枢神経系異常などがある。長期間にわたる摂取（慢性暴露）は進行性の衰弱、体重減少、肝硬変に起因する肝不全、重度の肺疾患を引き起こす。図 13-9 のヘレフォード雌成牛は、サワギク中毒症に起因する右心不全により、腹壁、胸部、および頭部の下方に浮腫を生じた。臨床症状の発現は摂取から数カ月後であり、この期間にこの毒性植物を摂食していない場合には、診断が困難になることがある。牛は一般的に苦味のある新鮮なサワギクを食べるのを避けるが、保存飼料の中に紛れ込んでいるうちに苦味が緩和されるため、この中毒症は乾燥したサワギクを摂取した牛に起こることが多い。光線過敏症（p.30）についても参照のこと。

### 類症鑑別

真菌中毒症（p.260）、鉛中毒（図 13-29）、肝疾患と脳症を引き起こすその他の疾患。

### 対処

ピロリジジンアルカロイド毒性に対する有効な治療はない。臨床的に正常な牛を汚染食物源から遠ざける。また特に晩夏や秋には、サワギク汚染草地から乾草やサイレージを作らないようにする。

## セイヨウアブラナとケール　Rape and kale

### 病態

セイヨウアブラナやケール（チリメンキャベツ）などの *Brassica*（アブラナ）科の植物を含む数種類の飼料にはグルコシノレートが含有され、これが動植物内に含まれる植物ミロシナーゼと一緒になると、加水分解されて S-メチルシステインスルフォキシド（SMCO）に変化する。この SMCO は第一胃細菌によるジメチルジスルフィド生成後に、溶血（ハインツ-エールリッヒ小体）性貧血を引き起こすことがある。成熟したこれらの植物の花や種子は特に毒性が強く、放牧牛による摂食、あるいは牛用濃縮固形飼料や食餌などへの混入には注意を要する。グルコシノレートは甲状腺腫、脳軟化症（セイヨウアブラナによる失明）、肺水腫、間質性肺炎の原因となる。

### 症状

罹患牛は血色素尿症を発症して暗赤色の尿（図 13-10）を排泄し、貧血と衰弱を示す。致死症例の剖検により、肝臓（図 13-11）と心臓（図 13-12）に蒼白と黄疸が認められる。

図 13-11　セイヨウアブラナとケールの中毒：蒼白と黄疸を示す肝臓（米国）

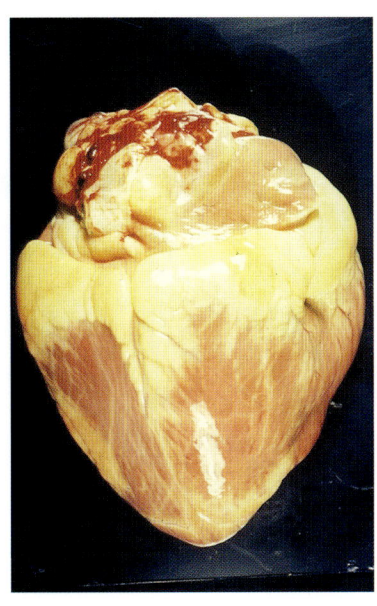

図13-12　セイヨウアブラナとケールの中毒：蒼白と黄疸を示す心臓(米国)

#### 類症鑑別

産褥性血色素尿症(おそらく前述のSMCOが赤血球に累積することと関係がある)、細菌性血色素尿症、硝酸塩／亜硝酸中毒(図13-27、図13-28)、低マグネシウム血症(図9-5)、バベシア症(図12-39〜図12-43)、アナプラズマ症(図12-44〜図12-47)、急性ワラビ中毒(図13-1〜図13-3)、慢性銅中毒(図13-33)。

#### 対処

臨床症状が現れるのは長期間にわたって多量(40〜50 kg/日)に摂取した場合だけである。十分な乾草を給与する。貧血の対症療法を施す。中毒症の発症を避けるために毒性物質を含まない種類のセイヨウアブラナ属を使用した飼料に切り替える。

## ランタナ　Lantana

#### 病態

*Lantana camara*は牛の肝臓に病変を来す毒性のトリテルペンを含む灌木で、光線過敏症、黄疸、第一胃食滞、沈うつなどの症状を示す。

#### 症状

図13-13のジンバブエのホルスタイン去勢牛は重度の皮膚病変(光線過敏症の典型例で、皮膚の白色部分のみが侵されている)、沈うつ、便秘由来のしぶりの症状を示している。第3章の光線過敏症(p.30)と第13章の顔面湿疹(p.260)も参照のこと。

#### 類症鑑別

光線過敏症(図3-3〜図3-9)、顔面湿疹(図13-22〜図13-24)。

図13-13　ランタナ中毒：重度の光線過敏症、沈うつ、しぶりを示す去勢雄牛(ホルスタイン、ジンバブエ)

#### 対処

ランタナへの接近を避けること。皮膚の浮腫が初期段階を過ぎている場合には、治療(例えば、非ステロイド系抗炎症薬〔NSAID〕を用いた治療)の効果には限界があり、やがて痂皮化した皮膚が剥がれ落ちる。

## *Solanum malacoxylon*と*Trisetum flavescens*(地方病性石灰沈着症、enteque seco、Naalehu、espichamento)
*Solanum malacoxylon* and *Trisetum flavescens* (enzootic calcinosis, enteque seco, Naalehu, espichamento)

#### 病態

*Solanum malacoxylon*(別名*Solanum glaucophyllum*；南米)あるいは*Trisetum flavescens*(イエローオートグラス；ドイツのバイエルン州)は、1,25-ジヒドロキシコレカルシフェロール(あるいは、きわめて類似の化合物)の配糖体により、腸からのカルシウム吸収を高める働きをする。配糖体は消化によって加水分解されて活性型ビタミンDを放出し、その結果、骨膜性新生骨の過剰沈着と血管の石灰化などの慢性症候群を引き起こす。さらには、進行性の硬直と跛行、およびこれらに起因する体重減少も伴う。

#### 症状

この骨膜性新生骨と血管の石灰化は、直腸検査(大動脈)で確認されたり、下肢(末梢動脈)に発現したりすることがある。図13-14のブラジルのマットグロッソ州の交雑雌牛は、典型的症状である衰弱と硬直を示し、前肢の蹄尖部で立っている。一般に歩様はゆっくりでぎこちない。別の牛の心内膜と肺(図13-15)には石灰化している部位(図中のA)と、骨化組織の斑点(図中のB)が認められる。ドイツの牛の剖検写真(図13-16)には、*T. flavescens*中毒による深屈筋腱と血管の石灰化が示されている。

258　Toxicological disorders

図13-14　*Solanum malacoxylon*中毒：削痩と硬直を示す牛（交雑種、ブラジル）

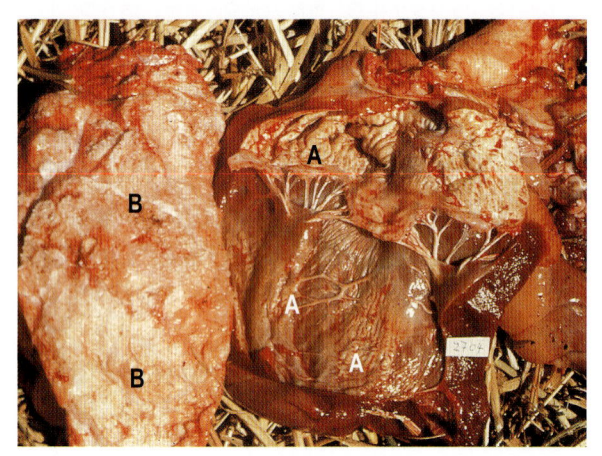

図13-15　*Solanum malacoxylon*中毒：(A)心内膜の石灰化、(B)肺の石灰化（ブラジル）

米国では、別種の*Solanum*が小脳変性、あるいは「狂牛病症候群」を引き起こすことがある。ナス科植物（例えばイヌホオズキ、*Solanum nigrum*）は胃腸への刺激や神経症状を示すことがある。

### 診断
初期段階での診断は困難なことがある。後期の症状、および剖検により確認された軟組織（心臓、主要血管、胸膜、肺）の石灰化などが診断の決め手となる。

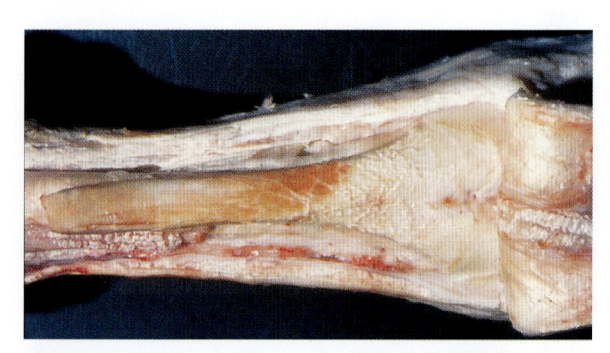

図13-16　*Trisetum flavescens*中毒：深屈筋腱と血管の石灰化（ドイツ）

図13-17　*Tetrapteris*中毒：体下部の浮腫と沈うつを示す牛（ゼブー雑、5歳、ブラジル）

### 対処
可能であれば、罹患した草地から牛を排除する。

## *Tetrapteris*種（peito inchado）
*Tetrapteris* species (peito inchado)

### 病態
*Tetrapteris*種（*T. multiglandulosa*および*T. acutifolia*）は、ブラジル南東部で広範にみられる心筋症の原因となっている。

### 症状
図13-17の5歳のゼブー雑雌牛にみられるように、腹側（特に胸部）の浮腫（このためブラジルでは「peito inchado（胸部腫脹）」と呼ばれる）、頸静脈怒張、心不整脈を起こす。この疾病は一般に亜急性であるが、慢性のことも少なくなく、まれに甚急性の場合もある。剖検では、心筋病変が蒼白化して白色の縞を伴い、また別のゼブー雌成牛の病変には線維症を示唆する硬化が認められる（図13-18）。*Tetrapteris*種の植物を生あるいは乾燥した状態で9～50日間摂食し続

図13-18　*Tetrapteris*中毒：心筋の蒼白化と線維症を伴う牛の心筋症（ゼブー、ブラジル）

図 13-19　セレン中毒（ロコ草）：削痩、脱毛、蹄の変形を示す牛（米国）

図 13-20　セレン中毒：重度の蹄の変形（米国）

けると、中毒作用が引き起こされる。また、この植物は死産の原因となることもある。

## セレン中毒（ロコ草、セレン中毒症）
Selenosis (locoweed, selenium toxicity)

### 病態
特殊な植物（セレン蓄積植物）に吸収されたセレンの摂取量が毒性量に達すると発症する地方病性疾患。

### 症状
セレン中毒は、セレン給与を慎重に行わなかったことが原因で急性症状を発現することがときどきあり、下痢や呼吸困難を起こして死に至る。これらのセレンは、例えば駆虫剤や現在ではモネンシンと併用して、薬剤あるいは食品添加物として給与されることがある。この問題は、最低必要量と中毒量との安全域が狭い（1：10）ことにある。

地方病性のセレン中毒症は、北米、アイルランド、カナダ、イスラエル、オーストラリア、南アフリカなど、土壌中のセレン濃度が高い特定の地域で起こる。臨床症状はスワインソニン（強力な α-マンノシド分解酵素）中毒症に類似しており、衰弱、脱毛、蹄の変形などを示すが、これはセレン蓄積植物である *Astragalus*（ゲンゲ属）の種に吸収されたセレンを長期間にわたって過剰摂取（食餌中に 5 ppm 以上）したことに起因する（図 13-19）。蹄冠帯の下部から生じた水平方向の帯状の筋がゆっくりと末端に移動している。角質壁の移動によって敏感な蹄壁薄層が露出し、この結果生じた疼痛により重度の跛行を示す（図 13-20）。罹患牛はひざまずいた姿勢での採食を強いられることもある。その他の中毒症候群には「暈倒病（blind staggers）」などがある。他の毒素もまた、この臨床像に関与することがある。

### 類症鑑別
診断は臨床症状、剖検、および検査による食餌中の高セレン濃度の証明によってなされる。従来、暈倒病は病因学的にセレン中毒の一種と考えられていたが、現在ではセレンよりも硫酸塩の過剰摂取の方に原因があるとみなされている。

### 対処
原因の排除と対症療法を行う。製造者が推奨する投与量を順守する。

## ルピナス中毒（子牛関節彎曲症）
Lupine toxicity (crooked calf disease)

### 病態
子牛関節彎曲症は、神経系に作用するキノリジジンアルカロイドの一種であるアナギリンによって誘発される全身性の先天異常である。これらは *Lupinus caudatus* および *L. sericeus* などの植物に含まれるが、ルピナス科植物に寄生する *Aphis*（ワタアブラムシ）にアルカロイドが存在する場合もある。子宮内での胎子の運動減退が催奇形作用の原因となる（例えば、関節拘縮、斜頸、脊柱側彎）。

### 症状
母牛が妊娠中にこれらのルピナス科植物や *L. sericeus* を大量に摂取した場合、長骨にさまざまな程度の配列異常を伴った子牛が生まれる。図 13-21 の子牛は、妊娠 40〜70 日の期間にルピナスを摂食した母牛から生まれた。ルピナス種は肝毒性の原因ともなり得る。他の原因による関節彎曲症（例えば、BVD-MD ウイルス感染）については第 1 章（図 1-15）を参照のこと。

### 対処
特に妊娠 40〜120 日の期間の母牛は、ルピナス草地に放牧すべきでない。

図13-21 ルピナス中毒：長骨に重度の変形を持つ2頭の子牛（ヘレフォード、米国）

## 真菌中毒症　Mycotoxicoses

### 病態と症状

　真菌中毒症は真菌の二次代謝産物の摂取によって起こる中毒症で、主としてニュージーランドでみられる。例えば、ライグラススタッガーと呼ばれる疾病は、初期には後肢に運動失調を生じ、やがて前肢にも進展して起立不能になる。この中毒症の原因はロリトレムBという毒素であり、これは乾燥したペレニアルライグラスの草地に付着する*Acremonium lolii*という真菌によって生産される。アフラトキシン中毒症も真菌中毒症の一種であり、1つまたは複数の器官を侵し、生産性や免疫抑制の低下などの潜行性の影響、あるいは肝臓の変性や腫瘍を伴う重篤な臨床疾患の原因となる。臨床所見には、体重減少、乳量低下、生育速度の鈍化、流産、肢下部の腫瘍、皮膚病変、および神経症状などがある。他のいくつかのマイコトキシン（真菌毒素）は免疫抑制剤として働き、感染性疾患に関与することがある。ゼアラレノンはエストロジェン化合物の一種であり、繁殖能に影響し、未成熟な乳房の発育を誘発する。

### 類症鑑別

　臨床症状が広範にわたるため、類症を列挙することができない。例えば、肢下部の腫脹は、広範な物理的、外傷性、代謝性、または感染性の病変による。

　真菌の*Pithomyces chartarum*に起因する光線真菌性皮膚炎は、このような状況を例示する代表的なものである。他の真菌中毒症の例は、第7章フェスク中毒（図7-158）、麦角菌（図7-159、図7-160）に、光線過敏症は第3章（図3-3〜図3-9）に図示している。

## 顔面湿疹（ピソマイコトキシコーシス）　Facial eczema (pithomycotoxicosis)

### 病態

　放牧牛の光線真菌症は、腐生性真菌の*Pithomyces chartarum*の二次代謝物であるスポリデスミンsporidesminsによって引き起こされる。

### 症状

　顔面湿疹はニュージーランドにおいて経済的に重要な疾患の1つであり、他にオーストラリア、フランス、南アフリカ、南米でも発生している。この真菌は肝毒性物質を生産し、一般にライグラスの牧草地と関連がある。臨床症状には嗜眠、食欲不振、結膜炎、黄疸、光線過敏性皮膚炎などがある。初期段階では、図13-22のジャージー牛にみられるように乳房の薄い皮膚の被毛が抜け、湿性皮膚炎と充血が明らかに認められる。乳房の上部左側の部分の皮膚は痂皮化しはじめ、乳頭にも及んでいた。この部位は軽度の慢性炎症を起こしており、罹患牛がこの部位を舐めることもある。

　顔面湿疹の後期段階では、図13-23のフリーシアン未経産牛のように、広範囲の皮膚が痂皮化し、通常は被毛の白い部分に限局している。前肢では罹患部位（図中のA）の手根関節の屈曲が痂皮化の原因となり、後肢では肥厚して皺がよった皮膚（図中のB）が後肢の下方に広がっていることに注目する。ブラジルのゼブー牛の群れの中にいる1カ月齢の雄子牛（図13-24）は、広範な光線皮膚炎に侵され、罹患部が頸部腹側の皺襞と胸壁、および側腹部に及んでいる。この中毒の原因真菌である*Pithomyces chartarum*は、イネ科牧草の*Brachiaria decubens*を採食した母牛から、母乳を介してスポリデスミンの毒素が子牛に吸収された。母親は正常である。

中毒性疾患　261

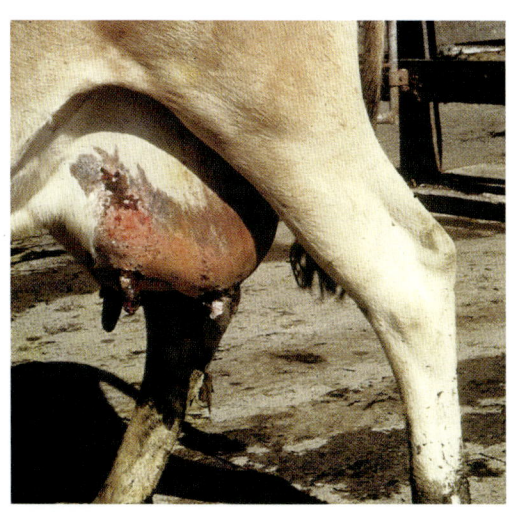

図 13-22　顔面湿疹：乳房の脱毛と湿性皮膚炎を示す牛（ジャージー、ニュージーランド）

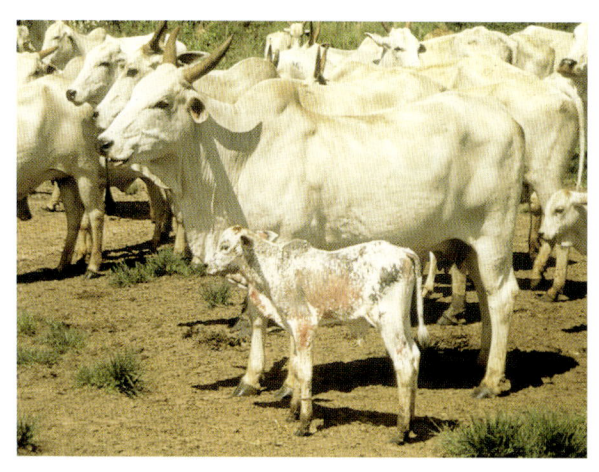

図 13-24　顔面湿疹：広範な光線皮膚炎を示す子牛（ゼブー、1カ月齢、ブラジル）

### 類症鑑別

光線皮膚炎を引き起こすその他の病因。ライグラスへの暴露、日射、典型的な症状、および特徴的な肝臓病変が、本病の特徴である。

### 対処

危険期における暴露の排除、クローバーの播種などの草地管理、転換放牧、P. chartarum 胞子の蓄積を低減するための殺真菌剤のスプレーなどを行う。初期段階では非ステロイド系抗炎症薬（NSAID）治療が有効なことがある。酸化亜鉛の投薬や牧草への散布、あるいは飲水への添加などの方法により、（毒性に注意して）亜鉛補給を行うことで予防する。

## 有機物による中毒症　Organic toxicoses

### 塩素化ナフタレン　Chlorinated naphthalenes

#### 病態

ナフタレンは、以前は潤滑剤や木材防腐剤として広く使用されていたが、カロチンからビタミンAへの変換を阻害する作用があることから、現在ではビタミンA欠乏症の原因物質として知られている。

#### 症状

ナフタレンを長期間にわたって摂取すると、皮膚の角化亢進、削痩、および死に至る。図 13-25 の南アフリカのフリーシアン雌牛は、頭部の皮膚の肥厚、鱗屑、皺襞の形成を示している。後躯にも脛、飛節、中足骨部に及ぶ重度の病変がみられる。

### カーバメイトと有機リン化合物　Carbamate and organophosphorus compounds

#### 病態

これらの有機リン酸塩はコリンエステラーゼを不活性化し、組織のアセチルコリンの増加と副交感神経活性の亢進の原因となる。

#### 症状

カーバメイトと有機リンの中毒症状は類似した傾向を示すため、これらの有機物グループは一括して論じることができる。これらの中毒症は比較的よく起こ

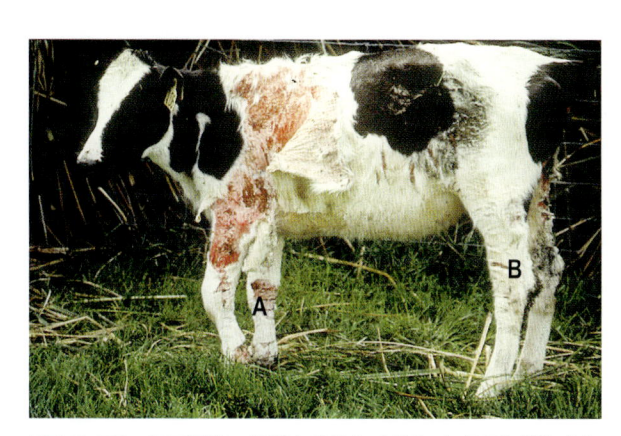

図 13-23　顔面湿疹：躯幹と前肢に広範な皮膚喪失がみられる未経産牛（フリーシアン、ニュージーランド）

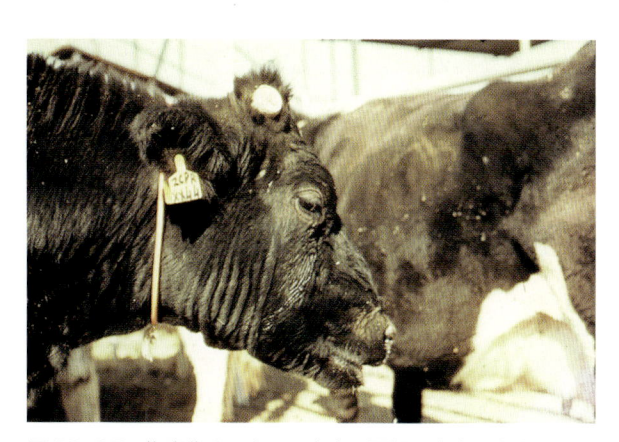

図 13-25　塩素化ナフタレン中毒：頭部の皮膚の角化亢進を示す牛（フリーシアン、南アフリカ）

図13-26 カーバメイト中毒：過剰な流涎を伴う半昏睡状態の牛(アンガス雑、米国)

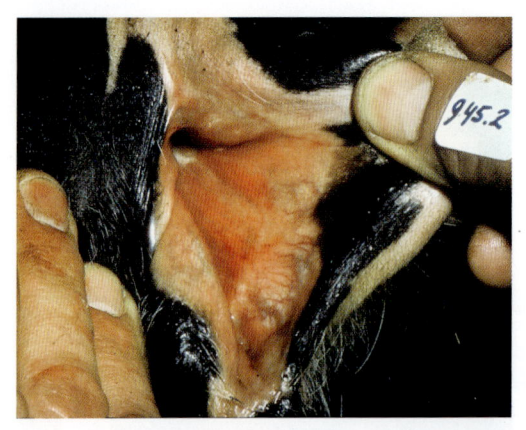

図13-27 硝酸塩／亜硝酸塩中毒：うっ血した赤褐色の陰門粘膜(オランダ)

る。毒素の源は、果樹園や穀物畑、または乾草への最近の散布、あるいは、すでに多くの国で使用禁止になっているが、過剰に高濃度な薬液の局所噴霧(ポアオン法)などである。主な症状は、流涎、流涙、排尿障害、下痢、筋肉振戦があり、急性例では瞳孔収縮が起こる。

図13-26のアンガス雑雌牛は、写真撮影の約6〜16時間前にカーバメイトの殺虫剤粉末(カーボフランまたはフラダン：Furadan)が半分ほど残っていた袋からこの薬剤を摂食していた。初期の全身筋肉の攣縮、沈うつ、運動失調に続いて流涎過剰となった。その後牛は、半昏睡状態に陥った。多量の流涎は続いたまま、瞳孔収縮、重篤な呼吸困難、明白な徐脈を示し、2時間後に死亡した。この雌牛の子(図13-26)は生涯健康であった。

### 類症鑑別

硝酸塩中毒(図13-27)、シアン化物中毒、急激な穀類の過食(図4-56)、急性間質性肺炎または「フォッグフィーバー」(図5-28)、急性アナフィラキシー、尿素中毒。

### 診断

食餌中あるいは環境中での化学物質の暴露歴による。

### 対処

初期急性期にアトロピンの大量投与(0.25 mg/kg)と可能であればオキシムも併用する。ストレス状態や病気の家畜への使用は避ける。

## 無機化学物質による中毒症
### Inorganic chemical toxicoses

### 硝酸塩／亜硝酸塩　Nitrate/nitrite

### 病態

硝酸塩は、採食前あるいは採食後に亜硝酸塩に変化し、メトヘモグロビン形成により生じた酸素欠乏性貧血が原因となり、呼吸困難を引き起こす。

### 症状

亜硝酸塩の毒性は硝酸塩よりも約10倍強い。硝酸塩／亜硝酸塩の発生物質はさまざまな形態で無数に存在し、その中には穀類、ある種の雑草(例えば、アザミ、ギシギシ、ジョンソングラス)、特定の植物、有機および無機肥料などがある。圧倒的に多い症状は呼吸困難であるが、これ以外でも肢のよろめきを伴う筋肉振戦や衰弱がみられることもある。集団発生の2〜3日後に流産が起こる症例もある。このタイプの中毒症状(硝酸塩／亜硝酸塩に加えて、塩素酸塩や金属〔銅〕イオン)の特徴は、陰門とその他の粘膜、および血液の褐色化である。血中メトヘモグロビン濃度が22％(図13-27)と60％(図13-28)の症例の色調を図示した。臨床症状には呼吸促迫、筋肉振戦、運動失調がある。これらの臨症状はヘモグロビンのメトヘモグロビンへの変換率がおよそ20％を超えると発現し、60〜80％に達すると死に至る。

### 類症鑑別

サイロガス中毒(二酸化窒素)、地下スラリー処理室から発生する硫化水素中毒、塩素酸ナトリウム中毒、セイヨウアブラナあるいはケールによる急性中毒(図

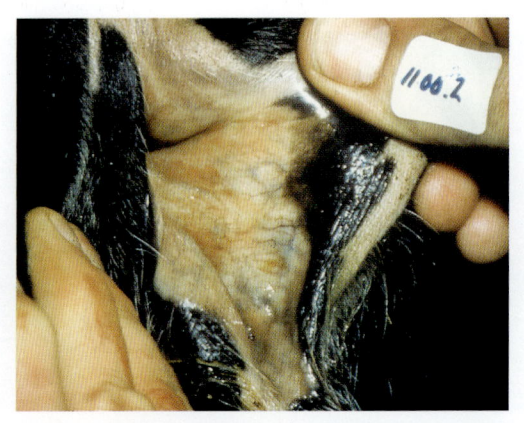

図13-28 硝酸塩／亜硝酸塩中毒：重篤なメトヘモグロビン血症により褐色化した陰門粘膜(オランダ)

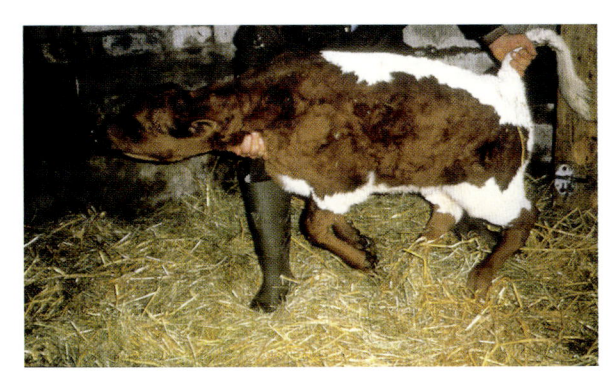

図13-29　鉛中毒：頭突き行動を示す盲目の子牛（英国グロスター市）

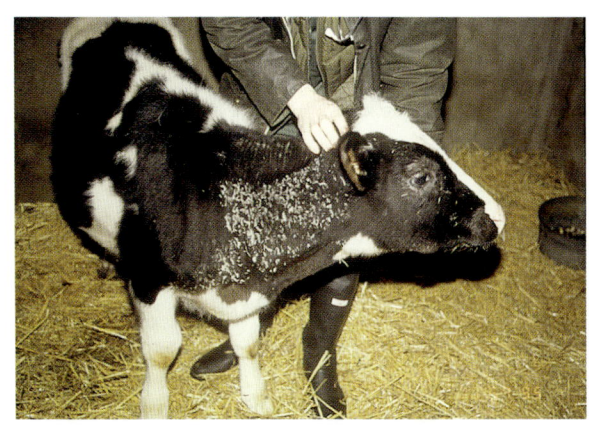

図13-30　ヨウ素中毒：乾性の脂漏性皮膚炎の子牛（フリーシアン）

13-10〜図13-12）、シアン化物中毒（剖検時の酸素を豊富に含んだ鮮紅色の血液が特徴）、二酸化炭素中毒（チアノーゼ）、コバルト中毒、慢性銅中毒（図13-33）、急性非定型間質性肺炎（フォッグフィーバー、図5-28）。サイロガスは肺での硝酸形成の原因となる。

### 対処

メチレンブルーの静脈内投与が特効的な解毒剤となる。また多くの症例で輸液療法が有効である。

## 鉛（鉛中毒）　Lead (plumbism)

### 病態

急性あるいは慢性の鉛中毒は、骨などのさまざまな組織に不活性型として蓄積した鉛によって引き起こされる。鉛はスルフヒドリル含有酵素とミトコンドリアを豊富に含む組織に悪影響を及ぼし、小脳出血や浮腫を発症させる。

### 症状

鉛は英国で現在も最も頻繁に診断される牛の中毒原因物質である。鉛中毒の主な中枢神経系（CNS）症状には、沈うつ、歯ぎしり、失明、およびしばしば頭突き行動がみられる。症例によっては凶暴な行動を示す。図13-29の英国グロスター市の1カ月齢の子牛は重篤な中枢神経症状を示し、起立不能と、頭頸部を伸展してレンガ壁を押すような姿勢を示した。失明と食欲不振も生じていた。鉛中毒は幼若子牛の中毒症として一般的である。通常は環境中に鉛の発生源が存在し、写真の子牛の症例のように古い扉の塗料であることも多いが、農業機械から漏れたクランクケース油、鉛バッテリー、汚染飼料などが発生源となることもある。

### 類症鑑別

灰白脳軟化症（大脳皮質壊死症〔CCN〕、図9-1）、リステリア症（図9-11）、髄膜炎（図9-22）、突発性の代謝疾患。

### 対処

個々の治療はカルシウムEDTAの静脈内あるいは皮下投与（数日間）と、残存する鉛が硫酸鉛に変化しないように硫酸マグネシウムの経口投与、さらにチアミン処方によって行う。また、回復症例では、蓄積した鉛の排出に要する数カ月間は肉の出荷を保留する。鉛は乳汁中にも排出される。

## ヨウ素（ヨウ素中毒）　Iodine (iodism)

### 病態

無機および有機ヨウ素化合物の過剰経口摂取。

### 症状

一般的な発生原因には、食品添加物（趾間腐爛予防用）に含まれるエチレンジアミンジヒドロヨウ素（EDDI）やアクチノバチルス症治療用のヨウ化カリウム、あるいは過剰な食餌中のヨウ素補給などがある。通常、非特異的な皮膚病変、流涙、鼻汁、過流涎、慢性発咳などの症状が現れる。写真の子牛（図13-30）のヨウ素中毒は、乾性の脂漏性皮膚炎によって明らかになり、最初に頭部と頸部が侵された。過剰に摂取したヨウ素を除去すれば回復する。

### 類症鑑別

デルマトフィルス症（図3-37〜図3-43）、シラミ類（図3-20〜図3-24）、白癬（図3-25〜図3-27）、皮膚型リンパ肉腫。

## フッ素沈着症　Fluorosis

### 症状

通常フッ素沈着症は、高濃度のフッ素リン酸塩を添加した飼料や肥料の長期間にわたる摂取、あるいはアルミニウム製錬所やレンガ工場などからの工業廃水で汚染された牧草地での牧草採食が原因となって起こる。オーストラリアや南米では、深井戸がフッ素中毒

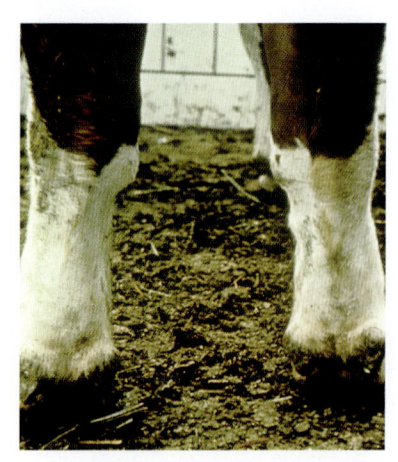

図13-31　フッ素沈着症：中足骨の内側面の骨腫大(米国)

の重要な発生源となっている。慢性中毒症の発現形態には、骨フッ素症と萌出中の歯のみを侵す歯のフッ素症の2種類がある。成牛がフッ素を大量に摂取しても歯の異常は起こらない。歯のフッ素症は食餌中にわずか20〜40 ppm程度で起こることがあるが、骨フッ素症はこれよりもずっと高濃度のフッ素に長期間暴露されなければ発現しない。フッ素の吸収力は幼若子牛の方が格段に高いが、高濃度飼料を摂取した場合には子牛も成牛も中毒症状を起こしやすい。長骨の骨膜には大きな斑点が形成される。図13-31には、中足骨の内側面に硬くて平滑な触感の腫脹がいくつか示されている。図13-32の右側の中足骨の骨膜には広範囲の斑点がみられるが、関節面までは及んでいない。左側は正常な中足骨である。罹患牛は、骨粗しょう症、骨軟化症、関節周囲骨増殖が原因となり、歩行困難になることがある。慢性疾患の症状には他にも切歯乳歯の着色斑点がある(図4-29を参照)。乳歯は子宮内でフッ素の影響を受けるが、永久歯列も萌出以前に暴露されることがある。

### 類症鑑別
　変性性関節疾患(図7-115)、リン欠乏症(図7-164)、セレン中毒(図13-19)、地方病性石灰沈着症(図13-14〜図13-16)。

### 対処
　罹患牛の扱いは難しいが、アルミニウム塩の経口投与とカルシウム注射が用いられている。予防は飲料水の供給や放牧体制を変更することで行う。リン鉱石からフッ素を除去する技術が商業的に発展したことにより、これらの毒素の蓄積が安全になった。

## 銅　Copper

### 病態
　長期間にわたって摂取および蓄積された過剰な銅は、貯蔵されていた肝臓から突然放出され、脂質過酸化反応、血管内溶血、および重篤な臨床症状を示す。

### 症状
　牛の銅中毒では、臨床症状の発現は突発的であるが慢性化し、ストレスと関係する傾向がある。発生原因は銅補給の過誤や異常な高濃度の銅を含む草地(スラリーあるいは追肥の散布からの混入)からの採食などが考えられる。突発性の臨床症状には沈うつ、衰弱、口渇、黄疸などがあり、これらは溶血症の発生に起因することがある。罹患牛はヘモグロビン(血色素)尿症とメトヘモグロビンによる暗色尿を排泄する。剖検では主に肝臓の腫大、脆弱、黄疸などの変化がみられ、腎臓には特徴的な帯青黒色(ガンメタル色)の変色がみられた(図13-33)。隣に置かれた試験管内の尿の色に注目する。肝臓の高い銅濃度から中毒症が示唆されるが、腎臓が高濃度であることが決め手となる。しかし英国では、牛の銅中毒が肝臓腫大や黄変、溶血症の発生を示さないこともある。

### 類症鑑別
　子牛レプトスピラ症(図10-4)、壊死性肝炎(図4-98)、バベシア症(図12-39〜図12-43)、アナプラズマ症(図12-44〜図12-47)、他の溶血性貧血の原因となる疾患。

### 対処
　罹患牛への治療効果は一般的に期待できない。モリブデン酸アンモニウムと硫酸ナトリウムは組織中の銅含量を低減し、銅の糞便中への排泄を促す。胃腸への鎮静剤などの対症療法を行うこともある。予防策としては、植物由来あるいは肝由来の銅中毒症を引き起こす植物を根絶することは不可能であるが、モリブデンの牧草地への散布(70 g/ha)や飼料への添加は実施可能である。

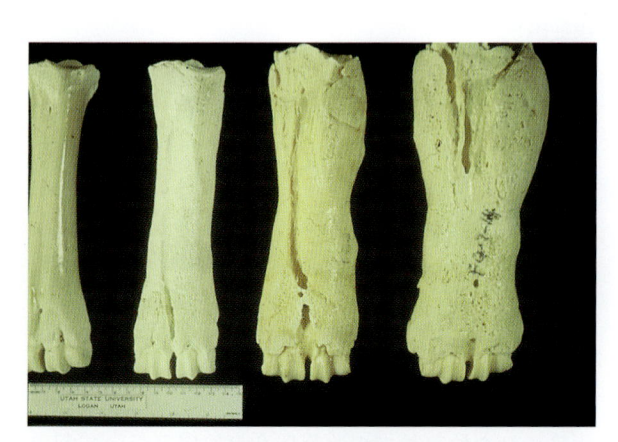

図13-32　フッ素沈着症：写真右側の中足骨の骨膜に生じた広範囲の斑点(米国)

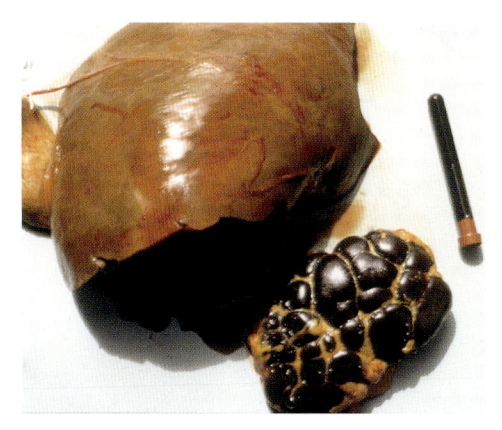

図 13-33　銅中毒：腫大した脆弱な肝臓、ガンメタル色の腎臓、暗色尿（試験管内）

図 13-34　モリブデン中毒：色あせた被毛、脱毛、眼周囲の灰色の被毛を示す牛（中国）

## モリブデン　Molybdenum

### 病態
モリブデン中毒は、銅、モリブデン、無機硫酸塩と関係がある。モリブデンと硫黄によって生成されたチオモリブデン酸は、第一胃の中で銅と反応することにより、吸収されにくい不溶性の複合体を生成する。中毒症は通常、土壌や牧草中のモリブデン濃度が高い場合に起こる（後述を参照）。

### 症状
モリブデン中毒は、相対的な銅欠乏症を併発する傾向がある。中国の雌牛（図 13-34）は削痩し、正常な状態では黒色の外皮が脱色している。眼の周囲の灰色がかった被毛に注目する。脱毛は頸部、肩部、鬐甲部に及んでいる。また、江西省で使用されている鼻輪と端綱を組み合わせた頭絡にも注目する。モリブデン中毒症の多くの牛は持続性の下痢、体重減少、黒い被毛の脱色を示し、これらは英国の数地区にみられる高いモリブデン濃度の"タート"牧草地［訳者注：モリブデンに富む土壌のために、モリブデン含量の多い英国の牧草地を言う］の特徴でもある。

### 類症鑑別
銅欠乏（図 7-167）、コバルト欠乏（図 7-174）。

### 対処
モリブデン濃度が 5 ppm を超える牧草地では、塩化物中に 1％硫酸銅の使用で、モリブデン中毒を防止できる可能性がある。銅の使用量を増加してもよい。水剤の投与や牧草地への散布も予防策として推奨されている。臨床例の中には銅グリシン酸塩の注射により回復が促進されるものもある。

# 略語一覧

訳者注：この中には、我が国でもこの略語がそのまま使用されている例が多い。

AGID：agar gel immunodiffusion (test)／寒天ゲル免疫拡散試験
AI：artificial insemination／人工授精
AV：atrioventricular (valve)／房室(弁)
BEP：bovine erythropoietic porphyria／牛造血性ポルフィリン症
BEPP：bovine erythropoietic protoporphyria／牛造血性プロトポルフィリン症
BHM：bovine herpes mammillitis／牛ヘルペス乳頭炎
BHV-1 (BoHV-1)：bovine herpesvirus-1／牛ヘルペスウイルス1型
BIV：bovine immunodeficiency virus／牛免疫不全ウイルス
BLV：bovine leukosis virus／牛白血病ウイルス
BNP：bovine neonatal pancytopenia／牛新生子汎血球減少症
BSE：bovine spongiform encephalopathy／牛海綿状脳症
BTV：bluetongue virus／ブルータング(ウイルス)
BVD-MD：bovine virus diarrhea-mucosal disease／牛ウイルス性下痢・粘膜病
C6-T1：cervical 6-thoracic 1 (vertebrae)／第6頸椎-第1胸椎
CBPP：contagious bovine pleuropneumonia／牛肺疫(牛伝染性胸膜肺炎)
CCN：cerebrocortical necrosis／大脳皮質壊死症
CCP：corpus cavernosum penis／陰茎海綿体
CEP：congenital erythropoietic porphyria／先天性造血性ポルフィリン症
CF：complement fixation／補体結合
CJLD：congenital joint laxity and dwarfism／先天性の関節弛緩と矮小体躯症
CNS：central nervous system／中枢神経系
CPK：creatine phosphokinase／クレアチンホスホキナーゼ
CrCL：cranial cruciate ligament／前十字靱帯
CSF：cerebrospinal fluid／脳脊髄液
CVM：complex vertebral malformation／複合脊椎形成不全症
DJD：degenerative joint disease／変性性関節疾患
DNA：deoxyribonucleic acid／デオキシリボ核酸
EBL：enzootic bovine leukosis／地方病性牛白血病
ECF：East Coast fever／東海岸熱
EDTA：ethylenediamine tetra-acetic acid／エチレンジアミン四酢酸
ELISA：enzyme-linked immunosorbent assay／エライザ、酵素結合免疫吸着検定
FAO：Food and Agriculture Organization (of UN)／国際連合食糧農業機関
FB：foreign body／異物
FFA：free fatty acids／遊離脂肪酸
FMD：foot-and-mouth disease／口蹄疫
GDH：glutamate dehydrogenase／グルタミン酸デヒドロゲナーゼ
GGT：γ-glutamyl transferase／γ-グルタミルトランスフェラーゼ
GI：gastro-intestinal／胃腸の
GnRH：gonadotrophic releasing hormone／性腺刺激ホルモン放出ホルモン
HBS：hemorrhagic bowel syndrome／出血性腸症候群
IBK：infectious bovine keratoconjunctivitis／牛伝染性角結膜炎
IBR：infectious bovine rhinotracheitis／牛伝染性鼻気管炎
IFAT：immunofluorescent antibody test／免疫蛍光抗体検査
IPVV：infectious pustular vulvovaginitis／伝染性膿疱性陰門膣炎
ITEME：infectious thromboembolic meningoencephalitis／伝染性血栓塞栓性髄膜脳炎
i.v.：intravenous／静脈内

JHS：jejunal hemorrhagic syndrome／出血性空腸症候群
L4：larval stage 4／第 4 幼虫期
L4-6：lumber vertebrae 4-6／第 4-6 腰椎
LDA：left displaced abomasum／第四胃左方変位
LSD：lumpy-skin disease／ランピースキン病
MCF：malignant catarrhal fever／悪性カタル熱
NSAID：nonsteroidal anti-inflammatory drug／非ステロイド系抗炎症薬
nvCJD：new variant Creutzfeldt-Jakob disease／新変異型クロイツフェルト-ヤコブ病
OCD：osteochondrosis dissecans／離断性骨軟骨症
OIE：Office International des Epizootics／国際獣疫事務局
O-P：organophosphorus／有機リン
P1：phalanx 1／第 1 指(趾)節骨、基節骨
P2：phalanx 2／第 2 指(趾)節骨、中節骨
P3：phalanx 3 (distal phalanx)／第 3 指(趾)節骨(遠位趾節骨)、末節骨
PCR：polymerase chain reaction／ポリメラーゼ鎖反応
PDA：patent ductus arteriosus／動脈管開存
PI-3：parainfluenza-3／パラインフルエンザ 3 型(ウイルス)
PPH：pruritis-pyrexia-hemorrhagica／かゆみ-発熱-出血症
PTE-CVC：pulmonary thromboembolism-caudal vena caval thrombosis／肺血栓塞栓症-後大静脈血栓症
PUFAs：polyunsaturated fatty acids／多不飽和脂肪酸
RDA：right displaced abomasum／第四胃右方変位
RSV：respiratory syncytial virus／呼吸器合胞体ウイルス、RS ウイルス
RVF：Rift Valley fever／リフトバレー熱
SAA：serum amyloid A／血清アミロイド A
SARA：subacute ruminal acidosis／亜急性第一胃アシドーシス
SBE：sporadic bovine encephalomyelitis／散発性牛脳脊髄炎
s.c.：subcutaneous／皮下
SCC：squamous cell carcinoma／扁平上皮癌
SDH：sorbitol dehydrogenase／ソルビトールデヒドロゲナーゼ
SGOT：serum glutamic oxaloacetic transaminase／血清グルタミン酸-オキザロ酢酸トランスアミナーゼ
SMCO：S-methylcysteine sulfoxide／S-メチルシステインスルフォキシド
spp.：species／種
SuHV-1：suid herpesvirus 1／豚ヘルペスウイルス 1 型
TB：tuberculosis／結核
TEME：thromboembolic meningoencephalitis／血栓塞栓性髄膜脳炎
TME：thrombotic meningoencephalitis／血栓性髄膜脳炎
UMD：ulcerative mammary dermatitis／潰瘍性乳房皮膚炎
UV：ultraviolet／紫外線
VSD：ventricular septal defect／心室中隔欠損

# 索 引

索引項目は主に疾患名(別称を含む)からなっている。和文項目には英語名も併記した。本文中に英語名の記載がない場合は、原著から補っている。また本文中に英語名のみ記載し、和訳を併記していない項目は、英文索引に掲載した。

## 【あ行】

あかぎれ　chaps ································ 220
アカバネウイルス　Akabane virus
　································· 4, 5
悪性カタル熱
　malignant catarrhal fever ······ 232
悪性水腫　malignant edema ········ 64
悪性頭部カタル
　malignant head catarrh ········ 232
悪性リンパ腫
　malignant lymphoma ············ 163
アクチノバチルス症
　actinobacillosis ······················ 61
アクチノマイコーシス
　actinomycosis ························ 63
亜硝酸塩(nitrite)中毒 ················· 262
アスペルギルス症　aspergillosis
　································· 208
アセトン血症　acetonemia ······· 167
アデマ病　adema disease ············ 9
アナプラズマ症　anaplasmosis ··· 239
アフリカトリパノソーマ症
　African trypanosomiasis ········ 245
アミロイドーシス　amyloidosis
　································· 182
イチイ(yew)中毒 ······················ 255
一日熱　ephemeral fever ········· 235
いぼ　wart ······················· 185, 217
陰茎血腫　penile hematoma ······ 187
陰茎挫傷　fracture of penis ······ 187
陰茎周囲血腫
　parapenile hematoma ············ 187
陰茎の外傷
　external penile trauma ·········· 187
陰茎の膿瘍　penile abscess ······ 188
陰茎包皮小帯遺残　persistent
　penile preputial frenulum ······ 184
陰茎ラセン状偏位　spiral deviation
　of penis ······························ 186
陰茎裂傷　broken penis ············· 187
咽頭後方の腫脹　retropharyngeal
　swelling ································ 65
咽頭後方の膿瘍　retropharyngeal
　abscess ································ 66
咽頭の腫脹　pharyngeal swelling
　································· 65
陰嚢壊死および壊疽　scrotal
　necrosis and gangrene ·········· 191

陰嚢血腫　scrotal hematoma ··· 190
陰嚢ヘルニア　scrotal hernia ··· 189
陰嚢の凍傷　scrotal frostbite ··· 191
陰門炎　vulvitis ······················· 201
陰門膣炎　vulvovaginitis ········· 201
陰門排出物　vulval discharge ··· 202
ウイルス性疾患　viral diseases ··· 53
牛悪性カタル　bovine malignant
　catarrh ································ 232
牛ウイルス性下痢・粘膜病
　BVD：bovine virus diarrhea-
　mucosal disease ················ 5, 54
牛ウイルス性白血病
　bovine viral leukosis ············ 250
牛海綿状脳症　BSE：bovine
　spongiform encephalopathy ··· 175
牛丘疹性口内炎　BPS：bovine
　papular stomatitis ·················· 56
牛食皮疥癬虫症　chorioptic mange
　································· 33
牛新生子汎血球減少症　BNP：
　bovine neonatal pancytopenia ··· 27
牛造血性プロトポルフィリン症
　BEPP：bovine erythropoietic
　protpporphyria ······················· 11
牛造血性ポルフィリン症
　BEP：bovine erythropoietic
　porphyria ································ 9
牛点状出血熱
　bovine petechial fever ··········· 243
牛伝染性角結膜炎　IBK：infec-
　tious bovine keratoconjunctivitis
　································· 157
牛伝染性胸膜肺炎　CBPP：conta-
　gious bovine pleuropneumonia
　································· 90, 91
牛伝染性鼻気管炎　IBR：infectious
　bovine rhinotracheitis ············· 85
ウシバエ幼虫症
　warble fly/warbles ················· 42
牛白血病　bovine leukosis ········ 250
牛鼻疽　bovine farcy ················· 41
牛ヘルペス乳頭炎　BHM：bovine
　herpes mammillitis ················ 214
牛リンパ肉腫　bovine lymphosar-
　coma ····························· 250, 251
うっ血性心不全
　congestive cardiac failure ········ 97

壊死桿菌症　necrobacillosis ··· 24, 25
壊死性喉頭炎　necrotic laryngitis
　································· 25
壊死性腸炎　necrotic enteritis ····· 22
壊死性皮膚炎　necrotic dermatitis
　································· 223
壊死性蜂巣炎　necrotic cellulitis ··· 64
壊疽性乳房炎
　gangrenous mastitis ············· 211
エナメル牙細胞腫　ameloblastoma
　································· 64
エールリヒア症　ehrlichiosis ······ 244
遠位趾間敗血症　distal interpha-
　langeal sepsis ······················· 113
塩素化ナフタレン(chlorinated
　naphthalenes)中毒 ················· 261
エンテロトキセミア
　enterotoxemia ························ 19
黄体嚢腫　luteal cyst ··············· 195
横裂蹄　horizontal fissure／
　horizontal sandcrack ············ 110
オーエスキー病
　Aujeszky's disease ··············· 175
オーク(oak)中毒 ······················· 255
オステルタギア症　ostertagiasis ··· 59
尾の分離(腐骨)　tail sequestrum
　································· 50
オルソポックス　orthopox ······· 216
オンジリ病　Ondiri disease ······ 243

## 【か行】

外耳炎　otitis externa ··············· 169
外傷性疾患　traumatic conditions
　································· 44
外傷性第二胃炎
　traumatic reticulitis ················ 70
疥癬　mange ····························· 32
灰白脳軟化症
　polioencephalomalacia ··········· 165
潰瘍性乳房皮膚炎　ulcerative
　mammary dermatitis ············ 224
潰瘍性リンパ管炎　ulcerative
　lymphangitis ·························· 42
カウドリア症　cowdriosis ········· 241
カオバエ　*Musca autumnalis* ······ 42
過角化症　hyperkeratosis ········· 218
下顎骨の骨折
　mandibular fracture ··············· 61

| 化学的な乳頭の損傷 chemical teat trauma | 222 |
| 下顎膿瘍 submandibular abscess | 65 |
| 牙関緊急 lockjaw | 247 |
| 夏季乳房炎 summer mastitis | 210 |
| 夏季びらん summer sores | 221 |
| 角化不全症 parakeratosis | 9 |
| 角膜混濁 corneal opacity | 156 |
| 下垂乳房 dropped udder | 225 |
| 仮性狂犬病 pseudorabies | 175 |
| 仮性結核 pseudotuberculosis | 42 |
| 仮性半陰陽 pseudohermaphrodite | 184 |
| 滑液嚢炎 bursitis | 46 |
| カーバメイト(carbamate)中毒 | 261 |
| 過肥牛症候群 fat cow syndrome | 168 |
| 下腹の浮腫 ventral abdominal edema | 225 |
| かゆみ-発熱-出血症 pruritus-pyrexia-hemorrhagica | 176 |
| 顆粒膜細胞腫 granulosa cell tumor | 196 |
| 眼球突出症 proptosis | 160 |
| 眼球の脱出 prolapse of the eyeball | 160 |
| 眼瞼内反症 entropion | 161 |
| 眼瞼の裂傷 eyelid laceration | 161 |
| 間擦疹 intertrigo | 224 |
| カンジダ症 candidiasis | 208 |
| 肝疾患 hepatic diseases | 78 |
| 関節強直症 ankylosis | 5 |
| 関節疾患 joint ill | 26 |
| 関節彎曲症 arthrogryposis | 5 |
| 感染性関節炎 infectious arthritis | 137 |
| 眼組織欠損症 coloboma | 154 |
| 眼虫症 eyeworm | 160 |
| 肝蛭症 fascioliasis/common liver fluke infection | 78 |
| 感電 electrocution | 177 |
| 肝膿瘍 hepatic abscessation | 81 |
| 顔面湿疹 facial eczema | 260 |
| 顔面腫脹 swollen face | 65 |
| 顔面神経麻痺 facial nerve paralysis | 170 |
| 乾酪性リンパ腺炎 caseous lymphadenitis | 42 |
| 偽牛痘 pseudocowpox | 215 |
| 髻甲部のびらん hump sore | 37 |
| 気腫疽 blackleg | 247 |
| 寄生虫疾患 parasitism | 59 |
| 寄生虫性気管支炎 verminous bronchitis | 92 |
| 寄生虫性耳炎 parasitic otitis | 37 |

| 寄生虫性皮膚疾患 parasitic skin condition | 32 |
| 亀頭包皮炎 balanoposthitis | 188 |
| 牛疫 rinderpest | 229 |
| 臼歯の不規則な磨耗 irregular molar wear | 61 |
| 急性真皮炎 acute coriosis | 121 |
| 急性乳房炎 acute mastitis | 211 |
| キュウセン疥癬虫症 psoroptic mange | 33 |
| 牛痘 cowpox | 216 |
| 牛肺疫 CBPP：contagious bovine pleuropneumonia | 90, 91 |
| Q熱 query fever | 242 |
| 狂犬病 rabies | 174 |
| 鋏状蹄 scissor claw | 111 |
| 胸垂病 brisket disease | 95 |
| 胸腺型リンパ肉腫 thymic lymphosarcoma | 250 |
| 強皮症 scleroderma | 38 |
| 共尾虫症 coenurosis | 173 |
| 虚血性乳頭壊死 ischemic teat necrosis | 221 |
| 巨大食道症 megaesophagus | 67 |
| 偽ランピースキン病 pseudo-lumpy-skin disease | 234 |
| 起立不能牛(ダウナー牛) downer cow | 124 |
| 空腸の重積 jejunal intussusception | 76 |
| 空腸の捻転 jejunal torsion | 76 |
| 草量倒病 grass staggers | 166 |
| グラステタニー grass tetany | 166 |
| クリプトスポリジウム Cryptosporidia | 17 |
| くる病 rickets | 148 |
| クロストリジウム症 clostridial diseases | 247 |
| 形成不全尾 hypoplastic tail | 6 |
| 頸椎骨折 cervical spinal fracture | 130 |
| 稽留熱 slow fever | 167 |
| 痙攣性不全麻痺 spastic paresis | 143 |
| 血管性浮腫 angioedema | 30 |
| 結核 tuberculosis | 91 |
| 血腫 hematoma | 44 |
| 結節性心内膜炎 nodular endocarditis | 98 |
| 血栓性髄膜脳炎 TME：thrombolic encephalomyelitis | 172 |
| 血栓塞栓性髄膜脳炎 TEME：thromboembolic meningoencephalitis | 172 |
| 結腸閉鎖 atresia coli | 7 |
| 結膜炎 conjunctivitis | 156 |

| 下痢後の脱毛 alopecia postdiarrhea | 24 |
| ケール(kale)中毒 | 256 |
| 腱拘縮 contracted tendons | 5 |
| 減毛症 hypotrichosis | 8 |
| 口蓋裂 cleft palate | 1 |
| 後関節膿瘍 retroarticular abscess | 112 |
| 虹彩炎 iritis | 162 |
| 虹彩毛様体炎 iridocyclitis | 162 |
| 高山病 high mountain disease | 95 |
| 子牛関節彎曲症 crooked calf disease | 259 |
| 子牛下痢症 calf scour | 17 |
| 合指(趾)症 syndactly | 7 |
| 子牛多中心型リンパ肉腫 calfhood multicentric lymphosarcoma | 250 |
| 高所病 altitude sickness | 95 |
| 光線過敏症 photosensitization | 10, 11, 30 |
| 光線過敏性皮膚炎 photosensitive dermatitis | 30 |
| 後大静脈血栓症 caudal vena caval thrombosis | 94 |
| 口蹄疫 FMD：foot-and-mouth disease | 217, 227 |
| 肛門の浮腫 anal edema | 83 |
| 誤嚥性肺炎 aspiration pneumonia | 93 |
| 股関節異形成 hip dysplasia | 144 |
| 股関節屈折 hip flexion | 199 |
| 股関節脱臼 dislocated hip | 126 |
| コクシジウム症 coccidiosis | 21 |
| 黒色細胞腫 melanocytoma | 51 |
| 黒点 black spot | 220 |
| 骨端炎 epiphysitis | 137 |
| 骨軟化症 osteomalacia | 148 |
| 骨盤骨折 pelvic fracture | 132 |
| 骨盤の損傷 pelvic damage | 125 |
| コバルト欠乏症 cobalt deficiency | 150 |
| コルク栓抜き蹄 corkscrew claw | 111 |
| コルク栓抜き様陰茎 corkscrew penis | 186 |
| コロナウイルス coronavirus | 17 |
| コロボーム coloboma | 154 |

【さ行】

| 臍疾患 navel ill | 13 |
| 臍静脈炎 omphalophlebitis | 13 |
| 臍膿瘍 umbilical abscess | 16 |
| 臍ヘルニア umbilical hernia | 15 |
| 鎖肛 atresia ani | 6 |
| 坐骨神経麻痺 sciatic paralysis | 141 |

サルモネラ症　salmonellosis ……… 19
サワギク(ragwort)中毒 ………… 255
産後起立不能症
　　postparturient paresis ……… 167
3肢が出て頭部が出ない　three
　　legs and no head presentation
　　……………………………… 198
散発性牛脳脊髄炎　SBE：sporadic
　　bovine encephalomyelitis …… 242
肢遠位部の壊疽
　　distal limb gangrene ………… 146
耳介の壊死　ear necrosis ………… 48
歯牙疾患　dental problems ……… 60
趾間壊死桿菌症
　　interdigital necrobacillosis …… 114
趾間の異物　interdigital foreign
　　body ………………………… 120
趾間皮膚炎　interdigital dermatitis
　　……………………………… 119
趾間皮膚過形成　interdigital skin
　　hyperplasia ………………… 116
趾間腐爛　footrot ………………… 114
趾間フレグモーネ　phlegmona
　　interdigitalis ………………… 114
子宮炎　metritis ………………… 202
子宮頸脱出　cervical prolapse … 205
子宮頸のポリープ　cervical polyps
　　……………………………… 206
子宮脱　uterine prolapse ………… 205
子宮蓄膿症　pyometra ………… 202
子宮内膜炎　endometritis ……… 202
子宮捻転　uterine torsion ……… 199
子宮のリンパ肉腫　uterine lym-
　　phosarcoma ………………… 197
仕切り症候群　compartment
　　syndrome …………………… 125
軸側蹄壁の亀裂と穿孔　axial wall
　　fissure and penetration ……… 104
歯槽骨膜炎　alveolar periostitis … 65
膝蓋骨脱臼　patellar luxation … 133
膝窩部の膿瘍　popliteal abscess
　　……………………………… 144
趾皮膚炎　digital dermatitis …… 117
耳標による感染　infected ear tag
　　……………………………… 48
ジフテリア　diphtheria ………… 24
ジフテリア性腸炎
　　diphtheritic enteritis ………… 19
脂肪壊死　fat necrosis …………… 81
脂肪肝症候群
　　fatty liver syndrome ………… 168
脂肪腫　lipomatosis ……………… 81
斜視　strabismus ………………… 155
住血吸虫症　schistosomiasis/
　　blood flukes ………………… 80

縦裂蹄　vertical fissure/
　　vertical sandcrack ………… 110
手根ヒグローマ（水囊胞）
　　carpal hygroma …………… 143
出血子牛症候群
　　bleeding calf syndrome ……… 27
出血性空腸症候群　JHS：jejunal
　　hemorrhagic syndrome ……… 75
出血性腸炎　hemorrhagic enteritis
　　……………………………… 75
出血性腸管症候群　HGS：hemor-
　　rhagic gut syndrome ………… 75
出血性腸症候群　HBS：hemor-
　　rhagic bowel syndrome ……… 75
出血性敗血症
　　hemorrhagic septicemia ……… 88
消化器疾患　conditions of gastroin-
　　testinal tract/alimentary disor-
　　ders……………………… 17, 53
小眼球症　microphthalmos/
　　microphthalmia …………… 153
硝酸塩(nitrate)中毒 …………… 262
焼灼用の除角パスタ
　　caustic dehorning paste ……… 49
上皮形成不全　epitheliogenesis
　　imperfecta …………………… 7
上腕神経叢の損傷　brachial plexus
　　injury ……………………… 143
食塩渇望型の異食症
　　salt-craving pica …………… 176
食道梗塞　esophageal obstruction/
　　choke ………………………… 66
食道疾患　esophageal disorders … 66
シラミ症　lice/pediculosis ……… 34
腎盂腎炎　pyelonephritis ……… 179
甚急性乳房炎　peracute mastitis
　　……………………………… 211
真菌性流産　mycotic abortion … 208
真菌中毒症　mycotoxicoses …… 260
深屈筋腱断裂　rupture of the deep
　　flexor tendon ……………… 113
神経型ケトーシス　nervous ketosis
　　……………………………… 167
心室中隔欠損　VSD：ventricular
　　septal defect ………………… 9
心水症　heartwater ……………… 241
新生子疾患　neonatal disorders … 13
じん麻疹　ulticaria ……………… 30
唇裂　cleft lip …………………… 1
水腫胎　anasarca ………………… 199
水頭症　hrdrocephalus …………… 5
水疱性口内炎　vesicular stomatitis
　　………………………… 56, 216
髄膜炎　meningitis ……………… 171
髄膜脳炎　meningoencephalitis
　　……………………………… 171

髄膜瘤　meningocele …………… 2
水無脳症　hydranencephaly ……… 4
ステファノフィラリア性耳炎
　　stephanofilarial otitis ………… 37
ステファノフィラリア性皮膚炎
　　stephanofilarial dermatitis …… 37
スラリーヒール　slurry heel … 120
精索の硬化　scirrhous cord …… 190
精巣炎　orchitis ………………… 189
精巣形成不全
　　testicular hypoplasia ………… 184
精囊腺炎　seminal vesiculitis … 192
セイヨウアブラナ(rape)中毒 … 256
赤水熱　redwater fever ………… 238
脊柱背彎症　kyphosis …………… 6
脊椎（脊柱）症　spinal (vertebral)
　　spondylopathy ……………… 130
脊椎圧迫骨折　spinal compression
　　fracture ……………………… 129
脊椎骨髄炎　spinal osteomyelitis
　　……………………………… 130
脊椎の損傷　spinal damage …… 125
脊椎癒合　vertebral fusion ……… 6
セネシオ症　seneciosis ………… 255
セレン中毒　selenosis ………… 259
線維筋腫　fibromyoma ………… 197
線維腫　fibroma …………… 47, 116
線維乳頭腫　fibropapillomatosis/
　　fibropapilloma ……… 40, 185, 217
旋回病　circling disease/gid
　　………………………… 168, 173
穿孔疥癬虫症　sarcoptic mange/
　　scabies ……………………… 32
潜在精巣　cryptorchidism … 184, 185
先端圧迫　apex compression … 219
仙腸関節の亜脱臼と脱臼　sacro-
　　iliac subluxation and luxation
　　……………………………… 131
先天異常　congenital abnormali-
　　ties/congenital conditions
　　………………………… 1, 193, 209
先天性造血性ポルフィリン症
　　CEP：congenital erythropoietic
　　porphyria …………………… 9
先天性の関節弛緩と矮小体躯症
　　CJLD：congenital joint laxity
　　and dwarfism ………………… 3
仙尾骨骨折　sacrococcygeal
　　fracture ……………………… 131
前房出血　hyphema …………… 161
前房蓄膿　hypopyon …………… 158
双口吸虫症　paramphistomiasis … 79
早産　premature parturition …… 206
早産子牛　premature calf ……… 206
増殖性心内膜炎
　　vegetative endocarditis ……… 98

象皮　elephant skin …………………38
瘙痒病　mad itch…………………… 175
足根滑液嚢炎　tarsal bursitis … 139
足根腱鞘の腱滑膜炎（飛端嚢腫）
　　tenosynovitis of the tarsal
　　sheath/capped hock ………… 140
鼠径ヘルニア　inguinal hernia … 189

## 【た行】

第一胃アシドーシス
　　rumen acidosis ……………………67
第一胃炎　rumenitis …………………67
第一胃吸虫
　　rumen or stomach flukes ………79
第一胃鼓脹症　rumen tympany/
　　rumen bloat ……………………23，69
第一胃の腫瘍　ruminal neoplasia…69
胎子ミイラ変性　mummified fetus
　　……………………………………… 207
大腿骨骨折　femoral fracture/
　　fractured femur ……………127，133
大腿神経麻痺　femoral paralysis
　　……………………………………… 141
第二胃腹膜炎　reticuloperitonitis…70
大脳皮質壊死症
　　cerebrocortical necrosis ……… 165
胎盤停滞　retained placenta …… 201
第四胃アトニー（無力症）
　　abomasal atony……………………20
第四胃右方変位　RDA：right
　　displaced abomasum ……………74
第四胃潰瘍　abomasal ulceration
　　…………………………………20，72
第四胃拡張症　abomasal dilatation
　　……………………………………… 20
第四胃左方変位　LDA：left dis-
　　placed abomasum ………………73
第四胃食滞　abomasal impaction…74
第四胃捻転　abomasal torsion
　　…………………………………20，74
第四胃閉塞症候群　abomasal
　　obstructive syndrome……………71
第四胃毛球
　　abomasal trichobezoar …………75
第四胃リンパ腫
　　abomasal lymphoma ……………72
タイレリア症　theileriases …… 240
ダウナー牛　downer cow …… 124
唾液粘液瘤　salivary mucocele … 2
脱毛子牛症候群
　　baldy calf syndrome …………… 9
ダニ性麻痺　tick paralysis …… 236
ダニ毒性症　tick toxicosis …… 236
ダニ熱　tick-borne fever …… 239
ダニの侵襲　tick infestations … 236

ダニ媒介疾患　tick-borne diseases
　　……………………………………… 236
単角子宮　uterus unicornis …… 194
胆汁病　gall sickness …………… 239
炭疽　anthrax …………………… 246
チアミン欠乏症
　　thiamine deficiency …………… 165
恥骨前腱の断裂　rupture of prepu-
　　bic tendon …………………………48
致死的因子 A46　lethal trait A46… 9
膣脱　vaginal prolapse ………… 204
膣のポリープ　vaginal polyps … 206
膣壁の裂傷と出血　vaginal wall
　　rupture and hemorrhage …… 200
膣弁遺残　imperforate hymen … 194
地方病性（風土病性）子牛肺炎
　　endemic (enzootic) calf pneumo-
　　nia ……………………………………88
地方病性牛白血病　EBL：enzootic
　　bovine leukosis ………………… 251
地方病性筋ジストロフィー　enzo-
　　otic muscle dystrophy ……… 145
地方病性石灰沈着症
　　enzootic calcinosis …………… 257
中耳炎　otitis media …………… 169
中耳の感染症　middle ear infection
　　……………………………………… 169
中手骨骨折　metacarpal fractures
　　……………………………………… 135
中足骨骨折　metatarsal fractures
　　……………………………………… 135
中足骨周囲の異物　foreign body
　　around the metatarsus …… 146
腸管毒血症　enterotoxemia ………19
腸管無形成　intestinal aplasia …… 7
腸結節虫感染症　Oesophagosto-
　　mum infection ……………………60
重複外子宮口　double os uteri
　　externum ……………………… 194
直腸脱　rectal prolapse ……………82
直腸膣瘻　rectovaginal fistula … 200
直腸尿道臍瘻　rectourethral
　　umbilical fistula …………………17
角中心部の癌腫　horn core carci-
　　noma …………………………………50
低カルシウム血症　hypocalcemia
　　……………………………………… 167
蹄冠帯膿瘍　abscess at the coro-
　　nary band …………………… 112
蹄球びらん　heel erosion …… 120
蹄踵潰瘍　heel ulcers………… 106
蹄踵膿瘍　abscess at heel …… 112
蹄尖壊死　toe necrosis …… 108
蹄尖潰瘍　toe ulcers …… 107
蹄底潰瘍　sole ulcer …… 105
蹄底出血　sole hemorrhage …… 121

蹄底の異物穿孔　foreign body
　　penetration of the sole ……… 108
蹄底の過成長　sole overgrowth
　　……………………………………… 104
低銅血症　hypocuprosis………… 149
低マグネシウム血症
　　hypomagnesemia ……………… 166
蹄葉炎　laminitis ……………… 121
テキサス熱　Texas fever ……… 238
テラジア　Thelazia……………… 160
デルマトフィルス症
　　dermatophilosis ……………………39
殿位　breach presentation …… 199
伝染性壊死性肝炎　infectious
　　necrotic hepatitis……………………80
伝染性漿膜炎　transmissible
　　serositis ………………………… 242
伝染性流産　contagious abortion
　　……………………………………… 207
冬季下痢　winter diarrhea ………58
冬季赤痢　winter dysentery………58
銅欠乏症　copper deficiency
　　………………………………… 32，149
橈骨神経麻痺　radial paralysis … 142
凍傷　frostbite ……………………48
銅中毒　copper toxicosis ……… 264
頭部と1肢の露出　head and one
　　leg presentation ………………… 198
頭部の腫脹　swellings of the head
　　………………………………………61
頭部のみ露出
　　head only presentation ……… 198
動脈管開存　PDA：patent ductus
　　arteriosus ………………………… 9
投薬器による損傷
　　drenching gun injury ……………66
特発性出血性素因　idiopathic
　　hemorrhagic diathesis………………27
特発性脱毛症　idiopathic alopecia
　　……………………………………… 24
トリパノソーマ症
　　trypanosomiasis ……………… 245
ドングリ（acorn）中毒 …………… 255

## 【な行】

内側足根ヒグローマ（水嚢胞）
　　medial tarsal hygroma ……… 140
ナガナ　nagana ………………… 245
鉛中毒　lead poisoning/plumbism
　　……………………………………… 263
軟骨異形成症　dyschondroplasia … 2
軟骨無形成性矮小体躯症
　　achondroplastic dwarfism ……… 2
難産　dystocia ………………… 198
二重頸管　double cervix ……… 194
二重蹄底　false sole …………… 109

二分脊椎　spina bifida ………… 6
乳管洞の肉芽腫
　　　teat cistern granuloma …… 222
乳汁中の血液　blood in milk …… 213
乳頭管外反　canal eversion …… 218
乳頭基部の圧迫輪　teat base
　　compression rings ………… 219
乳頭湿疹　teat eczema ………… 221
乳頭腫　papilloma ……………… 163
乳頭腫症　papillomatosis …………40
乳頭端壊死　teat end slough …… 219
乳頭端のたこ　teat end callosity
　　　………………………………… 218
乳熱　milk fever ………………… 167
乳房炎　mastitis ………………… 210
乳房炎乳　mastitic milk ………… 213
乳房炎による乳汁の変化
　　mastitic changes in milk ……… 213
乳房にきび　udder acne ………… 223
乳房膿痂疹　udder impetigo …… 223
乳房の挫傷　udder bruising
　　　…………………………… 211, 224
乳房の浮腫　udder edema ……… 225
乳房皮脂漏　udder seborrhea … 223
乳房保定装置の断裂　rupture of
　　udder ligaments ……………… 225
尿石症　urolithiasis ……………… 181
尿道下裂　hypospadia …………… 7
尿膜水腫　hydrops allantois …… 197
沼地熱　mud fever ……………… 119
熱帯性ウシバエ幼虫症
　　tropical warble fly ………………43
脳共尾虫病　Coenurus cerebralis
　　　………………………………… 173
脳の膿瘍　brain abscess ……… 170
ノサシバエ　Haematobia irritans/
　　head fly …………………… 36, 42

【は行】
ハイエナ病　hyena disease …… 147
敗血性関節炎　septic arthritis … 137
敗血性筋炎　septic myositis …… 144
敗血性心膜炎および心筋炎　septic
　　pericarditis and myocarditis ……98
敗血性舟嚢炎　septic navicular
　　bursitis ………………………… 112
敗血性末節骨関節炎
　　septic pedal arthritis ………… 113
肺血栓塞栓症　pulmonary throm-
　　boembolism ……………………94
肺虫症　lungworm infection ………92
ハエの侵襲　fly infestation ………42
白筋症　white muscle disease … 145
白帯膿瘍　white line abscess … 103
白帯病　white line disorders …… 102
白内障　cataract ………………… 154

白痢　white scour …………………18
破傷風　tetanus ………………… 247
パスツレラ症　pasteurellosis ……87
バス病　buss disease …………… 242
麦角菌による壊疽　ergot gangrene
　　　………………………………… 147
麦角中毒　ergotism ……………… 147
発汗病　sweating sickness …… 236
バベシア症　babesiosis ………… 238
パラ結核　paratuberculosis ………57
パラフィラリア感染症
　　parafilarial infection ……………37
パラポックス　parapox ………… 215
バング病　Bang's disease ……… 207
反転性裂体　schistosomus reflexus
　　　…………………………………… 4
尾位下胎向　posterior presentation
　　with fetal dorsoventral rotation
　　　………………………………… 199
東海岸熱　ECF：East Coast fever
　　　………………………………… 240
鼻口部の脱毛　alopecia of muzzle
　　　…………………………………24
腓骨神経麻痺　peroneal paralysis
　　　………………………………… 142
膝の骨関節炎　stifle osteoarthritis
　　　………………………………… 134
尾神経麻痺　tail paralysis ……… 131
ヒストフィルス・ソムニ感染症
　　Histophilus somni disease com-
　　plex ……………………………… 172
脾臓熱　splenic fever …………… 246
ピソマイコトキシコーシス
　　pithomycotoxicosis …………… 260
ビタミンA欠乏症
　　vitamin A deficiency ………… 156
尾端の壊死　tail-tip necrosis ……49
飛端嚢腫　capped hock ………… 140
ヒツジアタマバエ　Hydrotoea
　　irritans …………………………42
非定型間質性肺炎　atypical inter-
　　stitial pneumonia ………………93
非定型抗酸菌症　atypical mycotu-
　　berculosis ………………………41
ヒトヒフバエ
　　Dermatobia hominis ……………43
ひび　fissures …………………… 220
皮膚壊死　skin necrosis …………49
皮膚型リンパ肉腫
　　skin lymphosarcoma ………… 251
腓腹筋断裂
　　gastrochemius rupture ……… 141
腓腹筋の損傷　gastrocnemius
　　trauma ………………………… 140
皮膚結核　skin tuberculosis ………41

皮膚糸状菌症　ringworm/
　　dermatophytosis …………………35
皮膚疾患　conditions of the skin/
　　integumentary disorders …24, 29
皮膚ステファノフィラリア症
　　cutaneous stephanofilariasis ……36
皮膚ストレプトトリクス症　cuta-
　　neous streptothricosis …………39
皮膚に食い込む角　ingrowing horn
　　　…………………………………49
皮膚の腫瘍　skin tumors …………50
皮膚の蠕虫症　skin helminthes …36
皮膚の膿瘍　skin abscesses ………46
皮膚の火傷　skin burns …………49
皮膚ハエ蛆症　screw-worm/
　　myiasis …………………………43
皮様腫　dermoid ………………… 155
ピンクアイ　pinkeye …………… 157
フィロエリスリン　phylloerythrin
　　　…………………………………30
風土病性（地方病性）子牛肺炎
　　enzootic (endemic) calf pneumo-
　　nia ………………………………88
フェスク（ウシノケクグサ）中毒
　　fescue poisoning …………… 146
フォッグフィーバー　fog fever …93
腹鋸筋断裂　rupture of the ventral
　　serrate muscle ………………… 145
複合脊椎形成不全症　CVM：
　　complex vertebral malformation
　　　……………………………… 5, 6
腹水　ascites ………………………78
腹痛　abdominal pain ……………69
副乳頭　supernumerary teats … 209
腹壁ヘルニア　flank hernia ……47
腹膜炎　peritonitis ………………77
フッ素沈着症　fluorosis …… 60, 263
物理的障害　physical conditions …44
物理的な乳頭の損傷
　　physical teat trauma ………… 222
ブドウ膜炎　uveitis …………… 162
ブラウン・コートカラー
　　brown coat color ………………31
フリーマーチン　freemartin/
　　freemartinism …………… 184, 193
ブルセラ症　brucellosis ………… 207
ブルータング（ウイルス）
　　BTV：bluetongue virus ……… 231
ブルドッグ子牛　bulldog calf …… 2
プロトポルフィリン
　　protoporphyrin …………………11
糞石　fecolith ………………………50
分節状空腸無形成　segmental
　　jejunal aplasia ………………… 7
分節状子宮無形成　segmental uter-
　　ine aplasia ……………………… 194

| 日本語 | 英語 | ページ |
|---|---|---|
| 閉鎖神経麻痺 | obturator paralysis | 128 |
| ベスノイティア症 | besnoitiosis | 37 |
| 臍からの内臓脱出 | umbilical eventration | 13 |
| 臍しゃぶり | naval suckling | 17 |
| 臍の異常 | conditions of umbilicus (navel) | 13 |
| 臍の肉芽腫 | umbilical granuloma | 15 |
| 変性性関節疾患 | DJD：degenerative joint disease | 134 |
| 偏尾 | wry tail | 6 |
| 扁平上皮癌 | squamous cell carcinoma | 162 |
| 膀胱炎 | cystitis | 183 |
| 蜂巣炎 | cellulitis | 139 |
| 包皮炎 | posthitis | 188 |
| 包皮外反 | prepuital eversion | 187 |
| 包皮脱 | prolapsed prepuce | 187 |
| 包皮の膿瘍 | prepuital abscess | 188 |
| ボツリヌス(botulism)中毒 | | 248 |
| ポルフィリン | porphyrin | 10, 30 |
| ホルマリンによる皮膚やけど | formalin skin burn | 119 |
| ホワイトヘッファー病 | white heifer disease | 194 |

【ま行】

| 日本語 | 英語 | ページ |
|---|---|---|
| 末節骨骨折 | fracture of distal phalanx | 120 |
| 末節骨の骨髄炎 | osteomyelitis of distal phalanx | 108 |
| 豆粒 | pea | 223 |
| マンガン欠乏症 | manganese deficiency | 150 |
| 慢性化膿性肺炎 | chronic suppurative pneumonia | 90 |
| 慢性真皮炎 | chronic coriosis | 122 |
| 慢性乳房炎 | chronic mastitis | 212 |
| 三日病 | three-day sickness | 235 |
| 無眼球症 | anophthalmos/anophthalmia | 153 |
| 無菌性膝関節炎 | aseptic gonitis | 134 |
| 無菌性膿瘍 | sterile abscess | 47 |
| 無形球状体 | amorphous globosus | 11 |
| ムコール症 | zygomycosis | 208 |
| 迷走神経性消化障害 | vagal indigestion | 71 |
| 眼の異物 | ocular foreign body | 159 |
| 眼の外傷 | ocular trauma | 159 |
| メラノーマ | melanoma | 51 |
| 盲腸の鼓脹 | cecal dilatation | 77 |
| 盲腸の捻転 | cecal torsion | 77 |
| 盲分房 | blind quarters | 209, 212 |
| 毛包虫症 | demodectic mange/follicular mange | 33 |
| 木舌 | wooden tongue | 61 |
| モリブデン中毒 | molybdenum toxicity | 265 |

【や行】

| 日本語 | 英語 | ページ |
|---|---|---|
| ヤムブラナ病 | Jembrana disease | 244 |
| 有機リン化合物中毒 | organophosphorus compounds toxicosis | 261 |
| 疣贅 | warts | 40 |
| 輸送熱 | shipping fever/transit fever | 87 |
| ヨウ素中毒 | iodine poisoning/iodism | 263 |
| 羊膜水腫 | hydrops amnii | 197 |
| 翼状肩甲骨 | flying scapula | 145 |
| ヨード欠乏性甲状腺腫 | iodine deficiency goiter | 27 |
| ヨーネ病 | Johne's disease | 57 |

【ら行】

| 日本語 | 英語 | ページ |
|---|---|---|
| 落雷 | lightning strike | 177 |
| ラバ蹄 | mule foot | 7 |
| ラムジェット | Lamziekte | 248 |
| 卵管間膜の癒着 | bursal adhesions | 196 |
| 卵管水腫 | hydrosalpinx | 196 |
| 卵巣嚢腫 | cystic ovaries | 195 |
| ランタナ(lantana)中毒 | | 257 |
| ランピースキン病 | LSD：lumpy-skin disease | 233 |
| ランプ顎 | lumpy jaw | 63 |
| 卵胞嚢腫 | follicular cyst | 195 |
| リステリア症 | listeriosis | 168 |
| 離断性骨軟骨症 | OCD：osteochondrosis dissecans | 144 |
| 離乳前後の子牛下痢症候群 | periweaning calf diarrhea syndrome | 22 |
| リフトバレー熱 | RVF：Rift Valley fever | 234 |
| 流産 | abortion | 206 |
| リン欠乏症 | phosphorus deficiency | 148 |
| リンパ管炎 | lymphangitis | 41 |
| リンパ腫 | lymphoma | 197 |
| リンパ腺炎 | lymphadenitis | 41 |
| リンパ肉腫 | lymphosarcoma | 72, 163 |
| ルピナス中毒 | lupine toxicity | 259 |
| レプトスピラ症 | leptospirosis | 179 |
| ロコ草(locoweed)中毒 | | 259 |
| ロタウイルス | rotavirus | 17 |
| 肋骨骨折 | rib fracture | 45 |

【わ行】

| 日本語 | 英語 | ページ |
|---|---|---|
| 矮小体躯症 | dwarfism | 2 |
| ワラビシダ(bracken fern)中毒 | | 253 |
| ワラビ(bracken)中毒 | | 253 |

【A】

| | |
|---|---|
| abdominal pain | 69 |
| abomasal dilatation | 20 |
| abomasal impaction | 74 |
| abomasal lymphoma | 72 |
| abomasal obstructive syndrome | 71 |
| abomasal torsion | 20, 74 |
| abomasal trichobezoar | 75 |
| abomasal ulceration | 20, 72 |
| abortion | 206 |
| abscess at heel | 112 |
| abscess at the coronary band | 112 |
| achondroplastic dwarfism | 2 |
| acorn | 255 |
| actinobacillosis | 61 |
| actinomycosis | 63 |
| acute coriosis | 121 |
| acute mastitis | 211 |
| adema disease | 9 |
| African trypanosomiasis | 245 |
| alimentary disorders | 53 |
| Allerton virus infection | 234 |
| alopecia of muzzle | 24 |
| alopecia postdiarrhea | 24 |
| altitude sickness | 95 |
| alveolar periostitis | 65 |
| ameloblastoma | 64 |
| amorphous globosus | 11 |
| amyloidosis | 182 |
| angioedema | 30 |
| anal edema | 83 |
| anaplasmosis | 239 |
| anasarca | 199 |
| anophthalmos | 153 |
| anthrax | 246 |
| apex compression | 219 |
| arthrogryposis | 5 |
| ascites | 78 |
| aseptic gonitis | 134 |
| aspiration pneumonia | 93 |
| atresia ani | 6 |
| atresia coli | 7 |
| atypical interstitial pneumonia | 93 |
| atypical mycotuberculosis | 41 |
| Aujeszky's disease | 175 |
| axial wall fissure and penetration | 104 |

## 【B】

babesiosis ... 238
balanoposthitis ... 188
baldy calf syndrome ... 9
Bang's disease ... 207
BEP : bovine erythropoietic porphyria ... 9
BEPP : bovine erythropoietic protpporphyria ... 11
besnoitiosis ... 37
BHM : bovine herpes mammillitis ... 214
Bilharzia ... 80
black spot ... 220
blackleg ... 247
blaine ... 30
bleeding calf syndrome ... 27
blind quarters ... 209
bloat ... 69
blood in milk ... 213
BNP : bovine neonatal pancytopenia ... 27
botulism ... 248
bovine iritis ... 162
bovine leukosis ... 250
bovine lymphosarcoma ... 250, 251
bovine malignant catarrh ... 232
bovine orthopox ... 216
bovine petechial fever ... 243
bovine viral leukosis ... 250
bovine farcy ... 41
BPS : bovine papular stomatitis ... 56
brachial plexus injury ... 143
bracken ... 253
bracken fern ... 253
brain abscess ... 170
breach presentation ... 199
brisket disease ... 95
broken penis ... 187
brown coat color ... 31
brucellosis ... 207
BSE : bovine spongiform encephalopathy ... 175
BTV : bluetongue virus ... 231
bulldog calf ... 2
bursal adhesions ... 196
bursitis ... 46
buss disease ... 242
BVD : bovine virus diarrhea-mucosal disease ... 5, 54

## 【C】

calf scour ... 17
calfhood multicentric lymphosarcoma ... 250
canal eversion ... 218
Cara inchada ... 65
carbamate ... 261
carpal hygroma ... 143
caseous lymphadenitis ... 42
cataract ... 154
caudal vena caval thrombosis ... 94
caustic dehorning paste ... 49
CBPP : contagious bovine pleuropneumonia ... 90, 91
cecal dilatation ... 77
cecal torsion ... 77
cellulitis ... 139
CEP : congenital erythropoietic porphyria ... 9
cerebrocortical necrosis ... 165
cervical polyps ... 206
cervical prolapse ... 205
cervical spinal fracture ... 130
chaps ... 220
chemical teat trauma ... 222
chlorinated naphthalenes ... 261
choke ... 66
Chorioptes bovis ... 33
chorioptic mange ... 33
chronic coriosis ... 122
chronic mastitis ... 212
chronic suppurative pneumonia ... 90
circling disease ... 168
CJLD : congenital joint laxity and dwarfism ... 3
cleft lip ... 1
cleft palate ... 1
clostridial diseases ... 247
Clostridium perfringens ... 17, 19
cobalt deficiency ... 150
coccidiosis ... 21
coenurosis ... 173
Coenurus cerebralis ... 173
coloboma ... 154
common liver fluke infection ... 78
compartment syndrome ... 125
conditions of gastrointestinal tract ... 17
conditions of the skin ... 24
conditions of umbilicus ... 13
congenital abnormalities ... 193
congenital conditions ... 209
congestive cardiac failure ... 97
conjunctivitis ... 156
contagious abortion ... 207
contagious bovine pleuropneumonia ... 90
contracted tendons ... 5
copper deficiency ... 149
corkscrew claw ... 111
corkscrew penis ... 186
corneal opacity ... 156
coronavirus ... 17
cowdriosis ... 241
cowpox ... 216
crooked calf disease ... 259
cryptorchidism ... 184, 185
Cryptosporidia ... 17
cutaneous stephanofilariasis ... 36
cutaneous streptothricosis ... 39
cutaneous urticaria ... 30
CVM : complex vertebral malformation ... 5, 6
cystic ovaries ... 195
cystitis ... 183

## 【D】

demodectic mange ... 33
dental problems ... 60
Dermatobia hominis ... 43
dermatophilosis ... 39
dermatophytosis ... 35
dermoid ... 155
digital dermatitis ... 117
diphtheria ... 24
dislocated hip ... 126
distal interphalangeal sepsis ... 113
distal limb gangrene ... 146
DJD : degenerative joint disease ... 134
double cervix ... 194
double os uteri externum ... 194
downer cow ... 124
drenching gun injury ... 66
dropped udder ... 225
dyschondroplasia ... 2
dystocia ... 198

## 【E】

ear necrosis ... 48
EBL : enzootic bovine leukosis ... 251
ECF : East Coast fever ... 240
ehrlichiosis ... 244
Eimeria ... 21
electrocution ... 177
endemic calf pneumonia ... 88
endometritis ... 202
enterotoxemia ... 19
entropion ... 161
enzootic calcinosis ... 257
enzootic muscle dystrophy ... 145
enzootic calf pneumonia ... 88
ephemeral fever ... 235
epiphysitis ... 137
epitheliogenesis imperfecta ... 7
ergot gangrene ... 147
esophageal disorders ... 66

esophageal obstruction ……… 66
external penile trauma ……… 187
eyelid laceration ……… 161
eyeworm ……… 160

**[F]**

facial eczema ……… 260
facial nerve paralysis ……… 170
false sole ……… 109
fascioliasis ……… 78
fat cow syndrome ……… 168
fat necrosis ……… 81
fatty liver syndrome ……… 168
fecolith ……… 50
femoral fracture ……… 133
femoral paralysis ……… 141
fescue foot gangrene ……… 146
fibroma ……… 116
fibromyoma ……… 197
fibropapilloma ……… 185, 217
fibropapillomatosis ……… 40
fissures ……… 220
flank hernia ……… 47
fluorosis ……… 60, 263
flying scapula ……… 145
FMD : foot-and-mouth disease
……… 217, 227
fog fever ……… 93
follicular cyst ……… 195
follicular mange ……… 33
footrot ……… 114
foreign body around the metatarsus ……… 146
foreign body penetration of the sole ……… 108
formalin skin burn ……… 119
fracture of penis ……… 187
fracture of the distal phalanx ……… 120
fractured femur ……… 127
freemartin ……… 184
freemartinism ……… 193
frostbite ……… 48
*Fusobacterium necrophorum* ……… 24, 25

**[G]**

gall sickness ……… 239
gastrocnemius trauma ……… 140
gid ……… 173
granulosa cell tumor ……… 196
grass staggers ……… 166
grass tetany ……… 166

**[H]**

HBS : hemorrhagic bowel syndrome ……… 75
head and one leg presentation ……… 198

head only presentation ……… 198
heartwater ……… 241
heel erosion ……… 120
heel ulcers ……… 106
hematoma ……… 44
hemorrhagic enteritis ……… 75
hemorrhagic septicemia ……… 88
hepatic abscessation ……… 81
hepatic diseases ……… 78
HGS : hemorrhagic gut syndrome
……… 75
high mountain disease ……… 95
hip dysplasia ……… 144
hip flexion ……… 199
*Histophilus somni* disease complex
……… 172
Hoflund syndrome ……… 71
hoose ……… 92
horizontal fissure ……… 110
horn core carcinoma ……… 50
hrdrocephalus ……… 5
hump sore ……… 37
hydranencephaly ……… 4
hydrops allantois ……… 197
hydrops amnii ……… 197
hydrosalpinx ……… 196
hyena disease ……… 147
hyperkeratosis ……… 218
hyphema ……… 161
hypocalcemia ……… 167
hypocuprosis ……… 149
hypomagnesemia ……… 166
hypoplastic tail ……… 6
hypopyon ……… 158
hypospadia ……… 7
hypotrichosis ……… 8
husk ……… 92

**[I]**

IBK : infectious bovine keratoconjunctivitis ……… 157
IBR : infectious bovine rhinotracheitis ……… 85
idiopathic alopecia ……… 24
idiopathic hemorrhagic diathesis ……… 27
imperforate hymen ……… 194
infected ear tag ……… 48
infectious arthritis ……… 137
infectious necrotic hepatitis ……… 80
ingrowing horn ……… 49
inguinal hernia ……… 189
integumentary disorders ……… 29
interdigital dermatitis ……… 119
interdigital foreign body ……… 120
interdigital necrobacillosis ……… 114
interdigital skin hyperplasia ……… 116

intertrigo ……… 224
iodine deficiency goiter ……… 27
iodism ……… 263
iridocyclitis ……… 162
irregular molar wear ……… 61
ischemic teat necrosis ……… 221

**[J]**

jejunal intussusception ……… 76
jejunal torsion ……… 76
Jembrana disease ……… 244
JHS : jejunal hemorrhagic syndrome ……… 75
Johne's disease ……… 57
joint ill ……… 26

**[K]**

kale ……… 256
ketosis ……… 167
kyphosis ……… 6

**[L]**

laminitis ……… 121
Lamziekte ……… 248
lantana ……… 257
LDA : left displaced abomasum ……… 73
leptospirosis ……… 180
lethal trait A46 ……… 9
lice ……… 34
lightning strike ……… 177
lipomatosis ……… 81
listeriosis ……… 168
lockjaw ……… 247
locoweed ……… 259
LSD : lumpy-skin disease ……… 233
lumpy jaw ……… 63
lungworm infection ……… 92
lupine toxicity ……… 259
luteal cyst ……… 195
lymphadenitis ……… 41
lymphangitis ……… 41
lymphoma ……… 197
lymphosarcoma ……… 72, 163

**[M]**

malignant catarrhal fever ……… 232
malignant edema ……… 64
malignant head catarrh ……… 232
malignant lymphoma ……… 163
mandibular fracture ……… 61
manganese deficiency ……… 150
mange ……… 32
mastitic changes in milk ……… 213
mastitic milk ……… 213
mastitis ……… 210
medial tarsal hygroma ……… 140

| | | |
|---|---|---|
| megaesophagus ……67 | paramphistomiasis ……79 | **[Q]** |
| melanocytoma ……51 | parapenile hematoma …… 187 | query fever …… 242 |
| melanoma ……51 | parapox …… 215 | |
| meningitis …… 171 | parasitic otitis ……37 | **[R]** |
| meningocele …… 2 | parasitic skin condition ……32 | rabies …… 174 |
| meningoencephalitis …… 171 | parasitism ……59 | radial paralysis …… 142 |
| metacarpal fractures …… 135 | paratuberculosis ……57 | ragwort …… 255 |
| metritis …… 202 | pasteurellosis ……87 | rape …… 256 |
| microphthalmos/microphthalmia | patellar luxation …… 133 | RDA : right displaced abomasum |
| …… 153 | PDA : patent ductus arteriosus … 9 | ……74 |
| middle ear infection…… 169 | pea …… 223 | rectal prolapse ……82 |
| milk fever …… 167 | pediculosis ……34 | rectourethral umbilical fistula ……17 |
| mud fever …… 119 | pelvic damage …… 125 | rectovaginal fistula …… 200 |
| mule foot …… 7 | pelvic fracture …… 132 | redwater fever …… 238 |
| mummified fetus …… 207 | penile hematoma …… 187 | retained placenta …… 201 |
| *Mycoplasma wenyonii* infection… 249 | penile abscess …… 188 | reticuloperitonitis ……70 |
| mycotic abortion …… 208 | peritonitis ……77 | retroarticular abscess …… 112 |
| mycotoxicoses …… 260 | periweaning calf diarrhea | retropharyngeal abscess ……66 |
| | syndrome ……22 | retropharyngeal swelling ……65 |
| **[N]** | peroneal paralysis …… 142 | rib fracture ……45 |
| nagana …… 245 | persistent penile preputial frenu- | rickets …… 148 |
| naval suckling ……17 | lum …… 184 | rinderpest …… 229 |
| navel ill …… 13 | pharyngeal swelling ……65 | ringworm ……35 |
| necrobacillosis ……24, 25 | phlegmona interdigitalis …… 114 | rotavirus ……17 |
| necrotic cellulitis ……64 | phosphorus deficiency …… 148 | rumen acidosis ……67 |
| necrotic dermatitis …… 223 | photosensitive dermatitis ……30 | rumen or stomach flukes ……79 |
| necrotic enteritis ……22 | photosensitization ……30 | rumen tympany ……23, 69 |
| necrotic laryngitis ……25 | physical conditions ……44 | rumenitis ……67 |
| nervous acetonemia…… 167 | physical teat trauma …… 222 | ruminal neoplasia ……69 |
| nitrate …… 262 | pinkeye …… 157 | rupture of prepubic tendon ……48 |
| nitrite …… 262 | pithomycotoxicosis …… 260 | rupture of the deep flexor tendon |
| nodular endocarditis ……98 | plumbism …… 263 | …… 113 |
| | polioencephalomalacia …… 165 | rupture of the ventral serrate |
| **[O]** | popliteal abscess …… 144 | muscle …… 145 |
| oak …… 255 | posterior presentation with fetal | rupture of udder ligaments …… 225 |
| obturator paralysis …… 128 | dorsoventral rotation …… 199 | Rusterholz …… 105 |
| OCD : osteochondrosis dissecans | posthitis …… 188 | RVF : Rift Valley fever …… 234 |
| …… 144 | postparturient paresis…… 167 | |
| ocular foreign body …… 159 | premature calf …… 206 | **[S]** |
| ocular trauma …… 159 | premature parturition…… 206 | sacrococcygeal fracture …… 131 |
| *Oesophagostomum* infection ……60 | prepuital abscess …… 188 | sacroiliac subluxation and luxation |
| omphalophlebitis …… 13 | prepuital eversion …… 187 | …… 131 |
| Ondiri disease …… 243 | prolapse of the eyeball …… 160 | salivary mucocele …… 2 |
| orchitis …… 189 | prolapsed prepuce …… 187 | *Salmonella dublin* ……19 |
| organophosphorus compounds … 261 | proptosis …… 160 | *Salmonella enterica* serovar |
| osteomalacia …… 148 | pruritus-pyrexia-hemorrhagica … 176 | *Typhimurium* ……19 |
| osteomyelitis of distal phalanx … 108 | pseudo-lumpy-skin disease…… 234 | salmonellosis ……19 |
| ostertagiasis ……59 | pseudocowpox …… 215 | salt-craving pica …… 176 |
| otitis externa…… 169 | pseudohermaphrodite …… 184 | *Sarcoptes scabiei* var. *bovis*……32 |
| otitis media …… 169 | pseudorabies …… 175 | sarcoptic mange ……32 |
| | pseudotuberculosis ……42 | scabies ……32 |
| **[P]** | *Psoroptes ovis* ……33 | schistosomiasis ……80 |
| papilloma …… 164 | psoroptic mange ……33 | schistosomus reflexus …… 4 |
| papillomatosis ……40 | pulmonary thromboembolism ……94 | sciatic paralysis …… 141 |
| parafilarial infection……37 | pyelonephritis …… 179 | scirrhous cord …… 190 |
| parakeratosis …… 9 | pyometra …… 202 | scissor claw …… 111 |

| | | |
|---|---|---|
| screw-worm or myiasis ............ 43 | swellings of the head ............ 61 | udder edema ............ 225 |
| scrotal frostbite ............ 191 | swollen face ............ 65 | udder impetigo ............ 223 |
| scrotal hematoma ............ 190 | syndactly ............ 7 | udder seborrhea ............ 223 |
| scrotal hernia ............ 189 | | ulcerative mammary dermatitis |
| scrotal necrosis and gangrene ... 191 | **【T】** | ............ 224 |
| segmental jejunal aplasia ............ 7 | tail paralysis ............ 131 | ulcerative lymphangitis ............ 42 |
| segmental uterine aplasia ............ 194 | tail-tip necrosis ............ 49 | ulticaria ............ 30 |
| selenosis ............ 259 | tail sequestrum ............ 50 | umbilical abscess ............ 16 |
| seminal vesiculitis ............ 192 | tarsal bursitis ............ 139 | umbilical eventration ............ 13 |
| seneciosis ............ 255 | teat base compression rings ...... 219 | umbilical granuloma ............ 15 |
| septic arthritis ............ 137 | teat cistern granuloma ............ 223 | umbilical hernia ............ 15 |
| septic myositis ............ 144 | teat eczema ............ 221 | urolithiasis ............ 181 |
| septic navicular bursitis ............ 112 | teat end callosity ............ 218 | uterine lymphosarcoma ............ 197 |
| septic pedal arthritis ............ 113 | teat end slough ............ 219 | uterine prolapse ............ 205 |
| septic pericarditis and myocarditis | TEME : thromboembolic meningo- | uterine torsion ............ 199 |
| ............ 98 | encephalitis ............ 172 | uveitis ............ 162 |
| septic vulvitis ............ 201 | tenosynovitis of the tarsal sheath | |
| shipping fever ............ 87 | ............ 140 | **【V】** |
| skin abscesses ............ 46 | testicular hypoplasia ............ 184 | vagal indigestion ............ 71 |
| skin burns ............ 49 | tetanus ............ 247 | vaginal polyps ............ 206 |
| skin lymphosarcoma ............ 251 | *Tetrapteris* species ............ 258 | vaginal prolapse ............ 204 |
| skin necrosis ............ 49 | Texas fever ............ 238 | vaginal wall rupture and hemor- |
| skin tumors ............ 50 | theileriases ............ 240 | rhage ............ 200 |
| skin helminthes ............ 36 | *Thelazia* ............ 160 | vegetative or nodular endocarditis |
| skin tuberculosis ............ 41 | three legs and no head presentation | ............ 98 |
| slow fever ............ 167 | ............ 198 | ventral abdominal edema ............ 225 |
| slurry heel ............ 120 | three-day sickness ............ 235 | verminous bronchitis ............ 92 |
| *Solanum malacoxylon* ............ 257 | thymic lymphosarcoma ............ 250 | vertebral fusion ............ 6 |
| sole hemorrhage ............ 121 | tick infestations ............ 236 | vertical fissure ............ 110 |
| sole overgrowth ............ 104 | tick toxicosis ............ 236 | vesicular stomatitis ............ 56, 216 |
| sole ulcer ............ 105 | tick-borne diseases ............ 236 | viral diseases ............ 53 |
| spastic paresis ............ 143 | tick-borne fever ............ 239 | vitamin A deficiency ............ 156 |
| spina bifida ............ 6 | tire wire disease ............ 70 | VSD : ventricular septal defect ... 9 |
| spinal compression fracture ...... 129 | TME : thrombolic encephalomyeli- | vulval discharge ............ 202 |
| spinal damage ............ 125 | tis ............ 172 | vulvovaginitis ............ 201 |
| spinal spondylopathy ............ 130 | toe necrosis ............ 108 | |
| spiral deviation of penis ............ 186 | toe ulcers ............ 107 | **【W】** |
| splenic fever ............ 246 | transit fever ............ 87 | warble fly/warbles ............ 42 |
| SBE : sporadic bovine | transmissible serositis ............ 242 | wart ............ 40, 185, 217 |
| encephalomyelitis ............ 242 | traumatic conditions ............ 44 | white heifer disease ............ 194 |
| squamous cell carcinoma ............ 162 | traumatic reticulitis ............ 70 | white line disorders ............ 102 |
| squint ............ 155 | *Trichophyton verrucosum* ............ 35 | white muscle disease ............ 145 |
| stephanofilarial dermatitis ............ 37 | *Trisetum flavescens* ............ 257 | white scour ............ 18 |
| stephanofilarial otitis ............ 37 | tropical warble fly ............ 43 | winter diarrhea/winter dysentery |
| stifle osteoarthritis ............ 134 | trypanosomiasis ............ 245 | ............ 58 |
| strabismus ............ 155 | tuberculosis ............ 91 | wooden tongue ............ 61 |
| submandibular abscess ............ 65 | | wry tail ............ 6 |
| summer mastitis ............ 210 | **【U】** | |
| summer sores ............ 221 | udder acne ............ 223 | **【Y】** |
| supernumerary teats ............ 209 | udder bruising ............ 224 | yew ............ 255 |

**監訳者**

**浜名 克己** Katsumi Hamana

1941年大阪市生まれ。東京大学農学部獣医学科卒業後、同大学大学院博士課程修了。東京大学助手、宮崎大学助教授、鹿児島大学教授を経て、現在同大学名誉教授。その間、ワシントン州立大学研究員、カンサス州立大学・カリフォルニア大学・ザンビア大学の客員教授。1992-2000年世界牛病学会理事、現在同名誉理事。著書に『生産獣医療における牛の生産病の実際』『獣医繁殖学』『獣医繁殖学マニュアル』（ともに共著、文永堂出版）、『カラーアトラス牛の先天異常』（共著、学窓社）ほか。訳書に『牛の乳房炎コントロール（初版、増補改訂版）』（R. ブローウィ、P. エドモンドソン著、緑書房／チクサン出版社）、『最新犬の新生子診療マニュアル』（A. ヴェーレント著、監訳、インターズー）、『獣医倫理入門』（B. ローリン著、監訳、白揚社）ほか。

○翻訳担当章：第1-4章、第10-12章、第1版へのメッセージ、
　　　　　　 序文（第1版・第3版）、謝辞、目次、略語一覧、索引

**翻訳者**

**小林 順子** Junko Kobayashi

1990年青山学院大学理工学部化学科卒業。石油化学会社の勤務を経て、翻訳家となる。現在、自然科学分野、医薬分野を中心として翻訳に従事している。

○翻訳担当章：第5-9章、第13章

---

## 牛病カラーアトラス 第3版

2014年8月10日　第1刷発行©

| | |
|---|---|
| 著　者 | Roger W. Blowey, A. David Weaver（ロジャー ブローウィ、デービッド ウィーバー） |
| 監訳者 | 浜名克己 |
| 発行者 | 森田　猛 |
| 発行所 | 株式会社 緑書房<br>〒103-0004<br>東京都中央区東日本橋2丁目8番3号<br>TEL　03-6833-0560<br>http://www.pet-honpo.com |
| 印刷所 | 株式会社 アイワード |

ISBN 978-4-89531-181-6　Printed in Japan
落丁、乱丁本は弊社送料負担にてお取り替えいたします。

本書の複写にかかる複製、上映、譲渡、公衆送信（送信可能化を含む）の各権利は株式会社緑書房が管理の委託を受けています。

[JCOPY]〈（一社）出版者著作権管理機構 委託出版物〉
本書を無断で複写複製（電子化を含む）することは、著作権法上での例外を除き、禁じられています。
本書を複写される場合は、そのつど事前に、（一社）出版者著作権管理機構（電話 03-3513-6969、FAX03-3513-6979、e-mail：info@jcopy.or.jp）の許諾を得てください。
また本書を代行業者等の第三者に依頼してスキャンやデジタル化することは、たとえ個人や家庭内の利用であっても一切認められておりません。